普通高等学校规划教材

机械工程训练与实践

杨　钢　主　编

李　敏　刘　梅　副主编

人民交通出版社股份有限公司
China Communications Press Co.,Ltd.

内 容 提 要

本书以教育部高等学校工程训练教学指导委员会的最新指导精神和教育部颁发的“金工实习教学基本要求”为指导，并结合作者和各院校多年的教学经验编写而成。全书由切削加工基础与普通加工、数控加工、材料成型、特种加工与产品检测四篇，共20章组成，基本涵盖了工程训练和金工实习教学的所有内容。

本教材可作为高等学校本科机械类、近机械类和非机械类专业的工程训练教材，也可作为专科和高职院校的金工实习教材，各学校在使用本教材时可根据各专业要求和自身设备情况进行调整。本书还可作为有关工程技术人员和技术工人的参考用书。

图书在版编目(CIP)数据

机械工程训练与实践 / 杨钢主编. — 北京 : 人民交通出版社股份有限公司, 2018.8

ISBN 978-7-114-14787-6

Ⅰ. ①机… Ⅱ. ①杨… Ⅲ. ①机械制造工艺—高等学校—教材 Ⅳ. ①TH16

中国版本图书馆CIP数据核字(2018)第121805号

书　　名: 机械工程训练与实践
著 作 者: 杨　钢
责任编辑: 钱悦良
责任校对: 刘　芹
责任印制: 刘高彤
出版发行: 人民交通出版社股份有限公司
地　　址: (100011)北京市朝阳区安定门外外馆斜街3号
网　　址: http://www.ccpcl.com.cn
销售电话: (010)59757973
总 经 销: 人民交通出版社股份有限公司发行部
经　　销: 各地新华书店
印　　刷: 北京印匠彩色印刷有限公司
开　　本: 787×1092　1/16
印　　张: 25.25
字　　数: 598千
版　　次: 2018年8月　第1版
印　　次: 2020年8月　第2次印刷
书　　号: ISBN 978-7-114-14787-6
定　　价: 56.00元

前 言

“教育回归工程,教学回归实践”已成为国际高等工程教育改革发展的共识,各国都在探索符合自身国情的改革道路和对策。

工程训练中心是以综合性为特点的工程实践性教学基地,工程训练是高校工程人才培养的重要实践教学环节,是给大学生以工程实践、工业制造和工程文化教育与体验的场所,具有实用性、综合性、开放性和广阔性。2013 年 5 月,我国教育部正式组建高等学校工程训练教学指导委员会,这就意味着工程训练在高校教育教学活动中已进入了与理论教学同等重要的地位。

为了适应科学技术的发展和由传统的金工实习向工程训练转换,我们编写了本书。全书各章节除了编写必要的理论知识外,更加注重实践的安全操作与创新能力的培养,而且加强了各工种间的联系。

全书由切削加工基础与普通加工(工程材料基础、切削加工基础知识、车削加工、钳工及装配、铣削、刨削、磨削)、数控加工(数控车床、数控铣及加工中心)、材料成型(铸造、折弯机、液压机、冲压机、注塑机、焊接)、特种加工与产品检测(线切割、数控电火花、激光加工、3D 打印技术、三坐标测量机)四篇共 20 章组成,有助于学生建立大工程意识和理论与实践知识的融合。

本教材的第 1、2、4、9、10、17 章由重庆交通大学杨钢编写,第 11 ~ 16、18 ~ 20 章由重庆交通大学李敏编写,第 3、5 ~ 8 章由刘梅编写。杨钢任主编,李敏、刘梅任副主编,全书由刘梅负责校对。

本书引用了相关优秀教材的部分内容,在此表示衷心感谢。由于编者的经验和水平有限,书中难免有欠妥或疏漏之处,恳请广大读者批评指正,以便再版时修改和完善。

编者

2018年4月

目录

第一篇　切削加工基础与普通加工

第二篇 数 控 加 工

第三篇　材 料 成 型

第四篇 特种加工与产品检测

第一篇　切削加工基础与普通加工

第1章　工程材料基础

教学目的

本章的教学目的是使读者对常用金属材料的基础知识有一定的掌握，为后续的理论学习和实训操作打下基础。

教学要求

(1)了解常用金属材料的分类与性能。

(2)掌握常用碳素钢、合金钢、铸铁、有色金属的牌号和应用范围。

(3)掌握常用金属热处理的工艺与适用范围。

1.1　常用金属材料及其性能简介

材料是人类赖以生存和发展的物质基础。20世纪70年代，人们把信息、材料和能源誉为当代文明的三大支柱。20世纪80年代以高技术群为代表的新技术革命，又把新材料、信息技术和生物技术并列为新技术革命的重要标志。材料除了具有重要性和普遍性以外，还具有多样性。由于材料多种多样，分类方法也就没有一个统一标准。

机械加工工程所接触到的物质也都是由不同的材料组成，因此，掌握材料的性质是加工制造的前提条件。由于材料的种类太多，本节只简要介绍金属材料的性能。

1.1.1　常用工程材料的分类

按照化学成分的不同，工程材料可分为金属材料、非金属材料和复合材料三大类，如图1-1所示。随着科学技术的不断发展，非金属材料和复合材料的应用也更加广泛(特别是在航空、军事等领域)，对于这两类材料的加工制造和工艺也是各国研究的重点。

1.1.2　金属材料的性能

金属材料的性能主要包括使用性能、工艺性能和经济性能，如图1-2所示。

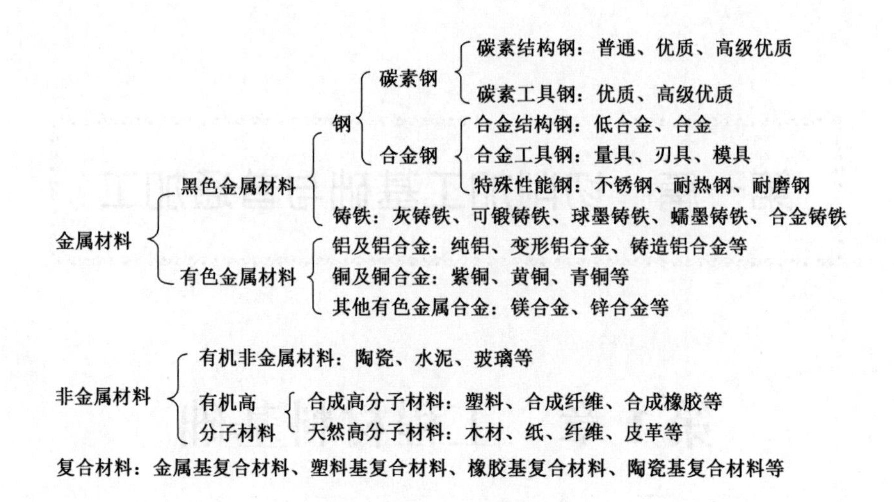

图 1-1　工程材料的分类

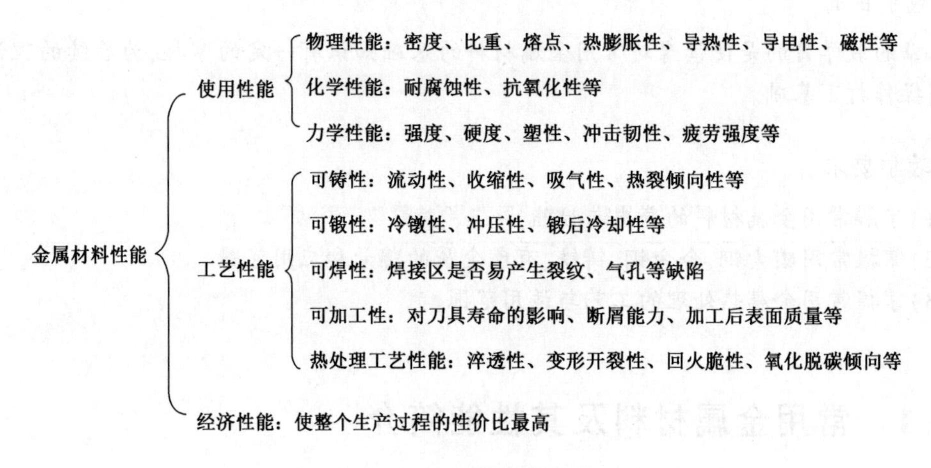

图 1-2　金属材料的性能

1.1.3　常用金属材料的牌号、应用及说明

1. 碳素钢

碳素钢是指含碳量小于 2.11% 的铁碳合金。碳钢的价格低廉、工艺性能良好、广泛应用于机械加工。常用碳素钢的牌号、主要特性和应用范围如表 1-1 所示。

常用碳素钢的牌号、主要特性和应用范围　　表 1-1

名称	牌号	主 要 特 性	应 用 举 例
碳素结构钢	Q215	具有较高的韧性、塑性和焊接性能，以及良好的压力加工性能，但强度低	用于制造铆钉、垫圈、地脚螺栓、薄板、拉杆、烟筒等
	Q235	具有高的韧性、塑性和焊接性能、冷冲压性能，以及一定的强度和好的冷弯性能	广泛应用于制造一般要求的零件和焊接件，如受力不大的拉杆、连杆、销、轴、螺钉、螺母、支架、基座等

续上表

名称	牌号	主要特性	应用举例
优质碳素结构钢	15	强度低,塑性、韧性很好,焊接性能优良,无回火脆性。容易冷热加工成型,脆透性很差,正火或冷加工后切削性能好	用于制造机械上的受力不大,形状简单,但韧性要求较高或焊接性能较好的中小结构件、螺栓、螺钉、法兰盘等
	45	综合力学性能和切削性能均较好,用于强度要求较高的重要零件	主要用于制造强度高的运动件,如活塞、轴、齿轮、齿条、蜗杆、曲轴、传动轴、齿轮、连杆等
铸造碳钢	ZG200-400	有良好的塑性、韧性和焊接性能,用于受力不大、要求韧性较好的各种机械零件	如机座、变速箱壳等

2. 合金钢

所谓合金钢是指在优质碳素结构钢的基础上适当加入一种或几种合金元素(如硅、锰、铬、镍、钼、钒以及稀土元素等)炼制而成的钢种。合金钢具有屈服强度高、韧性和塑性好、淬透性好、耐腐蚀、耐低温、高磁性、高耐磨性等优点。常用合金钢的牌号、主要特性和应用范围如表1-2所示。

常用铸铁的牌号、主要特性和应用范围　　表1-2

牌号	主要特性	应用举例
45MnB	可用来代替40Cr、45Cr钢,制造较耐磨的中、小截面的调质件和高频淬火件等	机床上的齿轮、曲轴齿轮、花键轴和套、钻床主轴等
40Gr	调质后有良好的综合力学性能,用于较重要的调质零件,如在交变负荷下工作的零件、中等转速和中等负荷的零件、表面淬火后可用作负荷及耐磨性较高、而无很大冲击的零件。表面淬火硬度可达48~55HRC	齿轮、套筒、轴、曲轴、销、连杆螺钉、螺母、进气筒等
20CrMo	强度好、韧性较高,在500℃以下有足够的高温强度,焊接性能好	轴、活塞连杆等
42CrMo	淬透性比35CrMo高,调质后有较高的疲劳极限和抗多次冲击能力,低温冲击韧性好,表面淬火硬度可达54~60HRC	牵引用的大齿轮、增压器传动齿轮、发动机气缸、石油探井钻杆接头与打捞工具等

3. 铸铁

铸铁是一种以Fe、C、Si为基础的复杂多元合金,其含碳量在2.0%~4.0%之间。铸铁具有优良的铸造性、减振性和耐磨性,且价格低廉,在制造业使用相对广泛。铸铁的种类有灰铸铁、球墨铸铁和可锻铸铁三类,常用铸铁的牌号、主要特性和应用范围如表1-3所示。

常用铸铁的牌号、主要特性和应用范围 表 1-3

名称	牌号	主要特性	应用举例
灰铸铁	HT100	铸造性能好、工艺简单、铸造应力小、不用人工时效处理、减振性好	用于负荷低,对摩擦和磨损无特殊要求的场合,如外罩、手轮、支架等
	HT200	强度、耐磨性、耐热性均较好,铸造性能好,需进行人工时效处理	用于承受较大应力(弯曲应力 < 29.4MPa),摩擦面间单位应力 < 0.459MPa 条件下受磨损的零件,如气缸、机床床身与床面、制动轮、联轴器、活塞环等
球墨铸铁	QT400-15 QT400-18	焊接性和切削性能好,常温下冲击韧性高,脆性转变温度低	汽车、拖拉机轮毂,驱动桥、离合器、差速器、减速器等的壳体。通用机械的 1.6 ~ 6.4MPa气压阀门的阀体、阀盖,压缩机上承受一定温度的高低压汽缸、电动机机壳等
	QT450-10	焊接性、切削性均较好,韧性略低于 QT400 - 18,强度和小能量冲击力优于 QT400 - 18	
可锻铸	KTH300-06	黑心可锻铸铁强度高、韧性和塑性好,抗冲击,有一定耐腐蚀性,切削性能好	管路配件(弯头、三通、管体)、中低压阀门、农机中一般零件等
	KTZ450-06 KTZ550-4 KTZ650-02 KTZ700-2	珠光体可锻铸铁韧性较低、强度大、硬度高、耐磨性好,可替代中低碳钢,低合金钢及有色合金等耐磨性和强度要求较高的零件	曲轴、传动箱体、凸轮轴、活塞环、犁刀、齿轮、连杆等

4. 有色金属

有色金属的种类繁多,虽然其产量和使用不及黑色金属,但是由于它具有某些特殊性能,现已成为当今工业生产中不可缺少的材料。常用有色金属的牌号、主要特性和应用范围如表 1-4所示。

常用有色金属的牌号、主要特性和应用范围 表 1-4

名称	牌号	主要特性	应用举例
纯铜	T1、T2	有良好的导电、导热、耐蚀和加工性能,可焊接和钎焊	电线、电缆、导电螺钉、化工用蒸发器、各种管道等
黄铜	H62、H63	有良好的力学性能,热态下塑性良好,可加工性好,易钎焊和焊接,耐蚀,但易产生腐蚀裂纹,应用广泛	各种拉伸和和折弯的受力零件,如销钉、铆钉、螺母、导管、气压表弹簧、散热器零件等
铝合金	2A11	是应用最为广泛的一种硬铝,一般称为标准硬铝。它具有中等强度,在退火、刚淬火和热态下的可塑性较好,可热处理强化,在淬火和自然时效状态下使用,点焊焊接性能良好	用作各种中等强度的零件和构件,冲压的连接部件,如螺栓、铆钉等

1.2　钢的热处理简介

金属热处理是机械制造中的重要工艺之一，与其他加工工艺相比，热处理一般不改变工件的形状和整体的化学成分，而是通过改变工件内部的显微组织，或改变工件表面的化学成分，以使工件达到其相应的技术指标。

为使金属工件具有所需要的力学性能、物理性能和化学性能，除合理选用材料和各种成型工艺外，热处理工艺往往是必不可少的。钢铁是机械工业中应用最广的材料，钢铁显微组织复杂，可以通过热处理予以控制，所以钢铁的热处理是金属热处理的主要内容。另外，铝、铜、镁、钛等及其合金也都可以通过热处理改变其力学、物理和化学性能，以获得不同的使用性能。

热处理工艺一般包括加热、保温、冷却三个过程，有时只有加热和冷却两个过程。这些过程互相衔接，不可间断。

加热是热处理的重要工序之一，加热温度则是其中重要工艺参数之一，选择和控制加热温度，是保证热处理质量的主要问题。加热温度随被处理的金属材料和热处理的目的不同而异，但一般都是加热到相变温度以上，以获得高温组织。

为保证显微组织转变完全，当金属工件表面达到要求的加热温度时，还须在此温度保持一定时间，使内外温度一致，这段时间称为保温时间。当采用高能密度加热和表面热处理时，加热速度极快，一般就没有保温时间，而化学热处理的保温时间往往较长。

冷却也是热处理工艺过程中不可缺少的步骤，冷却方法因工艺不同而不同，主要是控制冷却速度。

金属热处理工艺大体可分为整体热处理、表面热处理和化学热处理三大类。根据加热介质、加热温度和冷却方法的不同，每一大类又可区分为若干不同的热处理工艺。同一种金属采用不同的热处理工艺，可获得不同的组织，从而具有不同的性能，因此钢铁热处理工艺种类繁多。

1.2.1　整体热处理

整体热处理是对工件整体加热，然后以适当的速度冷却，获得需要的金相组织，以改变其整体力学性能的金属热处理工艺。钢铁整体热处理大致有退火、正火、淬火和回火四种基本工艺。

1. 退火

退火是将工件加热到适当温度（相变或不相变），保温后缓慢冷却，目的是消除应力降低硬度，获得良好的工艺性能和使用性能，或者为进一步淬火作组织准备。

退火的方式较多，如扩散退火、完全退火、不完全退火、等温退火、球化退火、去应力退火、锻后余热等温退火等。

2. 正火

正火是将工件加热至 Ac3 或 Acm + 40 ~ 60℃，保温一定时间，达到奥氏体化和均匀化后在自然流通的空气中均匀冷却的方式。正火能调整钢件的硬度、细化组织及消除网状碳化物，并为淬火做好组织准备。正火常用于改善材料的切削性能,有时也用于对一些要求不高的零件作为最终热处理。

3. 淬火

淬火是将工件加热至Ac3或Ac1+20~30℃,保温一定时间后,在水、油或其他无机盐、有机水溶液等淬火介质中快速冷却,以获得均匀细小的马氏体组织和粒状渗碳体混合组织。淬火可提高钢件硬度和耐磨性,但同时也会变脆,因此,一般淬火后要经中温或高温回火,以获得良好的综合力学性能。

淬火的方式一般有单液淬火、双液淬火、分级淬火、等温淬火等。

4. 回火

回火是将淬火后的钢件重新加热到至Ac1以下某一温度,保温一定时间,再进行冷却的工艺。回火具有降低钢件脆性、消除内应力、减少工件的变形和开裂、提高塑性和韧性、稳定工件尺寸的作用。

回火的方式有低温回火、中温回火和高温回火三种。

退火、正火、淬火、回火是整体热处理中的“四把火”,随着加热温度和冷却方式的不同,又演变出不同的热处理工艺,读者可查阅相关资料。

1.2.2 表面热处理

表面热处理仅对工件表面进行热处理,以改变其组织和性能的热处理工艺,其中表面淬火应用最为广泛。

表面淬火是通过加热感应线圈使工件表面迅速加热升温到临界温度以上,然后快速冷却的热处理工艺。由于表面淬火只改变工件表层一定深度的组织和性能,并未改变表层与心部的化学成分,因此,对于需要表面具有较高硬度和耐磨性、心部要求具有足够塑性和韧性的零件就需要用表面淬火工艺,如凸轮轴、曲轴、床身导轨等。

按照加热方式的不同,表面淬火主要有感应加热表面淬火、火焰加热表面淬火和激光加热表面淬火等。

1. 感应加热表面淬火

利用感应电流使零件表面在交变磁场中产生感应电流和集肤效应,以涡流形式将零件表面快速加热,而后急冷的淬火方法。根据感应电流的使用频率不同,可以分为超高频(27MHz)、高频(200~250kHz)、中频(2500~8000Hz)和工频(50Hz)四种方式。

感应加热表面淬火的特点是:

(1)加热速度快,热效率高。

(2)零件表面氧化脱碳少,与其他热处理相比,废品率极低。

(3)零件脆性小,表面的硬度高,心部能保持较好的塑性和韧性,同时还能提高零件的力学性能。

(4)不仅应用于零件的表面淬火,还可以用于零件的内孔淬火。

(5)生产过程清洁、无高温、设备紧凑、占地面积小、使用简单、劳动条件好。

2. 火焰加热表面淬火

利用氧-乙炔气体或可燃气体(天然气、石油气、焦炉煤气等)以一定比例混合进行燃烧,形成强烈的高温火焰,将零件迅速加热至淬火温度,然后急速冷却(用水或乳化液做冷却介质)的工艺。

火焰加热表面淬火的特点是:

(1)设备简单、使用方便、加工零件的大小不受限制。

(2)加热温度高、加热快、零件表面容易过热,适用于处理硬化层较浅的零件。

(3)表面温度不宜控制,表面硬化层深度不易控制。

3. 渗碳

将工件置入具有活性渗碳介质中,加热到900~950℃的单相奥氏体区,保温足够时间后,使渗碳介质中分解出的活性碳原子渗入钢件表层,从而获得表层高碳心部仍保持原有成分的化学热处理工艺。

渗碳工件的材料一般为低碳钢或低碳合金钢(含碳量<0.25%)。渗碳后钢件表面的化学成分可接近高碳钢。工件渗碳后还要经过淬火,以得到高的表面硬度、高的耐磨性和疲劳强度,并保持心部有低碳钢淬火后的强韧性,使工件能承受冲击载荷。渗碳工艺广泛用于飞机、汽车和拖拉机等的机械零件,如齿轮、轴、凸轮轴等。

按含碳介质的不同,渗碳可分为气体渗碳、固体渗碳、液体渗碳和碳氮共渗(氰化)。

4. 渗氮

渗氮是在一定温度下将零件置于渗氮介质中加热、保温,使活性氮原子渗入零件表层的化学热处理工艺。零件渗氮后表面形成氮化层,氮化后不需要淬火,钢件的表面层硬度高达950~1200HV,并能在560~600℃的工作环境下不降低,因此,具有很好的热稳定性、高的抗疲劳和耐腐蚀性,广泛应用于精密零件的最终热处理,如各类主轴、丝杠、曲轴、齿轮和量具等。

第2章 切削加工基础知识

教学目的

本章的教学目的是使读者对切削加工的基础知识有一定的掌握,为后续的理论学习和实训操作打下基础。

教学要求

(1)了解切削加工的分类。
(2)掌握切削运动的作用和切削三要素对加工的影响。
(3)了解制造刀具的常用材料和各类刀具材料的适用范围。
(4)了解各类量具的应用场合和如何正确使用与保养常规量具。
(5)了解机械加工的常规流程。

2.1 切削加工概述

所谓切削加工是指用比工件更硬的刀具将工件多余的材料去除并达到预期技术要求的过程。

由于零件的形状、材料和技术要求的多样性,使得切削加工过程所需要的机床、刀具、夹具、量具、辅具和各类工具都相当繁杂,因此,如何利用自身掌握的资源合理安排切削加工过程,以获得较高的性价比,将是参与切削加工过程所有人员的主要工作。

传统切削加工可分为机械加工和钳工两大类。所谓机械加工是指利用机床产生的切削力使得机床上工件和刀具进行相对运动从而达到加工的目的。钳工则是由人工利用各类工具(锉刀、锯条等)对零件进行加工的过程。随着现代加工技术的不断发展和自动化程度的不断提高,除切削加工的手段不断增多外,其特种加工技术(利用各种能量,如电能、激光、等离子、超声波等)也不断推陈出新,使得加工的手段和工艺更加广泛,从而使得机械加工(特别是钳工)的许多内容被取代。但钳工也具有它独有的优势(如成本低、操作方便、异形零件的单件加工、模具特殊型腔的打磨、产品的装配与修理等),尤其是一些掌握有特殊技能的操作工人,其加工单件产品的质量和配合部位的精度会比机械加工更高。因此,钳工这个工种仍然具有强大的生命力。

到目前为止,切削加工仍占机械加工中的大部分,但随着特种加工技术的不断成熟和设备的不断普及,最终会逐渐取代切削加工的地位。

2.2　切削加工的基本术语和定义

2.2.1　切削运动

由于切削运动是机床上工件和刀具进行相对运动而达到加工的目的,因此,根据在切削加工过程所起的作用不同,它分为主运动和进给运动。常见机床的切削运动如图 2-1 所示。

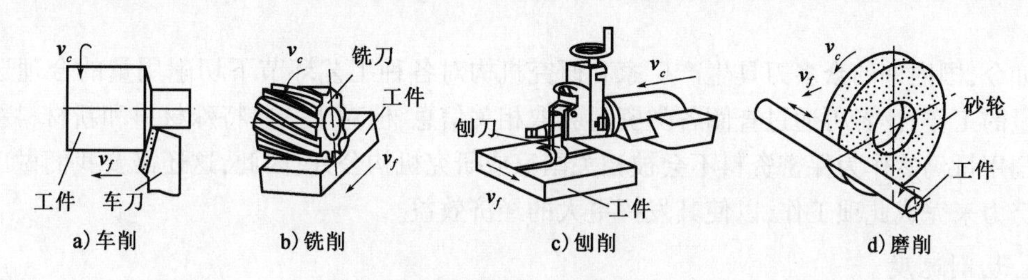

注:v_c-切削速度;v_f-进给速度

图 2-1　常见机床切削运动

1. 主运动

主运动是保证机床完成切削加工可能性的运动,它是最基本的运动。主运动在切削加工过程的转速(速度)最高,消耗的功率也最大。通常主运动只有一个,如车床的主运动是工件的旋转运动,铣床的主运动是铣刀的旋转运动,但对于诸如车铣复合机床,其主运动的形式可以互换。

2. 进给运动

进给运动是指在主运动的前提下,为保证加工表面的连续可切削性所辅助的运动。由于零件表面的多样性,进给运动可以有一个或多个。如车床上有车刀沿工件的纵向和横向两个进给运动,但两个运动不能同时进行;数控铣床的进给运动通常有沿空间三个坐标的移动,而且数控系统能同时控制该三个轴沿空间轨迹的移动。

2.2.2　切削过程中形成的三个表面

随着切削过程的连续进行,零件的表面上也会连续存在着三个不断变换的表面,如图 2-2 所示。

1. 待加工表面

零件上等待加工的表面称为待加工表面。

2. 已加工表面

零件上已经过刀具加工后形成的表面称为已加工表面。

3. 过渡表面

在当前刀具的主切削刃正在切削的零件所形成的轨迹表面称为过渡表面。

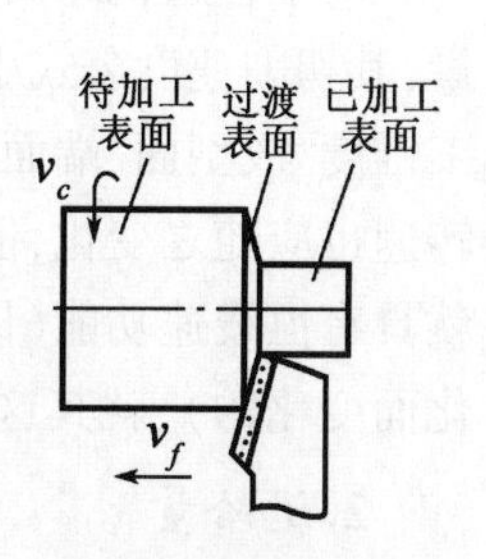

图 2-2　切削表面

2.2.3 切削用量

切削用量是指切削速度、进给量和背吃刀量三者的总称,也称作切削三要素。切削三要素的合理选择是保证切削加工顺利进行的首要条件,在实际生产过程由于加工零件的材料、热处理状态、加工性质、工艺状态和生产调度等多方面的因素变化,使得切削要素具有较大的不确定性,特别是不断涌现的新材料和新工艺。因此,作为一个合格的工艺人员或操作人员,如何适应上述变化,在制订工艺过程或加工过程选择较合理的切削要素,将是一个不断学习的过程。

如今,国内外的众多刀具生产厂家和研究机构对各种工艺环节下切削用量的合理选择做了大量的工作,读者可通过查阅各类资料获取相关信息,但对于一些特殊材料和新材料新工艺的切削用量仍然作为保密资料不会被相关国家或研究机构公开,因此,这还需要我们做出相当大的努力来完成此项工作,以使其发挥更大的经济效益。

1. 切削速度

切削速度是指刀具切削刃上选定点相对于零件待加工表面在主运动方向上的瞬时速度,用 v_c 表示。常用的单位有:m/s 或 m/min。

当主运动为旋转运动时(如车削、铣削、磨削等),切削速度的计算公式为

$$v_c = \frac{\pi D n}{1000 \times 60} \quad (\mathrm{m/s}) \text{ 或 } v_c = \frac{\pi D n}{1000} \quad (\mathrm{m/min})$$

当主运动为往复直线运动时(如刨床、插削、拉削等),切削速度的计算公式为

$$v_c = \frac{2Ln_r}{1000 \times 60} \quad (\mathrm{m/s}) \text{ 或 } v_c = \frac{2Ln_r}{1000} \quad (\mathrm{m/min})$$

式中:D——待加工表面直径或刀具切削刃的最大直径(mm);

n——工件或刀具的转速(r/min);

L——往复运动的行程长度(mm);

n_r——主运动每分钟往复的次数(str/min)。

切削速度对加工质量的影响较大。在粗加工阶段,其切削加工的主要矛盾是用最短的时间将工件多余的毛坯去除,因此,为保证刀具的耐用度和切削力对工艺系统的影响,往往取值较低;在精加工阶段,其切削加工的主要矛盾是保证加工质量(这里主要体现为表面粗糙度),因此,往往取较高值。

对于普通机床而言,由于主轴的转速在一个工步过程是保持不变的,因此,为保证加工质量,其切削速度公式中的 D 往往取大值。但对于加工零件直径是连续变化的工件(如车床加工锥度、成型面、端面等),在确定切削速度后(即线速度恒定),随着直径的连续变化其主轴的转速也应随之变化,但普通机床不能达到此项功能。而对于数控机床(如配备的伺服电机)则就具有恒线速功能(即在加工过程,在线速度恒定的情况下,主轴的转速是随着工件直径的变化而变化的),就其这一点功能上就比普通机床更胜一筹。

2. 进给量

进给量是指主运动在一个工作循环内,刀具与零件在进给方向上的相对位移量,用 f 表

示。进给量常用单位有:当主运动为旋转运动(如车床)时,用每转进给量(mm/r)表示;当主运动为往复直线运动(如刨床)时,用每行程进给量(mm/str)表示;对于多齿刀具(如铣刀),用每齿进给量(mm/z)表示。

对于单位时间的进给量用进给速度 v_f 表示,常用单位有:mm/s,mm/min。

3. 背吃刀量

背吃刀量是指零件待加工表面与已加工表面间的垂直距离,用 a_p 表示。如车削外圆时的背吃刀量为

$$a_p = \frac{D - d}{2} \quad (\text{mm})$$

4. 切削三要素选择原则

粗加工阶段的主要矛盾是尽快地将零件多余的毛坯去除,因此,在工艺系统刚性允许的情况下,首选较大的背吃刀量,其次选择较大的进给量,最后选择较小的切削速度;精加工阶段的主要矛盾是保证加工质量,因此,在主轴转速和刀具允许的情况下,首选较高的切削速度,其次选择较低的进给量,最后选择较小的背吃刀量。

2.3 刀具材料

由前述可知,所有的切削加工过程都是由各种刀具(工具)参与加工的,因此,刀具的好坏直接关系到加工的质量和效率。对于刀具的选择主要考虑刀具的材料和几何角度。

2.3.1 刀具材料应具备的性能

在切削加工过程,刀具要承受切削区域的高温、高压和高的摩擦力以及来自工件或工艺系统的冲击振动等,因此,刀具应具备高硬度、足够的强度和韧性、良好的耐磨性、高耐热性以及良好的工艺性和经济性等性能。

2.3.2 刀具材料

刀具的材料较多,主要有工具钢(碳素工具钢、合金工具钢、高速工具钢)、硬质合金、陶瓷、立方氮化硼和人造聚金金刚石等。本节只介绍几种常用的刀具材料。

1. 碳素工具钢

该材料属于优质高碳钢,淬火后硬度大于62HRC,但淬火后易产生变形和开裂,由于其红硬温度仅为200~300℃,因此,常用于制造手工工具和切削速度较低的钳工刀具,如锉刀、手工锯条、刮刀等。

2. 合金工具钢

在碳素工具钢中加入了少量的硅、锰、铬、钨等合金元素,使其硬度和耐磨性均有所提高,其红硬温度可达300~400℃,淬火变形较小,因此,常用于制造形状复杂的刀具,如铰刀、丝锥、板牙等。

3. 高速钢

在合金工具钢中加入了钨、铬、钒等合金元素,使其硬度可达 62 ~ 65HRC、红硬温度可达 500 ~ 600℃,且具有较高的强度和韧性,因此,常用于制造各类形状复杂的刀具,如钻头、铣刀、拉刀、丝锥、板牙、齿轮刀具等,应用相当广泛。

4. 硬质合金

硬质合金是由难熔金属碳化物(WC、TiC)和金属黏接剂(如 Co)经粉末冶金方法制成的。可分为碳化钨基和碳(氮)化钛基两大类。我国常用的碳化钨基硬质合金有钨钴类(如 YG3、YG6、YG8)和钨钛钴类(如 YT30、YT15、YT5 等)。随着技术的不断进步,新牌号的硬质合金也非常的多,且已在切削加工中广泛使用。

硬质合金根据所含合金元素的比例其性能也各有不同,但一般情况来说硬质合金的硬度可达 78HRC 左右,耐热温度可达 1000℃以上,其耐磨性也比高速钢好。虽然硬质合金具有上述优点,但其抗弯强度、冲击韧性和工艺性能较差,因此,只能制造形状相对于高速钢来说更简单的刀具,如各种形状的刀片、整体硬质合金的铣刀、铰刀、钻头等。

随着涂层技术[在韧性较好的硬质合金或高速钢刀具的基体上,通过化学气相沉积法(CVD)或物理气相沉积法(PVD)涂上一薄层耐磨性较高的难熔化合物,如 TiC 或 TiN,在提高刀具耐磨性的情况下而不降低其韧性,同时提高了刀具的抗氧化和抗黏接的性能,提高了刀具的寿命]的不断发展,现在也大量使用该类刀具。

硬质合金刀具(片)的成本比高速钢高,但如能合理使用,其性价比也是比较高的。

2.4 常用量具

2.4.1 钢直尺、内外卡钳及塞尺

1. 钢直尺

钢直尺是最简单的长度量具,它的长度有 150mm、300mm、500mm 和 1000mm 四种规格。图 2-3 是常用的 300mm 钢直尺。

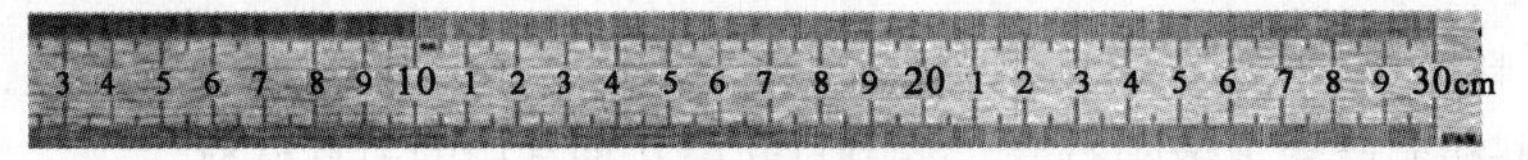

图 2-3 300mm 钢直尺

钢直尺的测量误差较大(在前端有部分刻线为 0.5mm,以后的刻线均为 1mm),因此,只能用于测量毛坯尺寸或零件的大致尺寸。

2. 内外卡钳

图 2-4 是常见的两种内、外卡钳。内、外卡钳是最简单的比较量具,具有结构简单、制造方便、价格低廉、维护和使用方便等特点,广泛应用于要求不高的零件尺寸测量,尤其是对锻铸件毛坯尺寸的测量,卡钳是最合适的测量工具。

外卡钳主要是用来测量外径和平面间的距离,内卡钳则主要是用来测量内径和凹槽。卡钳本身都不能直接读出测量结果,而是把测量得的长度尺寸在钢直尺上进行读数,或在钢直尺

上先取下所需尺寸，再去测量零件的尺寸是否符合。

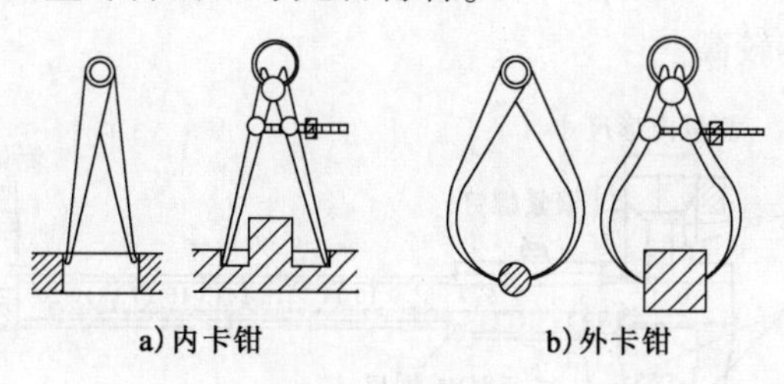

图2-4　内外卡钳

卡钳的使用技巧：

(1)调节卡钳开度时，不能直接敲击钳口，这会因卡钳的钳口损伤量面而引起测量误差。更不能在机床的导轨上敲击卡钳。

(2)用已在钢直尺等量具上取好尺寸的外卡钳去测量外径时，应使两个测量面的连线垂直于零件的轴线。在靠外卡钳的自重滑过零件外圆时，外卡钳与零件外圆正好是点接触，此时外卡钳两个测量面之间的距离就是被测零件的外径。如果卡钳与外径千分尺配合使用，只要使用得当，也可测量一些精密量具不好测量而精度较高的场合(精度可达到0.01mm)。

3. 塞尺

塞尺又称厚薄规或间隙片，主要用来测量配合零件结合面之间的间隙大小。塞尺是由许多厚薄不一的薄钢片组成，如图2-5所示。每片塞尺上都有厚度标记，以供组合使用。

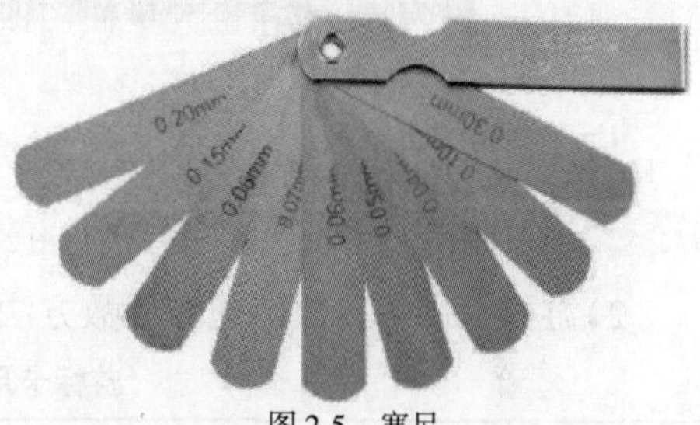

图2-5　塞尺

测量时根据结合面间隙的大小，用一片或数片重叠在一起塞进间隙内。例如用0.05mm的一片能插入间隙，而0.04mm的不能插入，则说明间隙在0.04～0.05mm之间，所以塞尺也是一种界限量规。塞尺的规格较多，读者可查阅相关厂家的资料。

使用塞尺时必须注意下列几点：

(1)根据结合面的间隙情况选用塞尺片数，但片数越少越好；

(2)测量时不能用力太大，以免塞尺遭受弯曲和折断；

(3)不能测量温度较高的工件。

2.4.2　游标读数量具

应用游标读数原理制成的量具称为游标读数零件，主要有游标卡尺、高度游标卡尺、深度游标卡尺、游标量角尺和齿厚游标卡尺等，用于测量零件的外径、内径、长度、宽度、厚度、高度、深度、角度以及齿轮的齿厚等，应用范围非常广泛。

1. 游标卡尺

1)游标卡尺的结构型式

游标卡尺是一种常用的量具，具有结构简单、使用方便、精度中等(一般有0.02mm和0.05mm两种测量精度)和测量的尺寸范围大等特点，是生产中应用最为广泛的量具之一。

游标卡尺有三种结构型式，如图2-6所示。刻线式的游标卡尺有读数不很清晰，容易读错的缺点，而带表卡尺（如图 2-6d 所示）和数字显示游标卡尺（如图 2-6e 所示）就能克服上述缺点，但其结构较复杂，成本较高。

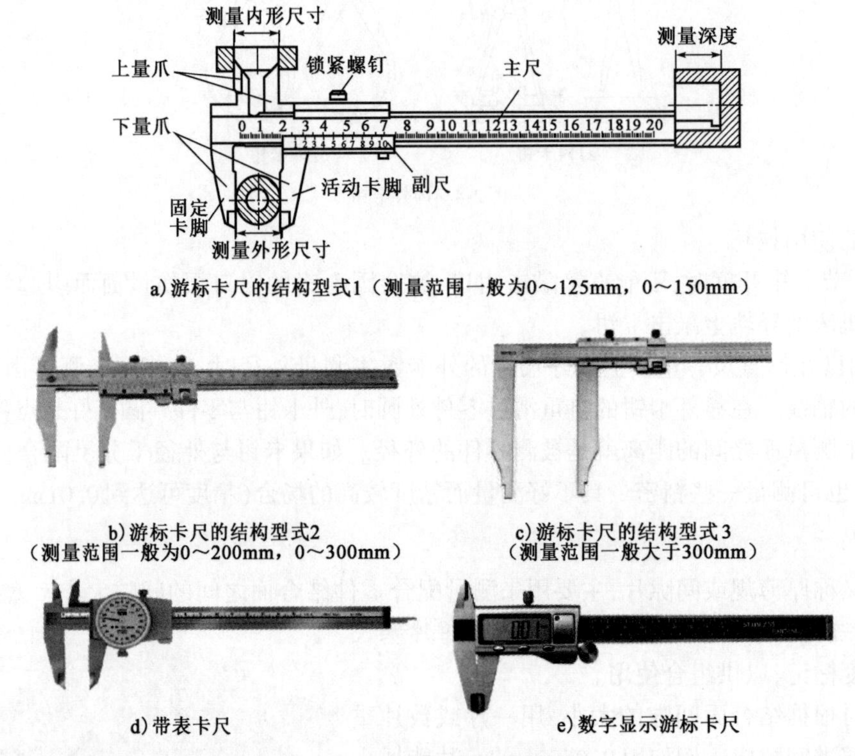

a）游标卡尺的结构型式1（测量范围一般为0～125mm，0～150mm）

b）游标卡尺的结构型式2（测量范围一般为0～200mm，0～300mm）

c）游标卡尺的结构型式3（测量范围一般大于300mm）

d）带表卡尺

e）数字显示游标卡尺

图 2-6 游标卡尺结构型式

2）游标卡尺的读数原理和读数方法（如表 2-1 所示）

游标卡尺的刻线原理与读数方法 表 2-1

精度值	刻线原理	读数方法
0.02mm	主尺 1 格 = 1mm 副尺 1 格 = 0.98mm，共 50 格 主、副尺每格之差（精度）= 1 - 0.98 = 0.02mm 主尺游标 0 1 1 2 3 4 5 副尺游标 0.98 0 1 2 3 4 5 6 7 8 9 0	整数位 = 副尺 0 位在主尺整数位上的读数 小数点后第一位 = 副尺游标示的数字 小数点后第二位 = 副尺游标大格间小格的格数 ×0.02 读数 = 13 + 0.1 + 3 × 0.02 = 13.16mm 读数 = 4 + 0 + 4 × 0.02 = 4.08mm

续上表

精度值	刻线原理	读数方法
0.05mm	主尺1格=1mm 副尺1格=0.95mm,共20格 主、副尺每格之差(精度)=1-0.95=0.05mm	读数方法与上述方法一致 读数=12+0.3=12.3mm 读数=6+0.2+1×0.05=6.25mm

3)游标卡尺的使用方法

使用游标卡尺测量零件尺寸时,必须注意下列几点(如图2-7所示):

(1)测量前应把卡尺擦拭干净,检查卡尺的两个测量面和测量刃口是否平直无损,把两个量爪紧密贴合时,应无明显的间隙,同时副尺和主尺的零位刻线要相互对准。

(2)移动游标卡尺的副尺时要活动自如,不能过松或过紧,更不能有晃动现象。用固定螺钉固定副尺时,卡尺的读数不应有所改变,在移动副尺时,要松开锁紧螺钉。

(3)卡尺两测量面的连线应垂直于被测量表面,不能歪斜。测量时应先把卡尺的活动量爪张开(或缩小),使量爪能自由地卡进工件外圆或内孔,把零件贴在固定量爪上,然后移动副尺,用轻微的压力使活动量爪接触零件,测量时可以轻轻摇动卡尺以找到正确位置进行测量和读数。

(4)测量外形尺寸时,应当用量爪的平面测量刃进行测量;而对于圆弧形沟槽尺寸,则应当用刃口形量爪进行测量,以减少测量误差,如图2-7所示。

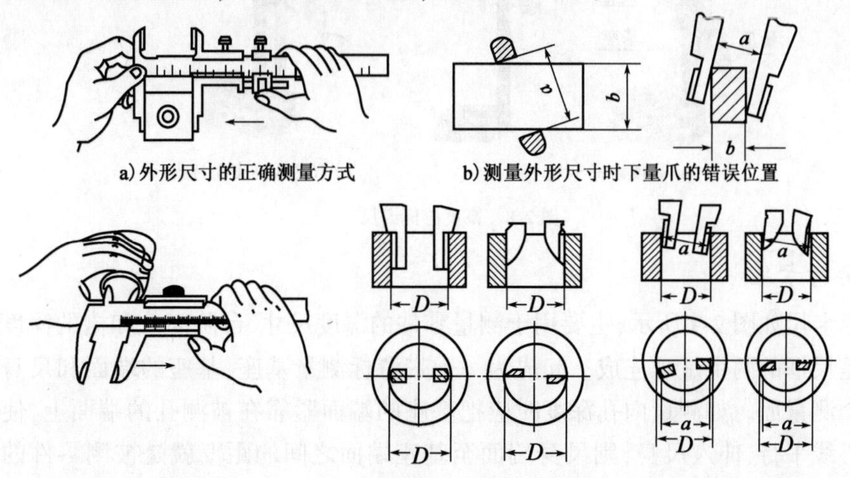

a)外形尺寸的正确测量方式　b)测量外形尺寸时下量爪的错误位置

c)内孔尺寸的正确测量方式　d)测量内孔时上量爪的准确位置　e)测量内孔时上量爪的错误位置

图 2-7

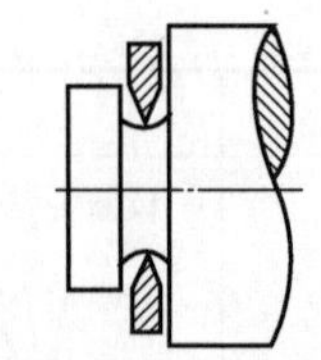

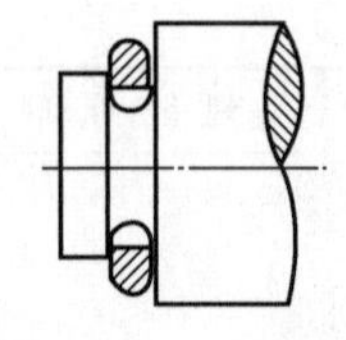

f)测量沟槽时下量爪的准确位置　　g)测量沟槽时下量爪的错误位置

图 2-7　游标卡尺测量位置示例

(5)用游标卡尺测量零件时,不能过分地施加压力,所用压力应使两个量爪刚好接触零件表面。如果测量压力过大,不但会使量爪弯曲或磨损,且量爪在压力作用下产生弹性变形会使测量尺寸不准确。

(6)在游标卡尺上读数时,应保持卡尺水平并朝着亮光的方向,使人的视线尽可能和卡尺的刻线表面垂直,以免由于视线的歪斜造成读数误差。

(7)为了获得正确的测量结果,可以多测量几次。即在零件的同一截面上的不同方向进行测量。对于较长零件,则应当在全长的各个部位进行测量,以获得一个比较正确的测量结果。

2. 高度游标卡尺

高度游标卡尺如图 2-8 所示,主要用于测量零件的高度和精密划线。量爪的测量面上镶有硬质合金以提高量爪使用寿命。高度游标卡尺的测量和划线应在平台上进行。高度游标卡尺的常见规格有 0 ~ 300mm 和 0 ~ 500mm 两种。

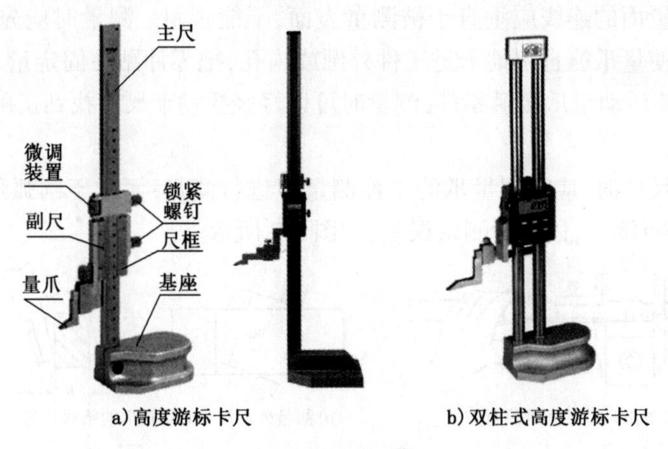

a)高度游标卡尺　　b)双柱式高度游标卡尺

图 2-8　高度游标卡尺

3. 深度游标卡尺

深度游标卡尺如图 2-9 所示,主要用于测量零件的深度尺寸、台阶高低和槽的深度等。它的结构特点是尺框的两个量爪连成一起成为一个带游标测量基座,基座的端面和尺身的端面就是它的两个测量面。如测量内孔深度时应把基座的端面紧靠在被测孔的端面上,使尺身与被测孔的中心线平行,伸入尺身,则尺身端面至基座端面之间的距离就是被测零件的深度尺寸,它的读数方法和游标卡尺完全一样。

使用深度游标卡尺测量零件尺寸时,必须注意下列问题:

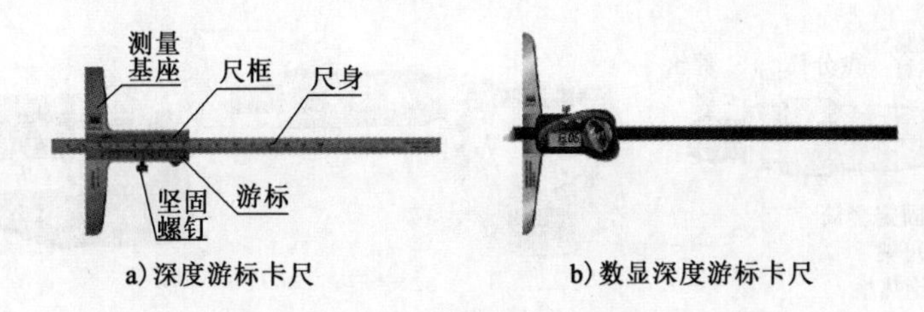

a)深度游标卡尺　　b)数显深度游标卡尺

图2-9　深度游标卡尺

(1)测量时先把测量基座轻轻压在工件的基准面上,两个端面必须接触工件的基准面再移动尺身,直到尺身的端面接触到工件的测量面上,然后用紧固螺钉固定尺框,提起卡尺,读出深度尺寸,如图2-10所示。

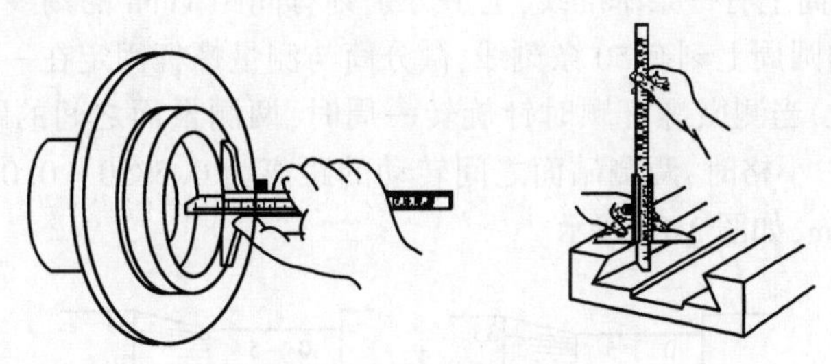

图2-10　深度游标卡尺的使用方法

(2)当基准面是曲面时,测量基座的端面必须放在曲面的最高点上,测量出的深度尺寸才是工件的实际尺寸,否则会出现测量误差。

2.4.3　螺旋测微量具

应用螺旋测微原理制成的量具,称为螺旋测微量具。它的精度有0.01mm(百分尺)和0.001mm(千分尺)两种,工厂习惯上都叫做千分尺或分厘卡,而0.01mm的千分尺使用最为普遍。

常见的千分尺种类有外径千分尺、内径千分尺、深度千分尺、螺纹千分尺和公法线千分尺等。

1.外径千分尺

1)外径千分尺的结构

外径千分尺是用以测量零件的外径、凸肩厚度以及板厚或壁厚等(测量孔壁厚度的千分尺,其测量面呈球弧形)。千分尺的组成如图2-11所示,其中砧座和测量螺杆的测量面上都镶有硬质合金,以提高测量面的使用寿命。尺架的两侧面覆盖着绝热板,以防止人体的热量影响千分尺的测量精度,同时在测量时也应注意工件的温度和环境温度对测量精度的影响。

2)千分尺的测量范围

千分尺测量螺杆的移动量为25mm,所以千分尺的测量范围一般为25mm。为了使千分尺能测量更大范围的长度尺寸,千分尺的尺架做成各种尺寸,形成不同测量范围的千分尺。常用千分尺的规格为0~25mm、25~50mm、50~75mm、75~100mm、100~125mm等,更多的规格读者可参考相关资料。

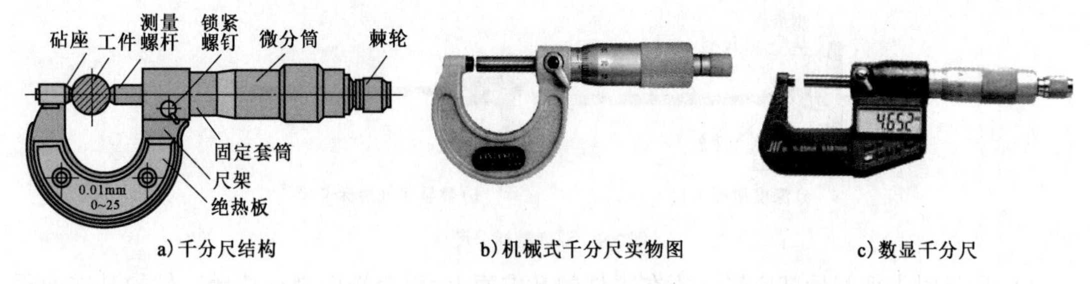

a)千分尺结构　　b)机械式千分尺实物图　　c)数显千分尺

图 2-11　0 ~ 25mm 外径千分尺

3)外径千分尺的工作原理

千分尺的固定套筒上有一条基准线,上下分别刻有间距 1mm 的刻线,上下刻线则相互错开 0.5mm。微分筒的圆周上刻有 50 条刻线,微分筒与测量螺杆固定在一起转动,测量螺杆的螺距为 0.5mm。因此,当测微螺杆顺时针旋转一周时,两测量面之间的距离就缩小 0.5mm。同理,当微分筒转动一小格时,两测砧面之间转动的距离为 0.5/50 = 0.01mm,也就是千分尺的读数精度为 0.01mm,如图 2-12 所示。

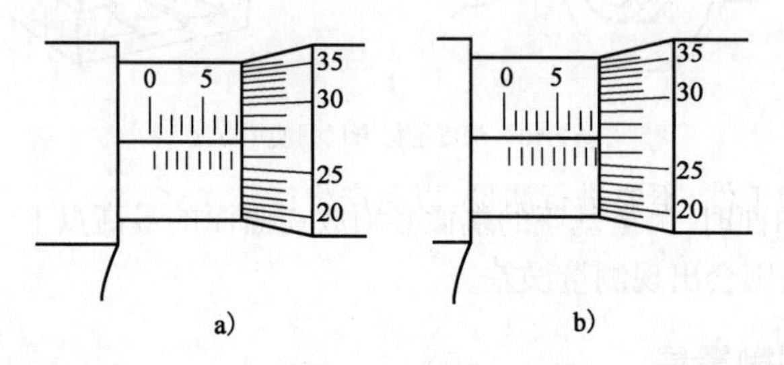

图 2-12　外径千分尺的读数示例

4)千分尺的具体读数方法

(1)读出固定套筒上露出的刻线尺寸。先读上排的刻线,然后再读下排的刻线(如果下排的刻线露出,一定要读出 0.5mm 的值,否则,整个读数将差 0.5mm)。

(2)读出微分筒上的尺寸。看清微分筒圆周上那一格与固定套筒的中线基准对齐,所对应的数字乘以 0.01mm 即为微分筒上的尺寸。

(3)将上面的两个读数相加,即为工件的测量尺寸。

如图 2-12a)所示,在固定套筒上读出的尺寸为 8mm,微分筒上读出的尺寸为 27(格) × 0.01mm = 0.27mm,上两数相加即得被测零件的尺寸为 8.27mm;如图 2-12b)所示,在固定套筒上读出的尺寸为 8.5mm(上排刻线为 8mm,下排的刻线已露出,应加 0.5mm),在微分筒上读出的尺寸为 27(格) × 0.01mm = 0.27mm,上两数相加即得被测零件的尺寸为 8.77mm。

5)外径千分尺的使用方法

使用千分尺测量零件尺寸时,必须注意以下几点:

(1)使用前应先对千分尺进行校零的工作。将两个测量面擦干净,转动微分筒,使两测量面接触(若千分尺规格不是 0 ~ 25mm 时,应在两测量面之间放入配套的校对量杆),接触面上应没有间隙和漏光现象,同时微分筒和固定套筒上的零位要对准。

(2)转动微分筒时应能自由灵活地沿着固定套筒活动,没有任何不灵活的现象。如有移动不灵活的现象,应送计量站及时检修。

(3)测量前应把零件的被测量表面擦干净,以免脏物存在影响测量精度。绝对不允许用千分尺测量带有研磨剂的表面和表面粗糙的零件,这样易使测量面过早磨损。

(4)当千分尺测量面接近零件时,应当缓慢转动棘轮使测量面与零件接触,以使测量面保持标准的测量压力(听到棘轮打滑的声音),表示压力合适,并可开始读数。绝对不允许用力旋转微分筒来增加测量压力,使测量螺杆过分压紧零件表面而致使精密螺纹发生变形而损坏千分尺的精度。

(5)使用千分尺测量零件时,要使测量螺杆与零件被测量的尺寸方向一致,不要歪斜,测量时可在转动棘轮的同时,轻轻地晃动尺架,使测量面与零件表面接触良好。

(6)用千分尺测量零件时,最好在零件上进行读数,然后松开测量螺杆后再取出千分尺,这样可减少测量面的磨损。如果必须取下读数时,应先用锁紧螺钉锁紧活动套筒后,再轻轻滑出零件。

(7)在读取千分尺上的测量数值时,要特别留心不要读错0.5mm。因此,读数时最好配合游标卡尺使用。

(8)为了获得正确的测量结果,可在同一位置上再测量一次。尤其是测量圆柱形零件时,应在同一圆周的不同方向测量几次,检查零件外圆有没有圆度误差,再在全长的各个部位测量几次,检查零件外圆有没有圆柱度误差等。

(9)对于超常温的工件,不要进行测量,以免产生读数误差。

(10)用千分尺测量工件时应双手测量(左手握住绝热板,右手旋转活动套筒或棘轮),尽量避免单手操作。

(11)不能用千分尺测量运动中的工件。

(12)千分尺是精密量具,一定要按照上述方法正确使用。不能将量具当玩具,拿在手中玩耍。

2. 内径千分尺

如图2-13所示的内径千分尺为两点测量量具,因此,在测量时应先将尺寸调整到略小于测量尺寸后,再将千分尺平稳地放入孔内,然后调整微分筒进行测量,如图2-14所示(由于没有棘轮装置,因此其松紧程度应掌握好,以避免产生较大的示值误差)。

内径千分尺,除可用来测量内径外,也可用来测量槽宽和机体两个内端面之间的距离等尺寸。但50mm以下的尺寸不能测量,需用内测千分尺。

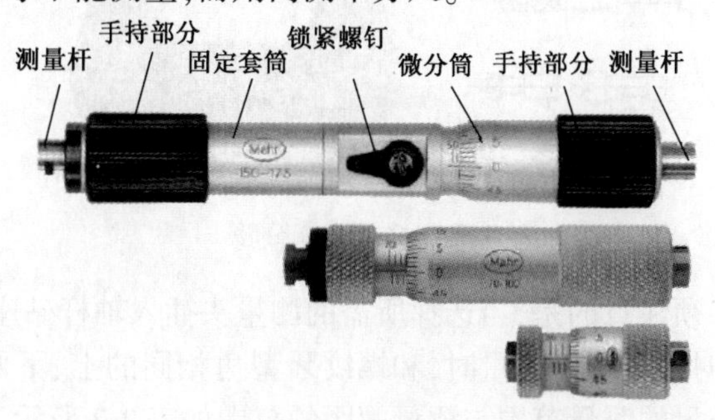

图2-13　内径千分尺

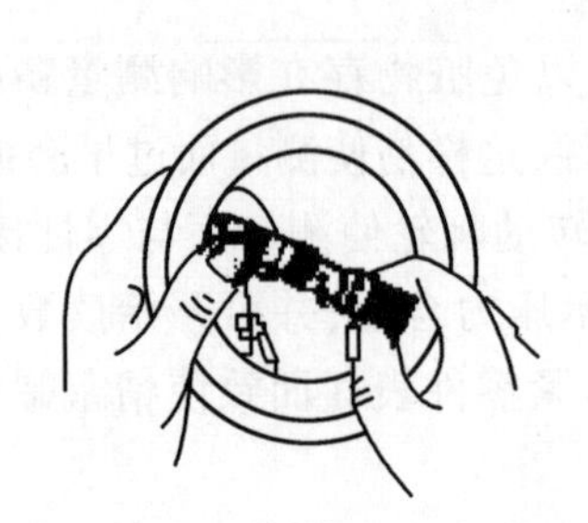
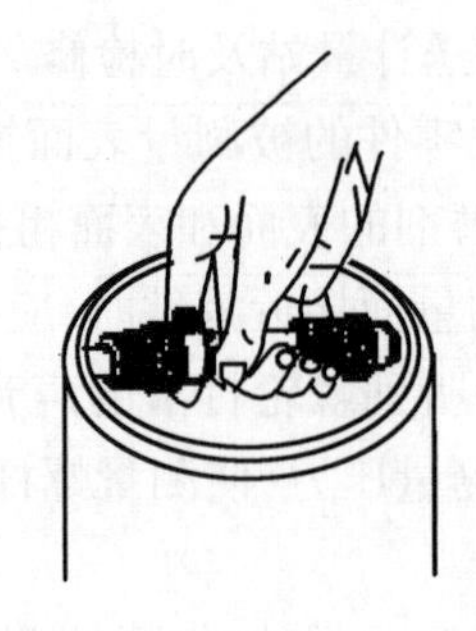

图 2-14 内径千分尺的使用

3. 三爪内径千分尺

三爪内径千分尺克服了上述的两点式内径千分尺的缺点，其测量内径尺寸的准确度大为提高，如图 2-15 所示。但该千分尺只能测量内孔尺寸，不能测量槽宽和机体两个内端面之间的距离等尺寸。

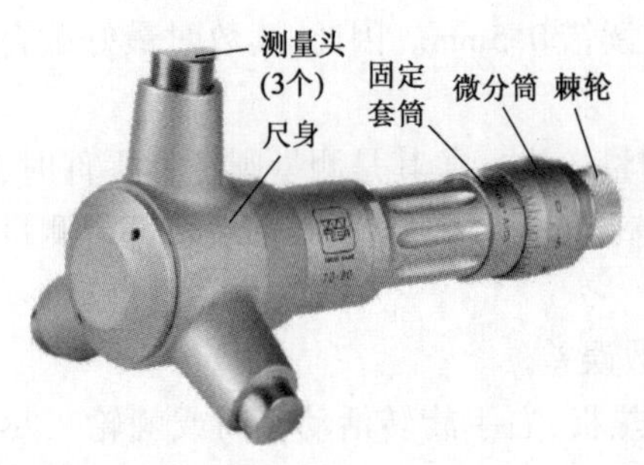

图 2-15 三爪内径千分尺

内径千分尺在使用前需要用配套的标准环规进行校正零位后再使用。

三爪内径千分尺由于没有锁紧装置，因此在工件上测量读数后，应随即松开千分尺然后取出。

三爪内径千分尺的测量范围一般为 5mm，其规格也较多，使用者可根据需要成套购买或单独购买。相关规格读者可查阅相关厂家的资料。

4. 螺纹的测量

螺纹工件是否合格，就其螺纹部分应着重测量牙型角、螺距和中径。

1) 螺纹千分尺

螺纹千分尺主要用于测量普通螺纹的中径和螺距，如图 2-16 所示。

螺纹千分尺的结构与外径千分尺相似，所不同的是它有两个可调换的测量头，以对应不同螺距和牙型角的螺纹。

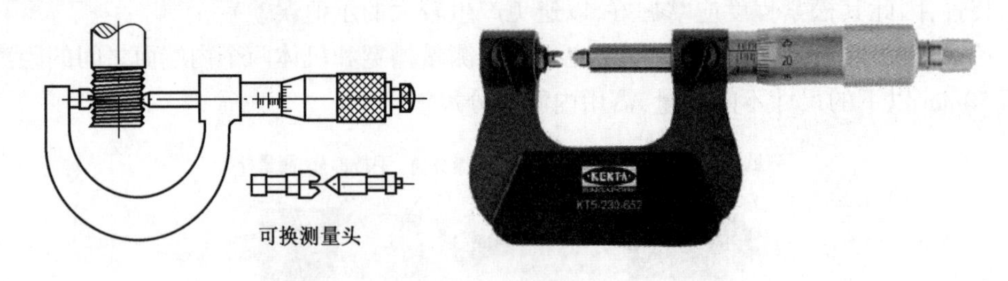

图 2-16 螺纹千分尺

使用螺纹千分尺必须注意的是，当选择所需的测量头插入轴杆砧座的孔内之后，应调整砧座的位置，使千分尺先对准零位。测量时，和螺纹牙型角相同的上、下两个测量头正好卡在螺纹的牙侧上。螺纹千分尺的测量范围与测量螺距的范围如表 2-2 所示。

普通螺纹中径测量范围　　表2-2

测量范围(mm)	测头数量(副)	测头测量螺距的范围(mm)
0～25	5	0.4～0.5、0.6～0.8、1～1.25、1.5～2、2.5～3.5
25～50	5	0.6～0.8、1～1.25、1.5～2、2.5～3.5、4～6
50～75	4	1～1.25、1.5～2、2.5～3.5、4～6
75～100		
100～125	3	1.5～2、2.5～3.5、4～6
125～150		

2)三针测量

这是一种间接测量的方法,也是测量中径的一种比较精确的方法。如图2-17所示。

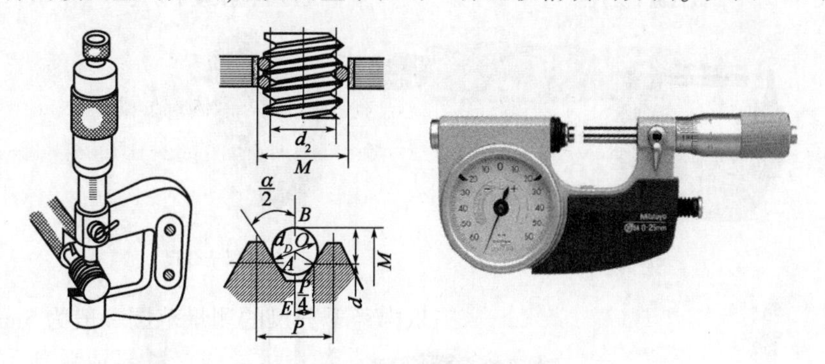

图2-17　三针测量螺纹中径

3)螺距规

对于螺距和牙型的测量可用螺距规,因螺距规有一定的读数范围,所以它能适宜多种螺距规格的测量,如图2-18所示。

4)综合测量法

在实际工作中,多采用螺纹塞规和环规对螺纹进行测量,如图2-19所示。

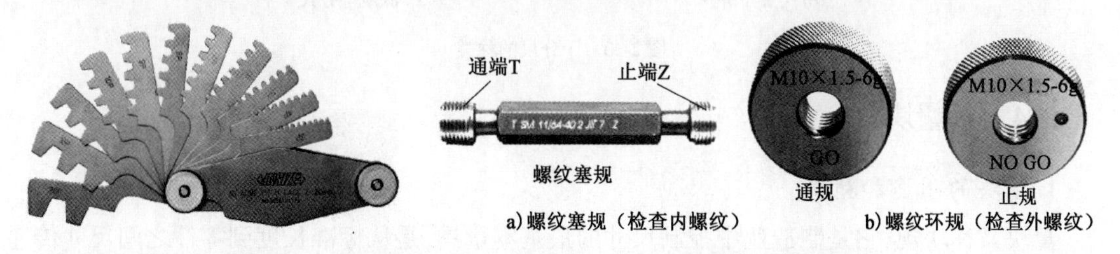

a)螺纹塞规（检查内螺纹）　b)螺纹环规（检查外螺纹）

图2-18　螺距规　　图2-19　螺纹量规

螺纹塞规或环规均具有一定的尺寸和精度要求,对螺纹的牙型角、螺距和中径进行综合测量,并设置“通端”和“止端”两部分,被测螺纹工件将较快地得到合格或不合格的测量结果,故这种测量方法得到广泛应用。

测量前应先对螺纹的直径、螺距、牙型和表面粗糙度进行检查,然后再用螺纹塞(环)规测量内(外)螺纹的尺寸精度是否符合要求。如果环规“通端”正好能拧进去,而“止端”拧不进去,则说明螺纹精度是符合要求的。检查有退刀槽的螺纹时,环规的“通端”应通过退刀槽与台阶平面靠平。如果“通端”难以拧进，应对螺纹的直径、牙型角和螺距进行检查后再进行修正。

千分尺的种类还有较多，如内测千分尺、公法线长度千分尺、壁厚千分尺、板厚千分尺、尖头千分尺、深度千分尺等，如图2-20所示，均使用在不同的场合，读者可根据需要查阅相关资料。

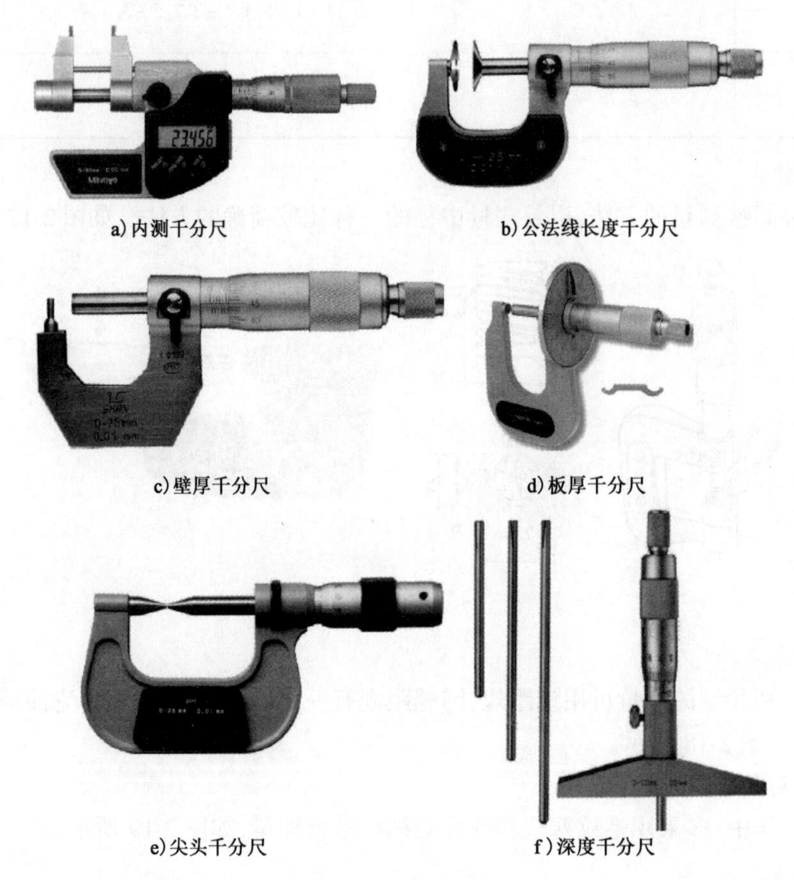

图2-20 千分尺的种类

2.4.4 量块

1.量块的用途和精度

量块又称块规，它是制造业中控制尺寸的最基本量具，是从标准长度到零件之间尺寸传递的媒介，是技术测量上长度计量的基准。

长度量块是用耐磨性好、硬度高而不易变形的轴承钢制成矩形截面的长方块，它的两个测量面是经过精密研磨和抛光加工的粗糙度很高的平行平面，其余四个面是非测量面，如图2-21所示。

量块的工作尺寸是指中心长度，即量块的一个测量面的中心至另一个测量面相贴合面（其表面质量与量块一致）的垂直距离（因为两测量面不是绝对平行的）。每个量块上都标记着它的工作尺寸，当量块尺寸等于或大于6mm时标记在非工作面上，当量块在6mm以下时则直接标记在测量面上。

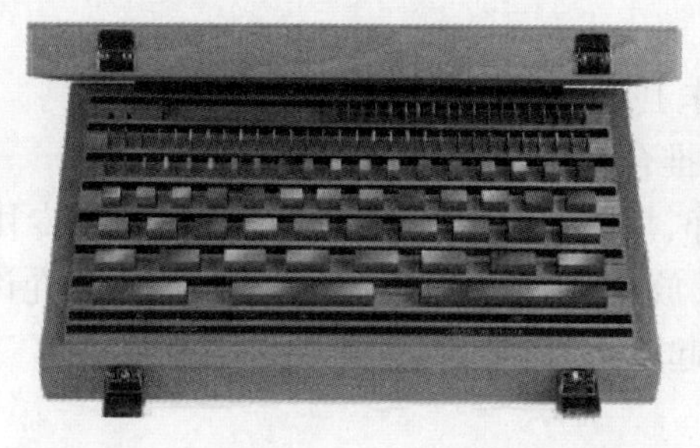

图2-21　量块

量块的精度根据它工作尺寸(即中心长度)的精度和两个测量面的平面平行度的准确程度,分成五个精度级,即00级、0级、1级、2级和3级。其中00级量块的精度最高,工作尺寸和平面平行度等都做得很准确,精度为微米级,一般仅用于省市计量单位作为检定或校准精密仪器使用。3级量块的精度最低,一般作为工厂或车间计量站使用的量块,用来检定或校准车间常用的精密量具。

2. 成套量块和量块尺寸的组合

量块是成套供应的,每套装成一盒,每盒中有各种不同尺寸的量块,其尺寸编组有一定的规定。

在总块数为83块和38块的两盒成套量块中,有时带有四块护块,所以每盒有87块和42块。护块即保护量块,主要是为了减少常用量块的磨损,在使用时可放在量块组的两端,以保护其他量块。

每块量块只有一个工作尺寸。但由于量块的两个测量面做得十分准确而光滑,具有可黏合的特性(即将两块量块的测量面轻轻地推合后,这两块量块就能黏合在一起,不会自己分开,好像一块量块一样),就可组成各种不同尺寸的量块组,大大扩大了量块的应用。但为了减少误差,组成量块组的块数不宜超过5块。

为了使量块组的块数为最小值,在组合时就要根据一定的原则来选取块规尺寸,即首先选择能去除最小位数的尺寸的量块。例如,若要组成33.625mm的量块组,其量块尺寸的选择方法如下:

```
 33.625  ------------------  量块组合尺寸
 -1.005  ------------------  第1块量块的尺寸
 ------
 32.620
 -1.02   ------------------  第2块量块的尺寸
 ------
 31.600
 -1.6    ------------------  第3块量块的尺寸
 ------
 30      ------------------  第4块量块的尺寸
```

量块是很精密的量具,使用时必须注意以下几点;

(1)使用前先在煤油中洗去防锈油,再用清洁的麂皮或软绸擦干净。不要用棉纱擦量块的工作面,以免损伤量块的测量面。

(2)清洗后的量块不要直接用手去拿,应当用软绸衬起来拿。若必须用手拿量块时,应当把手洗干净,并且要拿在量块的非工作面上。

(3)把量块放在工作台上时,应使量块的非工作面与台面接触。

(4)不要使量块的工作面与非工作面进行推合,以免擦伤测量面。

(5)量块使用后,应及时在煤油中清洗干净,用软绸揩干后,涂上防锈油,放在专用的盒子里。若经常需要使用,可在洗净后不涂防锈油,放在干燥的密闭盒内保存。绝对不允许将量块长时间的黏合在一起,以免由于金属黏结而引起不必要损伤。

2.4.5　指示式量具

指示性量具是以指针指示出测量结果的量具。工厂常用的指示性量具有百(千)分表、杠杆百(千)分表和内径百(千)分表等。主要用于校正零件的安装位置,检验零件的形状精度和相互位置精度,以及测量零件的内径等。

1. 百分表

1)百分表的结构

百分表和千分表,都是用来校正零件或夹具的安装位置,检验零件的形状精度或相互位置精度。它们的结构原理相同,只是千分表的读数精度为0.001mm,而百分表的读数精度为0.01mm。本节主要是介绍百分表。

百分表的外形如图2-22所示。表盘上刻有100个等分格,其刻度值为0.01mm。当指针转一圈时,小指针即转动一小格,转数指示盘的刻度值为1mm。用手转动表圈时,表盘也跟着转动,可使指针对准任一刻线。测量杆是沿着套筒上下移动的,套筒可作为安装百分表用。

图2-23是百分表内部结构的示意图。测量杆的齿距为0.625mm,当其上升16齿时正好是10mm,齿轮Z1、Z2、Z3、Z4的齿数分别为16、100、10、100齿,Z1和Z2为同轴的齿轮,Z2、Z3、Z4为相互啮合的齿轮,这样当测量杆上升1mm时,大指针就刚好旋转1圈,而表盘上的刻线有100格,即指针转过1格就为0.01mm。齿轮Z4上的盘形弹簧使齿轮传动的间隙始终在一个方向,并起着稳定指针位置的作用。测量杆上的弹簧是用来控制百分表的测量压力。

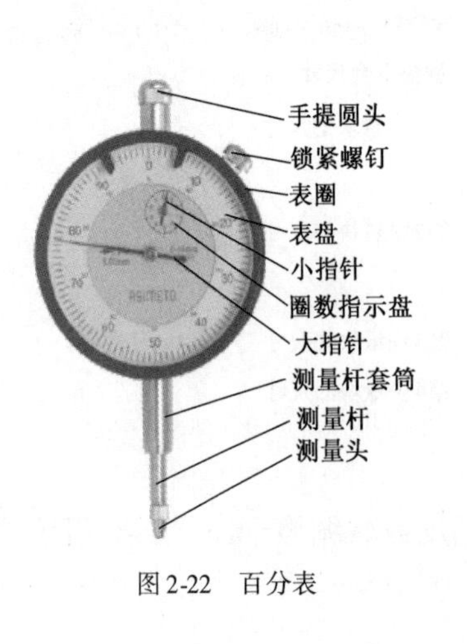

图2-22　百分表

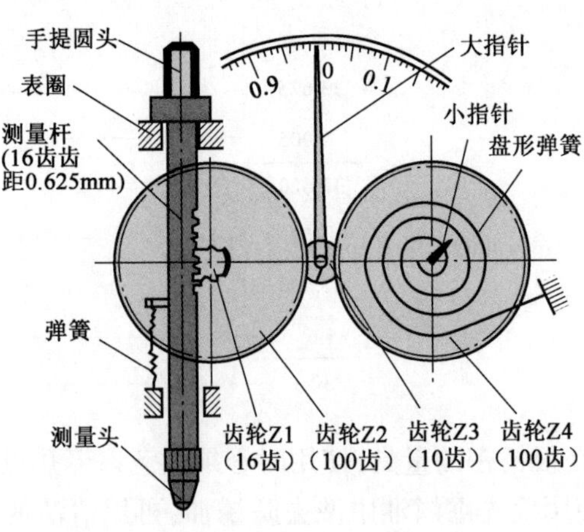

图2-23　百分表的内部结构

2)百分表的使用方法

使用百分表时应注意以下几点：

(1)使用前应检查测量杆移动的灵活性。即轻轻推动测量杆时，测量杆在套筒内的移动要灵活，没有任何轧卡现象，且每次放松后，指针能回复到原来的刻度位置。

(2)使用百分表时，必须把它固定在可靠的夹持架上(如固定在万能表架或磁性表座上，如图2-24所示)，夹持架要安放平稳，避免使测量结果不准确或摔坏百分表。用夹持百分表的套筒来固定百分表时，夹紧力不要过大，以免因套筒变形而使测量杆不灵活。

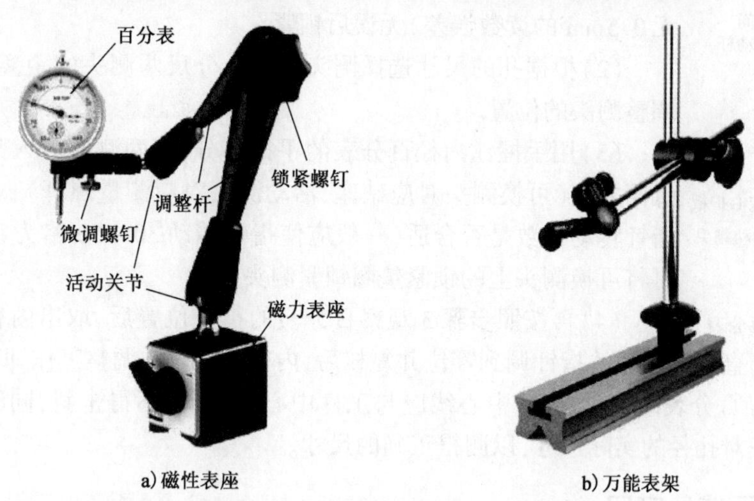

图2-24　安装在专用夹持架上的百分表内测千分尺

(3)用百分表测量零件时，测量杆必须垂直于被测量表面，使测量杆的轴线与被测量尺寸的方向一致，否则将使测量杆活动不灵活或使测量结果不准确。

(4)测量时，不要使测量杆的行程超过它的测量范围；不要使测量头突然撞在零件上；不要使百分表和千分表受到剧烈的振动和撞击，也不要把零件强迫推入测量头下，避免损坏百分表和千分表的零件而失去精度。因此，不能用百分表测量表面粗糙或有显著凹凸不平的零件。

(5)用百分表校正或测量零件时，应当使测量杆有一定的初始测力，即在测量头与零件表面接触时，测量杆应有0.3～0.5mm的压缩量(千分表可小一点，有0.1mm即可)，使指针转过半圈左右，然后转动表圈，使表盘的零位刻线对准指针。轻轻地拉动手提测量杆的圆头，拉起和放松几次，检查指针所指的零位有无改变。当指针的零位稳定后，再开始测量或校正零件的工作。

(6)在使用百分表的过程中，要严格防止水、油和灰尘渗入表内，测量杆上也不要加油，免得黏有灰尘的油污进入表内，影响表的灵活性。

(7)百分表不使用时，应使测量杆处于自由状态，免使表内的弹簧失效。

2.内径百分表

内径百分表是用以测量零件的内孔、深孔直径和形状精度的，如图2-25所示。

两触点量具在测量内径时，不容易找正孔的直径方向，定心护板和活动测头内的弹簧就起到使内径百分表的两个测量头正好在内孔直径两端的作用。

内径百分表活动测头的移动量对于小尺寸的只有0～1mm，大尺寸的可达0～3mm，它的

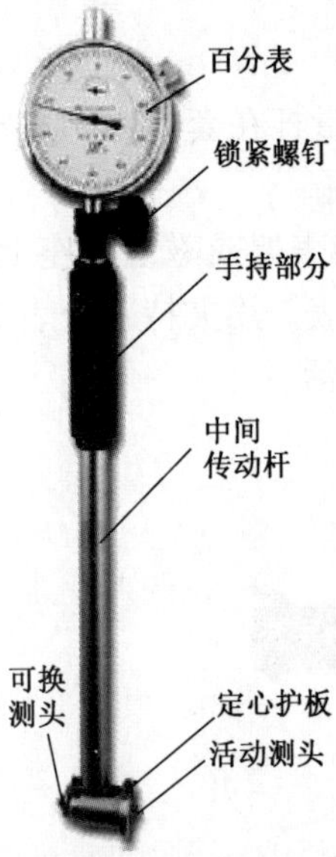

测量范围是由更换或调整可换测头的长度来达到的。因此,每个内径百分表都附有成套的可换测头,其测量范围主要有10~18mm、18~35mm、35~50mm、50~100mm等。

内径百分表测量内径是一种比较量法,测量前应根据被测孔径的大小,在外径千分尺上调整好尺寸后才能使用。

使用内径百分表时应注意以下几点:

(1)将外径千分尺调整到需要测量的尺寸值上,用游标卡尺检查(有无0.5mm的读数误差)无误后锁紧。

(2)根据孔的尺寸选择测头并与千分尺两测头的距离进行比较,粗调整测头的位置。

(3)用手握住内径百分表的手持部分,将两测头放入千分尺的两测量面之间(可换测头对应砧座,活动测头对应测量螺杆),观察百分表的指针转动格数是否合适(一般应使指针转动30~50格为宜),合适后即可将可换测头上的锁紧垫圈锁紧测头。

图2-25 内径百分表

(4)再按照步骤3观察百分表的指针位置后,取出内径百分表并调整表盘的位置,直至百分表的指针调到零位并复核后,内径百分表的调整工作即可结束。

(5)用内径百分表测量时,连杆中心线应与工件中心线平行,不得歪斜,同时应在圆周上多测几个点,找对孔径的实际尺寸,以测得正确的尺寸。

2.4.6 万能角度尺

万能角度尺是用来测量精密零件内外角度或进行角度划线的角度量具。

万能角度尺的读数机构,如图2-26所示。

万能角度尺尺座上的刻度线每格1°。由于游标上刻有30格,所占的总角度为29°,因此,两者每格刻线的度数差是 $1° - \frac{29°}{30} = \frac{1°}{30} = 2'$,即万能角度尺的精度为2′。

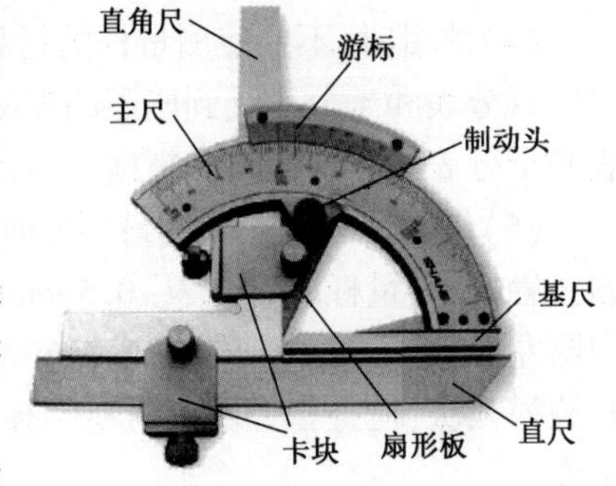

图2-26 万能角度尺

万能角度尺的读数方法和游标卡尺相同,先读出游标零线前的角度,再从游标上读出角度"分"的数值,两者相加就是被测零件的角度数值。

在万能角度上,基尺是固定在尺座上的,直角尺是用卡块固定在扇形板上,直尺是用卡块固定在直角尺上。若把直角尺拆下,也可把直尺固定在扇形板上。由于直角尺和直尺可以移动和拆换,使得万能角度尺可以测量0°~320°的任何角度,如图2-27所示。

由图2-27可见,将直角尺和直尺全装上时,可测量0°~50°的外角度;仅装上直尺时,可测量50°~140°的角度;仅装上直角尺时,可测量140°~230°的角度;把直角尺和直尺全拆下时,可测量230°~320°的角度(也可测量40°~130°的内角度)。

用万能角度尺测量零件角度时,应使基尺与零件角度的母线方向一致,且零件应与量角尺的两个测量面的全长上接触良好,以免产生测量误差。

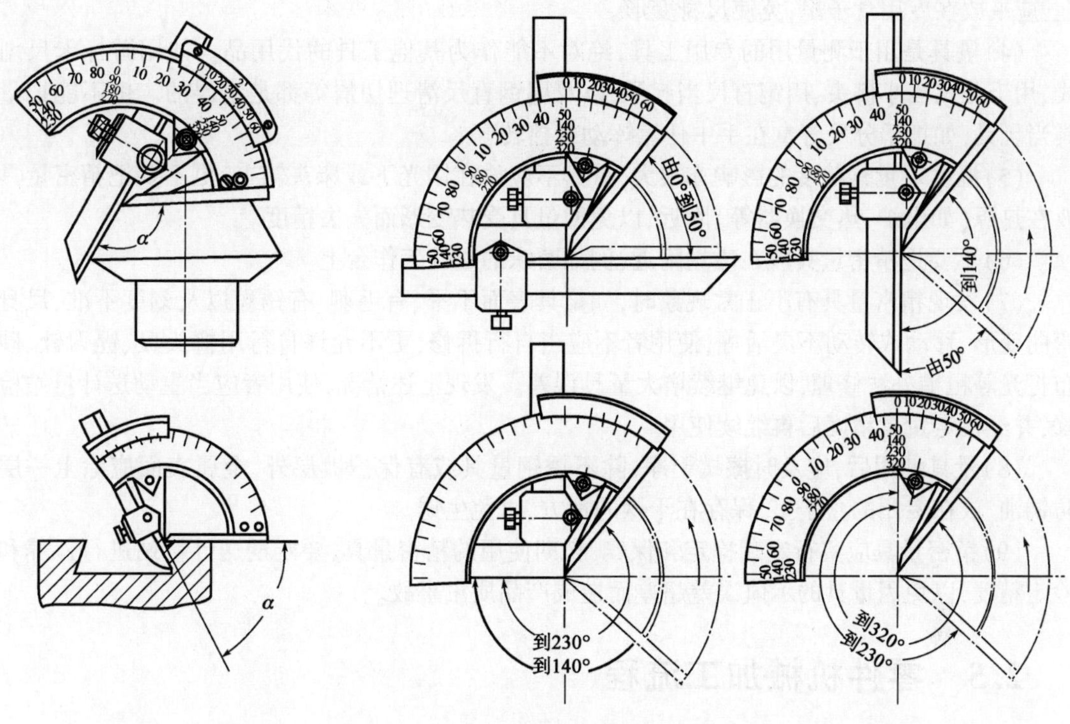

图 2-27　万能量角尺的应用

测量角度的量具还有游标量角器、带表角度尺、万能角度尺等(如图 2-28 所示),其使用方法读者可查阅相关资料。

a)游标量角器　b)带表角度尺　c)万能角度尺

图 2-28　其他角度尺

2.4.7　量具的维护与保养

量具是保证产品质量的重要条件之一,要保持量具的精度和它工作的可靠性,除了在使用中要按照合理的使用方法进行操作以外,还必须做好量具的维护工作。以下是量具维护需要注意的问题:

(1)在机床上测量零件时,必须等零件完全停稳后进行,否则不但使量具的测量面过早磨损而失去精度,而且会造成事故。

(2)测量前应把量具的测量面和零件的被测量表面都要擦拭干净,以免因有脏物存在而影响测量精度。不能用精密量具如游标卡尺、百分尺和百分表等,去测量锻铸件毛坯,或带有研磨剂(如金刚砂等)的表面。

(3)量具在使用过程中不要和工具、刀具堆放在一起,避免碰伤量具。也不要随便放在机床上,应平放在专用盒子里,免使尺身变形。

(4)量具是用于测量用的专用工具,绝对不能作为其他工具的代用品。如用游标卡尺划线、用千分尺当小榔头、用钢直尺当起子,以及用钢直尺清理切屑等都是错误的。也不能把量具当玩具,如把千分尺等拿在手中任意挥动或摇转等。

(5)温度对量具精度的影响亦很大,量具不应放在阳光下或床头箱上,更不要把精密量具放在热源(如电炉、热交换器等)附近,以免使量具受热变形而失去精度。

(6)不要把精密量具放在磁场附近,例如磨床的磁性工作台上。

(7)发现精密量具有不正常现象时,如量具表面不平、有毛刺、有锈斑以及刻度不准、尺身弯曲变形、移动或转动不灵活等,使用者不应当自行拆修,更不允许自行用榔头敲、锉刀锉、砂布打光等粗糙办法修理,以免继续增大量具误差。发现上述情况,使用者应当主动送计量站检修,并经检定量具精度后再继续使用。

(8)量具使用后,应及时擦拭干净,除不锈钢量具或有保护镀层外,金属表面应涂上一层防锈油,放在专用的盒子里,保存在干燥的地方,以免生锈。

(9)精密量具应实行定期检定和保养,长期使用的精密量具,要定期送计量站进行保养和检定精度,以免因量具的示值误差超差而造成产品质量事故。

2.5 零件机械加工流程

零件的机械加工必须遵循一定的加工原则和流程,以保障产品质量。但加工流程又与零件的加工批量、加工精度、材质情况、资源(如人、设备等)配置等诸多因素有关,因此,加工流程的安排需因地制宜、统筹合理,才能保障生产的正常进行。在通常情况下,零件的机械加工流程可如下安排:

1. 读懂零件图、装配图和毛坯图

零件图反映了需要加工零件的全部信息(如材料类型、零件数量、加工精度、几何形状及热处理情况等);装配图反映了零件在机构或机器中所处的装配关系;毛坯图反映了零件在本工序前的尺寸余量、热处理状态和其他相关信息。以上三种图是安排零件机械加工流程、工序、工步、生产节奏控制的重要依据,也是各个生产环节相关资源准备的重要依据。

2. 根据自身资源配置情况合理安排生产流程

由于每个生产企业所配置的人、设备、各类工艺装备等各方面的多样性,使得在加工流程的安排上有诸多选择。因此,根据自身实际情况安排出的生产流程,只要能保证零件的质量,就是最合理的流程。

3. 生产资源准备

一个零件的加工,特别是复杂性或精密度较高的零件,根据其生产批量的要求,对生产资源的准备过程尤其重要。首先是人、设备、环境必须满足,其次才是相应的刀、夹、量、辅具的准备,只有当这些条件具备后才能保障生产的正常进行。

4. 合理安排各工序间的生产阶段

零件的生产过程一般是按照粗加工、半精加工和精加工三个阶段来安排的,同时中间穿插一些如热处理、检验等工序。在各加工阶段的工艺顺序安排上又要遵循基准先行、先粗后精、先主后次、先面后孔等原则进行。

通过上述的具体工序安排,就可大致对零件的生产环节、时间进度、成本核算等有了初步的了解,为后续工作的开展打下了基础。

2.6　切削加工质量评价

经过切削加工后,判断其加工质量主要由加工精度来判断。加工精度分为以下三个部分:

1. 尺寸精度

尺寸精度是指零件的直径、长度、两平面之间的距离、角度等尺寸的实际数值与理论值的接近程度。尺寸精度用公差来控制,根据《产品几何技术规范(GPS)　极限与配合　第2部分:标准公差等级和孔、轴极限偏差表》(GB/T 1800.2—2009),尺寸公差分18个等级,用符号IT+阿拉伯数字来表示,分别为:IT1~IT18,其中IT1级公差最高(即尺寸精度要求最高),IT18级公差最低(即尺寸精度要求最低)。一般尺寸后未标注公差等级的(即只有尺寸值)按照IT12来制造。

2. 形状和位置精度

形状和位置精度是指加工后零件上的点、线、面的实际形状和位置与理想位置相符合的程度。形状精度和位置精度的最大区别在于前者是单一要素,与其他要素没有关系,如直线度、平面度等;而后者是关联要素,必须与某一要素为基准,如平行度、垂直度等。

按照《产品几何技术规范(GPS)　几何公差　形状、方向、位置和跳动公差标注》(GB/T 1182—2008)规定,评定形状精度的项目有6项(直线度、平面度、圆度、圆柱度、线轮廓度、面轮廓度),评定方向公差精度的项目有5项(平行度、垂直度、倾斜度、线轮廓度、面轮廓度),评定位置公差精度的项目有6项(同轴度、同心度、对称度、位置度、线轮廓度、面轮廓度),评定跳动公差的项目有2项(圆跳动、全跳动)。

3. 表面粗糙度

表面粗糙度是指加工表面所具有的较小间距和微小峰谷的一种微观几何形状误差。正是由于切削加工的性质(加工过程工艺系统的振动、刀具与工件在加工过程的摩擦等)使得其加工表面总存在着这样的误差,而这种误差的大小会直接影响到零件的配合性质、工作过程的准确性、耐磨性等。常见的机械加工表面粗糙度值有R_a12.5、R_a6.3、R_a3.2、R_a1.6、R_a0.8、R_a0.4,值越小表面越光洁。

以上三个部分是评价零件精度缺一不可的,它是作为从零件的设计过程、加工工艺设计、工艺装备的准备、加工过程、质量检验都应一直贯穿的内容。

第3章 车削加工

☞教学目的

本章的教学目的是为进一步强化对普通机加工技能的掌握而开设的项目。通过车削加工的训练,使之能够掌握普通车削加工工艺基本理论的应用与实践技能、技巧;加强动手能力及劳动观念的培养;掌握一般车削加工零件的加工方法。

该内容在培养学生对所学专业知识综合应用能力、认知素质和学科竞赛零件加工制造与工艺编制等方面是不可缺少的重要环节。

☞教学要求

(1)掌握普通车床的型号、用途及各组成部分的名称与作用。

(2)掌握车工常用刀具、量具以及车床主要附件的结构和应用。

(3)掌握车削外圆、端面、锥面、切槽、螺纹和孔加工的方法与操作要领。

(4)了解车削加工可达到的精度等级和表面粗糙度的大致范围。

(5)掌握车工的安全操作规程。

3.1 车工概述

3.1.1 车削加工的工艺范围

车削是以工件旋转做主运动,车刀移动做进给运动的切削加工方法,它最适合于加工各类回转体的零件。同时,对于非回转体零件中具有回转体要素的部分也可以应用相应的方法通过车削完成。车削加工的基本工作内容有:车外圆、车端面、车槽与切断、钻中心孔、钻孔、车内孔、铰孔、车螺纹、车圆锥、车成型面、滚花、盘绕弹簧等,如图 3-1 所示。车削加工的尺寸精度一般可达 IT7 ~ IT8,表面粗糙度 R_a 值可达 1.6 ~ 3.2μm。

正是由于车削加工的工艺范围广,车削加工是机械加工中最常用的加工方法之一,无论在单件或小批生产及机械修配工作中,还是在成批、大量生产时,车削加工都占有很重要的地位。

3.1.2 车床简介

车床的种类较多,根据其用途和结构不同,主要有卧式车床、立式车床、转塔车床、回轮车床、仿形车床、多刀车床、自动车床和各类专门化车床等,如图 3-2 所示列出了几种常见的车床。

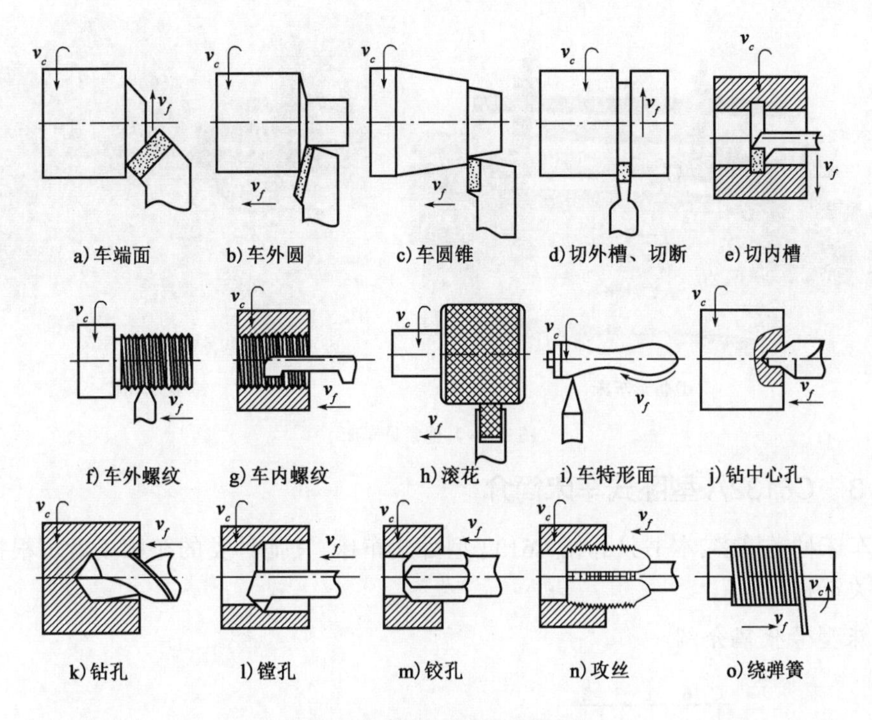

图3-1 车削加工的主要工作内容

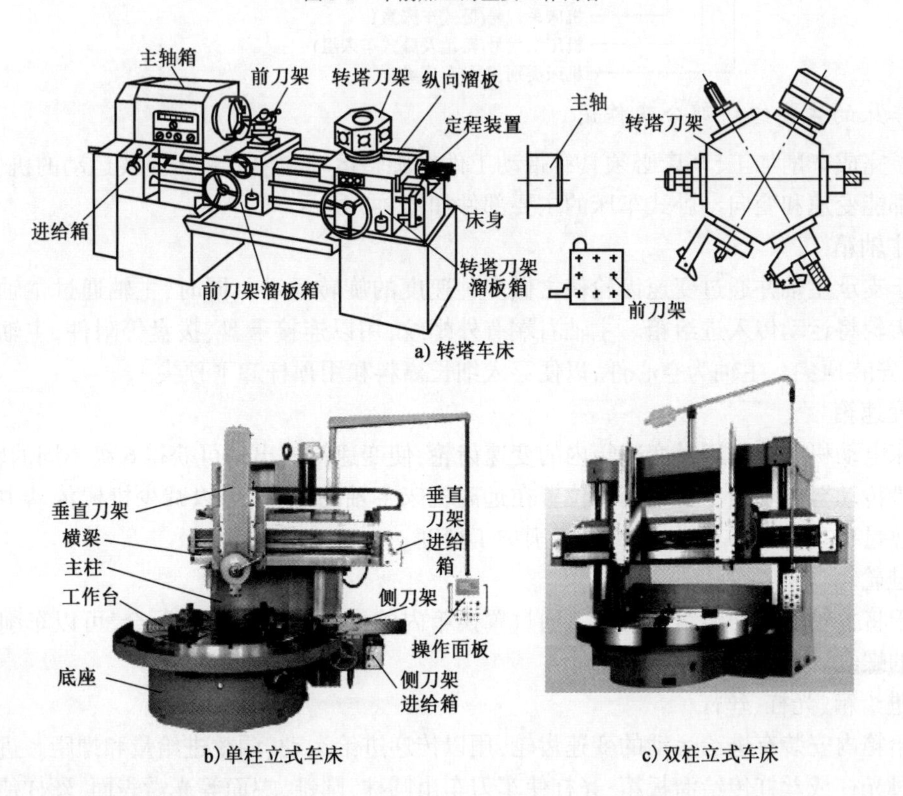

图 3-2

d)仿形车床

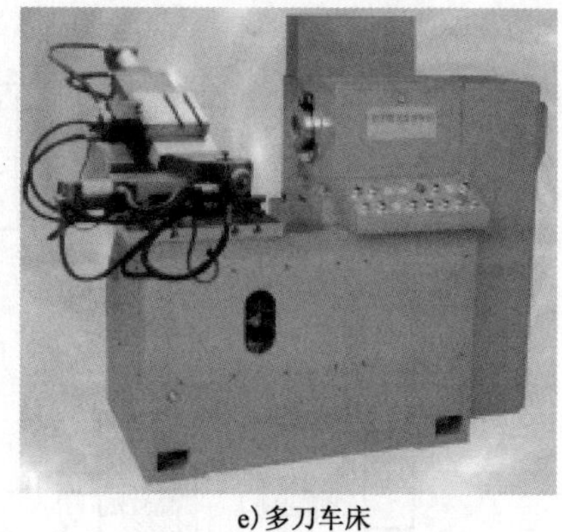

e)多刀车床

图 3-2 其他常见车床

3.1.3 C6132A 型卧式车床简介

由于车床种类繁多，本书只介绍 C6132 型卧式车床，其他种类的车床读者可根据自身情况查阅相关资料。

1. 车床型号代码介绍

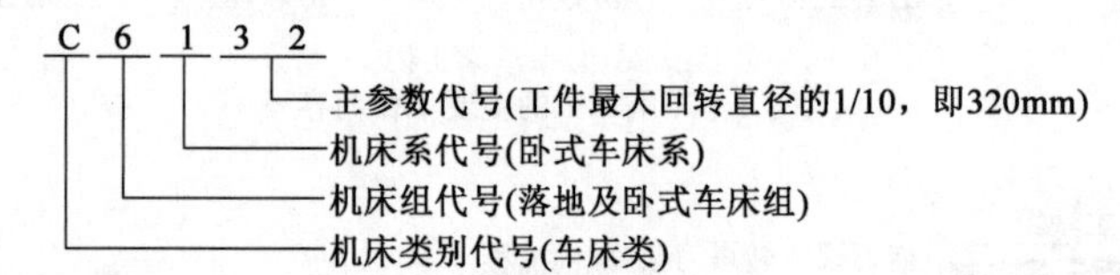

2. 车床的主要组成部分及作用

为了完成车削加工，车床必须具有带动工件做旋转运动和使刀具做直线运动的机构，并要求两者都能变速和变向。卧式车床的主要部件如图 3-3 所示。

1）主轴箱

用于支承主轴并通过变速齿轮使之做多种速度的旋转运动。同时，主轴通过主轴箱内的另一些齿轮将运动传入进给箱。主轴右端有外螺纹，用以连接卡盘、拨盘等附件，主轴内有锥孔，用以安装顶尖。主轴为空心件，以便穿入细长棒料和用顶杆卸下顶尖。

2）变速箱

机床电动机的动力通过变速箱内的变速齿轮，使变速箱输出轴可获得 6 级不同的转速，并通过皮带传动至主轴箱。变速箱的位置在远离机床主轴的地方，可以减少机械传动中产生的振动和热量对主轴的不利影响，提高切削加工精度。

3）挂轮箱

用于将主轴的转动传给进给箱。通过置换箱内的齿轮并与进给箱配合，可以车削各种不同螺距的螺纹。

4）进给箱、光杠、丝杠

进给箱内安装有进给运动的变速齿轮，用以传递进给运动、调整进给量和螺距。进给箱的运动通过光杠或丝杠传给溜板箱，光杠使车刀车出圆柱、圆锥、端面等光滑表面，丝杠使车刀车出螺纹。

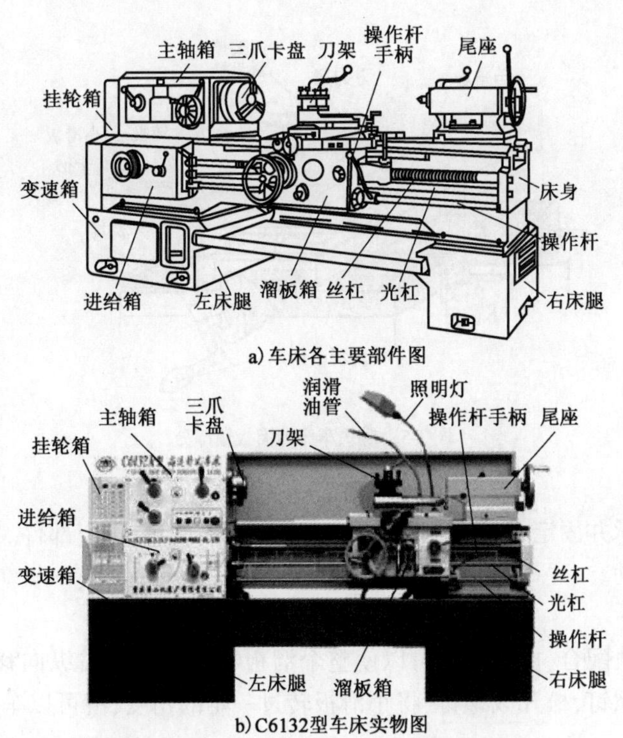

图3-3　C6132型车床各主要部件与实物图

上述部件的传动关系如图3-4所示。

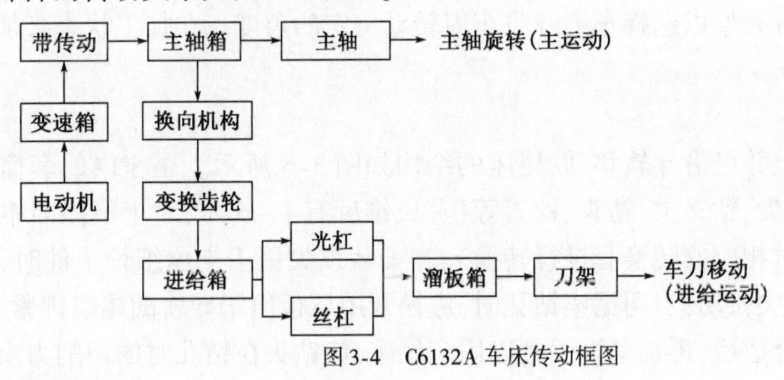

图3-4　C6132A车床传动框图

5)主轴操作杆

用于安装操作把手,以便控制主轴起动、变向和停止。

6)溜板箱(如图3-5所示)

与床鞍相连,可使光杠传来的旋转运动变为车刀的纵向或横向直线移动,也可将丝杠传来的旋转运动通过开合螺母直接变为车刀的纵向移动以车削螺纹。溜板箱内设有互锁机构,使光杠和丝杠不能同时使用。

7)中、小滑板

滑板上面有转盘和刀架。小滑板手柄与小滑板内部的丝杠连接,摇动此手柄时,小滑板就会纵向进或退。中滑扳手柄装在中滑板内部的丝杠上,摇动此手柄,中滑板就会横向进或退。中、小滑板上均有刻度盘,刻度盘的作用是为了在车削工件时能准确移动车刀以控制背吃刀量。刻度盘每转过一格,车刀所移动的距离等于滑板丝杠螺距除以刻度盘圆周上等分的格数。

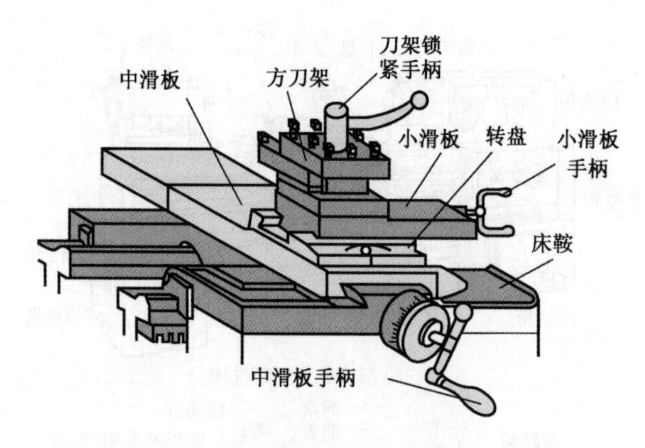

图3-5 卧式车床的溜板箱部分

8)床身和床腿

床身由床腿支承并固定在地基上,用于支承和连接车床的各个部件。床身上面有两条导轨供床鞍和尾座移动。

9)床鞍

床鞍与床面导轨配合,摇动手轮可以使整个溜板箱部分作左右纵向移动。小滑板下面的转盘上有两个固定螺钉,松开该螺钉,将小滑板转过一定的角度,就可以车出圆锥。

10)刀架

固定于小滑板上,用于夹持车刀(刀架上可同时安装四把车刀)。刀架上有锁紧手柄,松开锁紧手柄即可转动方刀架以选择车刀或将车刀转动一定的角度。在加工状态必须旋紧手柄以固定刀架。

11)尾座

安装在车床导轨上并可沿导轨移动,尾座的结构如图3-6所示。尾座内的套筒1前端是莫氏锥孔,用于安装顶尖、钻夹头、钻头、铰刀等(莫氏锥度有1~5号,对于不能与本尾座配套的其他莫氏刀具可通过相应的转换套进行转换);当安装顶尖用于支承细长工件时,应将套筒锁紧手柄锁紧,防止顶尖松动;当用尾座钻孔时,应松开用压板压紧导轨的尾座锁紧手柄,待尾座与工件之间的距离合适后,再锁紧该手柄以固定尾座,使钻头在钻孔时的切削力由尾座来支撑。如该手柄不能锁紧尾座则需旋转固定螺钉,以减小压板与尾座的间隙;如需车削小锥度、长锥面工件时,则需松开固定螺钉,旋转调整螺钉使尾座沿工件直径方向偏移一定的位置,然后安装上顶尖后顶住工件进行加工;通过转动手轮可使套筒在座体内缩进或伸出,将套筒缩进到最后位置时即可卸出顶尖或刀具。

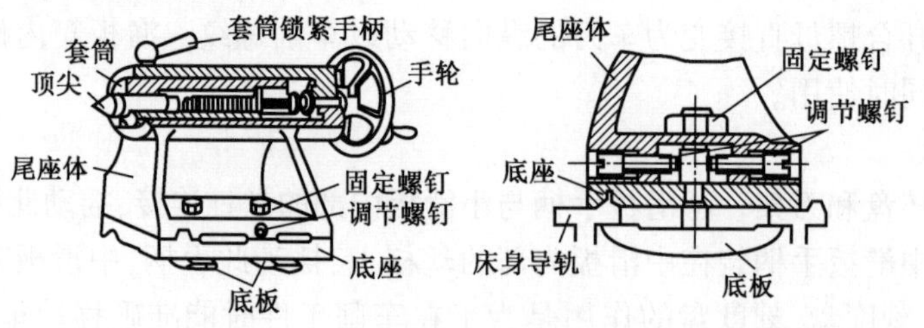

图3-6 尾座

除以上主要构件外，车床上还有将电能转变为主轴旋转机械能的电机、润滑油和切削液循环系统、各种开关和操作手柄，以及照明灯、切削液供应管等附件。

3.2　车床的基本操作方法与注意事项

3.2.1　各手柄的认识与变换

车削加工的首要条件是机床的主轴必须旋转，而在不同的加工条件下其主轴转速的改变必须由人工来完成。

1. 床头箱手柄介绍（如图3-7所示）

1）主轴转速调整

对照主轴转速表中的转速，通过改变“变速手柄1”“变速手柄2”和“主轴高/低速转换旋钮”的位置即可实现。“变速手柄1”有“蓝、红、黄”三个位置；“变速手柄2”有“左、中、右”三个位置；“主轴高/低速转换旋钮”有“H、L”两个挡位。如图3-7所示的手柄位置，对应到主轴转速表就为240r/min。

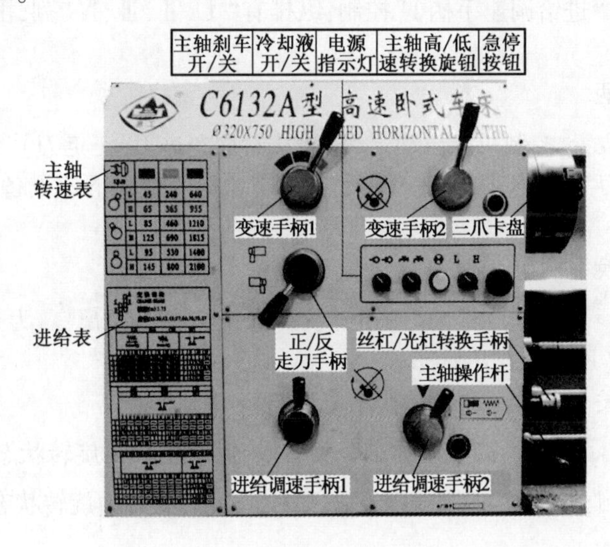

图3-7　车床床头箱手柄

变速时的注意事项：

（1）转动手柄时一定要将各手柄的位置转到位，否则在机床启动时主轴不会旋转，而且将伴随有主轴箱内传出的“嗒嗒声”，即齿轮未啮合到位的声音。

（2）各手柄转到位后，在启动主轴前一定要检查卡盘扳手是否从卡盘上取下，工件是否夹紧或有无其他物品干涉到主轴的旋转，机床周围是否有不安全因素等情况，确认无误后方可启动主轴，否则极易发生伤人事件。

（3）加工过程如果需要改变主轴转速，必须将主轴停止后才能转动相关手柄。严禁在主轴旋转过程或主轴未完全停止的情况下变速。

(4)如果手柄在变换过程不能扳到正常的位置,则有可能是主轴箱内的齿轮未能达到正常啮合位置所致,此时只需用右手轻轻转动主轴的同时,左手即可将手柄扳到位。

在上述操作完成后,可将主轴操作杆向上提,如果主轴能够正转(注意,此时的主轴箱内应无异响),即可证明各手柄已经变换到位。

在启动主轴操作杆时应注意以下问题:

(1)向上提起操作杆是使主轴正转(从尾座方向向主轴观察为逆时针旋转),在正常加工工件的过程都应使主轴正转,严禁反转主轴进行加工。

(2)操作杆的中间位置是使主轴停止。操作杆到达该位置后,主轴的刹车装置将使主轴缓慢停止。

(3)向下按下操作杆是使主轴反转(从尾座方向向主轴观察为顺时针旋转)。主轴反转一般在螺纹加工过程中为了不发生乱牙现象,在刀具的退回过程需要主轴反转。在正常加工过程严禁用反转迫使主轴快速停止,以免损坏主轴电机。

(4)主轴启动后严禁用手触摸工件。

2)进给速度调整

进给速度表内有"进给速度、公制螺纹螺距、英制螺纹螺距"三种表格,每个表格的横排均有"1、2、3、4、5"行,由"进给调速手柄1"控制;纵排有"Ⅰ、Ⅱ、Ⅲ、Ⅳ"列,由"进给调速手柄2"控制,如图3-7所示。

3)正/反走刀手柄

该手柄置于位置,控制机床自动走刀为"从右往左进刀(正走刀)";将手柄置于位置,控制机床自动走刀为"从左往右进刀(反走刀)"。一般情况下该设备均应放在"正走刀"位置。

4)丝杠/光杠转换手柄

该手柄往左按下为丝杠转动(用于螺纹的加工),往右拉出为光杠转动(用于圆柱面的加工)。如图3-7所示为拉出状态。

5)主轴刹车开/关

将旋钮拧到左侧位置,即主轴刹车开关有效,此时主轴由旋转状态到停止状态的时间较短;将旋钮拧到右侧位置,即主轴刹车开关无效,此时主轴由旋转状态到停止状态的时间较长。

6)冷却液开/关

将旋钮拧到左侧位置,即关闭冷却液;将旋钮拧到右侧位置,即打开冷却液。

7)电源指示灯

机床电源通电后,该灯处于点亮状态,否则为熄灭状态。

8)急停按钮

当机床在操作过程遇到紧急情况时,应立即按下该按钮,以切断机床的所有运动。当要解除急停状态,可顺时针旋转该旋钮。

2. 进给速度手柄介绍

通过改变"进给调速手柄1"和"进给调速手柄2"的位置来实现进给速度的变换。在手柄左侧有机床的进给速度表(如图3-8所示),按照表的指示扳转手柄至相应的位置即可。变速时的注意事项与主轴转速变换的方法一致。

注意:主轴转速与进给速度是切削三要素中的其中二个,它们的取值一定要根据实际情况,在查阅相关切削手册或在指导老师的指导下进行选择,切记随意变换。

3. 自动走刀手柄介绍(如图3-9所示)

将"丝杠/光杠手柄"向右拉出置于光杠转动状态,抬起"操作杆"使主轴正转,然后将"大滑板自动手柄"抬起,此时机床将沿工件轴线方向自动走刀,即车外圆;如果将"中滑板自动手柄"抬起,此时机床将沿工件直径方向自动走刀,即车端面。

4. 螺纹加工手柄介绍

将"丝杠/光杠手柄"向左按下置于丝杠转动状态,抬起"操作杆"使主轴正转,然后将"开合螺母手柄"按下,此时开合螺母与丝杠连接,机床将按进给速度手柄所对应的导程加工螺纹。如将"开合螺母手柄"抬起,则开合螺母与丝杠断开。

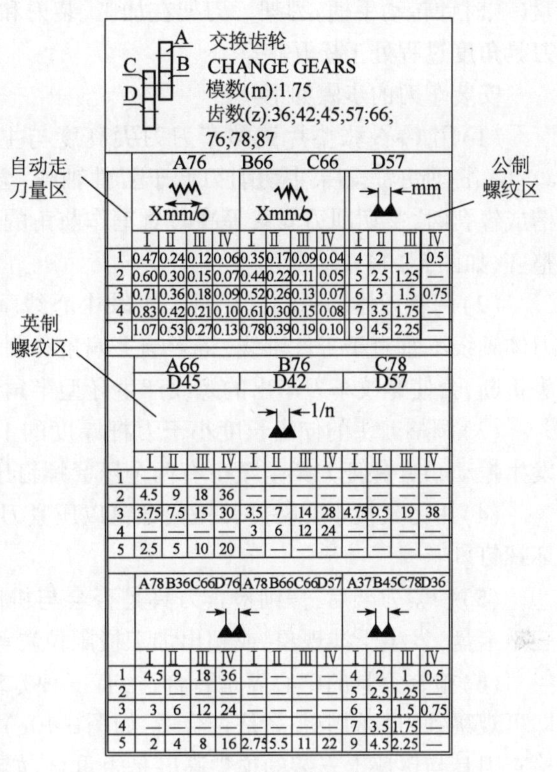

	A76	B66	C66	D57								
	Xmm				Xmm				mm			
	I	II	III	IV	I	II	III	IV	I	II	III	IV
1	0.47	0.24	0.12	0.06	0.35	0.17	0.09	0.04	4	2	1	0.5
2	0.60	0.30	0.15	0.07	0.44	0.22	0.11	0.05	5	2.5	1.25	—
3	0.71	0.36	0.18	0.09	0.52	0.26	0.13	0.07	6	3	1.5	0.75
4	0.83	0.42	0.21	0.10	0.61	0.30	0.15	0.08	7	3.5	1.75	—
5	1.07	0.53	0.27	0.13	0.78	0.39	0.19	0.10	9	4.5	2.25	—

	A66				B76				C78			
	D45				D42				D57			
	1/n											
	I	II	III	IV	I	II	III	IV	I	II	III	IV
1	—	—	—	—	—	—	—	—	—	—	—	—
2	4.5	9	18	36	—	—	—	—	—	—	—	—
3	3.75	7.5	15	30	3.5	7	14	28	4.75	9.5	19	38
4	—	—	—	—	3	6	12	24	—	—	—	—
5	2.5	5	10	20	—	—	—	—	—	—	—	—

	A78B36C66D76				A78B66C66D57				A37B45C78D36			
	I	II	III	IV	I	II	III	IV	I	II	III	IV
1	4.5	9	18	36	—	—	—	—	4	2	1	0.5
2	—	—	—	—	—	—	—	—	5	2.5	1.25	—
3	3	6	12	24	—	—	—	—	6	3	1.5	0.75
4	—	—	—	—	—	—	—	—	7	3.5	1.75	—
5	2	4	8	16	2.75	5.5	11	22	9	4.5	2.25	—

图3-8　车床进给速度表

图3-9　车床自动走刀手柄

5. 车刀的安装(如图3-10所示)

在加工前必须正确安装车刀,否则,极易发生安全事故或造成产品质量的不合格。

刀具安装在刀架上,刀架最上方的手柄(如图3-5所示)用于松开(逆时针转动手柄)或锁紧(顺时针转动手柄)刀架。刀架在加工、装刀和卸刀过程必须锁紧。刀架在进行选刀或改变刀具角度过程处于松开状态。

安装车刀的步骤如下:

(1)用1~3张垫片调整车刀刀尖高度与主轴中心线或尾座顶尖的高度一致,如图3-10a)、b)、c)所示。如果主切削刃低于工件轴线,会使工作前角减小,工作后角增大。在孔内切槽或镗孔时,主切削刃安装等高时对工作前角的影响与上述相反。注意垫片在放置时应叠放整齐,如图3-10d)、e)所示。

(2)调整刀体的中心线尽量与主轴中心线垂直,以避免刀具的角度发生较大变化。如果刀体轴线不垂直于工件轴线,将影响主偏角和副偏角,会使切断刀切出的断面不平,甚至使刀头折断,会使螺纹车刀车出的螺纹产生牙型半角误差。如图3-10g)、h)、i)所示。

(3)调整刀头的伸出长度小于刀杆厚度的1~1.5倍(避免刀具的刚性较差,在加工过程发生振动),并保证刀架上至少有两个压紧螺钉压紧刀体,如图3-10j)所示。

(4)用刀架扳手交替旋转压紧螺钉以压紧刀具。注意:压紧过程严禁使用加力棒,以免损坏螺钉。

(5)锁紧刀架后,仔细检查刀具是否会与机床的其他附件(特别是主轴和尾座,小托板与三爪卡盘)发生干涉现象,或超出加工极限位置等现象。

(6)检查刀具的中心高是否合适,有三种方法:车工件的端面,在要到工件的回转中心处即可观察到刀具的中心高是否合适,如图3-10c)所示;用钢直尺测量从中滑板到刀尖的高度;检查刀具与尾座上安装的顶尖高度是否重合,如图3-10f)所示。

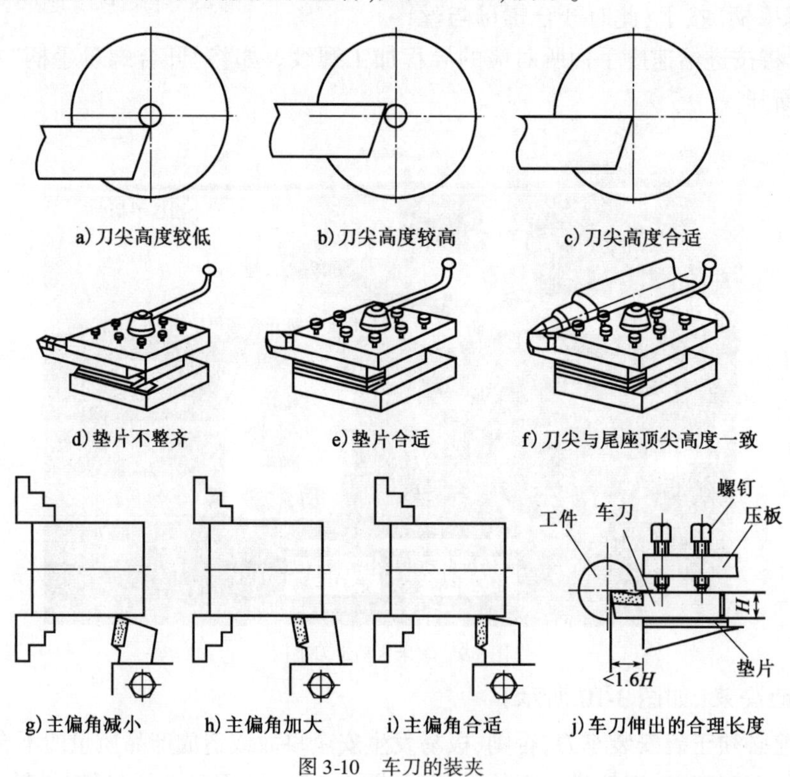

图3-10 车刀的装夹

6. 工件的装夹(如图 3-11 所示)

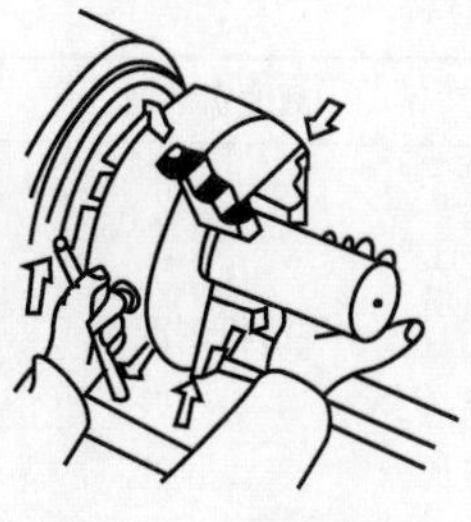

根据工件的形状、大小和加工数量不同,一般可采用四种装夹方法:三爪卡盘安装、四爪卡盘安装、两顶尖安装和一夹一顶安装。下面介绍用三爪卡盘的安装步骤:

(1)将主轴转速处于空挡位置(避免由于误操作使主轴旋转而造成人身伤害事故)。

(2)旋转卡盘扳手使三爪卡盘扩张(缩小)到适当的位置。

图 3-11 工件的装夹

(3)将工件装入三爪卡盘内,旋转卡盘扳手使三爪卡盘轻轻夹住工件。

(4)用钢直尺测量工件的伸出长度是否大于需要加工的长度尺寸。注意:在满足加工需要的情况下,应尽量减少工件的伸出长度。

(5)用卡盘扳手将工件适度地夹紧。

(6)用低速(300r/min 左右)启动主轴正转,观察工件跳动是否正常。三爪自定心卡盘是自动定心夹具,装夹工件一般不需校正,用目测方式观察即可。当工件夹持长度较短且伸出长度较长时,往往会产生歪斜,离卡盘越远跳动越大,当跳动量大于工件加工余量时,必须校正后方可车削。

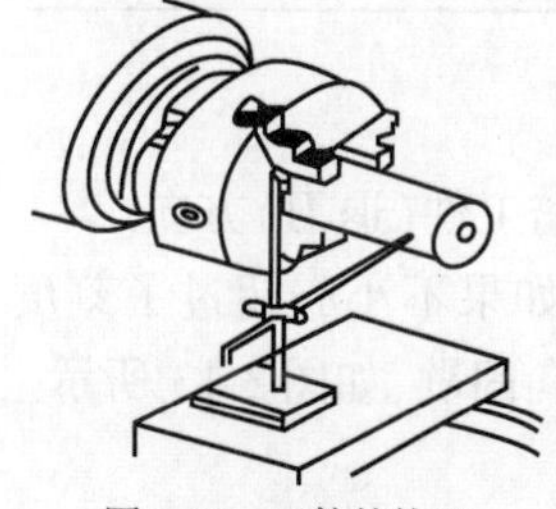

图 3-12 工件的校正

校正的方法如图 3-12 所示:将划线盘针尖靠近轴最右端外圆,左手转动卡盘,右手轻轻敲动划针,使针尖与外圆的最高点刚好接触,然后目测针尖与外圆之间的间隙变化,当出现最大间隙时,用工具将工件轻轻向针尖方向敲动,使图示工件的校正间隙缩小约一半,然后将工件再夹紧些。重复上述检查和调整,直到跳动量小于加工余量即可。如果是对工件进行二次装夹(如调头进行精加工),则需要用百分表进行检查。

(7)停主轴,用卡盘扳手和加力棒将工件夹紧。如果是薄壁工件则夹紧力量需要适当,否则会造成工件变形。

3.2.2 车床刻度盘及其手柄的操作方法

在加工过程的背吃刀量调整和各类尺寸的保证都需要用到刻度盘,因此,正确认识和操作刻度盘是车工必须掌握的一个重要知识点。

1. 刻度盘的认识

车床的刻度盘有 4 个,下面以 C6132 型卧式车床的刻度盘为例进行说明,如表 3-1 所示。

刻度盘的使用 表 3-1

刻度盘名称	作 用	刻 度 距 离	使用注意事项
大滑板刻度盘	控制车床纵向移动的距离	一圈共 220 格,每小格 1mm	大滑板一般通过自动走刀移动,以控制工件的表面粗糙度,也可小范围的手动移动,以控制工件的纵向尺寸

续上表

刻度盘名称	作　用	刻 度 距 离	使用注意事项
中滑板刻度盘	控制车床横向移动的距离	一圈共200格,每小格在半径上移动0.02mm	该距离为半径值。注意:有些机床为直径值。因此在加工过程应仔细阅读说明书或试切后再确定
小滑板刻度盘	控制车床纵向移动的距离。但主要用于小范围的调整作用	一圈共60格,每小格0.05mm	1. 在螺纹加工中可用于螺距的调整 2. 在台阶的加工过程中可用于保证台阶的轴向尺寸 3. 在锥度加工过程用于加工锥度的外(或内)表面
尾座刻度盘	用于在钻孔过程观察钻孔的深度	共150格,每小格1mm	有的机床尾座没有此刻度盘,有的机床以直线的刻度形式刻于尾座的套筒上

2. 刻度盘的操作注意事项

(1)刻度盘顺时针转动为刀具接近工件(进刀)方向,逆时针为远离工件(退刀)方向。

(2)在操作刻度盘接近需要的刻度值时,应缓慢进行逐渐达到。如果不小心超过了刻度值,应反转0.5~1圈后再逐渐接近需要的刻度值,以此消除螺纹的反向间歇,如图3-13所示。

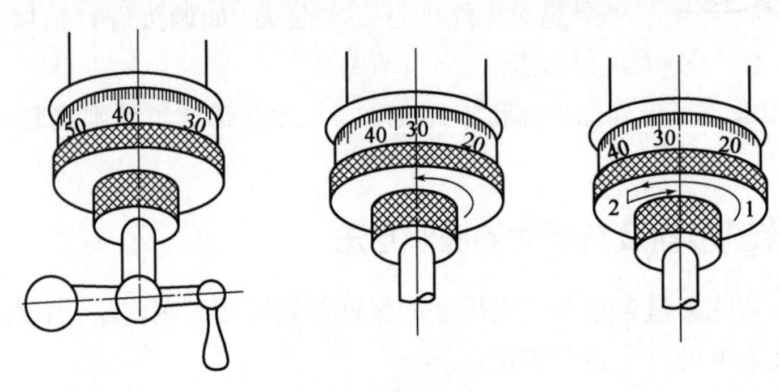

图3-13　刻度盘的使用

(3)在顺时针或逆时针旋转中滑板或小滑板的过程中,应注意观察刀架的前端不要超过主轴的中心线,后端不要与刻度盘等凸台碰撞等现象,以上两个位置都将造成滑板中的丝杠与螺母发生脱离,而需要拆卸相关部件进行修理的情况。

(4)刻度盘的调整一定在加工前就完成,在自动走刀过程严禁再旋转或触碰刻度盘(特别是进刀的方向),否则将发生工件报废、刀具损坏、操作者受伤等现象。

(5)刻度盘的数值将关系工件尺寸的准确与否,因此,操作者一定要随时牢记这几个刻度盘的数值,避免发生重新对刀的现象,特别是在即将进行精加工的时候,否则,不但尺寸不易保证,而且还影响加工效率。

3.2.3　试切方法

在掌握上述操作方法后就可以启动机床进行试切工作。试切步骤如下(如图3-14所示):

(1)启动主轴正转后,通过旋转手柄使刀尖到达工件右端外圆表面并轻轻接触,如图3-14a)所示。

(2)刀具向右退出工件表面,记下中滑板的刻度值,如图3-14b)所示。

(3)按照背吃刀量的要求,旋转中滑板的刻度盘至相应的刻度值,如图3-14c)所示。

(4)手动慢慢旋转大滑板手柄,使刀具向左试切工件表面2~3mm,如图3-14d)所示。

(5)向右退刀并停止主轴。

(6)用游标卡尺测量工件尺寸,如图3-14e)所示。如果是粗加工,则只有在规定的吃刀深度并且有加工余量即可;如果是精加工,则需要仔细测量,如果尺寸公差要求较高则必须用千分尺进行测量。

(7)如果需要调整尺寸值,则通过中滑板刻度盘进行调整后将使用自动走刀方式将该表面加工完成,如图3-14f)所示。

试切过程除了测量尺寸公差达到预定的要求之外,还有一个作用就是观察表面粗糙度是否达到零件图的规定,如果不能达到则需要重新调整主轴转速和进给量。另外,在精加工过程为了避免由于试切而留下的接刀痕迹和使表面粗糙度一致,常见的做法应该是:在试切时留0.1mm左右的加工余量,在仔细测量工件尺寸准确后,再用中滑板调整到最终的尺寸值,然后将该表面加工完成。

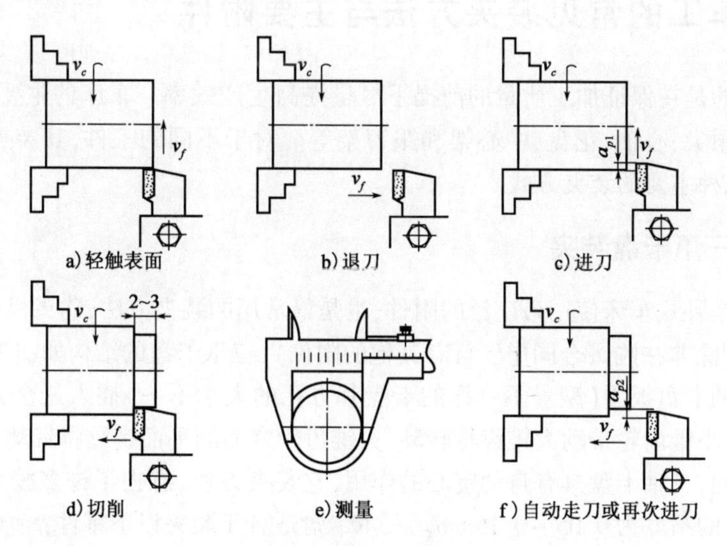

图3-14　车床试切方法

3.2.4　切削方法

通过试切后,一般情况就可以用自动走刀的方式完成工件的加工。其步骤如下(如图3-15所示):

(1)为保证工件的长度尺寸,一般先用刀尖和钢直尺在需要保证的长度尺寸处旋转主轴刻出一个记号,如图3-15a)所示。

(2)在试切获得尺寸后,在纵向自动进刀至记号前的1~2mm处就需要停止,然后改用手动进刀方式切削到记号处,如图3-15b)所示。

(3)旋转中滑板手柄,使刀尖离开工件已加工表面,然后将刀具退至上一刀的起刀点,进行下一次的切削准备。

(4)在最后一次进刀时,车刀在纵向进刀结束后,须摇动中滑板手柄均匀退出车刀,以确保台阶面与外圆表面垂直,如图3-15c)所示。

(5)对于余量较大的台阶,通常先用75°车刀粗车,再用90°车刀精车。

切削过程是切削三要素密切配合的过程,它所涉及的因素较多(如工件材料、刀具材料、切削状态、机床刚性等),初学者应在指导教师的指导下进行。

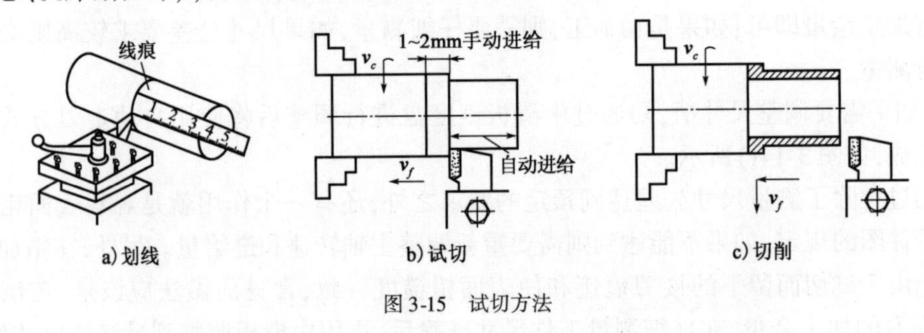

图3-15 试切方法

3.3 车工的常见装夹方法与主要附件

装夹的目的是在保证加工质量的前提下尽量提高生产效率。车床的主要附件有:三爪卡盘、四爪卡盘、顶尖、心轴、花盘、中心架和跟刀架等。对于不同的工件,其装夹方式也各不相同,下面介绍几种主要的装夹方式。

3.3.1 三爪卡盘装夹

三爪卡盘是卧式车床使用最广泛的附件,也是最常用的装夹方法,购买机床时厂家也是只配备三爪卡盘(除非在购买合同中签订有其他的附件),三爪卡盘的结构如图3-16所示。操作时将专用型号的卡盘扳手(型号不一样的卡盘其方孔的大小不一)插入三个方孔中的任意一个转动,即可使小锥齿轮带动大锥齿轮转动,大锥齿轮背面的平面螺纹将带动三个卡爪同时做径向移动。因此,三轴卡盘具有自动定心的作用,它装夹方便,省去了许多校正零件的准备时间,其自动定心的精度为0.05~0.15mm。三爪卡盘适合于装夹以下零件:

(1)中、小型轴类和盘类零件。

(2)截面为正三角形、正六角形等中心与外形边缘等距的零件。

(3)当工件内孔直径较大时,可用正爪的外台阶将工件的内孔反撑装夹,如图3-17b)所示。

(4)对工件直径较大但质量不宜太重的工件,可用反爪装夹,如图3-17c)所示。

(5)对于要求装夹精度较高且不能夹伤已加工表面的工件,可用软爪(三个卡爪未经过热处理工艺)装夹,但装夹前需要根据零件的直径自行车削一个与之相配合的内孔,以保证装夹精度。软爪卡盘的通用性没有三爪卡盘高。

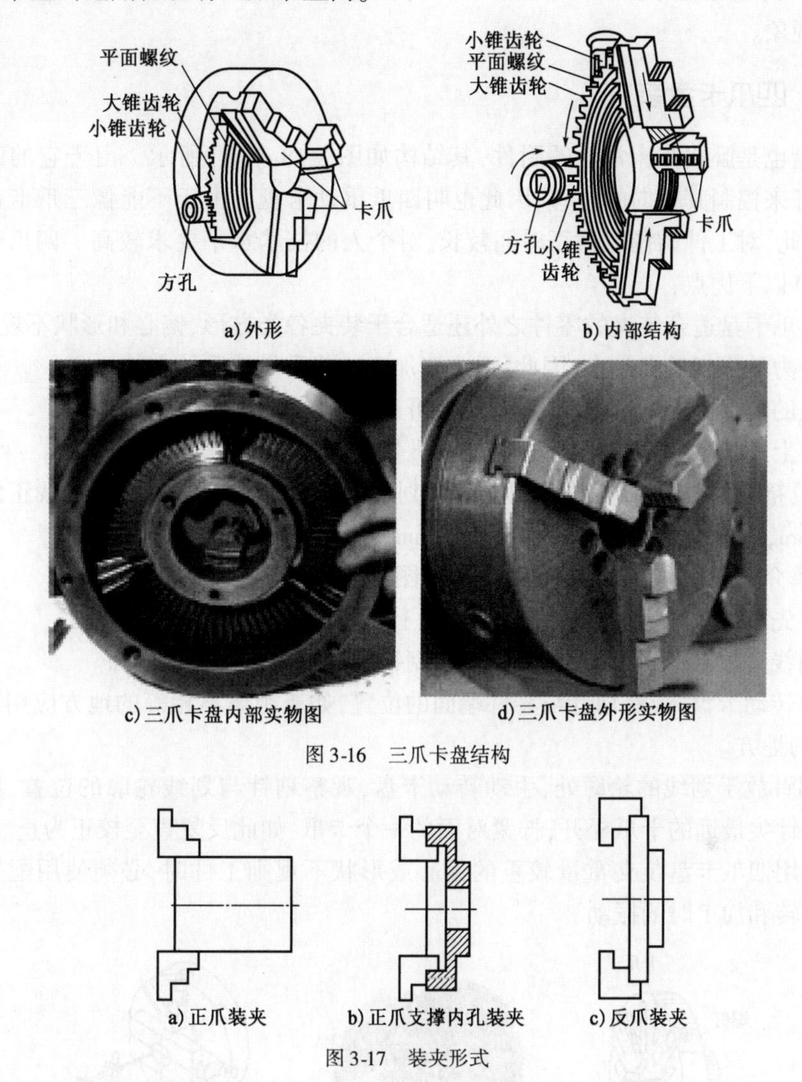

图3-16　三爪卡盘结构

图3-17　装夹形式

三爪卡盘的使用注意事项:

(1)装夹过程应先将主轴处于空挡位置,避免误操作启动机床出现伤人现象。

(2)由于三爪卡盘的夹持力不大,在用卡盘扳手夹紧时应用加力棒辅助,且最好在三个方孔内均要进行夹紧(但对于薄壁零件就需要控制夹紧力)。

(3)一般零件的夹持长度应不小于10mm。对于直径小于30mm的零件,其悬伸长度不大于直径的5倍;对于直径大于30mm的零件,其悬伸长度不大于直径的3倍。

(4)零件装夹完毕后,应立即取下卡盘扳手,放入工具箱内,如机床配有专用的安全保护器,应放入安全保护器内(必须将卡盘扳手放入安全保护器内,使其接通保护器内的开关,否则机床主轴不能启动),避免主轴启动时卡盘扳手飞出伤人或损坏机床。

(5)机床挂抵挡,启动机床,检查零件是否夹正,如有问题应将工件校正后再按照上述步骤重新装夹。

(6)再次将机床挂空挡,移动车刀至加工行程的最左端,用手旋转卡盘,检查刀架与卡盘是否有干涉现象。

3.3.2 四爪卡盘装夹

四爪卡盘也是卧式车床常见的附件,其结构如图3-18a)、b)所示。由于它的四个卡爪分别由四个螺杆来控制其径向的位移,因此也叫四爪单动卡盘。由于不能像三爪卡盘那样进行自动定心,因此,对工件的调整找正时间较长,对个人的技术水平要求较高。四爪卡盘与三爪卡盘相比具有以下优点:

(1)除三爪卡盘适合装夹的零件之外还适合于装夹各类方形、偏心和形状不规则的零件。

(2)夹持力量比三爪卡盘大,因此,适合于加工一些重量较重的零件。

(3)装夹的精度优于三爪卡盘,调整好后可达0.01mm。

(4)由于上述特点,四爪卡盘更适合加工批量零件。

按照定位精度的要求,四爪卡盘可分别用划线找正和百分比找正。划线找正的精度可达0.02~0.05mm,百分表找正的精度可达0.01mm。

下面简单介绍一下用划线找正的方法(如图3-18c所示):

(1)将事先划好线的零件初步装夹与卡盘上。

(2)将划线盘放在中滑板平面上,并调整划针的位置靠近零件的端面。

(3)手动转动卡盘,观察划针与零件端面的位置,如有距离不相等的地方应用榔头轻轻敲击距离最近的地方。

(4)将划针放于划线的轮廓处,手动转动卡盘,观察划针与划线轮廓的位置,如有偏离的地方,应将离针尖最远的卡爪松开,拧紧对面的一个卡爪,如此反复直至校正为止。

注意:如用四爪卡盘装夹重量较重的偏心或形状不规则工件时,必须使用配重块进行平衡,以减少旋转和加工时的振动。

a)四爪卡盘结构

b)四爪卡盘实物图

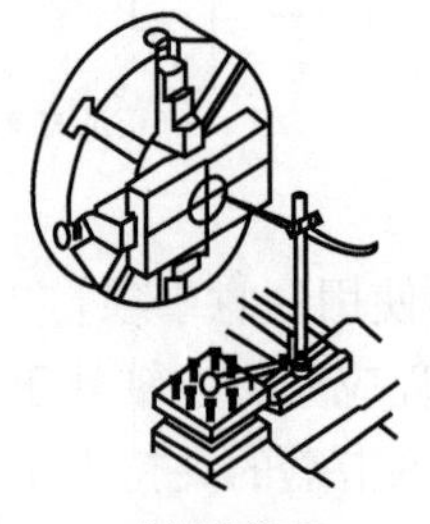

c)划线找正

图3-18 四爪卡盘

3.3.3 顶尖、中心架和跟刀架装夹

对于加工细长轴(长度与直径的比大于20)的工件,由于零件本身的刚性不足,且加工时在刀具切削力的作用下会使零件发生变形,因此,在加工时需用顶尖安装,或用中心架、跟刀架作等辅助支撑以提高加工时的系统刚性。以上三种附件可单独使用,也可结合使用。

1. 顶尖装夹

对于工序较多的细长轴工件，可采用一夹一顶（左端用三爪卡盘装夹，右端用顶尖支撑）或两顶尖（左右两端均用顶尖支撑）装夹方式，如图3-19所示。

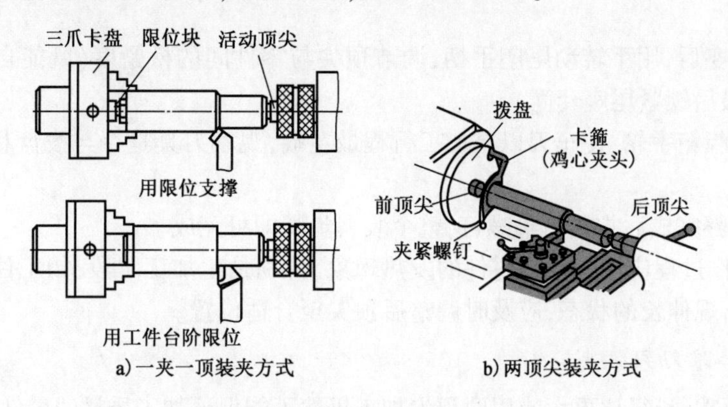

图3-19　用顶尖装夹

顶尖有固定顶尖和活动顶尖两种形式，如图3-20所示。前顶尖采用固定顶尖，用拨盘或卡箍（鸡心夹头）传递转矩（如图3-19b所示），后顶尖视主轴的转速和加工精度而定。固定顶尖的定位精度高，但它不跟随工件一起旋转，故在高速状态顶尖与中心孔的发热量大，因此适合于低速加工。为提高固定顶尖的磨损量，其头部也有镶嵌的形式；活动顶尖可跟随工件一起旋转，故适合于高速加工，但由于其结构较固定顶尖复杂，故定位精度较低。

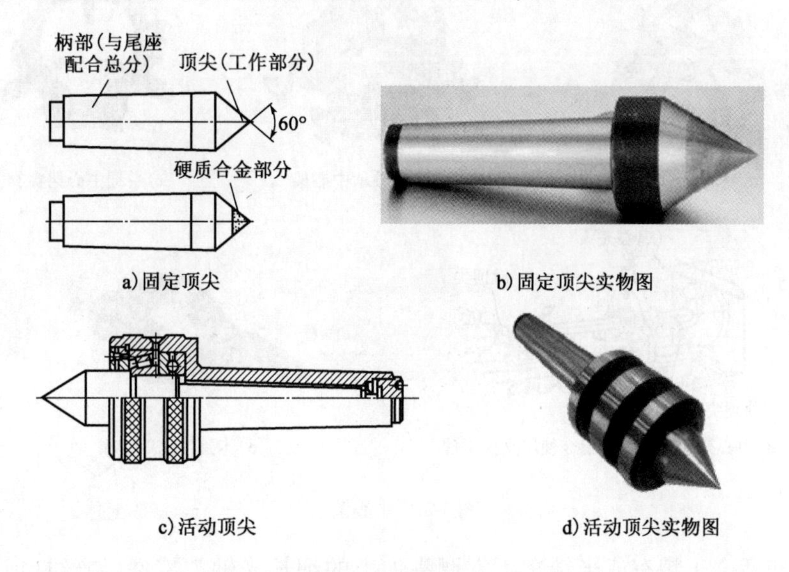

图3-20　顶尖的类型与结构

下面介绍用两顶尖装夹工件的操作步骤：

（1）先将工件的两个端面加工平整并钻出中心孔（对于工序流程较长的工件应钻B型中心孔）。

（2）在卡盘端安装拨盘、前顶尖和卡箍等附件，并用手轻轻拧紧卡箍的夹紧螺钉。

(3)将后顶尖安装于尾座上,调整尾座的径向距离,直至前后顶尖的轴线重合。

(4)将工件两端中心孔内填充一定的润滑脂后放于两顶尖之间,视零件的长短调整尾座的位置,在保证刀具能移动至工件最右端而不发生任何干涉的情况下使尾座的伸出长度越短越好。

(5)固定尾座后,用手转动尾座手柄,调节顶尖与零件间的松紧度(既能自由旋转又无轴向松动为宜),最后锁紧尾座套筒。

(6)转动溜板箱手轮,使车刀以至加工行程最左端,观察刀具是否与拨盘和卡箍等附件有干涉现象。

(7)上述步骤完成后拧紧卡箍螺钉,整个装夹步骤即可完成。

注意:在操作过程应注意观察零件的发热现象,特别是粗加工阶段,如工件因切削热导致发热量较大而出现伸长的状态,应及时调整后顶尖至合适位置。

2. 中心架和跟刀架装夹

对于质量更重、长径比更大或用两顶尖加工仍然不能保证加工质量的零件,就应选择用中心架或跟刀架作为辅助支撑,以提高加工刚度,消除加工时的振动和工件的弯曲变形。

(1)中心架适合于加工细长台阶轴、需要调头加工的细长轴、对细长轴端面进行钻孔或镗孔和零件直径不能通过主轴锥孔的大直径长轴车端面等零件。如图3-21所示。

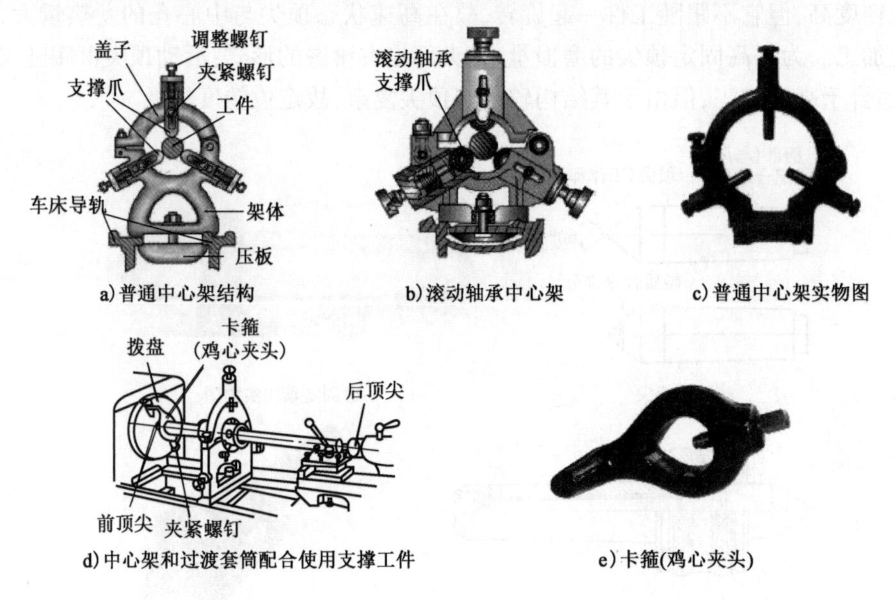

图3-21 中心架

(2)跟刀架适合于精车或半精车不宜调头加工的细长光轴类零件,如丝杠或光杠等。跟刀架有二爪和三爪两种形式,如图3-22所示。由于三爪的支撑位置比二爪多限制了零件的一个自由度,因此其加工过程更加平稳,不易产生振动。

加工前先在零件最右端车出一小段圆柱面,然后将跟刀架固定在机床的床鞍上,使其能跟随刀架一起移动,根据之前加工出的圆柱面调整跟刀架支撑钉至合适位置后即调整完毕。

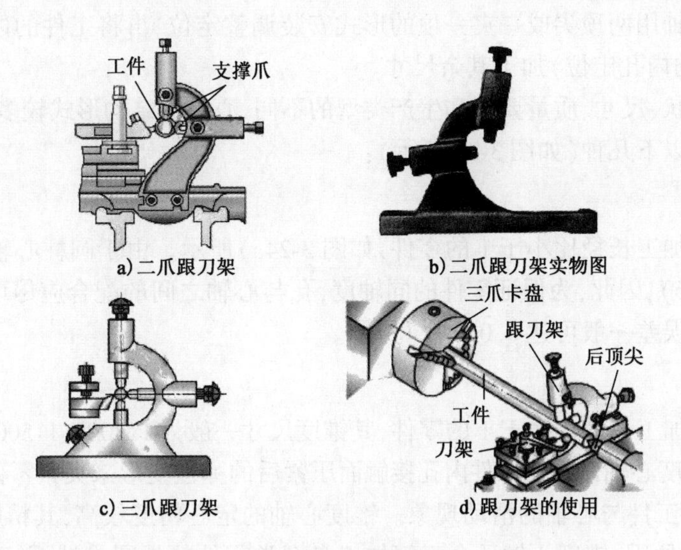

a)二爪跟刀架　b)二爪跟刀架实物图　c)三爪跟刀架　d)跟刀架的使用

图3-22　跟刀架

3. 中心架和跟刀架的使用注意事项

(1)中心架和跟刀架在使用时一般是与零件的已加工表面接触,为避免损坏零件的支撑部位和减少零件与支撑钉的摩擦热,在支撑部位应加注润滑脂。

(2)为减少摩擦热,加工时主轴的转速不能过高。

(3)支撑钉与工件间的支撑压力不能调节过大,以减少摩擦热。

(4)加工一定时间后应注意观察支撑钉的摩擦状态,如有摩擦应及时调整支撑钉的位置,如磨损过大应及时更换。

(5)用一夹一顶装夹时,卡盘夹持工件的长度不能过长,以防产生过定位。

3.3.4　心轴装夹

对于盘套类零件的形位精度要求往往较高(如同轴度、垂直度和平行度要求,如图3-23所示),因此,从工艺路线的安排上往往是先以零件外圆表面作为粗基准将内孔精加工后,然后

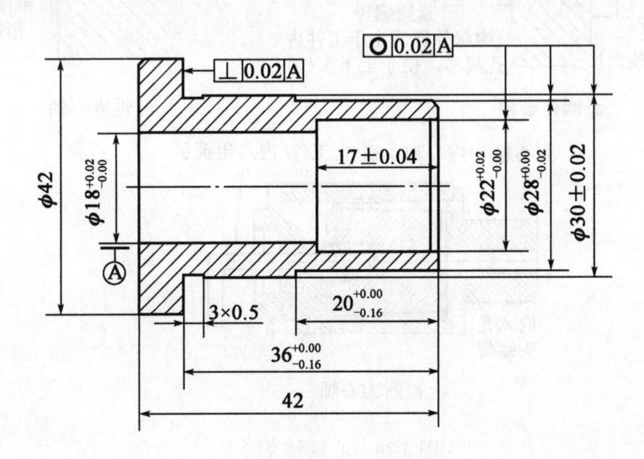

图3-23　盘套类零件

将事先加工好的心轴用两顶尖或一夹一顶的形式安装调整定位，再将工件的内孔套于心轴的外圆上（即以工件的内孔定位）加工其余尺寸。

由于工件的形状、尺寸、质量要求和生产类型的不同，心轴的结构形式较多，但根据其装夹定位的形式主要有以下几种（如图3-24所示）：

1.圆柱心轴

该心轴适合于加工长径比小于1的零件，如图3-24a）所示。由于圆柱心轴采用的是间隙配合（一般为H7/h6），因此，为保证零件的同轴度，孔与心轴之间的配合应尽可能小一些。用圆柱心轴的同轴度误差一般可达0.02～0.03mm。

2.小锥度心轴

该心轴适合与加工长径比大于1的零件，其锥度尺寸一般为1∶3000、1∶5000或1∶8000，如图3-24b）所示。锥度心轴是靠与零件内孔接触面压紧后的弹性变形来夹紧零件，因此，切削力不能过大，避免产生工件与心轴的滑动现象。锥度心轴的定心精度较高，其精度可达0.005～0.01mm。综合上述原因，锥度心轴适合于精加工盘套类零件的外圆或端面，而且也适合于在磨床上磨削零件。

由于内孔尺寸的加工误差，导致每个零件安装在锥度心轴上的轴向位置都具有不确定性，因此，轴向尺寸的保证需要仔细。

3.胀力心轴

该心轴是通过调整锥形螺杆使心轴一端作微量的径向扩张，以将零件孔胀紧的一种快速装拆夹具，适合于加工中小型零件，如图3-24c）所示。

心轴的形式还有较多，如螺纹伞形心轴、弹簧心轴和离心力夹紧心轴等，读者可根据自身需要查阅相关资料。

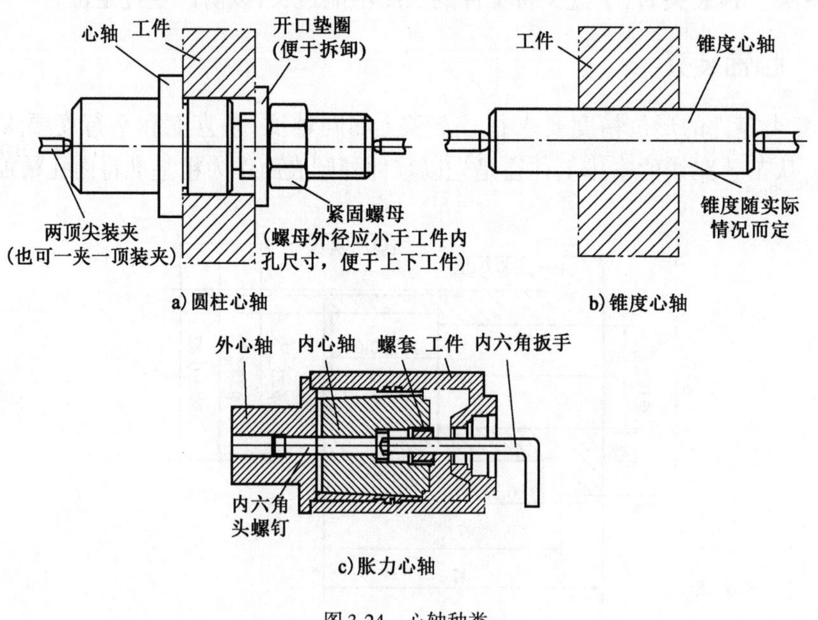

图3-24 心轴种类

3.3.5　花盘装夹

对于一些外形是异形的工件,用上述四种方法均不好装夹时,可用花盘进行装夹。花盘的结构如图3-25所示。花盘端面上制造有多条T型槽用以安装压紧螺栓或相关附件,中心的内螺纹可直接安装在车床的主轴上。根据工件的结构形状和加工部位的情况,工件可直接定位于花盘上,也可将零件安装在角铁上,然后将角铁定位于花盘上。

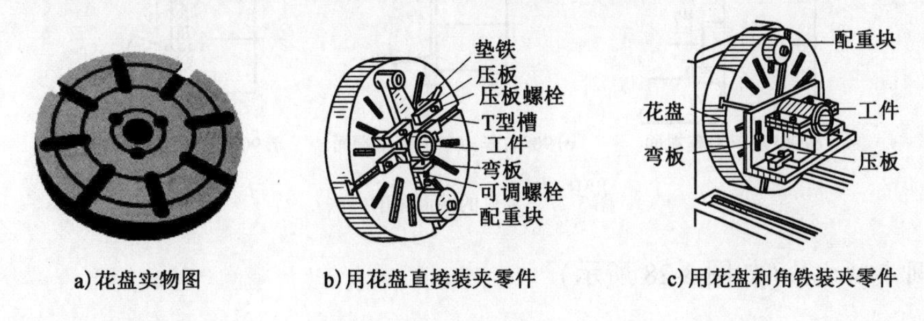

a)花盘实物图　b)用花盘直接装夹零件　c)用花盘和角铁装夹零件

图3-25　花盘

花盘除在安装过程需要找正外,在其上安装的角铁和工件也需要找正,且为保证安全还必须添加配重块并低速旋转。

3.4　车削加工的常用方法与操作技巧

车床由于加工的工艺范围较广,其使用的刀具种类也较多,本节将重点介绍其较常用的几种加工方法与操作技巧。

3.4.1　车外圆与端面

1. 外圆与端面车刀类型

对于刀具材料用高速钢或焊接式的车刀,常用的外圆和端面车刀根据主偏角的不同,主要有:45°、75°和90°车刀,如图3-26所示。如果刀具材料采用机夹可转位式刀片,则根据其制造厂商有较多的选择。

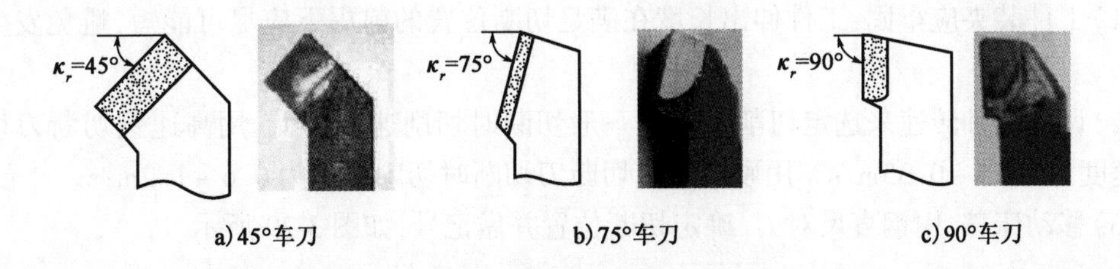

a)45°车刀　b)75°车刀　c)90°车刀

图3-26　常见外圆与端面车刀

2. 端面车削方法

根据刀具的类型和加工零件的情况,端面的车削方法,如图3-27所示。

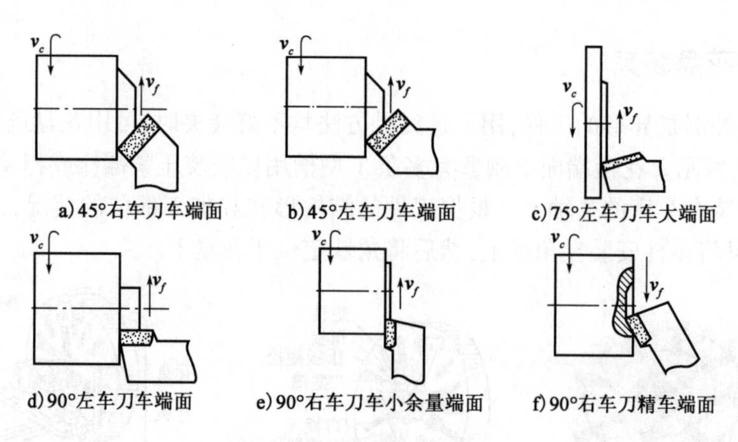

图 3-27 常见的端面车削方法

3. 外圆车削方法(如图 3-28 所示)

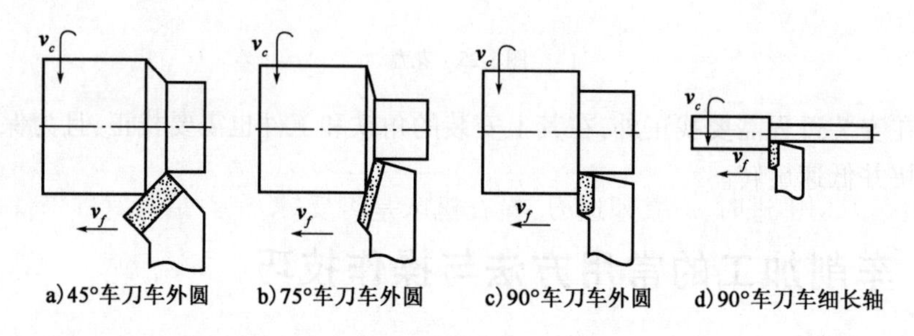

图 3-28 常见的外圆车削方法

3.4.2 切槽与切断

轴类或盘类零件的内外表面多存在一些槽(车螺纹的退刀槽、砂轮磨削时的越程槽、润滑或储油用的油槽、密封或安装弹簧用的沟槽,以及一些端面上的沟槽等),用车床加工这些槽的方法叫切槽,而将工件切成两段或多段的方法叫切断。

1. 切断前的准备

(1)工件装夹应牢固,工件伸出长度在满足切断位置的前提下应尽可能短,避免发生振动现象。

(2)调整主轴转速来选定切削速度。一般切断时切削速度较低,用高速钢切断刀切断时切削速度为 0.15 ~0.35m/s。用硬质合金切断刀切断时切削速度为 0.6 ~1.2m/s。

(3)移动床鞍,用钢直尺对刀,确定切断位置并做记号,如图 3-29 所示。

2. 切断方法

(1)切断方法有直进法与左右借刀法。工件直径较小时可采用直进法(如图 3-30a 所示),工件直径较大时可采用左右借刀法(如图 3-30b 所示)。

(2)切断时,如手动进给,中滑板进给的速度应均匀,并要控制断屑,工件直径较大或长度较长时，一般不能直接切到工件中心，当切至离工件中心2～3mm时，应将车刀退出，停车后用手将工件扳断或锯断。

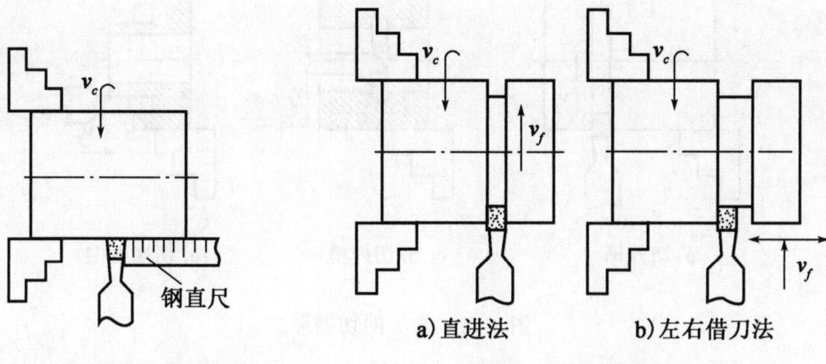

图3-29　确定切断位置

图3-30　切断方法

3. 切断时的注意事项与安全技术

(1)切断工件前应先用外圆车刀将外圆车圆。在切断刀刚开始切入工件时，进给速度应慢些，但不能停留，以防发生"扎刀"现象。

(2)当用一夹一顶装夹工件时，不要把工件全部切断，在离工件中心2～3mm时，应将车刀退出，停车后用手将工件扳断或锯断。

(3)发现切断表面凹凸不平或有明显扎刀痕迹时应及时修磨切断刀。

(4)发生车刀切不进时，应立即退刀，检查机床是否反转、车刀是否对准工件中心或车刀是否锋利等情况。

4. 切断刀折断的原因

(1)切断刀的几何形状刃磨不正确。副后角、副偏角太大，主切削刃太窄，刀头过长削弱了刀头的强度；切削刃前角过大造成扎刀；另外，刀头歪斜，切削刃两边受力不均，也易使切断刀折断。

(2)切断刀安装不正确。两副偏角安装不对，或刀尖没有对准工件中心。

(3)进给量太大或排屑不畅。

5. 防止切削振动的措施

切削时往往会产生振动，会使切削无法进行，甚至损坏刀具，可采用下述措施防止振动：

(1)机床主轴间隙及中、小滑板间隙应尽量调小。

(2)适当增大前角，使切削锋利且便于排屑，适当减小后角，以使车刀能"撑住"工件。

(3)切断刀离卡盘的距离一般应小于被切工件的直径。

(4)适当加快进给速度或减慢主轴转速。

(5)选用合适的主切削刃宽度。在主切削刃中间磨出0.5mm的槽，起到消振、导向作用。

6. 切槽的方法

常见的切槽形式如图3-31所示。切外槽和端面槽用的刀具与切断刀很相似，故一般可采用切断刀代替车槽刀。专用的车槽刀可根据槽的宽度和深度来刃磨。

在车床上切槽主要分为窄槽和宽槽两种形式。窄槽是指槽宽在5mm以下的，加工时可以采用刀头宽度等于槽宽的车槽刀一次车成；宽槽是指槽的宽度在5mm以上的，加工时一般采取先粗车后精车，并且是分段、多次车削完成。

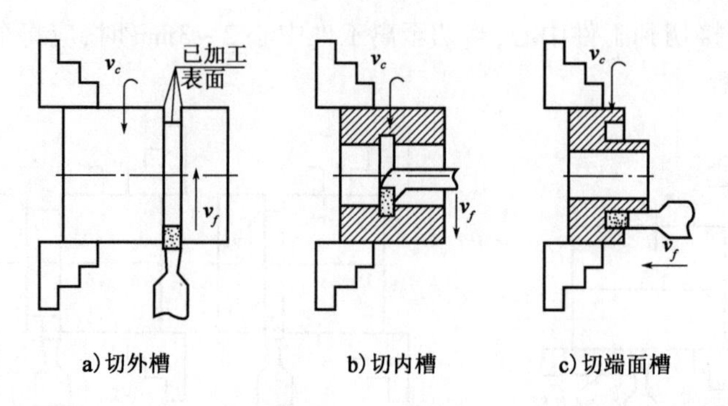

a) 切外槽　　b) 切内槽　　c) 切端面槽

图 3-31　常见的切槽形式

3.4.3　车圆锥面

1. 圆锥的各部分名称及计算

圆锥面可分为外圆锥面和内圆锥面两种。通常把外圆锥面称为圆锥体,内圆锥面称为圆锥孔。

圆锥有以下四个基本参数:

(1) 圆锥的斜角(α)或锥度(K)

(2) 圆锥的大端直径(D)

(3) 圆锥的小端直径(d)

(4) 锥形部分的长度(L)

以上四个量,只要知道任意三个量,其他一个未知量就可以求出。锥度的计算公式为:

$$K = \frac{D - d}{L}$$

当圆锥斜角 $\alpha < 6°$时,可用近似公式: $\alpha \approx 28.7° \times K$

2. 车圆锥体的方法

在车床上加工圆锥的方法主要有下列四种:转动小滑板法、偏移尾座法、宽刃刀车削法、仿形法。其中以转动小滑板法车圆锥适用范围最广,本书也只介绍该方法,其他方法读者可参考相关资料。

转动小滑板车圆锥的操作方法:

(1) 小滑板转动的角度应等于工件圆锥半角 $\alpha/2$,转动的方向应与工件圆锥素线的方向一致,如图 3-32 所示。转动小滑板前要先松开小滑板转盘两侧的压紧螺母,转动时要看转盘上的刻度,每转过一小格为 1°,角度大小与转动方向均符合要求后应将转盘位置固定。

(2) 确定小滑板的工作位置和调整小滑板导轨的间隙。车圆锥前将小滑板先向后退一段距离,以保证车削时有足够的行程。小滑板导轨的间隙应对镶条进行调整,不能过紧或过松。过紧会使手动进给费力,且进给速度也不会均匀;间隙过大,会影响圆锥角度的正确性。

(3) 检查车刀刀尖高度。车圆锥面要求车刀刀尖严格对准工件轴线。如用目测有一定误差,可采用车端面的方法来验证,若端面能车平则说明车刀刀尖高度位置正确。

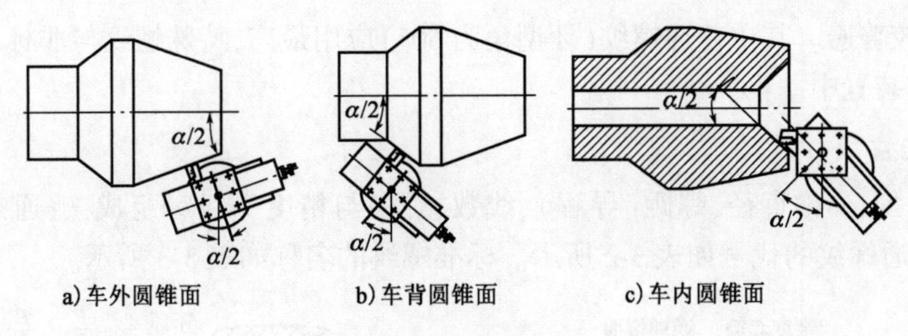

图3-32　转小滑板车圆锥

3. 车圆锥面的具体步骤

（1）车大端圆柱体。车削圆锥，一般应先按锥体的大端直径和锥体长度车成圆柱体后再车圆锥体。

（2）转动小滑板的角度。首先应根据圆锥的形状确定小滑板的转动方向。松开小滑板转盘固定螺母，按要求转动转盘至所需要的刻度后再拧紧固定螺母。

（3）确定小滑板行程。先将小滑板退至行程起始位置，然后试移动一次，检查工作行程是否足够，确定行程后再固定大滑板位置。

（4）粗车。

①中滑板进刀。第一次的背吃刀量不能太大，以免由于转动角度误差导致工件报废。车削时双手应交替摇动小滑板进刀手柄，手摇速度要均匀不间断，随着车削长度的增加，背吃刀量随之减小，车完圆锥体后应退出刀具，同时小滑板也应立即回复到起始位置。

②停车测量，调整圆锥角度。可用游标卡尺测量圆锥小端尺寸与圆锥长度。若圆锥有误差，应松开小滑板固定螺母，轻轻敲动小滑板，使其转角向相应方向略调小一些；也可用万能角尺直接测量工件角度后再调整小滑板角度。

③圆锥角初调整后，在中滑板原刻度上，再次进刀车锥体。车完后退出车刀，小滑板随即复位，最后停车。

（5）精车。调整好最后进刀尺寸后进行精车，并保证相应的精度要求。

4. 圆锥的精度检测

（1）首先要用套规（也就是一个标准的内圆锥），将红丹或蓝油均匀涂抹2～4条线在工件上，然后将套规套入工件锥面，相对转动60°～120°后取出套规，看工件锥面涂料的擦拭痕迹来判断，接触面积越多锥度越好，反之则不好。

（2）一般用标准量规检验锥度接触要75%以上，而且靠近大端。

（3）通过观察通端端面和止端端面可以检查锥度的大、小端直径是否在尺寸范围内。只要工件的端面在通端和止端端面之间，即说明尺寸正确。如图3-33所示。

内圆锥的检查方法与外圆锥一样，只是量具采用锥度塞规来检查。

3.4.4　车螺纹

1. 螺纹的分类

螺纹主要分为普通（标准）螺纹、特殊螺纹与非标准螺纹。普通螺纹具有较高的通用性与互换性，应用较普遍。其中普通螺纹（牙型角为60°）应用最广，特殊螺纹与非标准螺纹一般用于一些特殊的装置中。

2. 螺纹要素

主要由牙型、公称直径、螺距（导程）、线数、旋向与精度等级等组成，普通螺纹形状如图3-34所示。普通螺纹的代号如表3-2所示。标准螺纹的名称如表3-3所示。

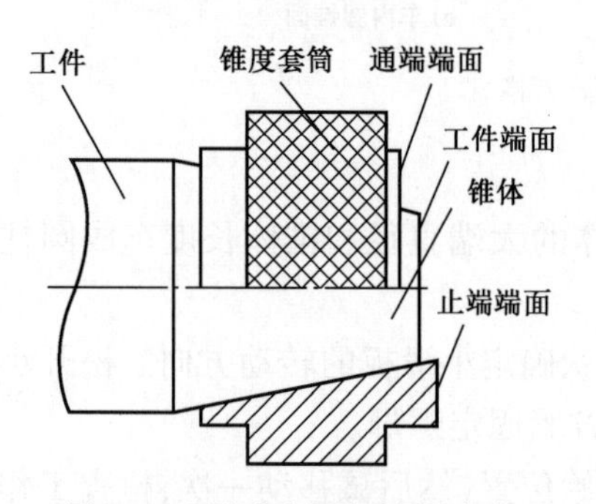

图3-33 用锥度套规检验圆锥角度

图3-34 普通螺纹截面形状及螺纹要素

普通螺纹的代号 表3-2

螺纹类型	牙型代号	示例	示例说明
粗牙普通螺纹	M	M16-7H	普通粗牙内螺纹，大径16mm，中径公差和顶径公差为7H
细牙普通螺纹	M	M10×1-5g6g	细牙普通外螺纹，大径10mm，螺距1mm，中径公差为5g，小径公差为6g
梯形螺纹	T	T30×10/2-3左	梯形螺纹，大径30mm，导程10mm，线数2，3级精度，左旋螺纹
锯齿形螺纹	S	S70×10-2	锯齿形螺纹，大径70mm，螺距10mm，2级精度
55°圆柱管螺纹	G	G3/4″	55°圆柱管螺纹，管子孔径为3/4英寸
55°圆锥管螺纹	ZG	ZG5/8″	55°圆锥管螺纹，管子孔径为5/8英寸
60°圆锥螺纹	Z	Z1″	60°圆锥螺纹，管子孔径为1英寸

标准螺纹的名称 表3-3

基本牙型	尺寸计算
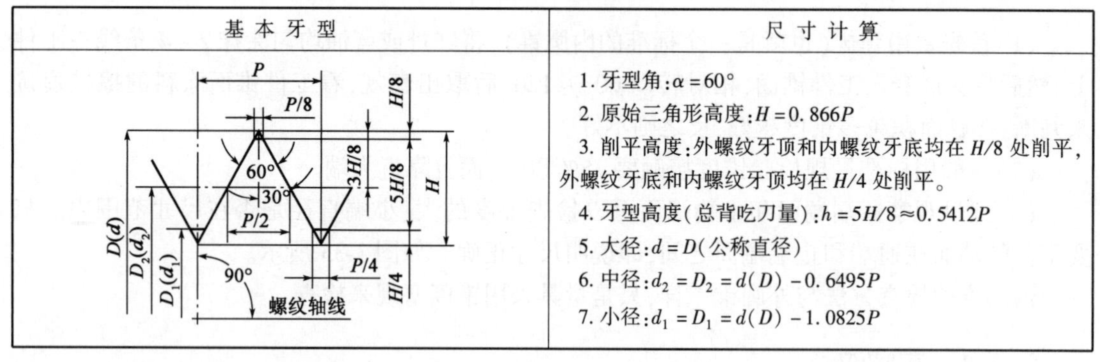	1. 牙型角：$\alpha=60°$ 2. 原始三角形高度：$H=0.866P$ 3. 削平高度：外螺纹牙顶和内螺纹牙底均在$H/8$处削平，外螺纹牙底和内螺纹牙顶均在$H/4$处削平。 4. 牙型高度（总背吃刀量）：$h=5H/8\approx0.5412P$ 5. 大径：$d=D$（公称直径） 6. 中径：$d_2=D_2=d(D)-0.6495P$ 7. 小径：$d_1=D_1=d(D)-1.0825P$

3. 螺纹车刀

螺纹车刀是一种成型刀具，螺纹截面精度取决于螺纹车刀刃磨后的形状及其在车床上安装位置是否正确，常用的螺纹车刀材料有高速钢与硬质合金两种。

1)螺纹车刀的几何角度(如图3-35所示)。

(1)前角γ_0

粗车时$\gamma_0=10°\sim25°$,精车时$\gamma_0=5°\sim10°$,精度要求较高时$\gamma_0=0°$。

(2)刀尖角ε_r。普通螺纹车刀在前角$\gamma_0=0°$时的刀尖角等于被切螺纹牙型角,即$\varepsilon_r=60°$;但当$\gamma_0\neq0°$时其刀尖角ε_r仍等于牙型角α,则车出的螺纹牙型角会增大,所以应对螺纹车刀的刀尖角ε_r进行修正。

(3)侧刃后角α_{0L}、α_{0R}。螺纹车刀左右两侧切削刃的后角α_{0L}与α_{0R}由于受螺旋线升角ψ的影响,进给方向上的侧刃后角应比另一侧刃后角大一个ψ。通常两侧切削刃的工作后角$\alpha_{0工}=3°\sim8°$。

2)螺纹车刀的安装

首先使刀尖与工件中心等高,装得过高或过低都将导致切削难以进行。车刀对中后应保证刀尖角的中心线垂直于工件轴线,否则,会使螺纹的牙型半角($\alpha/2$)不等,造成截面的形状误差。对刀方法如图3-36所示。如车刀歪斜,应轻轻松开车刀紧定螺钉,转动刀杆,使刀尖对准角度样板,符合要求后将车刀紧固,一般须复查一次。

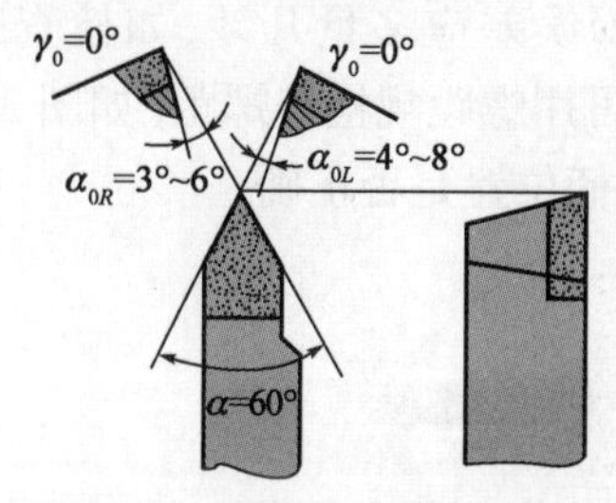

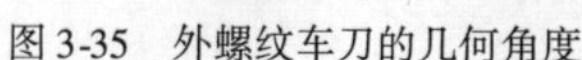

图3-35　外螺纹车刀的几何角度

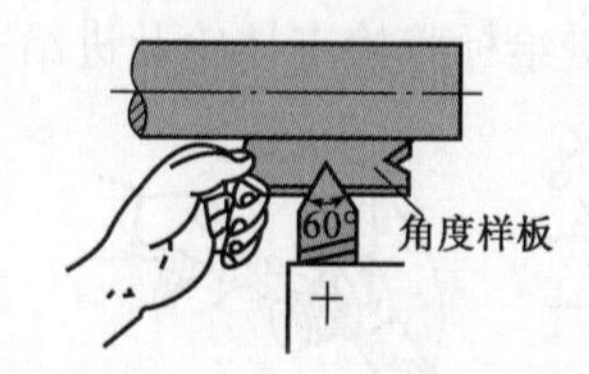

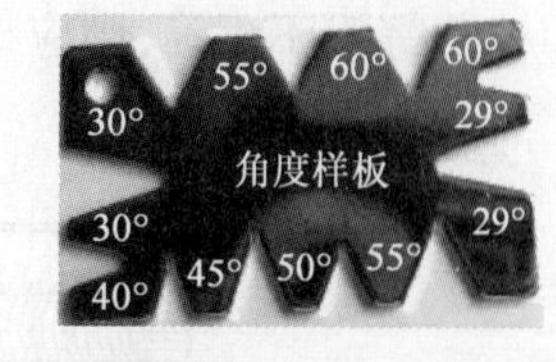

图3-36　用角度样板对刀

4.车螺纹前的准备

1)进退刀动作的操作

进退刀进给动作要协调、敏捷。操作的基本方法有两种:一种是用开合螺母法,一种是用正反车法。

(1)开合螺母法。要求车床丝杠螺距与工件螺距成整数倍,否则,会使螺纹产生乱扣(乱牙)。操作时先启动主轴,摇动大滑板使刀尖离工件螺纹轴端5~10mm处,中滑板进刀后右手合上开合螺母。开合螺母一旦合上后,床鞍就按照所设定的螺距向前或向后移动,此时右手仍须握住开合螺母手柄,当刀尖车至退刀位置时,左手要迅速摇动中滑板退出车刀,同时右手立即提起开合螺母使床鞍停止移动,然后再手动移动大滑板至上次加工的起刀,准备下次车削。

(2)正反车法。当丝杠螺距与工件螺距不成整数倍时,必须采用正反车法。操作方法如下:在对好刀后,移动床鞍使车刀靠近工件右端3~5mm处(起始位置),左手向上提起操作杆启动机床,左手操作中滑板完成背吃刀量的控制后,右手合上开合螺母机床便开始执行螺纹的加工。当刀尖离退刀位置2~3mm时,应用左手按下操作杆至中间位置使转速逐渐减慢,当车刀进入退刀位置时,应用右手迅速退出中滑板,然后左手压下操作杆至反转位置,使主轴反转,此时机床大滑板向回运动,直到车刀退到起始位置,此时即可将操作杆向上提起至中间位置,使主轴停转。

在做进退刀操作时，必须精力集中，眼看刀尖，动作果断。在正反车过程开合螺母一直处于闭合状态，严禁在螺纹加工完成之前打开，否则，会发生乱扣（乱牙）现象。在开合螺母闭合状态，大滑板用手不能移动，也不能执行自动走刀操作，这是机床的互锁装置在起作用。

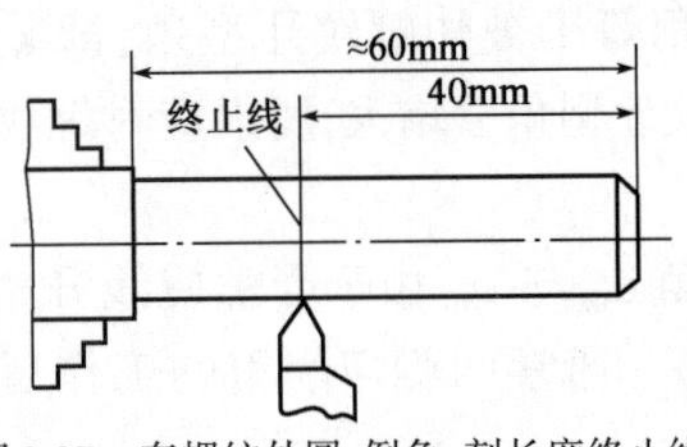

图 3-37　车螺纹外圆、倒角、刻长度终止线

2）车螺纹前的工作

（1）按螺纹规格车螺纹外圆及长度，并按要求车螺纹退刀槽。对无退刀槽的螺纹，应事先刻出螺纹长度终止线，如图 3-37 所示。螺纹外圆端面处必须倒角，倒角大小为 $C = 0.75P \times 45°$。

（2）按导程 L 或螺距 P 查进给标牌，调整挂轮与进给手柄位置。

（3）调整主轴转速，选取合适的主轴转速。

（4）开动机床，摇动中滑板，使螺纹车刀刀尖轻轻和工件接触，以确定背吃刀量的起始位置，再将中滑板刻度调整至零位，在刻度盘上做好螺纹总背吃刀量调整范围的记号。

（5）开动机床（选用低速），合上开合螺母，用车刀刀尖在外径上轻轻车出一道螺旋线，然后用钢直尺或游标卡尺检查螺距是否正确。测量时，为减少误差应多量几牙，如检查螺距 1.5mm的螺纹，可测量 10 牙，即为 15mm（如图 3-38a 所示）；也可用螺距规检查螺距（如图 3-38b 所示）。若螺距不正确，则应根据进给标牌检查挂轮及进给手柄位置是否正确。

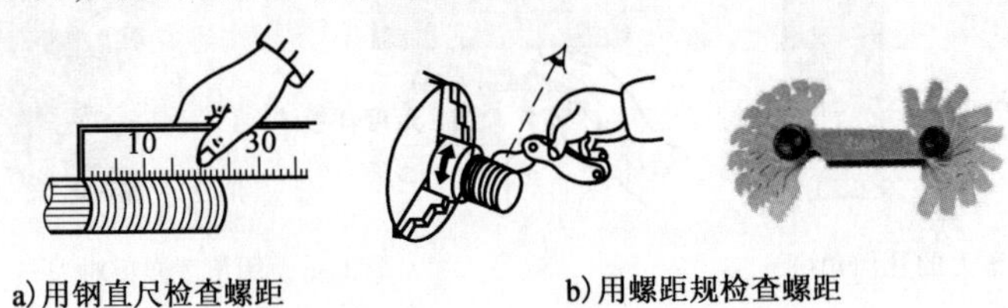

a）用钢直尺检查螺距　b）用螺距规检查螺距

图 3-38　检查螺距

5. 车三角螺纹

1）直进法车螺纹的操作要领

（1）进刀方法。进刀时，利用中滑板作横向垂直进给，在几次进给中将螺纹的牙槽余量切去，如图 3-39a）所示。特点是：可得到较正确的截面形状。但车刀的左右侧刃同时切削，不便排屑，螺纹不易车光，当背吃刀量较大时，容易产生扎刀现象，一般适用于车削螺距小于 2mm 的螺纹。

（2）背吃刀量的分配。根据车螺纹总的背吃刀量 a_p，第一次背吃刀量 $a_{p1} \approx a_p/4$，第二次背吃刀量 $a_{p2} \approx a_p/5$，以后根据切屑情况，逐渐递减，最后留 0.2mm 余量以便精车。

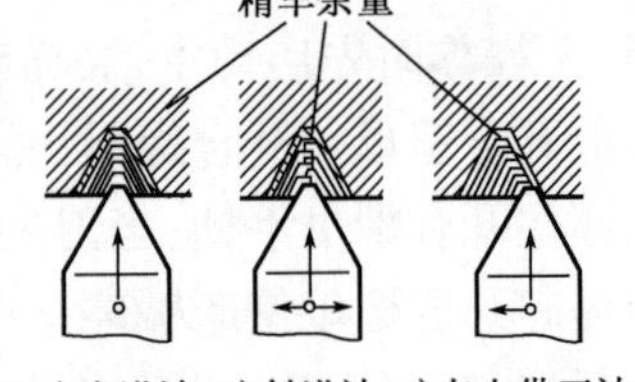

a）直进法　b）斜进法　c）左右借刀法

图 3-39　车螺纹的进刀方法

2）斜进法车螺纹

（1）进刀方法。操作时，每次进刀除中滑板作横向进给外，小滑板向同一方向作微量进给，多次进刀将螺纹的牙槽全部车去，如图 3-39b）所示。车削时，开始一、二次进给可用直进法车削，以后用小滑板配合进刀。特点是：单刃切削，排屑方便，可采用较大的背吃刀量，适用于较大螺距螺纹的粗加工。

(2)吃刀量的分配。中滑板的吃刀量随牙槽加深逐渐递减,每次进刀小滑板的进刀量是中滑板的1/4,以形成梯度,粗车后留0.2mm作精车余量。

3)左右借刀法

(1)进刀方法。每次进刀时,除了中滑板作横向进给外,同时小滑板配合中滑板作左或右的微量进给,这样多次进刀可将螺纹的牙槽车出,小滑板每次进刀的量不宜过大,如图3-39c)所示。

(2)小滑板消除间隙方法。左右借刀法进刀时,应注意消除小滑板左右进给的间隙。其方法如下:如先向左借刀,即小滑板向前进给,然后小滑板向右借刀移动时,应使小滑板比需要的刻度多退后几格,以消除间隙部分,再向前移动小滑板至需要的刻度上。以后每次借刀,使小滑板手轮向一个方向转动,可有效消除间隙。

4)车削过程的对刀及背吃刀量的调整

螺纹车削过程中,刀具磨损或折断后需拆下修磨或换刀。重新装刀车削时会出现刀具位置不在原螺纹牙槽中的情况,如继续车削会乱扣,这时须将刀尖调整到原来的牙槽中方能继续车削,这一过程称为对刀。对刀方法有静态对刀法和动态对刀法。

(1)静态对刀法。主轴慢转并合上开合螺母,转动中滑板手柄,待车刀接近螺纹表面时慢慢停车(主轴不可反转),待机床停稳后,移动中、小滑板,目测将车刀刀尖移至牙槽中间,然后记下中小滑板刻度后退出。

(2)动态对刀法。主轴慢转合上开合螺母,在开车过程中移动中、小滑板,将车刀刀尖对准螺纹牙槽中间。也可根据需要,将车刀的一侧刃与需要切削的牙槽一侧轻轻接触,待有微量切屑时即刻记住中小滑板刻度,然后退出车刀。为避免对刀误差,可在对刀的刻度上进行1~2次试切削,确保车刀对准。该方法的对刀精确度高,但要求操作者反应快、动作迅速。

(3)吃刀量的重新调整。重新装刀后,车刀的原先位置发生了变化,对刀前应首先调整好吃刀量的起始位置。

5)精车方法

螺纹的精车可通过调整吃刀量或测量螺纹牙顶宽度值来控制尺寸,并保证精车余量。步骤如下:

(1)对刀。使螺纹车刀对准牙槽中间,当刀尖与牙槽底接触后,记下中小滑板刻度并退出车刀。

(2)分1~2次进给。用直进法车到牙槽底径,并记下中滑板的最后进刀刻度。

(3)车螺纹牙槽一侧。在中滑板牙槽底径刻度上采用小滑板借刀法车削,观察并控制切屑形状,每次偏移量为0.02~0.05mm,为避免牙槽底宽扩大,最后1~2次进给时中滑板可作适量进给。

(4)用同样的方法精车另一侧面,同时注意螺纹尺寸。当牙顶宽接近$P/8$时,可用螺纹环规检查螺纹尺寸。

(5)精车时应加注切削液,并尽量将精车余量留给第二侧面。

(6)螺纹车完后,牙顶上应用细齿锉修去毛刺。

(7)检验。螺纹工件是否合格,就其螺纹部分应着重测量牙型角、螺距和中径,看这些要素是否符合图样要求。

3.4.5 孔加工

车床上加工内孔的方法有钻孔、扩孔、镗孔和铰孔。其中钻孔、扩孔适用于粗加工;镗孔用于半精加工与精加工;铰孔通常只用于精加工。

1. 钻中心孔

1)中心孔的形式与选用

中心孔是用来支承工件并起定位作用,通常在实心零件上钻孔之前必须先钻出中心孔。常用形式有:A 型(不带保护锥)、B 型(带保护锥),如图 3-40 所示。其形式的选择主要是根据工艺要求来确定。中心钻由高速钢制成。

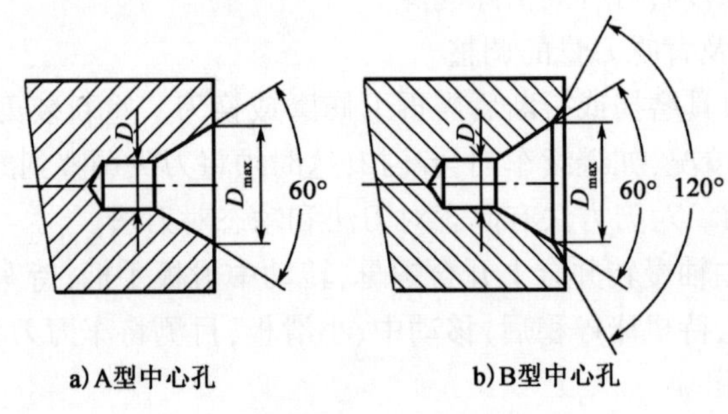

图 3-40 中心孔的型式

2)钻中心孔的方法

直径在 φ6mm 以下的 A 型、B 型中心孔通常用中心钻直接钻出,如图 3-41 所示。

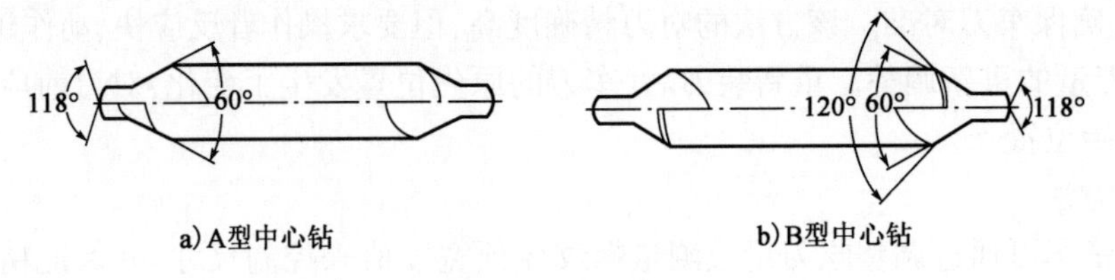

图 3-41 中心钻

(1)钻削前的准备

①装夹并校正好工件,将工件端面车平。

②将钻夹头(如图 3-44 所示)锥柄擦净后,装入车床尾座套筒内。

③选用中心钻,将中心钻装入钻夹头内,并用锥齿扳手拧紧。中心钻在钻夹内伸出长度应尽量短。移动尾座并调整尾座套筒伸出长度,然后将尾座锁紧。

④选择主轴转速。由于中心钻直径较小,主轴转速一般应高些,通常在 720r/min 以上(如工件直径较大,则转速应该降低)。

(2)钻削要领

①试钻。启动车床,摇动尾座套筒,当中心钻钻尖钻入工件约为 0.5mm 时退出,目测判断中心钻是否对准工件中心。当中心钻对准工件旋转中心时,钻出的孔呈锥形;若中心偏移,则钻出的孔呈环形。纠偏方法是松开尾座紧定螺钉,调整尾座两侧的调整螺钉,使尾座横向移动,目测钻尖与工件旋转中心的位置,待钻尖与工件中心对准后再锁紧两侧螺钉。

②钻削方法。当中心钻钻削工件时,进给速度要缓慢而均匀,并经常退出中心钻以清除切屑及充分冷却。当钻至圆锥孔规定的尺寸时,应先停止进给,这时利用主轴惯性,再轻轻送进中心钻,使中心钻切削刃切下薄薄一层金属,以降低粗糙度并修正中心孔。

③工件直径大或形状复杂的零件不便在车床上钻中心孔时,可先在工件上划好中心,然后在钻床上或用手电钻钻出中心孔。

3)钻中心孔时中心钻折断的原因

(1)端面未车平、有凸台或中心钻未对准工件的旋转中心。

(2)进给速度太快、用力过猛或主轴转速太低。

(3)中心钻磨损严重、切屑堵塞。

2. 麻花钻钻孔

用麻花钻钻孔是最常用的孔加工方法,其公差等级可达IT10~IT11、表面粗糙度 R_a6.3~12.5μm。

1)麻花钻及其刃磨要求

麻花钻的几何形状及主要切削角度如图3-42所示,钻头刃磨的质量会直接影响加工质量。

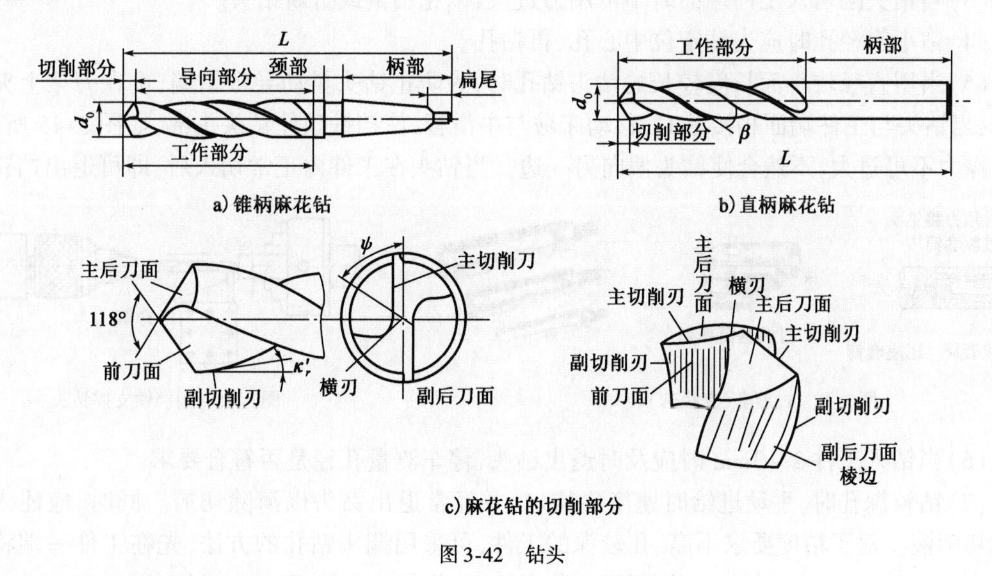

图3-42 钻头

2)麻花钻角度的检测方法

(1)两主切削刃对称性的检测。可用万能角度尺直接测量。测量时将刻度值调至120°,角度尺另一边检查主切削刃长度。检查时可用透光法来比较两切削刃的高低。两主切削刃高度不一致时应修磨,直至相等为止。

(2)钻头后角的检测。钻头的后角可用目测法。如图3-43所示,在后刀面上主切削刃应在最高处,说明后角方向正确。

3)钻头的装卸

直柄麻花钻用钻夹头装夹,如图3-44所示。锥柄麻花钻用一个或数个锥形过渡套(变径套)装夹,如图3-45所示。钻头装入尾座套筒时,必须擦净各结合面,同时应用力顶紧。

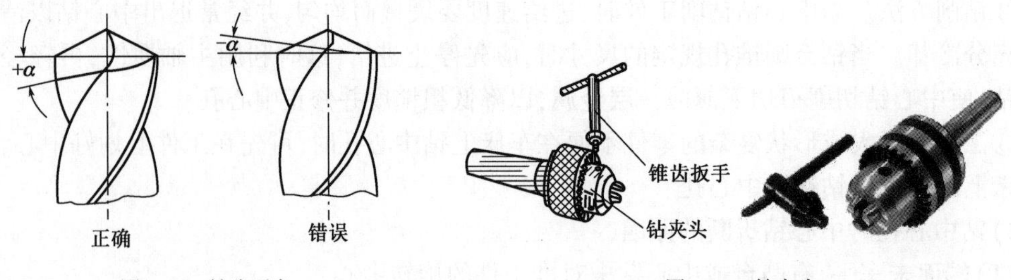

图3-43　钻头后角　　　　图3-44　钻夹头

4)钻削用量的选择

在实体工件上钻孔时吃刀量 a_p 为钻头直径一半,通常取进给量 $f=0.1\sim0.3\text{mm/r}$。钻脆性材料时,可选取较大值。用高速钢钻头钻孔时,切削速度通常取 $v_c=0.25\sim0.5\text{m/s}$。钻较硬材料时应选用较小值。

5)钻孔的操作要领

(1)钻孔前应根据钻孔直径选择尺寸合适的钻头,工件端面须车平,中心处不得有凸台。

(2)钻头装入尾座套筒后必须校正钻头中心位置,使其与工件回转中心一致。

(3)当钻头刚切入工件端面时不可用力过大,以免钻偏或折断钻头。

(4)钻小直径孔时应先钻定位中心孔,再钻孔。

(5)当用直径较小而长度较长的钻头钻孔时,为防止钻头晃动导致钻偏,可在刀架上夹一挡铁,当钻头与工件端面相接触时,移动床鞍与中滑板,使挡铁顶住钻头头部,如图3-46所示。但支撑力不可过大,不然会使钻头偏向另一边。当钻头在工件内正常切入后,即可退出挡铁。

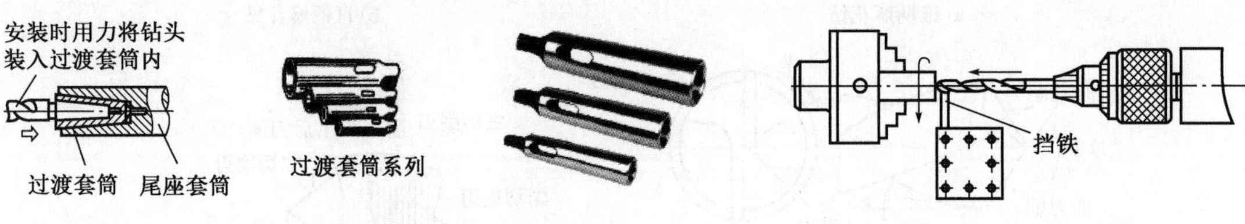

图3-45　过渡套(变径套)装夹　　　　图3-46　用挡铁支撑钻头

(6)当钻入工件2~3mm时应及时退出钻头,停车测量孔径是否符合要求。

(7)钻较深孔时,手动进给时速度要均匀,并经常退出钻头以清除切屑。同时,应注入充分的切削液。对于精度要求不高、孔较深的工件,可采用调头钻孔的方法,先在工件一端将孔钻至大于工件长度的二分之一后,再调头装夹校正,将另一半钻通。

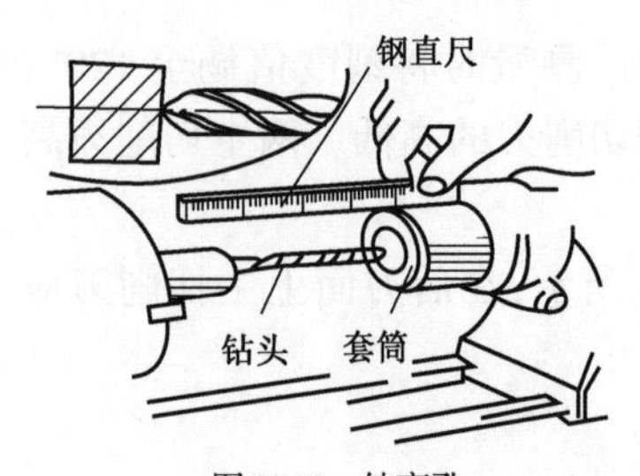

图3-47　钻盲孔

(8)对于钻通孔,当孔即将钻通时钻尖部分不参加工作,切削阻力明显减少,进刀时就会觉得很轻松,这时应及时减慢进给速度,直至完全钻穿,待钻头完全从孔内退出后再停车。

(9)对于钻盲孔,为了控制钻孔深度,在钻头开始切入端面时即记下尾座套筒上的标尺刻度,或用钢直尺量出此时套筒的伸出长度(如图3-47所示),也可在钻头上做记号以控制孔深。钻入工件后,根据刻度或用钢直尺及时测量钻孔深度。

(10)刚钻完孔的工件与钻头一般温度都比较高,不可用手去摸。

3. 扩孔

扩孔刀具将工件原来的孔径扩大加工，称为扩孔。常用的扩孔刃具有麻花钻、扩孔钻等。一般工件的扩孔可用麻花钻加工，对于精度要求较高的孔，可用扩孔钻加工。

1）用麻花钻扩孔

在实心工件上钻孔时，小孔径可一次钻出。如果孔径大，钻头直径也大，由于横刃长，轴向切削力大，钻削时很费力，这时可分两次钻削。例如钻 ϕ50mm 的孔，可先用 ϕ25mm 的钻头钻孔，然后用 ϕ50mm 的钻头将孔扩大。

2）用扩孔钻扩孔

扩孔钻有高速钢和硬质合金两种，常见的扩孔钻如图 3-48 所示。扩孔钻在自动机床和镗床上用得较多，它的主要特点是：

（1）刀刃不必自外缘一直到中心，这样就避免了横刃所引起的不良影响。

（2）由于扩孔钻钻心粗，刚性好，且排削容易，可提高切削用量。

（3）由于切削少，容削槽可以做得小些，因此扩孔钻的刃齿可比麻花钻多，导向性比麻花钻好。因此，可提高生产效率，改善加工质量。

扩孔精度一般可达到 IT9 ~ IT10，表面粗糙度 R_a6.3 ~ 12.5μm，用扩孔钻加工一般是孔的半精加工工序。

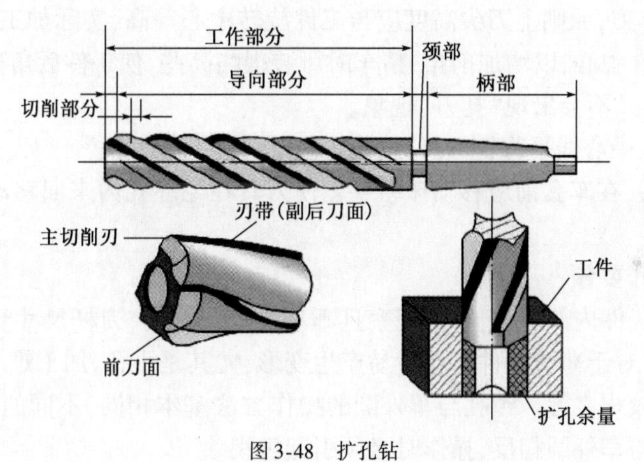

图 3-48　扩孔钻

4. 镗孔

镗孔是最常用的孔加工方法，其公差等级可达 IT9 ~ IT7、表面粗糙度可达 R_a3.2 ~ 1.6μm。

内孔车（镗）刀可分为通孔车刀与盲孔车刀两种，如图 3-49 所示。其切削部分的几何形状与外圆车刀相似。通孔车刀用于车通孔，其主偏角一般为 60° ~ 75°，副偏角为 10° ~ 20°；盲孔车刀用于车不通孔或台阶孔，其主偏角通常为 92° ~ 95°，刀尖到刀杆背面的距离必须小于孔径的一半，否则无法车平底平面。为了增加刀具刚度，选用内孔车刀时，刀杆应尽可能粗，刀杆工作长度应尽可能短，一般取大于工件孔长为 4 ~ 10mm 即可。

内孔车刀的后角为避免刀杆后刀面与孔壁相碰，一般磨成双重后角 α_1、α_2，以提高刀具的刚性，如图 3-50 所示。刃磨前刀面时如需磨断屑槽，应注意断屑槽的刃磨方向。粗车刀刃磨方向应平行于主切削刃刃磨，使切屑流向待加工表面，如图 3-49a）所示；精车刀应平行于副切削刃刃磨，以提高表面粗糙度，如图 3-51 所示。

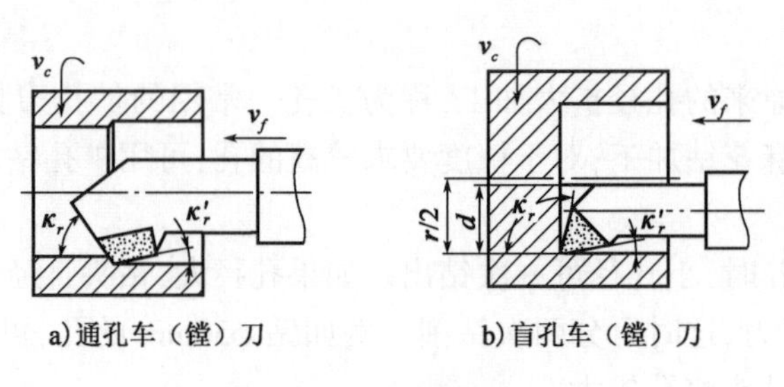

图 3-49 内孔车(镗)刀

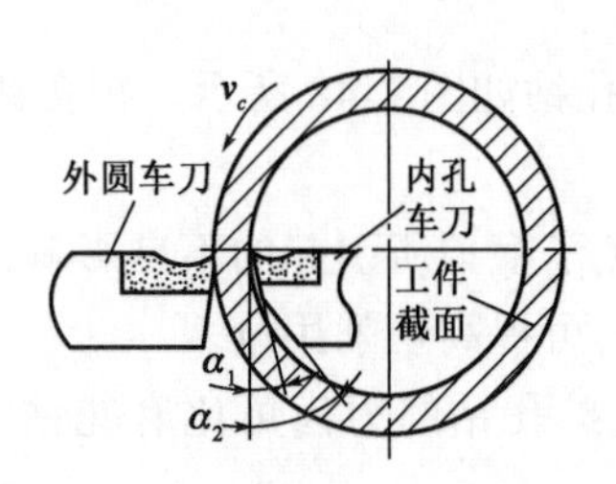

图 3-50 内孔车刀的后角

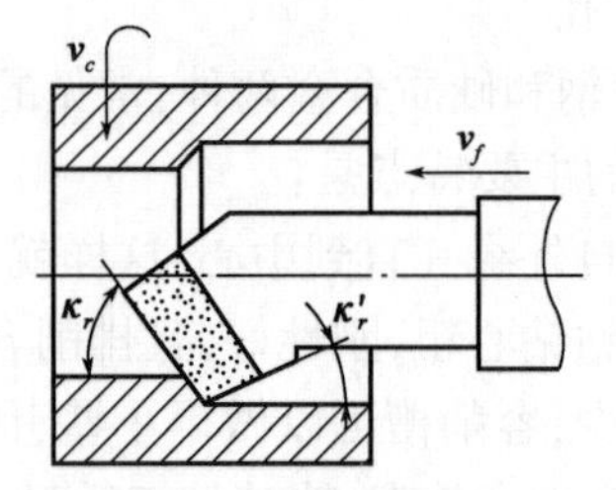

图 3-51 内孔精车刀

1)车刀的装夹

(1)装夹内孔车刀,原则上刀尖高度应与工件旋转中心等高,实际加工时要适当调整。粗车时刀尖略低于工件中心,以增加前角;精车时可装得略高些,使工件后角稍增大些,这既减少刀具与工件的摩擦,又不会出现“扎刀”现象。

(2)刀杆应与孔中心线平行,车刀伸出长度应尽可能短。

(3)车刀装夹后,在车孔前应移动床鞍手轮使刀具在毛坯孔内来回移动一次,以检查刀具和工件有无碰撞。

2)镗内孔的操作要领

镗孔时车刀在工件内部进行,不便观察且不易冷却与排屑,刀杆尺寸受孔径限制,不能制得太粗又不能太短,对于薄壁工件车孔后易产生变形,尤其是小孔,加工难度更大。因此,镗内孔的操作较车外圆较难掌握。镗孔与车外圆的操作方法基本相同,不同的是镗内孔时中滑板进退刀的动作正好与车外圆相反,操作时必须引起重视。

(1)粗车孔。

①根据加工余量确定背吃刀量与进刀次数。通常背吃刀量 $a_p=1\sim3$mm;进给量 $f=0.2\sim0.6$mm/r;切削速度 v_c 应比车外圆的速度低1/3 左右。粗车后留给精车的余量通常为0.5 ~1mm。

②控制孔径尺寸的方法与车外圆一样,也要进行试切。试切深度一般至孔口1~3mm 内。

③当长度车至尺寸时应迅速停止进给,此时车刀横向可不退刀,应直接纵向退出再停车。

(2)精车孔。

①精车时,最后一刀的吃刀量以 $a_p=0.1\sim0.2$mm 为宜,进给量 $f=0.08\sim0.15$mm/r,用高速钢车刀精车时,切削速度 $v_c=0.05\sim0.1$m/s。

②精车孔时尺寸的控制是关键。控制尺寸的方法同样采用试切法来完成。试切时对刀要细心、精确。

③当长度车至尺寸位置时应立即停止进给,并记下中滑板刻度,摇动中滑板手柄(注意退

刀方向)，使刀尖刚好离开孔壁即可，待车刀退出后再停车。

3)注意事项

(1)车削过程中应注意观察切削情况。如排屑不畅，应及时修正车刀的几何角度或改变切削用量，确保排屑流畅。

(2)车削过程中如产生尖叫、振动等情况，应及时停止车削退出车刀，通过修磨车刀或减小切削用量等办法来改善切削条件。

(3)粗车通孔时，由于背吃刀量与进给量都较大，所以当孔要车通时应停止自动进给，改用手摇床鞍慢慢进给，以防崩刃。

(4)孔口应按要求倒角或去锐边。

5. 内孔尺寸的测量

内孔的尺寸精度要求低时，通常用内卡钳与游标卡尺测量；孔的尺寸精度要求较高时，可用塞规或内径千分尺测量；当孔较深时，宜用内径百分表测量。

3.5 车工技能综合训练

3.5.1 台阶轴的加工

工艺分析(如图3-52所示)：

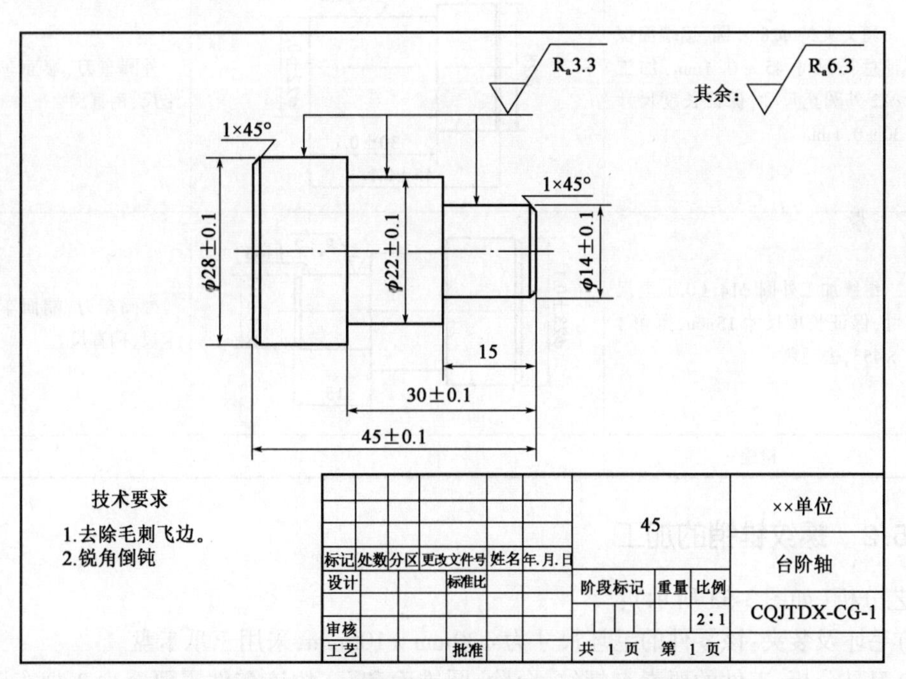

图3-52　台阶轴零件图

(1)毛坯及装夹：该零件的毛坯尺寸为ϕ30mm×50mm，用三爪卡盘夹持。

(2)刀具分析：工件为台阶轴，两个台阶的余量均分别为6mm、8mm，且表面粗糙度为3.2，故需一把90°的外圆车刀和一把45°端面车刀,即可满足该零件的加工(如外圆车刀的刃磨不理想,还需要增加一把90°的精车刀)。

(3)加工工艺分析:加工时为达到掌握车工基本技能的目的,加工外圆的顺序应为:ϕ28mm－ϕ22mm－ϕ14mm(在实际加工状态,零件外圆加工顺序可从小到大,其中的主要原因是减少了多余的走刀路线)。

(4)工艺参数:该零件的材料为45钢,切削性能良好。根据现有工艺装备查询相应的切削手册后,选定粗加工的切削三要素为:主轴转速350r/min、进给量0.1mm/r、背吃刀量1mm;精加工的切削三要素为:主轴转速450r/min、进给量0.06mm/r、背吃刀量0.3mm。

加工工序如表3-4所示。

台阶轴加工工序 表3-4

工序	加工内容	工序简图	刀、量具
1	夹持毛坯外圆,控制伸出长度30mm。车削端面和ϕ28±0.1外圆至尺寸,保证长度大于20mm,倒角1×45°	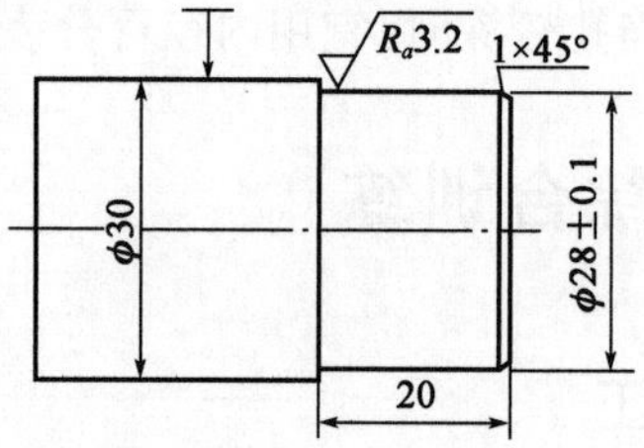 R_a3.2　1×45°　ϕ30　ϕ28±0.1　20	外圆车刀、端面车刀、游标卡尺、钢直尺
2	调头夹持ϕ28外圆,偏端面保证总长尺寸45±0.1mm,加工ϕ22外圆至尺寸,保证长度尺寸30±0.1mm	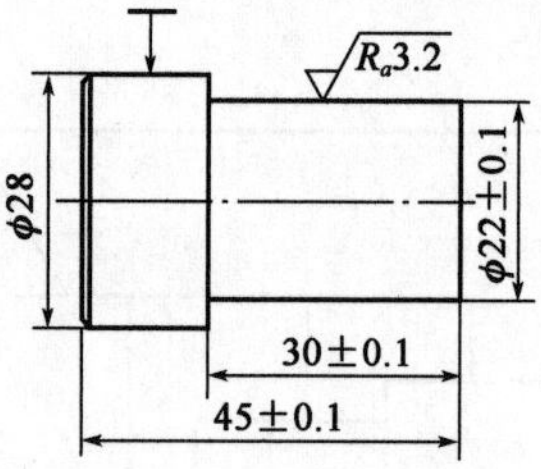 R_a3.2　ϕ28　ϕ22±0.1　30±0.1　45±0.1	外圆车刀、端面车刀、游标卡尺、钢直尺
3	继续加工外圆ϕ14±0.1至尺寸,保证长度尺寸15mm,倒角1×45°,去毛刺	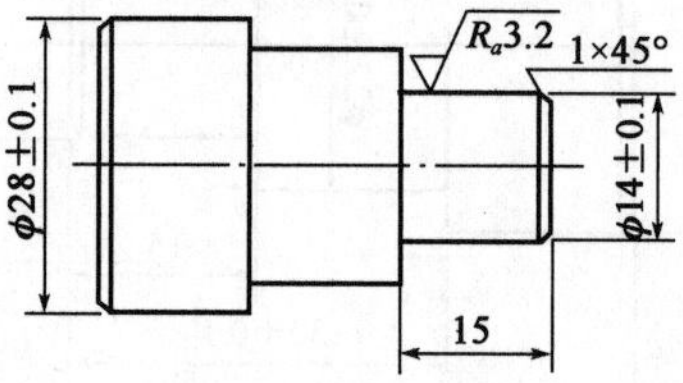 R_a3.2　1×45°　ϕ28±0.1　ϕ14±0.1　15	外圆车刀、端面车刀、游标卡尺、钢直尺
4	检验		

3.5.2 螺纹锥销的加工

工艺分析(如图3-53所示):

(1)毛坯及装夹:该零件的毛坯尺寸为ϕ30mm×105mm,采用三爪卡盘。

(2)刀具分析:工件的要素有螺纹、台阶、圆锥面和孔,故该零件需要至少3把车刀(螺纹车刀用于加工螺纹,90°外圆车刀用于加工台阶和圆锥面、45°端面车刀用于加工端面)、一个中心钻和一个钻头。在条件允许的情况下可增加一把90°外圆精车刀。

(3)加工工艺分析:加工时为达到掌握车工基本技能的目的,加工外圆的顺序应为从大到小逐渐加工(在实际加工状态,零件外圆加工顺序可从小到大,其中的主要原因是减少了多余的走刀路线)。

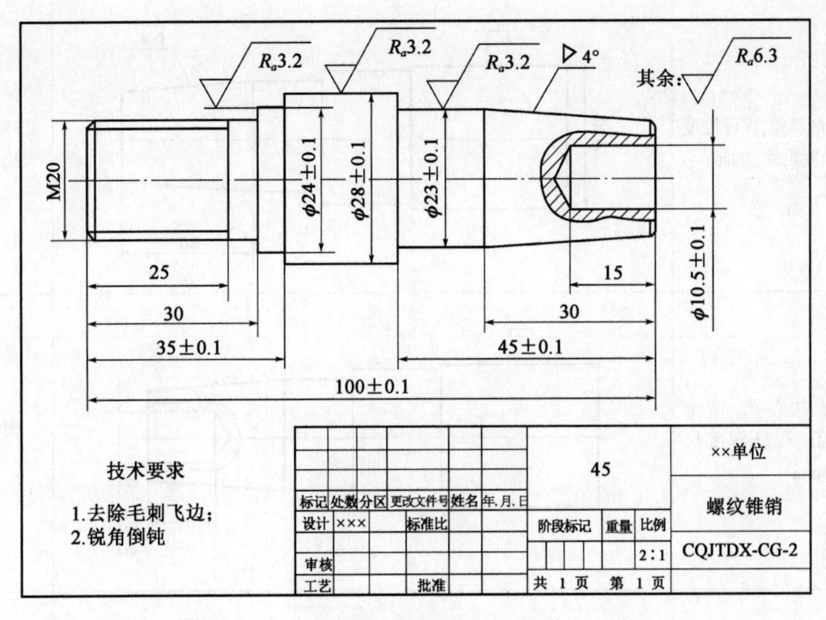

图3-53　螺纹锥销零件图

(4)工艺参数:该零件的材料为45钢,切削性能良好。根据现有工艺装备查询相应的切削手册后,选定粗加工的切削三要素为:主轴转速350r/min、进给量0.1mm/r、背吃刀量1mm;精加工的切削三要素为:主轴转速450r/min、进给量0.06mm/r、背吃刀量0.3mm;为保证操作安全,螺纹加工时的主轴转速为65r/min。

加工工序如表3-5所示。

螺纹锥销加工工序　　表3-5

工序	加工内容	工序简图	刀、量具
1	夹持毛坯外圆,控制伸出长度70mm。车削端面和φ28±0.1外圆至尺寸,保证长度大于65mm	R_a3.2　φ30　φ28±0.1　65	外圆车刀、端面车刀、游标卡尺、钢直尺
2	车削φ23±0.1外圆至尺寸,保证长度尺寸45±0.1mm	R_a3.2　φ30　φ23±0.1　45±0.1	外圆车刀、游标卡尺、钢直尺

续上表

工序	加工内容	工序简图	刀、量具
3	车削圆锥，保证锥度4°，长度尺寸30mm	▷4′ φ30 30	外圆车刀、游标卡尺、钢直尺
4	钻中心孔，钻φ10.5孔，保证深度尺寸15mm	15 φ10.5±0.1	中心钻、φ10.5mm钻头
5	调头夹持φ23外圆，车端面保证总长尺寸100±0.1mm，加工φ24外圆至尺寸，保证长度尺寸35±0.1	R_a3.2 φ24±0.1 35±0.1 100±0.100	外圆车刀、端面车刀、游标卡尺、钢直尺
6	车削M20外圆至$\phi20_{-0.4}^{-0.2}$，保证长度尺寸30mm，倒角2×45°	2×45° $\phi20_{-0.400}^{-0.200}$ 30	外圆车刀、游标卡尺、钢直尺
7	车削M20螺纹至尺寸，保证有效长度25mm	M20 25	螺纹车刀、螺纹塞规、钢直尺
8	检验		

3.5.3 创新训练

读者可自行设计一个与钳工技能综合训练二(榔头)相配合的手柄,在编写其工艺和相应的生产准备工作后进行实际加工。

零件加工完成后应从使用情况、外观形状、尺寸精度、加工成本与工艺过程等各方面对其进行分析,总结优缺点,对不足之处提出改进措施,并写出心得与体会。

注意事项:在制定工艺内容、顺序、切削要素和生产所需的刀具、辅具、量具时,一定要和该工种的指导教师协商,在其确认后方能执行,且在生产过程如遇到问题也要及时请教,避免发生不必要的事故。

普通车工安全操作规程

参加实训的师生必须树立"安全第一"的思想,听从指挥,文明操作。

一、进入实训场地必须穿戴好劳动保护用品。男生不准打赤膊、赤脚、穿拖鞋进入场地。女生披肩长发必须盘入工作帽内,不准穿高跟鞋、裙子进入场地。

二、加好润滑油,开动机床低速运转,检查各操作手柄是否灵活可靠。

三、变换主轴转速或调整进给量时,必须先停车后变速,严禁主轴在旋转中变速。

四、工件的夹紧与卸下必须先将主变速手柄调到空挡位置后,再夹紧或卸下工件。操作完成后应立即取下卡盘扳手,防止飞出伤人。

五、车刀的刀尖必须安装在工件的旋转中心上,刀尖伸出的长度不应超过刀体厚度的1.5倍,紧固螺钉应交替压紧。

六、车床操作时的安全规范:

(1)身体不准正对卡盘,头、手切勿靠近工件或刀具,以免伤人。

(2)不准戴手套操作机床。

(3)不准用扳手击打导轨或滑板台面,导轨面上不准摆放任何工具。

(4)不准扳动变速手柄。

(5)必须戴防护镜。

(6)不准用手拉铁屑。

(7)切削铸件时,不准用嘴吹铁屑,以免伤害眼睛。

(8)工件在旋转过程或主轴未停稳时不准进行测量。

(9)机床发生异响或故障,应立即按下急停按钮,并报告老师等候处理。

七、各工位的量具、刀具、工具应摆放整齐,做到文明实训。

八、正确选择切削速度,合理分配切削用量,正确操作机床手柄,避免事故发生。

九、实训结束时应清除铁屑,擦拭机床,对需要加注润滑油的部位要及时加油,摆放好工、量具,打扫机床使其周围清洁,关闭电源。

第4章 钳工及装配

☞教学目的

本实训内容是为进一步强化对普通机加工技能的掌握和专业知识的理解所开设的一项基本训练科目。

通过钳工实习,使学生能初步接触在机械制造及修理中钳工工种的工作过程,获得钳工常用的工艺基础知识,熟悉常用加工方法及所使用的主要设备和工具,初步掌握钳工常用基本操作技能,并具有一定的操作技巧。为相关课程的理论学习及将来从事生产技术工作打下基础。

☞教学要求

(1)了解钳工在机器制造课程中的作用、主要工作及基本操作方法。

(2)了解钳工常用设备和工夹具的用途和大致规格。

(3)熟悉钳工主要工作(锯削、锉削、钻孔、攻丝、刮削、划线等)的基本操作方法及其所使用的工具、量具,并具有基本的操作技能。

(4)了解常见的装配方法。

(5)了解钳工的安全操作规程。

4.1 钳工基本知识

4.1.1 钳工的工艺范围和重要性

钳工是切削加工中的重要工种之一,它大多是在台虎钳上用手工操作方法进行工作,在机械加工方法不太适宜或难以进行机械加工的场合下使用。钳工工作的内容主要包括:划线、锯削、锉削、錾削、钻孔、铰孔、攻丝、套扣、刮削、研磨、装配和修理等。

随着生产的日益发展,目前,钳工工种已有专业的分工,主要有普通钳工(简称钳工)、划线钳工、工具钳工、装配钳工和修理钳工等。钳工是机械制造工厂中不可缺少的一个工种,它的工作范围很广,因为任何机械设备的制造,必须经过装配才能完成,而装配工作正是钳工的主要任务之一。

随着机械制造业的发展及科学技术的不断进步,在钳工基本操作方面,部分手工工作已被取代,如以磨代刮、以冲代剪、线切割、电火花加工、数控机床加工等。在装配操作方面,一些专业化生产厂家为提高装配质量和经济效益,逐步运用机械化、半自动化或自动化生产流水线作业代替手工装配。但是,一些机床无法完成或工具无法进入的零件、产品研制、模具的修配、机器及生产线维修等方面仍然离不开手工操作的钳工。因此,钳工工作在机械制造和维修中有仍然有着重要的作用。

4.1.2　钳工常用设备和工具

1. 钳台

用来安装台虎钳、放置工具、量具和工件等。台面一般用硬木或钢板制成,台上安装有安全防护网。钳台高度一般为800~900mm,或以台面上安装台虎钳后钳口高度与人手肘部平齐为宜,如图4-1所示。钳台的长度和宽度则随工作需要而定。

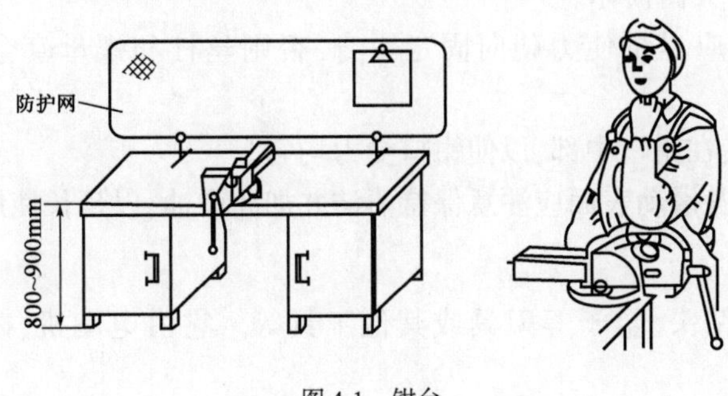

图4-1　钳台

2. 台虎钳

台虎钳是用来夹持工件的通用夹具,其规格以钳口的宽度表示。常用的有100mm、125mm、150mm、200mm等。按结构分又有固定式和回转式两种类型,如图4-2所示。两种台虎钳的主要结构和工作原理基本相同。回转式台虎钳的整个钳身可以在水平面内回转,能满足不同方位的加工需要,因此使用方便,应用较广。

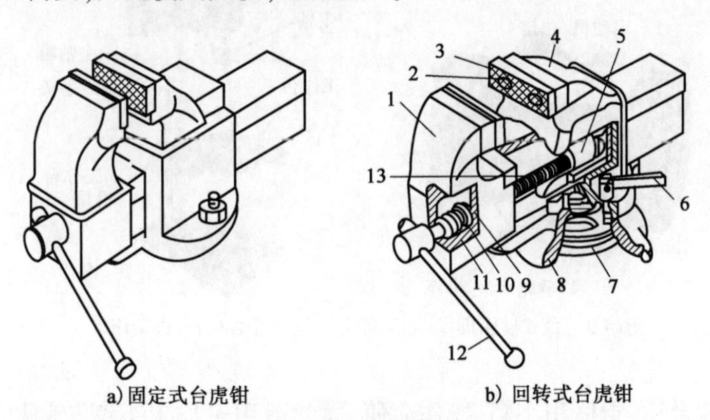

图4-2　台虎钳

1-活动钳身;2-螺钉;3-钳口;4-固定钳身;5-螺母;6、12-手柄;7-夹紧盘;8-转座;9-销;10-挡圈;11-弹簧;13-丝杠

回转式台虎钳(如图4-2b所示)的构造和工作原理如下:活动钳身1通过导轨与固定钳身4的导轨孔作滑动配合,丝杠13装在活动钳身上,可以旋转,但不能轴向移动,并与安装在固定钳身内的丝杠螺母配合。摇动手柄12使丝杠旋转,就可带动活动钳身相对于固定钳身作轴向移动,夹紧和松开工件。弹簧11借助挡圈10和销9固定在丝杠上,其作用是当松开丝杠

时,可使活动钳身及时退出。在固定钳身和活动钳身上,各装有钢质钳口3,并用螺钉2固定。钳口的工作面上刻有交叉的网纹,使工件夹紧后不易产生滑动。钳口经过热处理淬硬,具有较好的耐磨性。固定钳身装在转座8上,能绕转座轴心转动,当转到要求的方向时,扳动手柄6使夹紧螺钉旋紧,便可在夹紧盘7的作用下把固定钳身固紧。转座上有三个螺栓孔,通过螺栓使其与钳台连接并固定。

台虎钳的使用和维护应注意以下几点:

(1)台虎钳应牢固地固定在钳台上,不能出现松动。

(2)夹紧工件时只能用手扳紧丝杠手柄,严禁用手锤敲击手柄或加力棒转动手柄,以免丝杠、螺母或钳身受力过大而损坏。

(3)强力作业时,应尽量使力朝向固定钳身,否则丝杠和螺母套会因受到较大的力而损坏。

(4)工件尽量装夹在钳口中部,以使钳口受力均匀。

(5)丝杠、螺母和各滑动表面应注意保持清洁并加润滑油,以延长使用寿命。

3. 砂轮机

砂轮机用来刃磨钻头、錾子等刀具或其他工具等。它由电动机、砂轮和机体组成。如图4-3所示。

4. 钻床

钻床用来加工工件上的各类孔,常用的有台式钻床、立式钻床和摇臂钻床等,如图4-4~图4-6所示。

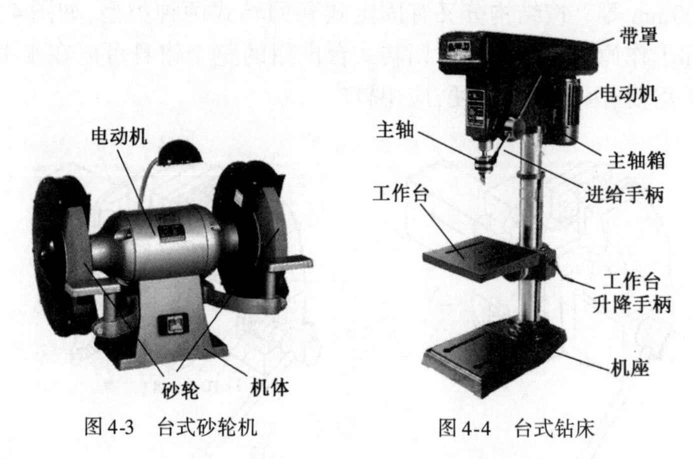

图4-3 台式砂轮机　　图4-4 台式钻床

1)台式钻床

台式钻床简称台钻,它体积小巧,操作简便,通常适用于加工小型孔的机床。台式钻床钻孔直径一般在13mm以下,其主轴变速一般通过改变三角带在塔型带轮上的位置来实现,主轴进给靠手动操作。

2)立式钻床

立式钻床可以自动进给,它的功率和机构强度允许采用较高的切削用量,因此,用这种钻床可获得较高的劳动生产率,并可获得较高的加工精度。立式钻床的主轴转速、进给量都有较大的变动范围,可以适应不同材料的刀具在不同材料的工件上的加工。并能适应钻、锪、铰、攻螺纹等各种不同工艺的需要,在立式钻床上可装一套多轴传动头,能同时钻削多个孔,可作为批量生产的专用机床使用。

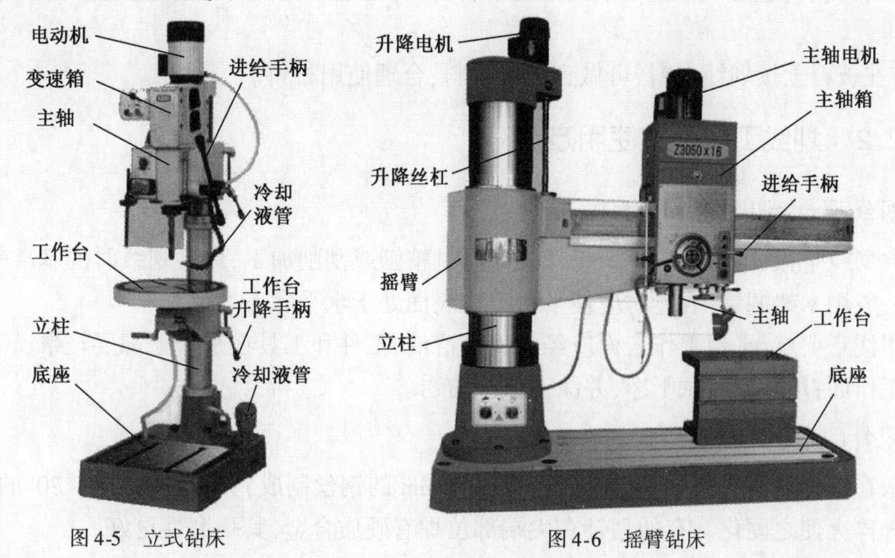

图4-5 立式钻床　　图4-6 摇臂钻床

常用立式钻床Z5140的含义是:Z表示钻床,5表示机床组代号(立式钻床组),1表示机床系代号,40表示最大钻孔直径为ϕ40mm。

3)摇臂钻床

摇臂钻床的主轴箱可在摇臂上左右移动,并可沿摇臂绕立柱回转±180°,摇臂还可沿立柱上下升降,以适应加工不同高度的工件。较小的工件可安装在工作台上,较大的工件可直接放在机床底座或地面上。摇臂钻床广泛应用于单件和中小批生产中,加工体积和质量较大的工件的孔。摇臂钻床加工范围广,可用来钻削大型工件的各种螺钉孔、螺纹底孔和油孔等。

常用摇臂钻床Z3050的含义是:Z表示钻床,3表示机床组代号(摇臂钻床组),0表示机床系代号,50表示最大钻孔直径为ϕ50mm。

5. 钳工基本操作中常用工具

常用工具有:划线用的划针、划针盘、划规(圆规)、中心冲(样冲)和平板;錾削用的手锤和各种錾子;锉削用的各种锉刀;锯割用的锯弓和锯条;孔加工用的各种麻花钻、锪孔钻和铰刀;攻丝、套丝用的各种丝锥、板牙和绞手;刮削用的各种平面刮刀和曲面刮刀;各种扳手和起子等工具,详见后面章节。

4.2 划线

根据图样或实物的尺寸,准确地在工件表面上划出加工界线的操作称为划线。只需在一个平面上划线即能明确表示出工件的加工界线的称为平面划线,要同时在工件上几个不同方向的表面上划线才能明确表示出工件加工界线的称为立体划线。

4.2.1 划线的作用

(1)确定工件上各加工面的加工位置和加工余量。

(2)可全面检查毛坯的形状和尺寸是否符合图样,能否满足加工要求。

(3)当在坯料上出现某些缺陷的情况下,往往可通过划线时的所谓“借料”方法,来达到补救的目的。

(4)在板料上按划线下料,可做到正确排料,合理使用材料。

4.2.2 划线工具及其使用方法

1. 划线平台(如图4-7所示)

又称划线平板,由铸铁制成。工作表面经过精刨或刮削加工,作为划线时的基准平面。划线平台一般用木架搁置,放置时应使平台工作表面处于水平状态。

使用注意要点:平台工作表面应经常保持清洁;工件和工具在平台上都要轻拿、轻放,不可损伤其工作面;用后要擦拭干净,并涂上机油防锈。

2. 划针(如图4-8所示)

用来在工件上划线条。一般由直径为3~5mm的钢丝制成,尖端磨成15°~20°的尖角,并经热处理淬火使之硬化。有的划针在尖端部位焊有硬质合金,其耐磨性更好。

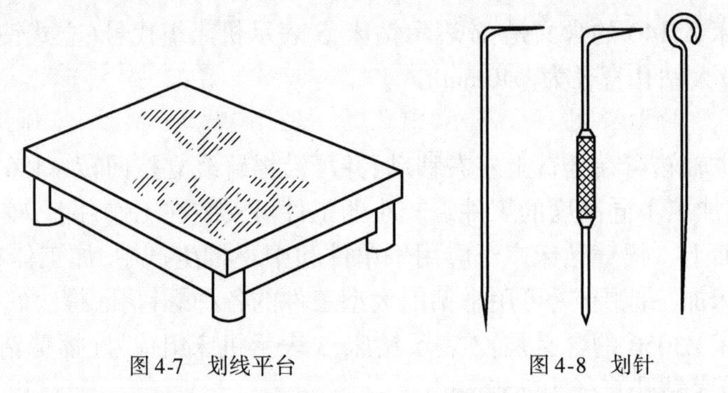

图4-7 划线平台　　图4-8 划针

使用注意要点:在用钢直尺和划针划连接两点的直线时,应先用划针和钢直尺定好后一点的划线位置,然后调整钢尺使与前一点的划线位置对准,再开始划出两点的连接直线。划线时,针尖要紧靠导向工具的边缘,上部向外侧倾斜15°~20°,向划线移动方向倾斜45°~75°(如图4-9所示),针尖要保持尖锐,划线要尽量做到一次划成,使划出的线条既清晰又准确;不用时划针不能插在衣袋中,最好套上塑料管不使针尖外露。

3. 划线盘(如图4-10所示)

用来在划线平台上对工件进行划线或找正工件。划针的直头端用来划线,弯头端用于对工件安放位置的找正。

使用注意要点:

(1)用划线盘进行划线时,划针应尽量处于水平位置,不要倾斜太大,划针伸出部分应尽量短些,并要牢固地夹紧,以避免划线时产生振动和尺寸变动。

(2)划线盘在划线移动时,底座的底面始终要与划线平台的平面贴紧,不能出现摇晃或跳动。

(3)划针与工件划线表面之间保持夹角40°~60°(沿划线方向),以减小划线阻力和防止针尖扎入工件表面。

(4)在用划线盘划较长直线时,应采用分段连接划法,这样可对各段的首尾作校对检查,避免在划线过程中由于划针的弹性变形和划线盘本身移动所造成的划线误差。

(5)划线盘用完后应使划针处于直立状态,保证安全和减少所占的空间位置。

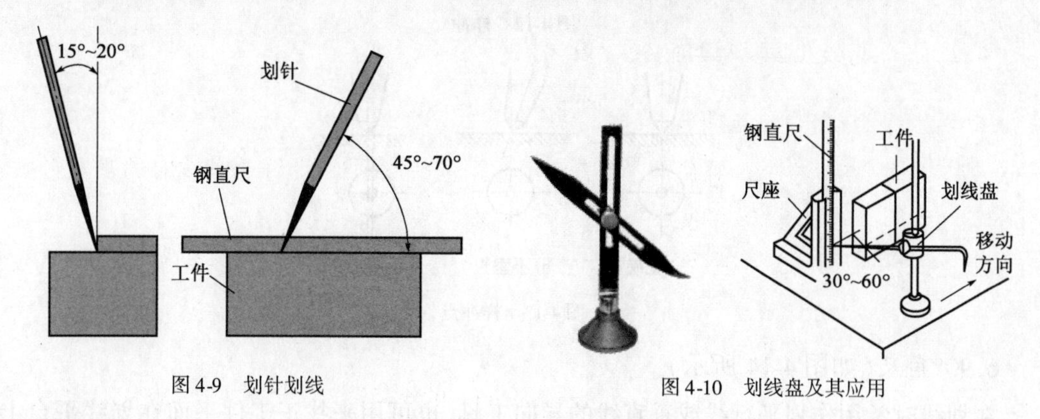

图 4-9 划针划线　　图 4-10 划线盘及其应用

4. 划规

划规用来划圆、圆弧、等分线段、等分角度以及量取尺寸等,如图 4-11 所示。

使用注意:划规两脚的长短要磨得稍有不同,而且两脚合拢时脚尖能靠紧,这样才可划出尺寸较小的圆弧。划规的脚尖应保持尖锐,以保证划出的线条清晰。用划规划圆时,作为旋转中心的一脚应施加较大的压力,另一脚则以较轻的压力在工件表面上划出圆或圆弧,这样可使中心不致滑动。

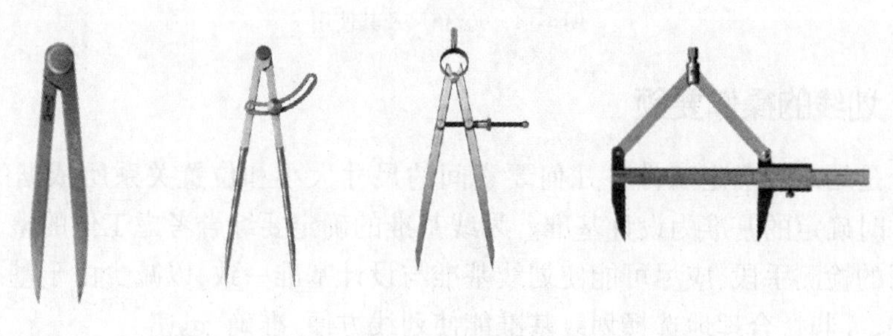

图 4-11 划规

5. 样冲(如图 4-12 所示)

样冲用于在工件所划加工线条上冲点,作加强界限标志(称检验样冲点)和划圆弧或钻孔定中心(称中心样冲点)。它一般用工具钢制成,尖端处淬硬,其顶尖角度在用于加强界限标记时大约为 40°,用于钻孔定中心时约取 60°。

冲点方法:先将样冲外倾,使尖端对准线的正中,然后再将样冲立直冲点。

冲点要求:位置要准确,中点不可偏离线条(如图 4-13 所示),在曲线上冲点距离要小些,如直径小于 20mm 的圆周线上应有四个冲点,而直径大于 20mm 的圆周线上应有八个以上冲点,在直线上冲点距离可大些,但短直线至少有三个冲点;在线条的交叉转折处则必须冲点,冲点的深浅要掌握适当,在薄壁上或光滑表面上冲点要浅,粗糙表面上要深些。

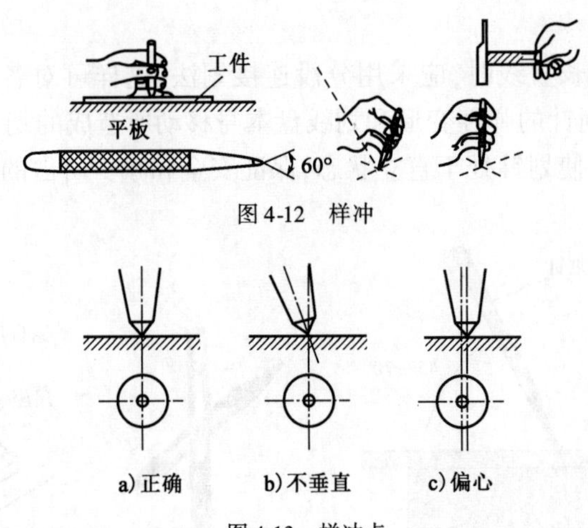

图 4-12 样冲

图 4-13 样冲点

6. 90°角尺(如图 4-14 所示)

在划线时常用作划平行线或垂直线的导向工具,也可用来找正工件平面在划线平台上的垂直位置。

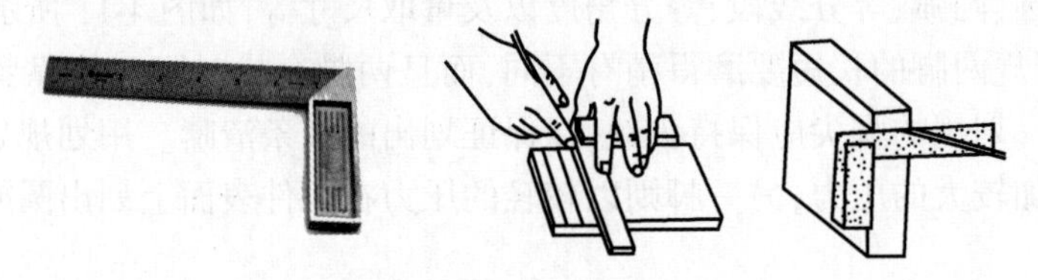

图 4-14 90°角尺及其使用

4.2.3 划线的操作要领

划线基准是划线时确定工件各几何要素间的尺寸大小和位置关系所依据的一些点、线、面。设计图样时确定的基准为设计基准。划线基准的确定要综合考虑工件的整个加工过程及各工序所使用的检测手段,应尽可能使划线基准与设计基准一致,以减少由于基准不一致所产生的累积误差。同时,合理地选择划线基准能使划线方便、准确、迅速。

1. 划线基准的选择原则

(1)尽量使划线基准与工件图样的设计基准重合。

(2)工件上没有已加工表面时,以较大、较长的不加工表面作为划线基准;工件上有已加工表面时,以已加工表面作为划线基准。

(3)以对称面或对称线作为划线基准。

(4)需两个以上的划线基准时,以互相垂直的表面作为划线基准。

2. 划线步骤(如图 4-15 所示)

(1)准备好所用的划线工具,并对实习工件进行清理和划线表面涂色。

(2)熟悉各图形,并按各图应采取的划线基准及最大轮廓尺寸,安排好各图基准线在实习工件上的合理位置划好基准线。

(3)按各图的编号顺序及所标注的尺寸,依次完成划线。

(4)对图形、尺寸复检校对,确认无误后,敲上样冲眼。

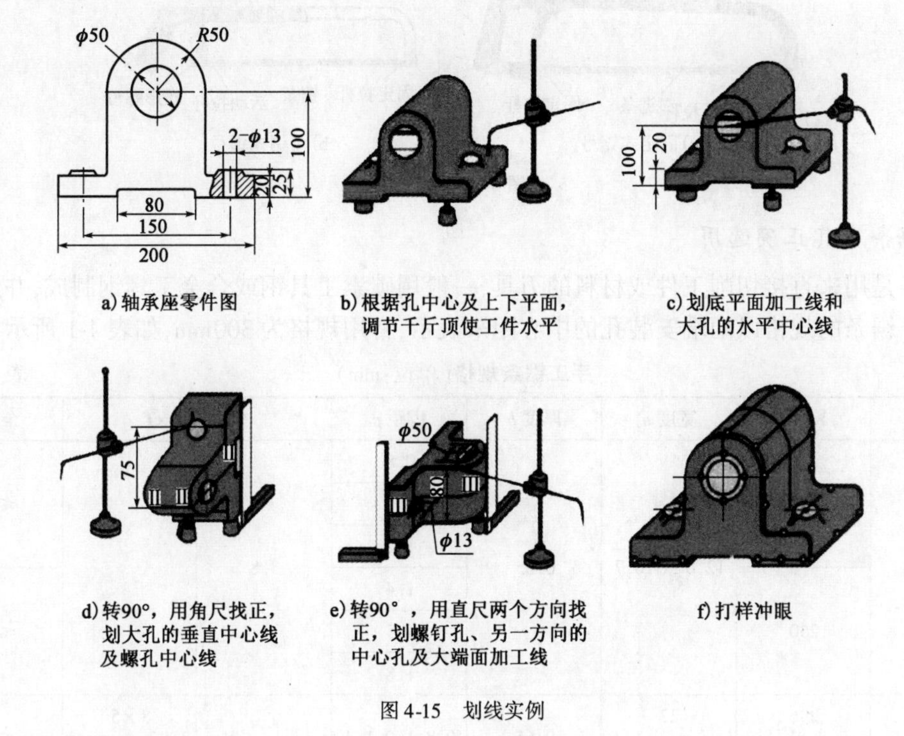

图4-15　划线实例

3. 划线注意事项

(1)划线工具的使用方法及划线动作必须掌握正确。

(2)练习的重点是如何才能保证划线的尺寸准确性、划出的线条细而清楚及冲眼的准确性。

(3)工具要合理放置。要把左手用的工具放在工件的左面,右手用的工具放在工件的右面,并要整齐、稳妥。

(4)任何工件在划线后,都必须作一次仔细的复检校对工作,避免差错。

4.3　锯削与錾削

4.3.1　锯削

用手锯对工件或材料进行切断或切槽的加工方法称为锯削。

1. 手锯的构造

手锯由锯弓和锯条构成,如图4-16所示。锯弓是用来安装锯条的,有固定式(图4-16a)和可调式(图4-16b)两种。固定式锯弓只能安装一种长度的锯条,而可调式锯弓通过调整可以安装几种长度的锯条,因此得到广泛的使用。

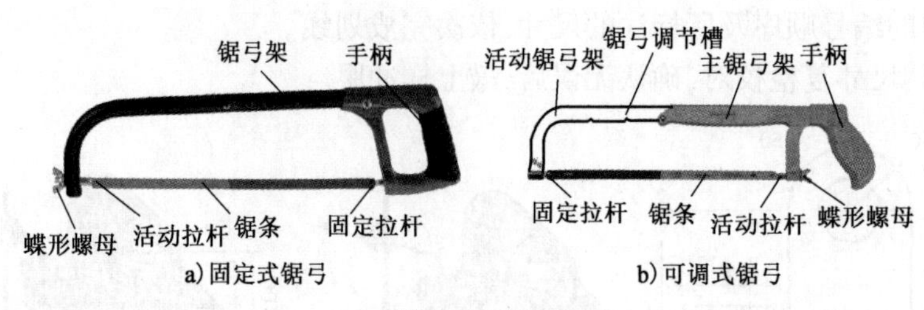

a) 固定式锯弓　　b) 可调式锯弓

图 4-16　手锯

2. 锯条及其正确选用

锯条是用来直接切削工件或材料的刃具,一般用碳素工具钢或合金工具钢制成,并经热处理淬硬。锯条的规格以两端安装孔的中心距来表示,常用规格为 300mm,如表 4-1 所示。

手工锯条规格(单位:mm)　　表 4-1

形式	长度 l	宽度 a	厚度 b	齿距 p	销孔 $d/e \times f$		全长 L
A 型	300	12.0 或 10.7	0.65	0.8	3.8		≤315
				1.0			
				1.2			
	250			1.4			≤265
				1.5			
				1.8			
B 型	296	22	0.65	0.8、1.0、1.4		8×5	≤315
	292	25				12×6	

使用时应根据所锯材料的软硬和厚薄来选用。锯削铜、铝、铸铁等软材料或较厚工件时应选用粗齿锯条;锯削普通钢及中等厚度工件时应选用中齿锯条;锯削工具钢、合金钢等硬材料,或者薄板、管子等薄材料时应选用细齿锯条。

3. 锯条的安装

手锯向前推进时为切削作用,因此,锯条安装时应使齿尖的方向朝前,如图 4-17a) 所示。齿条平面要与中心平面平行,不得歪斜和扭曲。锯条的松紧可通过蝶形螺母调节。锯条过松或过紧都易折断,过松还会使锯缝歪斜。

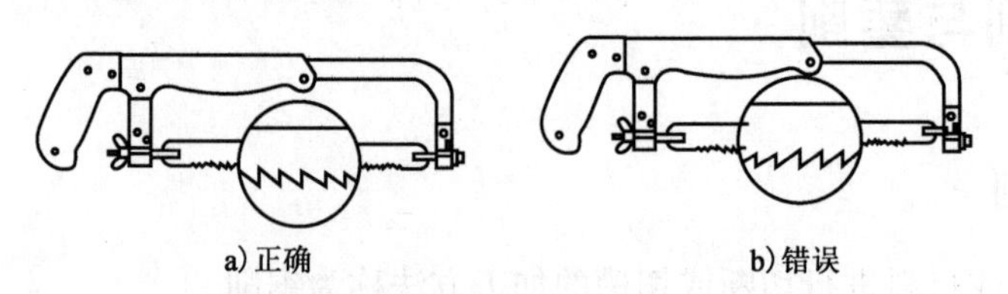

a) 正确　　b) 错误

图 4-17　锯条的安装

4. 锯割操作方法

1) 工件的夹持

工件一般应夹在台虎钳的左面,以便操作和观察。工件伸出钳口不应过长,应使锯缝离开钳口侧面约 20mm。锯缝线要与钳口侧面保持平行,便于控制锯缝不偏离划线线条。夹紧要牢靠,同时要避免工件变形和损伤已加工面。

2)手锯的握法

手锯的常见握法是右手满握锯柄,左手扶住锯弓前端,如图4-18所示。锯削时,推力和压力由右手控制,左手主要配合右手扶正锯弓,压力不要过大。

3)站立位置与锯削姿势

锯削时操作者面对台虎钳,并站立在台虎钳左侧,站立位置如图4-19a)所示。后腿伸直、前腿微弯、身体前倾、两脚站稳,靠前膝屈伸使身体作往复摆动,如图4-19b)所示。起锯时,身体前倾与竖直方向约成10°,随着推锯行程增大,身体逐渐向前倾斜,当行程达到2/3时,身体倾斜约18°,左右臂均向前伸出,当锯削最后1/3行程时,用手腕推进锯弓,身体随锯的反作用力退回到15°位置。行程结束后,取消压力,回到初始位置。

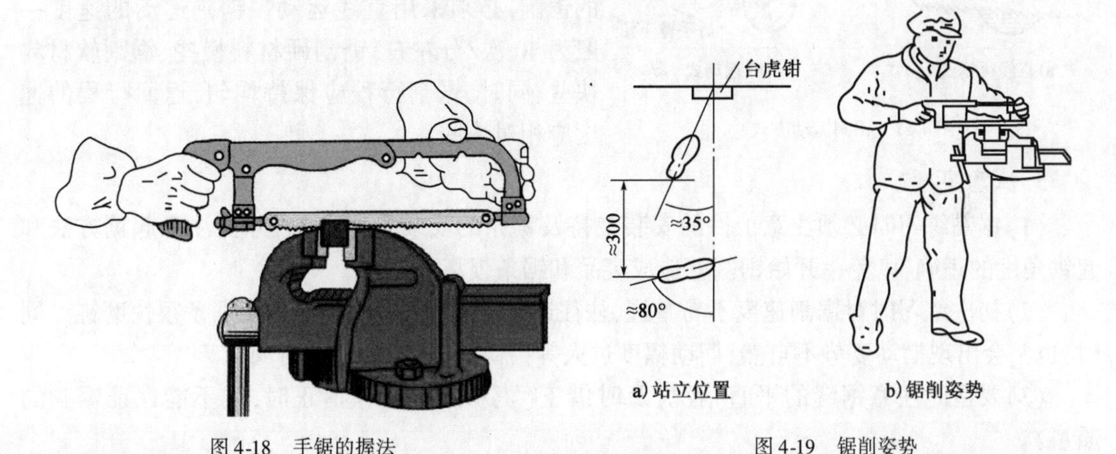

图4-18　手锯的握法

图4-19　锯削姿势

4)起锯方法

起锯是锯割工作的开始,起锯质量的好坏直接影响锯割质量,如果起锯不正确,会使锯条跳出锯缝将工件拉毛或者引起锯齿崩裂。起锯有远起锯和近起锯(如图4-20所示)两种。起锯时,左手拇指靠住锯条,使锯条能正确地锯在所需要的位置上,行程要短,压力要小,速度要慢,起锯角在15°左右。如果起锯角太大,则起锯不易平稳,尤其是近起锯时锯齿会被工件棱边卡住引起崩裂。但起锯角也不宜太小,否则由于锯齿与工件同时接触的齿数较多,不易切入材料,多次起锯往往容易发生偏离,使工件表面锯出许多锯痕,影响表面质量。一般情况下采用远起锯较好,因为远起锯锯齿是逐步切入材料,锯齿不易卡住,起锯也较方便。如果用近起锯,在操作时如掌握不好,锯齿会被工件的棱边卡住,此时也可采用向后拉手锯作倒向起锯,使

图4-20　起锯方法

起锯时接触的齿数增加，再作推进起锯就不会被棱边卡住。起锯锯到槽深有 2～3mm，锯条已不会滑出槽外，左手拇指可离开锯条，扶正锯弓逐渐使锯痕向后（向前）成为水平，然后往下正常锯割。正常锯割时应使锯条的全部有效齿在每次行程中都参加锯割。

5）锯割（如图 4-21 所示）

锯割时应尽量利用锯条的有效长度，一般往复行程不应小于锯条全长的 2/3。行程过短，锯条会因局部磨损加快而缩短寿命。手锯向前推为切削行程，应施加推力和压力，返回行程不切削，不加压力作自然拉回，工件快要锯断时压力要小。锯割运动一般采用小幅度的上下摆动式运动，就是手锯推进时，身体略向前倾，双手随着压向手锯的同时，左手上翘、右手下压；回程时右手上抬、左手自然跟回。对锯缝底面要求平直的锯割，必须采用直线运动。锯割运动的速度一般为 40 次/分左右，锯割硬材料慢些，锯割软材料快些，同时，锯割行程应保持均匀，返回行程的速度应相对快些。

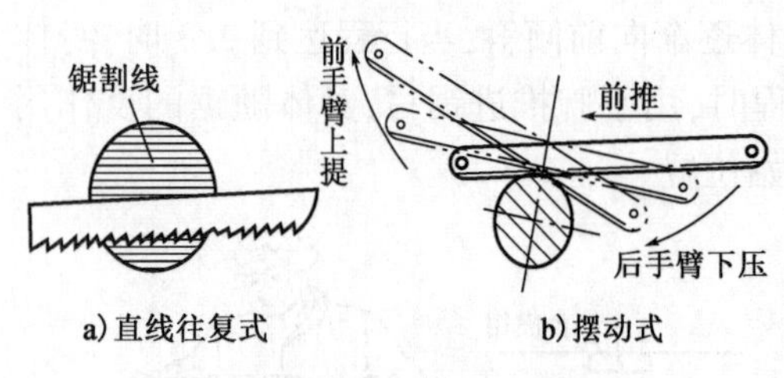

图 4-21 锯割运动方式

5. 注意事项

（1）锯割练习时必须注意工件的安装夹持及锯条的安装是否正确，并要注意起锯方法和起锯角度的正确，以免一开始锯割就造成废品和锯条损坏。

（2）初次练习时对锯割速度不易掌握，往往退出速度过快，这样容易使锯条很快磨钝。同时，也常会出现摆动姿势不自然，摆动幅度过大等错误姿势，应注意及时纠正。

（3）要适时注意锯缝的平直情况，及时借正（歪斜过多再作借正时，就不能保证锯割的质量）。

（4）在锯割钢件时，可加些机油以减少锯条与锯割断面的摩擦并能冷却锯条，同时可以提高锯条的使用寿命。

4.3.2 錾削

用手锤锤击錾子，对金属工件进行切削加工的方法称为錾削。錾削工作效率比较低，劳动强度大，但由于使用的工具简单，操作方便，常用在不便于机械加工或单件生产的场合，如去除毛坯飞边、毛刺、浇冒口、凸缘以及錾削平面、板料、油槽等。

1. 錾削工具

1）錾子

錾子是錾削工件的刀具，用碳素工具钢（T7A 或 T8A）锻打成型后再进行刃磨和热处理而成。钳工常用錾子主要有阔錾（扁錾）、狭錾（尖錾）、油槽錾和扁冲錾四种，如图 4-22 所示。阔錾用于錾切平面、切削和去毛刺，狭錾用于开槽，油槽錾用于錾切润滑油槽，扁冲錾用于打通

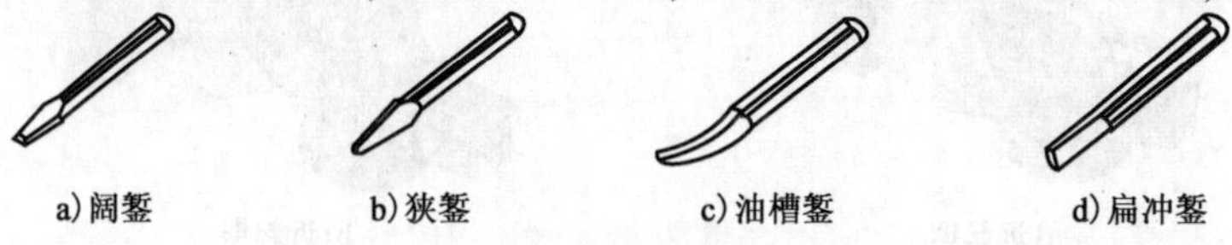

图 4-22 常用錾子

两个钻孔之间的间隔。錾子的楔角主要根据加工材料的硬软来决定。柄部一般做成八棱形,便于控制捉錾方向。头部做成圆锥形,顶端略带球面,使锤击时的作用力方向便于朝着刃口的錾切方向。

2)手锤

手锤是钳工常用的敲击工具,由锤头、木柄和楔子组成,如图4-23所示。手锤的规格以锤头的重量来表示,有0.25kg、0.5kg和1kg等。锤头用T7钢制成,并经热处理淬硬。木柄用比较坚韧的木材制成,常用的1kg手锤柄长约350mm。木柄装入锤孔后用楔子楔紧,以防锤头脱落。

2. 錾削姿势

1)手锤的握法(如图4-24所示)

(1)紧握法:用右手五指紧握锤柄,大拇指合在食指上,虎口对准锤头方向(木柄椭圆的长轴方向),木柄尾端露出15~30mm。在挥锤和锤击过程中,五指始终紧握。

(2)松握法:只用大拇指和食指始终握紧锤柄。在挥锤时,小指、无名指、中指则依次放松,在锤击时,又以相反的次序收拢握紧。这种握法的优点是手不易疲劳,且锤击力大。

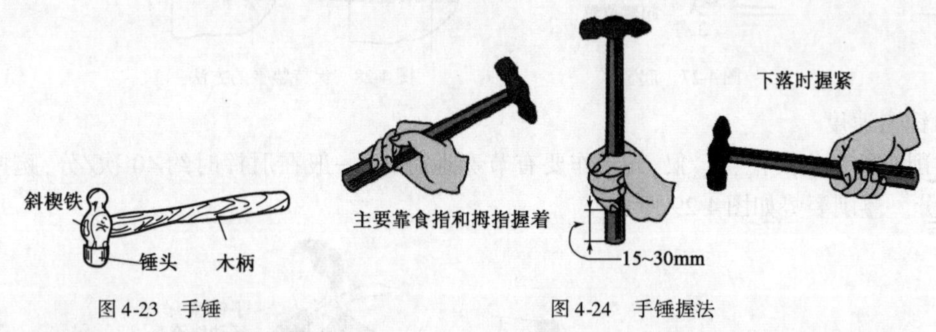

图4-23 手锤　　图4-24 手锤握法

2)站立姿势(如图4-25所示)

身体与虎钳中心线大致成45°,且略向前倾,左脚跨前半步,膝盖处稍有弯曲,保持自然,右脚要站稳伸直,不要过于用力。

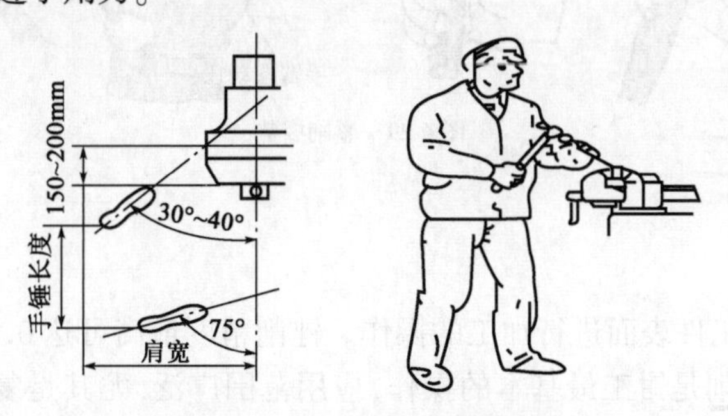

图4-25 站立位置与錾削姿势

3)挥锤方法

挥锤有腕挥、肘挥和臂挥三种方法,如图4-26所示。腕挥是仅用手腕的动作进行锤击运动,采用紧握法握锤,一般用于錾削余量较少或錾削开始或结尾。肘挥是用手腕与肘部一起挥动作锤击运动,采用松握法握锤,因挥动幅度较大,故锤击力也较大,这种方法应用最多。臂挥是用手腕、肘和全臂一起挥动,其锤击力最大,用于需要大力錾削的工作。

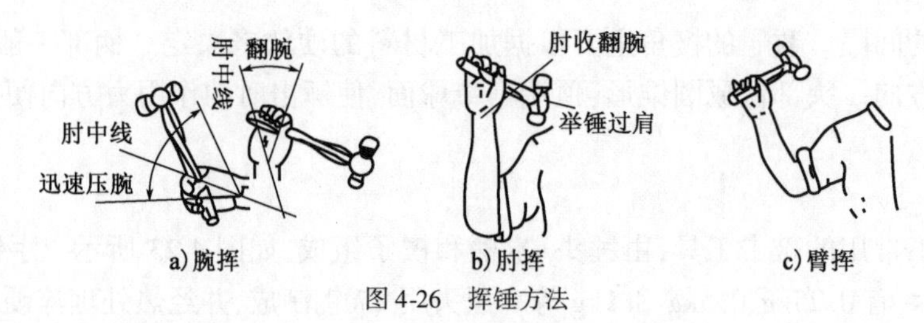

图 4-26 挥锤方法

4)錾削方法

起錾时应将錾子握平或使錾头稍向下倾,以便錾刃切入工件,如图 4-27 所示。錾削时,錾子与工件夹角如图 4-28 所示。粗錾时,錾刃表面与工件夹角 α 为 3°~5°;细錾时,α 角略大些。当錾削到靠近工件尽头时,应调转工件从另一端錾掉剩余部分。

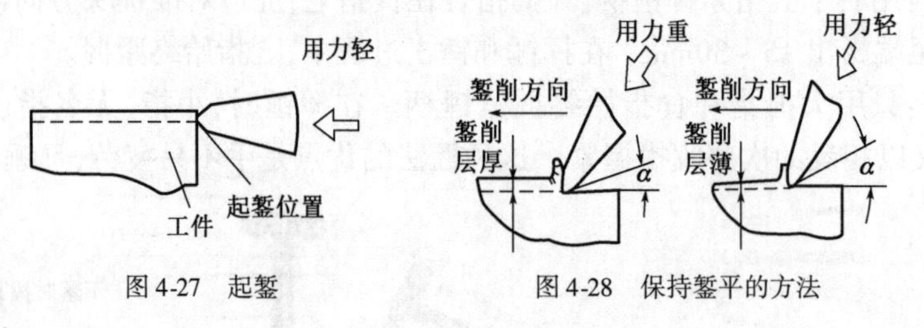

图 4-27 起錾　　图 4-28 保持錾平的方法

5)锤击速度

錾削时的锤击要稳、准、狠,其动作要有节奏地进行,一般在肘挥时约 40 次/分,腕挥时约 50 次/分。錾削姿势如图 4-29 所示。

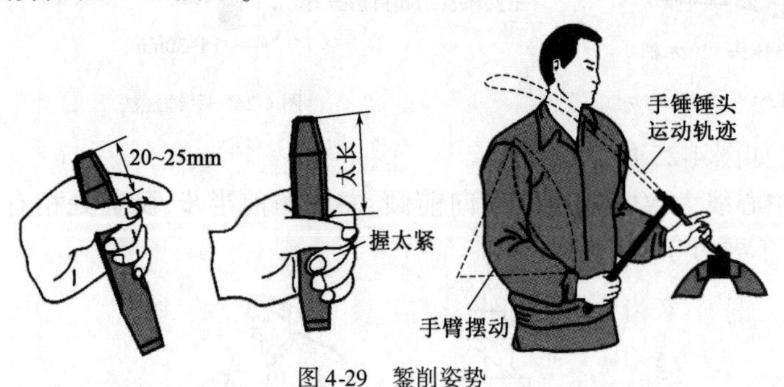

图 4-29 錾削姿势

4.4 锉削

锉削是用锉刀对工件表面进行加工的操作。锉削精度最高可达 0.005mm,表面粗糙度最小可达 R_a0.4μm。锉削是钳工最基本的操作,应用范围广泛,尤其是复杂曲线样板工作面的整形修理、异形模具型腔孔的精加工、零件的锉配等都离不开锉削加工。

4.4.1 锉削工具及其基本操作

1.锉刀的构造及种类

1)锉刀的构造

锉刀结构如图 4-30 所示。锉刀规格以工作部分的长度表示。分 100mm、150mm、200mm、

250mm、300mm、350mm、400mm 等七种。

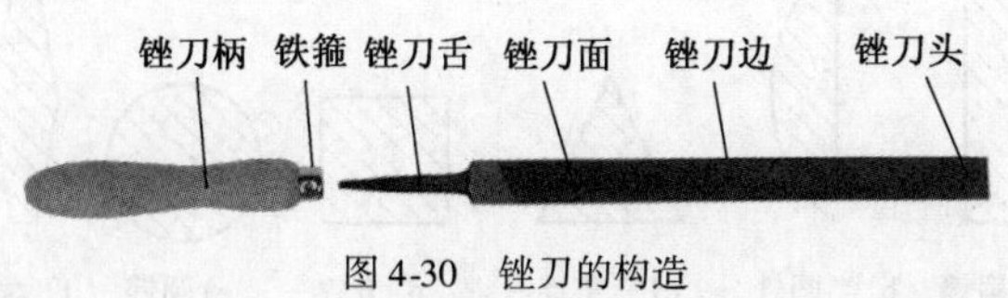

图4-30　锉刀的构造

2)锉刀种类

锉刀按每10mm锉面上齿数多少,分为粗锉刀(4～12齿)、细锉刀(13～24齿)和光锉刀(30～40齿)三种。

粗锉刀的齿间容屑槽较大,不易堵塞,适于粗加工或锉削铜和铝等软金属,细锉刀多用于锉削钢材和铸铁;光锉刀又称油光锉,只适用于最后修光表面。此外,根据尺寸的不同,又可分为钳工锉、特种锉和整形锉,结构如图4-31所示。整形锉刀尺寸较小,通常以10把形状各异的锉刀为一组,用于修锉小型工件以及某些难以进行机械加工的部位。

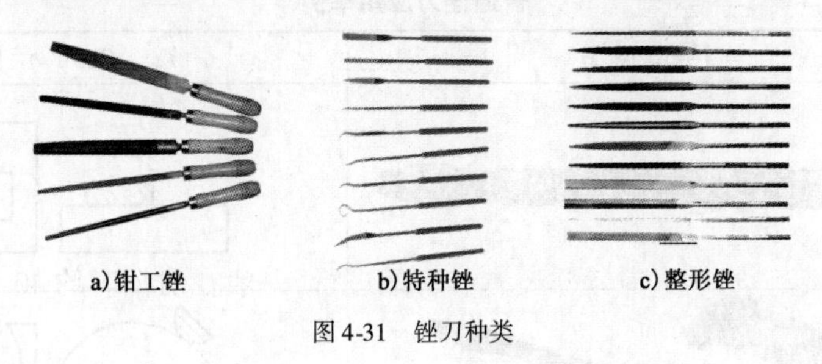

图4-31　锉刀种类

2.锉刀的规格

尺寸规格:圆锉以直径表示,方锉以边长表示,其他锉刀均以长度表示。

粗细规格:根据锉刀齿距的大小将锉纹分为1～5号,号数越大锉纹越细。

3.锉刀的齿纹

锉刀面上的齿纹有单齿纹和双齿纹两种。单齿纹锉刀在锉刀面上只有一个方向的齿纹,用于锉削软金属,如铝、铜等;双齿纹锉刀在锉刀面上有两个方向交叉的齿纹,适用于锉削硬材料。

4.锉刀的选择

1)长度的选择

锉刀长度尺寸的选用取决于工件的加工面积与加工余量、表面粗糙度的要求及工件材料的软硬。一般加工面积小、精度高、余量少的工件,选用较短的锉刀;加工面积大、余量多的工件,选用较长的锉刀。

2)锉齿粗细的选择

锉齿的粗细取决于工件的加工精度、加工余量、表面粗糙度。加工精度高、加工余量小、表面粗糙度值低而材料较硬的工件,选用细齿锉刀。反之,则选用粗齿锉刀。油光锉一般用于最后修光工件表面。

3)锉刀形状的选择

应使锉刀的断面形状和工件加工部位的形状相适应,如图4-32所示。普通锉刀的应用如表4-2所示。

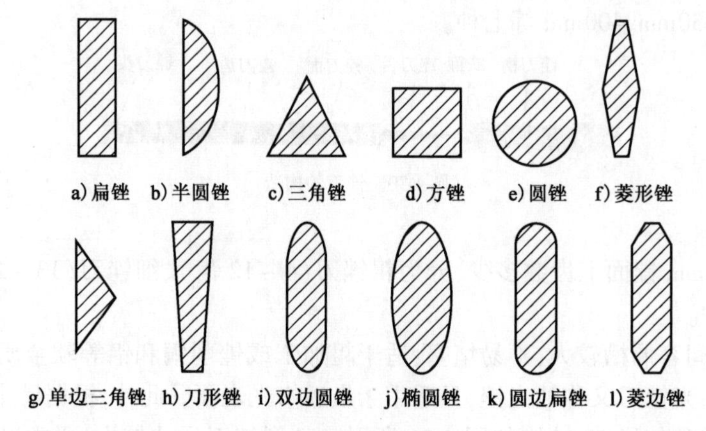

图 4-32 锉刀断面形状的选择

普通锉刀应用举例 表 4-2

锉刀名称	样式图片	应用示例
平锉		
半圆锉		
方锉		
三角锉		
圆锉		

5. 锉刀柄的装卸

装锉刀柄前，先在木柄中部钻出相应的孔，并检查手柄上铁箍是否牢固，然后用锉刀舌进行扩孔，再将锉刀扶正装入，最后墩紧。

6. 锉刀的使用与保养

(1)充分利用锉刀的有效长度,防止局部磨损。新锉刀应先使用一面,直到用钝后再使用另一面,这样可延长使用寿命。

(2)不能使用无柄或破柄锉刀,防止伤手;不能将锉刀当锤子或撬杠使用,避免损坏锉刀或锉刀断裂后伤人;锉刀柄要装紧,以免刀柄脱落造成事故。

(3)锉刀不能锉削淬火表面的工件或毛坯件的硬皮表面。对于后者,通常先用錾子去掉硬皮后再锉削。

(4)锉刀在使用中应及时用钢丝刷顺齿纹方向去除齿槽内的切屑,以提高锉削效率和质量。用完后也要钢丝刷除切屑,防止锉刀生锈。

(5)锉刀不可沾水或油,否则会生锈或锉削时打滑。

4.4.2　锉削方法

1. 锉刀的握法

锉削时,一般右手握住锉刀柄(如图4-33a所示),左手握住或压住锉刀。左手的握法应根据锉刀长短规格、锉削行程长短、锉削余量大小等来选择:较大型锉刀采用重压法(如图4-33b所示);中小型锉刀只需轻轻捏住或压住即可(如图4-33c所示);整形锉较小,一般只需右手握持即可(如图4-33d所示)。

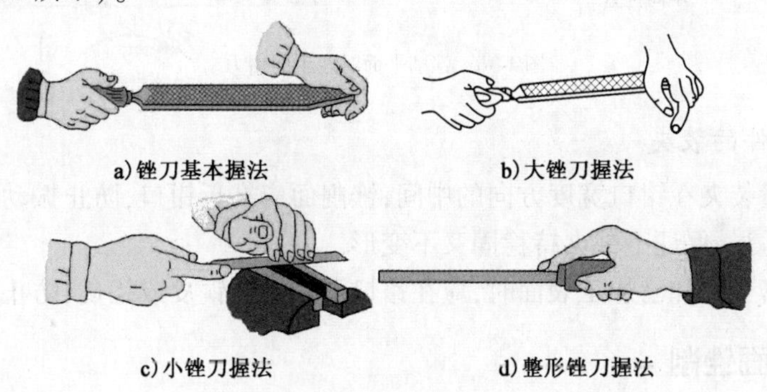

a)锉刀基本握法　b)大锉刀握法

c)小锉刀握法　d)整形锉刀握法

图4-33　锉刀的握法

2. 站立的姿势

在台虎钳上锉削时,操作者应站在台虎钳正面中心线的左侧。锉削时,两肩自然放平,目视锉削位置,右手小臂同锉刀呈一直线,且与锉刀面平行,左臂弯曲,左小臂与锉刀平面基本平行,如图4-34所示。

3. 锉削动作要领

锉削时,身体先于锉刀并与之一起向前,右脚伸直并稍向前倾,重心在左脚,左膝呈弯曲状态。当锉刀锉至3/4行程时,身体停止前进,两臂则继续将锉刀向前锉到头,同时,左脚自然伸直并随锉削时的反作用力将身体重心后移,使身体恢复原位,并顺势将锉刀收回。当锉刀收回将近结束,身体又开始先于锉刀前倾,作第二次锉削的向前运动,如图4-35所示。要锉出平直的平面,必须使锉刀保持直线的锉削运动。为此,锉削时右手的压力要随锉刀推动而逐渐增加,左手的压力要随锉刀推动而逐渐减小,如图4-36所示。回程时不加压力以减少锉齿的磨损,锉削速度一般是每分钟40次左右,退出时稍慢,回程时稍快,动作要自然协调。

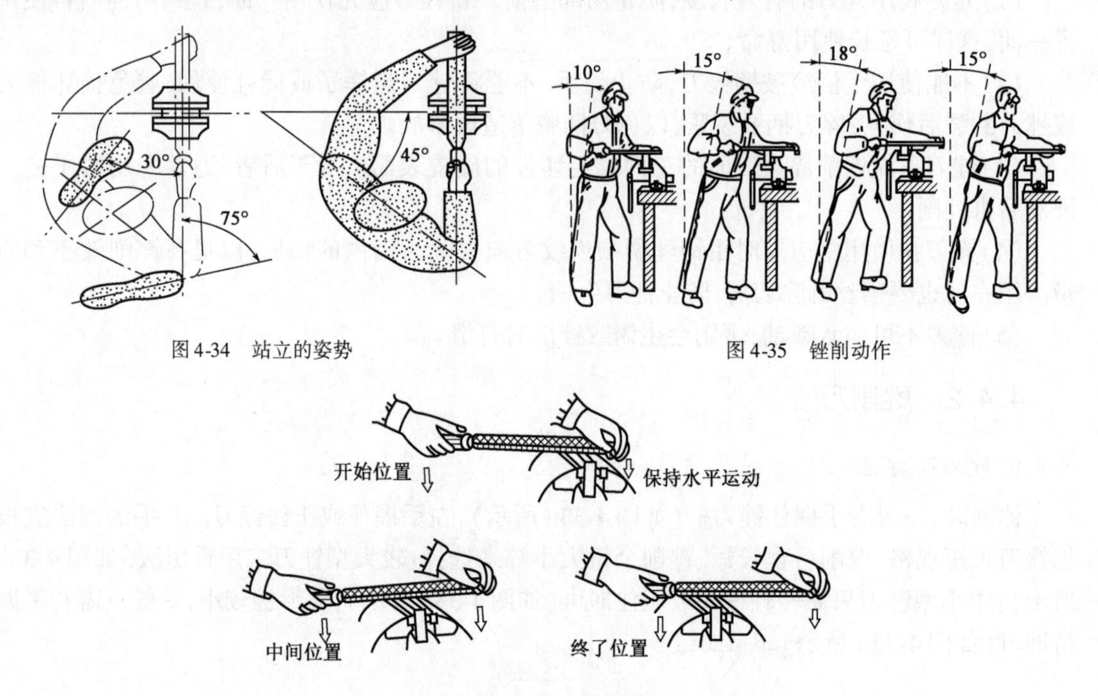

图4-34 站立的姿势

图4-35 锉削动作

图4-36 锉削平面时两手的用力

4. 锉削时工件的装夹

(1)工件尽量装夹在钳口宽度方向的中间,锉削面应靠近钳口,防止振动影响锉削质量。

(2)装夹力适当,保证工件夹持稳固又不变形。

(3)装夹精密工件和已加工表面时,应在钳口上加衬纯铜皮或铝皮,防止夹伤工件表面。

4.4.3 平面锉削

1. 锉削方法

锉削平面通常有顺向锉、交叉锉和推锉三种锉法。

(1)顺向锉。锉刀的运动方向与工件夹持方向始终保持一致(顺着同一方向)的锉削方法称为顺向锉,如图4-37a)所示。一般锉削不大的平面和精锉都用这种方法。其特点是锉纹正直,整齐美观。

(2)交叉锉。锉刀从两个交叉的方向对工件表面进行锉削的方法称为交叉锉,如图4-37b)所示。交叉锉时,锉刀与工件接触面大、锉刀掌握平衡、容易锉平,但表面较粗糙。因此,交叉锉适用于粗锉,最后用顺锉法精锉。

(3)推锉。两手对称握住锉刀,用两大拇指均衡用力推着锉刀进行切削的方法称为推锉,如图3-37c)所示。推锉法由于切削量小及效率不高,通常用于狭长平面或局部修整的场合。

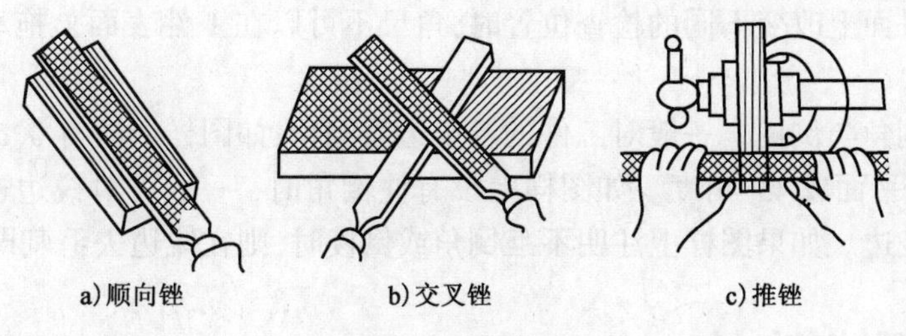

图4-37 平面锉削的方法

2. 平面的检测

1)平面度的检验

一般用透光法来检验锉削平面的平面度。

检测方法:用刀口尺沿加工面的纵向、横向和对角方向作多处检查,根据刀口和被测平面间的透光强弱和是否均匀来判断,如图4-38所示。如果刀口尺与工件平面间透光微弱而均匀,说明该方向是直的,如果透光强弱不一,说明该方向是不直的。

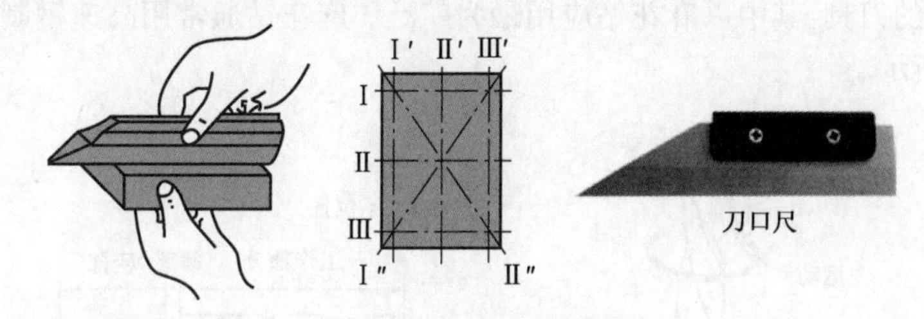

图4-38 平面度的检验

平面度误差值的确定,可用塞尺作塞入检查。对于中凹平面,其平面度误差可取各检查部位中的最大直线度误差值计;对于小凸平面,则应在两边以同样厚度的塞尺作塞入检查,其平面度误差可取各检查部位中的最大直线度误差值计。刀口尺在被检查平面上改变位置时,不能在平面上拖动,应提起后再轻放到另一检查位置,否则刀口尺的测量棱边容易磨损而降低其精度。

2)垂直度的检验

一般用90°直角刀口尺检测锉削平面之间的垂直度,检测方法如图4-39所示。检查工件垂直度前,应首先用锉刀将工件的锐边进行倒棱,检查时应注意:

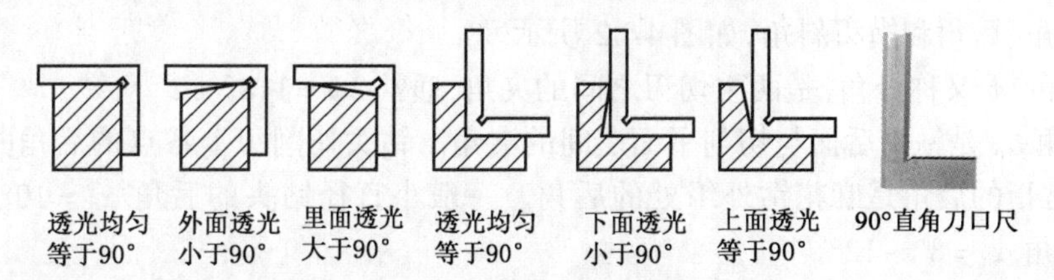

图4-39 垂直度的检验

(1)先将直角刀口尺尺座的测量面紧贴工件基准面,然后从上逐步轻轻向下移动,使角尺的测量面与工件的被测表面接触,眼光平视观察其透光情况,以此来判断工件被测面与基准面是否垂直。检查时,角尺不可斜放,否则会得到不准确的检查结果。

(2)在同一平面上改变不同的检查位置时,角尺不可以在工件表面上拖动,以免磨损影响角尺本身精度。

(3)工件的倒角与倒棱。一般对工件的各锐边需倒角,如图样上注有 0.5×45°倒角,表示倒去 0.5mm 且与平面成 45°角度。如图样上没有注倒角时,一般可对锐边进行倒棱,即倒出 0.1~0.2mm 的棱边。如果图样上注明不准倒角或倒棱时,则在锐边去毛刺即可。

4.5 钻孔与攻丝

4.5.1 钻孔

用钻头在工件实体上加工孔的方法称为钻孔。钻孔时,工件固定,钻头装夹在钻床主轴上做旋转运动,称为主运动;钻头同时沿轴线方向运动,称为进给运动。如图 4-40 所示。

1. 麻花钻的构造

钻头是钻孔的刀具,其中以麻花钻应用最为广泛。麻花钻通常用高速钢制成,其主要组成部分如图 4-41 所示。

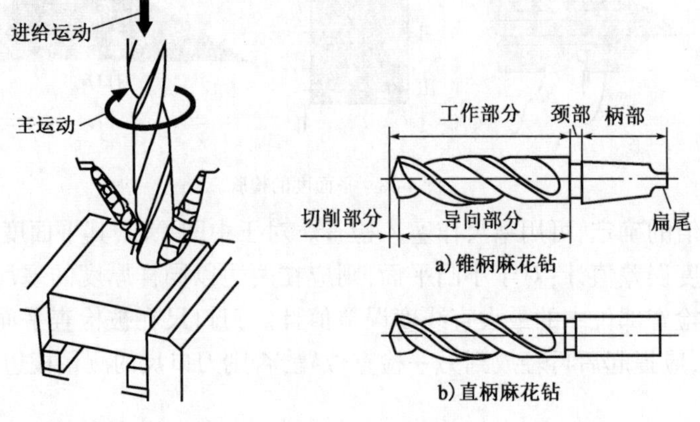

图 4-40 钻孔时钻头的运动　　图 4-41 麻花钻的结构

2. 麻花钻的主要角度

麻花钻的切削性能、效率、质量与其切削部分的几何角度有着密切关系。标准麻花钻的角度主要有顶角、后角和横刃斜角,如图 4-42 所示。

(1)顶角 2ϕ 又称锋角,是两主切刃之间的夹角,通常 $2\phi = 118° \pm 2'$。

(2)后角 α_0 是钻头后面与切削平面之间的夹角。钻头切削刃上各点的后角并不相等,外小内大,通常指的后角是麻花钻外缘处的后角。一般小直径钻头的后角 $\alpha_0 = 10° \sim 14°$,大直径钻头的后角 $\alpha_0 = 8° \sim 12°$。

(3)横刃斜角 ψ 是横刃与主切削刃在钻头端面投影之间的夹角。大小与钻心处刀刃上的后角大小有关,通常 $\psi = 50° \sim 55°$。

3. 麻花钻的刃磨要求

顶角 2ϕ、后角 α_0 和横刃斜角 ψ 应准确、合理,两主切削刃长度相等且对称,两后面要光滑。

4. 标准麻花钻的刃磨及检验方法

(1)两手握法。右手握住钻头的头部,左手握住柄部,如图4-43a)所示。

(2)钻头与砂轮的相对位置。钻头轴心线与砂轮圆柱母线在水平面内的夹角等于钻头顶角 2ϕ 的一半,被刃磨部分的主切削刃处于水平位置,如图4-43b)所示。

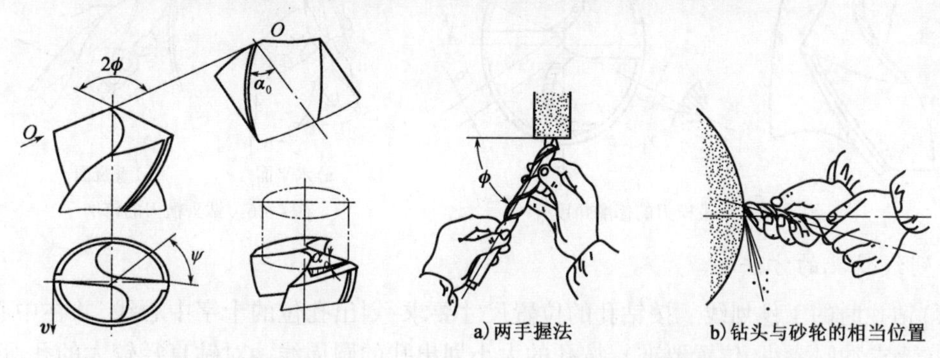

图4-42　麻花钻的主要角度

图4-43　标准麻花钻的刃磨

(3)刃磨动作。将主切削刃在略高于砂轮水平中心平面处先接触砂轮,右手缓慢地使钻头绕自己的轴线上下转动,同时施加适当的刃磨压力,这样可使整个后刀面都能刃磨到。左手配合右手作缓慢的同步下压运动,刃磨压力逐渐加大,这样就便于磨出后角,其下压的速度及其幅度随后角大小而变,为保证钻头近中心处磨出较大后角,还应作适当的右移运动。刃磨时两手动作的配合要协调、自然。按此不断反复,两后刀面经常轮换,直至达到刃磨要求。

(4)钻头冷却。钻头刃磨压力不宜过大,并要经常用水冷却,防止因过热退火而降低硬度。

(5)砂轮选择。一般采用粒度为46~80,硬度为中软级(K、L)的氧化铝砂轮为宜。砂轮旋转必须平稳,对跳动量大的砂轮必须进行修整。

(6)刃磨检验。钻头的几何角度及两主切削刃的对称等要求,可利用检验样板进行检验,如图4-44所示。但在刃磨过程中最经常的还是采用目测的方法。目测检验时把钻头切削部分向上竖立,两眼平视,由于两主切削刃一前一后会产生视差,往往感到左刃(前刃)高而右刃(后刃)低,所以要旋转180°后反复看几次,如果结果一样,就说明对称了。钻头外缘处的后角要求,可对外缘处靠近刃口部分的后刀面的倾斜情况来进行直接目测。近中心处的后角要求,可通过控制横刃斜角的合理数值来保证。

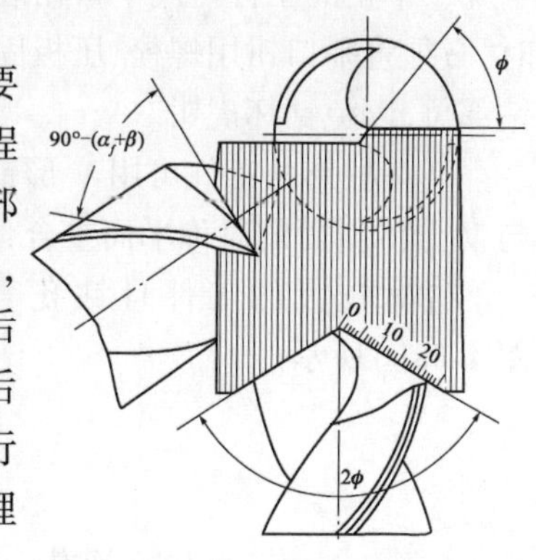

图4-44　钻头角度检测

(7)钻头横刃的修磨。标准麻花钻的横刃较长,且横刃处的前角存在较大的负值。因此在钻孔时,横刃处的切削为挤刮状态,轴向抗力较大,同时,如果横刃较长,则定心作用不好,钻头容易发生抖动。所以,对于直径在6mm以上的钻头必须修短横刃,并适当增大横刃处的前角。

①修磨要求。把横刃磨短成 $b=0.5\sim1.5$mm,修磨后形成内刃,使内刃斜角 $\tau=20°\sim30°$,内刃处前角 $\gamma_\tau=0°\sim-15°$,如图4-45所示。

②修磨时钻头与砂轮的相对位置。钻头轴线在水平面内与砂轮侧面左倾约15°夹角，在垂直平面内与刃磨点的砂轮半径方向约成55°摆角，如图4-46所示。

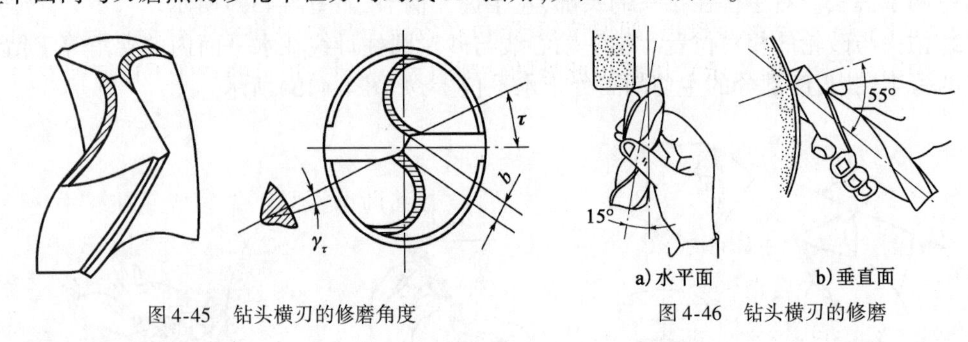

a)水平面　　b)垂直面

图4-45　钻头横刃的修磨角度　　图4-46　钻头横刃的修磨

5. 划线钻孔的方法

(1)钻孔时的工件划线。按钻孔的位置尺寸要求，划出孔位的十字中心线，并在中心打上样冲眼(要求冲眼要小，位置要准)，按孔的大小划出孔的圆周线。对钻直径较大的孔，还应划出几个大小不等的检查圆，以便钻孔时检查和借正钻孔位置。当钻孔的位置尺寸要求较高，为了避免敲击中心样冲眼时所产生的偏差，也可直接划出以孔中心线为对称中心的几个大小不等的方格，作为钻孔时的检查线。然后将中心样冲眼敲大，以便准确落钻定心。如图4-47所示。

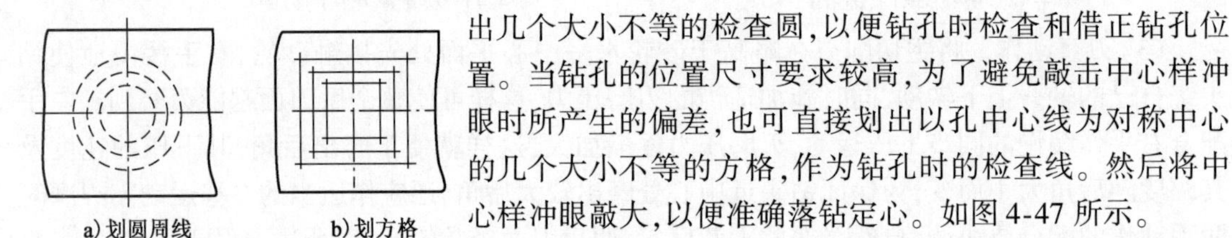
a)划圆周线　　b)划方格

图4-47　钻孔时的工件划线

(2)工件的装夹。工件钻孔时，要根据工件的不同形体以及钻削力的大小(或钻孔的直径大小)等情况，采用不同的装夹、定位和夹紧方法，以保证钻孔的质量和安全。常用的基本装夹方法如下：

①平正的工件可用平口钳装夹。装夹时，应使工件表面与钻头垂直。钻直径大于8mm孔时，必须将平口钳用螺栓、压板固定。用虎钳夹持工件钻通孔时，工件底部应垫上垫铁，空出落钻部位，以免钻坏虎钳。

②圆柱形的工件可用V形铁对工件进行装夹，如图4-48a)所示。装夹时应使钻头轴心线与V形体斜面的对称平面重合，保证钻出孔的中心线通过工件轴心线。

③对较大的工件且钻孔直径在10mm以上时，可用压板夹持的方法进行钻孔，如图4-48b)所示。

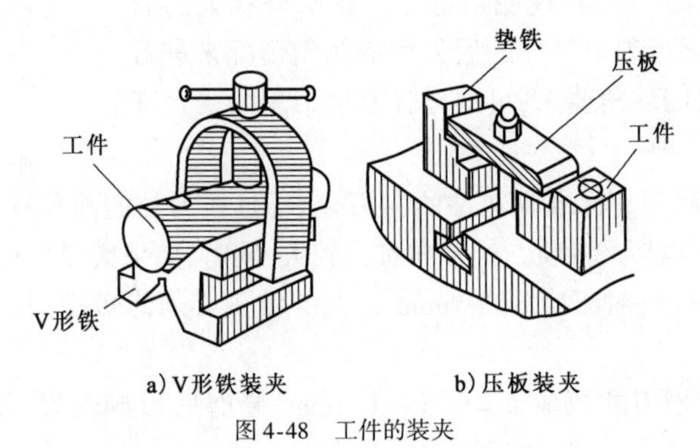

a)V形铁装夹　　b)压板装夹

图4-48　工件的装夹

(3)起钻。钻孔时先使钻头对准钻孔中心起钻出一浅坑,观察钻孔位置是否正确,并要不断校正,使起钻浅坑与划线圆同轴。校正方法:如偏位较少,可在起钻的同时用力将工件向偏位的反方向推移,达到逐步校正,如偏位较多,可在校正方向打上几个中心样冲眼或用油槽錾錾出几条槽(如图4-49所示),以减少此处的钻削阻力,达到校正目的。但无论何种方法,都必须在锥坑外圆小于钻头直径之前完成,这是保证达到钻孔位置精度的重要步骤。如果起钻锥坑外圆已经达到孔径,而孔位仍偏移就不便于再校正了。

(4)手进给操作。当起钻达到钻孔的位置要求后,即可压紧工件完成钻孔。手进给时进给用力不应使钻头产生弯曲现象,以免使钻孔轴线歪斜(如图4-50所示),钻小直径孔或深孔,进给力要小,并要经常退钻排屑,以免切屑阻塞而扭断钻头。一般在钻深达直径的3倍时,一定要退钻排屑,钻孔将穿时,进给力必须减小,以防进给量突然过大,增大切削抗力,造成钻头折断,或使工件随着钻头转动造成事故。

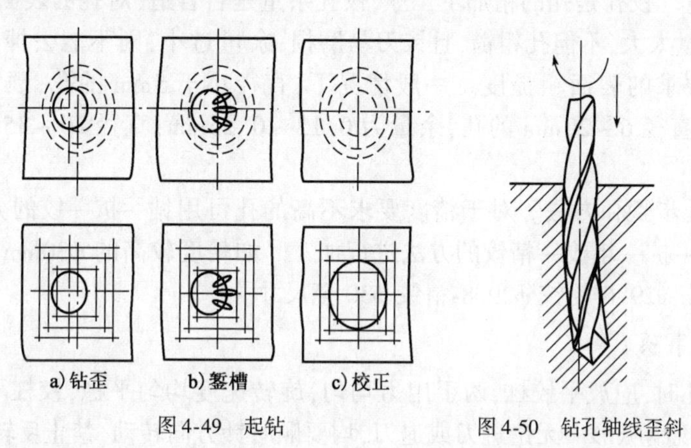

a) 钻歪　b) 錾槽　c) 校正

图4-49　起钻　　图4-50　钻孔轴线歪斜

4.5.2　铰孔

用铰刀对已经粗加工的孔进行精加工称为铰孔。可加工圆柱和圆锥形孔。由于铰刀的刀刃数多(6~12个)、导向性好、尺寸精度高而且刚性好,因此其加工精度一般可达IT9~IT7,表面粗糙度可达到R_a3.2~0.8μm。工件铰孔前一般应经过钻孔和扩孔等加工。

1. 铰刀的种类及特点

铰刀按使用方式分为机用铰刀和手用铰刀;按铰孔形状分为圆柱形铰刀和圆锥形铰刀;按铰刀容屑槽的形状分为直槽铰刀和螺旋槽铰刀;按结构分为整体式铰刀和调节式铰刀。铰刀的材料一般是由高速钢和高碳钢制成。

(1)机用铰刀。其工作部分较短,导向锥角2ϕ较大,切削部分有圆柱和圆锥两种。柄部有圆柱和圆锥两种,分别装在钻夹头和钻床主轴锥孔内使用。机用锥柄圆柱形铰刀如图3-51a)所示。

(2)手用铰刀。用于手工铰孔,工作部分较长,导向锥角2ϕ较小,切削部分也有圆柱和圆锥两种,柄部为圆柱形,端部有方头,可夹在铰杠内使用。手用圆柱形铰刀如图4-51b)所示。

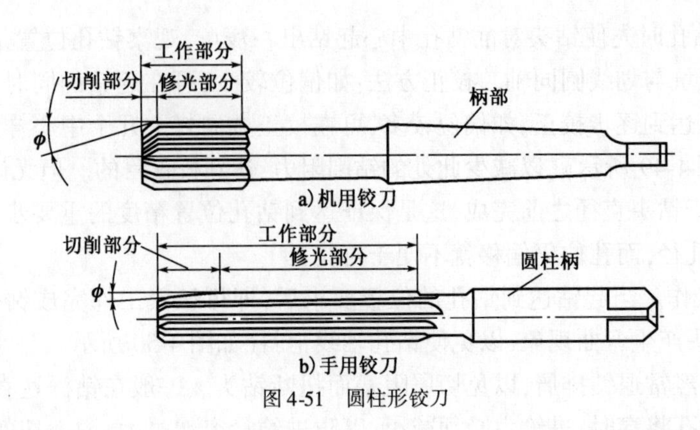

图4-51　圆柱形铰刀

2. 铰孔方法

(1)铰孔余量。铰孔是孔的精加工工序,铰孔余量是否合适,对孔的表面质量和尺寸精度影响很大。如余量太大,不但孔粗糙,且铰刀易磨损;余量过小,则不能去掉上道工序留下的刀痕,也达不到要求的表面粗糙度。一般情况下,直径小于5mm的孔,预留的直径余量为0.08~0.15mm;直径6~20mm的孔,余量为0.12~0.25mm;直径20~35mm的孔,余量为0.2~0.3mm。

(2)铰圆柱孔步骤和方法。对于精度要求不高的孔可用钻—扩—铰的方法;对于精度要求高的孔可用钻—扩—粗铰—精铰的方法进行加工。如精度较高的ϕ30mm的孔的加工过程为:钻孔ϕ28-扩孔ϕ29.6-粗铰ϕ29.8-精铰ϕ30至尺寸。

3. 铰孔注意事项

(1)手动铰孔时,应放平铰杠,两手用力均匀,旋转速度均匀平稳,铰杠不能摇摆,以免扩大口径或孔口出现喇叭形。无论进刀或退刀,均要顺时针方向转动,禁止反转。

(2)机动铰孔时,一般应一次装夹完成孔的钻削和铰削,以确保铰孔精度。铰刀退出时不能反转,待铰刀退出后方可停机。

(3)铰削时,应选用适当的切削液,以减少铰刀与孔壁的摩擦,降低温度,提高铰孔质量。

4.5.3　攻丝

攻丝和套丝是钳工的重要工作内容之一。攻丝就是用丝锥在孔中加工出内螺纹,套丝就是用板牙在外圆柱体上加工出外螺纹。

1. 丝锥和铰杠

(1)丝锥。

①丝锥的构造。丝锥是攻制内螺纹的刀具,一般由合金工具钢或高速钢制成(如图4-52所示)。前端切削部分制成圆锥,有锋利的切削刃。中间为导向校正部分,起修光校正和引导丝锥轴向运动的作用。柄部都有方头,用于连接工具。

②丝锥的种类。常用的丝锥分为手用丝锥与机用丝锥两种。手用丝锥由两支或三支组成一套。通常M6~M24的丝锥一套有两支,M24以上的一套有三支,分别称为头锥、二锥和三锥。细牙丝锥均为两支一套。识别等径丝锥的头锥、二锥、三锥的方法如图4-53所示。

(2)铰杠(手)。铰杠即是丝锥扳手,是用于夹持和扳动丝锥的工具。分普通铰杠和丁字形铰杠两种。按照是否可调,又分为固定铰杠和可调铰杠。固定铰杠受规格限制,可调式铰杠可以调节方孔尺寸,应用 范围广。丁字形铰杠一般用于加工工件内部螺纹或带台阶工件侧面螺纹。常见铰杠如图 4-54 所示。铰杠的规格用其长度上表示,应根据丝锥的尺寸大小合理选用:

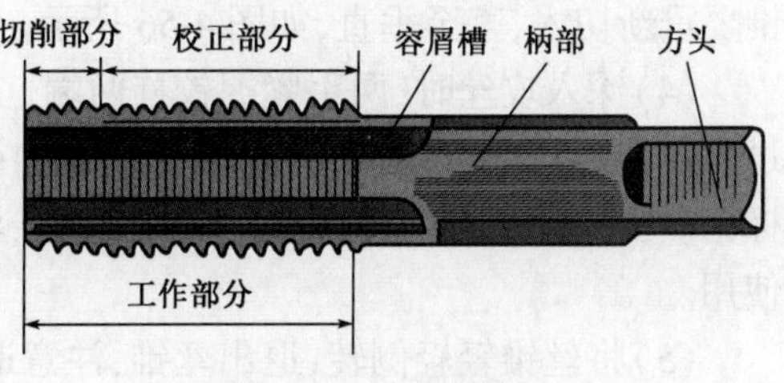

图 4-52 丝锥的构造

丝锥直径≤6mm,选用长度 150 ~ 200mm。

丝锥直径 8 ~ 10mm,选用长度 200 ~ 250mm。

丝锥直径 12 ~ 14mm,选用长度 250 ~ 300mm。

丝锥直径≥16mm,选用长度 400 ~ 500mm。

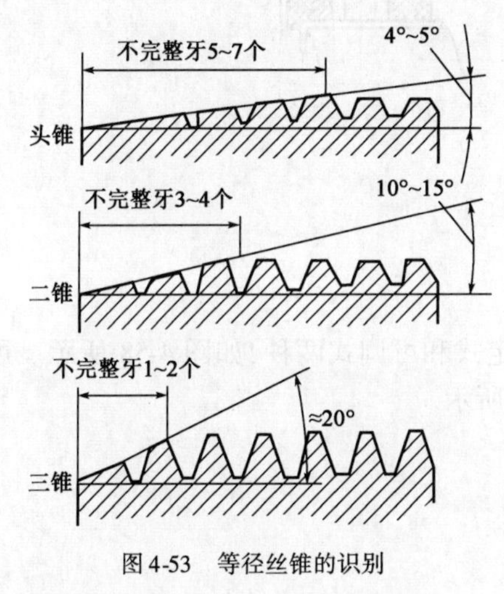

图 4-53 等径丝锥的识别

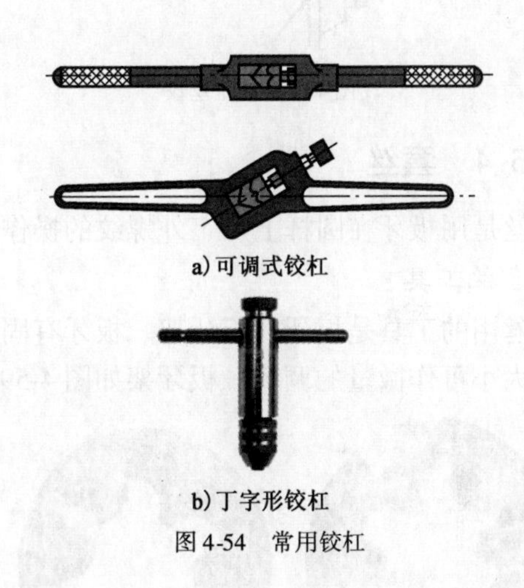

图 4-54 常用铰杠

2. 攻丝操作步骤

(1)攻丝前必先钻孔,钻孔直径 D 应略大于螺纹的小径,可查表或根据下列经验公式计算:

加工钢料及塑性金属时:$D = d - P$

加工铸铁及脆性金属时:$D = d - 1.1P$

式中:d 为螺纹大径(mm);P 为螺距(mm)。

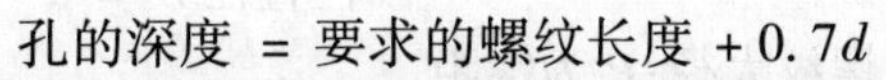

若孔为盲孔(不通孔),由于丝锥不能攻到孔底,所以钻孔深度要大于螺纹长度,其深度按下式计算:

$$孔的深度 = 要求的螺纹长度 + 0.7d$$

(2)攻丝时,两手握住铰杠中部,均匀用力,使铰杠保持水平转动,并在转动过程中对丝锥施加垂直压力,使丝锥切入孔内 1 ~ 2 圈,如图 4-55 所示。

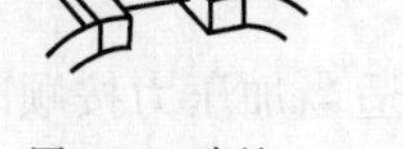
图 4-55 攻丝

(3)用 90°角尺检查丝锥与工件表面是否垂直。若不垂直,丝锥要重新切入,直至垂直,如图 4-56 所示。

(4)深入攻丝时,两手紧握铰杠两端,正转 1 ~2 圈后反转 1/4 圈,如图 4-57 所示。在攻丝过程中,要经常用毛刷对丝锥加注机油。在攻不通孔螺纹时,攻丝前要在丝锥上作好螺纹深度标记。在攻丝过程中,还要经常退出丝锥,清除切屑。当攻比较硬的材料时,可将头、二锥交替使用。

(5)将丝锥轻轻倒转,退出丝锥,注意退出丝锥时不能让丝锥掉下。

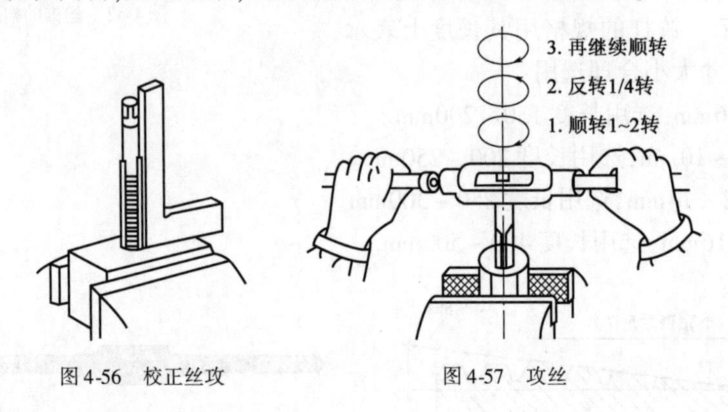

图 4-56 校正丝攻　　图 4-57 攻丝

4.5.4 套丝

套丝是用板牙在圆杆上加工外螺纹的操作。

1. 套丝工具

套丝用的工具是板牙和板牙架。板牙有固定式和可调式两种,如图 4-58 所示。可调式螺纹孔的大小可作微量的调节。板牙架如图 4-59 所示。

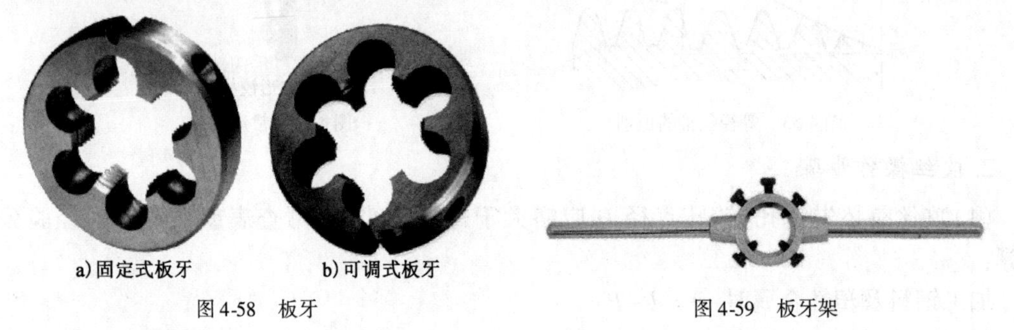

a)固定式板牙　b)可调式板牙

图 4-58 板牙　　图 4-59 板牙架

2. 套丝操作步骤

(1)确定圆柱直径。圆柱直径应小于螺纹公称尺寸。可通过查有关表格或用下列经验公式来确定:

$$圆柱直径\ D = d - 0.2P$$

式中:d 为螺纹大径;P 为螺距。

(2)将圆杆顶端倒 15° ~20°的角,如图 4-60 所示。

(3)将圆柱夹在软钳口内,要夹正紧固,位置尽量低些。

(4)板牙开始套丝时,要检查校正,务必使板牙与圆柱垂直,然后适当加压力按顺时针方向扳动板牙架,当切入 1 ~2 牙后就可不加压力旋转。套丝和攻丝一样要经常反转,以使切屑断碎并及时排除,如图4-61所示。

(5)在钢件上套丝时,应加注机油。

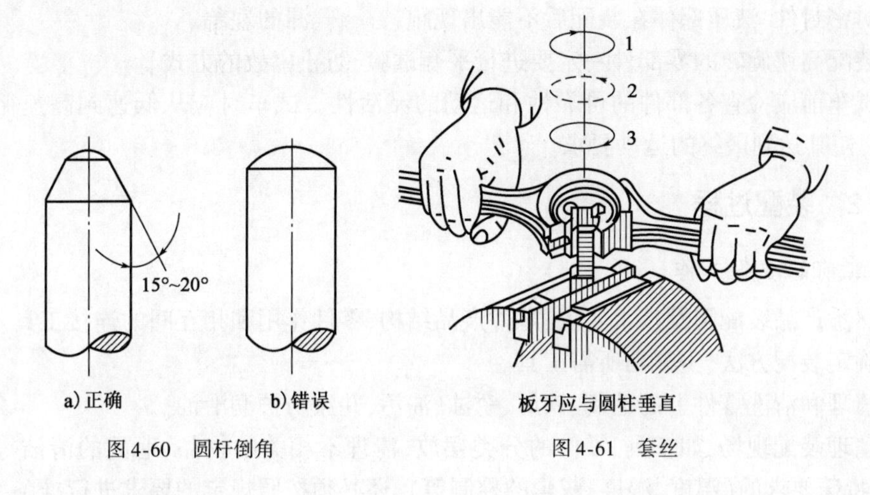

图4-60　圆杆倒角　　图4-61　套丝

4.6　钳工装配

4.6.1　装配概述

装配是将合格的零件按照装配工艺进行组装,并经调试使之成为合格产品的过程。

1. 装配的作用

合格的零件必须经过合理的装配工艺、正确的装配工具和规范的操作才能使整机成为合格品,否则,仍然会使产品出现精度低、性能差、寿命短的现象,并存在大量隐形问题造成巨大的损失。在大批量生产中,装配工时约占机械加工工时的20%,而在单件小批量的生产中,约占40%。

2. 装配的分类

(1)组件装配:将若干零件安装在一个基础零件上而构成一个组件的过程。如轴、齿轮、轴套、垫圈、轴承等组成一根传动轴的装配。

(2)部件装配:将若干零件、组件安装在另一个基础零件上而构成一个部件的过程。如车床的床头箱、汽车的发动机、起重机的吊臂等。

(3)总装配:将若干零件、组件、部件安装在产品的基础零件上而构成最终产品的过程。

3. 装配工具

工具不同的装配零件和装配方式,所使用的工具种类众多,其中最常用的工具是:扳手(活动扳手、呆扳手、内六角扳手、梅花扳手、套筒扳手、扭力扳手)、起子(能适用于各种螺钉头部形状)、手锤(铁锤、铜棒、木锤)、夹钳、拉出器(拉马)、拔销器、压力机、手钻、台钻、装配工作台等。

4. 装配要求

(1)装配前应对需要装配的零部件进行仔细检查,避免碰伤、变形、损坏等,并注意零件上的标记,防止错装。

(2)严格按照配合性质进行装配。

(3)检查各运动表面是否润滑充分,油路是否通畅。

(4)对密封件、液压部件在装配后不能出现跑、冒、滴、漏的现象。

(5)装配高速旋转的零部件一定要进行平衡试验,防止事故的方式。

(6)试车前应检查各部件的可靠性和运动的灵活性。试车时应从低速到高速循序渐进,逐步调整,使其达到最终的运动要求。

4.6.2 装配过程

1. 装配前的准备工作

(1)熟悉产品装配图及技术要求,零件产品结构、零件作用和相互间的连接工具。

(2)确定装配方法、步骤和所需工具。

(3)清理和清洗零件上的毛刺、铁屑、锈蚀、油污,并涂防护润滑油。

(4)整理装配现场,如工具、零件的分类摆放,清理不相关的物品、地面的清洁等,如对装配环境有特殊要求的(温度、湿度、灰尘的控制等),还必须按照规定的要求进行准备。

2. 装配工作

按照事先的准备工作,按组件装配—部件装配—总装配的顺序依次进行,并进行相应的调整、试验和喷涂等工作。

3. 调试与检验

装配完毕后,首先对零件或机构的相互位置、配合间隙、结合部位的松紧程度等进行调整,然后进行全面的精度检验后进行试车。试车检验包括运转的灵活性、温升、密封性、振动、噪声、功率等性能指标。

4. 涂油、装箱

产品的工作表面、运动部位应涂防锈油,贴标签、装说明书、合格证、清单等,最后装箱。

4.6.3 装配过程

1. 完全互换法

所装配的同一种零件能互换装入,装配时可以不加选择,不进行调整和修配。该方法操作简单、容易掌握、生产效率高、便于组织流水作业、零件更换方便,但这类零件的加工公差要求严格,它与配合件公差之和应符合装配精度要求。因此,这种配合方法主要适用于生产批量大的产品,如汽车、家电等某些部件的装配。

2. 选配法

也叫不完全互换法,装配前按照严格的尺寸范围,将零件分成若干组,然后将对应的各组装配件装配在一起,以达到所要求的装配精度,零件的制造公差可适当放大。用于成批生产的某些精密配合件。如活塞与气缸的配合、车床尾座与套筒的配合等。

3. 修配法

在单件、小批量的生产中,对于装配精度要求较高的多环数尺寸链,各组成环可先按经济加工精度加工,装配时通过修配某一组成环的尺寸使封闭环达到规定精度的方法。如车床的前后顶尖中心不等高,装配时可将尾座底部进行精磨或修刮来达到精度要求。该方法可降低零件的加工精度好生产成本,但增加了装配的难度。

4. 调整法

对于通过调整一个或几个零件的位置来消除相关零件的累积误差,从而达到装配精度要求的方法。如用楔铁调整机床导轨间隙、用预紧方法调整螺母与丝杠的间隙等。调整法装配的零件不需要任何修配加工就可达到装配精度,磨损后还可以进行再调整。

4.6.4 典型零件的装配

1. 螺纹连接的装配

在拧紧成组螺钉、螺母时,为使配合面的受力均匀,应按照一定的顺序进行拧紧操作,如图4-62 所示。拧紧过程应按顺序分 2 ~ 3 次才能完全拧紧。

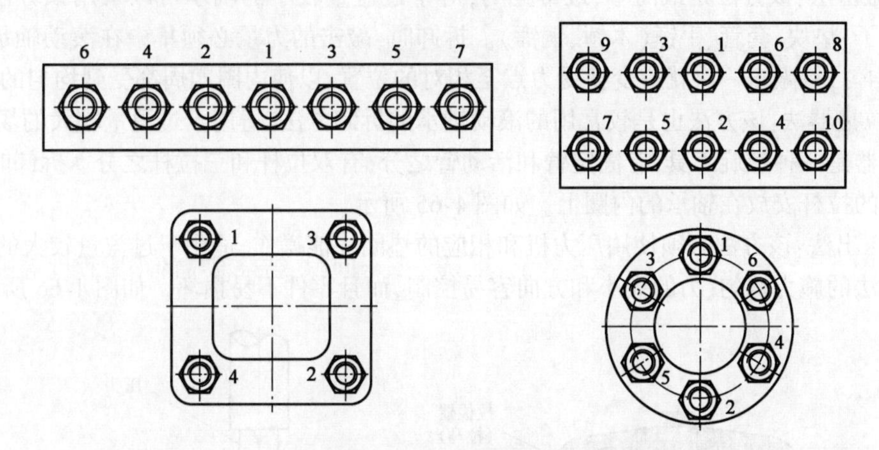

图 4-62 成组螺母拧紧顺序

为保证拧紧力量的均匀,可采用扭力扳手,如图 4-63 所示。

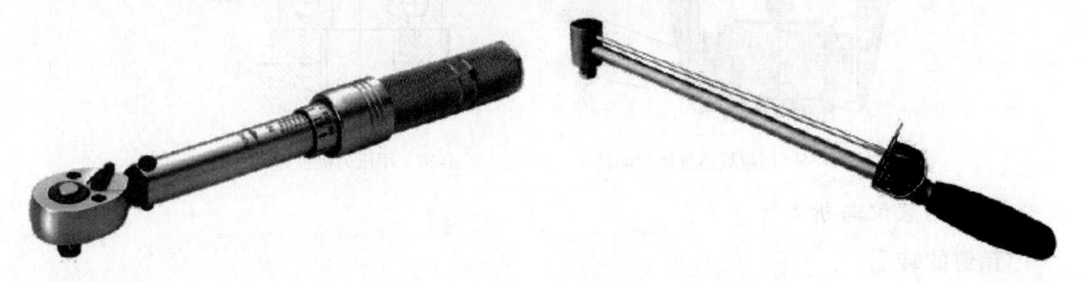

图 4-63 扭力扳手

2. 滚动轴承的装配与拆卸

1)滚动轴承的装配

滚动轴承工作时,多是轴承内圈随轴一起转动,外圈在与之配合的孔内固定不动。因此,轴承内圈与轴的配合要紧一些,多为较小的过盈配合。其装配方法有直接敲入法、压入法、热套法。对不同的装配情况,作用力作用在内、外圈的情况不一样,如图 4-64 所示。

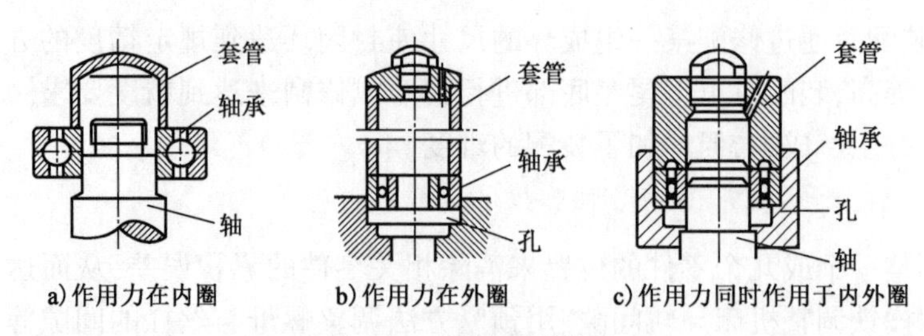

图4-64　滚动轴承的装配

装配要点：装配前应将轴颈和轴承孔涂抹机油，轴承标有规格牌号的端面应朝外，便于更换时的识别；准备装配工具，对于过盈量较小的轴承借助套管用手锤或压力机装入，对于过盈量较大的，则应用热套法（将轴承放在80～90℃的机油中加热）配合压力机装入。

2）滚动轴承的拆卸

滚动轴承的拆卸方法有敲击法、拉拔器法、压出法、油压法。

（1）敲击法：该方法是最简单、最常见的，对于过盈量较小的轴承可以采用该方法。工具通常为冲子、垫块、套管、手锤（木锤、铜锤）。拆卸时，敲击的力量必须集中在滚动轴承的内圈上，用力均匀，每敲击一次就应变换受力点至相对的位置，以使内圈四周都受到均匀的敲击力。

（2）拉拔器法：该方法也是较常用的滚动轴承的拆卸方法，适用于过盈量较大的场合。

拉拔器是一种螺旋工具，有固定臂和活动臂之分，有双拉杆和三拉杆之分。拆卸时仍然要将拉力器的拉杆安放在轴承的内圈上。如图4-65所示。

（3）压出法：该方法必须使用压力机和相应的垫圈才能操作，适用于过盈量较大的场合。该方法的施力均匀、力的大小和方向容易控制，而且零件不易损坏。如图4-66所示。

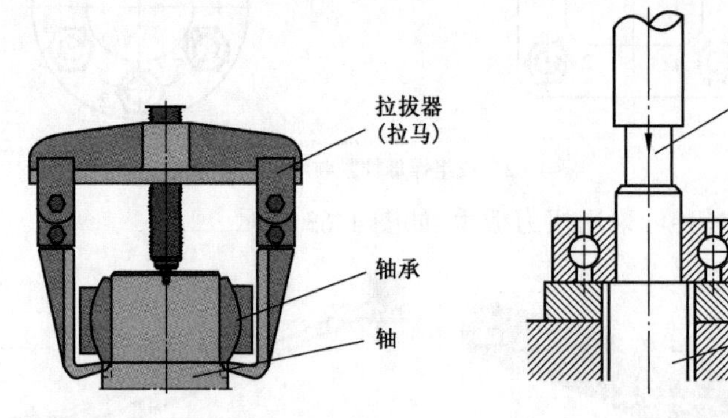

图4-65　用拉拔器拆卸滚动轴承　　图4-66　用压力机拆卸滚动轴承

3. 销钉的装配与拆卸

1）销钉的装配

销钉在装配中的作用是定位和连接，有圆柱销和圆锥销两种。圆柱销和销孔的配合为过盈配合，精度要求较高，一般需配合零件的两个销孔要通过配作工序来完成。

销钉在装配时应涂抹机油后用铜棒轻轻敲入即可，敲入的开始阶段一定要仔细观察销钉与孔是否垂直，避免发生歪斜现象造成零件或销钉的损坏。

圆锥销装配时，也需通过配作工艺来保证精度。钻孔时的钻头按孔的小径选取，铰刀一般用1∶50的锥度铰刀，当铰到圆锥销能自由插入80%～85%孔深即可，然后用手锤敲入到与零件上表面齐平即可。

2)销钉的拆卸

销钉一般用冲子和手锤轻轻敲击拆除,如果过盈量较大的也可用压力机将其顶出。销钉不宜多次拆装,否则会降低其定位精度和连接的可靠性。

4.7 钳工技能综合训练

4.7.1 钳工技能综合训练一

1. 零件图(如图4-67所示)

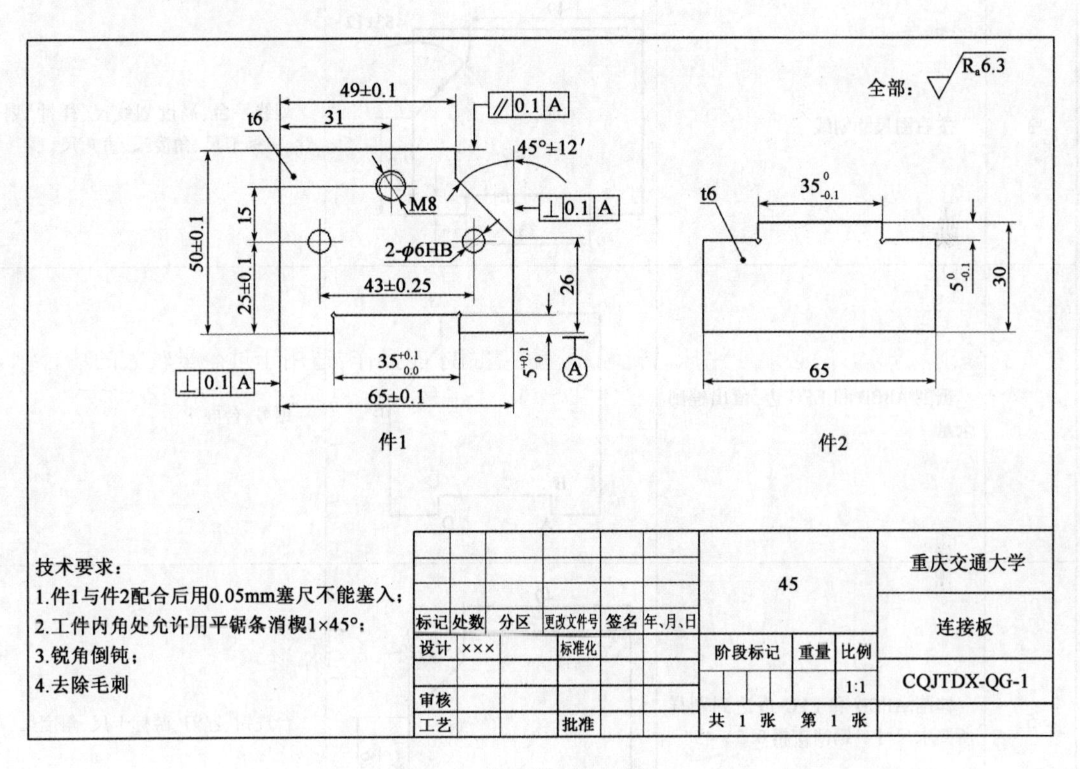

图4-67 钳工综合训练零件一

2. 件1加工工序(如表4-3所示)

件1加工工序 表4-3

工序	加工内容	工艺简图	工、量具
1	按右图尺寸对毛坯划线、打样冲眼、并锯削下料	52 67	划线平台、高度划线尺、样冲、划针、直角尺、台虎钳、锯弓、游标卡尺

续上表

工序	加 工 内 容	工 艺 简 图	工、量具
2	锉削长方形四边,保证其尺寸和各形位公差	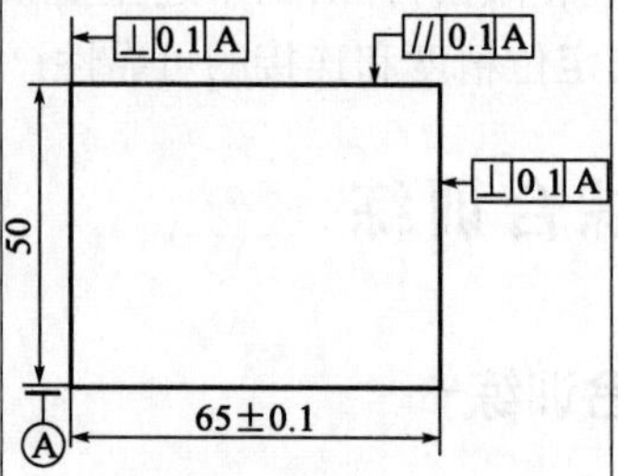 ⊥0.1 A　//0.1 A　⊥0.1 A　50　65±0.1　A	台虎钳、锉刀、游标卡尺、刀口尺
3	按右图尺寸划线	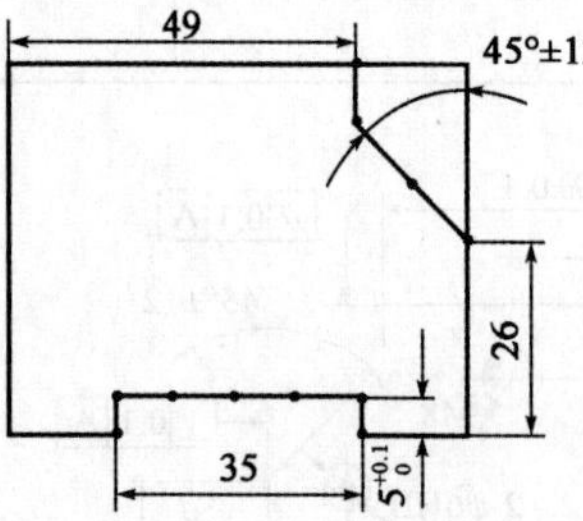 49　45°±12′　26　35　$5^{+0.1}_{0}$	划线平台、高度划线尺、样冲、划针、游标卡尺、角度尺、直角尺
4	锯削 ABCD 和 EFG 边,留出锉削余量	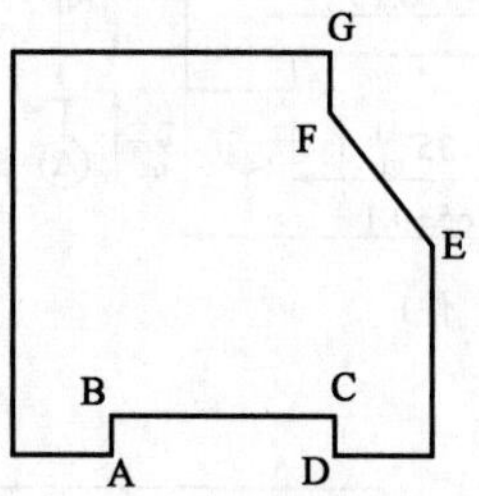 G　F　E　B　C　A　D	锯弓、台虎钳
5	锉削 ABCD 和 EFG 边达到图样所要求尺寸。锯消楔槽 0.5×45°	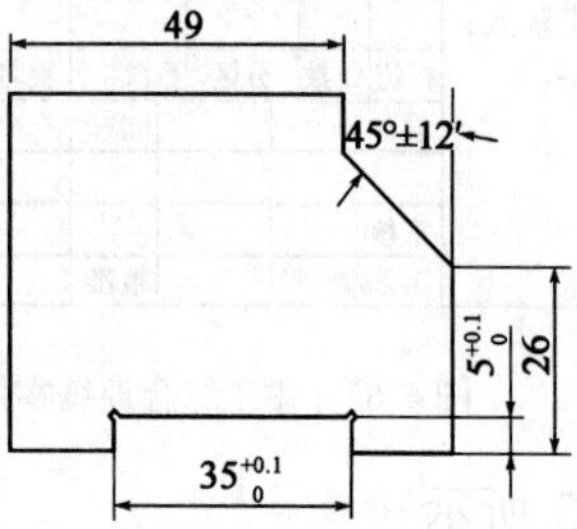 49　45°±12′　$5^{+0.1}_{0}$　26　$35^{+0.1}_{0}$	台虎钳、锉刀、游标卡尺、角度尺
6	按图样尺寸划三个孔的中心线并打出样冲眼	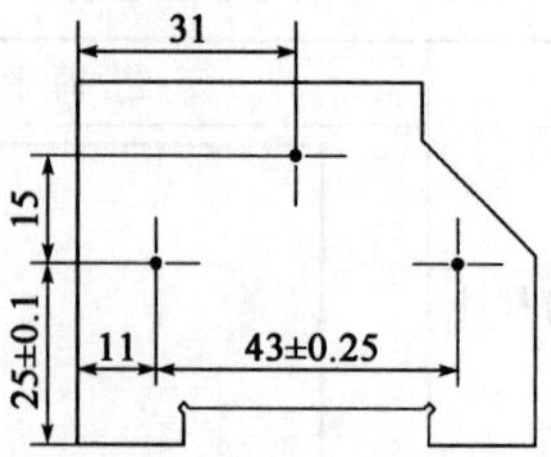 31　15　25±0.1　11　43±0.25	划线平台、高度划线尺、样冲、划针

续上表

工序	加工内容	工艺简图	工、量具
7	按图样中心线钻孔	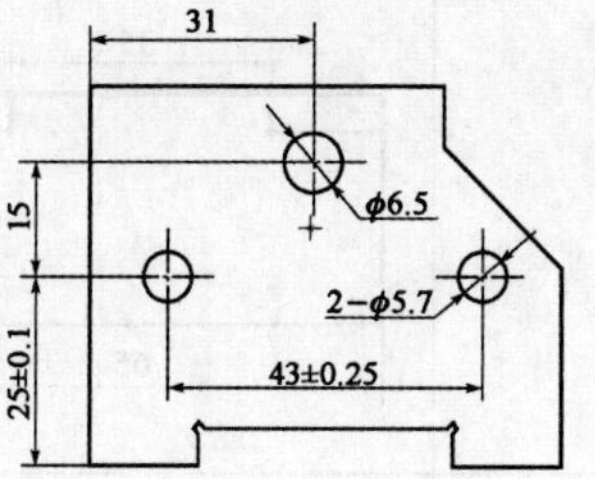 31; φ6.5; 15; 2−φ5.7; 25±0.1; 43±0.25	台钻、钻头、游标卡尺
8	攻M8螺纹	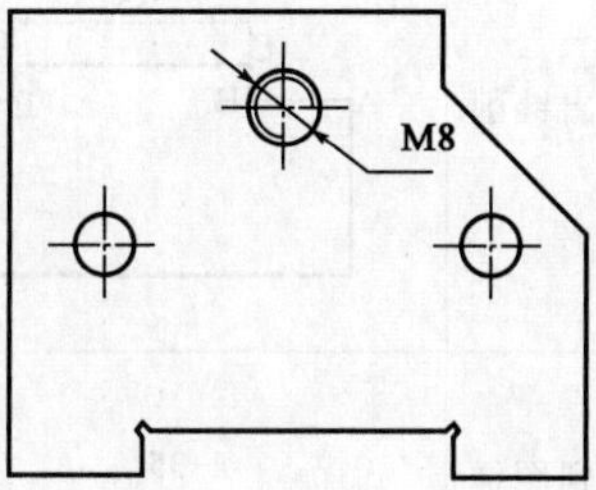 M8	丝锥、丝锥绞手、台虎钳
9	铰孔2−φ6H8	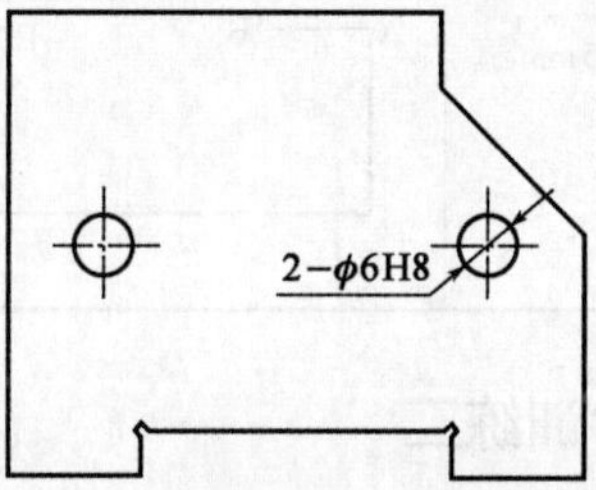 2−φ6H8	手铰刀、丝锥绞手、塞规
10	检验	按零件图检验	

3. 件2加工工序(如表4-4所示)

件2加工工序 表4-4

工序	加工内容	工艺简图	工、量具
1	按右图尺寸对毛坯划线、打样冲眼并锯削下料	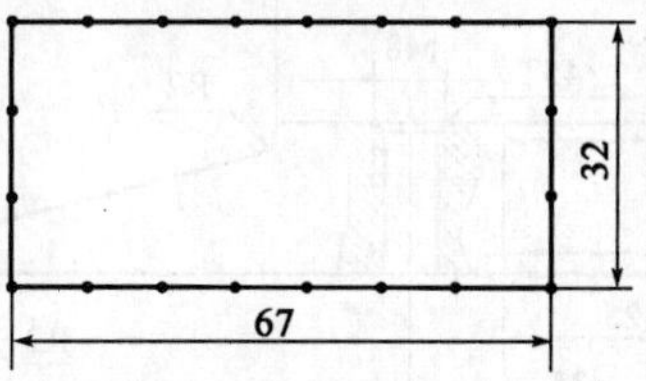 32; 67	划线平台、高度划线尺、样冲、划针、直角尺、台虎钳、锯弓、游标卡尺
2	锉削长方形四边,保证尺寸	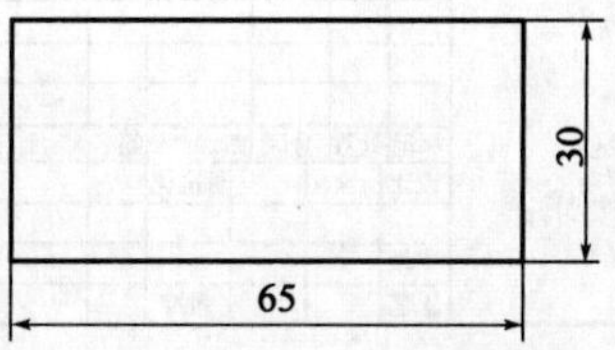 30; 65	台虎钳、锉刀、游标卡尺、刀口尺

续上表

工序	加工内容	工艺简图	工、量具
3	按右图尺寸划线	35 5 65	划线平台、高度划线尺、样冲、划针、游标卡尺
4	锯削 ABC 和 DEF 边，留出锉削余量	35 5 A B C D E F	锯弓、台虎钳
5	锉削 ABC 和 DEF 边，达到图样所要求尺寸。 件 1 与件 2 配合后用 0.05mm 塞尺不能塞入。 锯消楔槽 0.5×45°	$35^{0}_{-0.1}$ $5^{0}_{-0.1}$ A B C D E F	台虎钳、锉刀、游标卡尺、刀口尺

4.7.2 钳工技能综合训练二

1. 零件图（如图 4-68 所示）

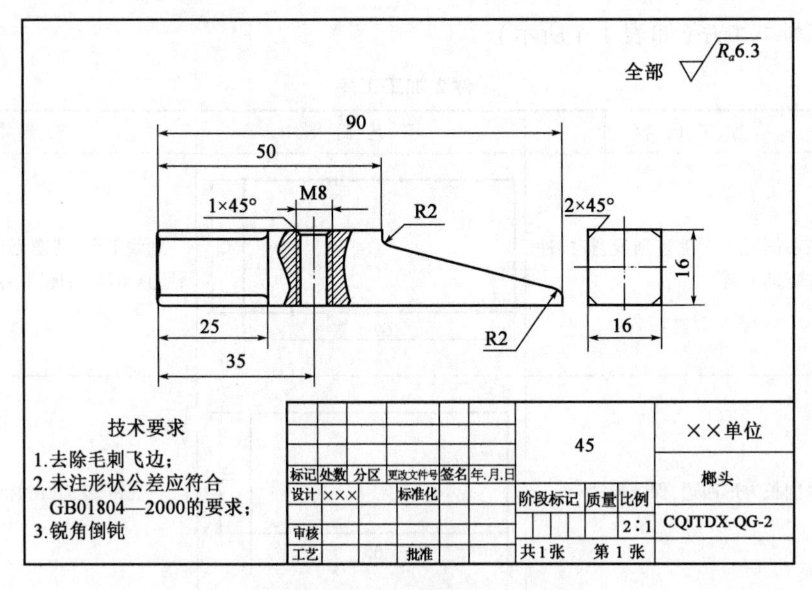

图 4-68 钳工综合训练零件二（榔头）

2. 件1加工工序(如表4-5所示)

件1加工工序　　表4-5

工序	加工内容	工艺简图	工、量具
1	下料	毛坯 18×18×92	
2	按右图尺寸对毛坯划线、打样冲眼	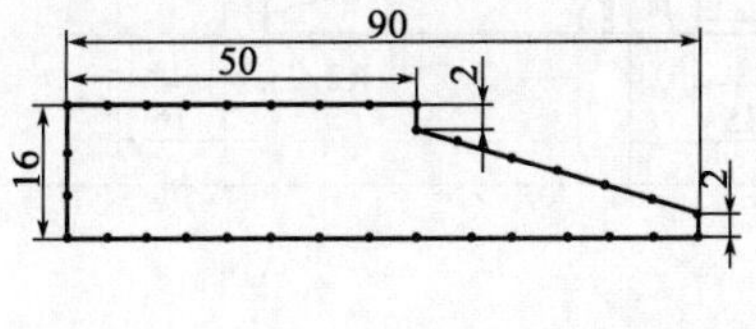 90; 50; 2; 16; 2	划线平台、高度划线尺、样冲、划针、直角尺、游标卡尺
3	锉削榔头四边,保证其尺寸和各相邻面的垂直度	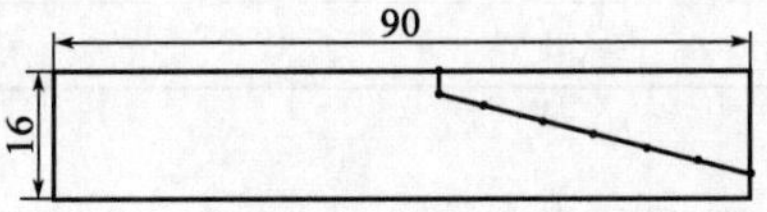 90; 16	台虎钳、锉刀、游标卡尺、刀口尺
4	锯削斜面,留锉削余量	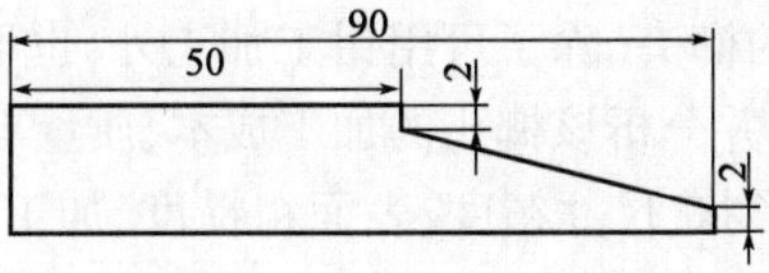 90; 50; 2; 2	锯弓、台虎钳
5	锯削斜边至尺寸,倒2处R2圆角	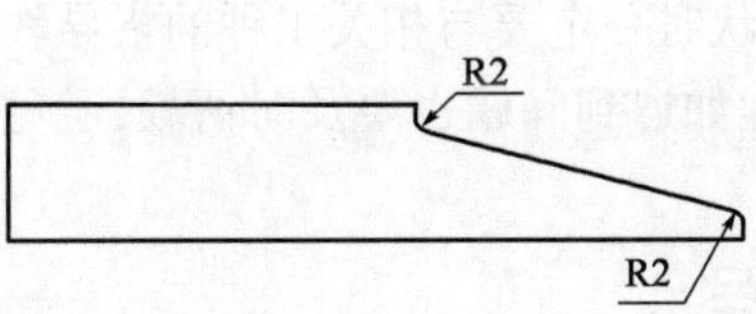 R2; R2	台虎钳、锉刀、游标卡尺、刀口尺
6	锉削四周倒角,保证长度尺寸25mm	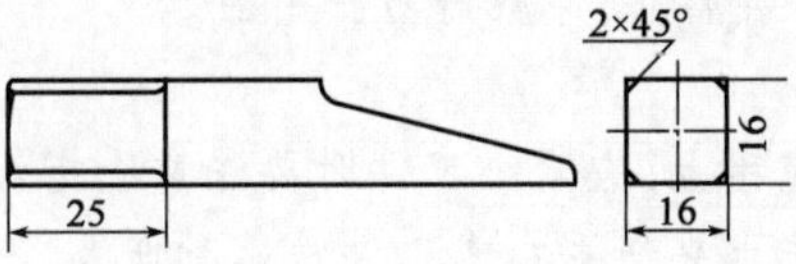 2×45°; 16; 25; 16	台虎钳、锉刀、游标卡尺、角度尺
7	按图样尺寸划M8孔的中心线并打出样冲眼	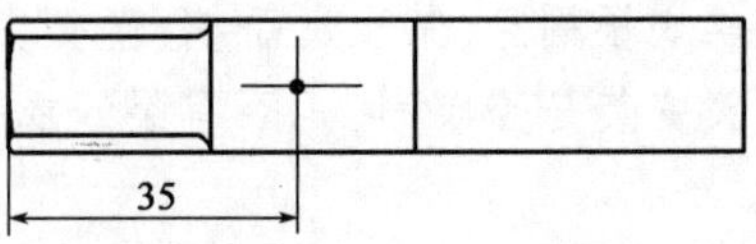 35	划线平台、高度划线尺、样冲、划针
8	按上图划线尺寸钻M8螺纹孔的底孔,倒1×45°角,攻M8螺纹孔	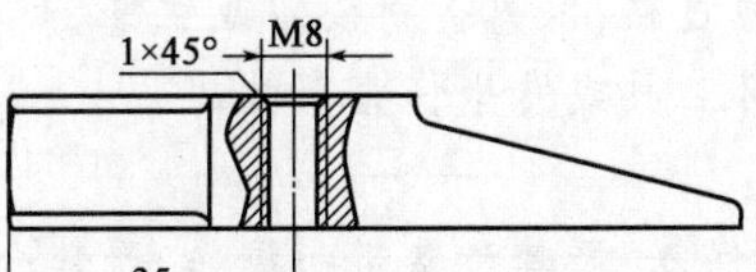 1×45°; M8; 35	台钻、ϕ6.6钻头、倒角钻、M8丝锥、M8螺纹塞规

续上表

工序	加 工 内 容	工 艺 简 图	工、量具
9	检验	90 50 1×45° M8 R2 全部 $R_a6.3$ 16 25 35 R2 12 16	
10	将榔头柄装配到榔头上，打学号（有条件可进行热处理）		
11	检验		

4.8 钳工创新训练

读者可自行设计其他形状的榔头（除了可用钳工加工外，也可通过其他工种进行加工，如车工、铣工、数控、特种加工等），并分析该榔头的加工成本、质量与工艺过程。

零件加工完成后应从外观形状、尺寸精度、表面粗糙度、加工成本与工艺过程等各方面对其进行分析，总结优缺点，对不足之处提出改进措施，并写出心得与体会。

注意事项：在设计榔头的形状时一定要与相关工种的指导教师协商，确认其结构的合理性和加工的成本控制。在生产过程如遇到问题也要及时请教，避免发生不必要的事故。

钳工安全操作规程

一、进入工程实训场地须着装整齐，穿戴好防护用品。

二、钳台上的操作规范：

(1)工件应牢固地夹紧在虎钳上，夹紧小工件时要注意手指。

(2)拧紧或松开虎钳时应防止夹伤手指或工件跌落时伤人。

(3)不能使用无手柄或手柄松动的锉刀。

(4)锉刀齿内的切屑应用钢丝刷子剔除，禁止用手挖、嘴吹。

(5)使用手锤时应先检查锤头安装是否牢固，是否有裂缝或油污。挥动手锤时，前方不得有人，以防锤头脱落伤人。

(6)使用手锯下料时，不可用力过猛或扭转锯条。材料将断时，应轻轻锯割。

(7)铰孔或攻丝时，不要用力过猛，以免折断铰刀或丝锥。

(8)禁止混用工具，以免损坏工具或发生伤害事故。

三、钻床操作时的安全规范：

(1)由专人负责设备的定期保养，严禁设备带病操作，严禁未经操作培训的人员使用。

(2)使用钻床时，严禁戴手套，变速时必须先停车再变速。

(3)安装钻头前,需仔细检查钻套锥面是否有碰伤或凸起,如有,应用油石修磨擦净后才可使用。拆卸时必须使用标准斜铁。装卸钻头要用夹头扳手,不得用敲击的方法装卸钻头。

(4)钻孔时不可用手直接拉切屑,也不能用棉纱或嘴吹清除切屑,头部不能与钻床旋转部分靠得太近。机床未停稳,不得变速。严禁用手把握未停止的钻夹头,操作时只允许一人进行。

(5)钻孔时工件装夹应稳固,特别是在钻薄板零件、小工件、扩孔或钻大孔时,严禁用手把持进行加工。孔即将钻穿时,要减小压力与进给速度。

(6)钻孔时严禁在主轴旋转状态下装卸工件。利用机用平口钳夹持工件钻孔时,要扶稳平口钳,防止掉落砸脚。钻小孔时,压力相应要小,以防钻头折断飞出伤人。

(7)钻通孔时可在工件下垫木块,避免损伤工作台面。

(8)钻削时用力不可过大,钻削量必须控制在允许的技术范围内。

(9)工作结束后,要对机床进行日常保养,切断电源,打扫场地卫生。

第5章 铣　削

教学目的

本项实训内容是为进一步强化对普通机加工技能的掌握和专业知识的理解所开设的一项基本训练科目。

通过铣削实习,使学生能初步接触在机械制造中铣床的作用及工作过程,获得机械加工常用的工艺基础知识,为相关课程的理论学习及将来从事生产技术工作打下基础。

教学要求

(1)了解铣床的用途、型号、规格及主要组成部分。

(2)了解铣工常用工具、量具以及机床主要附件的大致结构及应用。

(3)了解铣削加工的基本方法和可达到的精度等级和表面粗糙度的大致范围。

(4)了解铣工的安全操作规程。

5.1 铣削加工的工作特点和基本内容

5.1.1 铣削加工的特点

当刀具作旋转运动,工件作进给时称作铣削。铣削是机械加工中运用最为广泛的切削加工方法之一,铣床也是各机械零件生产厂家必不可少的机床之一。铣床利用各种刀具可以加工各类平面(水平面、垂直面、斜面、台阶面)、沟槽(直角沟槽、键槽、燕尾槽,T形槽、外圆槽、螺旋槽)、成形面、孔和各种需要分度(花键、齿轮、离合器)的零件等,如图5-1所示。

铣削加工相对于其他机床具有如下主要特点:

(1)由于铣削是靠刀具的旋转运动进行切削,因此,铣刀是多刃刀具,磨耗比较缓慢,不用经常修磨刀刃。

(2)铣削加工是多刃连续切削,能缩短加工时间,提高生产效率。

(3)铣刀的切削刃是周期性切入和切出工件,其切削层厚度不断变化,因此易引起切削力的变化并出现振动现象。

(4)铣削加工精度一般可达IT7 ~ IT9,表面粗糙度可达 R_a1.6 ~ 6.3μm。

5.1.2 铣削加工的基本内容

铣床的加工内容如图5-1所示。

图5-1 铣床的加工内容

5.1.3 铣削过程基本知识

1. 铣削运动

铣削运动是指在铣床上加工时,铣刀和工件的相对运动。铣刀的旋转运动是通过铣床主轴带动铣刀杆上的铣刀进行旋转,这是主运动;进给运动是通过机械传动实现自动进给或操作者摇动工作台手柄实现手动进给的运动,它是铣削中的辅助运动。铣床上的进给运动分为纵向、横向和垂直三个方向。

2. 铣削用量及其选择方法

铣削用量是铣削速度、进给量和吃刀量的总称,它表示出铣削运动的大小和铣刀切入被加工表面的深浅程度。

1)铣削速度

铣削速度就是主运动的线速度,即铣刀最大直径处的线速度,单位为m/min,用下式计算:

$$v = \pi dn/1000$$

式中:d 为铣刀直径(mm);n 为铣刀每分钟转速(r/min)。

2)进给量

进给量是指铣削中工件相对于铣刀在进给方向上所移动的距离。它有三种表示形式:

(1)每齿进给量 f_z。铣刀每转过一齿,工件相当于铣刀移动的距离,单位为mm/z。

(2)每转进给量 f。铣刀每转过一转,工件相当于铣刀移动的距离,单位为mm/r。

(3)进给速度 v_f。工件在每分钟内相对于铣刀移动的距离,单位为mm/min。

以上三者的关系为

$$v_f = fn = f_z zn$$

式中:z 为铣刀齿数。

3)背吃刀量(铣削深度) a_p

他是铣削中已加工表面和待加工表面的垂直距离,即平行于铣刀切削时的轴线方法上测量出的切削层深度。

4)侧吃刀量(铣削宽度) a_e

他是铣削一次进给过程中测得的已加工表面宽度,即在垂直于铣刀旋转平面上测量出的切削层尺寸。

5)铣削用量选择方法

铣削用量的选择与确定需考虑实际加工过程各工艺环节的情况而定,对于不能判断的时候,还需要查阅相关切削手册。但对于粗、精加工的两类总体情况我们通常的原则是:粗加工时主要考虑保证铣刀有一定的耐用度和工艺系统有足够刚度的前提下,应优先选择大的吃刀量,其次是增加进给速度,最后选择合适的切削速度;精加工时在保证工件的加工精度前提下,一般先选择大的铣削速度,其次选择较小的背吃刀量,最后选择较小的进给速度。

5.2 铣床基本知识

5.2.1 常用铣床的基本结构

铣床的种类很多,有卧式铣床、立式铣床、摇臂铣床、龙门铣床、仿形铣床等。各种形式的铣床为制造不同类型的零件提供了各种可靠的加工方法,保证了它们加工的精度和要求。如图5-2~图5-7所示。

1. 卧式万能升降台铣床(简称万能铣床)

图5-2所示为卧式铣床X6132(编号的含义是:X表示铣床类,6表示卧式,1表示万能升降台,32表示工作台宽度的1/10,即工作台的宽度为320mm)的外形。其主要特征是主轴与工作台的台面平行,在铣削时铣刀水平装在主轴上,绕主轴轴线旋转,主轴的旋转运动由电动机带动。工件安装在工作台上,工作台的纵向、横向和升降三个运动,既可手动进给,又可自动进给。

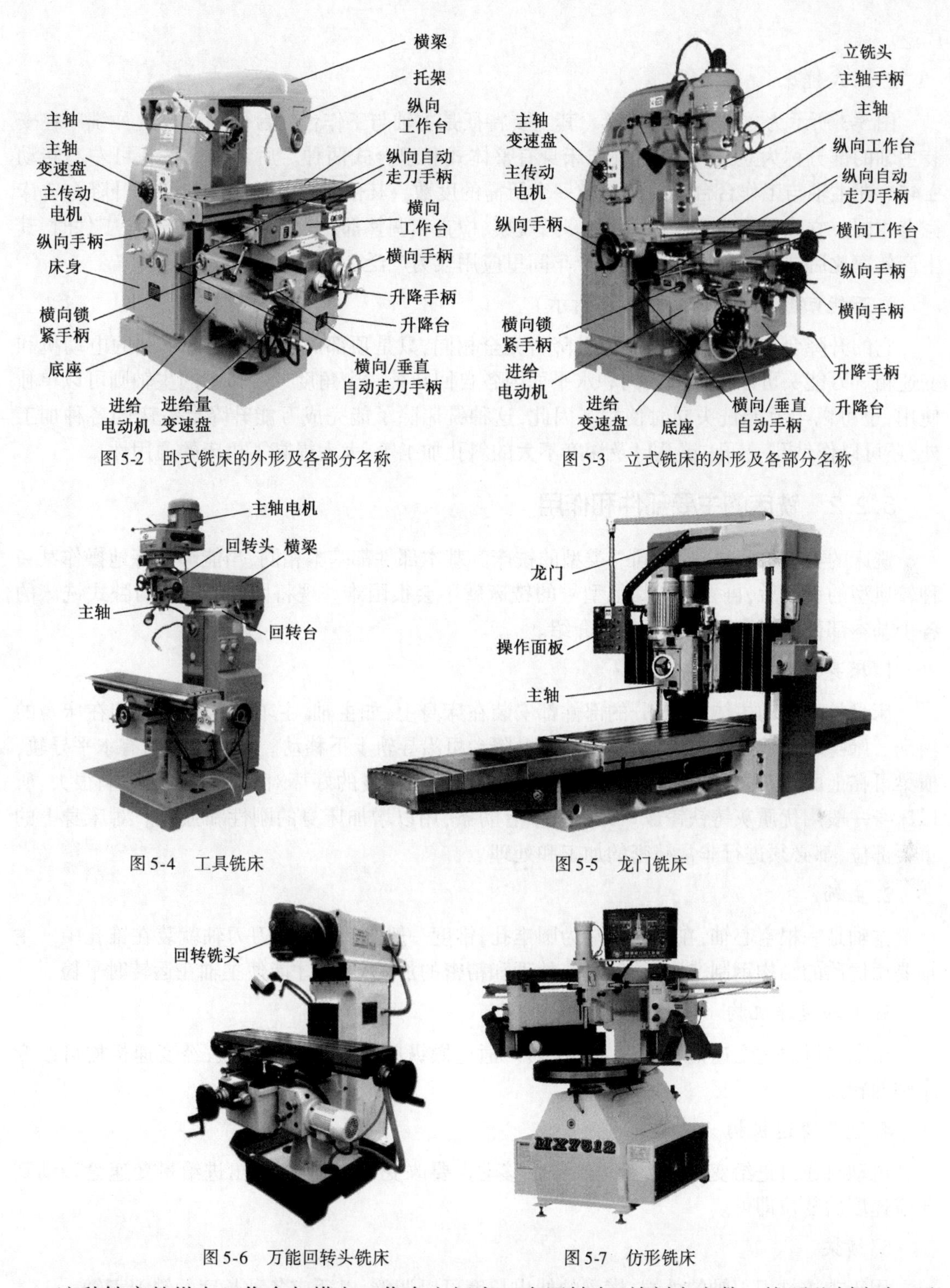

图5-2 卧式铣床的外形及各部分名称

图5-3 立式铣床的外形及各部分名称

图5-4 工具铣床

图5-5 龙门铣床

图5-6 万能回转头铣床

图5-7 仿形铣床

这种铣床的纵向工作台与横向工作台之间有一个回转盘，并刻有度数。按照此刻度盘，可将纵向工作台转动 $\pm45°$ 的角度。当转到所需要的位置后，再用螺钉紧固。除此之外，其他各部分的构造和立式铣床无任何区别。另外，因万能铣床的附件较多，所以它的工作范围就更为广泛。

2. 立式铣床

图5-3 所示为立式铣床的外形。其主要特征是主轴与工作台的台面垂直。这种铣床在安装主轴的部分称为立铣头，立铣头与床身有整体式和组合式两种。后者的立铣头可左右转动±45°，即主轴与工作台台面可倾斜成一个所需的度数。其他各部分的构造与卧式升降台铣床完全相同。立式铣床由于工人在操作时，观察、检查和调整都比较方便，故加工一般工件时，其生产效率比卧式铣床高，因此，在生产车间里应用较为广泛。

3. 万能回转头铣床(如图5-6 所示)

它的升降台和床身部分与万能升降台完全相同，只是顶部的悬梁内装有单独的电动机和变速箱。万能头可以在垂直面内和水平面内各自回转某一个角度。铣床上的主轴则可以单独使用，也可以与万能铣头同时使用。因此，这种铣床除了能完成万能升降台铣床的各种加工外，还可以作钻孔、铰孔、镗孔以及深度不大的斜孔加工等，大大提高了机床的通用性。

5.2.2 铣床的主要部件和作用

铣床的类型虽然很多，但同一类型的铣床其基本部件都基本相同，当能够熟练地操作某一种较典型的铣床后，再去操作其他型号的铣床就不会很困难。现将图5-2 所示的卧式铣床的各个基本部件和操纵部分作简略的介绍。

1. 床身

床身是机床的主体，大部分的部件都安装在床身上，如主轴，主轴变速机构等装在床身的内部。床身的前壁有燕尾形的垂直导轨，升降台可沿导轨上下移动。床身的上面有水平导轨，横梁可在上面移动。床身呈箱体形，它的刚性、强度和精度的好坏对铣削工作的影响很大，所以床身一般用优质灰铸铁铸成。床身里壁有肋条，用以增加床身的刚性和强度。对床身上的重要部位，都必须进行非常精密的加工和处理。

2. 主轴

主轴是一根空心轴，在孔的前端为圆锥孔，锥度一般是7:24，铣刀刀轴就装在锥孔中。主轴要用优质的结构钢制造，并须经过热处理和精密的加工，这样才能使主轴在运转时平稳。

3. 主轴变速机构

由电动机通过变速机构带动主轴旋转。通过操纵床身的主轴变速盘，经变速机构可改变主轴的转速。

4. 进给变速机构

电动机通过进给变速机构带动工作台移动。要改变进给量，可拉出进给量变速盘转动到相应速度后复位即可。

5. 横梁

用于支撑铣刀刀轴的外端，横梁的伸出长度可以调整，以适应各种长度的铣刀刀轴。

6. 纵向工作台

用于安装夹具、工件和作纵向移动。工作台上面三条T形槽，用于安放T形螺钉以固定夹具工作台。

7. 横向工作台

位于纵向工作台的下面,用以带动纵向工作台作横向(前后)移动。在横向工作台与纵向工作台之间,万能铣床还有回转盘。

8. 升降台

用于支承工作台,并带动工作台上下移动。机床进给系统中的电动机、变速机构和操纵机构等都安装在升降台内。所以它的刚性和精密度都要求很高,否则在铣削时会造成很大的振动,同时也影响铣削质量。

9. 底座

冷却系统的切削液泵在床身下面底座内,它将切削液沿着冷却液管输送到喷嘴,对工件进行冷却。

5.2.3　铣床的操作

1. 铣床电器部分操作(如图5-8所示)

(1)电源开关。用于接通和断开铣床电源作用。顺时针方向旋转为接通,逆时针为断开。

(2)主轴换向开关。用于改变主轴旋转方向的作用。当开关处于中间位置时,主轴不转。

(3)主轴及工作台启动、停止按钮。按主轴与工作台启动按钮,即可启动主轴,同时使进给传动系统接通。同理,按下停止按钮,即可使主轴停转,进给传动系统停止。

(4)工作台快速移动按钮。要使工作台快速移动,应先按进给方向扳动进给手柄,再按住快速移动按钮,工作台即按设定方向快速移动;松开按钮,快进给立即停止,但仍以原进给方向与速度移动。

(5)主轴装刀与换刀开关。当需装刀或换刀时,接通装刀换刀开关,以防止主轴旋转,安装、换刀结束应旋至断开位置。

(6)冷却泵旋钮开关。用以接通和断开冷却泵。

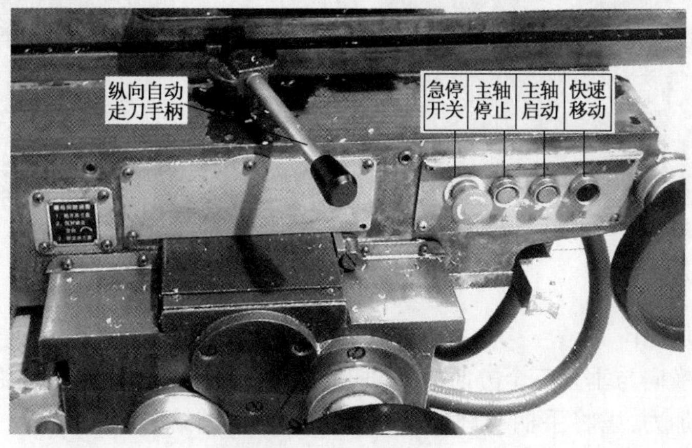

图5-8　部分电气按钮

2. 主轴与进给变速操作

1）主轴变速操作（如图5-9所示）

变速时，应把变速手柄向下压，再将手柄向外转出，然后转动主轴变速盘至所需的转速并对准指示箭头，最后把变速手柄向下压后推回到原来的位置即可。变速时，为防止齿轮相碰，应等主轴停稳后再进行，严禁主轴转动时变速。

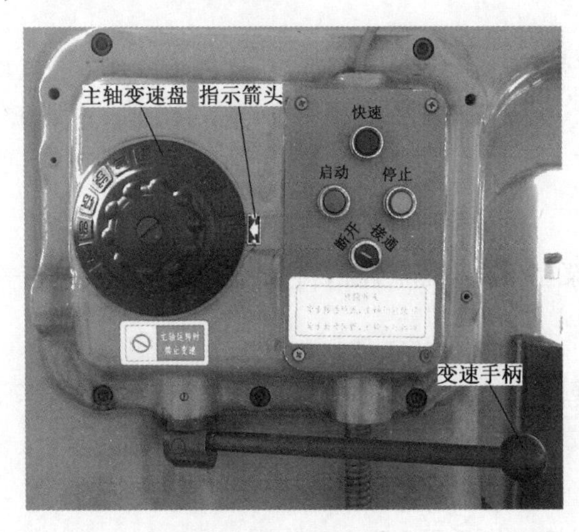

图5-9 主轴变速操作

2）进给变速操作（如图5-10所示）

变换进给速度时，先用双手将变速手柄向外拉出，再转动手柄，使进给量变速盘上所需的进给速度对准指示箭头，然后将手柄推回原位置。如发现手柄无法推回，可重新变速或将机动进给手柄扳动一下即可。允许在机床主轴旋转情况下变速，但在机动进给工作时不允许变速。

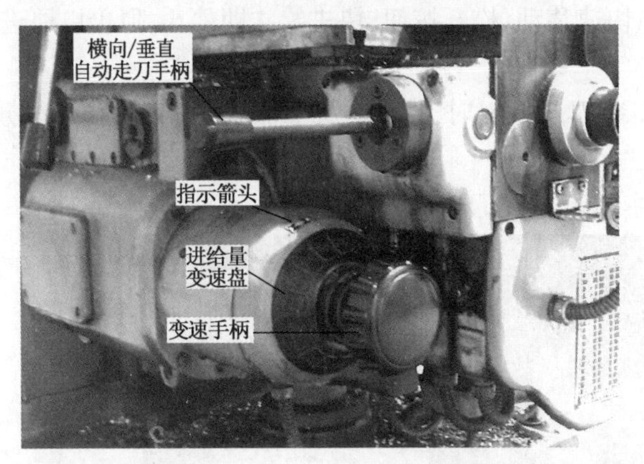

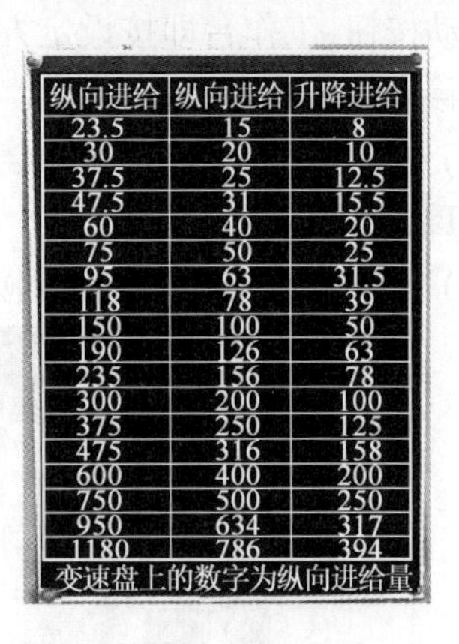

纵向进给	纵向进给	升降进给
23.5	15	8
30	20	10
37.5	25	12.5
47.5	31	15.5
60	40	20
75	50	25
95	63	31.5
118	78	39
150	100	50
190	126	63
235	156	78
300	200	100
375	250	125
475	316	158
600	400	200
750	500	250
950	634	317
1180	786	394

变速盘上的数字为纵向进给量

图5-10 进给变速操作与进给量表

3. 工作台操作

1）工作台手动操作

工作台纵向、横向与垂直三个方向的手动进给，可分别通过三个手动进给手轮来实现。操作时，应轴向稍微加力，以将手柄与进给丝杠接通。手动进给时，手轮每转一转，工作台进给6mm，手轮每转一格，工作台进给0.05mm。进给时，应注意进给丝杠与螺母之间的间隙。同时,进给完毕时应将手柄往外拉出,使离合器与丝杠脱开,以防快速移动时手柄转动伤人。

2)工作台自动操作

(1)纵向自动进给(如图5-2和图5-8所示)。

工作台纵向自动走刀手柄有左、中、右三个位置,手柄在左或右位置时表示纵向向左或向右自动进给;手柄在中间位置,为纵向自动停止。

(2)横向/垂直自动进给(如图5-2和图5-10所示)。

工作台横向/垂直自动进给由球铰式手柄操纵,共有五个位置,分别表示向上、向下、向前、向后进给,中间为停止状态。当手柄向上扳时,工作台垂直向上进给,反之向下;当手柄向前扳时,工作台横向向里进给,反之向外;手柄在中间位置,进给停止。

4. 机动进给的注意事项

(1)机动进给前应确认进给方向是否正确,不能两个方向同时使用自动进给。

(2)当某进给方向被锁紧后,该方向禁止自动进给。

(3)不能将自动手柄在瞬间从一个方向变换为另一个方向。进给结束,应首先将手柄置于停止位置。

(4)自动进给时,应调整好进给方向上的限位挡块,并注意经常检查挡块螺钉是否松动。

5. 工作台紧固手柄操作

无论是手动、自动进给,为减少振动,保证加工精度,对暂不使用的工作台进给方向上应予以紧固,工作完毕后应松开。纵向工作台的紧固,可通过工作台侧面两个紧固螺钉来调整。横向工作台的紧固由左、右各一个紧固手柄控制。紧固时,将手柄向下推,松开时,手柄向上提。升降工作台的紧固,只需将工作台垂直紧固手柄向下推即可,向上扳即松开。

5.2.4 铣床的维护保养

(1)铣床的润滑。根据铣床说明书的要求,按期加油或更换润滑油。对每天要加油的地方,如X6132型铣床的手拉油泵、X5032型铣床工作台底座上的“按钮式滑阀”等,以及各注油孔,都应按时加注润滑油。铣床启动后,检查其床身上各油窗的油标位置。润滑油泵和油路发生故障时要及时维修或更换。

(2)铣床的清洁保养。开机前必须将导轨、丝杠等部件的表面进行清洁并加上润滑油,工作时不要把工夹量具置放在导轨面或工作台表面上,以防不测。

(3)合理使用铣床。合理选用铣削用量、铣削刀具及铣削方法,正确使用各种工夹具,熟悉所操作铣床的性能。不能超负荷工作,工件和夹具的重量不能超过机床的载重量。

(4)进行切削工作前,必须注意各变速手柄、进给手柄和锁紧手柄等是否放在规定和需要的位置。

(5)变速前应停车,否则容易碰坏齿轮、离合器等传动零件。

(6)工作过程中若要暂离机床,必须关掉电源。

(7)工作完毕后,必须清除铣床上的铁屑和油污等杂物。擦干净机床,对于台面、导轨面、丝杠等各滑动面,只能用毛刷和软布擦净并上油。并在各运动部位适当加油,以防生锈。尤其对各滑动面和传动件,一定要擦净,并涂上润滑油。

5.3 铣刀基本知识

在铣床上加工工件大体上有两种方式:一种是使用高速钢铣刀采用一般铣削用量进行普通铣削;一种是使用硬质合金铣刀采用较大的铣削用量进行高速铣削。

1. 铣刀的材料

铣削过程中,铣刀的切削刃部分经受着很大的切削力和很高的温度,所以对它的基本要求是:有足够的硬度、耐热性和耐磨性,当铣刀刀齿切入工件后,在高温下不能变软,同时,要求它具有一定的强度和韧性,这样才能经得起加工中的冲击和震动,保证切削加工的顺利进行。

普通铣削时使用的铣刀多为整体式和镶齿式铣刀,是用高速钢材料制成的。高速钢其常用牌号有 W18Cr4V、W6Mo5Cr4V2 等。高速钢的硬度较高,在常温下能达到 62 ~ 65HRC,在 600℃高温下,仍能保持较高的硬度。高速钢材料韧性好,可以进行锻造和热扎,容易将铣刀制成所需要的各种复杂形状和规格尺寸,而且价格较低,所以普通铣削中用的铣刀都是这种材料制成的。

2. 铣刀的种类

铣刀的种类很多,可用来加工各种平面、沟槽、斜面和成形面。常用铣刀的形状如图 5-11 所示。

图 5-11 常用铣刀的形状

3. 铣刀的装夹

在卧式铣床上多使用刀杆安装刀具,如图 5-12 所示。刀杆的一端为锥体,装入机床主轴前端的锥孔中,并用拉杆螺钉穿过机床主轴将刀杆拉紧。主轴的动力通过锥面和前端的键来带动刀杆旋转。铣刀装在刀杆上尽量靠近主轴的前端,以减少刀杆的变形。

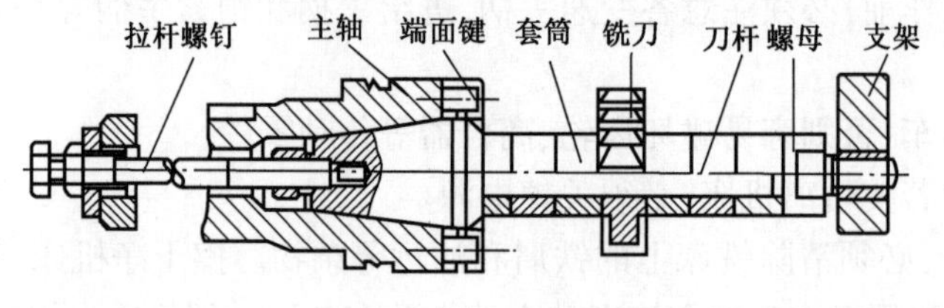

图 5-12 刀杆

5.4 铣床常用附件

在铣床上使用的附件较多,其主要作用是:减少划线和夹紧工件的辅助时间;便于装夹各种类型的零件,提高了铣削效率;便于一次安装加工各种类型的零件,提高加工精度,以达到减轻劳动强度,扩大了铣床的使用范围。铣床常用的附件有平口虎钳、分度头、回转工作台、万能铣头等。

5.4.1 分度头

分度头是铣床的重要附件之一,如图5-13所示,主要用来加工齿轮、花键、键槽等需要分度的零件。

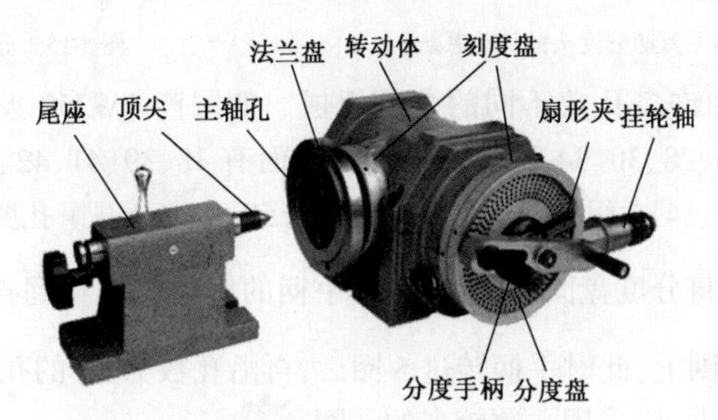

图5-13 FW250万能分度头

1.分度头结构与传动原理

FW250分度头是铣床上最常用的一种万能分度头。其型号中F表示分度头,W表示万能,250表示分度头上夹持工件的最大回转直径为250mm。分度头的主轴为空心轴,安装在转动体上,转动体可在垂直面内作$-10°\sim110°$的转动,即可将工件装夹成水平、垂直与倾斜。主轴两端均为莫氏4号锥孔,前锥孔用来安装带有拔盘的顶尖用;主轴前端的外锥体用于安装卡盘或拔盘;后锥孔可安装心轴,作为差动分度或作直线移动分度时安装交换挂轮,如加工螺旋槽等。操作时,从分度盘定位孔中拔出定位销,转动分度手柄,通过传动比为1:1的直齿圆柱齿轮以及1:40的蜗杆副传动,使分度头主轴旋转带动工件进行分度,即分度手柄转一圈,主轴转1/40圈。如图5-14所示。

如工件在整个圆周上的分度数目z为已知,则每转过一个等分,主轴需转过$1/z$圈。这时手柄所需的转数可由下述关系式确定:

$$1:40=\frac{1}{z}:n \quad \text{即} \quad n=\frac{40}{z}$$

式中:n为分度手柄转数;z为工件的等分数。

例如:铣削$z=7$的齿轮,$n=\frac{40}{7}=5\frac{5}{7}$圈,即每铣一齿,手柄需要转过$5\frac{5}{7}$圈。

2.分度盘的结构与使用方法

分度手柄的准确分度应借助分度盘(如图5-15所示)来确定。

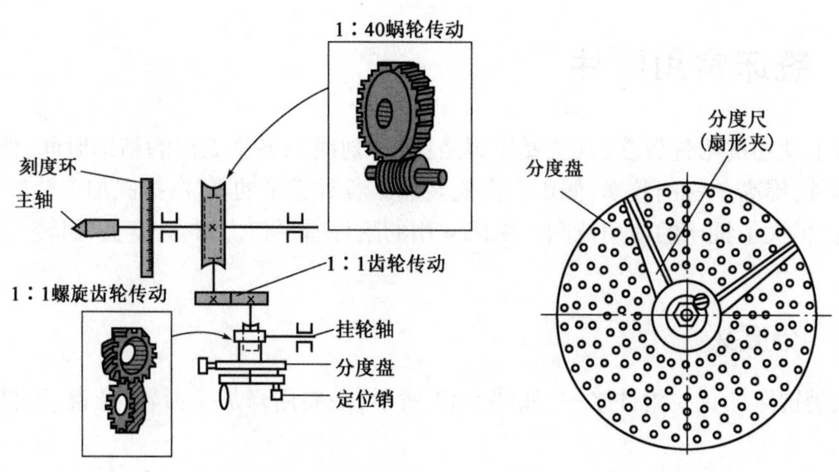

图 5-14 万能分度头的传动系统

图 5-15 分度盘

分度盘正、反两面由许多孔数不同的孔圈组成。如国产 FW250 型分度头备有两块分度盘,第一块正面有 24、25、28、30、34、37 六组孔圈;反面有 38、39、41、42、43 五组孔圈。第二块正面有 46、47、49、51、53、54 六组孔圈;反面有 57、58、59、62、66 五组孔圈。

当 $n=5\dfrac{5}{7}$ 圈时,先将分度盘固定,再将分度手柄的定位销调整到孔数为 7 的倍数的孔圈上,如在孔数为 28 的孔圈上,此时手柄转过 5 圈后,再沿孔数为 28 的孔圈上转过 20 个孔距即可。但为了提高等分精度,应采用孔数较多的孔圈。

为避免每分度一次要数一次孔距的麻烦,可使用分度尺(扇形夹)。分度尺两块叉板之间的夹角可通过松开分度尺紧固螺钉来调整。调整时,首先将分度定位销插入选定分度盘孔中,然后将左侧叉板紧贴定位销,如分度手柄要转过 20 个孔距,则顺时针方向转过 20 个孔距后将右侧叉板拔贴在第 20 个孔距处(两叉板间包含 21 个孔数),然后再紧固分度尺紧定螺钉。使用时,在每次分度后,必须顺着手柄转动方向拔动分度叉,以备下一次使用。使用分度叉时,应特别注意孔数与孔距的关系。

3. 分度要领

分度时,应锁紧分度盘紧定螺钉,并先拔出定位销,然后转动手柄,注意不可转过头。一般可使定位销在预定的孔前停下,用手轻敲手柄,使定位销弹入孔中。如转过了头,必须退回大半周,以清除蜗杆副的间隙,再重新转动至预定位置上。

5.4.2 回转工作台

回转工作台又称圆转台(如图 5-16 所示),常用的有手动和机动两种结构形式。它的用途主要是利用转台进行圆弧面和内外曲线形面的铣削工作。安装工件时,将工件放在转台上面,利用转台中间的圆孔定位后,使用 T 形螺栓、螺母和压板将工件夹紧进行铣削。

5.4.3 万能铣头

万能铣头是一种能扩大卧式铣床加工范围的附件,它能将卧式铣床变为立式铣床进行加工,且能绕两个方向的轴线进行角度加工,如图 5-17 所示。

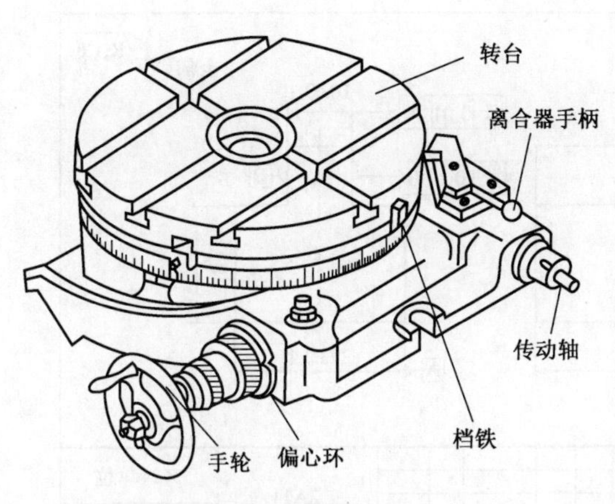

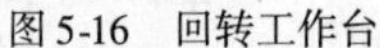
图5-16　回转工作台

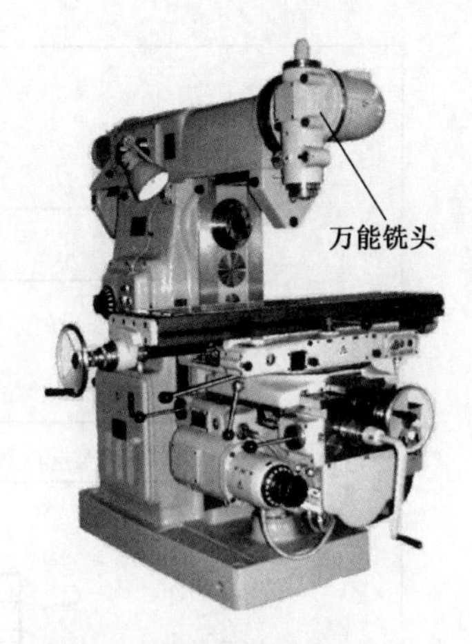

图5-17　安装万能铣头的卧式铣床

5.4.4　机用平口虎钳

机用平口虎钳如图5-18所示，使用时松开钳座上的螺母，可将上钳座转到任意角度的位置。平口虎钳常用于安装矩形和圆柱形工件，使用平口虎钳安装工件的方法和注意事项如下：

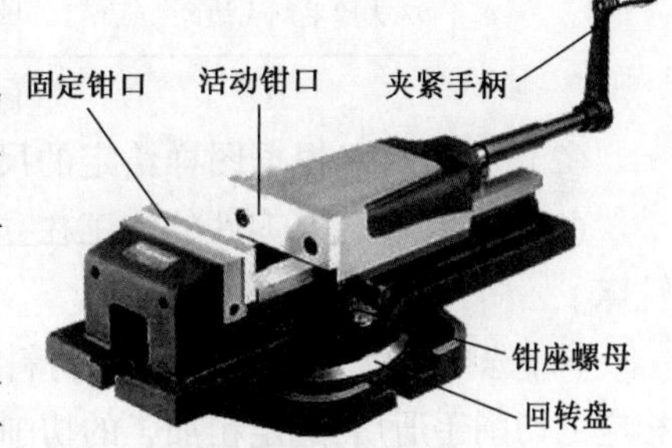

图5-18　机用平口虎钳

(1)平口虎钳固定到工作台面上后，两钳口面与工作台面应该垂直。因此，在安装时一定要把钳口面、虎钳底面、工作台面擦干净，防止有切削或其他杂物影响虎钳安装的位置。

(2)平口虎钳的钳口面应根据需要使其处于与某一轴垂直、平行或倾斜的位置。当需要转动上钳座时，所转动角度可根据回转盘上的刻度进行控制。

(3)铣垂直面时，要使工件上的基准面与固定钳口面接触好，这时可使用一根圆棒放在活动钳口面处，当夹紧工件时，圆棒和工件呈直线接触，这样工件基准面与固定钳口面能够贴合好，保证了工件铣出后垂直面的准确。

(4)在工作台上固定虎钳时，要选择好安装方向，应使切削中的铣削力方向指向固定钳口，如果使铣削力指向活动钳口，容易引起振动和切削中的不稳定。

(5)夹紧手柄的长度足以将工件夹紧，不能使用加力棒，否则会损坏虎钳的丝杠。

(6)应将工件放在虎钳的中间，不应放在某一头，否则会损坏虎钳的夹持精度。

5.5　铣削技能综合训练

5.5.1　双台阶工件加工

工艺分析(如图5-19所示)：

(1)毛坯及装夹：该零件的毛坯尺寸为ϕ35mm×47mm，用机用虎钳夹持。

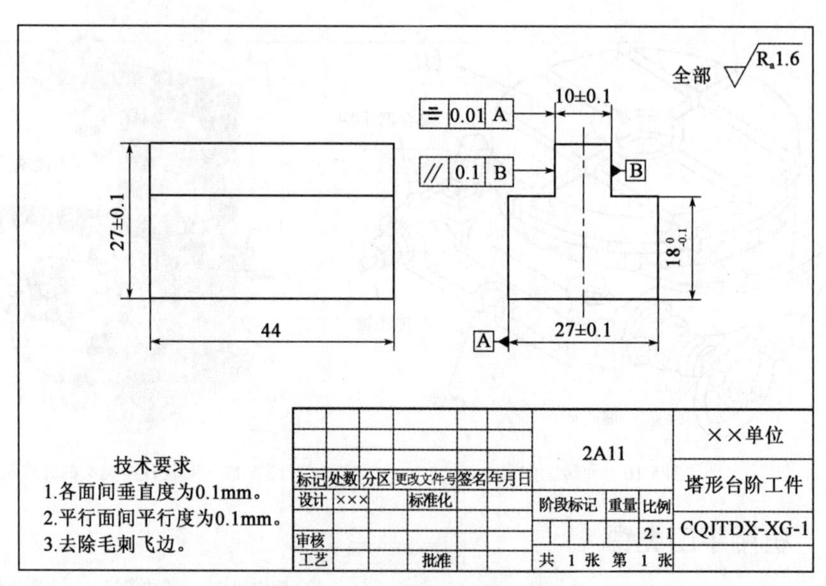

图 5-19 双台阶工件零件图

(2)刀具分析:根据图样给定的尺寸,选用 ϕ30mm 的锥柄立铣刀。

(3)选择铣床:该零件的加工在立式和卧式铣床上均可加工,本例选用 X6132 型卧式万能铣床。

(4)选择铣削用量:该零件的材料为铝合金(2A11),切削性能良好。根据现有工艺装备查询相应的切削手册后,选定粗加工的切削三要素为:主轴转速 375r/min、进给量 90mm/min、背吃刀量 3mm;精加工的切削三要素为:主轴转速 600r/min、进给量 60mm/min、背吃刀量 0.1 ~0.3mm。

(5)加工工序如表 5-1 所示。

(6)加工的重点与难点:重点是掌握铣刀铣削台阶的方法;难点是台阶宽度尺寸、对称度及平行度的控制。

双台阶工件铣削工序 表 5-1

工序	铣削内容	工艺简图	尺寸参数
1	按右图尺寸对毛坯铣削一个基面作为基准面 1	定钳口 工件 动钳口 1 机用虎钳 垫铁	1 33
2	加工定位面 2,并与基准面 1 垂直	2 1	⊥ 0.1 1 2 1 33

续上表

工序	铣削内容	工艺简图	尺寸参数
3	以面1为基准,面2为定位,加工平面4,并保证平行度和尺寸要求	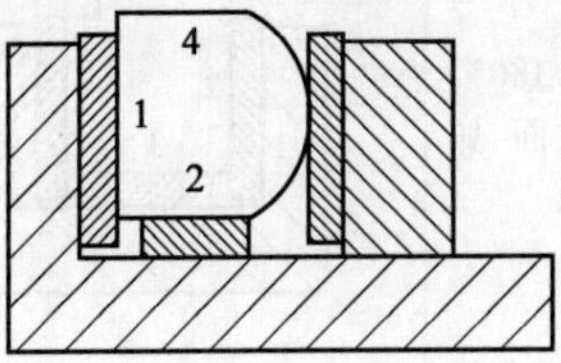 4 1 2	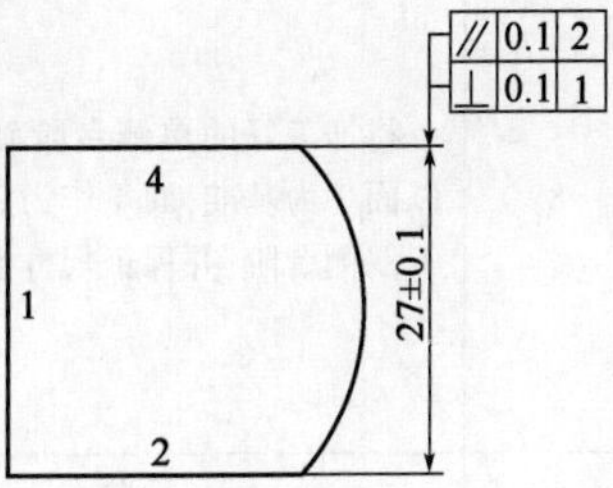 // 0.1 2 ⊥ 0.1 1 4 1 27±0.1 2
4	以面2为基准,面1作为定位面加工面3,使工件成矩形,并保证平行度和尺寸要求	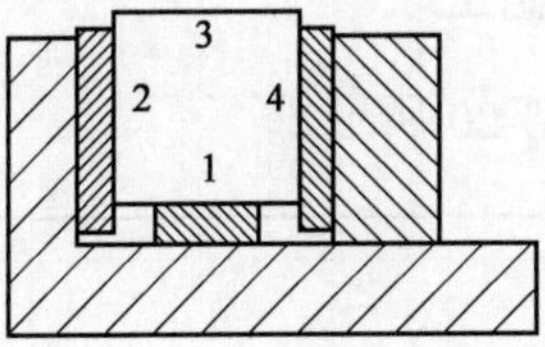 3 2 4 1	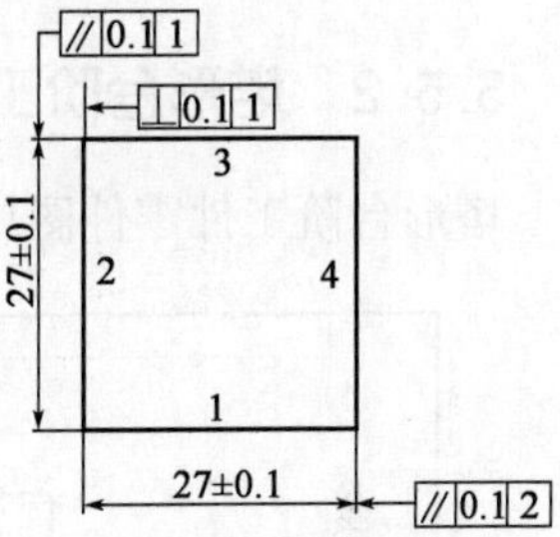 // 0.1 1 ⊥ 0.1 1 3 27±0.1 2 4 1 27±0.1 // 0.1 2
5	以面1为基准,面3为校正面,加工垂直面5,使面5与面1、3相互垂直	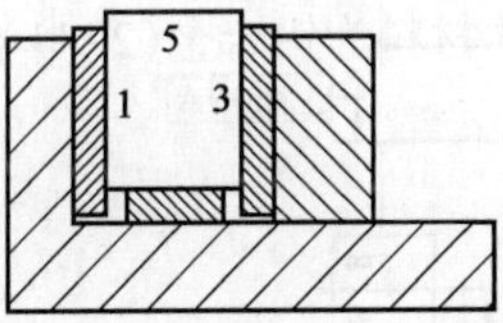 5 1 3	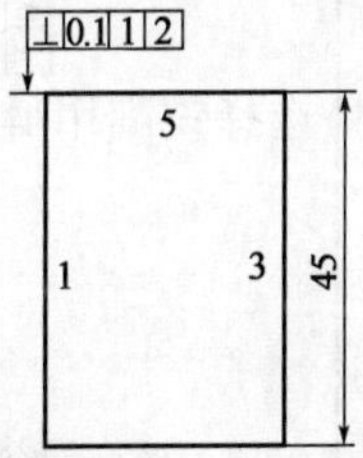 ⊥ 0.1 1 2 5 1 3 45
6	以面1为基准,面5为定位,加工平行面6,并保证平行度和尺寸要求,完成六面体加工	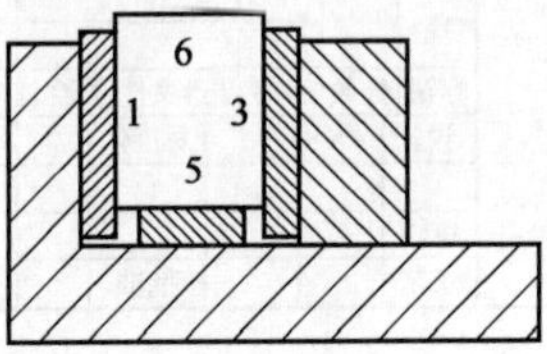 6 1 3 5	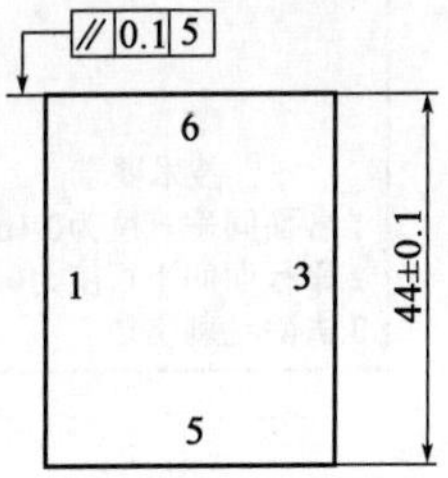 // 0.1 5 6 1 3 44±0.1 5
7	以面2为基准,面1作为定位,以两次对刀,加工单侧台阶,并保证尺寸要求	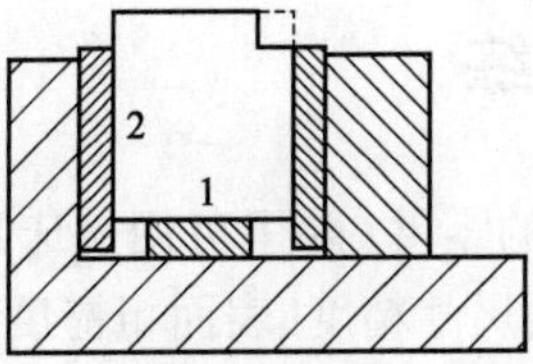 2 1	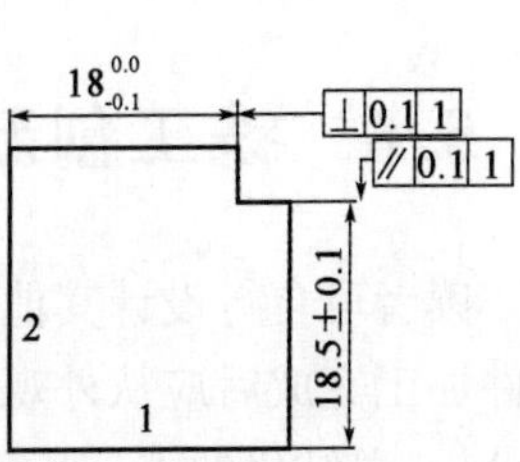 $18^{0.0}_{-0.1}$ ⊥ 0.1 1 // 0.1 1 2 18.5±0.1 1

续上表

工序	铣削内容	工艺简图	尺寸参数
8	将加工好的单侧台阶旋转 180°，以面 2 为基准，面 4 作为定位面，加工双侧台阶，并保证尺寸要求	2 3	⊥ 0.1 1; // 0.1 B; ≡ 0.1 A; 1; 2; 3; 27±0.1; 10±0.1; $18^{0}_{-0.1}$; A; B
9	检验	按零件图检验	

5.5.2 塔形台阶工件加工

塔形台阶工件零件图如图 5-20 所示。

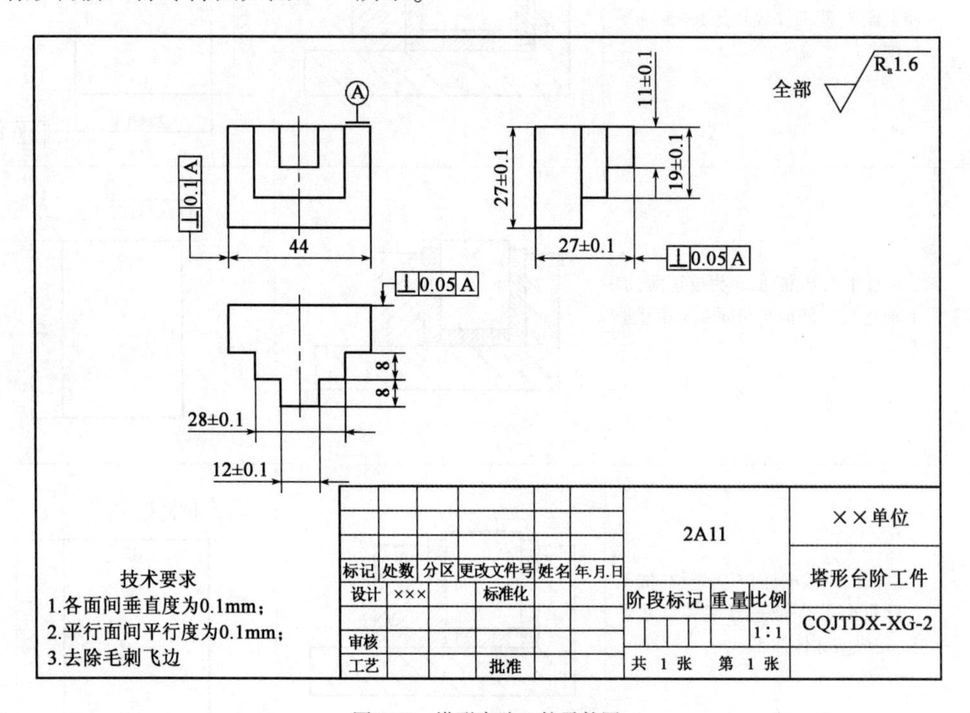

图 5-20 塔形台阶工件零件图

以双台阶工件加工为例，读者自行编制该零件的加工工艺，并加工成形。

5.6 铣工创新训练

读者可自行设计其他形状的零件（除了可用铣床加工外，也可通过其他工种进行加工），零件加工完成后应从外观形状、尺寸精度、表面粗糙度、加工成本与工艺过程等各方面对其进行分析，总结优缺点，对不足之处提出改进措施，并写出心得与体会。

注意事项：在设计零件的形状时一定要与相关工种的指导教师协商，确认其结构的合理性和加工的成本控制。在生产过程如遇到问题也要及时请教,避免发生不必要的事故。

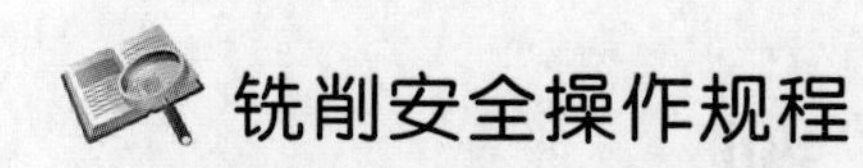

铣削安全操作规程

参加实训的师生必须树立“安全第一”的思想,听从指挥,文明操作。

(1)进入实训场地必须穿戴好劳动保护用品。男生不准打赤膊、赤脚、穿拖鞋进入场地。女生披肩长发必须盘入工作帽内,不准穿高跟鞋、裙子进入场地。

(2)铣削过程中,如需改变铣削速度,应先停车再变速。

(3)铣削过程中,严禁用手触摸工件,以免被铣刀切伤手指。不要站立在铁屑飞出的方向,以免铁屑飞入眼中。

(4)用分度头时,必须待铣刀完全离开工件后,才可转动手柄。

(5)铣刀未完全停止转动前,不得用手去触摸、制动。

(6)使用扳手时,用力方向应避开铣刀,以防扳手打滑时造成伤害。

(7)操作中,如突发故障或异响,应立即停机,并报告指导老师等候处理。

(8)清除铁屑时要用毛刷,不可用手抓、嘴吹或棉纱。

(9)实训结束后应清除铁屑,擦拭机床,滑动面上加润滑油,摆放好工、量具,打扫机床使其周围清洁,关闭电源。

第6章 刨 削

教学目的

本项实训内容是为进一步强化对普通机加工技能的掌握和专业知识的理解所开设的一项基本训练科目。

通过刨削实习，使学生能初步接触在机械制造中刨床的作用及工作过程，获得机械加工常用的工艺基础知识，为相关课程的理论学习及将来从事生产技术工作打下基础。

教学要求

(1)了解刨床的用途、型号、规格及主要组成部分。

(2)了解刨床各部件的大致结构及工作原理。

(3)了解刨削加工的基本方法和可达到的精度等级和表面粗糙度的大致范围。

(4)了解刨工的安全操作规程。

6.1 刨削基本知识

6.1.1 刨削的工艺范围

刨削是用刨刀对工件作相对直线往复运动的切削加工方法。刨削就其基本工作内容，可分为加工平面(水平面、垂直面、斜面)、沟槽(直槽、燕尾槽、T形槽、V形槽)及某些成形面，如图6-1

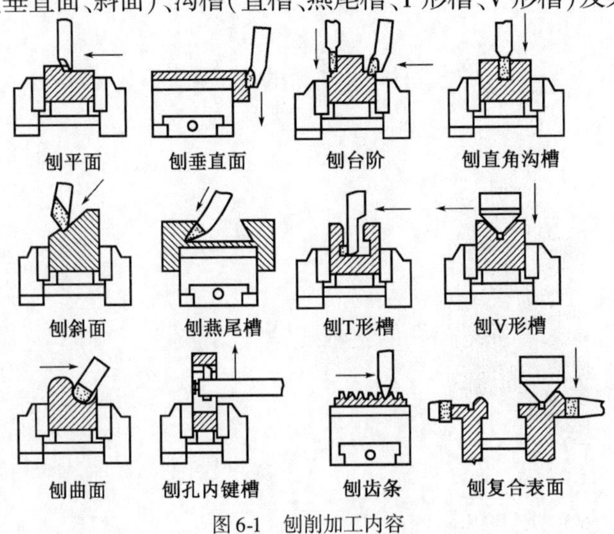

图6-1 刨削加工内容

所示。刨削加工时的切削速度较低，且刨刀在回程时不工作，所以生产效率较低，大量生产时为提高生产效率，常采用以铣削的方法来代替刨加工。但刨加工刀具远比铣加工简单，因此，在单件或小批量生产中，使用仍很普遍。

刨削公差等级一般能达到IT8～IT9，表面粗糙度 R_a12.5～1.6μm。

6.1.2　刨床的基本知识

常用的刨床有牛头刨床、龙门刨床与插床等，如图6-2～图6-4所示。牛头刨床主要用来加工中小型零件，一般刨削长度不超过1m。龙门刨床属于大型机床，其刚性好，功率大，适合于加工大型零件或多件同时刨削。插床主要用于单件、小批量加工工件的内表面。

在刨削类机床中，它们共同的特点是：机床在工作中，除了工件或刀具作往复直线运动外，刀具或工件还必须作与行程方向相垂直的间歇直线移动，即进给运动。根据所能加工工件尺寸的大小，牛头刨床可分为大型、中型和小型三种。小型牛头刨床的刨削长度在400mm以内，中型牛头刨床的刨削长度为400～600mm，刨削长度超过600mm的即为大型牛头刨床。

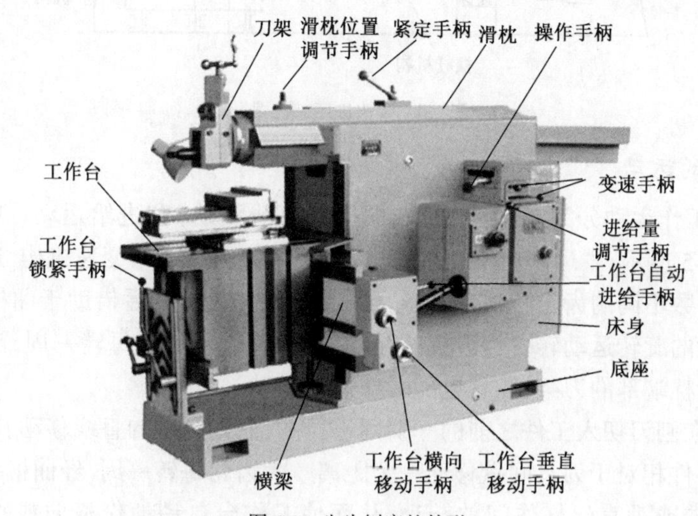

图6-2　牛头刨床的外形

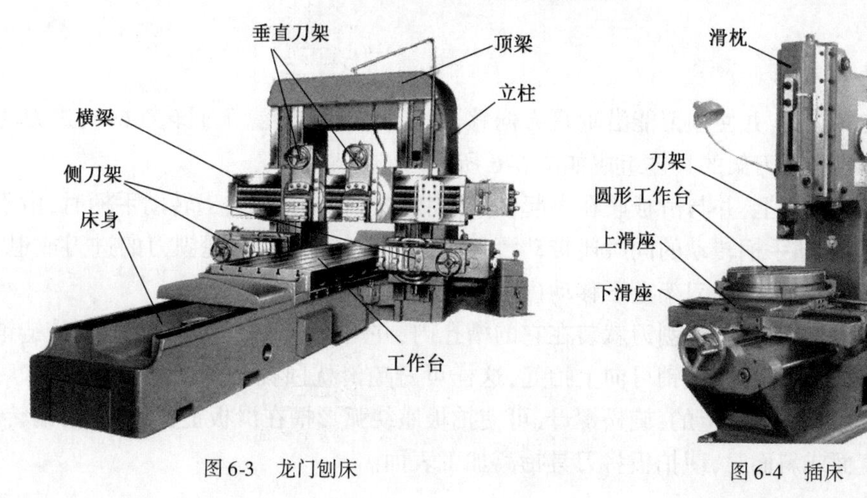

图6-3　龙门刨床

图6-4　插床

1. 牛头刨床的组成

牛头刨床主要由床身、底座、横梁、工作台、滑枕、刀架、曲柄摇杆机构、变速机构，进给机构和操纵机构等组成，如图 6-5 所示。

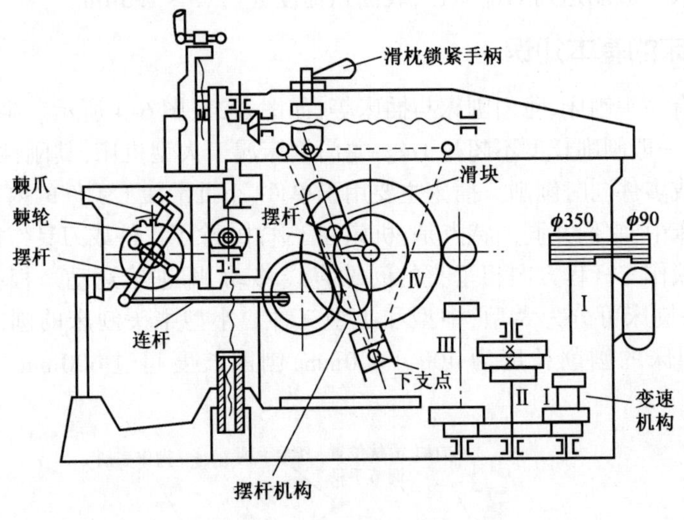

图 6-5 牛头刨床结构图

2. 牛头刨床的运动

牛头刨床的工作运动分为主运动（滑枕的往复直线移动）和进给运动（工作台的间歇移动）两种。如图 6-5 所示，主运动由电动机输出动力，经 V 带传动给变速机构，通过变换变速手柄的位置，可使齿数不同的齿轮相啮合，以达到大齿轮的变速，然后借助于曲柄摇杆机构的往复摆动，将大齿轮的旋转运动转变为滑枕的往复直线运动，大齿轮每转一周，滑枕作一次往复行程。因此，在滑枕端部的刀架、刀具也随着作往复运动。

进给运动是在刨刀切入工件之前的一瞬间进行的，它是间歇的直线移动，即当滑枕每往复一次，工作台或工件相对于刀具间歇移动一个距离。大齿轮每转一周，经曲柄摇杆机构使棘爪拨动棘轮带动横向或垂直丝杠作间歇转动，从而使工作台自动地作横向或垂直的间歇进给运动。

3. 牛头刨床的刀架

刀架用于装夹刨刀，并使刨刀能沿垂直方向移动。刀架可在转盘上回转 ±60°，进刀时使刨刀沿倾斜方向移动。刀架的具体组成如图 6-6 所示。

手柄装在刀架丝杠上，并与滑板联在一起，螺母固定在刻度转盘上，当转动手柄时，由于螺母被固定，所以丝杠随手柄转动的同时还带动滑板和刨刀上下移动，实现刨刀的进刀或退刀。手柄上装有刻度环，用以控制刀架上下移动（进给）距离的数值。

拍板的圆孔中装有夹刀座，刨刀就装在它的槽孔内，并用紧固螺钉固定。拍板用铰链销与拍板座的凹槽相配合，且绕铰链销可向上抬起，这样可避免滑枕回程时刨刀与工件发生摩擦。拍板座是用螺钉固定在滑板上的，旋松螺母，可使拍板座绕弧形槽在滑板上作 ±15°的偏转，以便于在刨削垂直面或斜面时，使拍板将刀具抬离加工表面。

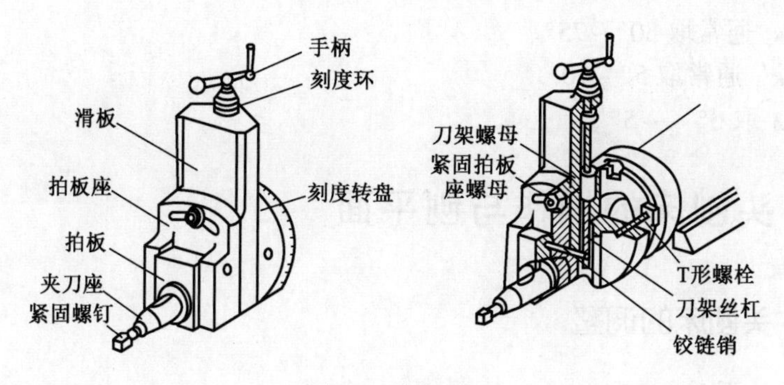

图6-6 刨床刀架

整个刀架和刻度盘用T形螺栓安装在滑枕的前端，刻度转盘的圆周上有刻度值，可按加工需要转动一定角度，进行对斜面的刨削加工。

6.1.3 刨削用量

刨削时(如图6-7所示)，工件上已加工表面与待加工表面之间的垂直距离，称为刨削深度用 a_p 表示(单位:mm)。刨刀或工件每往复行程一次，刨刀与工件之间相对移动的距离称为进给量，用 f 表示(单位:mm/往复行程)。工件和刨刀在切削时相对运动速度的大小，称为切削速度，用 v_c 表示(单位:m/min)，这个速度在龙门刨床上是指工件移动的速度，在牛头刨床上是指刀具的移动速度，其计算公式为：

$$v_c \approx 0.0017nl$$

式中：n——刨刀或工件每分钟往复行程次数(往复次数/min)；

l——刀具或工件往复行程的长度(mm)。

6.1.4 刨刀的几何参数

刨刀的几何参数如图6-8所示。刨刀的几何参数与车刀相似，但刨削的冲击力较大，因此，刨刀刀杆的横截面均比车刀大。为了增加刀尖的强度，刨刀刀尖处圆弧较大，且刃倾角取负值，根据刨削材料不同也可取正值，平面刨刀几何角度的名称和参考值如下：

(1)前角 γ_0 一般取5°~25°。

(2)后角 α_0 一般取6°~8°。

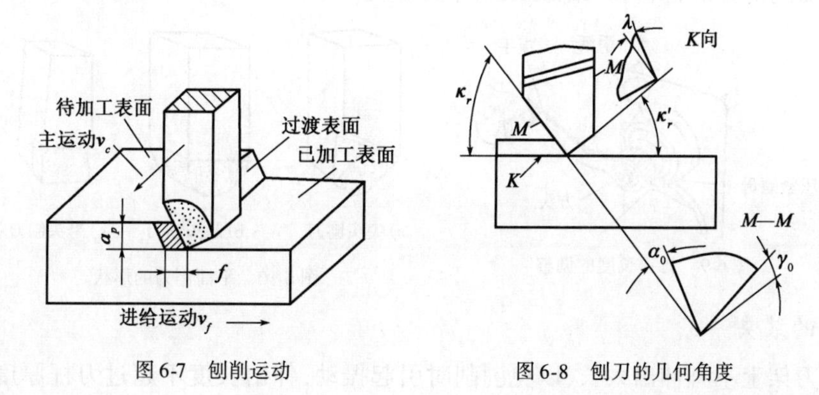

图6-7 刨削运动　　图6-8 刨刀的几何角度

(3)主偏角 κ_r 通常取30°~75°。

(4)副偏角 κ'_r 通常取5°~10°。

(5)刃倾角 λ 取0°~-5°。

6.2 牛头刨床的操作与刨平面

6.2.1 牛头刨床的调整

1. 行程长度的调整

滑枕行程长度必须与被加工工件的长度相适应,如图6-14所示。先松开手柄端部的压紧螺母,再用扳手转动调节行程长短的方头,顺时针转动行程增长,反之行程缩短。行程长短是否合适,可用手柄转动机床右侧下方的方头使滑枕往复移动,观察是否合适,调整后应锁紧压紧螺母,如图6-9所示。

2. 行程起始位置的调整

如图6-9所示,松开滑枕上部的紧固手柄,转动调节滑枕起始位置方头,顺时针转动滑枕位置向后,反之滑枕向前。其起始位置是否合适,同样可通过转动机床右侧下方的方头,使滑枕往复移动后观察确定,调好后应锁紧滑枕紧固手柄。

3. 刀架角度的调整

如图6-6所示,刀架可沿滑枕前端的环状T形槽作±60°的偏转,松开拍板的刀架螺母,可使滑板与拍板座间作±15°的偏转。

4. 切削用量的调整

如图6-2、图6-5所示,进给量大小与方向可通过进给量调节手柄拨动棘轮齿数和棘爪来调整,滑枕移动速度的快慢可根据标牌指示,变换变速手柄不同位置获得。

6.2.2 刨削平面

1. 刨刀的选用

常用的平面刨刀有三种形式,如图6-10所示。尖头刨刀用于粗刨,圆头和平头刨刀用于精刨。刨刀切削部分的材料和刃磨方法与车刀相同。

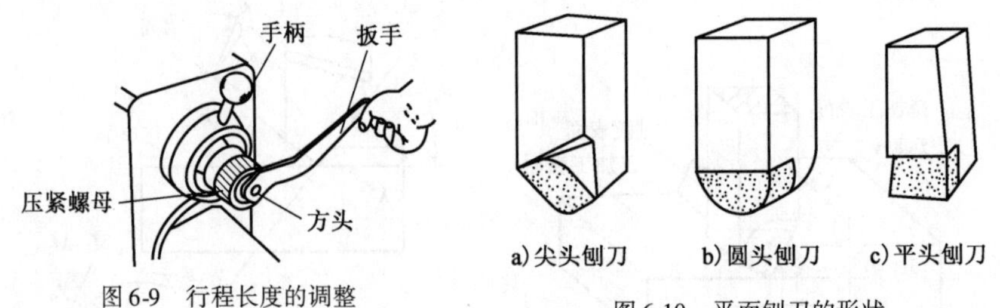

图6-9 行程长度的调整

图6-10 平面刨刀的形状

2. 刨刀的装夹

刨刀在刀架上不宜伸出太长,以免刨削时引起振动,伸出长度不超过刀杆厚度的1.5~2

倍,如图6-11所示。弯头刨刀可以伸出稍长些。

3. 装夹刨刀的方法(如图6-12所示)

左手握住刨刀,右手使用扳手自上而下用力,以免拍板翻起碰伤手指。

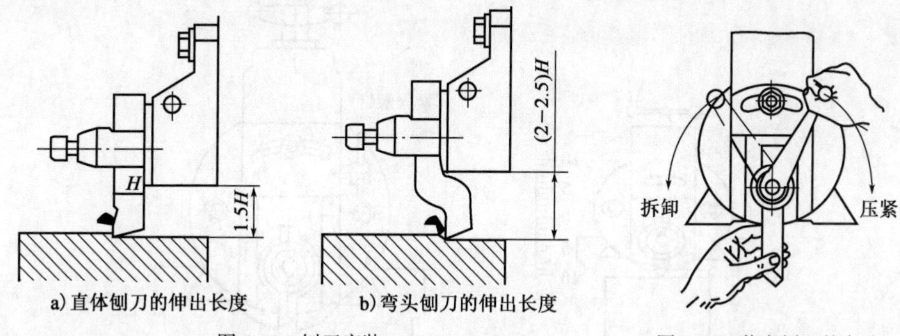

图6-11 刨刀安装　　图6-12 装夹刨刀的方法

4. 工件的装夹

工件一般用平口虎钳装夹,其装夹方法与铣床一样。

5. 刨平面的操作步骤

(1)调整工作台位置,使刨刀刀尖离开工件待加工面3~5mm,如图6-13所示。

(2)调整滑枕的起始位置和行程,如图6-14所示。

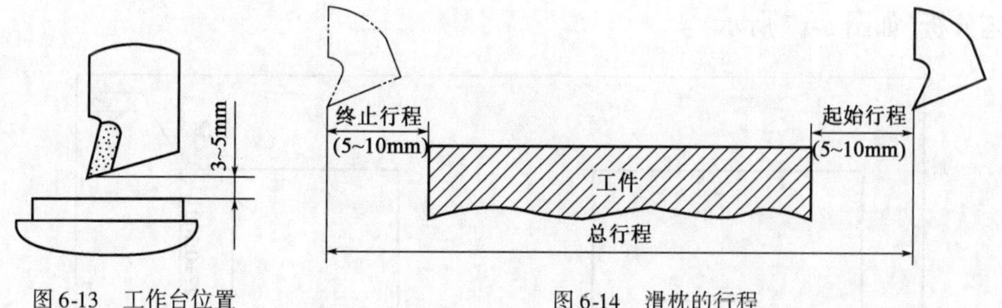

图6-13 工作台位置　　图6-14 滑枕的行程

滑枕的起始位置应根据工件在工作台上的位置确定,一般刨刀刀尖的起始位置应离开工件端点5~10mm,调整好后应将滑枕顶部压紧手柄固紧。滑枕的行程应根据工件的长短作相应调整,行程的终点位置应使刨刀越出工件约5~10mm。

(3)调整滑枕的行程速度。行程速度大小可根据工件的加工要求选择,变换行程速度一定要停车,以免损坏机床。

(4)刨平面时,刀架和拍板座均应在中间垂直位置。如图6-15所示。

(5)移动工作台,使工件靠近刨刀左侧。

(6)粗刨平面。开动机床,手动进给使刨刀逐渐接近工件,进行试切削,目测吃刀量1~2mm进给完成后,紧固螺钉要压紧,如图6-16所示。然后可利用自动进给刨削,如用手动进给,则每次进给应在滑枕回程后再次切入前的间歇进行。

(7)精刨平面。为了获得较高的表面质量,刨刀刀尖处圆弧应大些,$r=1\sim3$mm,圆弧处应用油石研光滑,吃刀量应减少,一般为0.1~0.2mm,在滑枕回程时,可将拍板向前上方抬起,可防止滑枕回程时刨刀将已加工表面划伤。

(8)平面的检验。平面度可用刀口形直尺透光检查,表面粗糙度达到零件图的技术要求。

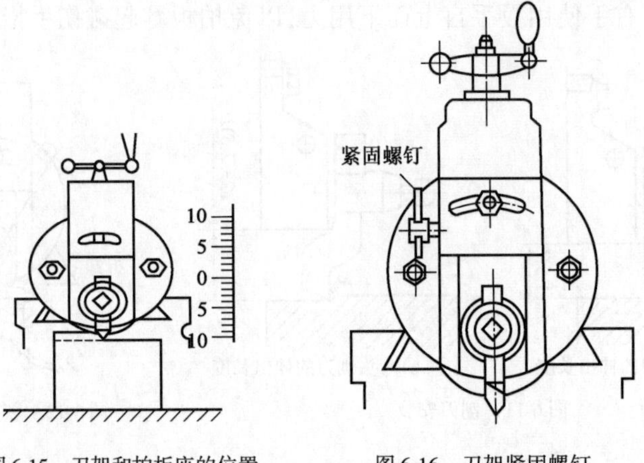

图6-15 刀架和拍板座的位置　　图6-16 刀架紧固螺钉

6.3 刨削技能综合训练

6.3.1 六面体工件加工

工艺分析(如图6-17所示):

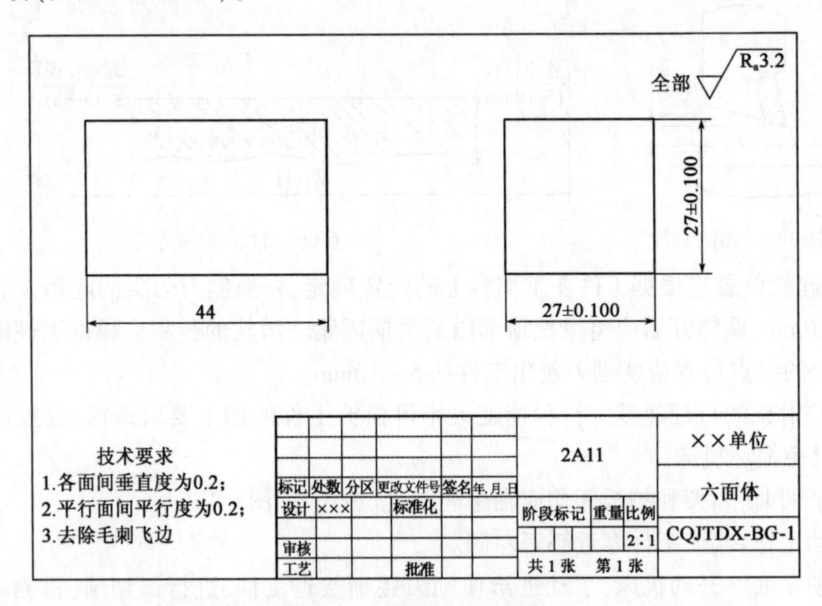

图6-17 六面体工件零件图

(1)毛坯及装夹:该零件的毛坯尺寸为 ϕ35mm×47mm,用机用虎钳夹持。

(2)刀具分析:根据图样给定的尺寸,选用尖头刨刀粗刨,圆头刨刀精刨。

(3)选择铣床:该零件的加工在BC6063型刨床上进行。

(4)选择铣削用量:该零件的材料为铝合金(2A11),切削性能良好。根据现有工艺装备查询相应的切削手册后,选定粗加工的切削三要素为:刨刀每分钟往复行程次数80次/min、进给量0.3 mm/往复行程、背吃刀量3mm;精加工的切削三要素为:刨刀每分钟往复行程次数80次/min、进给量0.3 mm/往复行程、背吃刀量1mm。

(5)加工工序如表6-1所示。

(6)加工的重点与难点:重点是掌握刨刀刨平面的方法;难点是各平面间形位公差的保证。

六面体工件刨削工序　表6-1

工序	刨削内容	工艺简图	尺寸参数
1	按右图尺寸对毛坯刨削一个基面作为基准面1	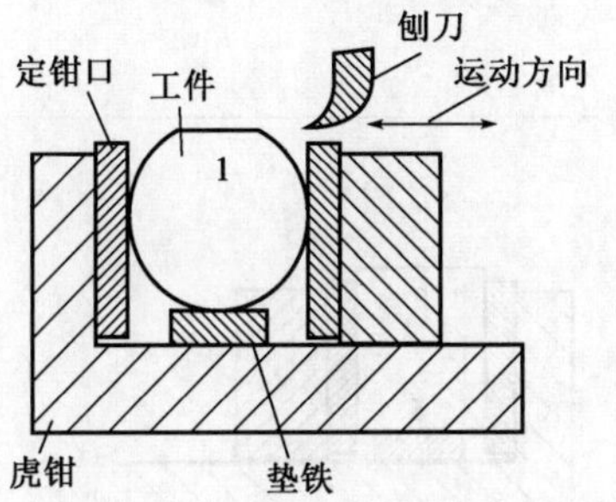 定钳口　工件　1　刨刀　运动方向　虎钳　垫铁	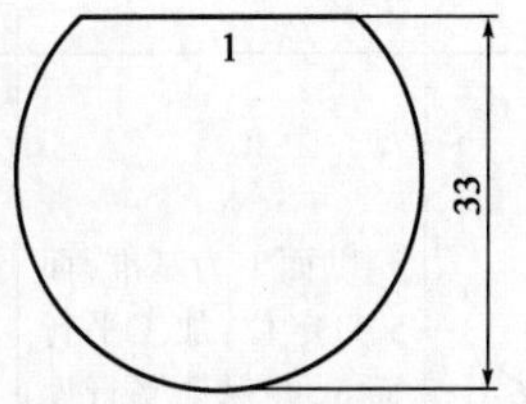 1　33
2	加工定位面2,并与基准面1垂直	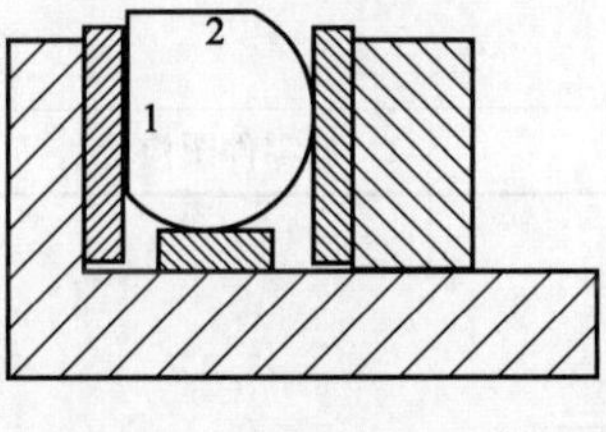 2　1	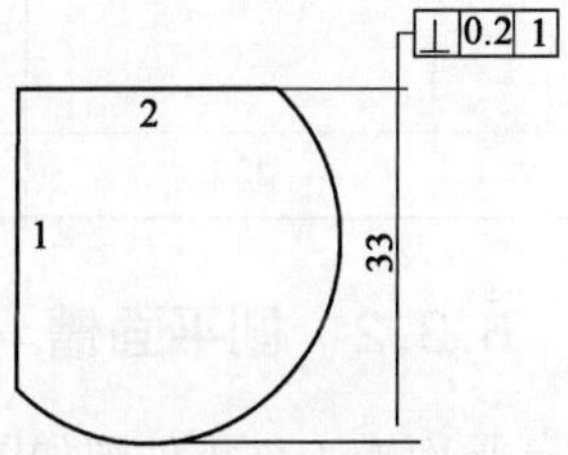 ⊥ 0.2 1　2　1　33
3	以面1为基准,面2为定位,加工平面4,并保证平行度和尺寸要求	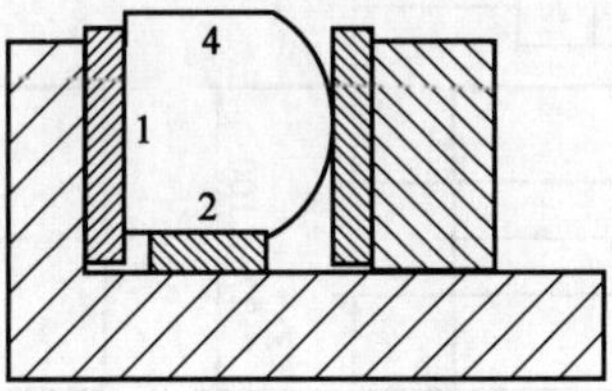 4　1　2	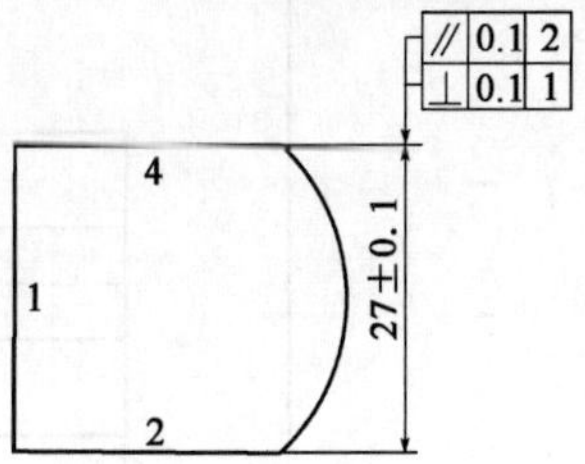 // 0.1 2　⊥ 0.1 1　4　1　2　27±0.1
4	以面2为基准,面1作为定位面加工面3,使工件成矩形,并保证平行度和尺寸要求	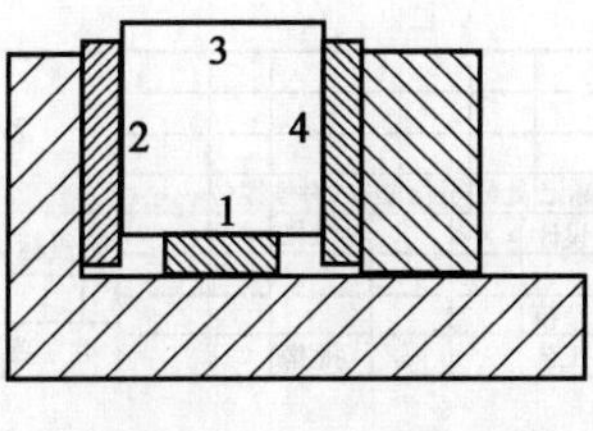 3　2　4　1	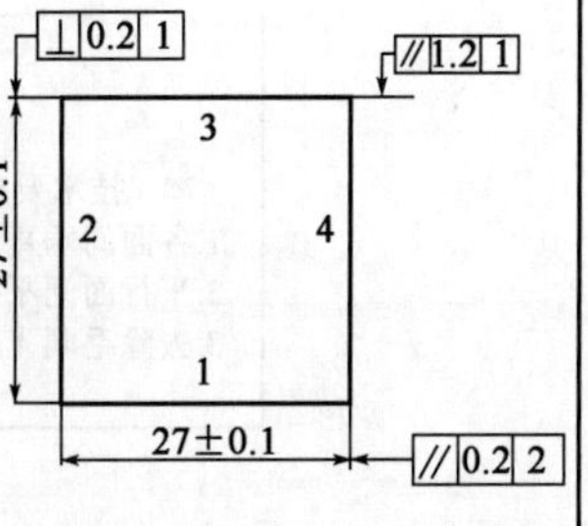 ⊥ 0.2 1　// 1.2 1　3　2　4　1　27±0.1　27±0.1　// 0.2 2

续上表

工序	刨削内容	工艺简图	尺寸参数
5	以面1为基准，面3为校正面，加工垂直面5，使面5与面1、2相互垂直		
6	以面1为基准，面5为定位，加工平行面6，并保证平行度和尺寸要求，完成六面体加工		
7	检验	按零件图检验	

6.3.2 刨平面槽

平面槽工件零件图如图6-18所示。

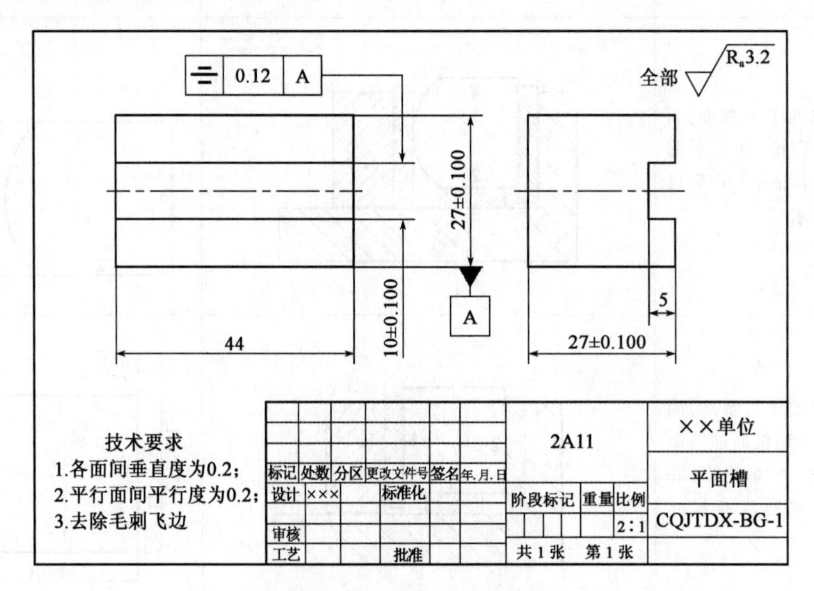

图6-18 平面槽工件零件图

以六面体工件加工为例，读者自行编制该零件的加工工艺，并加工成型。

6.4　刨工创新训练

读者可自行设计其他形状的零件（除了可用刨床加工外，也可通过其他工种进行加工），零件加工完成后应从外观形状、尺寸精度、表面粗糙度、加工成本与工艺过程等各方面对其进行分析，总结优缺点，对不足之处提出改进措施，并写出心得与体会。

注意事项：在设计零件的形状时一定要与相关工种的指导教师协商，确认其结构的合理性和加工的成本控制。在生产过程如遇到问题也要及时请教，避免发生不必要的事故。

刨削安全操作规程

参加实训的师生必须树立“安全第一”的思想，听从指挥，文明操作。

(1)进入实训场地必须穿戴好劳动保护用品。男生不准打赤膊、赤脚、穿拖鞋进入场地。女生披肩长发必须盘入工作帽内，不准穿高跟鞋、裙子进入场地。

(2)任何操作人员使用该设备必须服从指导教师的管理，未经允许，不能开动机床。

(3)操作前必须了解刨床构造和各手柄的用途和操作方法。

(4)应注意检查刨床各部分润滑是否正常，各部分运转时是否受到阻碍。

(5)装夹工件、刀具时要停机进行。工件和刀具必须装夹可靠，防止工件和刀具从夹具中脱落或飞出伤人。

(6)禁止将工具或工件放在机床上，尤其不得放在机床的运动件上。

(7)操作时，手和身体不能靠近机床的移动和旋转部件，应注意保持一定的距离。

(8)操作时应注意工件夹具位置与刀架或刨刀的高度，防止发生碰撞，刀架螺丝要随时紧固，以防刀具突然脱落。工作中如发现工件松动，必须立即停车，紧固后再进行加工。

(9)运动中严禁变速。变速时必须等停车后待惯性消失后再扳动换挡手柄。

(10)机床运转时，操作者不能离开工作地点，发现机床运转不正常时，应立即停机检查，并报告设备指导教师。当突然意外停电时，应立即切断机床电源或其他启动机构，并把刀具退出工件部位。

(11)切削时产生的铁屑应使用刷子及时清除，严禁用手清除。

(12)实训结束后应清除铁屑，擦拭机床，滑动面上加润滑油，摆放好工、量具，打扫机床使其周围清洁，关闭电源。

第7章 磨 削

教学目的

本实训内容是为进一步强化对普通机加工技能的掌握和专业知识的理解所开设的一项基本训练科目。

通过磨工实习,使学生能初步接触在机械制造中磨工工种的工作过程,获得磨工常用加工方法的工艺基础知识及所使用的主要设备和工具,初步掌握磨工常用基本操作技能并具有一定的操作技巧。为相关课程的理论学习及将来从事生产技术工作打下基础。

教学要求

(1)了解磨床的用途、型号、规格及主要组成部分。

(2)了解磨工常用工具、量具以及机床主要附件的大致结构及应用。

(3)掌握平面磨床和外圆磨床的基本加工方法和加工工艺流程。

(4)了解磨工的安全操作规程。

7.1 概述

7.1.1 磨削概述

磨削加工是用砂轮以较高的线速度对工件表面进行加工的方法,砂轮是由磨料和结合剂黏结而成的磨削工具。加工时切削厚度极薄,可达数微米,因而能获得很高的加工精度和表面粗糙度,其尺寸精度可达IT5~IT6,表面粗糙度值可达Ra0.8~0.1μm。

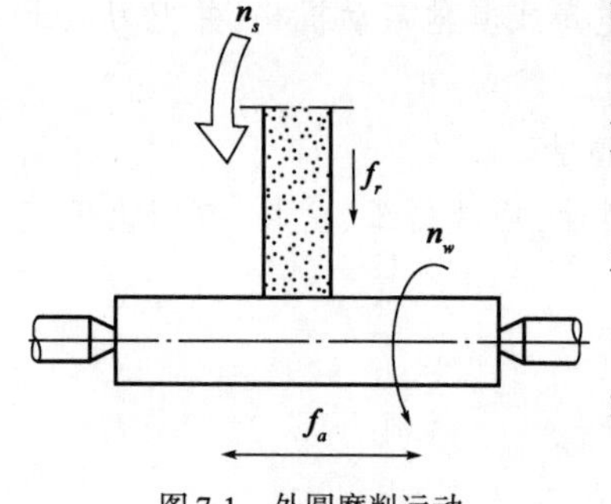

图7-1 外圆磨削运动

磨削加工的应用广泛,可加工内外圆柱面、内外圆锥面、平面、成形面(如花键、齿轮、螺纹等)、刃磨各种刀具等。

磨削时砂轮的旋转运动为主运动,其余的三个运动为进给运动,如图7-1所示。

(1)磨削速度 v_s。指砂轮外圆的线速度,即

$$v_s = \frac{\pi D_s n_s}{1000 \times 60} \quad (\text{m/s})$$

式中:D_s 为砂轮直径(mm);n_s 为砂轮转速(r/min)。

(2)工件圆周进给速度 v_w。指磨削工件外圆处的线速度,即

$$v_s = \frac{\pi D_w n_w}{1000} \quad (\mathrm{m/min})$$

式中：D_w 为工件直径，n_w 为工件转速(r/min)。

(3)纵向进给量 f_a。指工件相对于砂轮沿轴向的移动量(mm/r)。

(4)横向进给量 f_r。指工件相对于砂轮沿横向的移动量，又称磨削深度 a_p(mm/双行程)。

7.1.2　磨削加工的特点

(1)磨削用的砂轮是由许多细小而坚硬的磨料和结合剂黏结在一起，经焙烧而构成的多孔体(在砂轮表面每平方厘米约有60～1400颗磨粒，这些锋利的磨料就像刀具的切削刃，在砂轮的高速旋转下对工件进行切削)，因此，磨削是一种多刃、微刃的切削过程。

(2)磨粒材料是一种具有极高硬度的非金属晶体，其硬度大于经热处理后钢材的硬度，具有极高的可加工性。因此，砂轮可以磨削各种碳钢、铸铁、有色金属，还能磨硬度很高的淬火钢、各种切削刀具和硬质合金。

(3)磨削具有自锐性。在磨削过程中，磨粒在高速、高压与高温的作用下，将逐渐破碎形成新的锋利棱角进行磨削，当切削刃超过结合剂的黏结强度时，最终使磨粒破碎或脱落而形成新的微刃继续切削，砂轮的这种自行推陈出新以保持自身锋利的性能，称为自锐性。砂轮的自锐性保证了磨削过程的顺利进行，但时间长了，切屑和碎磨粒会把砂轮堵塞，使砂轮失去切削能力。另外，破碎的磨粒一层层脱落下来会使砂轮失去外形精度，为了恢复砂轮的切削能力和外形精度，磨削一定时间后，需对砂轮进行修整。

(4)磨削加工一般作为精加工工艺安排在热处理之后，往往用于加工零件的重要表面。

(5)磨削温度高。由于磨削速度很高(可高达800～1000℃，甚至更高)，挤压摩擦严重，而砂轮导热性很差，因此，在磨削过程中应大量使用切削液。

7.1.3　磨床的主要类型

为了适应各种形状的磨削加工，磨床的类型也较多，磨床按不同用途可分为外圆磨床、内圆磨床、平面磨床、无心磨床、螺纹磨床、齿轮磨床以及其他各种专用磨床。使用最广泛的是外圆磨床、内圆磨床和平面磨床。下面介绍几种常用磨床的构造及其磨削工作。

1.外圆磨床

图7-2所示为M1432A型万能外圆磨床外形图，它可用来磨削内圆柱面，外圆柱面，圆锥面和轴、孔的台阶端面。M1432A的型号含义为：M表示磨床类，14表示万能外圆磨床，32表示最大磨削直径为320mm。

万能外圆磨床通常由以下几部分组成：

1)床身

床身用于安装各部件。上部装有工作台和砂轮架，内部装有液压传系统，砂轮架用于安装砂轮，并有单独电动机带动砂轮旋转，砂轮架可在床身后部的导轨上作横向移动。

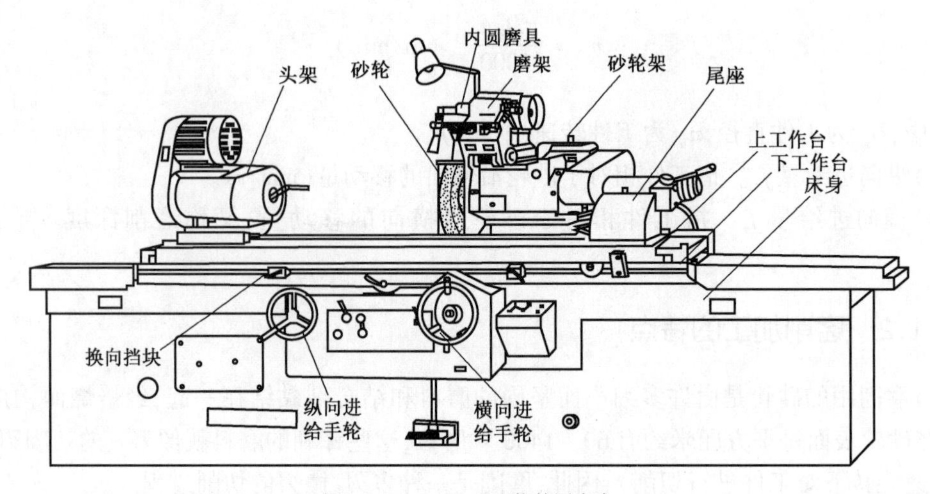

图 7-2 M1432A 型万能外圆磨床

2)工作台

工作台上装有头架和尾座,用于装夹工件并带动工件旋转。磨削时,工作台可自动作纵向往复运动,其行程长度可调节挡块位置。万能外圆磨床的工作台台面还能转动一个很小的角度,以便磨削圆锥面。

3)头架

头架内的主轴由单独电动机带动旋转。主轴端部可装夹顶尖、拨盘或卡盘,以装夹工件。

4)尾座

尾座是用后顶尖支承长工件,它可在工作台上移动,调整位置以装夹不同长度的工件。

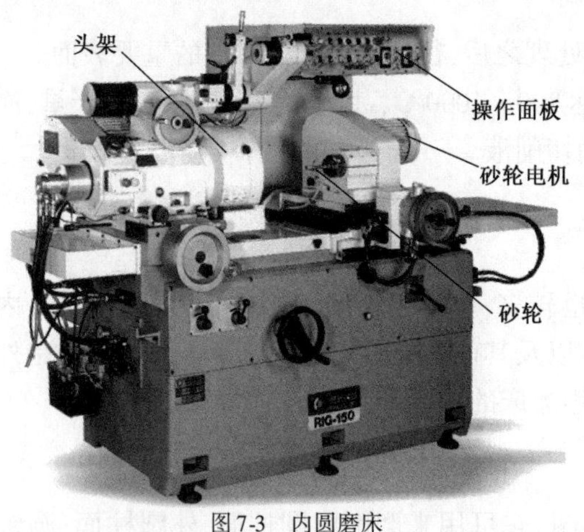

图 7-3 内圆磨床

2. 内圆磨床

内圆磨床主要用于磨削圆柱孔、圆锥孔及端面等。图 7-3 所示为某一公司生产的 150 型内圆磨床的外观图。内圆磨床的头架可在水平方向转动一个角度,以便磨削锥孔。工件转速能作无级调整,砂轮架安放在工作台上,工作台由液压传动作往复运动,也能作无级调速,而且砂轮趋近及退出时能自动变为快速,以提高生产率。常用内圆磨床的型号为 M2110A,其含义为:M 表示磨床类,21 表示内圆磨床,10 表示最大磨削孔径 1/10。

3. 平面磨床

平面磨床用来磨削工件的平面。图 7-4 所示为平面磨床的外观图。工作台上装有电磁吸盘或其他夹具,用以装夹工件。磨削时的主运动为砂轮的高速旋转运动,进给运动为工件随工作台作纵向直线往复运动以及磨头作横向间隙运动。

常见的平面磨床型号如 M7120A,其含义 M 表示磨床类,71 表示卧轴矩形工作台平面磨床,20 表示工作台宽度的 1/10,A 表示经第一次重大结构改进。

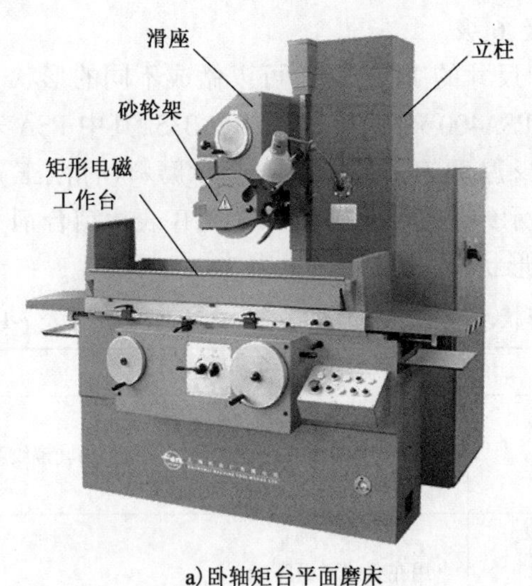

a)卧轴矩台平面磨床

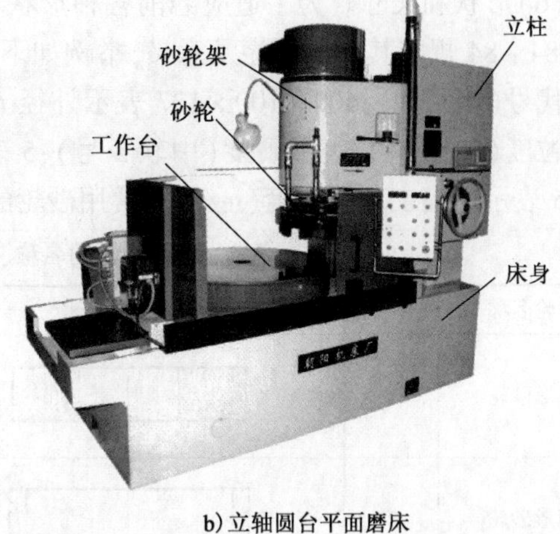

b)立轴圆台平面磨床

图7-4 平面磨床

7.1.4 砂轮简介

1. 砂轮的组成与特性

砂轮是磨削的主要工具。它由磨料、结合剂和孔隙3个基本要素组成。砂轮表面上杂乱地排列着许多磨粒,磨削时砂轮高速旋转,切下的切屑呈粉末状。随着磨料、结合剂及制造工艺的不同,砂轮的特性可能会产生很大的差别。砂轮的特性由下列因素决定:

(1)磨料。磨料是制造砂轮的主要原料,直接担负着切削工作。它必须具有高的硬度以及良好的耐热性,并具有一定的韧性。常用磨料有刚玉类(棕刚玉A、白刚玉WA、络刚玉PA、微晶刚玉MA、单晶刚玉SA)、碳化物类(黑碳化硅C、绿碳化硅GC)和超硬类(人造金刚石MBD、立方氮化硼CBN)。

(2)粒度。粒度表示磨料的颗粒大小。根据磨料标准GB/T 2481.1—1998对磨料尺寸的分级标记,粒度用37个代号表示,粒度号越大颗粒越小。它对磨削生产率和表面粗糙度都有很大的影响。一般粗颗粒用于粗加工,细颗粒用于精加工;磨软材料时为防止砂轮堵塞,用粗磨粒;磨削脆、硬材料时,用细磨粒。

(3)结合剂。砂轮的强度、抗冲击和耐热性等,主要取决于结合剂的种类和性能。常用的结合剂有陶瓷结合剂(V)、树脂结合剂(B)和橡胶结合剂(R)3种。除切断砂轮外,大多数砂轮都采用陶瓷结合剂。

(4)硬度。砂轮的硬度是指砂轮上的磨粒在磨削力的作用下从砂轮表面上脱落的难度程度。根据国标GB/T 2481—1994的模具硬度分级标记,用代号A、B、C、D、E、F、G、H、J、K、L、M、N、P、Q、R表示,硬度代号由软至硬递增。若磨粒容易脱落表明砂轮硬度低,反之表明砂轮硬度高。砂轮的硬度与磨料的硬度是完全不同的两个概念,它主要取决于结合剂的性能。工件材料越硬,磨削时砂轮硬度应选得软些;工件材料越软,砂轮的硬度应选得硬些。

(5)组织。砂轮的组织是磨料和结合剂的疏密程度。它反映了磨粒、结合剂和气孔三者所占体积的比例。砂轮组织分布为紧密、中等和疏松3大类。共15级(0~4号组织紧密,5~

8号组织中等,9~14号组织较送),常用的是5级、6级。

(6)形状和尺寸。为了适应磨削各种形状和尺寸的工作,砂轮可以做成不同的形状。按GB2484-84规定其标志顺序及意义,举例如下:PSA400×100×127A60L5B35,其中PSA表示形状代号(双面凹);400×100×127表示外径D×厚度H×孔径d;A表示磨料(棕刚玉);60表示粒度(60号);L表示硬度(中软2号);5表示组织号(磨粒率52%);B表示结合剂为树脂;35表示最高工作线速度(m/s)。常用砂轮的形状、代号及用途见表7-1。

常用砂轮的名称、形状、代号及用途 表7-1

砂轮名称	代号	断面图	基本用途
平形砂轮	1		用于外圆、内圆、平面、无心、刃磨刀具、螺纹磨削
筒形砂轮	2		用在立式平面磨床
单斜边砂轮	3		45°角单斜边砂轮多用于磨削各种锯齿
双边斜砂轮	4		用于磨齿轮面和磨单线螺纹
单面凹砂轮	5		多用于内圆磨削,外径较大者都用于外圆磨削
杯形砂轮	6		刃磨铣刀、铰刀、拉刀等
双面凹一号砂轮	7		主要用于外圆磨和刃磨刀具
碗型砂轮	11		刃磨铣刀、铰刀、拉刀、盘形车刀等

2. 砂轮的平衡和安装

不平衡的砂轮在高速旋转时会产生振动,影响加工质量和机床精度,严重时还会造成机床损坏和砂轮碎裂,因此在安装砂轮之前必须进行平衡。砂轮的平衡有静平衡和动平衡两种。

砂轮因在高速下工作,安装前必须经过外观检查,不应有裂纹,并经过平衡试验,如图7-5所示为砂轮的静平衡机。

砂轮安装方法如图7-6所示。大砂轮通过台阶法兰盘装夹,不太大的砂轮用法兰盘直接装在主轴上。砂轮工作一定时间后,磨粒逐渐变钝,砂轮工作表面空隙被堵塞,砂轮的正确几何形状被破坏,这时必须进行修整。砂轮的修整一般利用金刚石工具进行,如图7-7所示。

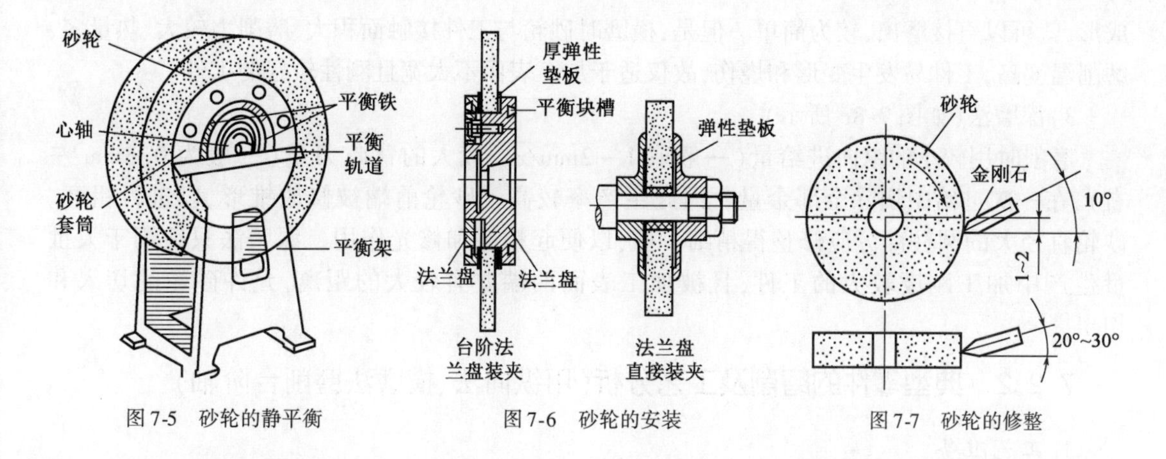

图7-5 砂轮的静平衡 图7-6 砂轮的安装 图7-7 砂轮的修整

7.2 磨外圆

7.2.1 外圆磨削方法

外圆磨削一般在普通外圆磨床或者万能外圆磨床上进行。对于成批大量磨削细长轴和无中心孔的短轴类零件也常在无心外圆磨床上进行。

在外圆磨床上磨削外圆时,轴类零件常用顶尖装夹,其方法与车削相同,盘套类零件则利用心轴和顶尖安装。

常用外圆磨削方法如图7-8所示。

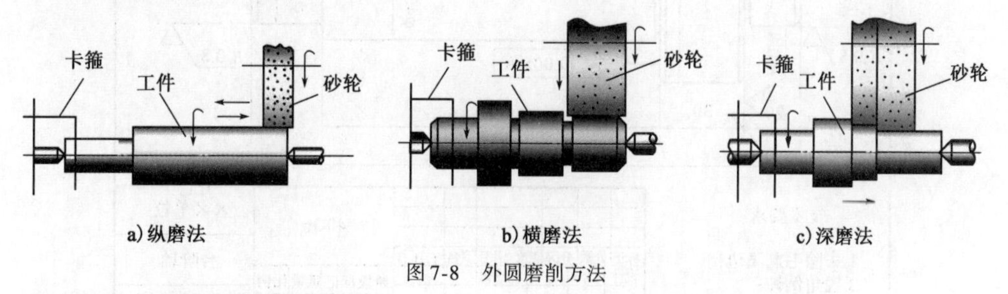

图7-8 外圆磨削方法

1)纵磨法(如图7-8a所示)

是最常用的磨削方法,磨削时工作台做纵向往复进给,砂轮做周期性横向进给,工件的磨削余量要在多次往复行程中磨去。砂轮超越工件两端的长度一般为砂轮宽度的1/3~1/2,否则工件两端直径将被磨小。为减少工件表面粗糙度值还可以利用最后几次无横向进给的光磨进程进行精磨。

纵磨法具有较大的适应性,可以用一个砂轮加工不同长度的工件,但是它的生产效率低,故广泛用于单件、小批量生产及精磨,特别适用于细长轴的磨削。

2)横磨法(如图7-8b所示)

横磨法又称切入磨法,磨削时工件不做纵向移动,而由砂轮以慢速作连续的横向进给,直至磨去全部磨削余量。

横磨法生产率较高,适用于成批及大量生产,尤其是工件上的成形表面,只要将砂轮修整成形，就可以直接磨出，较为简单。但是，横磨时砂轮与工件接触面积大、磨削力较大、热量多、磨削温度高，工件易发生变形和烧伤，故仅适于加工表面不太宽且刚性较好的工件。

3）深磨法（如图 7-8c 所示）

磨削时用较小的纵向进给量（一般取 1～2mm/r），较大的背吃刀量（一般为 0.3mm 左右），在一次进给中切除全部余量。因此生产率较高。砂轮前端被修成锥形，以进行粗磨。砂轮直径大的圆柱部分应修整得精细一些，以便起精磨和修光作用。深磨法只适用于大批量生产中加工刚度较大的工件，且被加工表面两端要有较大的距离，允许砂轮的切入和切出。

7.2.2 典型零件的磨削及工艺分析（用纵向法、横磨法磨削台阶轴）

1. 工艺准备

1）阅读分析图样

图 7-9 所示为零件简图。加工的尺寸公差等级为 IT6，圆柱度公差为 0.005mm，外圆柱表面对中心孔的径向圆跳动公差为 0.01mm。外圆柱面和台阶面的表面粗糙度为 R_a0.8μm。工件材料为 40Gr，并经调质处理，三外圆面为装配表面，故有较高的加工要求。

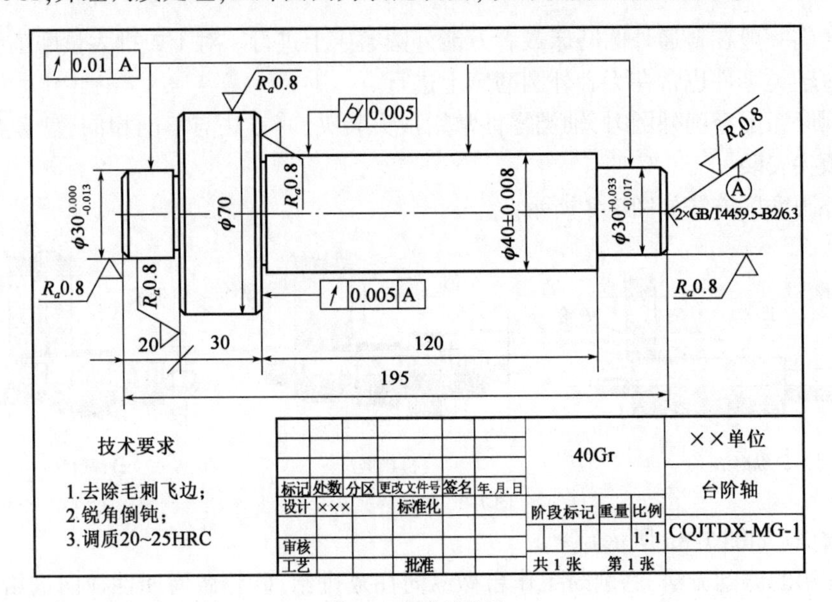

图 7-9 轴类零件图

2）磨削工艺

分别用纵向法、切入法磨削台阶轴。留精磨的余量为 0.05mm。粗磨的磨削用量：$v_s = 35$ m/s，$n_w = 100 \sim 180$r/min，$a_p = 0.015$mm，$f = (0.4 \sim 0.8)B$mm/r。精磨的磨削用量：$v_s = 35$m/s，$n_w = 100 \sim 180$r/min.，$a_p = 0.005$mm，$f = (0.2 \sim 0.4)B$ mm/r（B 为砂轮宽度）。

3）工件的定位夹紧

工件的定位基准为中心孔，两中心孔构成了中心孔的中心轴线。采用两顶尖装夹方法，工件的中心孔需经研磨工序。装夹时需检查中心孔的精度。工件的加工面较多，可采用硬质合金顶尖，以减少顶尖磨损对加工精度的影响。

4)选择砂轮

选择砂轮为:WAF180L6V

5)选择设备

M1432B 型万能外圆磨床,M1412 型外圆磨床等。

2. 工件磨削步骤及注意事项

操作的关键是将工件的径向圆跳动控制在公差范围内,磨削步骤如下:

(1)磨 $\phi40 \pm 0.008$mm 外圆。找正工作台,保证圆柱度误差在0.005mm 以内,留精磨余量0.05mm。

(2)粗磨$\phi30^{0}_{-0.013}$mm、$\phi30^{+0.033}_{+0.017}$mm 外圆,留精磨余量0.05mm。

(3)精细修整砂轮。

(4)用纵向法精磨 $\phi40 \pm 0.008$mm 至尺寸,磨台阶面,保证端面的圆跳动0.005mm。

(5)用切入法精磨$\phi30^{+0.033}_{+0.017}$mm 至尺寸。

(6)调头,用切入法精磨$\phi30^{0}_{-0.013}$mm 至尺寸,磨台阶面至技术要求。

注意事项:

(1)首先用纵向法磨削长度最长的外圆,以便找正工作台,使工件的圆柱度达到公差要求。

(2)用纵向法磨削台阶旁外圆时,需细心调整工作台行程,使砂轮不撞到台阶面上。

(3)纵向法磨削台阶轴时,为了使砂轮在工件全长能均匀地磨削,待砂轮在磨削至台阶旁换向时,可使工作台停留片刻。

(4)磨削时注意砂轮横向进给手柄刻度位置,防止砂轮与工件碰撞。

(5)砂轮端面的狭边要修整平整。磨台阶面时,切削液要充分,适当增加光磨时间。

3. 精度检测

(1)台阶轴圆跳动的测量,将工件安装在两顶尖之间,用杠杆百分表分别测量径向圆跳动和端面圆跳动误差。杠杆式百分表测量头角度应适宜。

(2)工件端面平面度的测量,用样板平尺测量平面度的方法。把样板平尺紧贴工件端面用光隙法测量,如果样板平尺与工件端面间不透光,就表示端面平整。否则是内凹或外凸,一般允许内凹。

(3)误差分析。当工件端面的磨削花纹为双向花纹线时,表示端面平整;当为单向花纹时,表示尾座顶尖中心偏低,端面不平整。

当工艺系统出现振动,造成工件表面出现直波形振痕误差时,可主要排查以下问题:砂轮不平衡;砂轮磨钝,对工件的挤压大;砂轮硬度过硬,自锐性差;工件圆周速度过高;磨床部件的振动,引起共振;砂轮主轴轴承间隙太大,引起砂轮振动;中心孔有多角形误差;工件细长,在磨削力作用下弹性变形,引起自激振动。

7.3 磨平面

7.3.1 磨削平行平面的一般工作步骤

在卧轴矩台平面磨床上磨削工件上相互平行的两个平面,其工作步骤如下:

(1)检查毛坯余量。

(2)擦净电磁吸盘台面,用锉刀或油石等清除毛坯定位基准面上的毛刺,把工件按顺序排列在电磁吸盘上,并通电将工件吸住。

(3)横向移动磨头和纵向移动工作台,使砂轮处于工件上方,再用手摇动磨头垂直下降,使砂轮圆周面的最低点距离工件表面约0.5~1mm,然后调整工作台换向撞块,使其行程略大于工件加工平面即可。

(4)粗磨平面,开动机床使砂轮旋转,工作台作往复运动。用手慢慢摇动砂轮下降(砂轮即将接近工件时应特别留心,以免吃刀太大造成事故),使砂轮接触工件发出火花,然后就可以开动横向自动进给进行磨削。当整个平面磨完一次后,砂轮作一次垂直进给。粗磨时的横向进给量 $S=(0.2\sim0.4)B$(B 为砂轮宽度),垂直进给量 $t=0.02\sim0.05$mm。

(5)修整砂轮,把工作台移到行程一端后停止,利用装在磨头或工作台上的修整器修整砂轮。

(6)精磨平面,修整好砂轮后,对工件平面进行精磨,精磨时 $S=(0.05\sim0.1)B$,$t=0.005\sim0.015$mm。垂直进给停止后,需重复磨1~2遍,直到火花基本消失为止。

7.3.2 平面磨削的方法

平面磨削分为周磨法和端磨法两种。周磨法是利用砂轮的外圆面进行磨削,卧轴的平面磨床属于这种形式;端磨法则是利用砂轮的端面进行磨削,立轴的平面磨床属于这种形式。

1.周磨法

砂轮与工件接触面积小,散热、冷却和排屑好,因此加工质量较高。适合磨削易翘曲变形的薄长件,能获得较好的加工质量,但磨削效率较低。

2.端磨法

砂轮轴伸出的长度较短,刚性好,允许采用较大的磨削用量,故生产率较高,但砂轮与工件接触面积较大,磨削热量多,冷却排削困难,故加工质量较周磨法低。

7.3.3 典型零件的磨削及工艺分析(平行面的磨削)

1.工艺准备

1)阅读分析图样

图7-10为垫块,材料45钢,热处理淬火硬度为40~45HRC,尺寸为180×100×50mm,平行度公差为0.015mm,B面的平面度公差为0.01mm,磨削表面粗糙度为 $R_a0.8\mu m$。

2)磨削工艺

采用横向磨削法,考虑到工件的尺寸精度和平行度要求较高,应划分粗、精磨,分配好两面的磨削余量,并选择合适的磨削用量。平面磨削基准面的选择准确与否将直接影响工件的加工精度,其选择原则如下:

(1)在一般情况下,应选择表面粗糙度值较小的面为基准面。

(2)在磨大小不等的平行面时,应选择大面为基准,这样装夹稳固,并有利于磨去较小余量达到平行度工差要求。

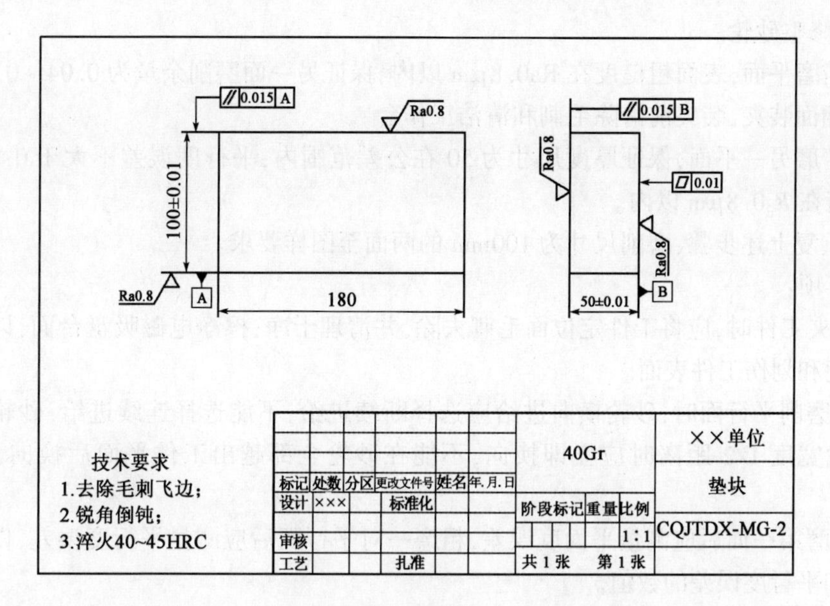

图7-10 垫块

(3)在平行面有形位公差要求时,应选择工件形位公差较小的面或者有利于达到形位公差的面为基准面。

(4)根据工件的技术要求和前道工序的加工情况来选择基准面。

3)工件的定位夹紧

用电磁吸盘装夹,装夹前要将吸盘台面和工件的毛刺、氧化层清除干净。

4)选择砂轮

平面磨削应采用硬度软、粒度粗、组织疏松的砂轮。所选砂轮的特性为WAF46K5V的平行砂轮。

5)选择设备

在M7120A型卧轴矩台平面磨床上进行磨削操作。

2. 工件磨削步骤及注意事项

(1)修整砂轮。

(2)检查磨削余量。批量加工时,可先将毛坯尺寸粗略测量一下,按尺寸大小分类,并按序排列在台面上。

(3)擦净电磁吸盘台面,清除工件毛刺、氧化皮。

(4)将工件装夹在电磁吸盘上,接通电源。

(5)启动液压泵,移动工作台行程挡铁位置,调整工作台行程距离,使砂轮越出工件表面20mm左右。

(6)先磨尺寸为50mm的两平面。降低磨头高度,使砂轮接近工件表面,然后启动砂轮,作垂向进给,先从工件尺寸较大处进刀,用横向磨削法粗磨B面,磨平即可。

(7)翻面装夹,装夹前清除毛刺和清洁工作台。

(8)粗磨另一平面,留0.06~0.08mm精磨余量,保证平行的度误差不大于0.015mm。

(9)精修整砂轮。

(10)精磨平面,表面粗糙度在 Ra0.8μm 以内,保证另一面磨削余量为 0.04～0.06mm。

(11)翻面装夹,装夹前清除毛刺和清洁工作台。

(12)精磨另一平面,保证厚度尺寸为 50 在公差范围内,平行度误差不大于 0.015mm,表面粗糙度值在 R_a0.8μm 以内。

(13)重复上述步骤,磨削尺寸为 100mm 的两面至图样要求。

注意事项:

(1)装夹工件时,应将工件定位面毛刺去除,并清理干净;擦净电磁吸盘台面,以免影响工件的平行度和划伤工件表面。

(2)在磨削平行面时,砂轮横向进给应选择断续进给,不能选择连续进给;砂轮在工件边缘越出砂轮宽度 1/2 距离时应立即换向,不能在砂轮全部越出工件平面后换向,以免产生塌角。

(3)粗磨第一面后应测量平面度误差,粗磨一对平行面后应测量平行度误差,以及时了解磨床精度和平行度误差的数值。

(4)加工中应经常测量尺寸,尺寸测量后工件重放台面时,必须将台面和工件基准面擦干净。

3. 精度检测

尺寸精度用千分尺测量;平面度误差用样板直尺目测;平行度误差用千分尺或千分表测量。

4. 误差分析

在磨削平行面的过程中经常会出现以下误差:

(1)表面粗糙度超差。产生的主要原因是:砂轮垂向或横向进给量过大;冷却不充分;砂轮钝化后没有及时修整;砂轮修整不符合磨削要求等。

(2)尺寸超差。产生的主要原因是:量具选用不当;测量方法或手势不准确;进给量没有控制好等。

(3)平面度超差。产生的主要原因是:工件变形;砂轮垂向或横向进给量过大;冷却不充分。

(4)平行度超差。产生的主要原因是:工件定位面或工作台不清洁;工作台面或工件表面有毛刺,或工件本身平面度已经超差;砂轮磨损不均匀等。

磨床安全操作规程

参加实训的师生必须树立"安全第一"的思想,听从指挥,文明操作。

(1)进入实训场地必须穿戴好劳动保护用品。男生不准打赤膊、赤脚、穿拖鞋进入场地。女生披肩长发必须盘入工作帽内,不准穿高跟鞋、裙子进入场地。

(2)磨床启动前,先检查各运动部件的保护装置是否完好,如砂轮没有防护罩严禁加工。

(3)砂轮有裂缝或缺损,严禁使用。

(4)砂轮必须校正平衡后方能使用。安装、紧固必须良好无误。

(5)禁止使用硬物敲击工作台面或砂轮。

(6)拆卸工件时,必须先退出砂轮,防止伤人事故发生。

(7)操作时不要正对旋转中的砂轮,使用快速进退装置要格外小心,尽量避免砂轮直接碰撞工件。

(8)调整行程时,避免砂轮碰撞头架或尾座。

(9)磨完工件后,砂轮应继续空转一分钟,以除去冷却液。

(10)实训结束后应清除铁末,擦拭机床,滑动面加上润滑油,摆放好工、量具,打扫机床使其周围清洁,关闭电源。

第二篇 数控加工

第8章 数控车床

教学目的

数控加工在现代机械加工中占有越来越重要的地位,对于《金属工艺学实习》来说也是需要读者重点掌握和了解的内容。通过本章的教学,要求读者掌握数控车工基本加工常识和技能,加强加工工艺基本理论与实践技能的结合。

该内容尤其在培养学生对所学专业知识综合应用能力、认知素质和各类竞赛零件加工制造与工艺编制等方面是不可缺少的重要环节,同时也为以后学习《数控加工技术》理论课程打下基础。

教学要求

(1)掌握数控车床的型号、用途及各组成部分的名称与作用。

(2)掌握数控车床常用刀具、主要附件的结构和应用。

(3)能熟练操作数控车床的开启、关闭及操作面板的使用方法。

(4)能正确安装刀具、工件和对刀操作。

(5)能读懂简单数控车床零件的加工程序。

(6)掌握数控车工的安全操作规程。

8.1 数控车削概述

8.1.1 数控车削概述

数控车床是一种高精度、高效率的自动化机床,也是使用数量最多的数控机床,约占数控机床总数的25%。它主要用于精度要求高、表面粗糙度好、轮廓形状复杂的轴类、盘类等回转体零件的加工,能够通过程序控制自动完成圆柱面、圆锥面、圆弧面和各种螺纹的切削加工,并进行切槽、钻、扩、铰孔等加工。如能配合C轴功能和动力刀具,则可形成车铣复合加工,使得加工的工艺范围更加宽广,如图 8-1 所示。

图 8-1　数控车床加工零件

由于数控车床的系统较多,在国内使用较多的主要有:FANUC(日本)、SIEMENS(德国)、华中数控系统(中国)、广州数控系统(中国)。不同系统的编程指令和格式均匀一定的相同或不同之处,读者只需熟练掌握 1 ~ 2 种数控系统,其余系统均可根据说明书自学。

8.1.2　数控车床特点

随着控制技术、电子技术、制造技术和网络技术等高速发展,数控机床也在发生着飞速的变化,就目前来说主要有以下特点:

(1)全封闭防护。

(2)主轴转速、进给速度、刚性、动态性能和机床可靠性较高。

(3)以两轴联动车削为主,向多轴、多刀架、车铣复合、网络化和智能化加工发展。

(4)换刀时间更短、刀库数量更多。

8.1.3　数控车床分类

1. 按主轴位置分

1)卧式数控车床

卧式数控车床又分为数控水平导轨卧式车床(如图 8-2a、b 所示)和数控倾斜导轨卧式车床(如图 8-2c、d、e 所示)。其中倾斜导轨结构可以使车床具有更大的刚性,并易于排除切屑。

2)立式数控车床

立式数控车床简称为数控立车,其车床主轴垂直于水平面,装夹工件由一水平放置的圆形工作台来实现。这类机床主要用于加工径向尺寸大、轴向尺寸相对较小的大型复杂零件(如图 8-2f 所示)。

2. 按刀架数量分类

1)单刀架数控车床

数控车床一般都配置有各种形式的单刀架,如电动四方刀架或多工位转塔式自动转位刀架(如图 8-2a、b、c、d、f 所示)。

2)双刀架数控车床

这类车床的双刀架配置有平行分布,也可以是相互垂直分布(如图8-2e、g所示)。

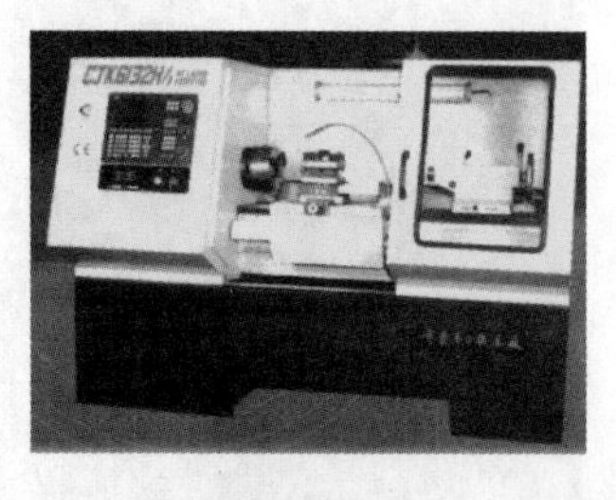

a)经济型数控车床

b)普通数控车床

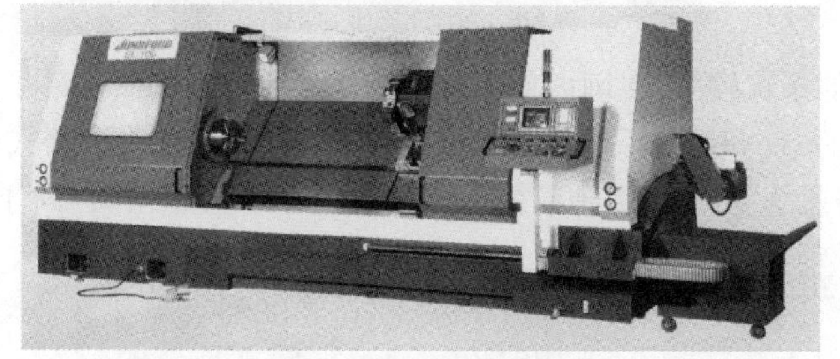

c)一种全功能型数控车床

d)倾斜床身数控车床

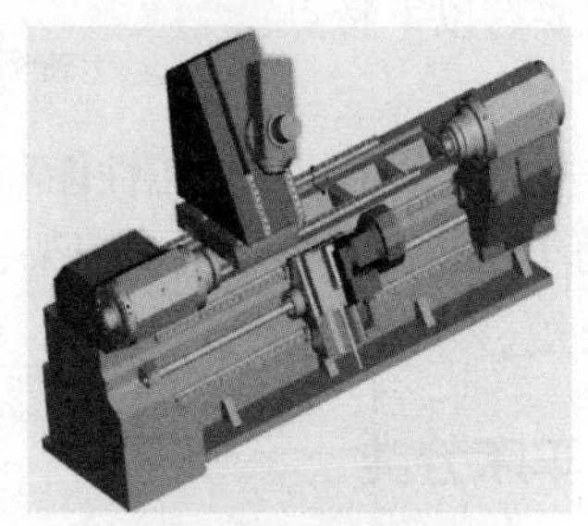

e)双主轴双刀架数控车床

f)立式数控车床

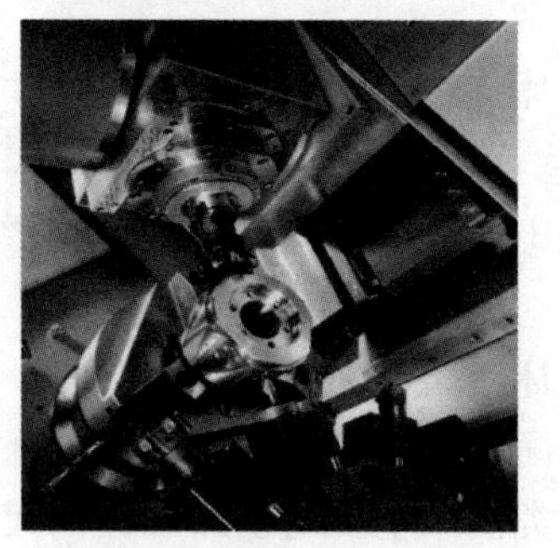

g)车铣复合机床

图8-2 常见数控机床类型

3.按功能分类

1)经济型数控车床

采用步进电动机和单片机对普通车床的进给系统进行改造后形成的简易型数控车床,成本较低，自动化程度和功能都比较差，车削加工精度也不高，适用于要求不高的回转类零件的车削加工（如图8-2a所示）。

2）普通数控车床

根据车削加工要求在结构上进行专门设计并配备通用数控系统而形成的数控车床，数控系统功能强，自动化程度和加工精度也比较高，适用于一般回转类零件的车削加工。这种数控车床可同时控制两个坐标轴，即X轴和Z轴（如图8-2b、c、d、f所示）。

3）车铣复合机床

在普通数控车床的基础上，增加了C轴和动力头，更高级的数控车床带有刀库，可控制X、Y、Z和C四个坐标轴。由于增加了Y、C轴和铣削动力头，这种数控车床的加工功能大大增强，除可以进行一般车削外可以进行径向和轴向铣削、曲面铣削、中心线不在零件回转中心的孔和径向孔的钻削等加工（如图8-2g所示）。

8.1.4　数控车床的主要组成与选配装置

数控车床一般由数控装置、床身、主轴箱、刀架进给系统、尾座、液压系统、冷却系统、润滑系统、排屑器等部分组成。另外，根据需要还可以选择配备自动送料机、工件装卸机械手、动力刀架等功能，如图8-3所示。

a）进给传动系统

b）滚珠丝杠螺母副+滑动导轨

c）电动四方刀架

d）液压卡盘

图　8-3

e)排式刀架

f)带动力回转刀架

g)弹簧夹头卡盘

h)可编程控制液压尾座

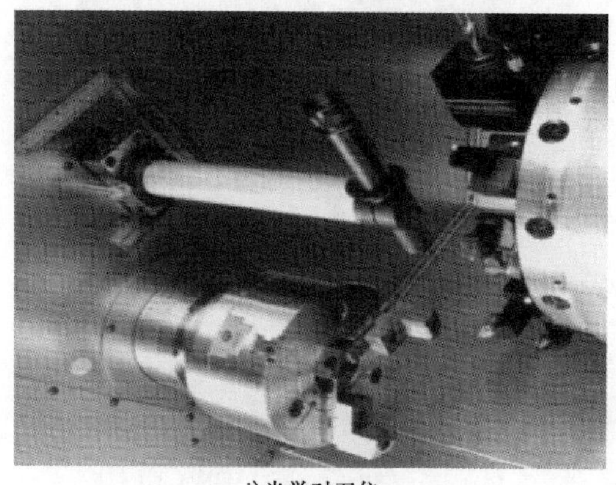

i)光学对刀仪

j)接触式对刀仪

图 8-3

k)跟刀架

l)带自动送料机的数控车床

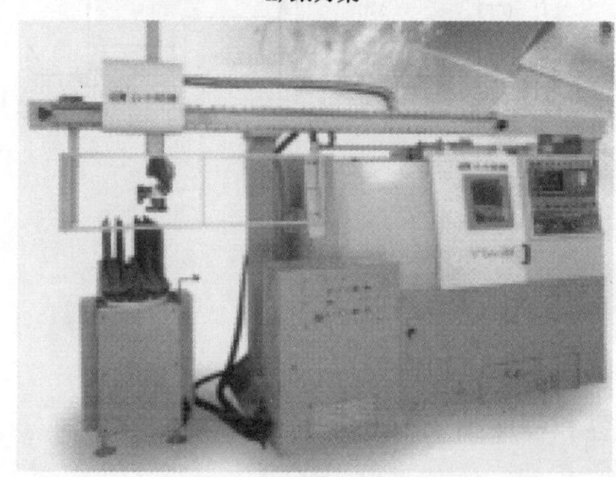

m)工件装卸机械手

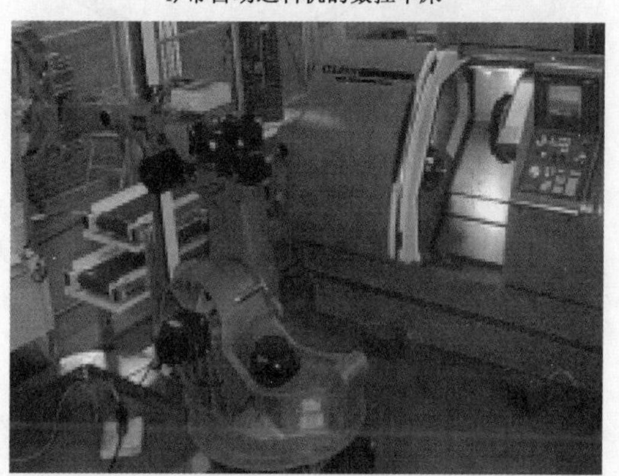

n)工件装卸机器人

图8-3 数控车床主要组成与可配装置

8.2 数控车床编程基础

8.2.1 坐标系

通常情况下数控车床坐标系只有X轴和Z轴,Z轴为主轴的回转中心线,X轴与Z轴相垂直(即工件的直径方向),其正方向均以远离工件为正。如图8-4所示。

1. 机床坐标系

在数控车床上,机床原点一般取在卡盘端面与主轴中心线的交点处。如图8-5所示。

2. 工件坐标系(WCS)

为了编程方便,数控车床的工件坐标系原点一般取在主轴轴线与工件左端面(图8-5a)或右端面(图8-5b)的交点处。

(1)在单件加工中一般将工件坐标系原点设置在主轴轴线与工件右端面的交点处,其主要目的是便于编程和减少计算量。

(2)在批量加工时,由于零件的总长尺寸总存在一定的制造误差,因此,常用专用夹具装夹工件,并以工件的左端面作为长度基准。所以,此时一般设置工件左端面与主轴轴线的交点处作为工件坐标系原点。

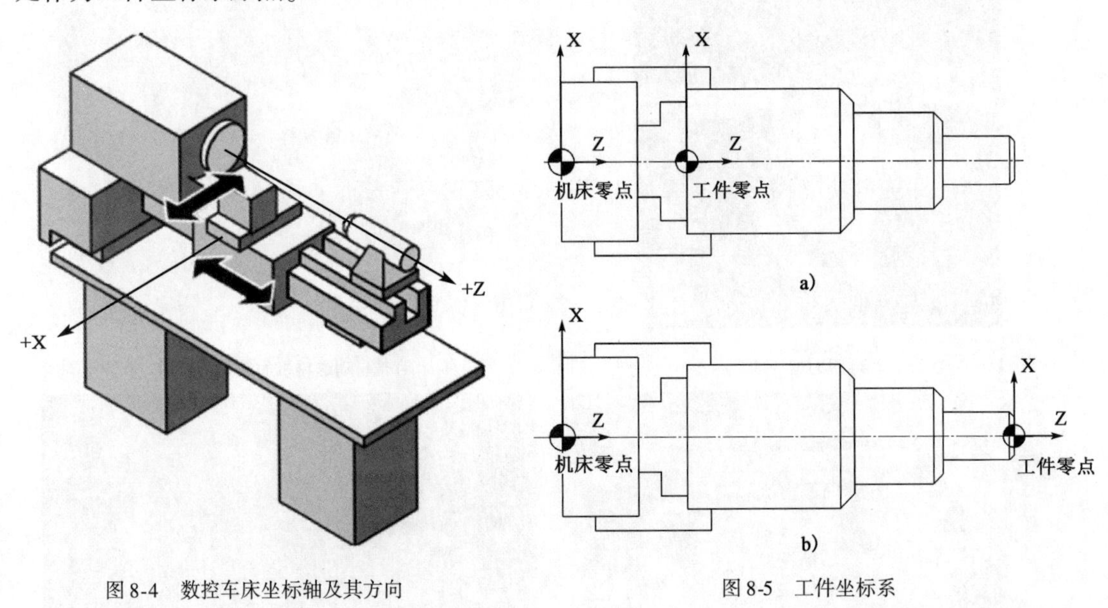

图 8-4 数控车床坐标轴及其方向

图 8-5 工件坐标系

8.2.2 程序结构

一个完整的数控加工程序由程序号、程序内容和程序结束三部分组成。

示例如下:

```
O1234;                       程序号(起始行)
N5   G00 G90 G54 X50 Z200;   以下为程序内容(程序段)
N10  T0101
N15  M3 S800
N20  X30 Z20
N25  Z3
N30  G01 Z-10 F300
/N35  X32;                   "/"表示程序段可以被跳跃
N40  Z-20
N45  X35 Z-22
N50  X35
N55  G00 X50 Z200
N60  M30                     :程序结束(结束段)
```

1. 程序号

程序号是每个程序的开始部分,为程序的开始标记,以便于程序的查找、调用。对不同系统,其程序号的要求不一样。如 FANUC 系统要求以字母 O 开头,后接四位数字;SIMENS 系统要求开始的2个符号必须是字母,其后的符号可以是字母、数字或下划线的组合,程序号最多为8个字符。

2. 程序主体内容

程序内容是整个程序的核心部分,它由多个程序段组成。每个程序段由若干个字组成,每个字又由字母和若干个数字组成。每个程序段占一行。

3. 程序结束

程序结束用辅助功能代码M02或M30来表示,要求单列一行。

8.2.3 程序段格式

一个程序段由一个以上的代码组成。代码又由相应的大写字母加数值组成。字母用A~Z表示,相应的字母决定了跟在其后面的数字的意义。相同的字母会因指令的不同而有差异。下面是构成单个程序段的基本要素:

N10	G01	X50 Y-70 Z20	F200	M03	S1000	;
程序段号	准备功能	坐标字	进给功能	辅助功能	主轴功能	程序段结束符号

各常用代码字母的含义如表8-1所示。

常用代码字母意义 表8-1

功能	代码字母	意 义 描 述
程序段号	N	程序段的顺序编号,可以省略,仅作为程序段的识别或检索。程序是按照输入的顺序执行,而不是按照程序段号的大小执行
程序段结束符号	L_F ;	SIMENS系统程序段结束符 FANUC系统程序段结束符
准备功能	G	指定加工运动和插补方式,后跟2~3位数字,如数字首位为零时可以省略
辅助功能	M	指定辅助装置的接通和断开,后接数字要求与准备功能相同
坐标字	X、Y、Z A、B、C U、V、W I、J、K R	坐标轴的移动指令 附加轴的移动指令 X、Y、Z轴的增量坐标;第二附加轴的移动指令 圆弧圆心的增量坐标 指定圆弧半径
进给功能	F	进给速度指令(mm/min、r/min)
主轴功能	S	主轴速度(r/min)
刀具功能	T	刀具编号

8.2.4 基本指令

1. G功能——准备功能

G功能定义为机床的运动方式,由字符G及后面两位数字构成。由于数控系统较多,且各自有一套指令代码,本节仅列出部分常用数控系统的 G 代码(如表 8-2 所示),但其具体功能仍然需要根据系统而定,读者在使用时应查阅相关机床的说明书。

G 功 能 代 码 表 8-2

指令	分组	功　能
G00	01	快速定位
G01		直线插补
G02		顺圆插补
G03		逆圆插补
G04	00	定时延时
G20	06	英制输入
G21		公制输入
G28	00	X、Z 回参考点
G29		从参考点返回
G32	01	螺纹切削
G40	07	取消刀尖半径补偿
G41		刀尖半径左补偿
G42		刀尖半径右补偿
G71		外圆粗车复合循环
G72		端面粗车复合循环
G73		轮廓粗车复合循环
G76		螺纹粗车复合循环
G80	01	外圆车削单一固定循环
G81		端面车削单一固定循环
G82		螺纹车削单一固定循环
G96	02	主轴恒线速控制
G97		取消主轴恒线速控制
G98	05	每分钟进给
G99		每转进给

表 8-2 的指令中除 00 组以外的 G 代码均为模态代码,即 00 组的代码为非模态代码。模态代码是指该指令一旦在程序中出现后就一直有效,直到被同组的其他 G 代码取代;非模态代码则只在本程序段内有效。

2. M 功能——辅助功能

M 功能指令主要用于控制机床的某些动作的开关以及加工程序的运行顺序,M 功能指令由地址符 M 后跟两位整数构成,常用数控系统的 M 代码如表 8-3 所示,但其具体功能仍然需要根据系统而定,读者在使用时应查阅相关机床的说明书。

M 功能代码　表8-3

指令	功能	功能说明
M00	程序暂停	执行该指令后,机床主轴停止旋转、所有轴的进给停止、冷却液关闭,直至再次按下"循环启动"按钮,机床继续执行M00后的程序。该指令通常用于换刀、主轴变速和测量等操作。由于之前的主轴已处于停止状态,故在M00指令的下一程序段应编入M03代码
M01	选择停止	与M00的功能相同,但必须按下机床操作面板上的"选择停止"按钮才有效,既操作者可以选择是否让该指令有效。该指令主要用于关键尺寸的抽样检测
M02	程序结束	程序结束、关冷却液、主轴停,用于程序的最后一行,作为程序结束的标志,也可用M30代替
M03	主轴正转	从尾座往主轴的方向看,对于前置式刀架为逆时针方向旋转,对于后置式刀架为顺时针方向旋转
M04	主轴反转	与M03方向相反
M05	主轴停	主轴停止
M08	冷却液开	一般安排在刀具接近工件且在正式加工之前
M09	冷却液关	一般安排在切削加工完成后,刀具远离工件之前
M98	子程序调用	转入由格式中代码P指定的子程序;由L指定子程序调用的次数
M99	子程序返回	在子程序最后一行指定,执行后返回主程序M98的下一行执行

注:1. 每个程序段只能有一个M代码,前面的0可以省略,如M02可写成M2。

2. 在M指令与G指令同在一个程序段中时M03、M04、M08优于G指令执行;M00、M02、M05、M09后于G指令执行。

3. M98或M99只能单独在一个程序段内,不能与其他G指令或者M指令共段。

3. F、S、T功能

1)进给功能(F)

进给功能是决定刀具切削进给速度的功能,其单位有两种:每分钟进给量(mm/min)和每转进给量(mm/r);通常具有恒线速功能的数控车床以主轴每转进给量(mm/r)作为机床上电默认值,用G99指定;而经济性数控车床则以每分钟进给量(mm/min)作为机床上电默认值,用G98指定。

每转进给量和每分钟进给量的关系如下:

每分钟进给量(mm/min)=每转进给量(mm/r)×主轴转速(r/min)

2)主轴功能(S)

主轴功能用来设定主轴转速,单位为r/min。S功能的指定方法视机床性能而定,通常有三种表示方法:

(1)直接指定法:S后面的数值就是主轴的转速值,应用于主轴能做无级变速的机床。

(2)S后面跟数字1或2表示:此类表示方法的机床主轴电机通常为双速电机,用S1表示某挡位下的低速挡,用S2表示某挡位下的高速挡,该挡位下的高低速变换可自动进行,而挡位之间的变换则必须由人工进行,具体挡位的高低转速可从机床床头箱上的速度表中可查得。

(3)由M代码后面跟1~2位数字代码表示:此类表示方法的主轴转速通常分为高、中、低三个挡位,而每个挡位下通常有三个及以上的转速。高、中、低挡的变换需由人工完成,挡位内的转速变化则可由程序控制。

由上述可知,第一种主轴指定法适用于全功能型数控车床,第二、三种主轴指定法适用于经济型数控车床。

如:M3 S200,表示主轴以200r/min的速度进行正转。

M3 S1,表示主轴在某挡位下的低速运转。

3)刀具功能(T)

刀具功能应视数控系统而定,通常有两种表示方法:

(1)对于采用四方电动刀架的经济型数控车床,其格式通常为字母T后跟2为数字组成,如T22,其前一个数字表示刀具号,后一个数字表示刀具补偿号,即T22表示调用2号刀,同时调用2号刀具补偿。

(2)对于采用转塔式电动刀架的全功能型数控车床,其格式通常为T后跟4为数字组成,如T0202,其前两位数字表示刀具号,后两位数字表示刀具补偿号,即T0202表示调用2号刀,同时调用2号刀具补偿。

当然,也有经济型数控车床采用第二种表示方法,读者在使用前应仔细阅读说明书。

在使用刀具功能时,一般要求刀具号与刀具偏置号要一一对应,主要是避免相互间混淆后出现错误。如:T11、T22、T0101、T0202是正确的使用方法,而不要使用T12、T0102等。

8.2.5 尺寸系统的编程方法

1. 绝对尺寸和增量尺寸

在数控系统编程时,刀具位置的坐标通常有两种表示方式:一种是绝对坐标,另一种是增量(相对)坐标,数控车床编程时,可采用绝对值编程、增量值编程或者二者混合编程。

(1)绝对值编程:所有坐标点的坐标值都是从工件坐标系的原点计算的,称为绝对坐标。

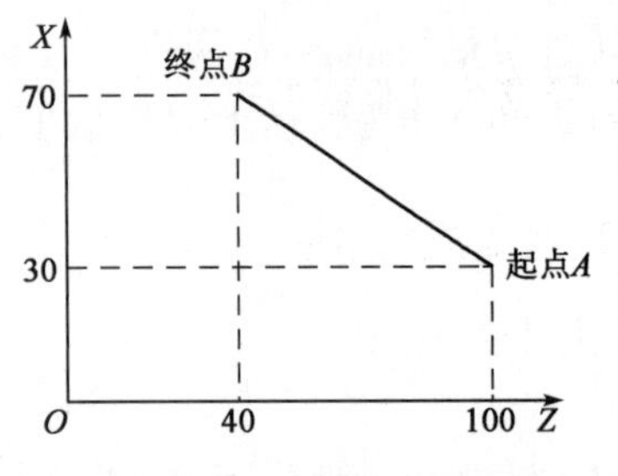

图8-6 绝对值/增量值编程

(2)增量值编程:坐标系中的坐标值是相对于刀具的前一位置计算的,称为增量(相对)坐标。X轴坐标用U表示,Z轴坐标用W表示,正负由运动方向确定。

如图8-6所示的零件,用以上三种编程方法编写的部分程序如下:

用绝对值编程:X70.0 Z40.0

用增量值编程:U40.0 W-60.0

混合编程:X70.0 W-60.0或U40.0 Z40.0

2. 直径编程与半径编程

数控车床编程时,由于所加工回转体零件的截面为圆形,所以其径向尺寸就有直径和半径两种表示方法,但数控车床出厂时一般设定为直径编程,所以程序中X轴方向的尺寸均用直径值表示。如果需要用半径编程,则需要改变系统中的相关参数。

3. 公制尺寸与英制尺寸

工程图纸中的尺寸标注有公制和英制两种形式，数控系统可根据情况，利用代码把所有的几何值转换为公制尺寸或英制尺寸。对于在我国使用的机床，由于习惯原因，机床出厂时一般设定为公制（G21）状态。

8.2.6 常用 G 代码编程

1. 快速点定位 G00

功能：使刀具以机床所设定的最快速度运动到指令给定的终点坐标。

格式：G00 X(U)__Z(W)__；其中 X、Z 表示终点的绝对坐标值，U、W 表示终点相对于起点的增量坐标值。

说明：

（1）该指令为点定位，各轴的运动互不相关，即起点与终点之间的轨迹可能是直线，也可能是折线。具体由机床的参数进行设定。

（2）用于该指令为点定位，因此，一定不能用于切削加工。

（3）快速移动的速度在机床参数中对各轴分别设定，不受当前 F 值的影响，但通过机床操作面板上的“进给倍率”旋钮可以对速度进行控制。

（4）用于该指令的运动方式可能为折线，因此，在使用时应避免发生碰撞现象（由于是快速运动，一旦方式碰撞事故，将对机床的精度或性能造成严重的影响）。为避免发生碰撞，在编程时最好将各轴的移动单列一行（如：当刀具加工完成后，需要离开工件时，先移动 X 坐标，使刀具退出工件后，再移动 Z 坐标）。

2. 直线插补 G01

功能：刀具以联动的方式，按 F 规定的合成进给速度，从当前位置按线性路线（联动直线轴的合成轨迹为直线）移动到程序段指令的终点。

格式：G01 X(U)__Z(W)__F__；其中 X、Z 表示终点的绝对坐标值，U、W 表示终点相对于起点的增量坐标值，F 表示进给速度。

说明：

（1）程序第一次使用 G01 时，必须指定 F 值，否则系统会报警或者以 G00 的速度移动到程序指定的终点坐标。这将会造成非常严重的安全事故；

（2）F 所指定的速度要受进给倍率的控制，即实际进给速度 = F × 进给倍率。

3. 圆弧插补 G02（G03）

功能：刀具按 F 规定的合成进给速度进行圆弧运动。

格式：G02（G03）X(U)__Z(W)__R__F__；或 G02（G03）X(U)__Z(W)__I__K__F__；其中 G02 表示顺时针圆弧插补，G03 表示逆时针圆弧插补，X、Z 表示终点的绝对坐标值，U、W 表示终点相对于起点的增量坐标值，R 表示圆弧半径，I、K 表示从圆弧起点运动到圆心在 X 轴和 Z 轴上的投影距离，F 表示进给速度。

1）G02 和 G03 的判断

观察者从 Y 轴正方向往负方向所在的加工平面内，根据其插补时的旋转方向为顺时针/

逆时针来区分的,如图 8-7 所示。

2)I、K 的确定(如图 8-8 所示)

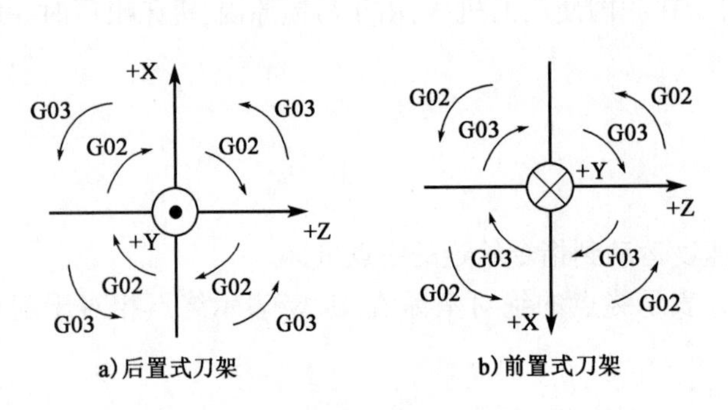

图 8-7 刀架位置与圆弧顺、逆的判断

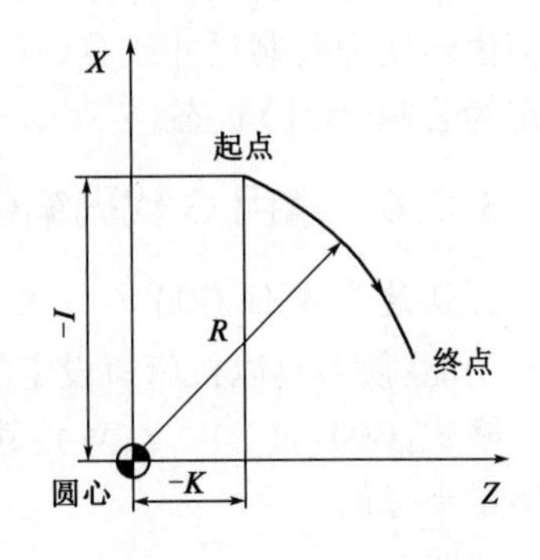

图 8-8 圆弧参数 I、K 的确定

8.2.7 数控车床编程技巧

1. 灵活设置进刀点

进刀点是刀具以快速进给变为切削进给的点。进刀点是编程中一个非常重要的概念,每执行完一次自动循环,刀具都必须返回到这个位置,准备下一次循环。然而,进刀点的实际位置并不是固定不变的,编程人员可以根据零件的直径、所用刀具的种类、数量来调整进刀点的位置,达到缩短刀具空行程、提高生产效率的目的。

2. 合理规划刀具路线

刀具路线决定着零件的加工时间,进而决定着加工的成本。而合理规划刀具路线的前提有两点:读懂零件图和扎实的制造工艺知识。刀具路线没有标准答案,只有符合现场实际情况的刀具路线才是最合理的路线。因此,作为一个合格的数控编程者必须亲临现场,在考察现有工艺条件后,才能进行编程、试运行、程序调试、试切削、程序调试、产品加工合格、程序优化定稿等环节,以上环节缺一不可,特别是对于批量加工的零件。

3. 化零为整法

对于短轴、销等零件,为避免机床主轴拖板在床身导轨局部频繁往复,造成机床导轨局部过度磨损,在编程过程中,可在主程序中一次加工多个工件的外形尺寸,然后用子程序方式执行切断动作。

4. 优化参数、提高刀具寿命

由于零件结构的千变万化,有可能导致刀具切削负荷的不平衡,或由于自身几何形状的差异导致不同刀具在刚度、强度方面存在较大差异,例如:外圆刀与切断刀之间,粗车刀与精车刀之间,如果在编程时不考虑这些差异,用强度、刚度弱的刀具承受较大的切削载荷,就会导致刀具的非正常磨损甚至损坏,从而使零件的加工质量达不到要求。因此,编程时必须分析零件结构,灵活选用合理的刀具型号和切削用量,达到减少更换刀具或磨刀的次数,从而提高刀具寿命。

8.3　数控车床工艺基础

8.3.1　数控车床编程加工工艺

1. 确定工件的加工部位和具体内容

确定被加工工件需在本机床上完成的工序内容及其与前后工序的联系,特别是工件在本工序加工之前的毛坯情况(如:热处理状态、结构形状、各部位余量、本工序需要前道工序加工出的基准等),为了便于编制工艺和程序,应绘制出本工序加工前的毛坯图和本工序的加工图。

2. 确定工件的装夹方式与设计夹具

根据已确定的工件加工部位、定位基准和夹紧要求来选用或设计夹具。数控车床一般采用三爪卡盘装夹工件,但根据机床的配置不同,通常有普通的三爪卡盘、液压卡盘(通过调整油缸压力,可改变卡盘夹紧力,以满足夹持各种薄壁和易变形工件的特殊需要)、软爪(软爪弧面由操作者随零件尺寸自行加工,可获得理想的夹持精度)和液压自动定心中心架(能有效减少细长轴加工时的受力变形,提高加工精度)。

3. 确定加工方案

在数控机床加工过程中,由于加工对象复杂多样,特别是轮廓曲线的形状与位置,加上材料和生产批量不同等多方面因素的影响,在对具体零件制定加工方案时,应该进行具体分析和区别对待、灵活处理,只有这样才能使所制定的加工方案合理,从而达到提高产品性价比的目的。

制定加工方案的一般原则为:先粗后精、先近后远、先内后外、程序段最少以及走刀路线最短等。

1)先粗后精

为了提高生产效率并保证零件的精加工质量,在切削加工时,应先安排粗加工工序,在较短的时间内,将精加工前大量的加工余量去掉(如图8-9所示),同时,尽量满足精加工的余量均匀性要求。

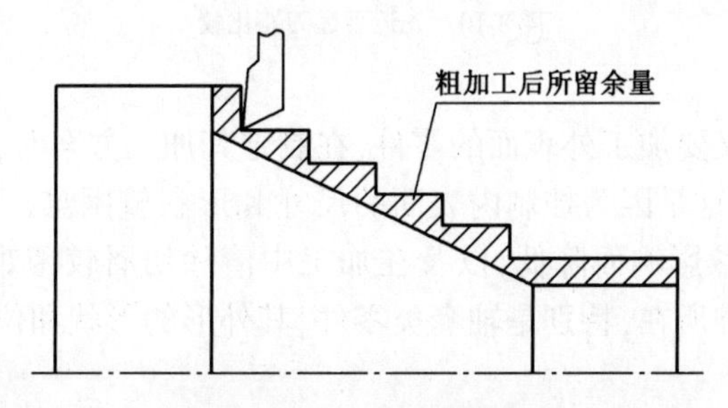

图8-9　粗加工阶梯切削法

当粗加工工序安排完后,应接着安排换刀后进行的半精加工和精加工。其中,安排半精加工的目的是:当粗加工后所留余量的均匀性满足不了精加工要求时,则可安排半精加工作为过渡性工序,以便使精加工余量小而均匀。

在安排可以一刀或多刀进行的精加工工序时，其零件的最终轮廓应由最后一刀连续加工而成。这时，加工刀具的进退刀位置要考虑妥当，尽量不要在连续的轮廓中安排切入和切出或换刀及停顿，以免因切削力突然变化而造成弹性变形，致使光滑连接轮廓上产生表面划伤、形状突变或滞留刀痕等瑕疵。

2）先近后远

所谓的远与近，是按加工部位相对于对刀点的距离大小而言的。在一般情况下，特别是在粗加工时，通常安排离对刀点近的部位先加工，离对刀点远的部位后加工，以便缩短刀具移动距离，减少空行程时间。对于车削加工，先近后远有利于保持毛坯件或半成品件的刚性，改善其切削条件。

如图 8-10a）所示为先远后近，图 8-10b）、c）、d）所示为先近后远。从后者可以看出，其走刀路径的空行程更少；从加工顺序图则可以看出后者工件的刚性更好。

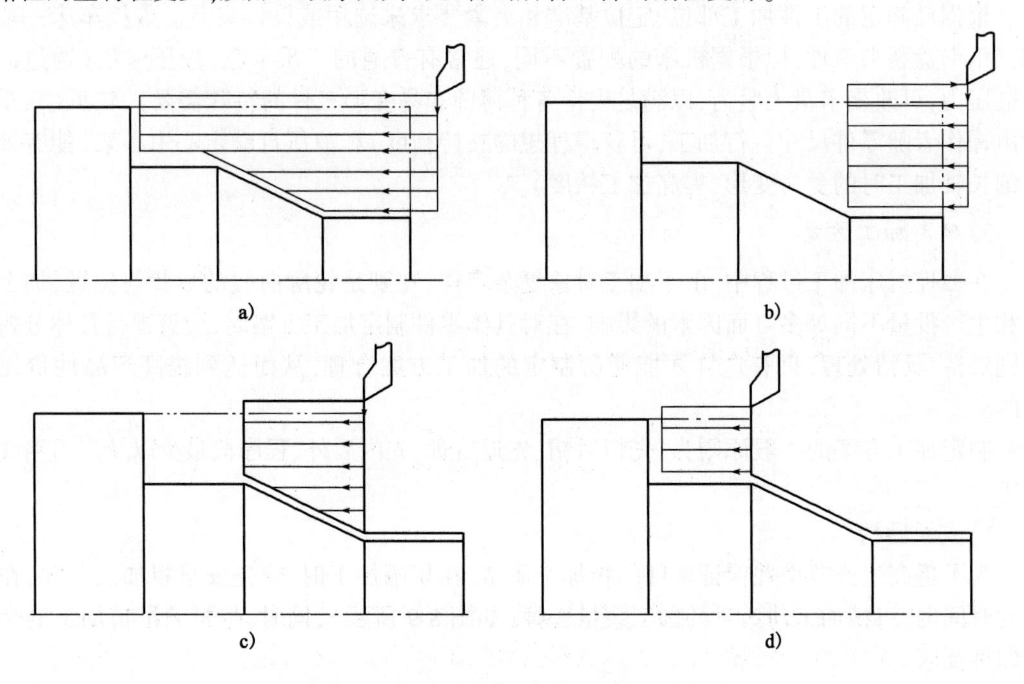

图 8-10　先近后远刀路比较

3）先内后外

对既要加工内表面又要加工外表面的零件，在制定其加工方案时，通常应安排先加工内型和内腔，后加工外表面。这是因为控制内表面的尺寸和形状较困难，刀具刚性相应较差，刀尖（刃）的耐用度易受切削热影响而降低，以及在加工中清除切屑较困难等；另外一个重要原因就是内孔往往是设计基准所在，特别是轴套类零件，其外形的形状和位置公差均是以内孔作为基准。

4）走刀路线最短

确定走刀路线的工作重点主要是确定粗加工及空行程的走刀路线，而精加工切削过程的走刀路线基本上都是沿其零件轮廓顺序进行的。

走刀路线泛指刀具从对刀点（或机床固定原点）开始运动，直至返回该点并结束加工程序所经过的路径,包括切削加工的路径及刀具切入、切出等非切削空行程。

在保证加工质量的前提下,使加工程序具有最短的走刀路线,不仅可以节省整个加工过程的执行时间,还能减少一些不必要的刀具消耗及机床进给机构运动部件的磨损等。

优化工艺方案除了依靠大量的实践经验外,还应善于分析,必要时可辅以一些统计计算。

上述原则并不是一成不变的,对于某些特殊情况,则需要采取灵活可变的方案。

8.3.2 数控车削零件图工艺分析

在设计零件的加工工艺规程时,首先要对加工对象进行深入分析。对于数控车削加工应考虑以下几方面:

1. 构成零件轮廓的几何条件

在车削加工中手工编程时,要计算每个节点坐标;在自动编程时,要对构成零件轮廓所有几何元素进行定义。因此在分析零件图时应注意:

(1)零件图上是否漏掉某尺寸,使其几何条件不充分,影响到零件轮廓的构成。

(2)零件图上的图线位置是否模糊或尺寸标注不清,使编程无法下手。

(3)零件图上给定的几何条件是否不合理,造成数学处理困难。

(4)零件图上尺寸标注方法应适应数控车床加工的特点,最好以同一基准标注尺寸或直接给出坐标尺寸。

2. 尺寸精度要求

分析零件图样尺寸精度的要求,以判断能否利用车削工艺达到,并确定控制尺寸精度的工艺方法。

在该项分析过程中,还可以同时进行一些尺寸的换算,如增量尺寸与绝对尺寸及尺寸链计算等。在利用数控车床车削零件时,常常对零件要求的尺寸取最大和最小极限尺寸的平均值作为编程的尺寸依据。

3. 形状和位置精度的要求

零件图样上给定的形状和位置公差是保证零件精度的重要依据。加工时,要按照其要求确定零件的定位基准和测量基准,还可以根据数控车床的特殊需要进行一些技术性处理,以便有效地控制零件的形状和位置精度。

4. 表面粗糙度要求

表面粗糙度是保证零件表面微观精度的重要要求,也是合理选择数控车床、刀具及确定切削用量的依据。

5. 材料与热处理要求

零件图样上给定的材料与热处理要求,是选择刀具、数控车床型号、确定切削用量的依据。

8.3.3 数控车床常用刀具及选择

1. 数控车床常用刀具

数控机床使用的刀具功能虽与普通机床区别不大,但其结构形式有非常大的区别,主要使用机夹可转位的刀体并配各种形状和材料的硬质合金、陶瓷、立方氮化硼和金刚石等刀片。这些刀片具有更换快捷、转位精度高和刀具寿命更长等优点，以体现数控机床加工的高效率和高精度，图 8-11 ~ 图 8-14 列出了某刀具厂家的部分车刀。

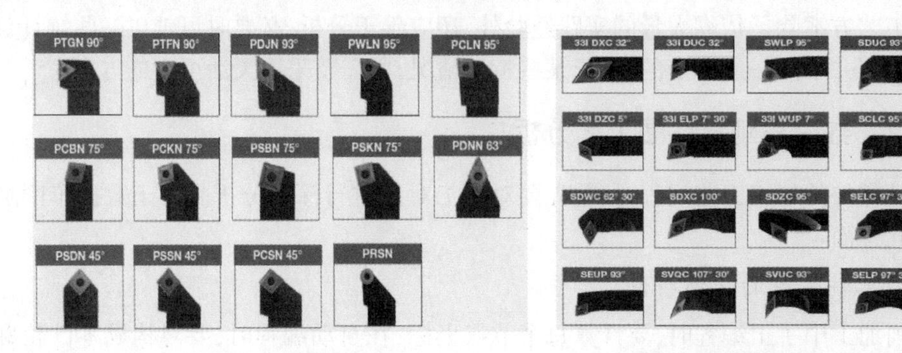

图 8-11 外圆车刀　　　　图 8-12 内孔车刀

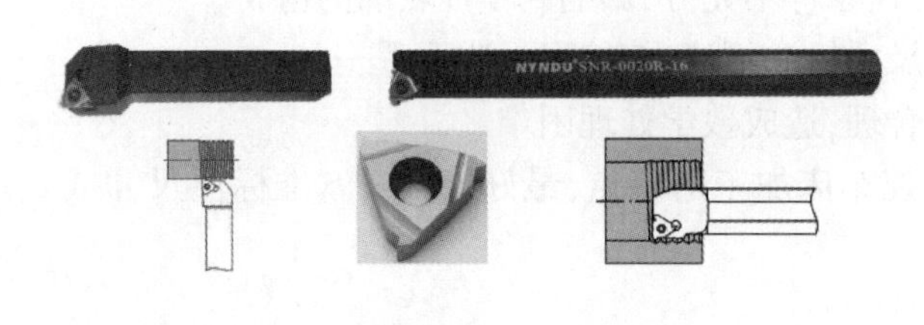

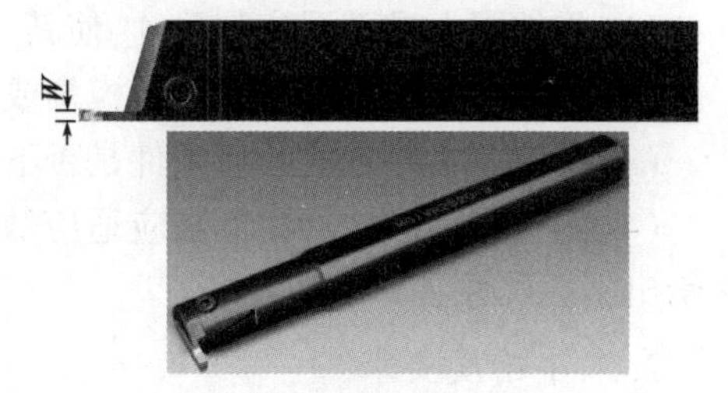

图 8-13 螺纹车刀　　　　图 8-14 切断(槽)车刀

2. 刀具选择

根据数控车床回转刀架的刀具安装尺寸、工件材料、加工类型、加工要求及各种加工条件等因素，使用者可从相关刀具厂家的产品样本中进行选择，其选择的步骤主要如下：

(1) 确定工件材料和加工类型(外圆、孔、螺纹或其他结构)。

(2) 根据粗、精加工要求和加工条件确定刀片的牌号和几何槽形。

(3) 从相应的刀片资料中查找切削用量的推荐值。

(4) 根据刀架尺寸、刀片类型和尺寸选择刀杆。

图 8-15 ~ 图 8-18 列出了某刀具厂家的部分参数。

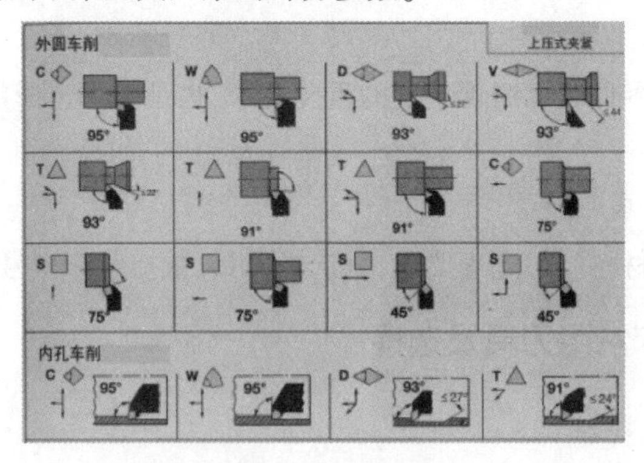

图 8-15 加工类型

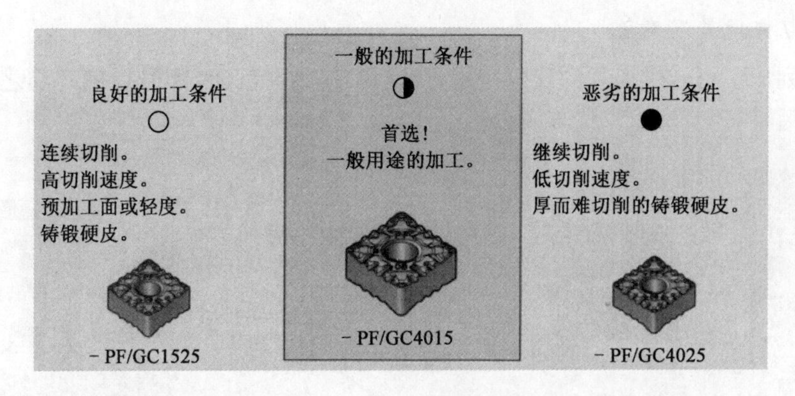

图8-16　刀片的牌号和几何槽形

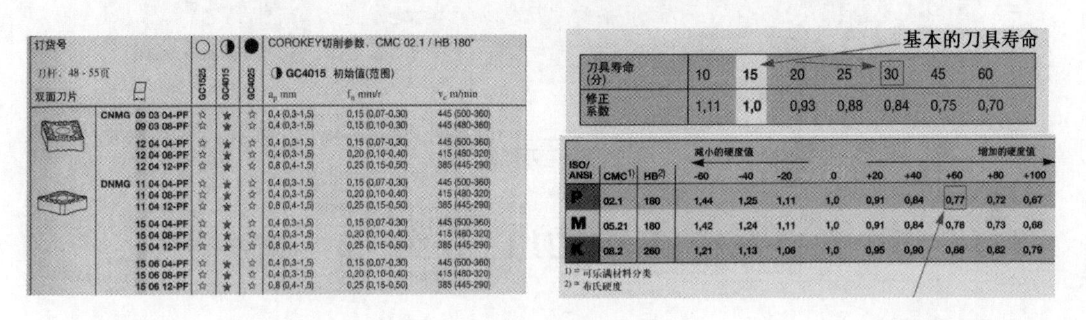

订货号 刀杆，48-55页 双面刀片		GC1525 ○	GC4015 ◑	GC4025 ●	COROKEY切削参数，CMC 02.1 / HB 180° ◑ GC4015 初始值(范围) a_p mm	f_n mm/r	v_c m/min
CNMG	09 03 04-PF	☆	★	☆	0,4 (0,3-1,5)	0,15 (0,07-0,30)	445 (500-360)
	09 03 08-PF	☆	★	☆	0,4 (0,3-1,5)	0,15 (0,10-0,30)	445 (480-360)
	12 04 04-PF	☆	★	☆	0,4 (0,3-1,5)	0,15 (0,07-0,30)	445 (500-360)
	12 04 08-PF	☆	★	☆	0,4 (0,3-1,5)	0,20 (0,10-0,40)	415 (480-320)
	12 04 12-PF	☆	★	☆	0,8 (0,4-1,5)	0,25 (0,15-0,50)	385 (445-290)
DNMG	11 04 04-PF	☆	★	☆	0,4 (0,3-1,5)	0,15 (0,07-0,30)	445 (500-360)
	11 04 08-PF	☆	★	☆	0,4 (0,3-1,5)	0,20 (0,10-0,40)	415 (480-320)
	11 04 12-PF	☆	★	☆	0,8 (0,4-1,5)	0,25 (0,15-0,50)	385 (445-290)
	15 04 04-PF	☆	★	☆	0,4 (0,3-1,5)	0,15 (0,07-0,30)	445 (500-360)
	15 04 08-PF	☆	★	☆	0,4 (0,3-1,5)	0,20 (0,10-0,40)	415 (480-320)
	15 04 12-PF	☆	★	☆	0,8 (0,4-1,5)	0,25 (0,15-0,50)	385 (445-290)
	15 06 04-PF	☆	★	☆	0,4 (0,3-1,5)	0,15 (0,07-0,30)	445 (500-360)
	15 06 08-PF	☆	★	☆	0,4 (0,3-1,5)	0,20 (0,10-0,40)	415 (480-320)
	15 06 12-PF	☆	★	☆	0,8 (0,4-1,5)	0,25 (0,15-0,50)	385 (445-290)

基本的刀具寿命

刀具寿命(分)	10	15	20	25	30	45	60
修正系数	1,11	1,0	0,93	0,88	0,84	0,75	0,70

ISO/ANSI	CMC[1]	HB[2]	减小的硬度值 -60	-40	-20	0	增加的硬度值 +20	+40	+60	+80	+100
P	02.1	180	1,44	1,25	1,11	1,0	0,91	0,84	0,77	0,72	0,67
M	05.21	180	1,42	1,24	1,11	1,0	0,91	0,84	0,78	0,73	0,68
K	08.2	260	1,21	1,13	1,06	1,0	0,95	0,90	0,86	0,82	0,79

1) = 可乐满材料分类
2) = 布氏硬度

图8-17　切削用量及修正系数

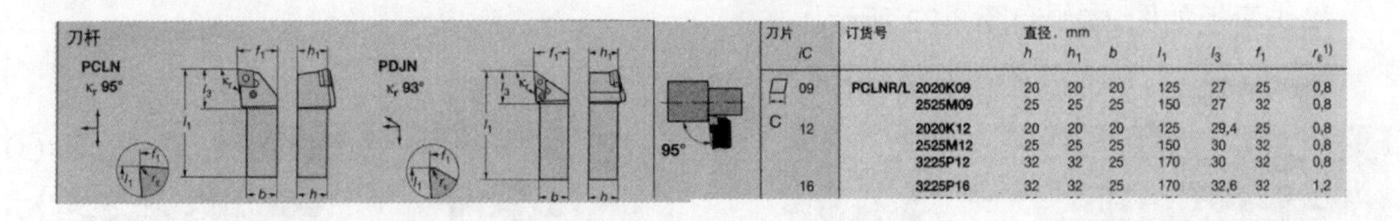

刀片	iC	订货号		直径，mm h	h_1	b	l_1	l_3	f_1	r_ε[1]
C	09	PCLNR/L	2020K09	20	20	20	125	27	25	0,8
			2525M09	25	25	25	150	27	32	0,8
	12		2020K12	20	20	20	125	29,4	25	0,8
			2525M12	25	25	25	150	30	32	0,8
			3225P12	32	32	25	170	30	32	0,8
	16		3225P16	32	32	25	170	32,6	32	1,2

图8-18　刀杆选择

3. 常用刀片代号及意义

图8-19列出了可转位刀片的代码表示方法,可供选择刀片型号时参考。

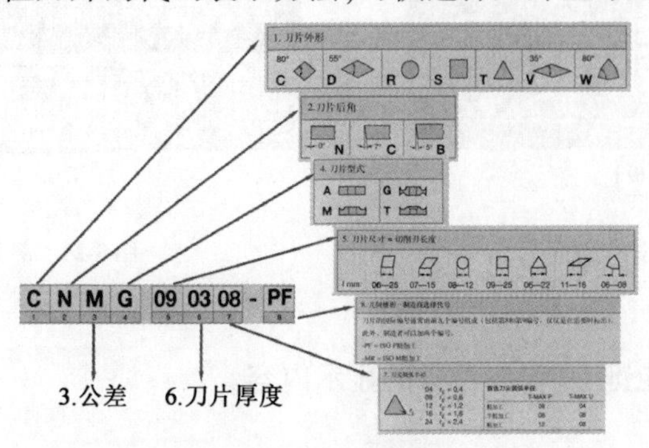

图8-19　刀片代号及意义

4. 常用刀杆代号及意义

图 8-20 列出了可转位刀片的代码表示方法,可在选择完刀片型号后确定与之相配的刀杆时参考。

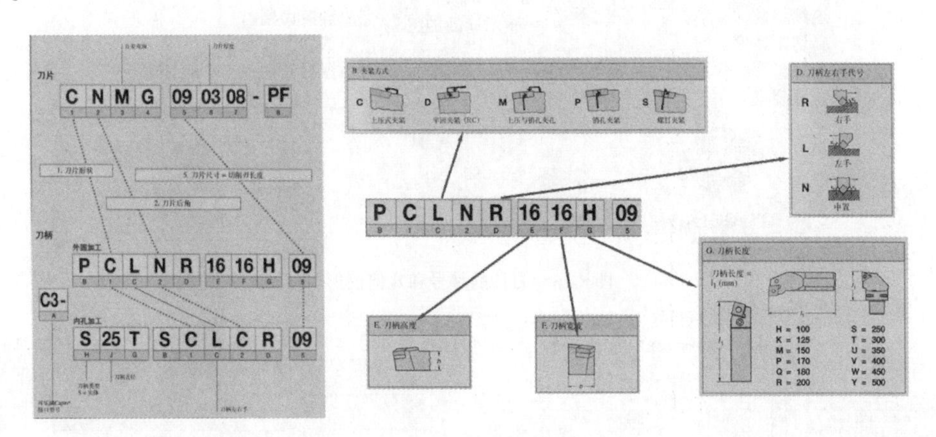

图 8-20 刀杆代号

8.4 华中数控系统(HNC-21T)介绍

8.4.1 操作面板介绍

操作面板如图 8-21 和图 8-22 所示。

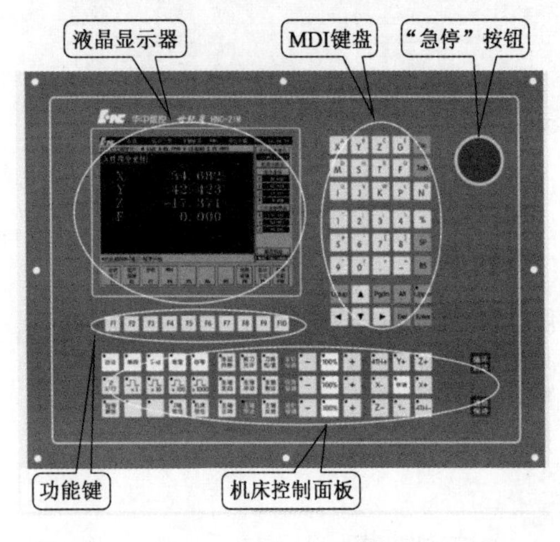

图 8-21 HNC-21T 操作面板

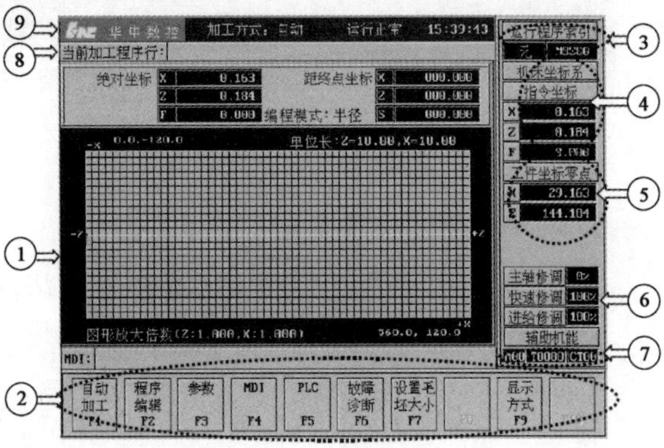

图 8-22 部分操作界面

1)图形显示窗口

可以根据需要用功能键 F9 设置窗口的显示内容。

2)菜单命令条

通过菜单命令条中的功能键 F1 ~ F10 来完成系统功能的操作。

3)运行程序索引

自动加工中的程序名和当前程序段行号。

4)选定坐标系下的坐标值

坐标系可在机床坐标系/工件坐标系/相对坐标系之间切换。

显示值可在指令位置/实际位置/剩余进给/跟踪误差。

5)工件坐标零点

工件坐标系零点在机床坐标系下的坐标。

6)倍率修调

主轴修调:当前主轴修调倍率。

进给修调:当前进给修调倍率。

快速修调:当前快进修调倍率。

7)辅助机能

自动加工中的 M、S、T 代码。

8)当前加工程序行

当前正在或将要加工的程序段。

9)当前加工方式系统运行状态及当前时间

工作方式:系统工作方式根据机床控制面板上相应按键的状态可在自动、单段、手动、增量、回零、急停、复位等之间切换。

运行状态:系统工作状态在"运行正常"和"出错"间切换。

操作界面中最重要的一块是菜单命令条。系统功能的操作主要通过菜单命令条中的功能键 F1 ~ F10 来完成。由于每个功能包括不同的操作,菜单采用层次结构,即在主菜单下选择一个菜单项后,数控装置会显示该功能下的子菜单,用户可根据该子菜单的内容选择所需的操作,如图 8-23 所示。

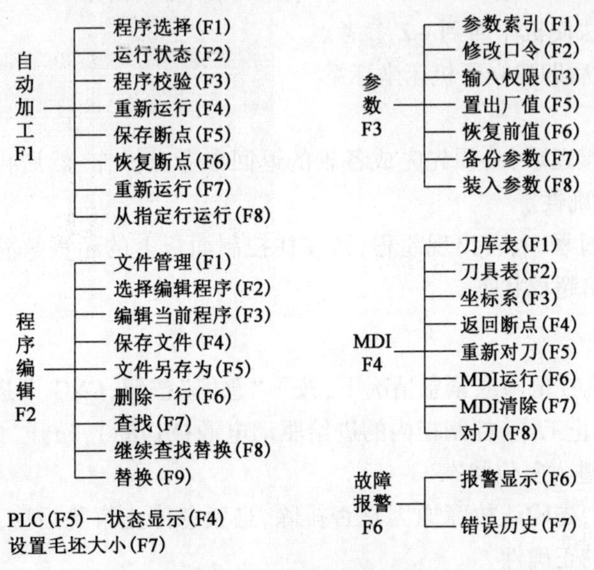

图 8-23　HNC-21T 功能菜单结构

8.4.2 基本操作介绍

1. 上电

(1)检查机床状态是否正常;

(2)检查电源电压是否符合要求接线是否正确;

(3)按下急停按钮;

(4)机床上电;

(5)数控上电;

(6)检查风扇电机运转是否正常;

(7)检查面板上的指示灯是否正常。

接通数控装置电源后 HNC-21T 自动运行系统软件,此时液晶显示器显示如图 8-21 所示,为系统上电屏幕软件操作界面,工作方式为急停。

2. 复位

系统上电进入软件操作界面时,系统的工作方式为急停。为控制系统运行,需左旋并拔起操作台右上角的"急停"按钮,使系统复位,并接通伺服电源。系统默认进入"回参考点"方式。软件操作界面的工作方式变为"回零"。

3. 返回机床参考点

控制机床运动的前提是建立机床坐标系,为此,系统接通电源,复位后首先应进行机床各轴回参考点,操作方法如下:

(1)如果系统显示的当前工作方式不是"回零"方式,则需按下控制面板上面的"回零"按键,确保系统处于"回零"方式。

(2)按一下"+X",使机床回到+X 参考点,同时,按键内的指示灯亮。

(3)用同样的方法使机床回到+Z 参考点。

所有轴回参考点后即建立了机床坐标系。

注意:

(1)在每次电源接通后,必须先完成各轴的返回参考点操作,然后再进入其他运行方式,以确保各轴坐标的正确性。

(4)在回参考点过程中,若出现超程,请按住控制面板上的超程解除按键,向相反方向手动移动该轴,使其退出超程状态。

4. 急停

机床运行过程中,在危险或紧急情况下,按下"急停"按钮,CNC 即进入急停状态,伺服进给及主轴运转立即停止工作(控制柜内的进给驱动电源被切断),松开"急停"按钮(左旋此按钮,自动跳起),CNC 进入复位状态。

解除紧急停止前,先确认故障原因是否排除,且紧急停止解除后应重新执行回参考点操作,以确保坐标位置的正确性。

在上电和关机之前应按下"急停"按钮,以减少电网对设备的冲击。

5. 超程解除

在伺服轴行程的两端各有一个极限开关,作用是防止伺服机构碰撞而损坏。每当伺服机构碰到行程极限开关时就会出现超程,当某轴出现超程(超程解除按键内指示灯亮)时,系统视其状况为紧急停止,要退出超程状态时,必须按以下步骤操作:

(1)松开“急停”按钮,置工作方式为“手动”;

(2)一直按压着“超程解除”按键(控制器会暂时忽略超程的紧急情况);

(3)在“手动”方式下,使该轴向相反方向退出超程状态;

(4)松开“超程解除”按键。

若显示屏上运行状态栏“运行正常”取代了“出错”,表示恢复正常,可以继续操作。

操作注意事项:

在操作机床退出超程状态时,请务必注意移动方向及移动速率,以免发生撞机现象。

6. 关机

(1)按下控制面板上的急停按钮断开伺服电源;

(2)断开数控电源;

(3)断开机床电源。

7. 对刀与刀具偏置设定

(1)在 MDI 功能子菜单下按 F8 键进入刀具偏置值设置方式,如图 8-24 所示;

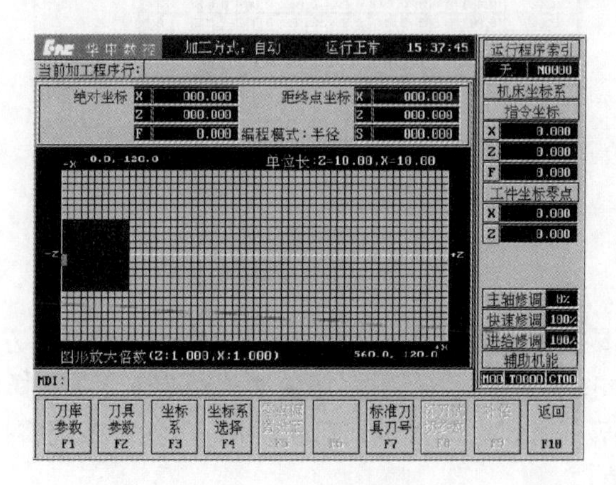

图 8-24　自动数据设置

(2)按 F7 键弹出如图 8-25 所示输入框,输入正确的标准刀具刀号;

图 8-25　输入标准刀具刀号

(3)使用标准刀具试切工件外径,然后沿着 Z 轴方向退刀;

(4)按 F8 键弹出如图 8-26 所示对话框,用▲▼键移动蓝色亮条选择“标准刀具 X 值”,按

Enter 键弹出如图 8-27 所示输入框,输入试切后工件的直径值(直径编程),系统将自动记录试切后标准刀具 X 轴机床坐标值;

标准刀具X值

标准刀具Z值

图 8-26 选择刀具偏置方向　　图 8-27 输入试切后工件的直径值

(5)使用标准刀具试切工件端面,然后沿着 X 轴方向退刀;

(6)按 F8 键弹出如图 8-26 所示对话框,用▲▼移动蓝色亮条选择"标准刀具 Z 值",按 Enter 键,系统将自动记录试切后标准刀具 Z 轴机床坐标值;

(7)按 F2 键弹出如图 8-28 所示刀具偏置设置界面,用▲▼移动蓝色亮条选择要设置的刀具偏置值;

华中数控　加工方式:自动　运行正常　10:08:14

当前加工程序行:g92x280z250

刀补表:

刀补号	X几何	Z几何	X偏置	Z偏置	X磨损	Z磨损	半径	刀尖
#XX00	2.000	2.000	0.000	0.000	0.000	0.000	0.000	8
#XX01	0.000	0.000	0.000	0.000	0.000	0.000	1.000	1
#XX02	0.000	0.000	0.000	76.923	0.000	0.000	-1.000	0
#XX03	0.000	0.000	0.000	0.000	0.000	0.000	3.000	0
#XX04	0.000	0.000	0.000	0.000	0.000	0.000	0.000	0
#XX05	0.000	0.000	0.000	0.000	0.000	0.000	-1.000	0
#XX06	0.000	0.000	0.000	0.000	0.000	0.000	0.000	0
#XX07	0.000	0.000	0.000	0.000	0.000	0.000	0.000	0
#XX08	0.000	0.000	0.000	0.000	0.000	0.000	-1.000	0
#XX09	0.000	0.000	0.000	0.000	0.000	0.000	0.000	0
#XX10	0.000	0.000	0.000	0.000	0.000	0.000	0.000	0
#XX11	0.000	0.000	0.000	0.000	0.000	0.000	0.000	0
#XX12	0.000	0.000	0.000	0.000	0.000	0.000	0.000	0
#XX13	0.000	0.000	0.000	0.000	0.000	0.000	0.000	0

MDI:

运行程序索引　01034.　L00001

机床坐标系

指令坐标

X 197.400

Z 130.123

F 0.000

工件坐标零点

X -272.000

Z -130.000

主轴修调 0%

快速修调 100%

进给修调 100%

辅助机能

M03 T0000 CT00

返回 F10

图 8-28 刀具偏置设置界面

(8)使用需设置刀具偏置值的刀具试切工件外径,然后沿着 Z 轴方向退刀;

(9)按 F9 键弹出如图 8-29 所示对话框,用▲▼移动蓝色亮条选择"X 轴补偿",按 Enter 键弹出如图 8-27 所示输入框,输入试切后工件的直径值,系统将自动计算并保存该刀相对标准刀的 X 轴偏置值;

(10)使用需设置刀具偏置值的刀具试切工件端面然后沿着 X 轴方向退刀,按 F9 键弹出如图 8-29 所示对话框,用▲▼移动蓝色亮条选择"Z 轴补偿",按 Enter 键弹出如图 8-30 所示输入框,输入试切端面到标准刀具试切端面 Z 轴的距离,系统将自动计算并保存该刀相对标准刀的 Z 轴偏置值。

图 8-29 选择刀具补偿方向　　图 8-30 当前刀具与基准刀 Z 方向距离设置对话框

注意：

(1)如果已知该刀的刀偏值,则可以手动输入数据值;

(2)刀具的磨损补偿需要手动输入

8.4.3　手动操作介绍

机床手动操作主要由手摇脉冲发生器(如图8-31所示)和机床控制面板(如图8-32所示)共同完成。

图8-31　手摇脉冲发生器

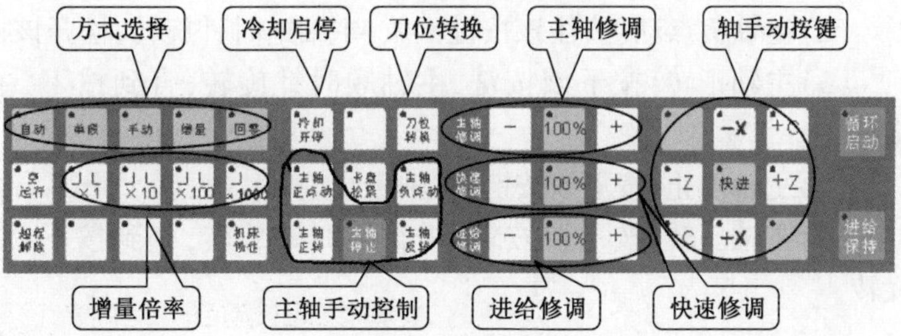

图8-32　机床控制面板

1. 方式选择

该区域有:自动、单段、手动、增量、回零和空运行六种方式。

(1)自动方式:该方式下将机床内存中某一存储的程序调入到自动执行环境下并运行。

(2)单段方式:在自动方式下,为保证加工的安全性(特别是首次执行的程序),选择该方式。此时,机床在执行一行程序后将暂停,操作者在观察下一程序行无误后,按下“循环启动”按钮,程序在执行下一行程序后又将暂停,如此循环,直至程序结束。

(3)手动方式:该方式主要用在自动加工前的机床调整、对刀操作、坐标系设定等。

(4)增量方式:该方式为手动方式的一种,配合“增量倍率”按钮,可使机床各坐标轴按照所选择的步距进行移动。

(5)回零方式:该方式为机床上电后需做的第一个操作,执行该操作后,机床才能建立机床坐标系,并使各坐标轴的机械值置零。当然,有的机床不需要进行回零操作,具体情况请查阅相关操作说明书。

(6)空运行方式:在程序校验时,为使程序快速运行并通过图形观察其正确性,但有不能让机床进行实质上的运动,就可以选择该方式。

2. 增量倍率

该区域有:×1、×10、×100、×1000四个档位,其单位为μm,即对应轴的移动量分别为:0.001mm、0.01mm、0.1mm、1mm。

“增量倍率”按键应配合“轴手动按键”使用,以使机床能按照操作者所选择的轴的方向增量移动选择的位移量。

3. 冷却启停

该按键控制机床在手动状态下冷却液的开与关。在机床“自动”运行状态下,可分别通过指令(M08、M09)控制冷却液的开与关。

4. 刀位转换

该按键控制机床在手动状态下选择刀架上的刀具。按一下该按键,电动刀架顺时针转动一个刀位。在机床“自动”运行状态下,可通过T指令选择刀具。

5. 主轴手动控制

该区域有:主轴正点动、主轴负点动、主轴正转、主轴停止、主轴反转五个功能按键。

(1)主轴正点动:按住该按键不放,主轴顺时针旋转;松开该按键,主轴停止。

(2)主轴负点动:按住该按键不放,主轴逆时针旋转;松开该按键,主轴停止。

(3)主轴正转:按下该按键,主轴顺时针旋转,直到按下“主轴停止”按键,主轴才停止旋转。

(4)主轴停止:按下该按键,主轴停止旋转。

(5)主轴反转:按下该按键,主轴逆时针旋转,直到按下“主轴停止”按键,主轴才停止旋转。

6. 主轴、快速、进给修调

这三个修调功能均有“-、100%、+”三个按键,“-”使档位下降一个等级;“100%”使档位达到“100%”;“+”使档位增加一个等级。

(1)主轴修调:档位变化范围10%~150%,以10%递增。

(2)快速修调:档位变化范围0%~100%,以10%递增。

(3)进给修调:档位变化范围0%、1%、2%、4%、7%、10%~150%,10%以后以10%递增。

7. 轴手动按键

该区域为手动控制轴移动的按键,对于普通数控车床只有“+X、-X、+Z、-Z”四个方向键起作用。如果单按其中一个按键,则轴的移动速度与“进给修调”的档位选择有关;如果按“快进”+四个方向键的一个,则机床以快进的速度移动,其速度仍然与“快速修调”的档位有关。

8.5 典型数控车床零件工艺分析及编程

8.5.1 综合类零件的工艺处理及编程实例一

1. 轴套类零件的特点

轴套类零件一般由内、外圆柱面、端面、台阶孔、沟槽等组成(图8-33)。其结构特点是:

(1)内、外表面的同轴度要求比较高,以内孔结构为主。

(2)零件壁较薄,容易引起装夹变形或加工变形。

2. 工艺分析

1)主要技术要求

内外圆同轴度公差为0.02mm;端面对ϕ18孔轴线垂直度公差为0.02mm。

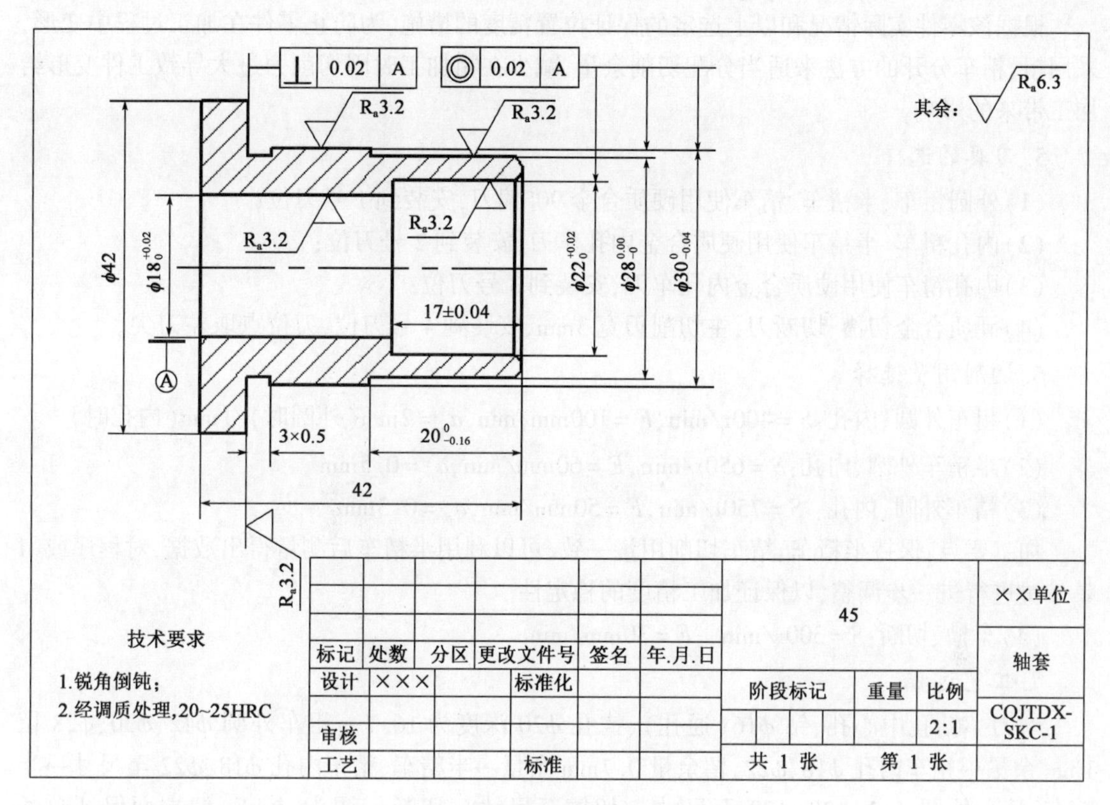

图 8-33　轴套类零件加工实例

2)毛坯选择

根据零件材料及几何形状,选择毛坯为 $\phi45\times70$mm 的 45 钢。

3. 位置精度的保证措施

内外表面的同轴度及端面与轴线的垂直度的一般保证方法。

(1)在一次装夹中完成内外表面及端面的全部加工,定位精度较高,加工效率较高,但不适于尺寸较大的套筒。

(2)先精加工外圆,再以外圆为精基准加工内孔。采用三爪自动定心卡盘装夹,工件装夹迅速可靠,但定位精度较低。可采用软爪卡盘或弹簧套筒装夹,以获得较高的同轴度,且不易伤害工件表面。

(3)先精加工内孔,再用心轴装夹,精加工外表面。

由于该零件是单件加工,根据图纸的技术要求及毛坯等实际情况,该工件的加工方式选择第一种。如果为批量加工,则最好选择第三种方式。

4. 防止变形的措施

轴套类零件加工过程中容易变形,防止变形的方法一般有:

(1)粗、精车分开;

(2)采用过渡套、弹簧套、软爪卡盘、弹簧套筒或采用专用夹具轴向夹紧;

(3)将热处理安排在粗、精加工之间,并将精加工余量适当增加。

根据该零件实际情况和以上选定的保证位置精度的措施,为防止零件在加工过程中变形,采用粗、精车分开的方法来适当分配切削余量,减少在粗加工时因切削力过大导致工件变形给加工带来的影响。

5. 刀具的选择

(1)外圆粗车、半精车、精车使用硬质合金90°偏刀,安装到1号刀位;

(2)内孔粗车、半精车使用硬质合金内孔车刀,安装到2号刀位;

(3)内孔精车使用硬质合金内孔车刀,安装到3号刀位;

(4)硬质合金切槽、切断刀,主切削刃宽3mm,安装到4号刀位,刀位点取左刀尖。

6. 切削用量选择

(1)粗车外圆、内孔:$S=400$r/min,$F=100$mm/min,$a_p=2$mm(外圆时)/1mm(内孔时)

(2)半精车外圆、内孔:$S=650$r/min,$F=60$mm/min,$a_p=0.5$mm

(3)精车外圆、内孔: $S=750$r/min,$F=50$mm/min,$a_p=0.3$mm

加工要点:保持半精车、精车切削用量一致,可以利用半精车后测量得出数据,对程序或刀具偏置进行进一步调整,以保证加工精度的稳定性。

(4)车槽、切断:$S=300$r/min $F=30$mm/min

7. 工艺过程

对刀→钻孔中心孔、钻$\phi16$(通孔)、锪孔$\phi20$深度为16.7→粗车外圆$\phi42$、$\phi30$、$\phi28$留1mm余量→粗车内孔$\phi18$、$\phi22$,留余量0.7mm余量→半精车、精车内孔$\phi18$、$\phi22$至尺寸→半精车、精车外圆$\phi42$、$\phi30$、$\phi28$至尺寸→切槽至尺寸→切断→调头、校正、偏端面保证总长42mm、倒角。

在半精车后要测量尺寸并及时修改调整刀具偏置,必要时调整程序才能进行精加工。

8. 程序清单及说明

	O0001	程序号(粗加工外圆、内孔)
	M06 T0101	换1号刀,调用1号刀补
	M03 S400	主轴正转,转速400r/min
	G00 X47 Z30	快速移动到中间点
	G1 Z0 F300	以300mm/min的速度移动到Z0
	X-1 F100	以100mm/min的速度偏端面
	Z1	退刀
	X47	到循环起点
	G71 U1 R0.5 P1 Q2 X0.6 Z0.2 F100	外圆粗车复合循环
N1	G0 X24	描述最终轨迹的程序
	G01 X28 Z-1 F60	
	Z-20	
	X30	
	Z-36	

	X42	描述最终轨迹的程序
N2	Z-47	
	X47	退刀
	G0 X80 Z100	回换刀点
	M06 T0202	换内孔车刀
	X15 Z30	快速移动到中间点
	Z1 F100	移动到循环起点
	G80 X17 Z-43 F60	内孔粗车单一循环
	X17.4	
	X18 Z-16.8	
	X19	
	X20	
	X21	
	X21.4	
	G0 X80 Z100	回换刀点
	M5	主轴停止
	M30	程序结束

O0002	程序号(内外形精加工、切槽、切断)
M06 T0303	换 3 号刀,调用 3 号刀补
M03 S750	主轴正转,转速 750r/min
G0 X21 Z30	快速移动到中间点
Z1 F100	移动到起刀点
X26	倒角 1×45°
X22.01 Z-1 F50	
Z-17	精加工 $\phi22$ 内孔
X18.01	偏端面
Z-43	精加工 $\phi18$ 内孔
X17	退刀
Z1 F300	返回
G0 X80 Z100	退回到换刀点
M01	选择停止,测量尺寸
M06 T0101	换 1 号刀,调用 1 号刀补
M03 S750	主轴正转,转速 750r/min
G0 X29 Z30 F300	快速移动到中间点
Z1 F100	移动到起刀点

X24	倒角 $1\times45^{\circ}$
X27.99 Z-1 F50	
Z-19.92	精加工 $\phi28$ 外圆
X29.5	倒角
X29.98 Z-20.2	
Z-35.92	精加工 $\phi30$ 外圆
X41	倒角 $0.5\times45^{\circ}$
X41.97 Z-36.5	
Z-47	精加工 $\phi42$ 外圆
X50	退刀
G0 X80 Z100	退回到换刀点
M06 T0404	换4号刀,调用4号刀补
M03 S300	主轴正转,转速300r/min
G0 X44 Z1	快速移动到中间点
G1 Z-35.92 F300	移动到切槽点
X29 F30	切槽
X44 F50	退刀
Z-45	到切断点
X17 F30	切断
X44 F50	退刀
G0 X80 Z100	退回到换刀点
M5	主轴停止
M30	程序结束

8.5.2 综合类零件的工艺处理及编程实例二

1.特型轴零件的特点

零件一般由各种圆弧和其他结构组成(图8-34)。其结构特点是:

(1)外表特型面的形状精度和表面粗糙度要求比较高。

(2)由于圆弧形状各异,对刀具要求较高。

(3)零件伸出长度较长,切削量较大,易引起加工振动或扎刀现象。

2.工艺分析

1)毛坯选择

根据零件材料及几何形状,选择毛坯为 $\phi45\times100$mm 的45钢。

2)精度的保证措施

形状精度必须用刀具半径偏置和刀尖圆弧半径补偿功能;表面粗糙度必须在外表面均匀留出精加工余量后,通过一次走刀完成。

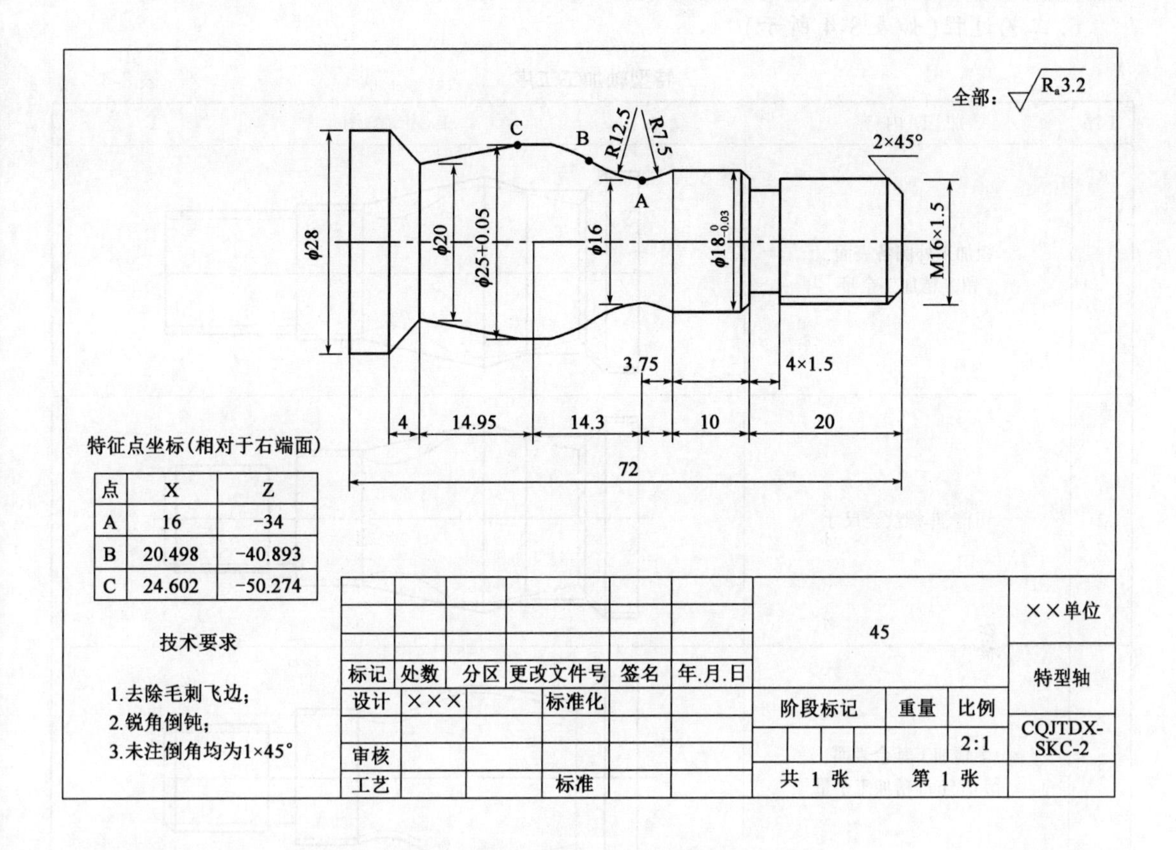

点	X	Z
A	16	-34
B	20.498	-40.893
C	24.602	-50.274

图8-34　特型轴零件加工实例

3.振动的控制

(1)尽量控制工件的伸出长度,如果较长,必须钻中心孔,采用一夹一顶的方式加工。

(2)优化粗加工和半精加工路线,最终保证在外表面有均匀的精加工余量。

4.刀具的选择

(1)外圆粗车使用硬质合金尖头刀,副偏角 >25°,安装到1号刀位。

(2)外圆半精车、精车使用硬质合金尖头刀,副偏角 >28°,安装到2号刀位。

(3)硬质合金外螺纹车刀,安装到3号刀位。

(4)硬质合金切断刀,主切削刃宽3mm,安装到4号刀位,刀位点取左刀尖。

5.切削用量选择

(1)粗车外圆:$S=500$r/min,$F=120$mm/min,$a_p=1.5$mm

(2)精车、半精车外圆:$S=800$r/min,$F=60$mm/min,$a_p=0.3$mm

(3)切槽、切断:$S=300$r/min,$F=20$mm/min

(4)车削螺纹:$S=300$r/min

(5)装夹:一次装夹中完成所有部位加工,最后切断。

6. 工艺过程(如表8-4所示)

特型轴加工工序 表8-4

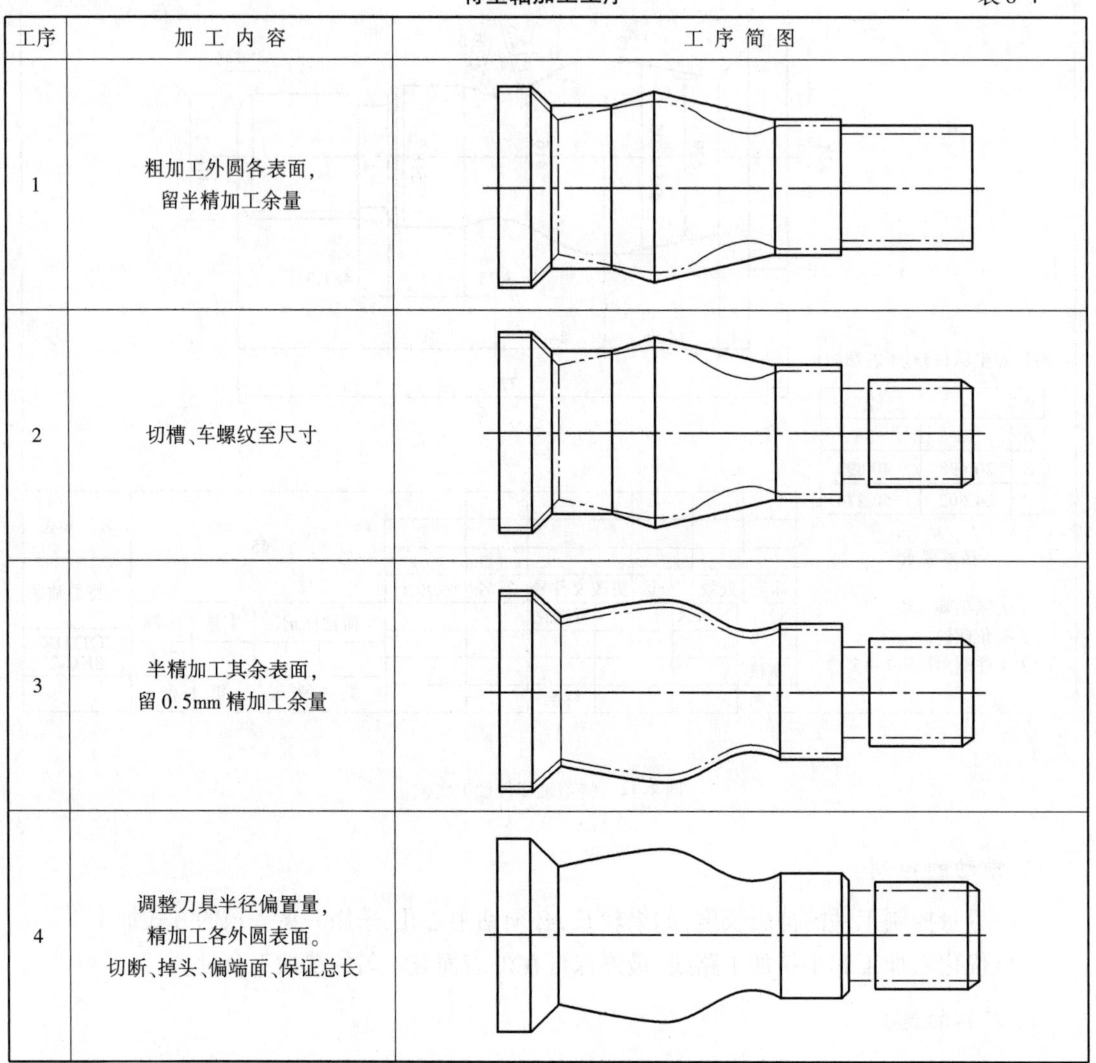

工序	加工内容	工序简图
1	粗加工外圆各表面,留半精加工余量	
2	切槽、车螺纹至尺寸	
3	半精加工其余表面,留0.5mm精加工余量	
4	调整刀具半径偏置量,精加工各外圆表面。切断、掉头、偏端面、保证总长	

7. 加工程序

省略,读者可先在仿真软件中模拟成功后再进行实际加工。

8.6 数控车工创新训练

读者可从自身专业出发,自行设计一个零件或部件(该零件的其他形状也可通过其他工种进行加工),零件加工完成后应从外观形状、尺寸精度、表面粗糙度、加工成本与工艺过程等各方面对其进行分析,总结优缺点,对不足之处提出改进措施,并写出心得与体会。

注意事项:在设计形状时一定要与相关工种的指导教师协商,确认其结构的合理性和加工的成本控制;数控程序必须通过数控仿真软件或CAM软件进行仿真后才能进入加工阶段;在生产过程如遇到问题也要及时请教指导教师,避免发生不必要的事故。

数控车床安全操作规程

(1)进入数控实训场地后,应服从指导教师安排,听从指挥,不得擅自操作数控机床。

(2)不得在实训现场嬉戏、打闹或进行任何与实训无关的活动,以保证实训的正常、有序进行。

(3)使用数控车床之前,应仔细查看车床各部分结构是否完好,检查车床各手柄位置是否正常,传动带及防护罩是否装好,各润滑部位油量是否充足。工作前慢车启动,空转数分钟,观察车床是否有异常。

(4)操作数控系统前,应检查散热风扇是否运转正常,应保证良好的散热效果。

(5)操作数控系统时,对按键及开关的操作不得太用力,应防止损坏。

(6)安装工件要放正、夹紧,安装完毕后应立即取出卡盘扳手;装卸大工件要用木板保护机床导轨。

(7)刀具安装要放正、夹紧。

(8)带好防护眼镜,工作服要扎好袖口,长发应卷入工作帽中,不准戴手套及穿高跟鞋工作。

(9)数控车床的加工程序应经过仿真验证,然后由指导教师确认后方可使用,以防止事故发生。

(10)自动运行后不能随便改变主轴转速;不能打开车床防护门;不能测量尺寸和触摸工件;切削加工时要精力集中,以防止事故的发生。

(11)数控车床的加工虽属自动运行,但不属无人加工性质,仍然需要操作者监控,不允许随意离开岗位。

(12)若发生事故应立即按下急停按钮并关闭电源,保护现场,及时报告指导教师。

(13)实训结束后应清除切屑,擦拭机床,加油润滑,清扫和整理现场。

第9章 数控铣及加工中心

教学目的

数控铣及加工中心与数控车削一样，在数控加工的环节上占有极其重要的地位。通过本章的学习要求读者掌握数控铣及加工中心基本加工常识和技能，加强加工工艺基本理论与实践技能的结合。

该内容尤其在培养学生对所学专业知识综合应用能力、认知素质和各种竞赛零件加工制造与工艺编制等方面是不可缺少的重要环节，同时也为以后学习《数控加工技术》理论课程打下基础。

教学要求

(1)掌握数控铣床与数控车床加工的区别。
(2)了解数控铣床的种类、特点、用途及各组成部分的名称与作用。
(3)掌握数控铣床常用刀具、主要附件的结构和应用。
(4)能熟练操作数控铣床的开启、关闭及操作面板的使用方法。
(5)能正确安装刀具、工件和对刀操作。
(6)能读懂简单数控铣床零件的加工程序。
(7)掌握数控铣及加工中心的安全操作规程。

9.1 数控铣及加工中心生产工艺过程、特点和加工范围

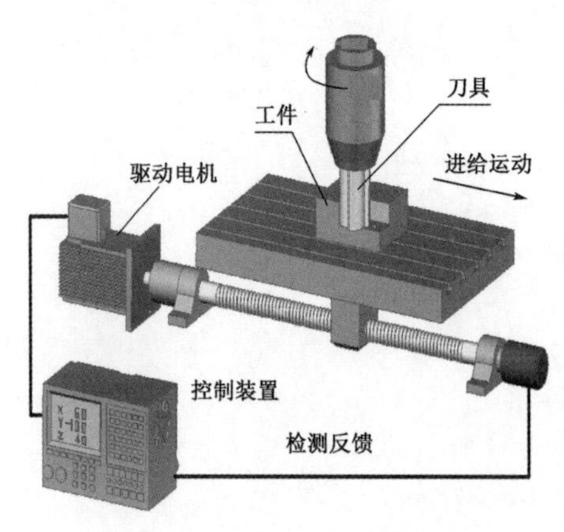

图9-1 数控加工示意图

9.1.1 数控铣削生产工艺过程

1. 数控铣床概述

数控机床就是采用了数控技术的机床，简称NC。数控机床将零件加工过程所需的各种操作(如主轴变速、主轴起动和停止、松夹工件、进刀退刀、冷却液开或关等)和步骤以及刀具与工件之间的相对位移量都用数字化的代码来表示，由编程人员编制成规定的加工程序，输入到计算机控制系统，由计算机对输入的信息进行处理与运算，发出各种指令来控制机床的运动，使机床自动地加工出所需要的零件(如图9-1所示)。现

代数控机床综合应用了微电子技术、计算机技术、精密检测技术、伺服驱动技术以及精密机械技术等多方面的最新成果,是典型的机电一体化产品。

2. 数控铣削生产工艺过程

一个零件的制造过程一般要经过毛坯生产—热处理—粗加工—半精加工—精加工—表面处理等多道工序。在数控铣床上加工的零件,往往处于切削加工的后期,即半精加工或精加工阶段,因此,其加工成本大幅提高。数控铣床加工需要经过以下流程(如图9-2所示):

1)准备阶段

根据加工零件的图纸,确定有关加工数据(刀具轨迹坐标点、加工的切削用量、刀具尺寸信息等),根据工艺方案,进行夹具选用、刀具类型选择等确定有关其他辅助信息和相关准备。

2)编程阶段

根据加工工艺信息,用机床数控系统能识别的语言编写数控加工程序,程序就是对加工工艺过程的描述,并填写程序单。

3)程序输入

根据已编好的程序通过键盘或其他输入方式输入到数控系统。目前,随着计算机接口技术和网络技术的发展,可直接由计算机通过RS232、RS422串行接口、网络接口等与机床数控系统通信。

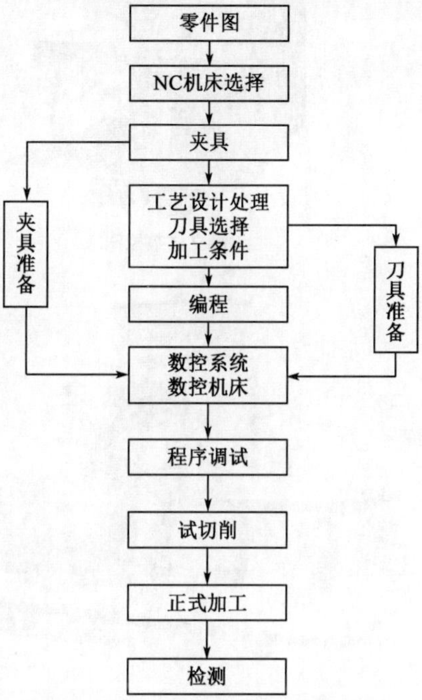

图9-2　数控加工流程图

4)加工阶段

当执行程序时,机床数控系统将程序译码、寄存和运算,向机床伺服机构发出运动指令,以驱动机床的各运动部件,自动完成对工件的加工。

由此,数控机床就完成了普通机床中由人来进行的操作。不过,尺寸精度和形状精度等加工质量的好坏与操作人员编制的程序和夹具、刀具以及调试操作有极大的关系。因为数控机床不是通过人的双手来操作的,因此,程序的编制以及完善的器具准备和调试都显得格外重要。

9.1.2　数控铣床的类型、特点和功能

1. 常见数控铣床的类型

数控铣床的种类较多(如图9-3所示)。按主轴的空间位置可以分为立式数控铣床、卧式数控铣床、立卧两用数控铣床以及数控龙门铣床。

2. 数控铣床的特点

数控铣床是现代制造业中重要的装备,和传统的切削机床比较,在性能和功能上都发生了很大的改变,相比之下有以下特点:

a)立式数控铣床　b)卧式数控铣床

c)立卧两用数控铣床　d)龙门铣床

图9-3　常见数控铣床类型

(1)机床的主体刚度高、传动机构简单。数控机床采用了具有高刚度、较小热变形、良好的抗震和承载能力,满足了数控机床连续加工、大功率切削的需要。广泛地采用了高性能的主轴伺服系统和进给驱动装置,使数控机床的传动链缩短,简化了机械传动体系的结构,使传动精度高,运动平稳。

(2)加工精度高、质量稳定。数控机床的脉冲当量一般为0.001mm,高精度的数控机床可达0.0001mm,运动分辨率远高于普通机床。另外,数控机床具有位置检测装置,可将移动部件的实际位移量或丝杠、伺服电动机的转角反馈到数控系统,并进行补偿,因此,可获得比机床本身精度还高的加工精度。

数控机床加工零件的质量由机床保证,无人为操作误差的影响,所以同一批零件的尺寸一致性好,质量稳定。

(3)工艺复合化和功能集成化。可以进行铣、镗、钻、攻螺纹等工序的复合加工,可以实现多面加工,可以实现多达六轴的联动进行复杂零件加工。

为实现更多功能集成化的要求,有的还带有自动刀具测量装置、刀具破损及寿命监控装置、工件检测装置和精度监控装置等。这些复合加工功能和多功能的结构和装置,其控制都与机床数控系统密切相关,在应用中两者相互促进、不断发展。

(4)高度的柔性。所谓柔性即“灵活、可变”，是相对“刚性”的组合机床和专用机床而言。而采用数控机床，当加工对象改变后，只需变换加工程序、调整刀具参数等，生产准备周期大大缩短，故特别适合于多品种、中小批量和复杂型面的零件加工。它对企业在激烈的市场竞争中不断开发新产品发挥了很大的作用。

(5)能加工复杂型面。因数控机床能实现多坐标联动，而容易实现许多普通机床难以完成或无法加工的空间曲线、曲面。因此，数控机床首先在航空、航天、军工等领域得到应用，并在复杂型面的模具加工中得到广泛应用。

(6)加工生产效率高。数控机床能够减少零件加工所需的机动时间与辅助时间。数控机床的主轴转速和进给量的范围比普通机床的范围大，良好的结构刚性允许数控机床进行大切削用量的强力切削甚至高速切削，从而有效地节省了机动时间。数控机床移动部件在定位中均采用了加速和减速措施，并可选用很高的空行程运动速度，缩短了定位和非切削时间。对于复杂的零件可以采用计算机辅助编程，而零件又往往安装在简单的定位夹紧装置中，从而缩短了生产准备过程，尤其是在使用带有刀库和自动换刀装置的数控加工中心机床时，工件往往只需进行一次装夹就能完成所有的加工工序，减少了半成品的周转时间，生产效率的提高更为明显。此外，数控机床能进行重复性操作，尺寸一致性好，减少了次品率和检验时间。由于数控机床加工零件不需手工制作靠模、凸轮、钻模板等专用工装，使生产成本进一步降低。

(7)减轻了操作者的劳动强度。数控机床的动作是由程序控制的，操作者一般只需装卸零件和更换刀具并监视机床的运行，从而减轻了操作者的劳动强度，实现加工自动化和操作简单化。

(8)具有故障诊断的能力。现代CNC系统一般具备软件查找故障的功能，包括查找计算机本身和外围设备的故障。计算机本身和外围设备的故障可通过CRT上显示的菜单和按键自动地查找出来，并能诊断出故障的种类，极大地提高了检修的效率。

(9)监控功能强。CNC的计算机不仅控制机床的运动，而且可对机床进行全面监控。例如，可对一些引起故障的因素提前报警，有效地预防一些故障的发生。

3. 数控铣床加工的功能

各种类型数控铣床所配置的数控系统虽然各有不同，但各种数控系统的功能除一些特殊功能不尽相同外，其主要功能基本相同。

(1)点位控制功能。可以实现对相互位置精度要求很高的孔系加工。

(2)连续轮廓控制功能。可以实现直线、圆弧的插补功能及非圆曲线的加工。

(3)刀具半径偏置功能。可以根据零件图样的标注尺寸来编程，而不必考虑所用刀具的实际半径尺寸，从而减少编程时的复杂数值计算。

(4)刀具长度偏置功能。可以自动偏置刀具的长短，以适应加工中对刀具长度尺寸调整的要求。

(5)比例及镜像加工功能。可将编好的加工程序按指定比例改变坐标值来执行。镜像加工又称轴对称加工，如果一个零件的形状关于坐标轴对称，那么只要编出一个或两个象限的程序，而其余象限的轮廓就可以通过镜像加工来实现。

(6)旋转功能。可将编好的加工程序在加工平面内旋转任意角度来执行。

(7)子程序调用功能。有些零件需要在不同的位置上重复加工同样的轮廓形状，将这一轮廓形状的加工程序作为子程序，在需要的位置上重复调用，就可以完成对该零件的加工。

(8)宏程序功能。可用一个总指令代表实现某一功能的一系列指令，并能对变量进行运算，使程序更具灵活性和方便性。

9.1.3 数控铣床的加工范围

数控铣削主要适合于下列几类零件的加工：

1. 平面类零件

平面类零件是指加工面平行或垂直于水平面，以及加工面与水平面的夹角为一定值的零件，这类加工面可展开为平面。图9-4所示的三个零件均为平面类零件。其中，图a)中曲线轮廓面A垂直于水平面，可采用圆柱立铣刀加工。图b)中凸台侧面B与水平面成一定角度，这类加工面可以采用专用的角度成型铣刀或者采用仿形铣刀加工。图c)中曲面C，在工件尺寸不大时，可以用斜板垫平后加工；工件尺寸较大时，常采用行切加工法加工，这时会在加工面上留下每次行切间的刀具残留痕迹，要用钳修方法加以清除，这就对工人的技术要求较高，且需要的时间较长。

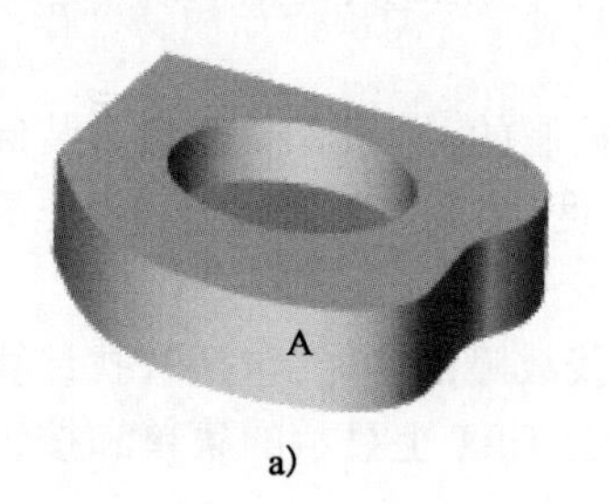

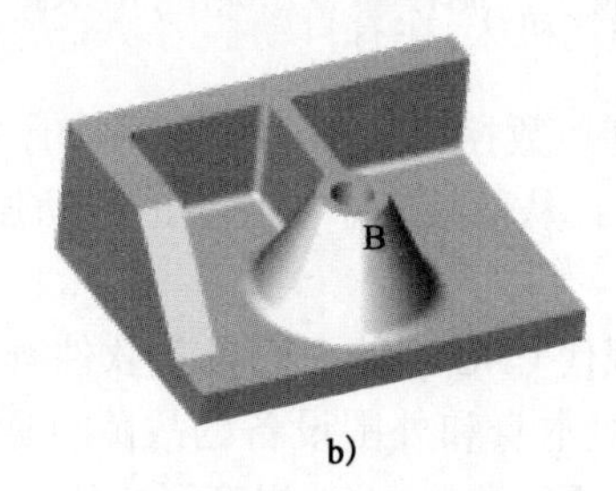

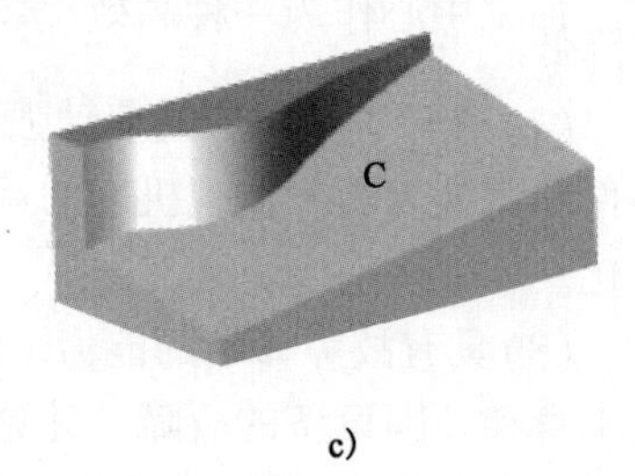

a) b) c)

图9-4 平面类零件

2. 直纹曲面类零件

直纹曲面类零件是指由直线依某种规律移动所产生的曲面类零件。如图9-5所示零件的加工面就是一种直纹曲面，当直纹曲面从截面(1)至截面(2)变化时，其与水平面间的夹角从3°10′均匀变化为2°32′，从截面(2)到截面(3)时，又均匀变化为1°20′，最后到截面(4)，斜角均匀变化为0°。直纹曲面类零件的加工面不能展开为平面。

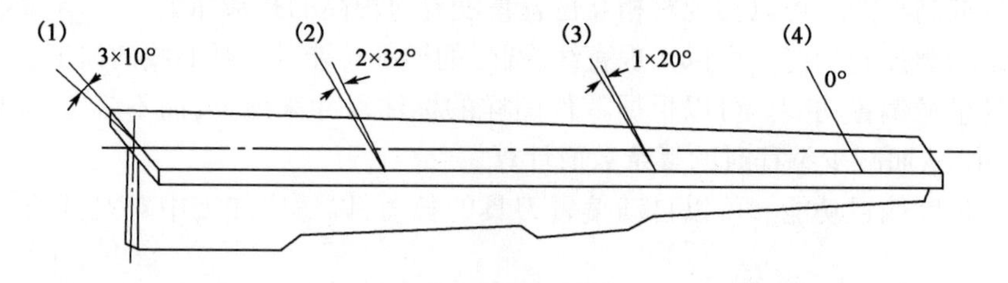

图9-5 直纹曲面类零件

当采用四坐标或五坐标数控铣床加工直纹曲面类零件时，加工面与铣刀圆周接触的瞬间为一条直线，这时加工出来的零件表面粗糙度较好。当然，这类零件也可在三坐标数控铣床上采用行切加工法实现近似加工。

3. 立体曲面类零件

加工面为空间曲面的零件称为立体曲面类零件。这类零件的加工面不能展成平面,一般使用球头铣刀切削,加工面与铣刀始终为点接触,若采用其他刀具加工,容易产生干涉而伤及邻近表面。加工立体曲面类零件一般使用三坐标数控铣床,常采用行切法(如图9-6所示)和三坐标联动加工(如图9-7所示)。如零件对精度要求较高,在条件允许的情况下也可用五轴联动的数控机床加工。

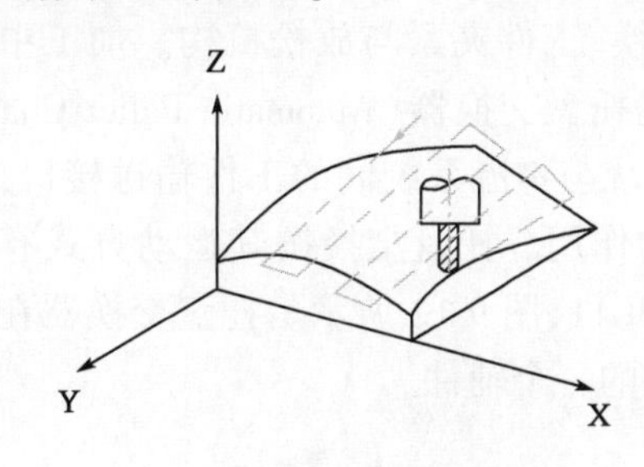

图9-6　行切法加工

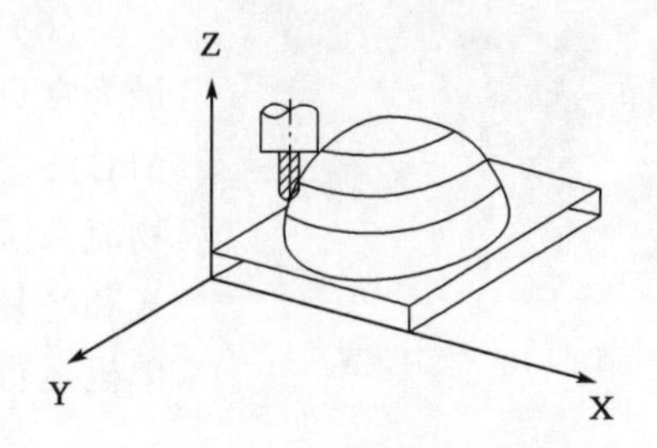

图9-7　三坐标连动法加工

9.1.4　加工中心的基本特点

加工中心作为一种高效、多功能机床,在有自动换刀功能的基础上还可以增加回转工作台或者分度头,使其制造工艺与传统工艺及普通数控铣削加工有很大不同,随着加工中心自动化程度的不断提高和工具系统的发展使其工艺范围不断扩展。

加工中心相对于普通的数控机床具有以下一些特征:

(1)有自动换刀装置(包括刀库和机械手),能实现工序之间的自动换刀,这是加工中心的结构性标志。

(2)三坐标以上的全数字控制,多采用高档的数控系统。

(3)多工序的功能,能一次装夹完成多道工序,一般应有回转工作台。

(4)可配置自动更换的双工作台,实现机床上下料自动化。

现代加工中心更大程度地使工件一次装夹后,实现多表面、多特征、多工位的连续、高效、高精度加工。

(5)有较完善的刀具自动交换(ATC)和管理系统。工件在加工中心类机床上一次安装后,能自动地换刀,完成或者接近完成工件各面的加工工序。具有带刀库的自动换刀装置是加工中心所必需的,由刀库和刀具交换机构组成。加工中心的刀库常见的有盘式和链式两种。如图9-8、图9-9所示。

图9-8　盘式刀库

图9-9　链式刀库

换刀方式可以分成直接交换和采用机械手进行刀具交换。直接交换是通过刀库和主轴的相对运动实现,其结构简单、换刀时间长、减少了工作台的使用面积;机械手换刀灵活、动作快、结构简单,在加工中心上应用最广泛(如图9-10所示)。换刀机械手有单臂式、双臂式、回转式和轨道式等。由于双臂式机械手换刀时,可在一只手臂从刀库中取刀的同时,另一只手臂从机床主轴上拔下已用过的刀具,这样既可缩短换刀时间又有利于使机械手保持平衡,所以被广泛采用。

图9-10 换刀装置

(6)有工件自动交换、工件夹紧与放松机构。加工中心中最为常见的换料装置是托盘交换器(Automatic Pallet Changer, APC),它不仅是加工系统与物流系统间的工件输送接口,也起物流系统工件缓冲站的作用。托盘交换按其运动方式有回转式和往复式两种,如图9-11、图9-12所示。托盘交换器在机床单机运行时是加工中心的一个辅件。

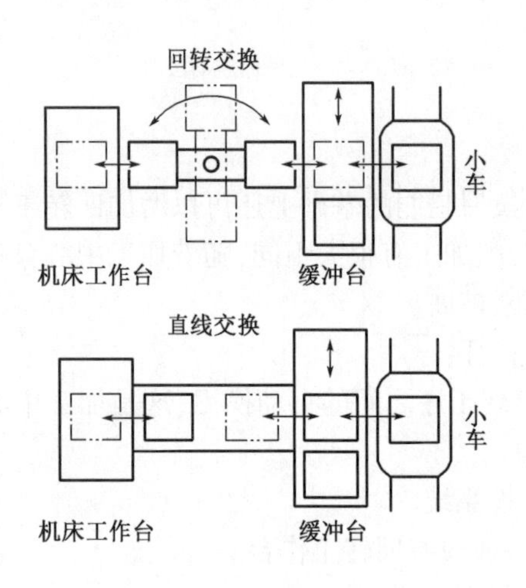

图9-11 托盘交换方式图

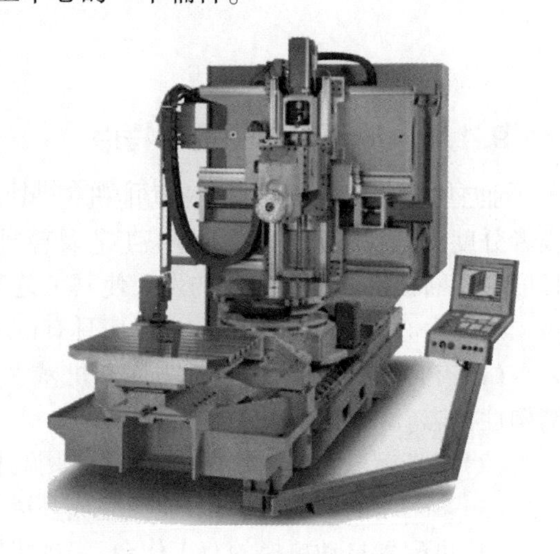

图9-12 具有工作台交换装置的加工中心

(7)采用全封闭罩壳。由于数控机床是自动完成加工,为了操作安全等,一般采用移门结构的全封闭罩壳,对机床的加工部位进行全封闭。

9.1.5 各种加工中心的种类及功能特点

1. 立式加工中心

立式加工中心的优点是:装夹工件方便、便于操作、找正容易、宜于观察切削情况、调试程序容易、占地面积小及应用广泛等(如图9-13所示)。但它受立柱高度及ATC(自动交换刀具)的限制,不能加工太高的零件,也不适合加工箱体等零件。

2. 卧式加工中心

一般情况下卧式加工中心比立式加工中心复杂、占地面积大,有能精确分度的数控回转工作台,可实现对零件的一次装夹多工位加工,适合于加工箱体类零件及大型模具型腔(如

图9-14所示)。但在调试程序及试切时不宜观察、生产时不宜监视、装夹不便、测量不便及加工深孔时切削液不易到位(若没有用内冷却钻孔装置)等缺点。

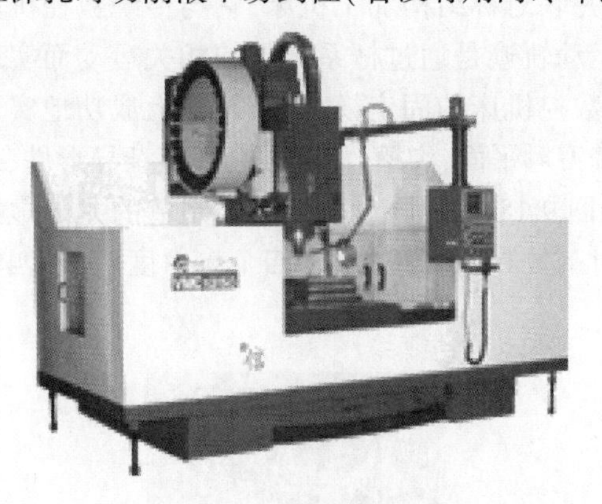

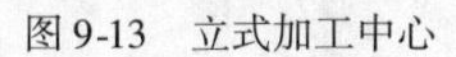

图9-13　立式加工中心

图9-14　卧式加工中心

3. 带APC的加工中心

立式加工中心、卧式加工中心都可带有APC装置,交换工作台可有两个或多个(如图9-15所示)。在有的制造系统中,工作台在各机床上通用,通过自动运送装置,工作台带着装夹好的工件在车间内形成物流,因此,这种工作台也叫托盘。因为装卸工件不占加工时间,其自动化程度和效率也更高。

4. 复合加工中心

复合加工中心兼有立式和卧式加工中心的功能或者具有其他加工技术的功能(如图9-16所示)。复合加工中心一般具有五轴联动以及五面加工功能,均能同时实现主轴回转、摆动,工作台倾斜、回转、摆动等功能。复合加工中心工艺范围更广,使本来要两台不同机床完成的任务在一台上就能实现,由于没有二次装夹定位的误差,使其精度更高,但价格昂贵。

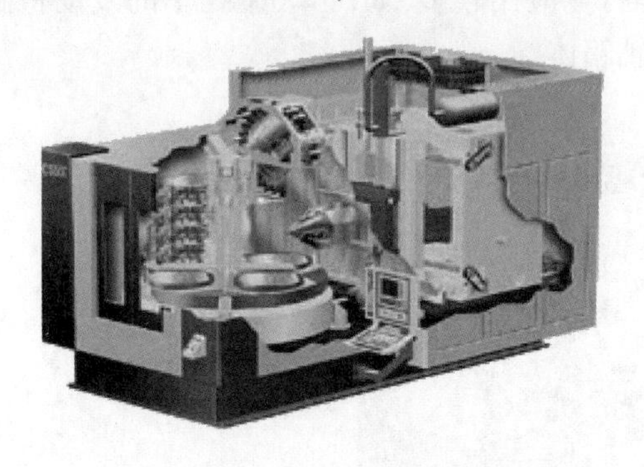

图9-15　四托盘加工中心

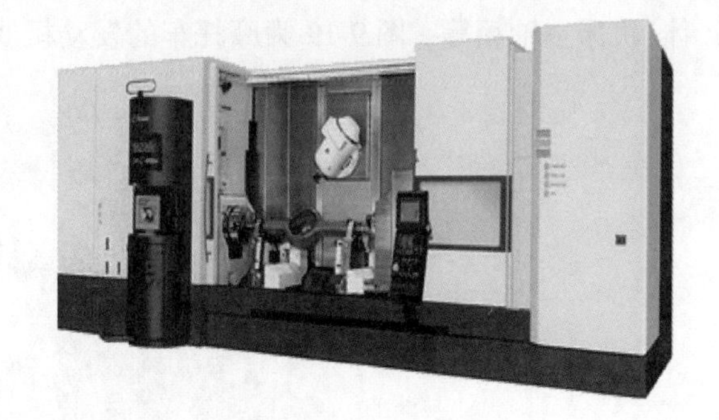

图9-16　复合加工中心

5. 龙门式加工中心

龙门式加工中心的形状和数控龙门铣床相似,工作台位于两立柱之间(如图9-17所示)。龙门加工中心的主轴多为垂直设置,除自动换刀装置以外,还带有可以更换主轴头附件,数控装置的功能比较齐全,具有多种加工功能,尤其适用于大型、复杂零件的加工。

6. 虚拟轴机床

虚拟轴机床是当今世界上近几年兴起的一类并联对称结构加工机床,它与传统数控机床的笛卡尔坐标没有一一对应的关系,任意坐标的运动轨迹是通过杆系之间的相关运动而实现的,俗称六杆机床,也称为并联结构机床。变革了数控机床的固定模式,在技术上成功地实现了创新与突破,有广泛的应用前景。可选用各种铣刀对平面、沟槽、曲线、曲面、复杂异形件、螺旋类复杂零件、模具等进行高速、高精度加工。如图9-18为我国自行研制和制造的龙门虚拟轴(并联、串联混合式)机床,该机床可使刀具相对工件具有X、Y、Z、A四个自由度,实现四轴联动,其中Y、A、Z为虚轴。

图9-17 龙门式加工中心

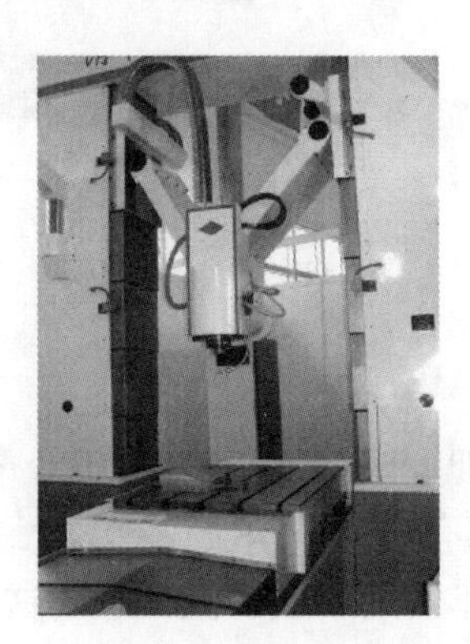

图9-18 虚拟轴机床

9.1.6 加工中心的加工范围

1. 箱体类零件

箱体类零件是指具有一个以上的孔系,内部有一定型腔,在长、宽、高方向有一定比例的零件。该类零件在汽车、摩托车、机械、飞机、军工等行业应用较多,如汽车、摩托车的发动机缸体,机床主轴箱等。图9-19为摩托车的发动机曲轴箱体。

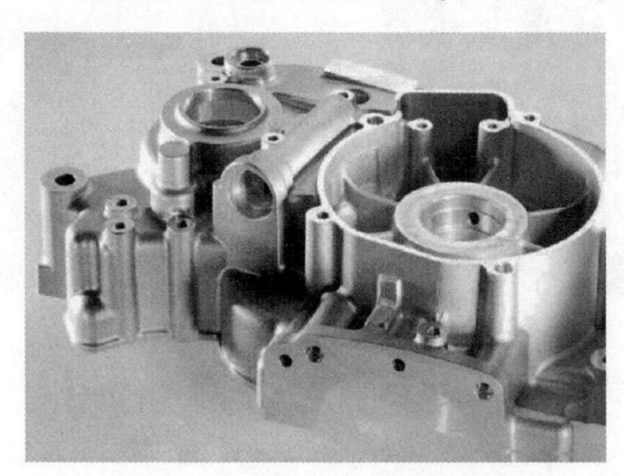

图9-19 摩托车发动机的曲轴箱体

箱体类零件的精度要求较高,特别是形状和位置精度较严格,通常要经过铣、钻、扩、镗、铰、锪、攻螺纹等工序,需要的刀具较多,在普通机床上有加工难度大、工装套数多、精度不易保证、加工周期长、成本高等缺点。

由于加工中心具有自动换刀装置等特点,使得工件在一次装夹后可以完成在不同面上的平面铣削和孔系的加工。如果在具备五面体加工能力的机床上加工,还可一次安装后完成除装夹面以外的五个面加工。

正是因为加工中心的这些优点,使得零件在加工中心上一次装夹就可完成普通机床的60%~95%的工序内容,零件的各项精度一致性好、质量稳定、生产周期短、降低了生产成本。

2.复杂曲面

主要是指加工面由复杂曲线、曲面组成的零件。该类零件在加工时,需要多坐标联动加工,这在普通机床上是难以甚至无法完成的,加工中心是加工这类零件最有效的设备。最常见的有以下几类零件:

(1)凸轮类。这类零件有各种曲线的盘形凸轮、圆柱凸轮、圆锥凸轮和端面凸轮等,加工时可根据凸轮表面的复杂程度,选用三轴、四轴或五轴联动的加工中心(如图9-20所示)。

(2)模具类。常见的模具有锻压模具、铸造模具、注塑模具及橡胶模具等(如图9-21、图9-22所示),由于工序高度集中,动模、静模等关键件基本上可在一次安装中完成全部的机加内容,尺寸累计误差及修配工作量小。同时,模具的可复制性强、互换性好。

图9-20　圆柱凸轮类零件

图9-21　手机外壳注塑模具

(3)整体叶轮类。整体叶轮常见于空气压缩机、航空发动机的压气机、船舶水下推进器等,它除具有一般曲面加工的特点外,还存在许多特殊的加工难点,如通道狭窄,刀具很容易与加工表面和邻近曲面产生干涉。图9-23所示为轴向压缩机涡轮,它的叶面是一个典型的三维空间曲面,加工这样的型面,可采用四轴以上联动的加工中心。

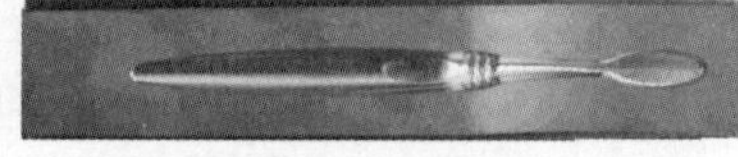

图9-22　咖啡勺模具

3.外形不规则的异形零件

异形零件是指支架、拨叉这一类外形不规则的零件,大多要点、线、面多工位混合加工。如图9-24所示的联接架。一般异形零件的刚性较差,装夹和压紧以及切削变形难以控制,加工精度不易保证。在普通机床上通常采取工序分散的原则加工,需用工装较多,周期较长。此时可发挥加工中心多工位点、线、面混合加工的特点,通过一到两次的装夹完成大部分甚至全部工序内容。

4.盘、套、板类零件

这类零件端面上有平面、曲面和孔系,径向也常分布一些径向孔,例如带法兰的轴套、带有键槽或方头的轴类零件、各种机壳盖等(如图9-25、图9-26所示)。

图9-23 轴向压缩机涡轮

图9-24 联接架

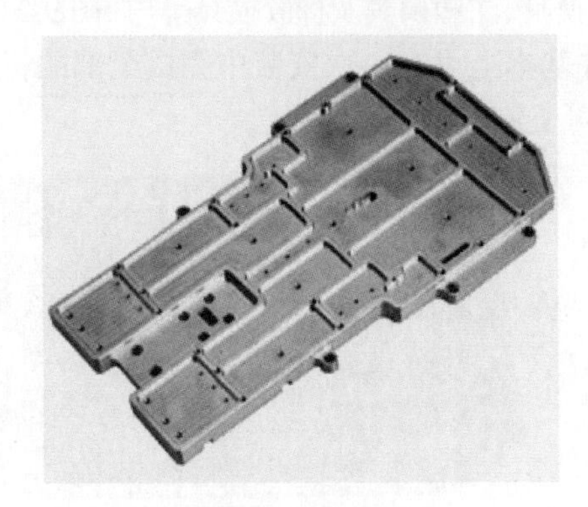

图9-25 板类零件

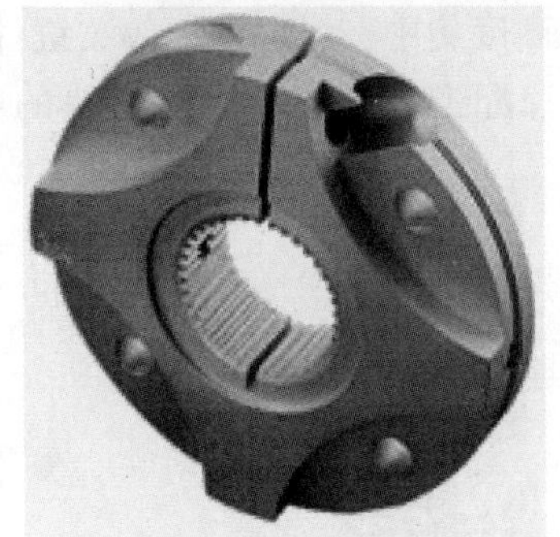

图9-26 盘类零件

通常加工部位集中在单一端面上的盘、套、板类零件宜选择立式加工中心,加工部位不是位于同一方向表面上的零件宜选择卧式加工中心。

5. 加工精度较高的中小批量零件

针对加工中心的加工精度高、尺寸稳定的特点,对加工精度较高的中小批量零件,选择加工中心加工,容易获得所要求的尺寸精度和形状位置精度,并可得到很好的互换性。

6. 新产品试制中的零件

在新产品定型之前,需要经过反复的试验和改进。利用加工中心独特的"柔性"加工特点,可省去许多通用机床加工所需的试制工装。当零件被修改时,只需修改相应的程序并适当地调整夹具、刀具即可,大大地节省了费用,缩短了试制周期。

7. 特殊加工

在加工中心上配合一定的工装和专用工具就可完成一些特殊的工艺内容。例如在金属表面上刻字、刻图案;在加工中心的主轴上安装高频电火花电源,可对金属表面进行线扫描表面淬火;在加工中心上利用增速刀柄装夹高速磨头,可进行各种曲线、曲面的磨削等。

9.2　数控系统及编程基础

9.2.1　数控铣床的组成

现代的数控铣床的组成和其他数控设备一样，主要由数控系统、伺服系统和机床本体组成(如图9-27所示)。

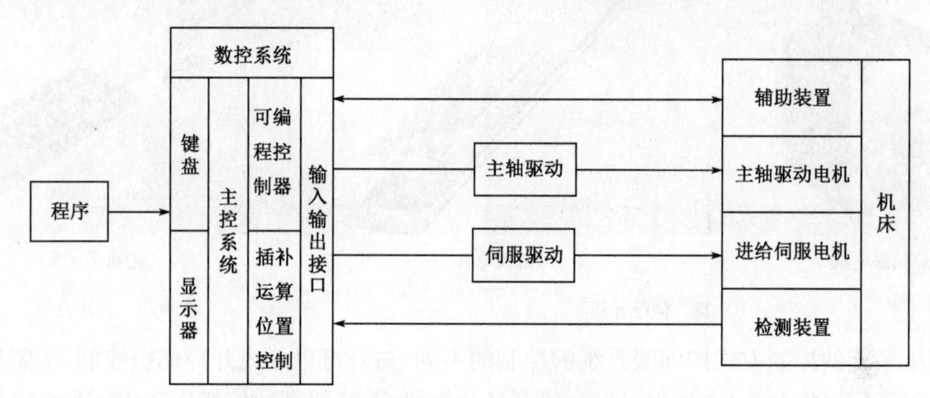

图9-27　数控机床的组成

1. 数控系统

即机床的数字控制系统，系统自动阅读输入载体上信息、自动译码、输出符合指令的脉冲，控制机床运动。

现代的数控系统包括了控制介质和阅读装置、输入和存储装置、主控系统、可编程控制器、输入输出接口、显示与操作装置等组成的一个完整的控制系统，这些装置在相关软件的支持下实现对机床的控制。数控系统所控制的一般对象是位置、角度、速度，以及压力和流量等。其控制方式可以分为数据运动控制和时序逻辑控制两大类。其中主控制器内的插补运算模块就就是进行相应的刀具轨迹插补运算和对刀具运动的控制。其时序控制主要由可编程序控制器PLC完成，在运行过程中，按照预定的逻辑顺序进行刀具更换、主轴起停和变速、零件的夹紧和装卸、切削液控制等S、M、T功能信息的控制和面板信号的控制和处理，使机床各部件有条不紊按序工作。

在国内比较有影响的数控装置有NC－110(蓝天)、HNC系统(华中)、SINUMERIK系统(德国)、FANUC系统(日本)。

2. 伺服系统

伺服系统包括伺服驱动电机、驱动控制系统和位置检测反馈装置等，它是数控系统的执行部分。它的作用是把来自数控装置的脉冲信号转换成机床移动部件的运动，每一个脉冲信号使机床移动部件的位移量叫作脉冲当量(也叫最小设定单位)。常用的脉冲当量为0.001mm/脉冲。每个进给运动的执行部件都有相应的伺服驱动系统，整个机床的性能主要取决于伺服系统。

常用伺服驱动电机(如图9-28所示)有：步进电机、交流伺服电机和直线电机。

驱动控制系统则是伺服电机的动力源。不同类型的伺服电机配置不同的驱动控制。

检测反馈装置的作用是对机床的实际运动速度、方向、位移量以及加工状态加以检测,把检测结果转化为电信号反馈给数控装置,通过比较,计算出实际位置与指令位置之间的偏差,并发出纠正误差指令。检测反馈系统可分为半闭环和闭环两种系统。位置检测主要使用感应同步器、磁栅、光栅(如图9-29所示)、激光测距仪等。

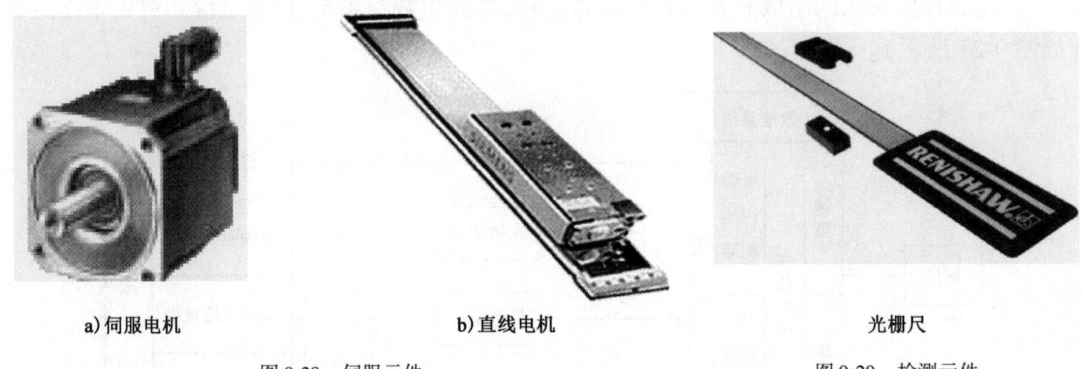

a)伺服电机　b)直线电机

图9-28　伺服元件

光栅尺

图9-29　检测元件

伺服系统的控制方式按伺服系统的控制的不同方式,可以分成开环伺服控制、半闭环伺服控制和闭环伺服控制,对应的也可以分成开环数控机床、半闭环数控机床和闭环数控机床。

3. 机床本体

它指的是数控机床机械结构实体。它与传统的普通机床相比较,同样由主传动机构、进给传动机构、工作台、床身以及立柱等部分组成,也包括ATC刀具自动交换机构、APC工件自动交换机构、工件夹紧放松机构、回转工作台、液压控制系统、润滑装置、切削液装置、排屑装置、过载与限位保护功能等部分。机床加工功能与类型不同,所包含的部分也不同。数控机床的整体布局、外观造型、传动机构、刀具系统及操作机构等方面都发生了很大的变化。

进给传动采用高效传动件,具有传动链短、结构简单、传动精度高等特点,一般采用滚珠丝杠副、直线滚动导轨副和采用直接驱动的直线驱动系统。

滚珠丝杠螺母副是回转运动和直线运动相互转换的装置,在一般的数控铣床上和加工中心上广泛的使用(如图9-30a所示)。其结构特点是在具有螺旋槽的丝杠和螺母之间装有滚珠

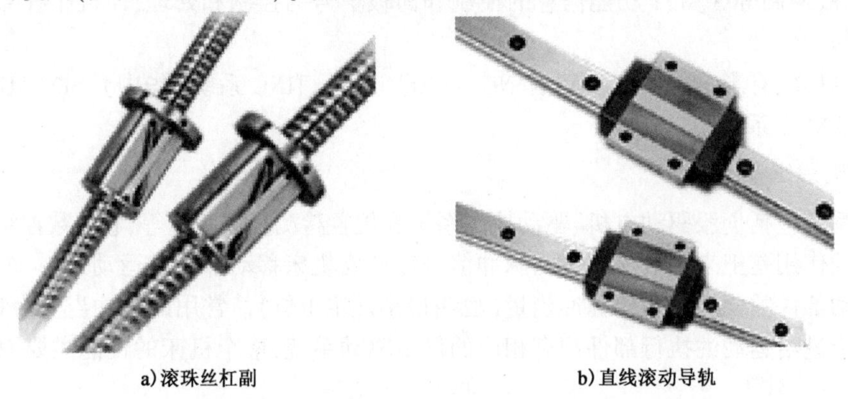

a)滚珠丝杠副　b)直线滚动导轨

图9-30　进给传动部件

作为中间传动元件,减小了摩擦。其优点是摩擦系数小、传动效率高、灵敏性高、传动平稳、随动精度和定位精度高、磨损小、精度保持性好、运动具有可逆性。

为了提高进给系统的快速响应特性,现在一般的数控铣床和加工中心上往往采用塑料导轨和直线滚动导轨(如图9-30b所示);在高档的加工中心上采用直线电机驱动系统,具有更高的高速响应特性和高的精度(避免了机械传动系统引起的误差),具有更高的稳定性。

9.2.2　常用程序指令

由于数控铣床和加工中心比数控车床多一个Y坐标,因此,对于G00、G01指令只需在格式中加一个Y坐标即可,读者可参考数控车床的内容。本节只介绍G02、G03指令格式。

圆弧插补 G02、G03

功能:使刀具按照指令所设定的圆弧参数进行圆弧轨迹运动。G02为顺时针圆弧插补;G03为逆时针圆弧插补。

格式:SIMENS的圆弧加工指令格式有9种之多;FANUC与国内大部分系统有两种;出于通用性,本书只介绍最常用的两种编程格式,其余格式请读者查阅相关系统说明书。

(1)半径方式:G02(G03)X ___ Y ___ R ___ F ___;(SIMENS系统在格式中的R用"CR ="代替)

(2)增量方式:G02(G03)X ___ Y ___ I ___ J ___ F ___;

其中:X、Y为圆弧终点坐标值;

R为圆弧的半径。当圆弧的圆心角≤180°时,R取正值;当圆弧的圆心角>180°时,R取负值。

I、J为圆心相对于圆弧起点分别在X、Y轴上的矢量分量;该值为增量值,与绝对和增量编程方式无关。

注意:用R方式不能加工整圆;用I、J方式即可以加工整圆也可以加工圆弧;该格式只列举了X、Y平面的圆弧方式,对于其他平面的圆弧方式不再列举。

1. 编程举例1(I、J和R的使用)

图9-31使用绝对值方式编程的程序为:

G90 G02 X35.453 Y6.251 I-9.317 J-34.773 F200;

或 G90 G02 X35.453 Y6.251 R36 F200;FANUC系统

(G90 G02 X35.453 Y6.251 CR=36 F200;SIMENS系统)

如果其运动方向相反(即B点为起点,A点为终点)的编程程序为:

G90 G03 X9.317 Y34.773 I-35.453 J-6.251 F200;

或 G90 G03 X9.317 Y34.773 R36 F200;FANUC系统

(G90 G03 X9.317 Y34.773 CR=36 F200;SIMENS系统)

2. 编程举例2(R正负的判断)

从图9-32可以看出,如果不考虑半径的正负,不论是路径1还是路径2,从A点运动到B点的程序均为:G02 X32.078 Y-14 R35 F200;反之亦然。由此可见,该方式将会出现不唯一性,这是数控编程中所不允许的。因此,用半径方式编程必须根据圆弧圆心角的大小来确定格式。

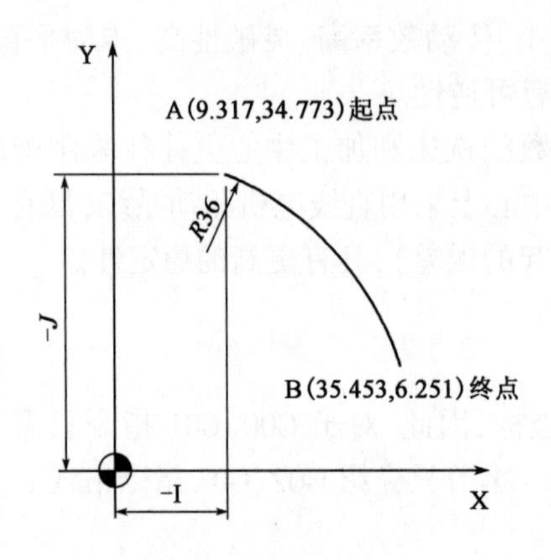

图 9-31 圆弧编程示例 1

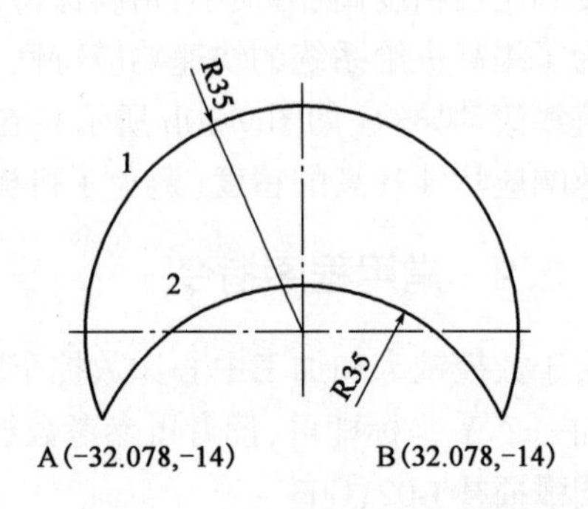

图 9-32 圆弧编程示例 2

路径 1 的程序为:G02 X32.078 Y-14 R-35 F200;(圆心角大于 180°)

路径 2 的程序为:G02 X32.078 Y-14 R35 F200;(圆心角小于 180°)

3. 编程举例 3(整圆的加工)

图 9-33a)铣内孔的加工程序如下:(刀具直径 ϕ10mm,加工的起点在 1 点)

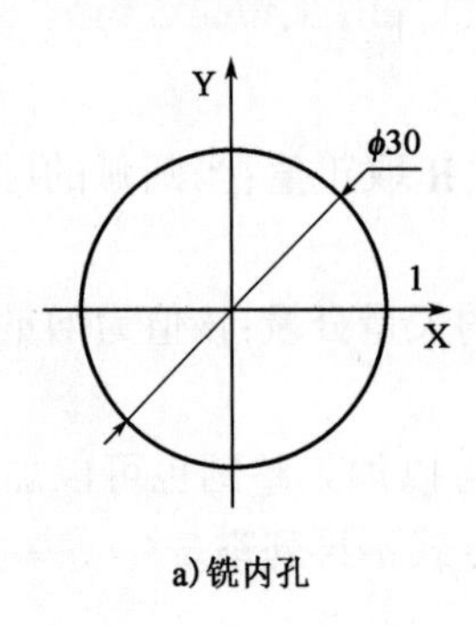

图 9-33 整圆编程示例

N10 G00 G90 G54 X0 Y0; 用绝对方式快速运动到圆心点

N20 M03 S600; 主轴以 600r/min 的速度正转

… Z 轴的运动

N30 G01 X10 F100; 以 100mm/min 的切削进给速度运动到 1 点

N40 G02 I-10; 用逆时针(顺铣)方式加工 ϕ30mm 的孔

N50 G01 X0 F600; 返回到圆心点

N60 M5; 主轴停止

N70 M30; 程序结束并返回程序头

图 9-33b)铣外圆的加工程序如下:(刀具直径 ϕ10mm,加工的起点在 2 点)

N10 G00 G90 G54 X-20 Y-20; 用绝对方式快速运动到起点

N20 M03 S600; 主轴以 600r/min 的速度正转

… Z 轴的运动

```
N30 G01 Y0 F100;          以100mm/min的切削进给速度运动到1点
N40 G02 I10;              用顺时针(顺铣)方式加工φ30mm的外圆
N50 G01 Y20 F600;         移动到退刀点
N60 M5;                   主轴停止
N70 M30;                  程序结束并返回程序头
```

注意:以上程序均没有移动Z轴,实际加工时应根据现场情况而定。

9.3　数控铣削加工工艺的制订

制订零件的数控铣削加工工艺是数控铣削加工的一项首要工作。数控铣削加工工艺制订的合理与否,将直接影响到零件的加工质量、生产效率和加工成本。数控铣削加工工艺分析所要解决的主要问题大致可归纳为以下几个方面。

9.3.1　选择并确定数控铣削加工部位及工序内容

在选择数控铣削加工内容时,应充分发挥数控铣床的优势和关键作用。主要选择的加工内容有:

(1)工件上的曲线轮廓,特别是由数学表达式给出的非圆曲线与列表曲线等曲线轮廓,如图9-34所示的正弦曲线。

(2)已给出数学模型的空间曲面,如图9-35所示的空间曲面。

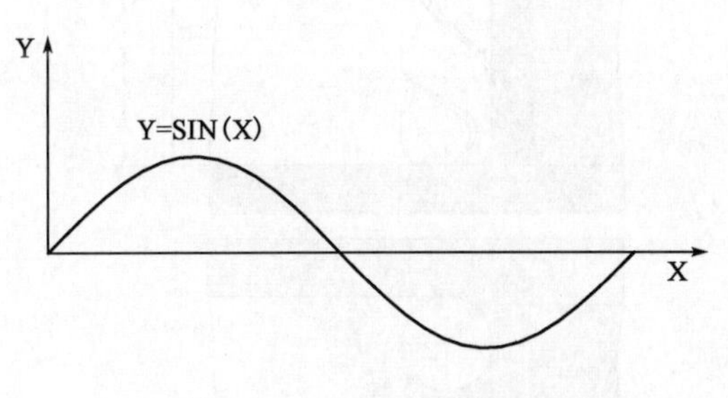

图9-34　Y = SIN(X)曲线图

图9-35　空间曲面

(3)形状复杂、尺寸繁多、划线与检测困难的部位。

(4)用通用铣床加工时难以观察、测量和控制进给的内外凹槽。

(5)尺寸相互协调的高精度孔和面。

(6)能在一次安装中顺带铣出来的简单表面或形状。

(7)用数控铣削方式加工后,能成倍提高生产率,大大减轻劳动强度的一般加工内容。

但对于下列类型的零件不适合选用数控铣削加工:

(1)一些需粗加工的表面。

(2)需长时间由人工调整(如以毛坯为粗基准定位划线找正)的粗加工表面。

(3)按某些特定的制造依据(如样板、模胎、配作)加工的零件。

(4)毛坯上的加工余量不太充分或不太稳定的部位及必须用细长铣刀加工的部位(如狭窄的深槽或高肋板小转接圆弧部位)。

(5)必须用特定的工艺装备协调加工的零件。

9.3.2 零件图样的工艺性分析

根据数控铣削加工的特点,对零件图样进行工艺性分析时,应主要分析与考虑以下一些问题。

1. 零件图样尺寸的正确标注

由于加工程序是以准确的坐标点来编制的,因此,各图形几何元素间的相互位置关系应明确,各种几何元素的条件要充分,应无引起矛盾的多余尺寸或者影响工序安排的封闭尺寸等。

2. 统一内壁圆弧的尺寸

当工件被加工轮廓面的最大高度 H 较小,内壁转接圆弧半径 R 较大时(即 $R>0.2H$ 时),可采用刀具切削刃长度 L 较小,直径 D 较大的铣刀加工,这样的优点是:底面的走刀次数较少,可保证良好的表面粗糙度(如图 9-36 所示)。反之,如 $R<0.2H$ 时,则工艺性较差(如图 9-37所示)。

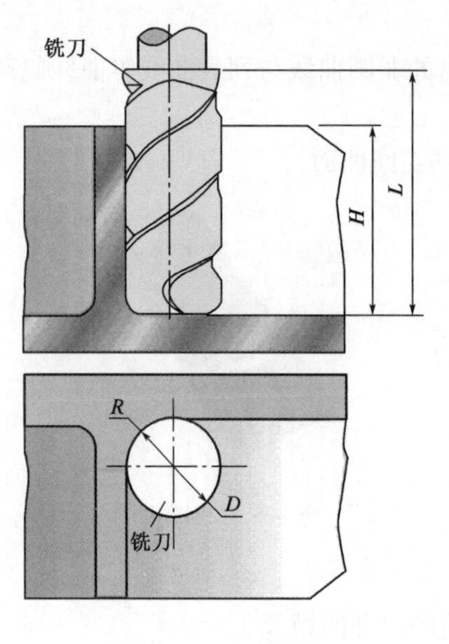

图 9-36 R 较大时

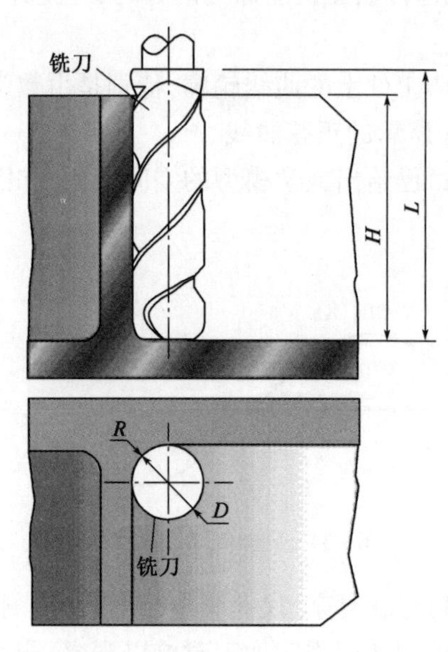

图 9-37 R 较小时

3. 分析零件的变形情况

铣削各类工件时,常常由于加工过程的切削力导致工件变形而影响加工质量的情况。这时,应根据具体情况采取诸如:粗、精加工分开,对称去余量法,合理的装夹方案,适当的热处理方法等,以减小此类变形带来的影响。

总之,加工工艺取决于产品零件的结构形状、尺寸和技术要求等,设计者在设计过程中一定要从制造的角度去考虑,以力求在保证产品功能的前提下使制造工艺最简化。表 9-1 给出了改进零件结构,提高工艺性的一些实例。

提高数控铣削零件加工工艺性实例　　表9-1

提高工艺性方法	改进前结构	改进后结构	说明
改进内壁形状	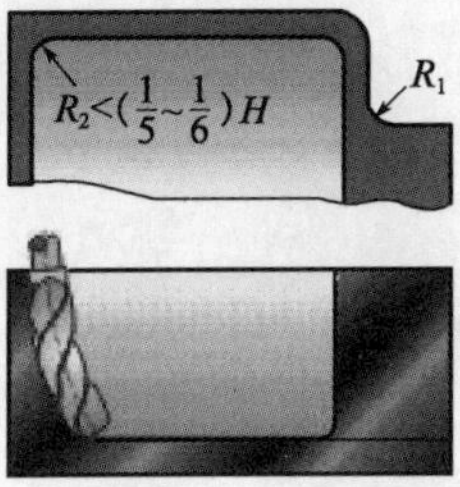 $R_2<(\frac{1}{5}\sim\frac{1}{6})H$, R_1, H	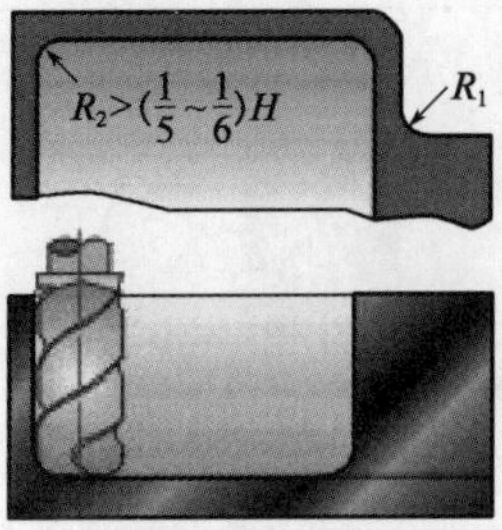 $R_2>(\frac{1}{5}\sim\frac{1}{6})H$, R_1, H	改进后可采用较高刚性刀具
统一圆弧尺寸	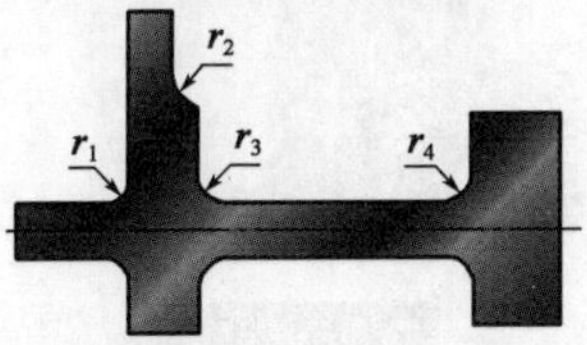 r_1, r_2, r_3, r_4	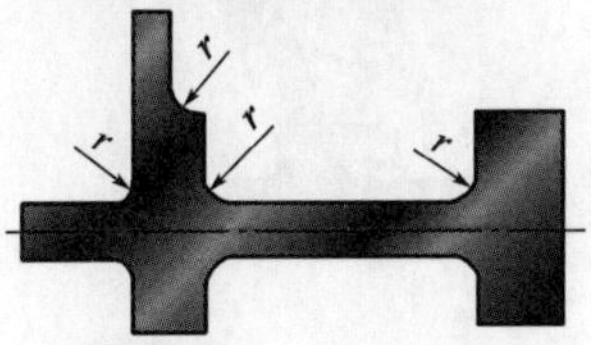 r	改进后可减少刀具数和更换刀具次数，减少辅助时间
选择合适的圆弧半径 R 和 r	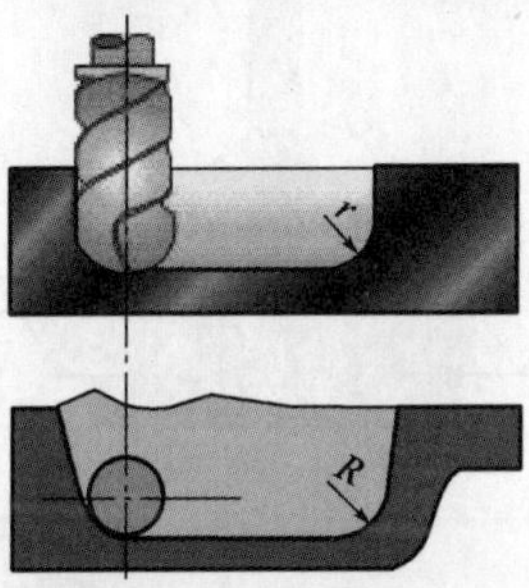 r, R	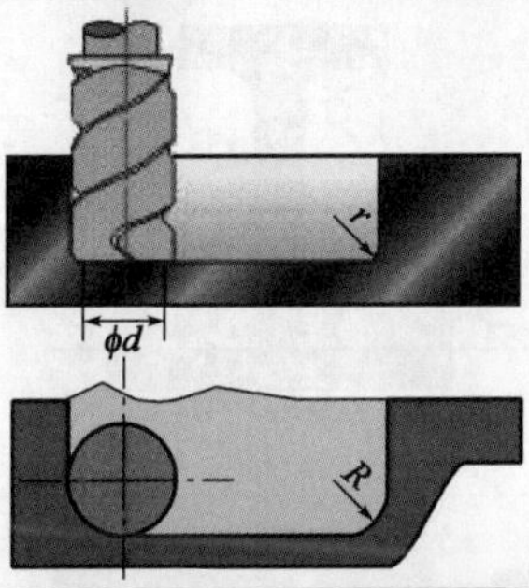 r, ϕd, R	改进后可提高生产效率
用两面对称结构			可减少编程时间，简化编程
改进尺寸比例	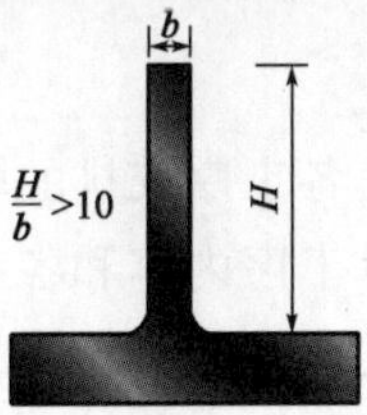 $\frac{H}{b}>10$, b, H	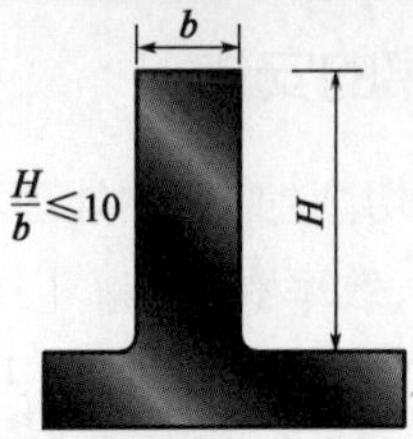 $\frac{H}{b}\leqslant 10$, b, H	可用较高刚度刀具加工，提高生产率
合理改进凸台分布	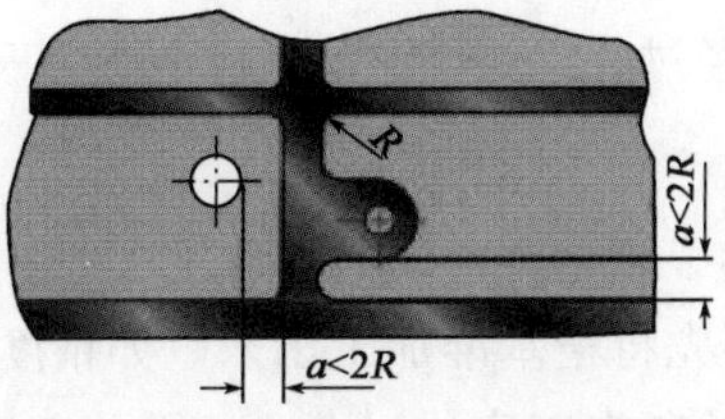 R, $a<2R$, $a<2R$	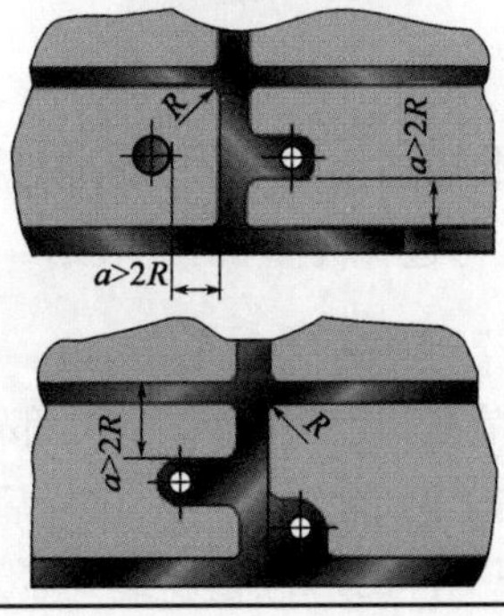 R, $a>2R$, $a>2R$; R, $a>2R$	可减少加工劳动量

续上表

提高工艺性方法	改进前结构	改进后结构	说明
改进结构形状	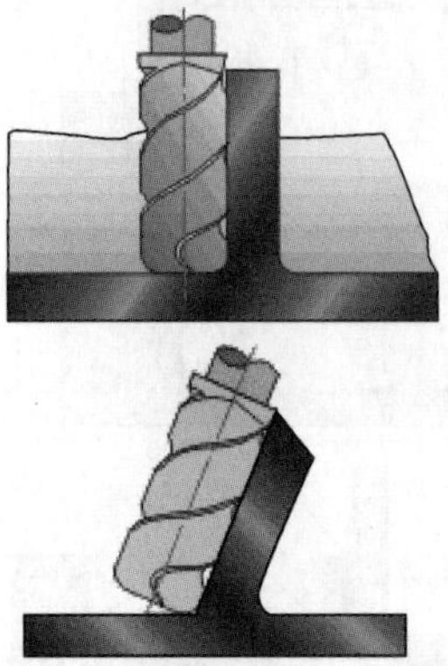	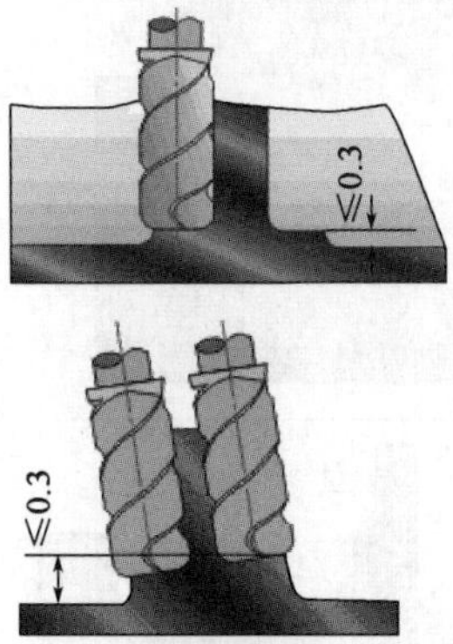 ≤0.3 ≤0.3	可减少加工劳动量
在加工和不加工表面间加入过渡	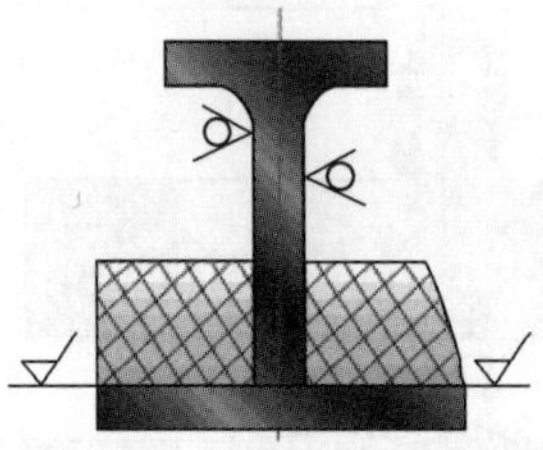	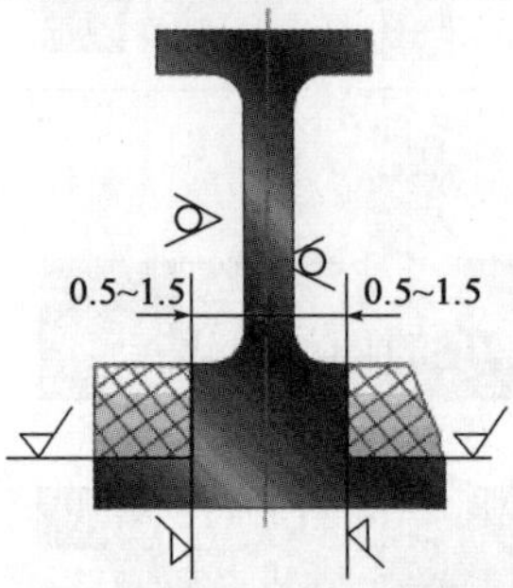 0.5~1.5 0.5~1.5	可减少加工劳动量
改进零件几何形状	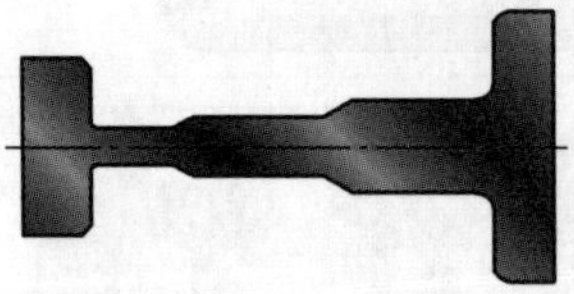		斜面筋代替阶梯筋，节约材料

9.3.3 加工工序的安排

加工工序主要包括切削加工、热处理和辅助等工序，各工序安排的顺序正确与否，将直接影响到零件的加工质量、效率和成本。因此，科学地安排工序内容和各工序的相关参数，是一个合格的工艺人员所必须的能力。由于工序安排涉及的相关环节较多，本节只介绍最基本的几个原则：

1. 先粗后精

对于需要进行数控加工的零件一般都需要经过粗经过、半精加工、精加工三个阶段，如果还要求更高的精度，将进行光整加工阶段。

2. 基准先行

为了保证加工精度和前后基准统一，都需要先将精基准加工出来。如精度要求较高的轴类零件，往往要先加工两端的中心孔，这样后续的所有工序均以此中心孔为基准，保证了基准的统一，这对于保证工件的形位精度起到了至关重要的作用。

3. 先面后孔

对于需要加工孔的箱体、支架等零件，其平面尺寸轮廓较大、定位稳定，且孔的深度尺寸又是以平面为基准，故应先加工平面，再加工孔。

4. 先主后次

即先加工主要部位的尺寸要素，后加工次要部位的尺寸要素。但在实际加工过程中，往往出于各种因素的考虑，有时是交替进行的。

9.3.4　确定定位和夹紧方案

定位基准分为粗基准和精基准。用未加工过的毛坯表面作为定位基准称为粗基准；用已加工过的表面作为定位基准称为精基准。一般情况下除第一道工序采用粗基准外，其余工序都应使用精基准。

在确定定位和夹紧方案时应注意以下几个问题：

(1)尽可能做到设计基准、工艺基准与编程计算基准的统一；

(2)尽量将工序集中，减少装夹次数，尽可能在一次装夹后能加工出全部待加工表面；

(3)避免采用占机人工调整时间长的装夹方案；

(4)装卸方便，辅助时间尽量短；

(5)夹具结构应力求简单；

(6)对小型或工序时间不长的零件，可考虑采用多工位夹具，以提高加工效率；

(7)夹紧机构或其他元件不得影响机床进给，且加工部位要敞开；

(8)夹紧力的作用点应落在工件刚性较好的部位，保证夹紧变形的量最小。

在夹紧图9-38a)所示的薄壁箱体时，夹紧力不应作用在箱体的顶面，而应作用在刚性较

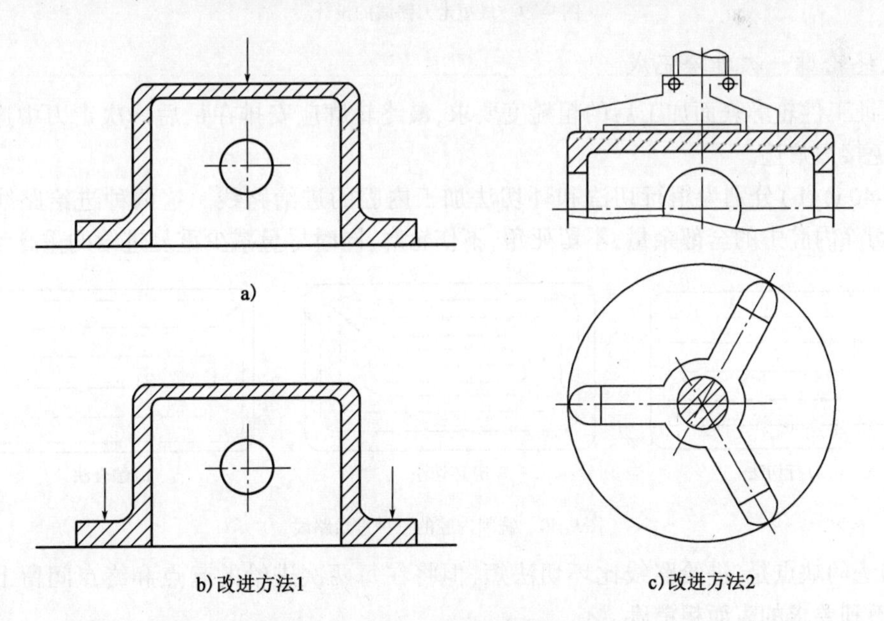

图9-38　夹紧力作用点与夹紧变形的关系

好的凸边上(如图9-38b所示);或改为在顶面上三点夹紧,改变着力点位置,以减小夹紧变形(如图9-38c所示)。

9.3.5 进给路线的确定

进给路线就是刀具在整个加工工序中的运动轨迹,它对零件的加工精度和表面质量有直接影响。它不但包括了工步的内容,也反映出工步顺序。进给路线也是编写程序的依据之一。下面对确定进给路线时应注意的几点问题进行说明:

1. 寻求最短加工路线

如加工图9-39a)所示零件上的孔系。9-39b)图的走刀路线为先加工完外圈孔后,再加工内圈孔。若改用9-39c)图的走刀路线,减少空行程时间,则可节省定位时间近一倍,提高了加工效率。

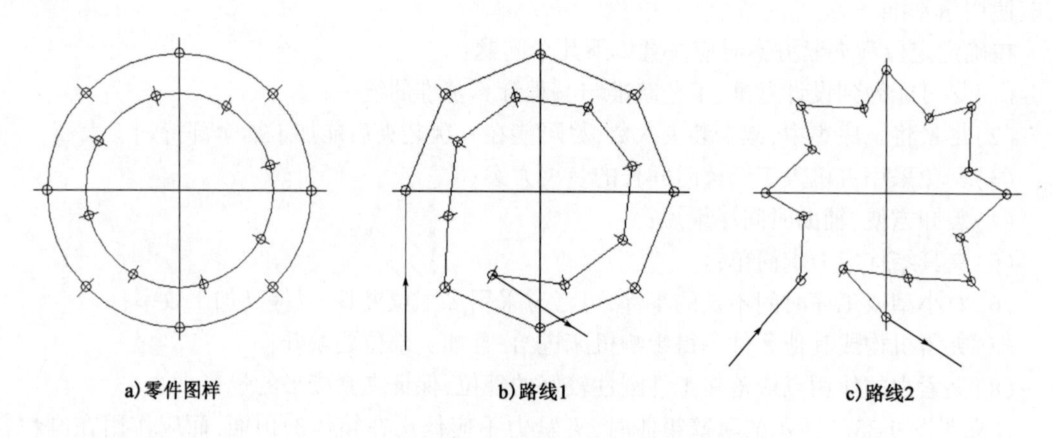

图9-39 最短走刀路线的设计

2. 最终轮廓一次进给完成

为保证工件轮廓表面加工后的粗糙度要求,最终轮廓应安排在最后一次走刀中连续加工出来,避免接刀痕迹。

图9-40a)、b)分别为用行切法和环切法加工内腔的进给路线。这两种进给路线的优点是:都能切除内腔中的全部余量,不留死角,不伤轮廓,同时尽量减少重复进给的重叠量。

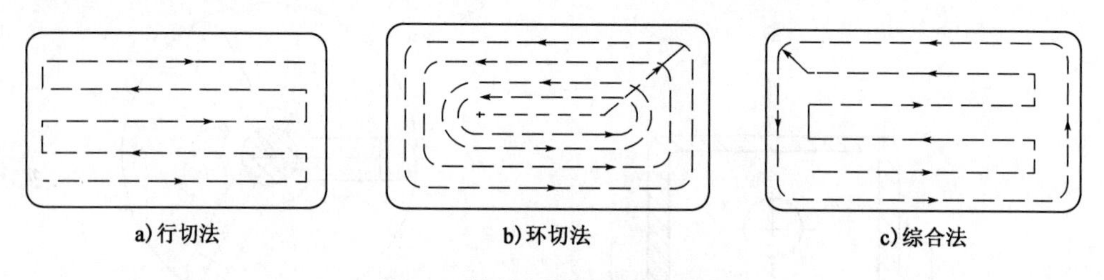

图9-40 铣削内腔的三种进给路线

行切法的缺点是:进给路线比环切法短,但将在每两次进给的起点和终点间留下残留高度,而达不到要求的表面粗糙度。

环切法的缺点是:虽然表面粗糙度要好于行切法,但环切法的进给路线需要逐渐向外扩展轮廓线,刀位点的计算较复杂。

综合行切法、环切法的优点,可采用图9-40c)的进给路线,即先用行切法切去中间部分的余量,最后用环切法沿周向环切一刀,光整轮廓表面,既能使进给路线大大缩短,又能获得较好的表面粗糙度。

3. 选择切入切出方向

考虑刀具的进、退刀(切入、切出)路线时,刀具的切出或切入点应在沿零件轮廓的切线上,以保证工件轮廓光滑;应避免在工件轮廓面上垂直上、下刀而划伤工件表面;尽量减少在轮廓加工切削过程中的暂停(切削力突然变化造成弹性变形),以免留下刀痕(如图9-41所示)。

对于铣削封闭的内轮廓表面时,刀具同样不能沿轮廓曲线的法线切入和切出,此时可采用沿一过渡圆弧切入和切出工件轮廓方法(如图9-42所示)。

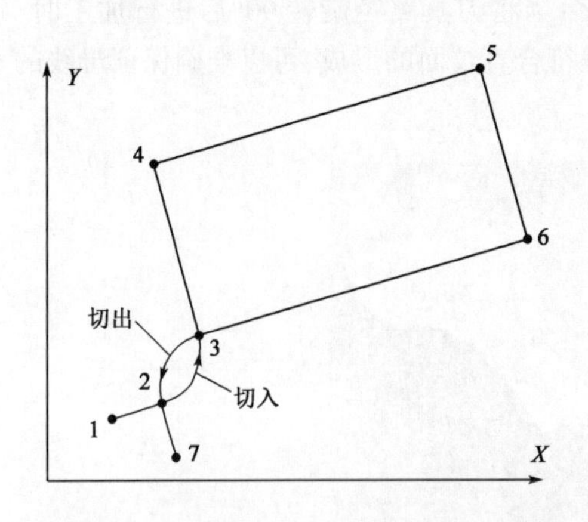

图9-41　刀具切入和切出外轮廓时的进给路线

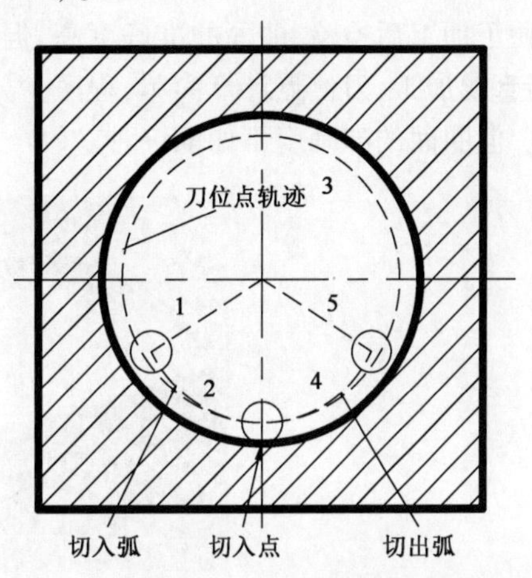

图9-42　刀具切入和切出内轮廓时的进给路线

4. 顺铣和逆铣的选择

在铣削加工中,采用顺铣还是逆铣方式是影响加工表面粗糙度的重要因素之一。

顺铣时切削力 F 的水平分力 F_h 的方向与进给运动 V_f 的方向相同(如图9-43a所示)。此时刀具是从工件的外部向内部切削,切屑由厚到薄,切削力将工件压向工作台。因此,当工件表面无硬皮,机床进给机构无间隙时,为减小刀具的磨损,应选用该方式。该方式主要用于精铣,特别是材料为铝镁合金、钛合金或耐热合金时。

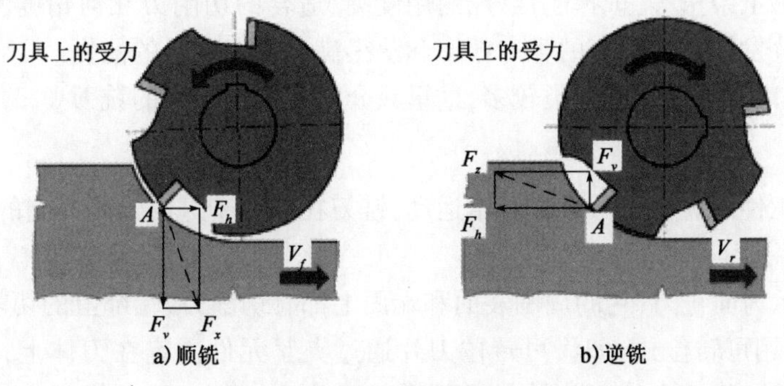

图9-43　顺铣和逆铣切削方式

逆铣时切削力 F 的水平分力 F_h 的方向与进给运动 V_f 方向相反(如图 9-43b 所示)。此时,刀具是从工件的内部向外部切削,切屑厚度由最厚到零,切削力使工件离开工作台。因此,当工件表面有硬皮,机床进给机构有间隙时,应选用该方式。因为,此时刀齿是从工件的已加工表面切入,不会使刀齿崩刃,机床进给机构的间隙也不会引起振动和爬行。

综上所述,铣削方式的选择应视零件图样的加工要求,工件材料的性质、特点以及机床、刀具等条件综合考虑。通常,由于数控机床传动采用滚珠丝杠结构,其进给传动间隙很小,且工件大多经过了普通机床的粗加工,因此,采用顺铣的方式较多。

5. 铣削曲面的进给路线

铣削曲面时,常采用球头刀具用行切法进行加工。对于边界敞开的曲面加工,可采用两种进给路线。如图 9-44 所示的曲面形状,当采用图示的加工方案时,符合这类零件数据给出情况,便于加工后检验,曲面的准确度高,但程序较多;当将刀具路径旋转 90°后进行加工时,每次沿直线加工,刀位点计算简单,程序少,加工过程符合直纹面的形成,可以准确保证母线的直线度,但曲面的准确度不如前一种。

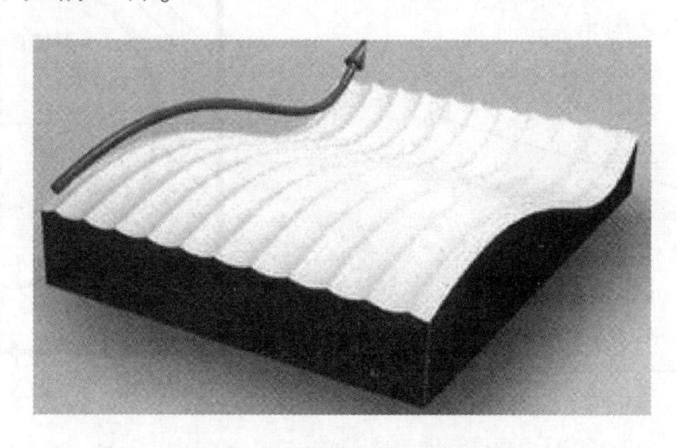

图 9-44　铣削曲面的进给路线

通过以上的分析,可以得出确定进给路线的总体原则是:在保证零件加工精度和表面质量的条件下,尽量缩短加工路线,以提高生产率。但在生产实际中,加工路线的确定要根据生产单位的具体情况和零件结构的特点,进行综合考虑,灵活应用。

9.3.6　数控铣刀的选择

数控铣床上所采用的刀具要根据被加工零件的材料、几何形状、表面质量要求、热处理状态、切削性能及加工余量等,选择刚性好、耐用度高、适合的切削刃几何角度、排屑性能好的铣刀,这些都是充分发挥数控铣床的生产效率和获得满意加工质量的前提。

由于数控铣床所用的刀具种类较多,这里只介绍几种较常用的铣刀。

1. 面铣刀

面铣削时,工件沿着铣刀做直线进给运动,铣刀在垂直于进给轴线方向的平面内绕轴线旋转(如图 9-45 所示)。

图 9-46 所示为面铣刀,它的周围表面和端面上都有切削刃,端部上的切削刃为副切削刃。现在面铣刀多采用可转位式(即将可转位刀片通过夹紧元件固定在刀体上,当刀片的一个切削刃用钝后,直接在机床上将刀片转位或更换新刀片)。因此,这种铣刀在提高产品质量、加

工效率、降低成本、操作使用方便等方面都有明显的优越性。而对于整体焊接式和机夹—焊接式面铣刀的焊接质量难以保证，刀具的耐用度低，重磨费时等缺点，目前已逐步被淘汰。

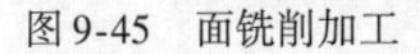

图9-45　面铣削加工

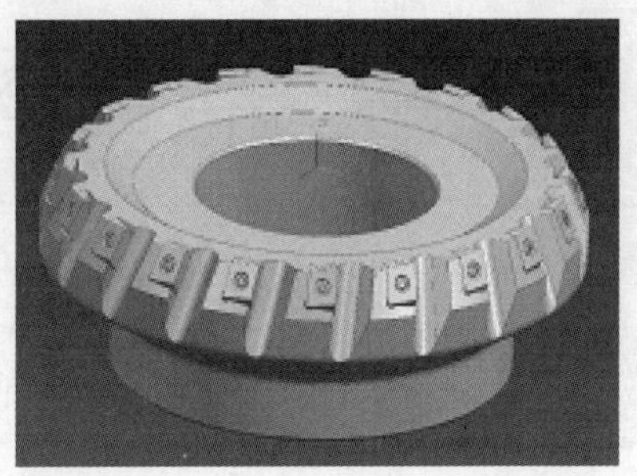

图9-46　面铣刀

2. 立铣刀

立铣刀是数控机床上用得最普遍的一种铣刀，其型号和规格也非常的多，图9-47所示的三种立铣刀是最常见的结构形式。

a）直柄立铣刀

b）削平行直柄立铣刀

c）整体式镶齿立铣刀

图9-47　常见立铣刀

从立铣刀的材质上来区分，可分为高速钢和硬质合金两大类。

从图9-47中可以看出，立铣刀的圆柱表面和端面上都有切削刃，它们即可以同时切削，也可以单独切削。圆柱表面上的切削刃为主切削刃，端面上的切削刃为副切削刃。主切削刃一般为螺旋齿，这样可以增加切削平稳性，提高加工精度。端面刃主要用来加工与侧面相垂直的底平面。需要注意的是，在普通立铣刀的端面中心处无切削刃，所以立铣刀不能作轴向进给。

3. 模具铣刀

模具铣刀主要分为圆锥形立铣刀（如图9-48a所示）、圆柱形球头立铣刀（如图9-48b所示）和圆锥形球头立铣刀（如图9-48c所示）三类。它们的特点是在球头或端面上布满了切削刃，圆周刃与球头刃圆弧连接，可以同时作径向和轴向进给。

4. 键槽铣刀

键槽铣刀一般为两个刀齿（如图9-49a所示），圆柱面和端面都有切削刃，端面刃延至中心（如图9-49b所示），加工时先轴向进给达到槽深后，然后沿键槽方向铣出键槽全长。

5. 成型铣刀

此类刀具一般是为特定的工件或加工内容专门设计制造的。如角度面、T形槽、燕尾槽、特形孔或台等。因此，它的通用性较差，通常对于批量加工的零件才会选用此类刀具（如图9-50所示）。

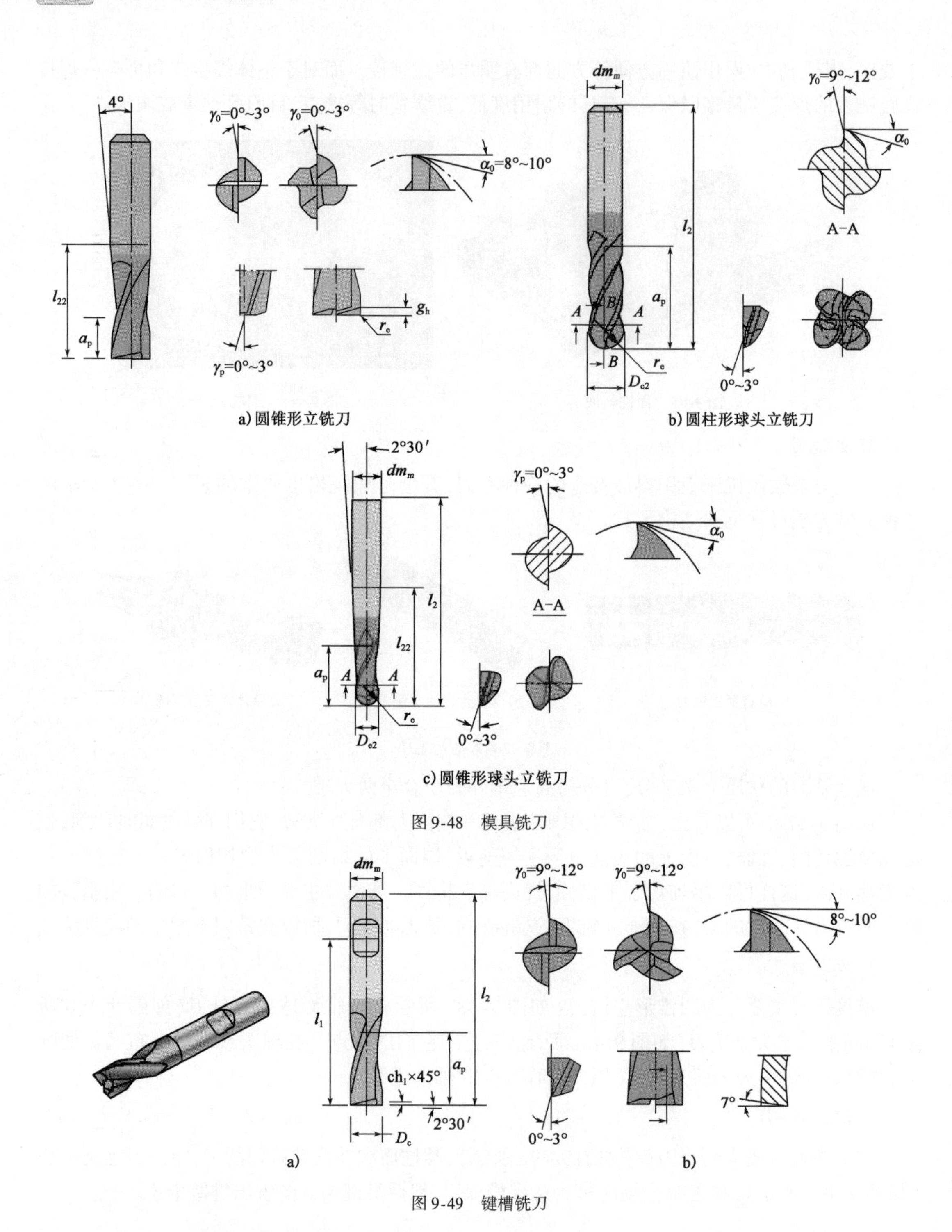

图 9-48 模具铣刀

图 9-49 键槽铣刀

9.3.7 切削用量的选择

切削用量包括:主轴转速、进给速度、背吃刀量。对于不同的加工方法,需要选用不同的切削用量。切削用量的选择原则是:保证零件加工精度和表面粗糙度,充分发挥刀具切削性能,保证合理的刀具耐用度,并充分发挥机床的性能,最大限度提高生产率,降低成本。

图9-50　成型铣刀

本节只介绍与铣削相关的切削用量选择方法。

1. 进给速度的确定

进给速度 V_f 是指单位时间内工件与铣刀沿进给方向的相对位移。

$$V_f = f \cdot n = f_z \cdot Z_n \cdot n \qquad (\text{mm/min})$$

式中:f_z——每齿进给量,mm/z。

f——每转进给量,铣刀每转一周时,工件与铣刀的相对位移,mm/r。

Z_n——铣刀齿数,z/r。

n——主轴转速,r/min。

进给速度是数控机床切削用量中的重要参数,主要根据零件的加工精度和表面粗糙度要求,以及刀具、工件的材料性质选取。最大进给速度受机床刚度和进给系统的性能限制。确定进给速度的原则是:当工件的质量要求能够得到保证时,为提高生产效率,可选择较高的进给速度。

例:如用 ϕ20mm 的立铣刀(4 齿)加工工件

(1)根据工艺系统情况查阅切削速度表,如取 V=30m/min

由公式:$V=\pi dn/1000$ 得:

$$S = n = 1000\ V/\pi d = 1000 \times 30/3.14 \times 20 = 478\text{r/min}$$

取整后 S=480r/min。如机床不具备无极变速功能,则应选择与之相接近的机床转速。

(2)根据工艺系统情况查阅每齿进给量,如取 f_z=0.11mm/z,由此可得:

每转进给量 $f = f_z \cdot Z_n = 0.11 \times 4 = 0.44\text{mm/r}$

每分钟进给速度 $V_f = f \cdot n = f_z \cdot Z_n \cdot n = 0.11 \times 4 \times 478 = 210\text{mm/min}$

2. 确定背吃刀量(端铣)或侧吃刀量(圆周铣)

背吃刀量 a_p 为平行于铣刀轴线测量的切削层尺寸,单位为 mm。端铣时,a_p 为切削层深度;而圆周铣时,a_p 为被加工表面的宽度。

侧吃刀量 a_e 为垂直于铣刀轴线测量的切削层尺寸,单位为 mm。端铣时,a_e 为被加工表面的宽度；而圆周铣时，a_e 为切削层深度。

背吃刀量或侧吃刀量的选择应根据机床、工件和刀具等系统刚度和工件表面质量的要求来决定。

(1)在系统刚度允许的条件下，应尽可能使背吃刀量等于工件的加工余量，这样可以减少走刀次数，提高生产效率。

(2)为了保证加工表面质量，在工件表面粗糙度值要求为 R_a12.5～25μm 时，如果圆周铣削的加工余量小于5mm，端铣的加工余量小于6mm，粗铣安排一次就可以达到要求。但如果余量较大，系统的刚性不足，可分两次进给完成。

(3)在工件表面粗糙度值要求为 R_a3.2～12.5μm 时，可分粗铣和半精铣两步进行。粗铣时背吃刀量或侧吃刀量的选取同前。粗铣后留0.5～1.0mm 余量，在半精铣时切除。

(4)在工件表面粗糙度值要求为 R_a0.8～3.2μm 时，可分粗铣、半精铣、精铣三步进行。半精铣时背吃刀量或侧吃刀量取1.5～2mm。精铣时圆周铣侧吃刀量取0.3～0.5mm，面铣刀背吃刀量取0.5～1.0mm。

切削用量的具体数值应根据机床性能、相关的手册并结合实际经验用类比方法确定。同时使主轴转速、切削深度及进给速度三者应能相互适应，以形成最佳切削用量。

切削用量不仅是在机床调整前必须确定的重要参数，而且其数值合理与否对加工质量、加工效率、生产成本等有着非常重要的影响。所谓"合理的"切削用量是指充分利用刀具切削性能和机床动力性能(功率、扭矩)，在保证质量的前提下，获得高的生产率和低的加工成本的切削用量。

9.3.8 工件坐标系的确定

1. 坐标系确定的原则

机床的运动形式是各不相同的，为了描述刀具与零件的相对运动、避免出现混淆，ISO 和我国都统一规定了数控机床坐标轴的代码及其运动方向。

1)刀具相对于零件运动

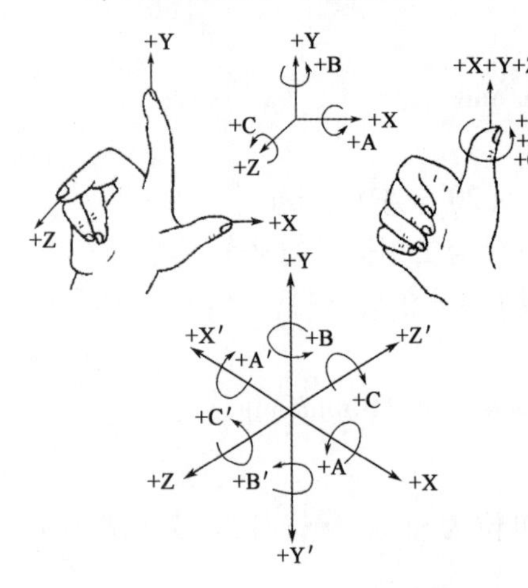

图9-51 右手直角笛卡尔坐标系

由于机床的结构不同，机床的运动方式也不同。因此，为了编程方便，一律规定为工件固定，刀具相对于工件运动。

2)坐标系采用右手直角笛卡尔坐标系

大拇指的方向为 X 轴的正方向；食指的方向为 Y 轴的正方向；中指的方向为 Z 轴的正方向。

2. 坐标系的确定

数控机床的坐标系采用右手直角笛卡尔坐标系，如图9-51 所示。它规定直角坐标 X、Y、Z 三轴正方向用右手定则判定，围绕 X、Y、Z 各轴的回转运动及其正方向 +A、+B、+C 用右手螺旋法则判定。用 +X′、+Y′、+Z′、+A′、+B′、+C′表示与 +X、+Y、+Z、+A、+B、+

C 相反的方向,即工件相对于刀具运动的方向。

直角坐标 X、Y、Z 又称为主坐标系或第一坐标系。如机床的运动轴多于此三个坐标,则用 U、V、W 表示平行于 X、Y、Z 坐标轴的第二组坐标。同样用 P、Q、R 表示平行于 X、Y、Z 坐标轴的第三组坐标。

1)Z 轴的确定

Z 轴定义为平行于机床主轴的坐标轴,如果机床有一系列主轴,则应选尽可能垂直于工件装夹面的主要轴为 Z 轴,其正方向定义为从工作台到刀具夹持的方向,即刀具远离工作台的运动方向。

2)X 轴的确定

X 轴为水平的、平行于工件装夹平面的坐标轴,它平行于主要的切削方向,且以此方为正方向。

3)Y 轴的确定

Y 轴的正方向则根据 X、Z 轴及其方向用右手直角笛卡尔坐标系确定。

3. 机床原点、机床参考点

(1)机床原点是机床上的一个固定点,其位置是由机床厂家设定的,通常是不允许用户改变的。该点是机床参考点、工件坐标系的基准点。

(2)机床参考点是机床坐标系中一个固定不变的位置点。该点通常设置在机床各轴靠近正方向极限的位置。因此,机床的机械坐标值通常为负值(在坐标系的第三象限)。

机床参考点对机床原点的坐标是一个已知定值,该值在机床出厂之前进行设定,它可以根据机床参考点在机床坐标系中的坐标值间接确定机床原点的位置。

数控机床通电后,通常要做回零操作(即回参考点)。回零操作后机床即对控制系统进行初始化,使机床运动坐标的各计数 X、Y、Z 等显示为零。

4. 工件坐标系和工件原点

在数控编程过程中,编程人员拿到图纸以后,为了编程方便需要在工件的图纸上设置一个坐标系,该坐标系就叫工件坐标系,该坐标系的原点就叫工件原点。有了它,编程就不必考虑工件毛坯在机床上的实际装夹位置了。

选择工件原点的一般原则:

(1)工件原点应选在工件图样的基准上,以利于编程。

(2)工件原点应尽量选在尺寸精度高、粗糙度值低的工件表面上。

(3)工件原点最好选在工件的对称中心上。

(4)要便于测量和检验。

5. 工件坐标系的建立

当工件在机床上固定好以后,工件放置在工作台的具体位置并没有确定,必须进行测量。一般有两种测量方法:

(1)杠杆百分表、量棒、量块等工具搭配测量。

(2)寻边器等专用的工件测量头进行测量。

按"参数"、"零点偏移"键,即可进入工件坐标系设置窗口,如图 9-52 所示。

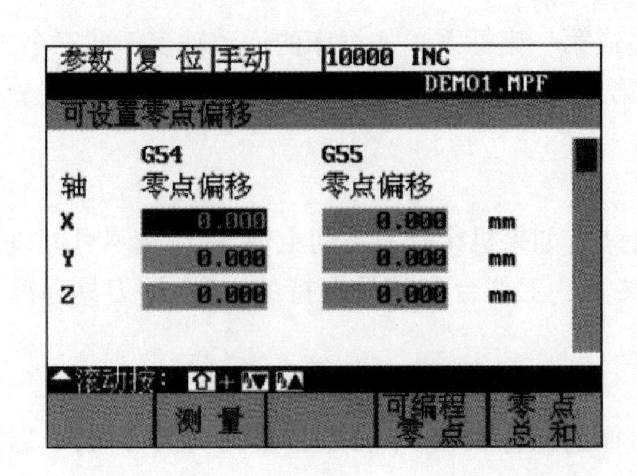

图 9-52 工件坐标系设置窗口与寻边器

一般数控机床可以设定 6 个(G54 ~ G59)工件坐标系,这些坐标系原点的值可用手动方式进行输入。其值在机床重开机时仍然存在。因此批量加工零件时常用该方式。

注意:在 G54 ~ G59 指令中输入的 X、Y、Z 值均为负值,但具体情况应根据机床厂家的设置而定。

当程序中指定了 G54 ~ G59 之一,则在以后程序段中的坐标值均为相对此程序原点的值。以图 9-53 为例,在此图中有两个工件,其坐标系的值分别存储在 G54 和 G55 内,以下程序即实现如何在两个坐标系内的相互转换。

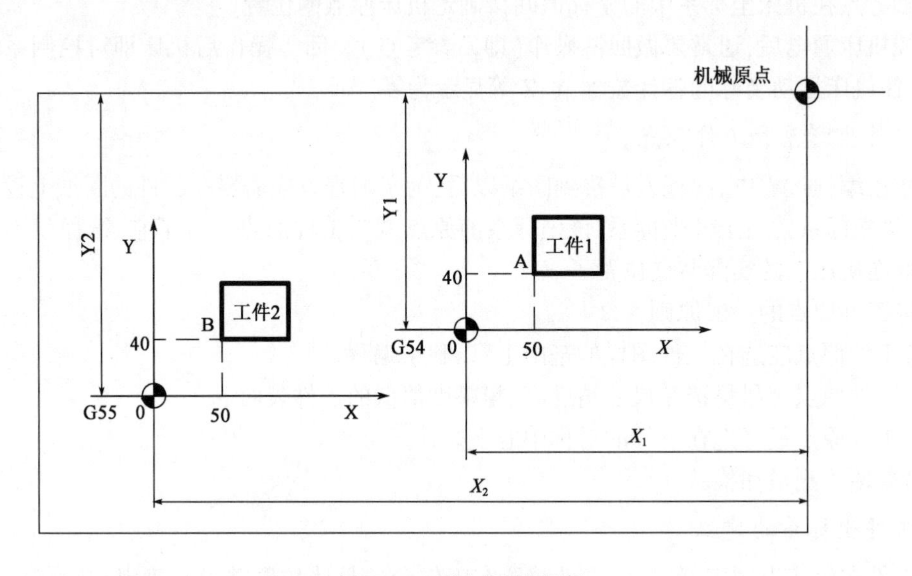

图 9-53 工件坐标系设置例

...

N10 G00 G90 G54 X50 Y40;以 G00 方式移动到 G54 坐标系的 A 点

...

...

N100 G56；　　　　　　　　选择G56坐标系作为当前工件坐标系

N110 G00 G90 X50 Y40；　　以G00方式移动到G56坐标系的B点

...

显然，对于多程序原点偏移，采用G54~G59原点偏置寄存器存储所有程序原点与机床参考点的偏移量，然后在程序中直接调用G54~G59进行原点偏移是很方便的。

采用程序原点偏移的方法还可实现零件的空运行试切加工，具体应用时，将程序原点向刀具（Z轴）方向偏移，使刀具在加工过程中抬起一个安全高度即可。对于编程员而言，一般只要知道工件上的程序原点就够了，因为编程与机床原点、机床参考点无关，也与所选用的数控机床型号无关（注意与数控机床的类型有关）。但对于机床操作者来说，必须十分清楚所选用的数控机床的上述各原点及其之间的偏移关系（不同的数控系统，程序原点设置和偏移的方法不完全相同，必须参考机床用户手册和编程手册）。数控机床的原点偏移实质上是机床参考点对编程员所定义在工件上的程序原点的偏移。

*Z*轴的设定，一般采用*Z*轴设定器。*Z*轴设定器有光电式和机械式两种，且高度值都是一个固定值，如50mm是最常用的一种，如图9-54所示。

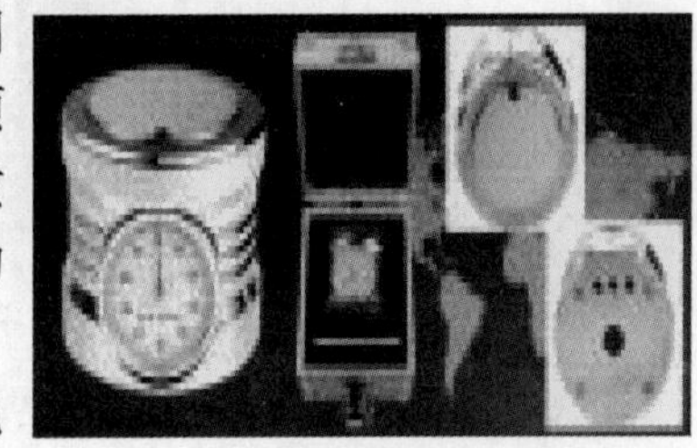

图9-54　机械式*Z*轴设定器

9.4　数控铣床及加工中心基本操作

随着数控技术的不断深入与发展，数控系统的生产厂家较多，且每个厂家的系统又有不同的型号。但各个系统的基本功能大体是相似的，只是编程方式与操作步骤有所不同。因此，为节省篇幅，本书以西门子（SINUMERIK 828D）系统操作面板进行介绍。

9.4.1　操作面板介绍

西门子（SINUMERIK 828D）系统操作面板如图9-55所示。

1. 各区域功能说明

（1）显示器：显示机床的各类信息参数

（2）软键：根据显示器显示的界面不同，纵向和横向软键的功能对应显示器所显示的纵向和横向功能

（3）MDI面板：输入字母、数字和各类符号

（4）功能键：切换机床的不同功能

（5）数据传输接口：内设有U盘、CF卡和网络线接口

2. 各按键功能说明

<ALARM CANCEL>：删除带此符合的报警和显示信息。

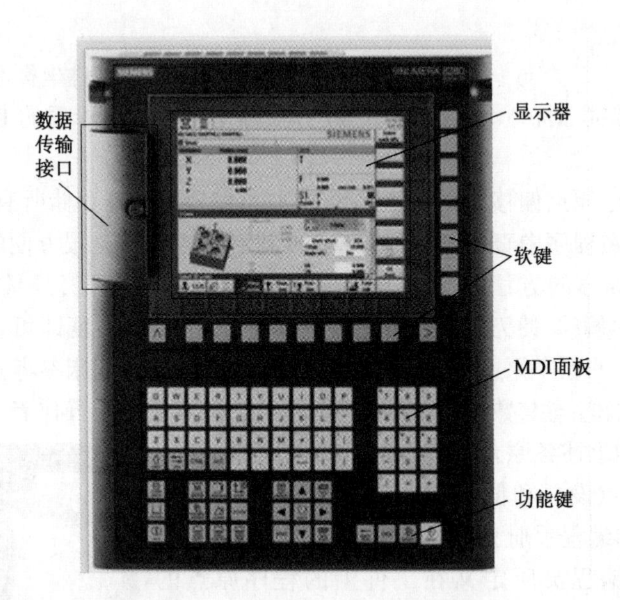

图 9-55　SINUMERIK 828D 操作面板

<CHANNEL>:通道切换键。

<HELP>:上下文在线帮助键。

<NEXT WINDOW>:窗口切换;一个通道列中存在多个通道视图或多个通道功能时,该建切换上下窗口;选中下拉列表和下拉菜单中的第一个选项;将光标移到文本头。

<PAGE UP>:在窗口中向上翻一页。

<PAGE DOWN>:在窗口中向下翻一页。

<光标向右>:该按键具有以下功能:在编辑器中打开一个目录或程序;在浏览状态将光标向右移到一个字符。

<光标向左>:该按键具有以下功能:在编辑器中关闭一个目录或程序,所作修改传送到系统中;在浏览状态将光标向左移到一个字符。

<光标向上>:该按键具有以下功能:在编辑栏中将光标移到上一栏;在表格中将光标移到上一个单元格;在菜单画面中将光标向上移动。

<光标向下>:该按键具有以下功能:在编辑栏中将光标移到下一栏;在表格中将光标移到下一个单元格;在菜单画面中将光标向下移动。

<SELECT>:在下拉列表和下拉菜单中切换多个选项;勾选复选框;在程序编辑器和程序管理器中选择一个程序段或一个程序。

<END>:将光标移到窗口中的最后一个输入栏、表格末尾或程序块末尾选择下拉列表和下拉菜单中的最后一个选项。

<BACKSPACE>:删除光标左侧的字符。

<TAB>:在程序编辑器中将光标缩进一个字符;在程序管理器中将光标移到右侧下一条目。

<DEL>:删除光标右侧第一字符。

<空格键>:在编辑栏中可插入一个空格;在下拉列表和下拉菜单中切换多个选项。

< + >:展开包含子菜单的目录;在“模拟”和“跟踪”中放大图形。

< – >:收回包含子单元的目录;在“模拟”和“跟踪”中缩小图形。

< = >在输入栏中打开计算器。

< * >打开目录和所有子目录。

< ~ >切换数字前面的正负号。

<INSERT>:在插入模式下打开编辑栏,再次按下此键,退出输入栏,撤销输入;打开下拉菜单,显示下拉选项;在程序中插入一行空行。

<INPUT>:完成输入栏中值的输入;打开目录或程序;当光标在程序块末尾时,插入一个空的程序块。

<ALARM>:调用“诊断”操作区域。

<PROGRAM>:调用“程序管理器”操作区域。

<OFFSET>:调用“参数”操作区域。

<PROGRAM MANAGER>:调用“程序管理器”操作区域。

<菜单扩展键>:切换到扩展水平软键条。

<菜单返回键>:返回至上一级菜单。

<MACHINE>:调用“加工”操作区域。

<MENU SELECT>返回主菜单,选择操作区域。

9.4.2　机床控制面板介绍

西门子(SINUMERIK 828D)系统操作面板如图 9-56 所示。

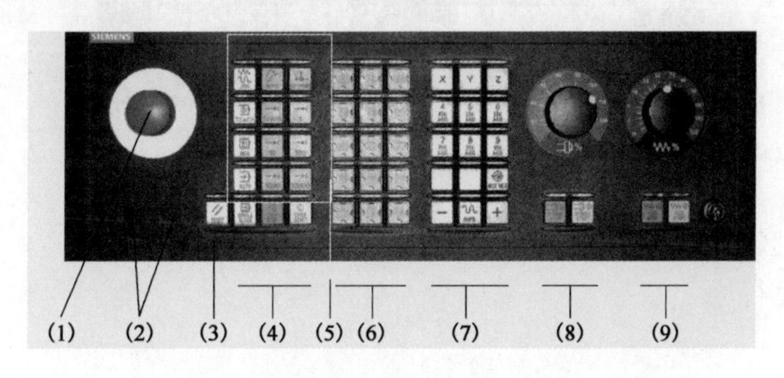

图 9-56　SINUMERIK 828D 机床控制面板

<急停键>:在下列情况应按下此键:有生命危险时;存在机床或者工件受损的危险时。此时所有驱动将采用最大可能的制动力矩停止。

<RESET>:中断当前程序的处理;删除报警。

<SINGLE BLOCK>:打开/关闭单程序段模式。

<CYCLE START>:“循环启动”键,用于程序的自动运行。

<CYCLE STOP>:“循环停止”键,用于程序的停止运行。

<JOG>:选择“JOG 手动”运行方式,即可通过手摇脉冲发生器或机床的轴方向键移动机床坐标轴。

<TECH IN>:选择“示教”运行方式。

<MDA>:选择“手动数据输入”运行方式。

<AUTO>:选择“自动”运行方式。

<REPOS>:再定位、重新逼近轮廓。

<REF POINT>返回参考点。

<VAR>:可变增量进给,以可变增量运行。

<Inc>:增量进给,以设定的增量值 1、10、100、1000、10000 运行。注意,这里的单位为 μm。

9.4.3 机床屏幕划分

西门子(SINUMERIK 828D)系统主屏幕显示内容如图 9-57 所示。图中各数字对应意义如下:

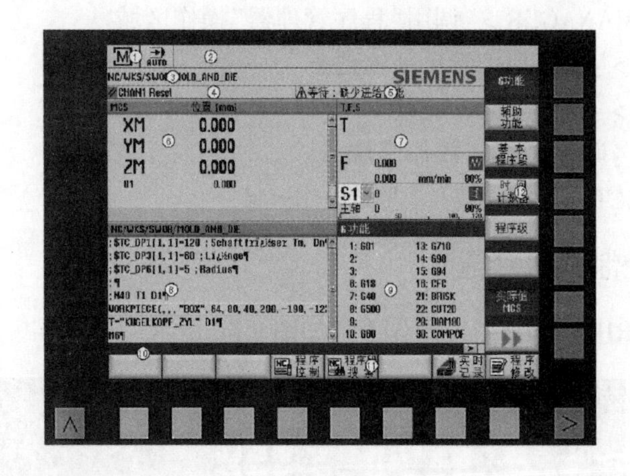

图 9-57 SINUMERIK 828D 系统主屏幕

(1)有效操作区域和运行方式。

(2)报警/信息行。

(3)程序名。

(4)通道状态和程序控制。

(5)通道运行信息。

(6)实际值窗口中的轴位置显示。

(7)有效刀具 T;当前进给率 F;当前状态的有效主轴 S;主轴负载,用百分比表示。

(8)加工窗口,显示加工程序。

(9)显示有效 G 功能、所有 G 功能、辅助功能、用于不同功能的输入窗口(例如跳转程序段、程序控制)。

(10)用于传输其他用户说明的对话行。

(11)水平软键栏。

(12)垂直软键栏。

9.4.4　基本操作方法

1. 机床开机步骤

(1)将数控系统电源开关逆时针旋转90°,接通机床电源。

(2)按“伺服上电”键,启动机床。

(3)将“紧急停止”按钮顺时针方向旋转至复位状态。

(4)按“伺服上电”按钮接通伺服电源。

2. 系统关机操作步骤

(1)将机床各轴处于行程的中间位置。

(2)按下“紧急停止”按钮。

(3)按“电源关闭”键,关闭机床。

(4)将机床电源开关顺时针方向旋转90°,切断机床电源。

3. 建立工件坐标系的步骤

以寻边器对刀为例。

(1)按键,进入“MDA”状态,输入零点偏移(G54 ~ G59)之一,然后按“循环启动”键。

(2)按键,进入“手动运行”方式。

(3)X坐标设定:依次用手摇脉冲发生器×100、×10、×1档,将寻边器或刀具缓慢接触工件一边后,按屏幕下方的“设置”软键,再按“X = 0”软键,将当前位置设定为X0。再用相同方法使寻边器或刀具接触工件另外一边,然后按“ = ”键,出现“计算器”界面,在“计算器”界面中依次输入“/”、“2”然后按“接收”和“返回”键,至此X轴设置完毕。

(4)Y坐标设定:与X坐标设定的方法一样,只是坐标方向不同。

(5)Z坐标设定:当用一把刀具加工时,按“设置”软键,将当前刀具依次用手摇脉冲发生器×100、×10、×1档缓慢接触对刀仪的测量平面,当对刀仪灯亮或指针发生变化时,在“数字输入区”输入对刀仪的高度值,然后按“返回”键,即设定完毕。

用多把刀具加工时,按“设置”软键,用当前刀具缓慢接触对刀仪的测量平面,当对刀仪灯亮或指针发生变化时,读取当前机床坐标Z轴数值,并将该数值加上对刀仪的高度所得数值输入到“长度补偿”里,按设置完成。再换下一把刀具步骤如上。

注意:如用寻边器和对刀仪对刀,主轴应处于停止状态;如用刀具采用试切法对刀,则主轴必须在正转的状态下才能对刀。

4. 刀具参数设置

按按钮进入“刀具表”窗口。

1)刀具清单

按“刀具清单”软键,进入刀具清单界面,在此可设置刀具长度补偿和刀具半径补偿。

输入方法:将光标移动到要输入的区域,输入数据,按键确认。

2)刀具测量

刀具测量可直接从刀具列表中测量单个刀具的补偿数据。

按下“刀具清单”软键和“刀具测量”键,显示窗口“测量:手动长度测量”或者“测量:手动半径测量”,修改刀具名称、刀沿号;参考点,工件边沿值;按下“设置长度”或者“设置半径”软键,刀具数据将自动计算并输入刀具表。

3)刀沿

按下“刀具清单”软键和“刀沿”软键可建立“新刀沿”和“删除”刀沿。

4)卸载和装载刀具

可以通过刀具表将刀具装入刀库或者从刀库中卸载刀具。卸载时将刀具从刀库中移除,并保存在 NC 存储器中。装载时将刀具移至一个刀位上。

5)删除刀具

按下“刀具清单”软键和“删除”软键,系统将出现一条安全提示,如确实要删除,按下“确认”软键刀具被删除。

6)选择刀库

按下“刀具清单”软键和“选择刀库”软键。如只有一个刀库,则按下软键后会从一个区域跳至另一个区域;如有多个刀库打开“刀库选择”窗口,将光标防止在所需刀哭上并按下软键“转至”。

7)刀具磨损

刀具使用一段时间后会出现磨损现象,此时,可将磨损值输入至刀具磨损列表中,在计算刀具长度或者半径补偿时,控制系统会考虑这些数据。对磨损后的值应输入“ + ”值。

8)刀库

在刀库列表中显示有刀具及其刀库相关的数据,此处可以根据需要进行和刀库以及刀位相关操作。各刀位可以为刀具位置编码、类型、位置禁用、固定位置进行设置。

(1)卸载所有刀具。按下“刀库”软键和“卸载所有刀具”软键,系统将所有刀具全部卸载。

(2)移位。按下“刀库”软键和“移位”软键,系统可将当前刀具移至其他位置。

(3)刀库定位。按下“刀库”软键,将光标放置在需要定位到装载的刀位上。按下“刀库”软键,刀位定位到装载位上。

9.5 典型零件的数控铣削加工工艺分析

9.5.1 平面轮廓零件的数控铣削加工工艺

平面轮廓零件是数控铣削加工中较常见的零件之一,其轮廓大多由直线、圆弧、非圆曲线(公式曲线、样条曲线)等几种组成。所用机床多为两轴半或三轴联动的数控铣床。加工过程大同小异,下面就以图 9-58 所示的平面槽轮板零件为例分析其数控铣削加工工艺。

1. 零件图纸工艺分析

图样分析主要是分析零件的轮廓形状、尺寸和技术要求、定位基准及毛坯等。

本例零件是一种带内、外轮廓的槽形零件,由圆弧和直线组成,需用两轴半联动的数控铣床进行加工。材料为 45 钢,切削加工性能较好。

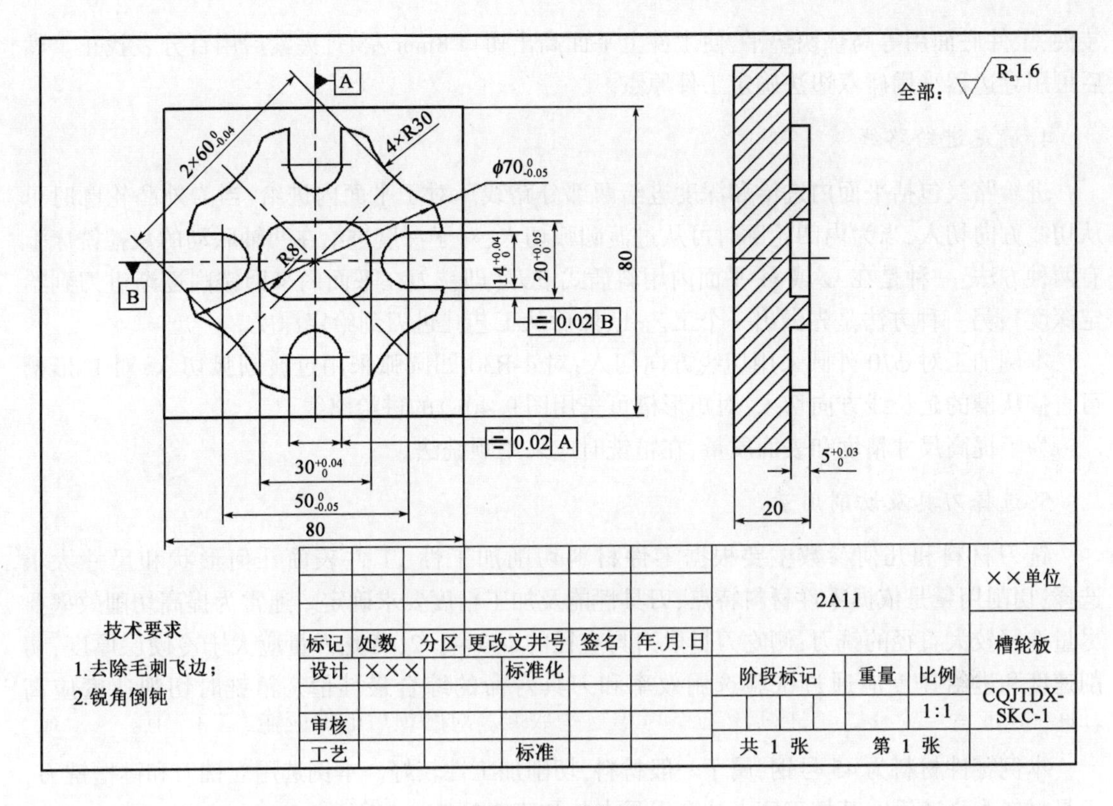

图 9-58　槽轮板

该零件在数控铣削加工前已经过普通铣床的粗加工，尺寸为 80mm × 80mm × 20mm 的正方体。

该零件组成几何要素之间关系清楚，条件充分，无相互矛盾之处，无封闭尺寸。编程时所需坐标可通过手工计算或由工艺人员在相关软件上分析后在图形上标出即可。

槽轮板的四个槽形对 A、B 轴线有对称度要求，在装夹前一定要将平口虎钳找正，然后用寻边器找出工件零点即可保证。

2. 制订数控加工工步过程

(1)粗铣圆柱外轮廓 ϕ70mm，留 0.5mm 单边余量。

(2)粗铣 4-R30 凹圆弧及 4 个 U 形槽，留 0.5mm 单边余量。

(3)半精铣整个外轮廓，留 0.2mm 单边余量。

(4)根据实测工件尺寸，调整刀具参数，精铣整个外轮廓至尺寸。

(5)粗铣矩形槽，留 0.5mm 单边余量。

(6)半精铣矩形槽，留 0.2mm 单边余量。

(7)根据实测工件尺寸，调整刀具参数，精铣矩形槽至尺寸。

3. 确定装夹方案

对于大批量加工的零件，为了减少装夹和找正的时间，一般用专用夹具进行装夹。而对于形状简单的小批量零件加工，最好使用通用夹具进行装夹。本例的形状简单，只需用平口虎钳装夹,工件底面用等高垫块垫平,使工件上平面高出钳口8mm左右,夹紧后用百分表找正。然后可用寻边器采用碰双边法确定工件原点。

4. 确定进给路线

进给路线包括平面内进给和深度进给两部分路线。对于平面内进给,当为外凸轮廓时可从切线方向切入,当为内凹轮廓时可从过渡圆弧切入;对于深度进给在两轴联动的数控铣床上有两种方法:一种是在xz或yz平面内用斜插式下刀(即铣刀在平面内来回铣削逐渐进刀到给定深度);另一种方法是先做出一个工艺孔,然后从工艺孔进刀到给定深度。

本例加工对ϕ70外圆采用切线方向切入;对4-R30凹圆弧采用过渡圆弧切入;对U形槽可直接从槽的延长线方向切入;对矩形槽可采用图9-40c)的进给路线。

为了提高尺寸精度和表面质量,在精铣时应采用顺铣法。

5. 选择刀具及切削用量

铣刀材料和几何参数主要根据零件材料切削加工性、工件表面几何形状和尺寸大小选择;切削用量是依据零件材料特点、刀具性能及加工精度要求确定。通常为提高切削效率要尽量选用较大直径的铣刀;侧吃刀量取刀具直径的1/3~1/2,背吃刀量应大于冷硬层厚度;切削速度和进给速度应通过试验选用效率和刀具寿命的综合最佳值。精铣时切削速度应高一些。

本例零件材料为45号钢,属于一般材料,切削加工性较好。本例选用立铣刀和键槽铣刀,刀具材料为高速钢。其切工序卡片和刀具卡片如表9-2、表9-3所示。

数控加工工序卡片 表9-2

<table>
<tr><td rowspan="2">(工厂)</td><td colspan="2" rowspan="2">数控加工工序卡片</td><td colspan="2">产品名称或代号</td><td colspan="2">零件名称</td><td>材料</td><td colspan="2">零件图号</td></tr>
<tr><td colspan="2"></td><td colspan="2">槽轮板</td><td>45</td><td colspan="2"></td></tr>
<tr><td rowspan="2">工序号</td><td>程序编号</td><td>夹具名称</td><td>夹具编号</td><td colspan="3">使用设备</td><td colspan="2">车间</td><td rowspan="2"></td></tr>
<tr><td></td><td>平口虎钳</td><td></td><td colspan="3"></td><td colspan="2"></td></tr>
<tr><td>工步号</td><td colspan="2">工步内容</td><td>加工面</td><td>刀具号</td><td>刀具规格(mm)</td><td>主轴转速(r/min)</td><td>进给速度(mm/min)</td><td>背吃刀量(mm)</td><td>备注</td></tr>
<tr><td>1</td><td colspan="2">粗铣圆柱外轮廓ϕ70</td><td></td><td>T01</td><td>ϕ20</td><td>300</td><td>150</td><td></td><td></td></tr>
<tr><td>2</td><td colspan="2">粗铣4-R30凹圆弧和4个U形槽</td><td></td><td>T02</td><td>ϕ12</td><td>400</td><td>50</td><td></td><td></td></tr>
<tr><td>3</td><td colspan="2">半精铣外轮廓</td><td></td><td>T02</td><td>ϕ12</td><td>450</td><td>150</td><td></td><td></td></tr>
<tr><td>4</td><td colspan="2">精铣外轮廓至尺寸</td><td></td><td>T02</td><td>ϕ12</td><td>600</td><td>60</td><td></td><td></td></tr>
<tr><td>5</td><td colspan="2">粗铣矩形槽</td><td></td><td>T03</td><td>ϕ12</td><td>500</td><td>100</td><td></td><td></td></tr>
<tr><td>6</td><td colspan="2">半精铣矩形槽</td><td></td><td>T03</td><td>ϕ12</td><td>550</td><td>100</td><td></td><td></td></tr>
<tr><td>7</td><td colspan="2">精铣矩形槽至尺寸</td><td></td><td>T03</td><td>ϕ12</td><td>600</td><td>80</td><td></td><td></td></tr>
<tr><td>编制</td><td></td><td>审核</td><td colspan="2"></td><td>批准</td><td colspan="2"></td><td>共1页</td><td>第1页</td></tr>
</table>

数控加工刀具卡片 表9-3

产品名称或代号			零件名称	槽轮板		零件图号	程序号	
工步号	刀具号	刀具名称	刀柄型号	刀具		补偿量（mm）	备注	
				直径（mm）	刀长（mm）			
1	T01	立铣刀	BT40-ER32	ϕ20				
2	T02	立铣刀	BT40-ER25	ϕ12				
3	T03	键槽铣刀	BT40-ER25	ϕ12				
编制		审核		批准		共1页	第1页	

6. 部分程序（表9-4）

表9-4

FANUC系统程序	程 序 说 明	SIMENS系统程序	程 序 说 明
O0001	程序号（精铣 ϕ70 外圆和4-R30圆弧）	PROG1	程序号命名规则与FANUC不同
G0G90G54 X-80Y0;	建立工件坐标系，运动到起点	G0G90G54 X-80Y0	建立工件坐标系，运动到起点
T1M6;	换1号刀	T1D1	换1号刀
M3 S400;	主轴正转，转速400r/min	M3 S400	主轴正转，转速400r/min
G43H1Z100.;	调用1号刀具长度补偿		无需调用长度补偿
Z10.;	运动到Z轴起点	Z10	运动到Z轴起点
G1Z-5.02F400;	运动到Z轴加工深度	G1Z-5.02F400	运动到Z轴加工深度
G41D1X-60Y-35F60;	建立刀具半径补偿	G41X-60Y-35F60	建立刀具半径补偿
X-42.445;	运动到加工起点	X-42.445	运动到加工起点
G3X-28.723Y-20.054R15.;	切弧切入	G3X-28.723Y-20.054CR=15	切弧切入
G2X-31.936Y14.32R35.;	加工轮廓	G2X-31.936Y14.32CR=35	加工轮廓
G3X-14.32Y31.936R30.;		G3X-14.32Y31.936CR=30	
G2X14.32R35.;		G2X14.32CR=35	
G3X31.936Y14.32R30.;		G3X31.936Y14.32CR=30	
G2Y-14.32R35.;		G2Y-14.32CR=35	
G3X14.32Y-31.936R30.;		G3X14.32Y-31.936CR=30	
G2X-14.32R35.;		G2X-14.32CR=35	
G3X-40Y-12.525R30.;		G3X-40Y-12.525CR=30	
G1X-60F300	退刀	G1X-60F300	退刀
G40X-80Y0;	取消刀补	G40X-80Y0	取消刀补
G28Z0.;	Z轴回参考点	G28Z0	Z轴回参考点
M5;	主轴停	M5;	主轴停
M30;	程序结束	M30;	程序结束

9.6 数控铣工创新训练

读者可从自身专业出发,自行设计一个零件或部件(该零件的其他形状也可通过其他工种进行加工),其零件形状应考虑现场的加工条件情况和加工时间等问题,零件加工完成后应从外观形状、尺寸精度、表面粗糙度、加工成本与工艺过程等各方面对其进行分析,总结优缺点,对不足之处提出改进措施,并写出心得与体会。

注意事项:在设计形状时一定要与相关工种的指导教师协商,确认其结构的合理性和加工的成本控制;数控程序必须通过数控仿真软件或CAM软件进行仿真后才能进入加工阶段;在生产过程如遇到问题也要及时请教指导教师,避免发生不必要的事故。

数控铣床安全操作规程

1. 数控铣床属贵重精密仪器设备,由专人负责管理和操作。使用时必须按规定填写使用记录,必须严格遵守安全操作规程,以保障人身和设备安全。

2. 开车前应检查各部位防护罩是否完好,各传动部位是否正常,各润滑部位油量是否充足。

3. 刀具、夹具、工件必须装夹牢固。工作台面上不得放置工、量具。

4. 开机后,在显示器屏上检查机床有无各种报警信息,如有应及时解除报警。检查机床外围设备是否正常。检查机床换刀机械手及刀库位置是否正确。

5. 各坐标轴回机床参考点。一般情况下首先回Z轴参考点,其次回X、Y轴。使机床主轴远离工件,同时观察各坐标是否正常。

6. 自动运行时应关好防护罩,不准用手清除切屑。装卸工件、测量工件必须停机操作。

7. 数控铣床运行时,操作人员不得擅自离开工作岗位。

8. 数控铣床的运行速度较高,加工前应先执行图形效验和空运行功能,然后再操作。数控铣床加工程序应经过严格审查后方可上机操作,以尽量避免事故的发生。

9. 数控铣床运转时如发现问题或异响,应立即停机检查,必要时应关闭电源,做好相关记录后及时检修。

10. 工作结束后,应关闭机床电源,清除切屑,擦拭机床,加油润滑,清扫和整理现场。

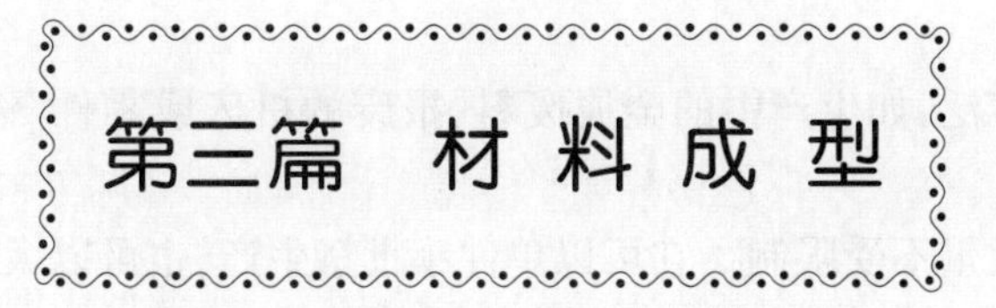

第10章　铸　　造

☞教学目的

本章实训内容是为强化学生对砂型铸造技能的掌握以及工艺过程等专业知识的理解所开设的一项基本训练科目。

通过实训,加强学生对所学理论知识的理解,强化学生的技能练习,使之能够掌握砂型铸造及加工工艺基本理论的应用与实践技能,尤其在培养学生对所学专业知识综合应用能力及认知素质等方面,本项实训是不可缺少的重要环节。

☞教学要求

(1)了解砂型铸造生产的工艺过程及其特点。

(2)了解手工造型方法的工艺特点。

(3)了解常见的铸造缺陷及其产生的原因。

(4)了解铸造车间的安全生产规程。

(5)掌握两箱造型的方法、工艺过程、特点和应用。

10.1　铸造概述

铸造是指把熔化(炼)后的金属浇入事先制造好的铸型,经过凝固和冷却后获得一定形状和性能的铸件的成形方法。刚铸造出的铸件需要清理掉浇口、冒口等附属结构,且铸件的精度和表面粗糙度较差,需要对一些装配面和配合面等进行进一步的机械加工。铸件的轮廓尺寸小到几毫米,大到几十米,重量轻至几克,重至上百吨。因此,铸造对于一些大型机器零件的毛坯生产就体现出它的优越性。在一般的机械中,铸件约占整个机械重量的40% ~80%,在国民经济其他各个部门中,也广泛采用各种各样的铸件。

10.1.1　铸造的优点

(1)铸件的外状和内腔可以获得一般机械加工设备难以加工的复杂内腔,如各类箱体、发动机、机床床身等。

(2)适用范围广,可铸造不同尺寸、重量和各种形状的零件;也适用于不同材料,如钢、铁、铜、铝等均能铸造。

(3)原材料来源广泛,如生产中的金属废料、报废的机床或零件、铸造过程有缺陷的零件等,使成本大为降低。

(4)铸件的生产数量不受限制。它可以单件小批量生产,也可以大批量生产。

(5)铸件的形状、尺寸与零件接近,可大大减少机械加工的工作量。对于精密铸造而言,还可以直接铸造出需要的特定零件,它是无切削加工的重要研究和发展方向。

10.1.2 铸造的缺点

(1)铸造在生产过程中的工序较多、铸件质量不够稳定,又由于铸造是液态成形,铸件在冷却凝固过程中其内部较易产生缺陷,因此,需要经过严格检验和热处理后才能进入机加工工序。

(2)铸件的表面状态较差,需要经过喷砂或打磨处理。

(3)老旧的铸造厂工作条件差,属于高温、高粉尘环境。

不过,这些缺点随着工艺和生产设备的改进,是可以克服的。随着时代的发展,铸造生产在新材料、新工艺、新技术等各方面都会有很大的发展。

铸造的方法很多,主要有砂型铸造、金属型铸造、压力铸造,以及熔模铸造等。其中以砂型铸造应用最广泛、最普遍,其生产的铸件约占总量的80%以上。我们把除砂型铸造以外的各种铸造方法统称为特种铸造。

10.2 砂型铸造

10.2.1 砂型铸造的工艺过程

砂型铸造的工艺过程如图10-1所示。其中,造型和造芯两道工序对铸件的质量和铸造的生产效率影响最大。

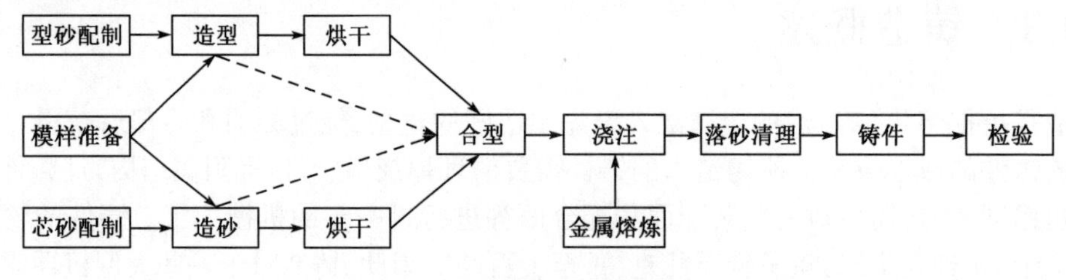

图10-1 砂型铸造的工艺过程

10.2.2 铸型

铸型是用型砂、金属材料或其他耐火材料制成,包括形成铸件形状的空腔、芯子和浇、冒口系统的组合整体。用型砂制成的铸型称为砂型。砂型用砂箱支撑时,砂箱也是铸型的组成部分,它是形成铸件形状的工艺装置。图10-2为两箱造型时的铸型装配图。表10-1为砂型各组成部分的名称与作用。

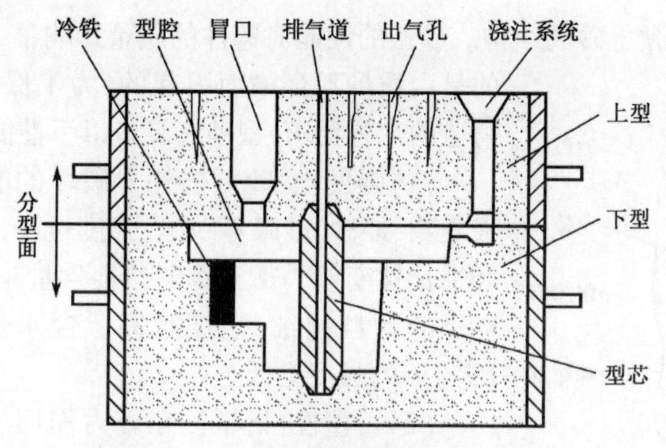

图10-2 铸型的组成

铸型各组成部分的名称与作用

表10-1

铸型名称	作用
砂箱	造型时用于填充型砂的容器,根据造型的需要可分为上、中、下等砂箱
分型面	各铸型组元间的结合面,每一对铸型间都有一个分型面
型砂	按一定比例配合的造型材料,经过混制后达到符合造型要求的混合料
浇注系统	金属液流入型腔的通道,通常由浇口杯、直浇道、横浇道和内浇道组成
冒口	供补缩用的铸型空腔,有些冒口还起观察、排气和集渣的作用
型腔	铸型中由造型材料所包围的空腔部分,也是形成铸件的主要空间
排气道	在铝型或芯中,为排除浇注时形成的气体而设置的沟槽或孔道
型芯	为获得铸件的内腔或局部外形,用芯砂或其他材料制成的,安装在型腔内部的铸型组元
出气孔	在砂型或砂芯上,用针或成形扎气板扎出的通气孔,用以排气
冷铁	为加快铸件局部的冷却速度,在砂型、型芯表面或型腔中安放的金属物

10.2.3 砂型和芯砂

砂型铸造用的造型材料主要是砂型和芯砂。铸件的砂眼、夹砂、气孔及裂纹等均与型砂和芯砂的质量有关。

1. 型砂的组成

浇注铸铁件用的型砂由以下主要物质组成:

(1)原砂:原砂一般来自山地、河边的天然砂,以圆形、粒度均匀、含杂质少为佳。

(2)黏结剂:它主要用来形成黏结膜。常用的有黏土、膨润土、水玻璃以及桐油(多用于制造复杂型芯)等,其中黏土和膨润土价廉易得,故应用很广泛。用其他黏结剂的型砂则分别有水玻璃砂、油砂、合脂砂和树脂砂等。

(3)附加物和水:常用附加物有锯末、煤粉等。加入锯末可增加砂型的透气性和退让性;加入煤粉可使铸件表面光洁、防止黏砂;水起调和作用,使砂粒表面形成合理的黏结膜。

此外,为了提高砂型的耐火性,通常还要在砂型和型砂表面涂刷一层涂料,铸铁件可涂刷石墨粉浆,铸钢件涂刷石英粉浆。

2. 砂型的性能

如图10-3所示为黏土砂的结构。砂型的性能对铸件的质量影响很大,铸件缺陷约有50%的是由质量不合格而引起的,为了保证铸件的质量和满足铸造的工艺要求,型砂应具备以下性能:

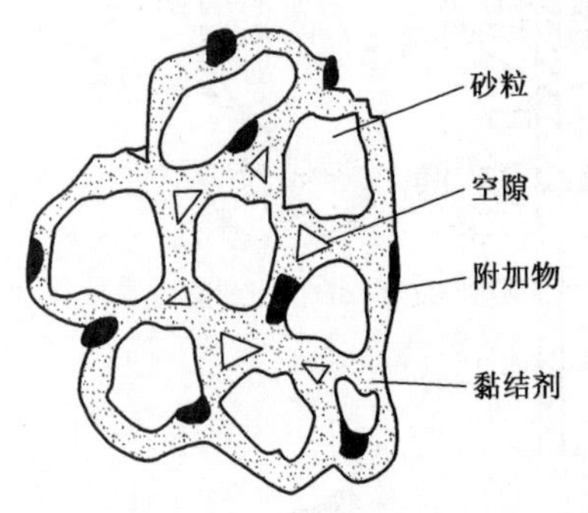

图10-3 黏土砂的结构

(1)强度:型砂抵抗外力破坏的能力。强度过低,易造成塌箱、冲砂、砂眼等缺陷;强度过高,易使型(芯)砂透气性和退让性变差。黏土砂中黏土含量越高,砂型紧实度越高,砂子的颗粒越细,强度越高。含水量过多或过少均使型(芯)砂的强度变低。

(2)可塑性:指型砂在外力作用下变形,去除外力后能完整地保持已有形状的能力。可塑性好,造型操作方便,制成的砂型形状准确、轮廓清晰。

(3)透气性:型砂能让气体透过的性能。型砂必须具备一定的透气性,以利于浇注时产生的大量气体排出。如透气性差,在铸件中易产生气孔;透气性过高,则易使铸件黏砂。铸型的透气性受型砂的粒度、黏土含量、水分含量及砂型紧实度等因素的影响。砂的粒度越细,黏土及水分含量越高,砂型的紧实度越高,透气性越差,反之则透气性越好。

(4)耐火性:型砂抵抗高温热作用的能力。耐火性差,铸件易产生黏砂。型砂中SiO_2含量越多,型砂颗粒越大,耐火性越好。

(5)退让性:铸件在冷凝过程中,型砂可被压缩变形的能力。退让性差,铸件易产生内应力、变形和开裂等缺陷。型砂越紧实,退让性越差。在型砂中加入木屑等物可以提高退让性。

(6)溃散性:型砂和芯砂在浇注后,容易溃散的性能。溃散性对清砂效率和劳动强度有显著影响。

3. 型(芯)砂的配制

型砂质量的好坏,取决于原材料的性质及其配比和配制方法。

目前,工厂一般采用混砂机配砂,如图10-4所示。混砂工艺是先将新砂、旧砂、黏结剂和辅助材料等按配方加入混砂机,干混2~3min后再加水湿混5~12min,性能符合要求后出砂。使用前要过筛并使砂松散。

型砂的性能可用型砂性能试验仪(如锤击式制样机、透气性测定仪,SQY液压万能强度试验仪等)检测。单件小批生产时,可用手捏法检验型砂性能,如图10-5所示。

10.2.4 造型方法

造型方法分为手工造型和机器造型两类。

1. 手工造型

1)手工造型常用工具

手工造型常用工具如图10-6所示,用途如表10-2所示。

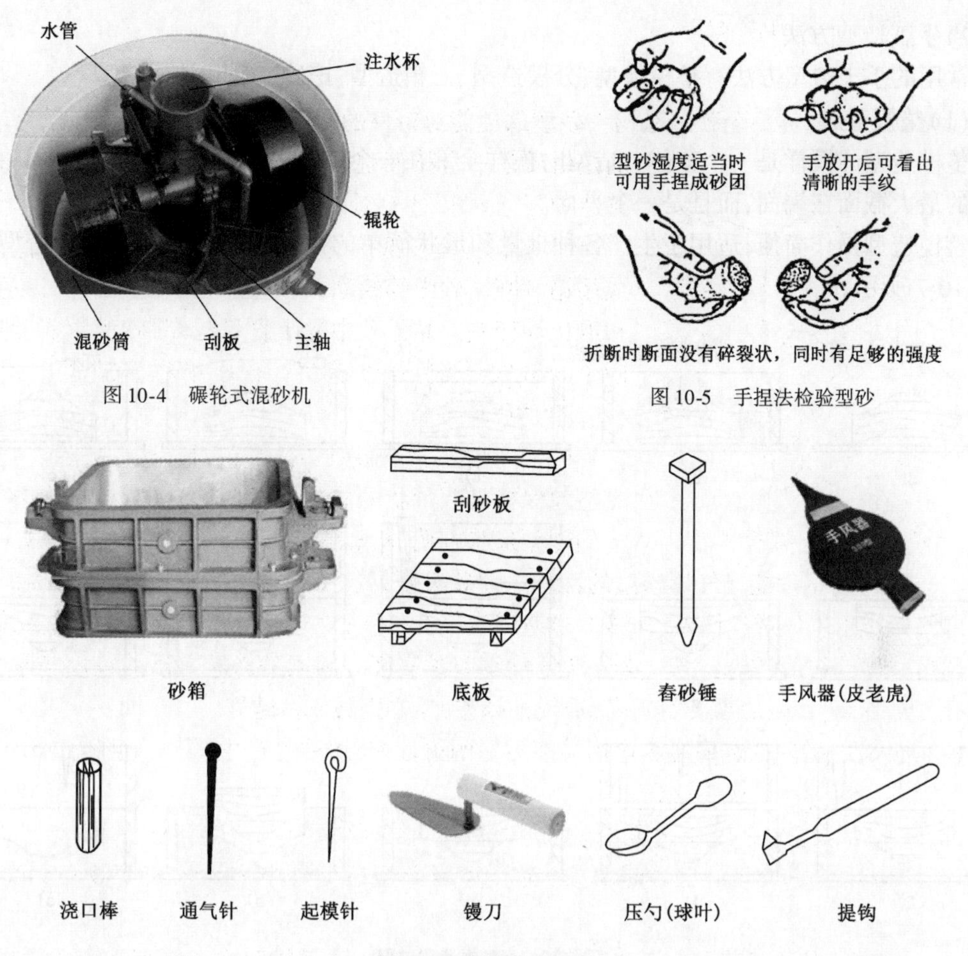

图10-4 碾轮式混砂机

图10-5 手捏法检验型砂

图10-6 常用造型工具

常用造型工具名称与作用 表10-2

工具名称	作用
砂箱	用来容纳和支承砂型
底板	多用木材制成,用于放置模样
刮砂板	主要用于刮去高出砂箱上平面的型砂和修平大平面
舂砂锤	两端形状不同,尖圆头主要是用于舂实模样周围、靠近内壁砂箱处或狭窄部分的砂型,保证砂型内部紧实;平头板用于砂箱顶部砂的紧实
手风器	用于吹去模样上的分型砂和散落在砂型表面上的砂粒及其它杂物,使砂型表面干净平整
浇口棒	用于制作浇注通道
通气针	用于在砂型上适当位置扎通气孔,以排除型腔中的气体
起模针	用于从砂型中取出模样
镘刀	用于修整型砂表面或者在型砂表面上挖沟槽
压勺	用于在砂型上修补凹的曲面
提勾	用于修整砂型底部或侧面,也可勾出砂型中的散砂或其他杂物

2)手工造型方法

常用的手工造型方法有整模造型、分模造型、三箱造型、挖砂造型和活块造型等。

(1)整模造型。

整模造型的模样是一个整体。造型时模样全部在一个砂箱内。分型面是一个平面。这类模样的最大截面在端面,而且是一个平面。

整模造型操作简便,适用于生产各种批量和形状简单的铸件,如盘、盖等。整模造型过程如图 10-7 所示。

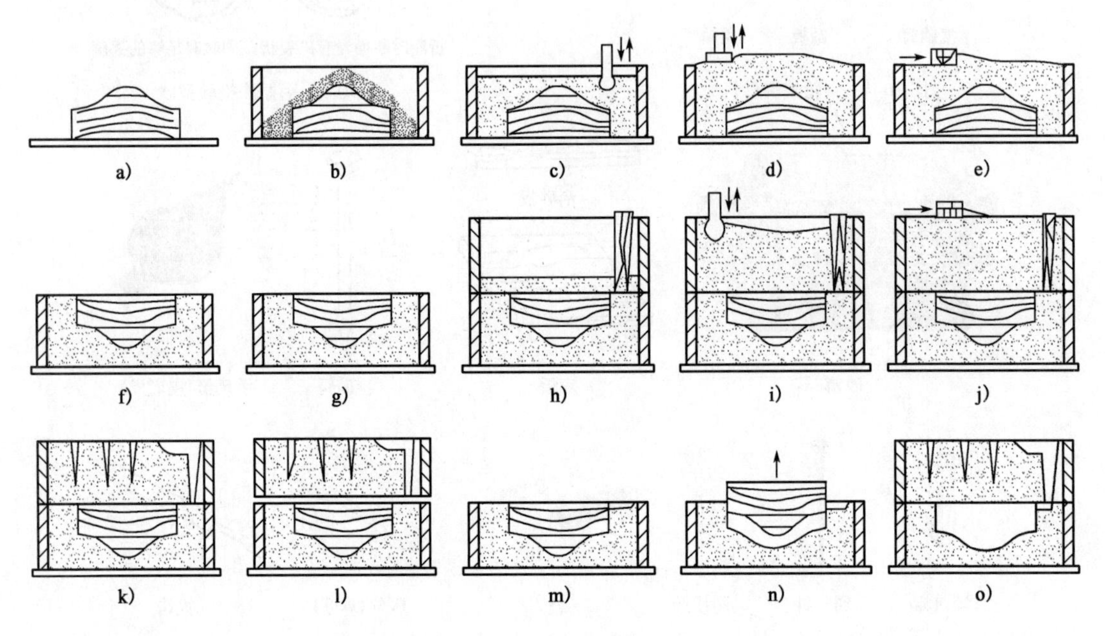

图 10-7 整模造型过程

a)将模样放在底板上;b)放好下砂箱后填砂;c)逐层填砂并紧实;d)舂紧最后一层砂;e)刮去高出砂箱的型砂;f)翻转下砂箱;g)撒分型砂并吹去分模面上的分型砂;h)放置上砂箱,放浇口棒后填入型砂;i)逐层填砂并舂紧;j)上型紧实后刮去多余的型砂;k)扎通气孔,取出浇口棒,开外浇口;l)做好合箱线,移开上砂箱,翻转放好;m)修整分型面,挖内浇道;n)取出模样;o)合型

(2)分模造型。

分模造型是把模样最大截面处分为两个半模,并将两个半模分别放在上、下箱内进行造型,依靠销钉定位。分模造型的分型面根据铸件形状可分为平面、曲面、阶梯面等。其造型过程与整模造型基本相同。图 10-8 为一管铸件分模造型的主要过程。

分模两箱造型是把模样沿最大截面处分成两个半模(型腔分别处在上型和下型中),依靠销钉定位,因模样高度较低,起模、修型都比较方便。同时,对于截面为圆形的模样而言,不必再加拔模斜度,使铸件的形状和尺寸更精确。对于管子、套筒这类铸件,分模造型容易保证其壁厚均匀。因此,分模造型广泛用于回转体铸件和最大截面不在端部的铸件,如水管、阀体、箱体、曲轴等。分模造型时,要特别注意使上、下型对准并紧固,以免产生错箱现象。

(3)三箱造型。

对于一些两端截面尺寸大于中间截面尺寸的零件需要铸造时,就需要用三个砂型(两端截面各用一个砂型,中间部位用一个砂型)。为保证顺利造型,三箱造型的中箱高度必须和模样的高度一致,而且造型过程较二箱复杂,生产效率较低,易产生错箱缺陷,因此,只适合单件小批量生产。三箱造型的过程如图 10-9 所示。

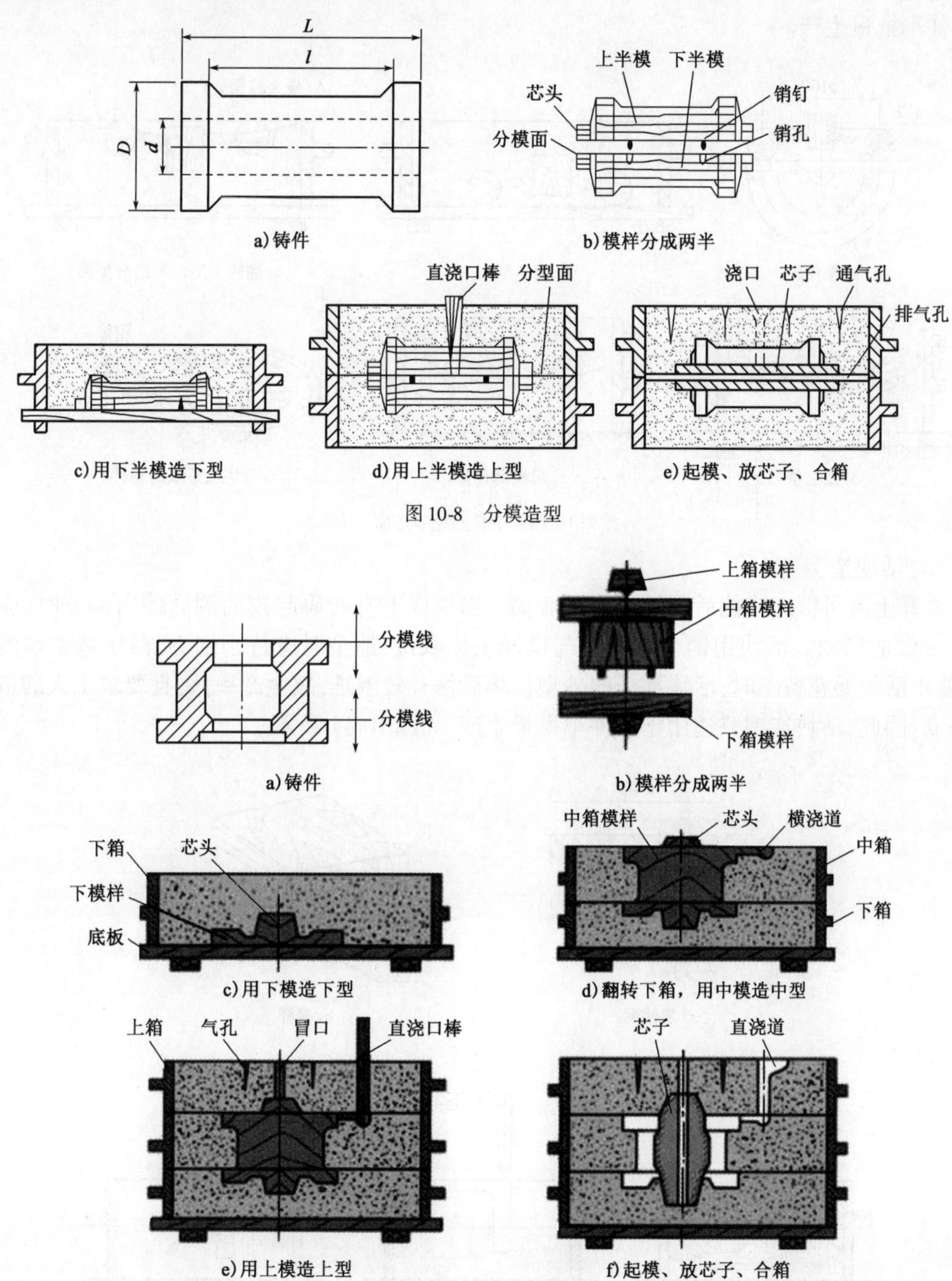

图 10-8　分模造型

图 10-9　三箱造型过程

(4)挖砂造型。

有些模样不宜做成分开结构,必须做成整体,在造型过程中局部被砂型埋住不能取出模样,这样就需要采用挖砂造型,即沿着模样最大截面挖掉一部分型砂,形成不太规则的分型面,如图 10-10 所示。挖砂造型一定要挖到模样的最大截面处。挖砂所形成的分型面应平整光滑,坡度不能太陡,以便于顺利开箱。挖砂造型对操作工人的水平要求较高,操作麻烦,只适用于单件小批量生产。

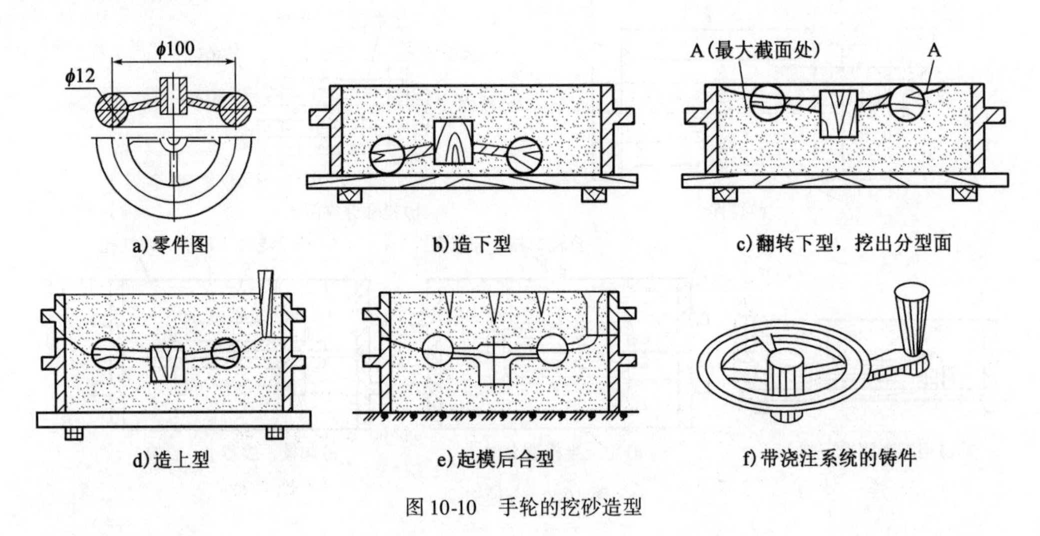

图 10-10 手轮的挖砂造型

(5)活块造型。

模样上有可拆卸或能活动的部分叫活块。当模样上有妨碍起模的侧面伸出部分时,应将该部分做成活块。活块用销子或燕尾与模样主体联接,造型时应特别细心,活块造型难度较大,取出活块要花费工时,活块部分的砂型损坏后修补较困难,故生产率低,且要求工人的造作水平高,因此,活块造型只适用于单件小批量生产,如图 10-11 所示。

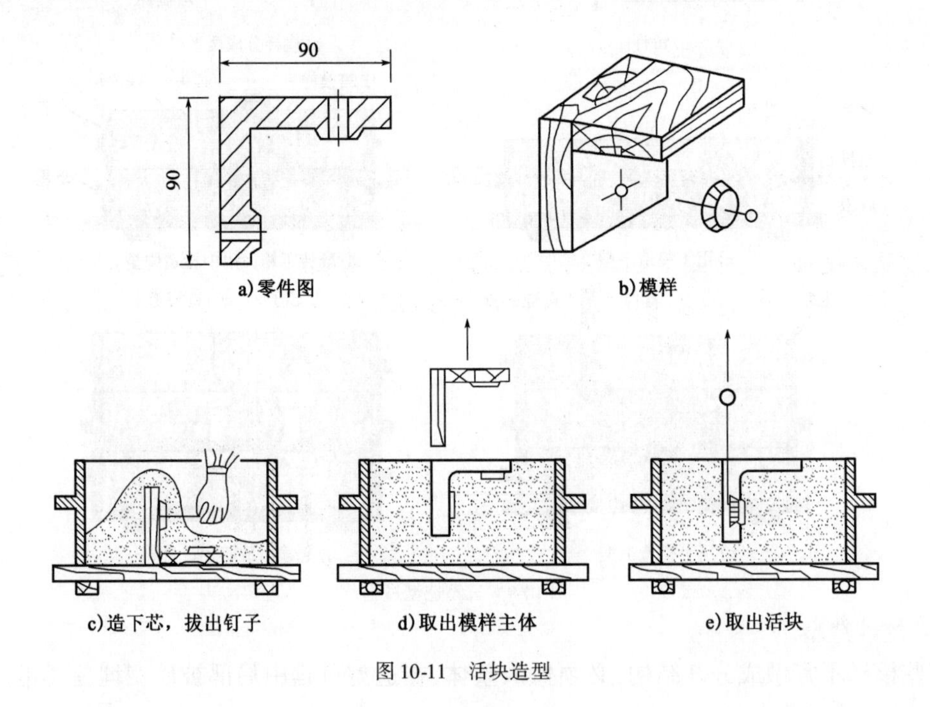

图 10-11 活块造型

(6)刮板造型。

不用模样用刮板操作的造型和造芯方法。根据砂型型腔和砂芯的表面形状,引导刮板作旋转、直线或曲线运动(图10-12)。刮板造型能节省制模材料和工时,但对造型工人的技术要求较高,生产率低,只适用于单件小批量生产中制造尺寸较大的回转体或等截面形状的铸件。

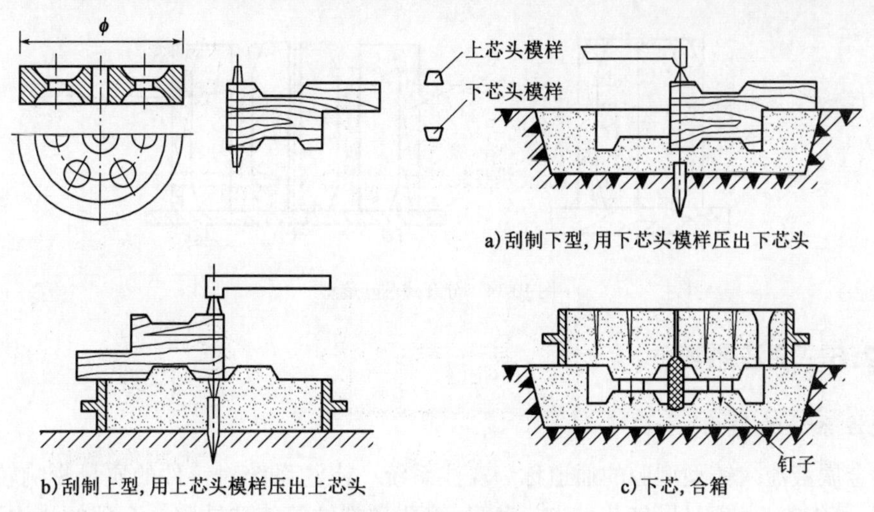

图10-12 刮板造型

2. 机器造型

机器造型是用机器完成造型过程中的主要操作工序(如:填砂、紧砂、翻箱、起模等)的方法。与手工造型相比,机器造型可显著提高铸件质量和铸造生产率,改善工人的劳动条件,适合于批量生产。机器造型的缺点是设备和工装模具的投资较大,生产准备周期较长。

根据紧砂和起模方式的不同,常用的机器造型方法有震压紧实、射压造型、高压造型、抛砂造型、气流紧实造型、真空密封造型等。

10.2.5 造芯

芯子是用来形成铸件的内腔、孔和凹坑部分。用芯砂和芯盒制造芯子的过程称为造芯。由于芯子在浇注过程中会受到液态金属的冲击,且浇注后大部分被液态金属所包围,因此对芯砂的性能要求更高。为了便于芯子中的气体排出,形态简单的芯子可用气孔针扎通气孔,如图10-13a)所示。形状复杂的芯子可在芯子中埋蜡线或草绳,如图10-13b)所示。尺寸较大的芯

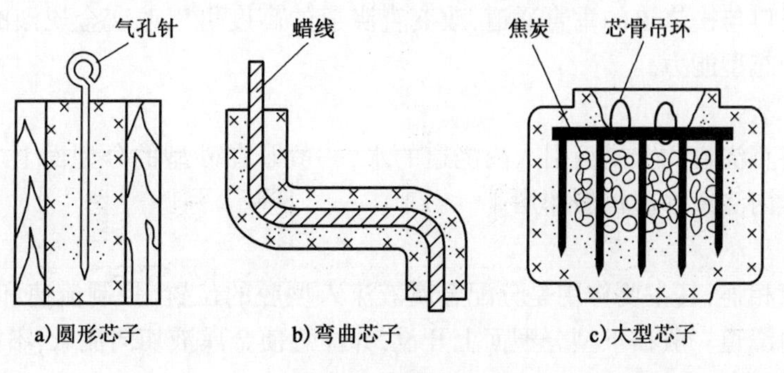

图10-13 芯子的结构

子,为了提高芯子的强度和便于吊装常在芯子中放置芯骨和吊环,如图10-13c)所示。

芯盒的空腔形状与铸件的内腔相似。按芯盒的结构特点,常用造芯方法有整体式芯盒造芯、分开式芯盒造芯和拆卸式芯盒造芯三种。最常用的是分开式芯盒造芯,如图10-14所示。

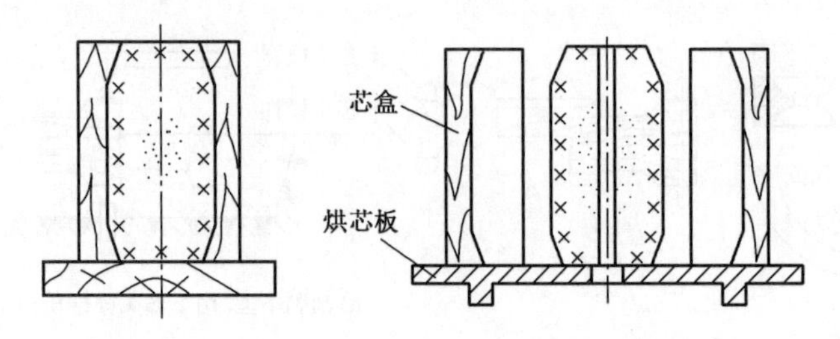

图10-14 分开式芯盒造型

10.2.6 浇注系统

1. 浇注系统的作用

引导金属液流入铸型型腔的通道称为浇注系统。浇注系统对铸件的质量影响较大,如果安置不当,可能产生浇不足、气孔、夹渣、砂眼、缩孔和裂纹等铸造缺陷。合理的浇注系统应具有以下作用:

(1)调节金属液流速与流量,使其平稳流入,以免冲坏铸型。

(2)起挡渣作用,防止铸件产生夹渣、砂眼等缺陷。

(3)调节铸件的凝固顺序,防止铸件产生缩孔等缺陷。

(4)利于型腔的气体排出,防止铸件产生气孔等缺陷。

2. 浇注系统的组成

如图10-15所示,浇注系统包括:外浇口、直浇道、横浇道、内浇道和冒口等。

1)外浇口

是容纳浇入的金属液、缓解液态金属对砂型的冲击、防止金属液的飞溅和溢出、分离渣滓和气泡、阻止杂质进入型腔的作用。通常将小型铸件的外浇口作成漏斗状(浇口杯),较大型铸件作成盆状(浇口盆)。

2)直浇道

是连接外浇口与横浇道的垂直通道,改变直浇道的高度可以改变金属液的流动速度从而改善液态金属的充型能力。

3)平通道

横浇道是将直浇道的金属液引人内浇道的水,一般开在砂型的分型面上。其主要作用是分配金属液进入内浇道并起挡渣作用。

4)内浇道

直接与型腔相连,其主要作用是分配金属液流入型腔的位置,控制流速和方向,调节铸件各部分冷速。内浇道一般在下型分型面上开设,并注意使金属液切向流入,不能正对型腔或型芯,以免将其冲坏。

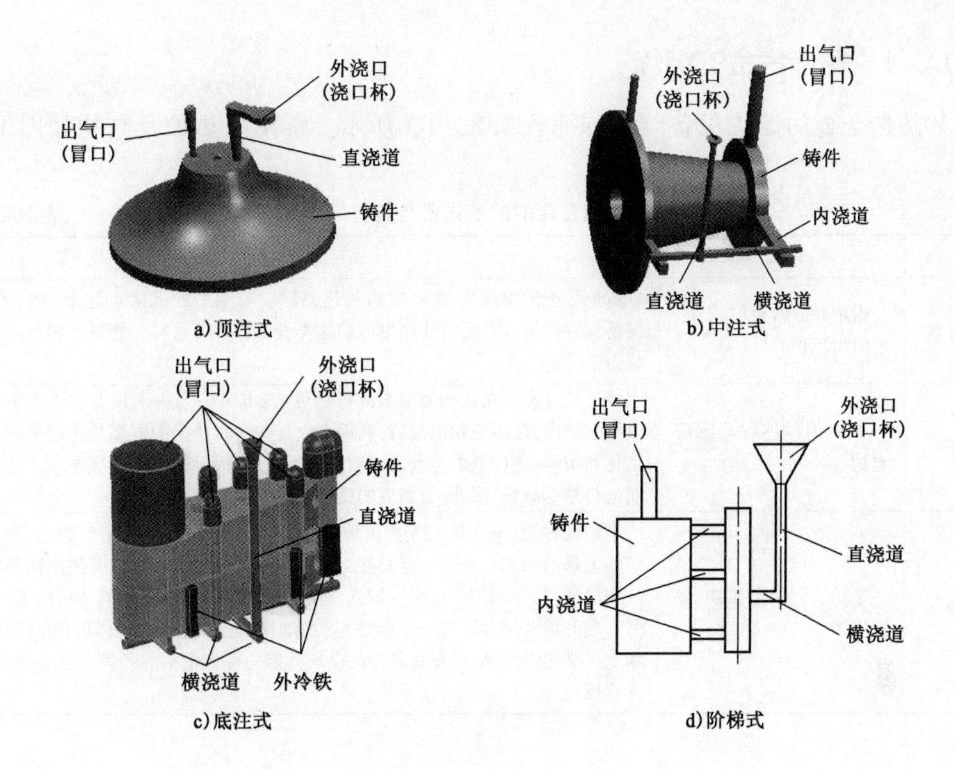

图10-15　浇注系统的类型

5)冒口(出气口)

浇入铸型的金属液在冷凝过程中要产生体积收缩,在其最后凝固的部位会形成缩孔。冒口是浇注系统中储存金属液的“水库”,它能根据需要补充型腔中金属液的收缩,消除铸件上可能出现的缩孔,使其缩孔转移到冒口中去。冒口应设在铸件壁厚处最高处或最后凝固的部位。有些冒口还有集渣和排气作用。

3.浇注系统的类型

浇注系统的类型很多,根据合金种类和铸件结构不同,按照内浇道在铸件上的开设位置,最常用的为顶注式、中注式、底注式和阶梯注入式。如图10-15所示。

顶注式浇注系统的优点是易于充满型腔,型腔中金属的温度自下而上递增,因而补缩作用好、简单易做、节省金属。但对铸型冲击较大,有可能造成冲砂、飞溅和加剧金属的氧化。所以这类浇注系统多用于重量小、高度低和形状简单的铸件。其他浇注系统的优缺点,读者可自行查阅相关资料,此处不再叙述。

10.3　铸造合金的熔炼与浇注

铸造合金的熔炼是为了获得符合要求的金属溶液,对不同类型的金属需要采用不同的熔炼方法和设备。熔炼是将金属材料、辅料加入加热炉,通过控制金属液的温度和化学成分,使其变成优质铁液的过程。

10.3.1 铸造合金的熔炼

常用铸造合金的熔炼设备与熔炼原理如表 10-3 所示。常用加热炉及结构如图 10-16 所示。

常用铸造合金的熔炼设备与熔炼原理 表 10-3

材料名称	熔炼设备	熔炼原理
有色合金	坩埚炉(焦炭坩埚炉、电阻坩埚炉)	有色合金的熔点低,熔炼时易氧化、吸气,合金中的低沸点元素(镁、锌等)极易蒸发烧损,因此,需要用坩埚炉这类设备将金属材料与燃料和燃气隔离的状态下进行
铸铁	冲天炉、电弧炉、感应电炉	冲天炉是利用对流的原理来进行熔炼的;电弧炉是将三根石墨作为电极垂直插入炉内,接通三相电源后,利用电极与炉料将产生的电弧热量对金属进行熔化和精炼;感应电炉是利用电磁感应原理来进行熔炼的,感应电炉无法对金属进行精炼处理,因此,金属液的质量较电弧炉差
铸钢	平炉、转炉、电弧炉、感应电炉	平炉亦称为"马丁炉",主要由炉头、熔炼室、蓄热室、沉渣室等组成,炉头在炉体上部的两端。经过一定时间,通过换向阀交替地把经过蓄热室预热的空气和煤气,从一端的炉头引入炉内,进行燃烧,向炉内供热。燃烧后的废气,从另一端的炉头通过沉渣室和蓄热室,经烟道排出;转炉是向(转动的)炉内铁水吹入氧化性气体,以氧化其中的杂质元素而炼成钢水的各种方法的统称,又称吹炼法

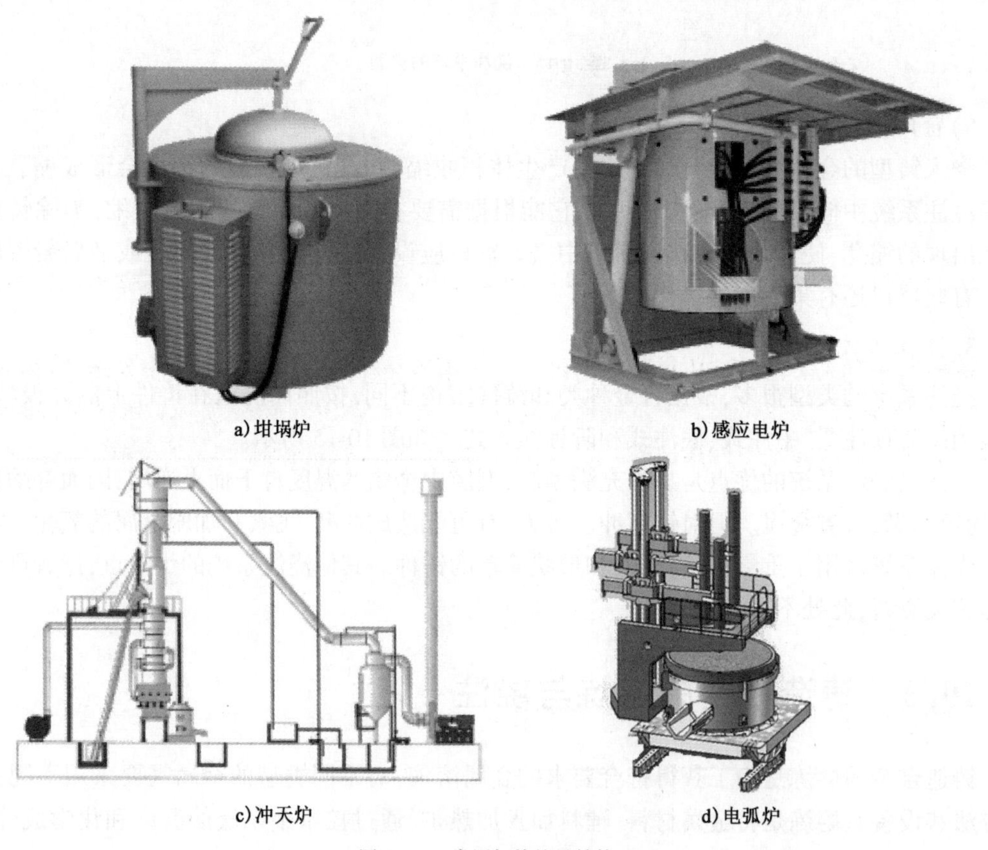

a)坩埚炉 b)感应电炉

c)冲天炉 d)电弧炉

图 10-16 常用加热炉及结构

10.3.2 浇注

将熔融金属从浇包浇入铸型的过程称为浇注。浇注是铸造生产中的一个重要环节,浇注工艺是否合理,不仅影响到铸件质量,还涉及到工人的安全。浇注时的注意事项如下:

(1)浇注前要准备足够数量的浇包,修理浇包内衬使其光滑、平整并烘干。

(2)整理场地,使浇注场地有通畅的走道且无积水。

(3)浇注时要严格遵守浇注的安全操作规程。

(4)浇注温度要根据铸件的材料、大小和形状来确定。浇注温度过高,铸件收缩大,易产生黏砂、晶粒粗大、缩孔、裂纹等缺陷;温度太低,会使铸件产生冷隔、浇不足、气孔等缺陷。应根据铸造合金的种类、铸件的结构和尺寸多合理确定浇注温度。铸铁件的浇注温度一般为1250~1360℃,铸钢的浇注温度一般在1500~1550℃,铝合金的浇注温度一般在700℃左右。

(5)浇注速度要根据铸件的形状和大小决定。浇注速度太快,金属液对铸型的冲击力大,易冲坏铸型造成抬箱和跑火现象,同时型腔中的气体来不及逸出而产生气孔或砂眼,有时会产生假充满的现象形成浇不足的缺陷。浇注速度太慢易产生夹砂、冷隔和浇不足等缺陷。

(6)浇注过程应保持连续,使浇口杯处于充满状态;从铸型排气道、冒口排出的气体要及时引火燃烧,促使气体快速排出,防止现场人员中毒并减少空气污染。

10.4 铸件的落砂与清理

铸件浇注完并凝固冷却后,还必须进行落砂和清理。

10.4.1 落砂

铸件凝固冷却到一定温度后,将其从砂型中取出,并从铸件内腔中清除芯砂和芯骨的过程称为落砂。

落砂方法有人工落砂和机械落砂两种。人工落砂是在浇注场地由人工用大锤、铁钩、钢钎等工具,敲击砂箱和捅落型砂,但不能直接敲打铸件本身,以免把铸件损坏。机械落砂是利用机械方法使铸件从砂型中分离出来,常用的落砂机有震动落砂机等。

10.4.2 清理

落砂后的铸件还应进一步清理,除去铸件的浇注系统、冒口、飞翅、毛刺和表面黏砂等,以提高铸件的表面质量。

1. 浇注系统和冒口的清理

浇注系统和冒口与铸件连在一起,可用榔头、锯割、气割、砂轮机等工具去除。

2. 铸件表面的清理

对铸件表面的黏砂、飞边、毛刺、浇口和冒口根部痕迹等,可用钢丝刷、榔头、锉刀、手砂轮等工具进行清理,特别是复杂的铸件以及铸件内腔常须用手工方式进行表面清理。

10.5 常见铸造缺陷及分析

由于铸造生产程序繁多,所用原、辅料种类多,造成铸件缺陷种类多,形成原因复杂。国家标准《铸造术语》(GB/T 5611—1998)中,将铸件缺陷分为8大类50余种,表10-4列出了砂型铸造最常见的缺陷及产生原因。

铸件常见缺陷的特征及其产生的主要原因 表10-4

缺陷名称和特征	图　例	缺陷产生的主要原因
气孔:分布在铸件表面或内部的孔眼,内壁光滑、形状为圆形或梨形等	 气孔	1.型砂水分过多; 2.舂砂过紧或型砂透气性差; 3.通气孔阻塞; 4.金属液含气过多,浇注温度太低
砂眼:形状不规则的孔眼,孔内充塞砂粒,分布在铸件表面或内部	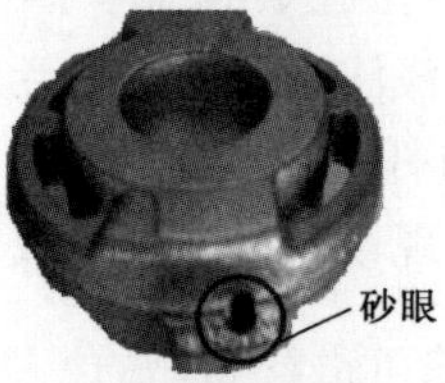 砂眼	1.型腔内有散砂未吹净; 2.砂型或型芯强度不够,被金属液冲坏; 3.浇注系统不合理,金属液冲坏砂型或型芯
渣孔:一般位于铸件表面,孔形不规则,孔内充塞熔渣	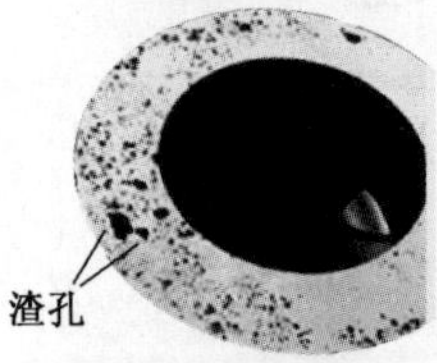 渣孔	1.浇注时,挡渣不良; 2.浇注温度过低,熔渣不易上浮
裂纹: 热裂纹:形状曲折,表面氧化是蓝色 冷裂纹:细小平直,表面无氧化	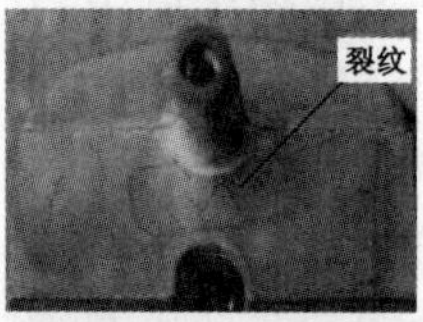 裂纹	1.铸件壁厚相差太大; 2.铸件或型芯退让差; 3.浇注系统开设不当; 4.铸件落砂过早或过猛
冷隔:铸件上出现因未完全融合而形成的缝隙或坑洼,交接处是圆滑的	 冷隔	1.金属液浇注温度过低或流动性太差; 2.浇注时,断流成浇注速度太慢; 3.浇道位置开设不当或太小
浇不足:金属液未充满型腔而使铸件不完整	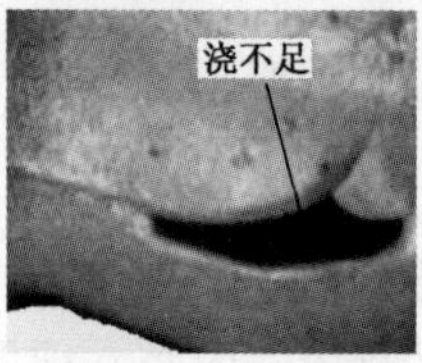 浇不足	1.金属液浇注温度过低; 2.金属液流速太慢或浇注中断; 3.铸件壁厚太小; 4.浇注时,金属液不够

续上表

缺陷名称和特征	图　例	缺陷产生的主要原因
黏砂:铸件表面粗糙,黏附砂粒		1. 金属液浇注温度过高或型砂耐火性差; 2. 砂型(芯)表面未刷涂料或刷得不够; 3. 舂砂太松
错型:铸件在分型面上发生错位而引起变形		1. 上、下箱没对准或合箱线不准确; 2. 上、下模样没对准
偏芯:型芯偏移,铸件内腔形状或孔的位置发生变化		1. 芯座位置不准确; 2. 型芯变形或放偏; 3. 金属液冲偏型芯

产生铸件缺陷的原因主要有三方面:生产程序失控,操作不当和原、辅料差错。铸件的质量必须经过严格的检验程序,如有缺陷可进行修补的可通过修补后进入下一工序;如只能报废的,则必须重新回炉,避免进入下一工序造成更大的浪费。

10.6　特种铸造

特种铸造的方法较多,随着技术与生产水平的提高,目前特种铸造的方法已发展到了几十种,常用的有熔(消失)模铸造、金属型铸造、离心铸造、压力铸造、低压铸造、差压铸造、真空吸铸、挤压铸造、陶瓷型精密铸造、石膏型精密铸造、连续铸造、半连续铸造、壳型铸造、石墨型铸造、电渣熔铸等,本章只简要介绍几种典型的方法,其他方法读者可查阅相关资料。

10.6.1　熔(消失)模铸造

熔(消失)模铸造是指用易熔材料(蜡、松香、发泡塑料等)制成精确的可熔性模型,然后涂上多层耐火涂料,经干燥、固化后加热,熔出易熔材料,再对壳型经高温焙烧后浇入金属溶液而得到需要铸件的方法。如图10-17所示为熔(消失)模铸造工艺流程。

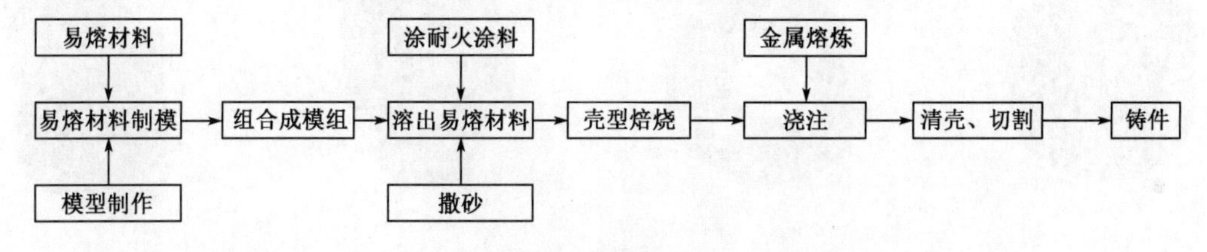

图10-17　熔(消失)模铸造工艺流程

熔(消失)模铸造的优点是铸件尺寸精度高、表面粗糙度值低、适用于各种铸造金属和合金、造型工艺简单、零件形状不受传统铸造工艺限制,且生产批量范围广等。其缺点是生产工序较多、周期长、模具的制造复杂、铸件不能太大等。如图10-18所示为典型的消失模制造的零件模型。

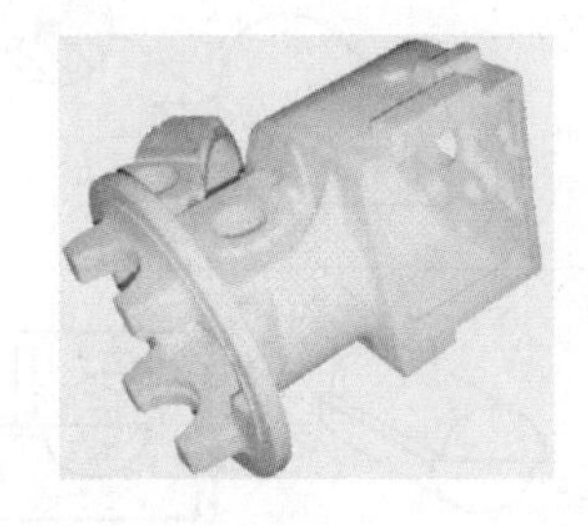

图10-18 消失模模型

10.6.2 金属型铸造

金属型铸造俗称硬模铸造,是用金属材料(铸铁、碳钢、合金钢、有色金属等)制造铸型,并在重力下将熔融金属浇入铸型获得铸件的工艺方法。金属模型可以浇注几百次至几万次,故又称为永久型铸造。如图10-19所示。金属型铸造的优点是散热快,铸件组织致密,力学性能比砂型铸件高15%左右,精度和表面粗糙度好,液态金属消耗量少,劳动条件好等,主要适用于大批生产有色金属(铝合金、镁合金等)也适合于生产铸铁等金属材料。如图10-20所示。

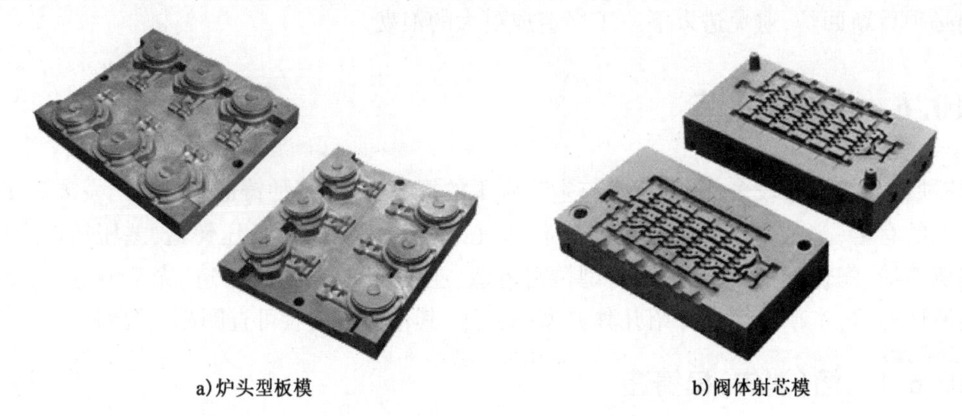

a)炉头型板模　　b)阀体射芯模

图10-19 金属型铸造模具

图10-20 金属型铸造的铸铁精密零件

10.6.3　离心铸造

离心铸造是将液体金属注入高速旋转(250～1500r/min)的铸型内,使金属液体在离心力的作用下充满铸型并凝固的技术和方法。根据铸型旋转轴线的空间位置不同,常见的离心铸造可分为卧式离心铸造和立式离心铸造,如图10-21所示。

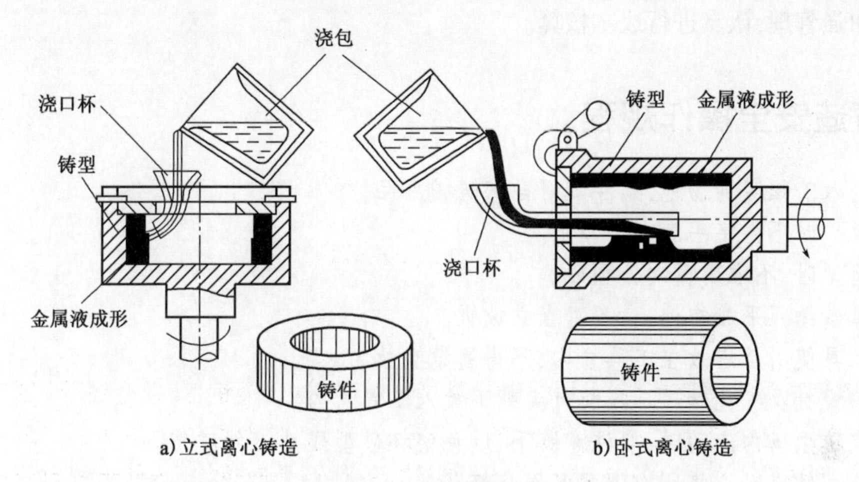

图10-21　离心铸造方法

离心铸造的优点是铸件的致密度高,气孔、夹杂等缺陷少,力学性能高;几乎不存在浇注系统和冒口系统,故金属的消耗少;生产管、套类中空零件时可不用型芯,降低了铸件壁厚对长度或直径的比值,故可生产薄壁铸件。因此,离心铸造适合于加工无缝钢管、轧辊、刹车鼓、发动机的气缸套、铜套、轴瓦等。

离心铸造的缺点是对异形铸件的生产有一定的局限性;铸件的内孔直径不准确,表面质量差;铸件易产生比重偏析,因此不适合铅青铜和铸造杂质密度大于金属液的合金。

10.7　铸造生产的技术经济分析

在生产过程中,技术性和经济性相辅相成,缺一不同。在保证产品质量的前提下,要从经济效益方面去考虑,铸造生产中,应注意以下几方面:

(1)合理选择铸造方法。一般来说,砂型铸造生产成本低,但产品质量不易保证;而特种铸造生产成本高,但产品质量好。所以应综合考虑平衡得失,使用最佳方法。

(2)节省材料。铸造生产过程要消耗大量材料,包括一些贵重材料。节省材料的主要措施有:

①充分利用旧砂、合理使用新砂。

②充分利用回炉料,如浇道、冒口、铸件废品。

③估算好金属熔液的需要量,金属液的量过多或过少都会浪费。

(3)尽量增大生产批量。对中小批量铸件应集中浇注,一般情况下,只有达到一定批量的铸件才值得开一次炉。

(4)降低废品率。要采取合理的技术和工艺措施减少铸件缺陷,某些有缺陷的铸件在不影响其使用要求的前提下可以修补,以减少废品数。

(5)缩短生产周期,提高劳动生产率。在铸造生产过程中,应注意减少不必要的环节,加强管理、提高工作效率、节约劳动时间,特别要避免不必要的失误和返工,提高生产用品的利用率和使用寿命。

(6)加强管理,认真进行成本核算。

铸造安全操作规程

(1)进入工程实训场地,须穿戴好全部防护用品。

(2)紧砂时不得将手放在砂箱上。

(3)造型时,不准用嘴吹分型砂。

(4)舂砂锤须平放在地上,不可直立放置。

(5)工具使用后应放在工具盒内,不得随意乱放。

(6)起模针及气孔针用后应将针尖朝下放入工具盒内。

(7)在造型场内走动时,要注意脚下,以免踏坏砂型或被铸件碰伤。

(8)造型结束时应将所有器具复原放好。

(9)当日工程实训结束后应将场地清理干净,经指导老师检查合格后方可离开。

第11章 折 弯 机

☞教学目的

通过本项目的实训,加强学生对材料折弯成形理论知识的理解,强化学生的技能,使之能够掌握数控液压折弯机机床的加工原理、折弯机模具的选择原则。通过对折弯机的操作演示以及实际操作,培养学生对所学专业知识的综合应用和认知素质等方面的能力。

☞教学要求

(1)使学生能够熟练操作数控液压折弯机的开启、关闭,以及操作面板的使用方法。
(2)能够了解钣金折弯加工的一般工艺流程。
(3)正确安装工件,能够根据零件图展开钣金产品。
(4)能够了解常用模具的选择原则。
(5)熟悉数控液压折弯机的安全操作规程。

11.1 折弯成型概述

折弯机是一种常见的板料加工设备,对金属板料产生弯曲或是折叠,可把金属板料压制成一定的几何形状。采用不同形状的模具可折弯各种形状的工件,如配备相应的设备还可作冲孔、压波纹、浅拉伸等加工。折弯机广泛应用于电器、汽车、造船、日用五金、机械制造等工艺部门。

图11-1所示的零件结构则是通过折弯工艺所获得的。

图11-1 典型的折弯加工产品

11.2 折弯成型基础知识

11.2.1 数控折弯机的类型及基本组成

折弯机从操作方式上分为手动折弯机和数控折弯机。折弯机按模具的运动方式又可分为上动式(运动部位为上模)和下动式(运动的部位为下模)。图 11-2 为目前常见的液压折弯机类型。

a)电液同步数控折弯机

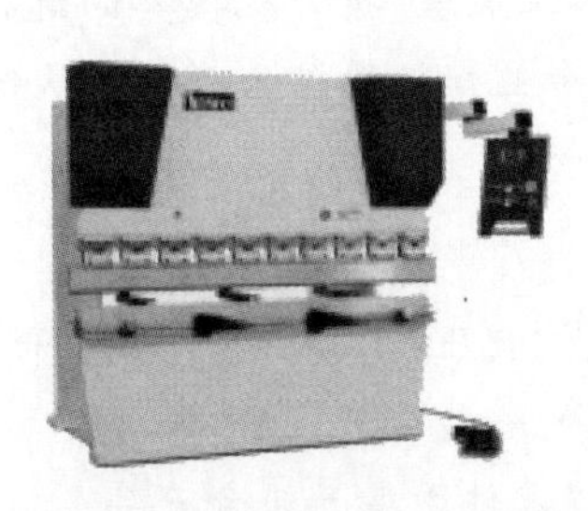

b)扭轴同步液压板料数控折弯机

c)小型液压折弯机

图 11-2 常见液压折弯机类型

目前大量使用的折弯机传动方式都是液压驱动,与最初机械式传动相比,液压折弯机更紧凑、设备的集成度和工作载荷更高。图 11-3 为本书所讲授的折弯机。

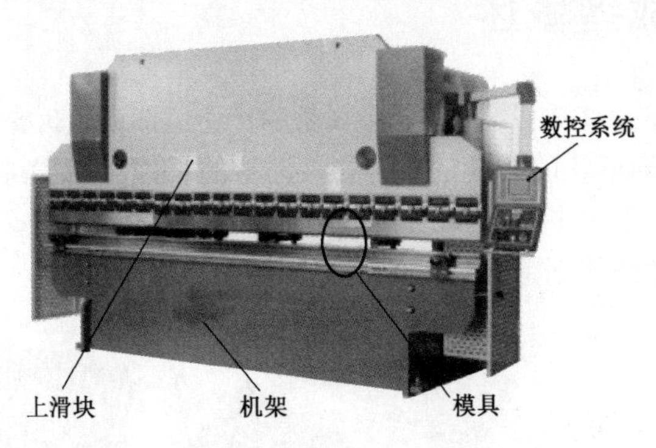

图 11-3 160t/3200 型扭轴同步液压板料数控折弯机

1.折弯机模具的垂直运动

折弯机折弯是通过上模(连接在上滑块上)的垂直往返运动来实现,图 11-4 为 160t/3200 型液压板料数控折弯机上模的结构简图。

滑块(上模)的动作是通过现场的脚踏板来实现操作的。踩下下行开关,滑块快速下降到工作位置,切换为慢速压下弯曲成形,压下时间可以通过数控程序设定,压下时间要合理选取,以避免加工过程中设备冲击过大。当模具压下值到达设定值时,完成保压后自动返回等待位置。

2. 折弯机后挡料机构的水平运动

图11-5所示为160t/3200型液压板料数控折弯机的单轴后挡料机构,该机构是通过步进电机驱动,电机的旋转运动经同步带传动到丝杆后,转变成后挡料机构的水平运动。折弯时可根据工件尺寸的要求,预先在程序中设定挡块的位置,加工时实现精确定位。

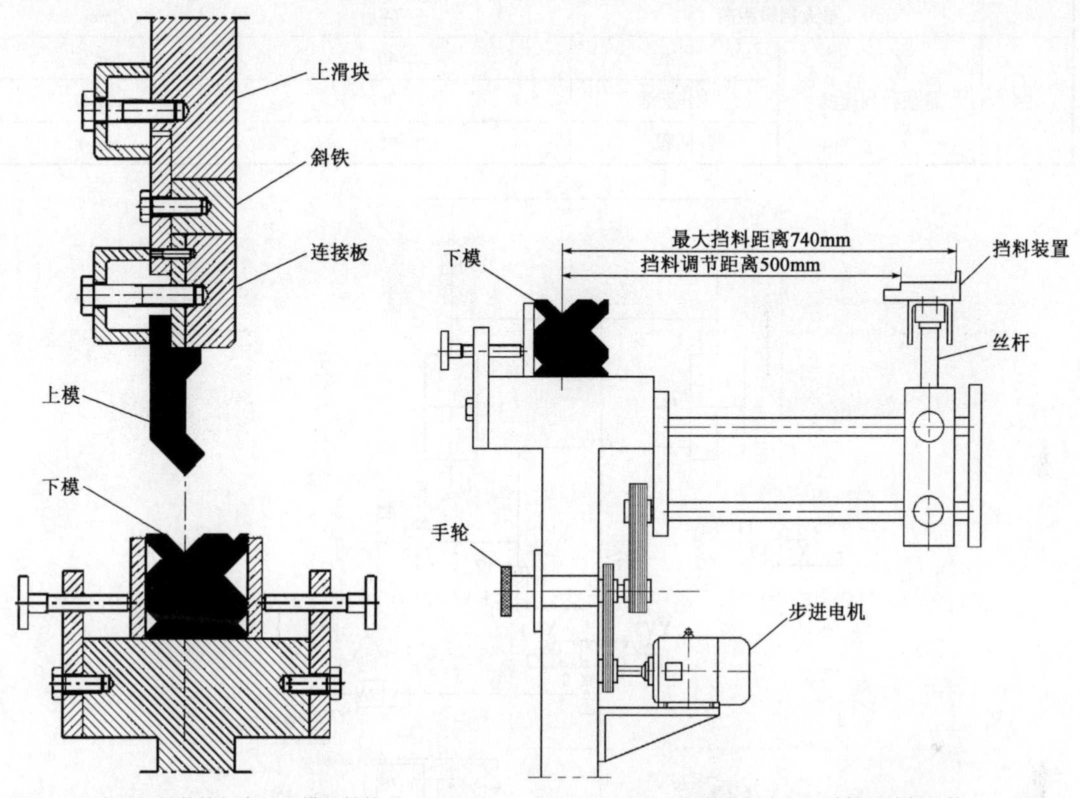

图11-4 液压板料数控折弯机上模的结构

图11-5 液压板料数控折弯机的单轴后挡料机构

3. 液压系统

液压系统可实现滑块快速下降、慢速下降、工进速度折弯、快速回程及向上向下过程中滑块急停等动作。图11-6为折弯机的液压系统原理图。

11.2.2 数控折弯机的主要技术参数

数控折弯机的主要技术参数如表11-1所示。

160t/3200型液压板料数控折弯机的技术参数 表11-1

序号	名　称	数　值		单　位
1	滑块公称力	1600		kN
2	工作台长度	3200	4000	mm
3	工作台宽度	220		mm
4	立柱间距离	2600	3100	mm
5	喉口深度	320		mm

续上表

序号	名 称		数 值	单 位
6	滑块最大行程		200	mm
7	工作台面与滑块间的最大开启高度		450	mm
8	最大挡料距离		740	mm
9	滑块行程速度	空载	40	mm/s
		工作行程	8	mm/s
		回程	45	mm/s

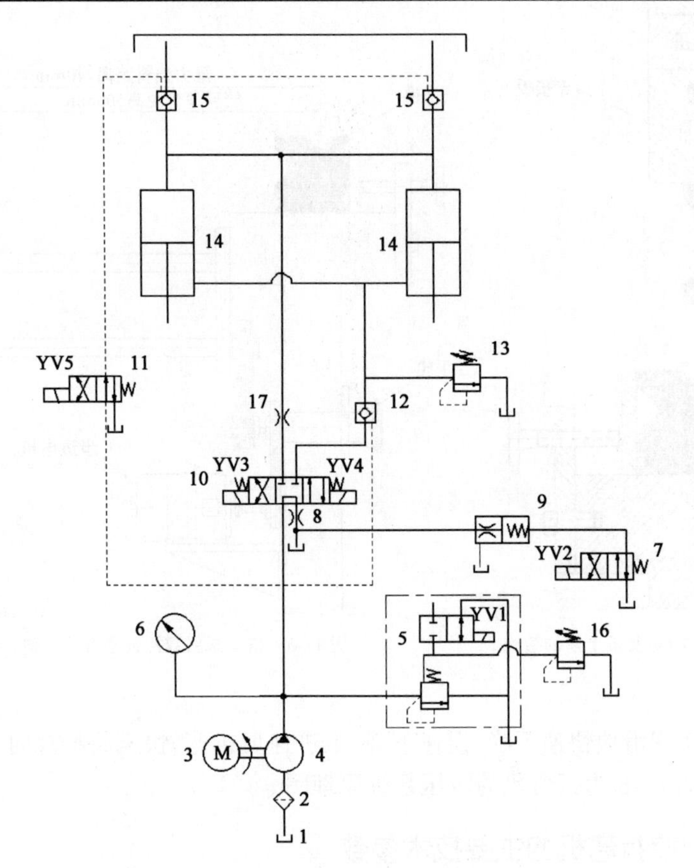

图 11-6 数控折弯机液压原理图

1-油箱;2-过滤器;3-电机;4-油泵;5,13,16-溢流阀;6-压力表;7,10,11-电磁换向阀;
8,9,17-节流阀;12,15-液控单向阀;14-液压缸

11.2.3 数控折弯机的控制面板及其功能

DA-41 为扭轴同步折弯机两轴控制专用数控系统。可对加工角度和模具参数进行数据编辑。图 11-7 为面板的示意图。

面板包括以下几部分:

(1)单色显示屏一个,在面板顶部。

(2)数字以及编辑键,DA-41 不具备汉字和英文的编辑功能,程序里的名字都是以数字命名。

(3)方向控制键,用于编程的操作。

(4)模式切换键,用于编程和加工模式的切换。

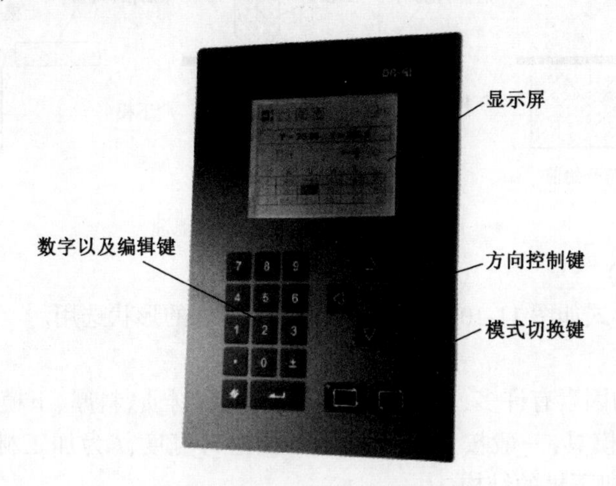

图 11-7　DA-41 数控折弯系统操作面板

11.3　数控折弯加工工艺的制订

11.3.1　数控折弯加工工艺的基本特点

板材的折弯常见有两种方法:一种方法是模具折弯,用于结构比较复杂,体积较小、大批量加工的结构;另一种是折弯机折弯,用于加工结构尺寸比较大的或产量不是太大的结构。

1. 模具折弯

常用折弯模具结构形式如图 11-8 所示,除此以外每个企业根据白身的生产情况,还需要定制一些其他形状的折弯模具。

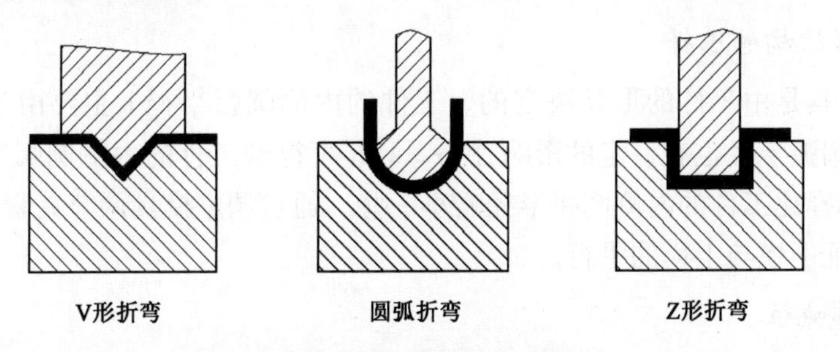

图 11-8　折弯模具结构示意图

2. 折弯机折弯

折弯机其基本原理是利用折弯机的折弯刀(上模)、V 形槽(下模),对板料进行折弯和成形。优点是装夹方便,定位准确,加工速度快;缺点是压力小,只能加工简单的成形,效率较低。

折弯成形基本原理如图 11-9 所示。

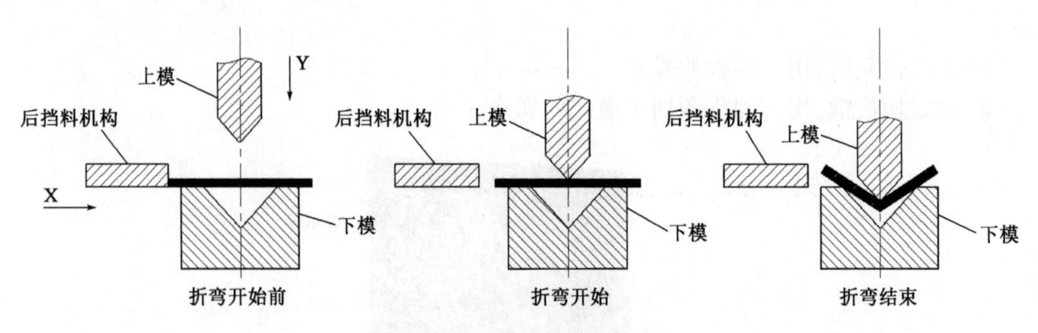

图 11-9　折弯机折弯成形基本原理

1）折弯刀（上模）

常见折弯刀的形式如图 11-10 所示，加工时根据工件的形状选用。

2）下模

影响折弯加工的因素有许多，主要有上模圆弧半径、材质、料厚、下模强度、下模的模口尺寸等因素，对于 V 型模具，一般按 $V=8t$（V 为下模槽口宽度，t 为加工材料厚度）选取下模。图 11-11为常见折弯机下模的结构。

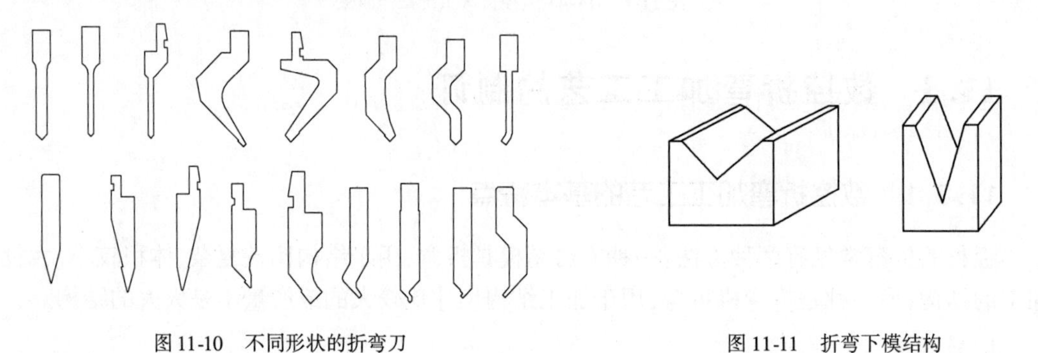

图 11-10　不同形状的折弯刀　　　　图 11-11　折弯下模结构

11.3.2　数控折弯加工工艺分析的主要内容

1. 折弯模具结构的选择

选用何种模具是由工件的形状决定的。工件的内侧圆弧半径 r 主要由下模的槽宽 V 决定，上模的尖端圆弧半径也有一定的影响，由 $r=V/6$ 可得到工件的内侧圆弧半径 r，上模的尖端圆弧半径可选择比工件的内侧圆弧半径略小一些。通过调整模具调节夹紧块可调整下模的水平位置，以保证下模与上模的平行。

2. 确定工作吨位

工作吨位就是指折弯时所需的折弯压力。确定工作吨位的影响因素有：折弯半径、折弯方式、模具比、弯头长度、折弯材料的厚度和强度等，可根据设备的作业指导书查取。

3. 板材展开长度计算

通常数控折弯机的控制系统，可按编程时给出的相关参数，自动计算出板料展开长度。

4. 折弯板材与机床结构的干涉

多步或复杂零件折弯时,由于板材折弯后的形状改变,板材可能会碰撞机床的一些部件,在设计折弯顺序是要避免产生干涉现象。要实现模具与工件之间的不干涉,其折弯顺序的确定,将起到很重要的作用。

11.3.3 数控折弯加工工艺分析的一般步骤与方法

1. 零件的工艺分析

分析零件所涉及的折弯工艺以及工艺的可行性,如压死边操作、零件关键配合尺寸的控制等。

2. 模具的选择

加工时主要是根据工件的形状需要选用,为了加工各种复杂的结构,可定做很多形状、规格的折弯模具,以满足不同结构的加工需要。

3. 工件展开长度及折弯定位长度的计算

正确制定折弯工序后,需对工件展开长度及折弯定位尺寸进行计算,便于折弯加工过程中的定位。

4. 折弯顺序

根据零件结构特点制定合理的折弯顺序,基本原则包括以下几点:

(1)由内到外进行折弯。

(2)由小到大进行折弯。

(3)先折弯特殊形状,再折弯一般形状。

(4)前工序成型后对后继工序的加工不产生干涉。

在折弯全过程中,除了要考虑折弯时产生干涉外,还应保证其不失去定位基准。在制订折弯顺序时,应尽可能考虑对精度要求高的折弯边折弯尺寸和定位基准尺寸的一致,以提高尺寸公差严格的折弯边的折弯精度。此外,还应考虑定位时重量大的一侧由机床托架支撑,以及尽量减少折弯过程工件翻转次数。

5. 对零件进行编程及加工

准备工作完成后,将模具的参数和折弯工艺参数输入到数控系中即可完成编程。

11.3.4 折弯加工时需要注意的问题

1. 关键尺寸的控制

对于展开尺寸大的料要求保证其主要尺寸,主要尺寸应以零部件的使用要求来确定。

2. 折弯顺序

对工件试折弯→检测→调整→划线→按线折弯→检验。

3. 折弯半径

板料折弯时,在折弯处需有折弯半径,折弯半径不宜过大或过小,折弯半径太小容易造成折弯处开裂,折弯半径太大又使折弯易反弹。

4. 折弯回弹

所谓回弹就是在撤掉折弯力后,折弯角度增大,这是在折弯加工中普遍存在的问题。图 11-12为折弯过程中的回弹分析,图中 θ'为回弹后制件的实际角度;θ 为模具角度。

影响回弹的因素和减少回弹的措施有以下两点:

(1)材料的力学性能。回弹角的大小与材料的屈服点(σ_S 材料的屈服强度)成正比,与弹性模量 E 成反比。对于精度要求较高的钣金件,为了减少回弹,材料应该尽可能选择低碳钢,而不选择高碳钢和不锈钢等。

(2)弯曲半径 r。相对弯曲半径 r/t(t 为加工材料厚度)越大,则表示变形程度越小,折弯后工件的回弹角就越大。在材料性能允许的情况下,应该尽可能选择小的弯曲半径,有利于提高精度。

5. 折弯时的干涉现象

对于二次或二次以上的折弯,经常出现折弯工件与刀具相碰出现干涉,如图 11-13 所示,黑色部分为干涉部位,这样就无法完成折弯,或者因为折弯干涉导致折弯变形。

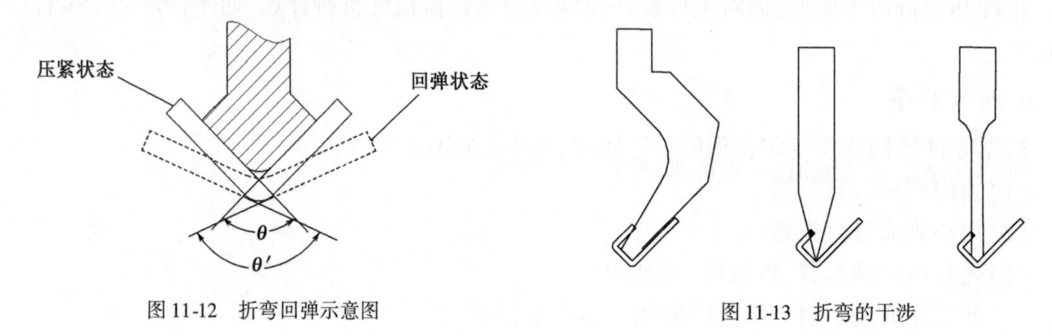

图 11-12　折弯回弹示意图

图 11-13　折弯的干涉

11.4　数控折弯加工编程基础

DA-41 系统共有五个模块,分别是:①程序编辑;②模具编辑;③系统参数编辑;④手动操作;⑤程序管理。

通过操作面板上的方向选择键,实现不同模块的切换,处于当前显示状态功能模块的图标为黑底白。要编辑一个参数,可移动光标至相应位置并输入所需的值,按输入键确认此值。

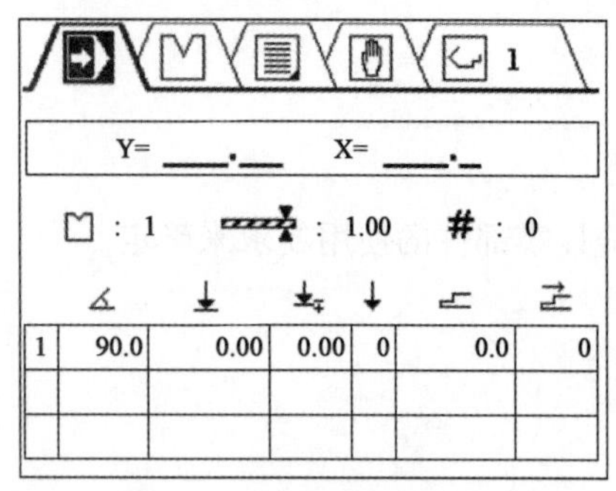

图 11-14　DA-41 的编程界面

11.4.1　程序编辑

通过方向键选择标志符号进行程序的编辑。如图 11-14所示。

在屏幕右上角,显示了现在正在运行程序的程序号(本例中显示的是 1#程序)。此编程屏幕包括三个部分。

(1)当前 X(后挡料机构的位置)轴和 Y(当前上模的

有效下压量)轴的位置。

(2)工模具以及材料参数,在屏幕中间栏显示了产品的参数:

:当前使用的模具编号。

:产品的板材厚度。

#:计数器,表示所需产品数。如果编辑的是零,计数器将在每次完成任务后增加;如果编辑的数大于零,计数器将倒计数,当其达到零时,控制系统将停止运作。

(3)折弯程序表,每一步有若干个参数,在图 11-14 中屏幕下部的表格显示了该产品的折弯步骤。每一行代表了一步折弯,第一列为折弯序号。对于每一步折弯,以下参数可被编辑。

:折弯的角度,编辑所需的角度值,参数在模具被编辑后有效。

:Y 轴折弯深度。当角度已被编辑时,该值将数控系统自动计算出来,这个值是不需要人工修改的。

:Y 轴折弯深度的补偿值。当角度编辑好后,用于纠正 Y 轴的位置误差。一个正的纠正值意味着一个低滑块位置,反之对应。

:滑块是否高速 (1/0)。选择在折弯过程中滑块是否高速运行,选择 1 为高速,0 为低速。

:后挡料位置,为折弯所需的后挡料定位位置。

:后挡料回程距离。

每个程序最大可编辑 25 步折弯,要在程序中增加一步折弯,到现有程序的最后一步折弯,移动光标至第一栏(折弯序号栏)按输入,一步新的折弯就被加入,此步折弯拥有与前一步折弯相同的参数值,然后对折弯数据进行修改即可。要删除一步或多步折弯:到最后一步想保留的折弯,移动光标至第一栏(折弯序号栏)按清除键,下面所有的折弯被删除。在编程屏幕的第一步折弯不能被删除。

11.4.2　模具编辑

移动方向键选择标志符号进行模具编辑。模具的编辑可以通过直接输入实现。根据安装的模具类型和参数来调整系统的相应数值。每次更换模具后,都要对模具参数进行更新。

模具的编辑是通过输入一些必要的模具参数来实现的。在图 11-15 中,模具属性可被编辑。在产品的编辑过程中这些模具属性可被用来计算 Y 轴的值。图 11-15 中显示了模具的四个特性参数。

:折弯机安装的模具编号。

:下模开口宽度。

:下模模具的角度。

:下模 V 形槽边缘的过渡圆角。

11.4.3　系统参数编辑

选择符号进入系统参数设定界面,如图 11-16 所示。

1	12.00	86.0	1.00
2	16.00	86.0	1.50
3			
4			
5			
6			
7			
8			

图 11-15 模具编辑界面

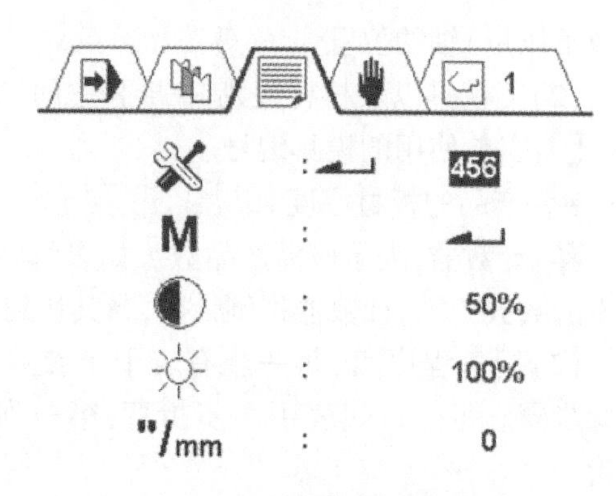

图 11-16 系统参数修改界面

从图 11-16 中可以看出,屏幕中有若干个控制设置,这些设置可以根据加工需要进行修改。

11.4.4 手动操作

选择符号进入手动移动屏幕,如图 11-17 所示。

屏幕中可通过箭头控制键移动 X 轴和 Y 轴,在此屏幕中显示了如何通过一个特殊的键来移动一个轴。按停止键离开模式回到产品编程屏幕。

11.4.5 折弯程序选择

选择符号进入折弯程序选择屏幕,如图 11-18 所示。

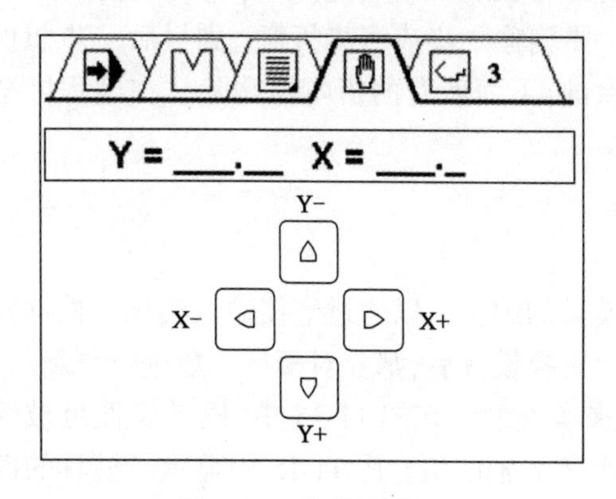

图 11-17 手动操作界面

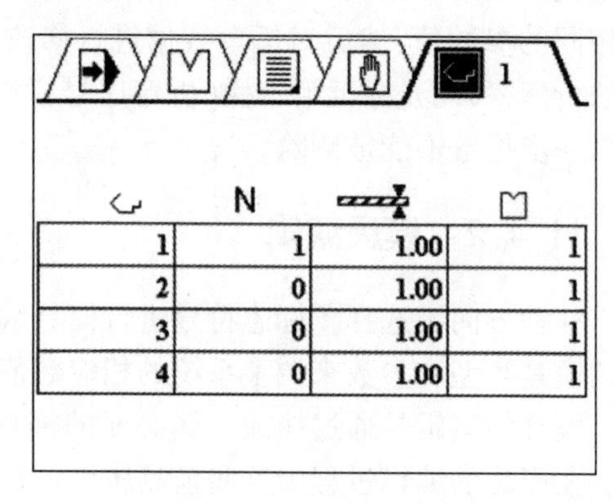

	N		
1	1	1.00	1
2	0	1.00	1
3	0	1.00	1
4	0	1.00	1

图 11-18 折弯程序管理

图 11-18 每栏中符号意思:

:折弯程序号。

N:折弯步数。

:板材厚度。

:程序中使用的模具。

若要选择一个程序,可通过移动光标至所需的程序号按输入键来选择之。此程序号也将在屏幕右上角该模式标志符号边显示出来。按箭头控制键的上下键可以到需要的程序号按输入键选择此程序。当此程序被选择时系统将自动跳到编程模式，将一直处于被激活状态直至另一程序被选择。要删除此程序移动光标至该程序号按清除键删除此程序。

11.5 数控折弯加工实例

图 11-19 为加工实例，原料是厚度为 2mm，宽度为 100mm 的不锈钢板。

11.5.1 零件的工艺分析

该零件包含了 90°，大于 90° 的折弯工艺过程。160t/3200 型扭轴式数控液压板料折弯机工艺上是可行性，能够完成工件所需要的转弯角度以及配合尺寸的定位。

11.5.2 模具的选择

依据 160t/3200 型扭轴式数控液压板料折弯机的折弯能力，以上钣金件的加工可用其完成所有折弯工艺，采用的是标准的 90°模具，一般按工件厚度（s）的 8（$V=8s$）倍选用下模口宽度（V），上述零件厚度为 2mm，选模口宽度 16mm，在系统里模口宽为 16mm 的 V 槽编号为 2。

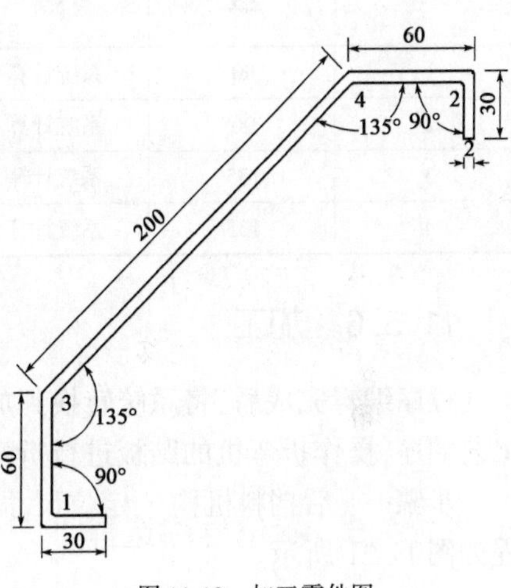

图 11-19　加工零件图

11.5.3 折弯顺序

先确定最小定位尺寸应大于 12mm。再进一步判定折弯工序顺序，图 11-20 为折弯工艺图。判定折弯顺序的原则是，在折弯全过程中，不得失去定位基准。在制定折弯顺序时，应尽可能考虑对精度要求高的折弯边折弯尺寸和定位基准尺寸的一致，以提高尺寸公差严格的折弯边的折弯精度。

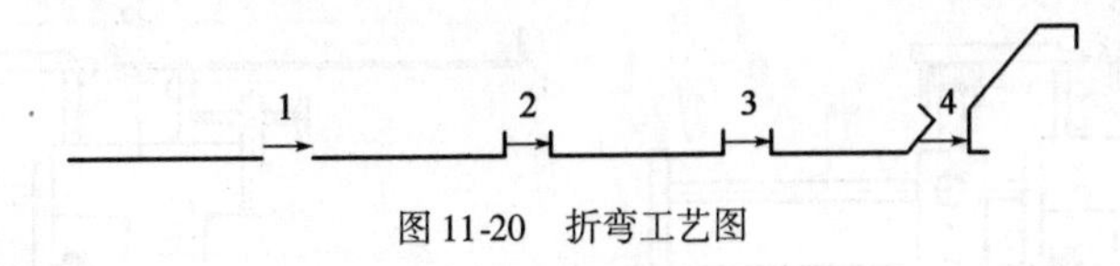

图 11-20　折弯工艺图

11.5.4 工件展开长度及折弯定位长度的计算

制定完折弯工序后，进行工件展开长度及折弯定位长度的计算。一些数控系统，上述工艺过程全是自动的，操作人员只需输入工件尺寸、材料厚度、材质等参数，即可展开计算，零件加工程序均自动生成（也可人工干预）。本章加工实例中工件展开长度及定位长度的计算是沿用常规经验方法计算展开长，再由试折弯（用调试操作方式）修正确定。

11.5.5 对零件进行编程及加工

工艺分析全部完成后，即可按数控系统操作说明书有关规定对零件进行编程及加工。具体参数见表 11-2 和表 11-3。

模具和材料参数　　表 11-2

2	2	1	100	0

数控折弯编程　　表 11-3

步骤						
1	90	系统计算	1.2	0	29.22	20
2	90	系统计算	1.2	0	29.22	20
3	135	系统计算	1.2	0	58.43	20
4	135	系统计算	1.2	0	58.43	20

11.5.6 加工

程序编辑完成后，将系统转换到加工状态（按下数控系统操作面板上 1 号键），然后按照工艺顺序，操作折弯机的踏板进行折弯即可。

步骤一：后挡料机构 X 定位尺寸为 29.22，挡料块的高度根据需要实际高度调节，加工过程如图 11-21 所示。

步骤二：后挡料机构 X 定位尺寸为 29.22，挡料块的高度根据需要实际高度调节，加工过程如图 11-22 所示。

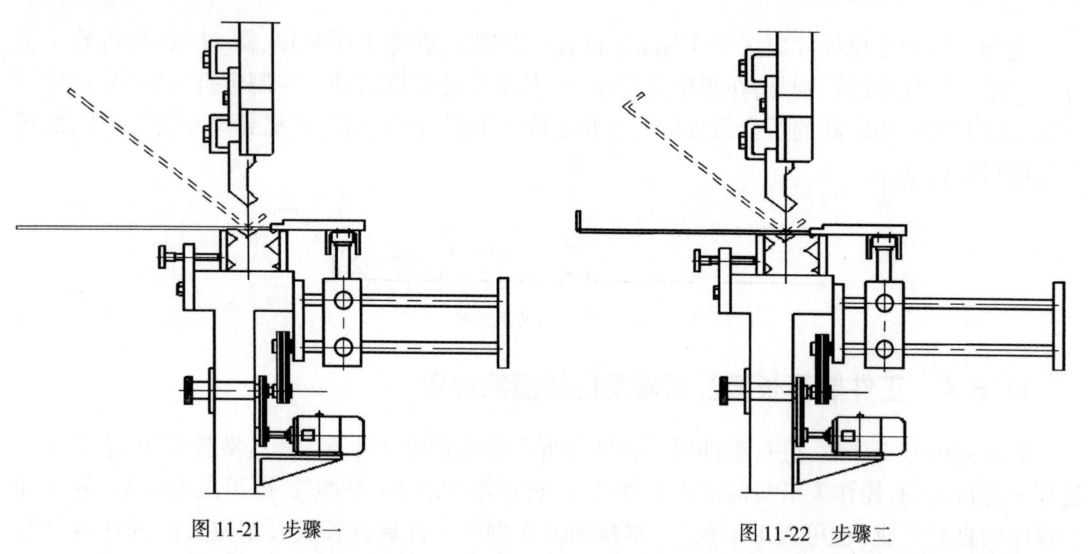

图 11-21　步骤一　　图 11-22　步骤二

步骤三：后挡料机构 X 定位尺寸为 58.43，挡料块的高度根据需要实际高度调节，加工过程如图 11-23 所示。

步骤四：后挡料机构 X 定位尺寸为 58.43，挡料指的高度根据需要实际高度调节加工过程如图 11-24 所示。

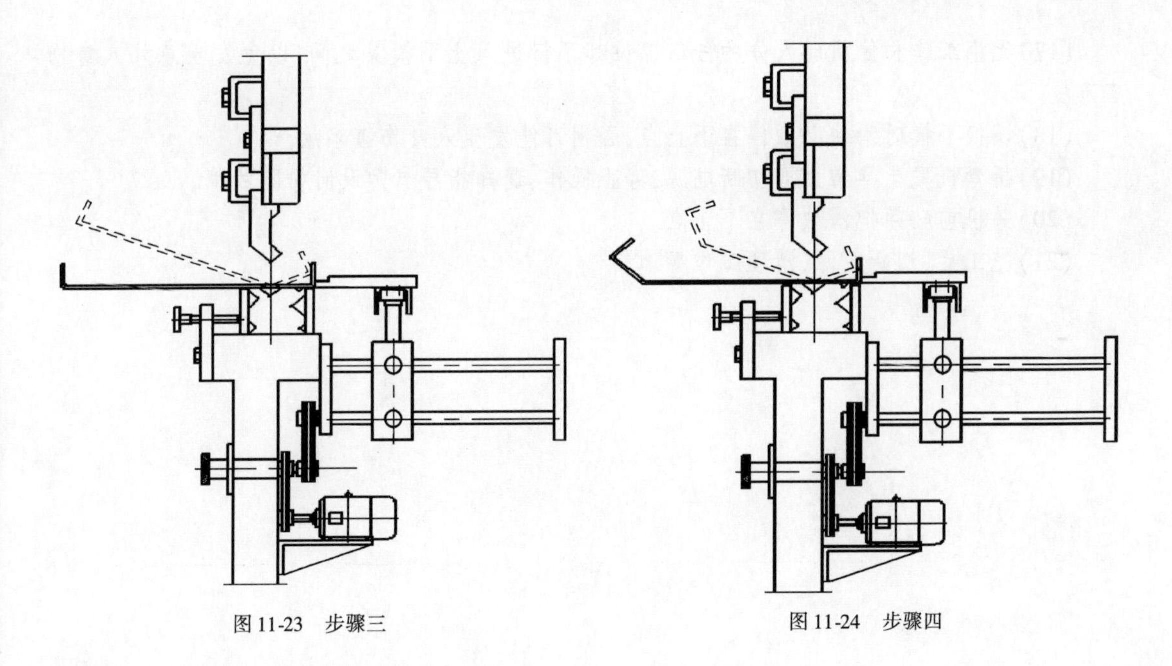

图11-23　步骤三　　　　图11-24　步骤四

折弯机安全操作规程

(1)进入实训场地要穿好工作服,扎紧袖口,严禁嬉戏打闹,保持场地干净整洁。

(2)必须在掌握相关设备和工具的正确使用方法后,才能进行操作。

(3)启动前须认真检查电机、开关、线路和接地是否正常和牢固,检查设备各操纵部位、按钮是否在正确位置。

(4)折弯机需润滑部位要定期加油。

(5)折弯前空转运行检查设备无异常后,方可进行操作。

(6)安装折弯模具时禁止开车。

(7)正确选择弯模具,根据板厚确定下模模口尺寸,一般模口尺寸为板厚的8~10倍,2mm以内的薄板可为6~8倍。

(8)上、下模紧固位置要正确,安装上、下模操作时防止外伤。

(9)折弯时不准在上、下模之间堆放杂物和工量具。

(10)多人操作时,要确认主操作者,并由主操作者控制脚踏开关的使用,其他人员不得使用。

(11)板料折弯时必须压实,以防在折弯时板料翘起伤人。

(12)机床工作时,机床后部不允许站人。

(13)运转时发现工件或模具不正,应停车校正,严禁运转中用手校正以防伤手。

(14)禁止折超厚的铁板或淬过火的钢板、高级合金钢、方钢和超过板料折弯机性能的板料,以免损坏机床。

(15)正确选择折弯压力,偏载时压力应小于最大压力的1/2。

(16)折板长度小于1000mm时,机器不准全负荷工作。

(17)无论工作和停机时人体的任何部位都不得进入上下模具之间,以免发生意外人身伤害事故。

(18)调换下模时滑块必须停在下止点,否则可能发生人身伤害事故。

(19)折弯机发生异常立即切断电源,停止操作,通知指导老师及时排除故障。

(20)关机前必须把滑块停在下止点。

(21)完工后,切断电源,清理工作场地。

第12章　液　压　机

☞教学目的

通过本项目的实训,加强学生对液压成形理论知识的理解,强化学生的技能练习,使之能够掌握液压机的加工原理和拉深模具的选择原则。通过对液压机的操作演示以及实际操作,培养学生对所学专业知识的综合应用和认知素质等方面的能力。

☞教学要求

(1)使学生能够熟练操作液压机的开启、关闭以及操作面板的使用方法。

(2)能够了解冲压加工的一般工艺流程。

(3)能够了解常用模具的选择原则以及一般工艺设计。

(4)熟悉液压机的安全操作规程。

12.1　液压机概述

液压机是一种通用的无削成型加工设备,利用液体的压力传递能量以完成各种压力加工的。工作特点是动力传动为“柔性”传动,不像机械加工设备那样复杂。

液压式压力机与其他传统机械式压力机相比具有如下特点:

(1)容易获得最大压力。液压机采用液压传动静压工作,可以多缸联合工作,因而液压机的输出载荷可以很大。

(2)工作行程大。液压机容易获得很大的工作行程,并能在行程的任意位置发挥全压。其公称压力与行程无关,而且可以在行程中的任何位置上停止和返回。

(3)压力与速度可以进行无级调节。压力与速度可以在大范围内方便地进行无级调节,通过比例压力阀和比例调速阀液压机能很容易得到不同压力和运行速度。按工艺要求可以在某一行程作长时间的保压,由于能可靠地控制压力,因而能防止过载。另外,还便于调速,如慢速合模避免冲击等。

12.2　液压机的主要应用

通用液压机可用于塑性材料的压制工艺,如冲压、弯曲、翻边、薄板拉伸等,也可从事校正、压装、砂轮成形、冷挤压金属零件的成型,粉末制品的压制成形工艺(图12-1)。在手表、玩具、餐具、电讯器材、仪器仪表、电机、电器、拖拉机和汽车制造、日用五金、无线电元件等行业中都有广泛的应用。

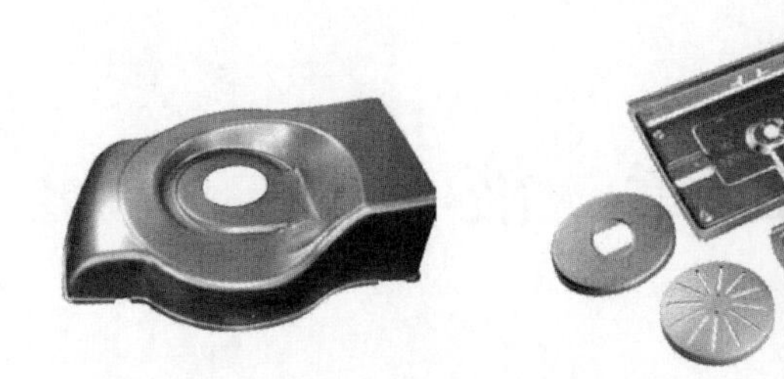

a)压力机拉深产品

b)金属粉末压制成型

图 12-1　压力机生产的常见产品

金属塑性成形的实质是在外力作用下使金属产生塑性变形，从而获得具有一定形状、尺寸和力学性能的毛坯或零件的加工方法。各类钢和大多数有色金属及其合金都具有一定塑性，可以在热态或冷态下进行塑性成形。表 12-1 介绍了常见的压力成型的加工工艺。

压力成型的基本工艺　　表 12-1

工艺	加工示意图	说　明
锻造	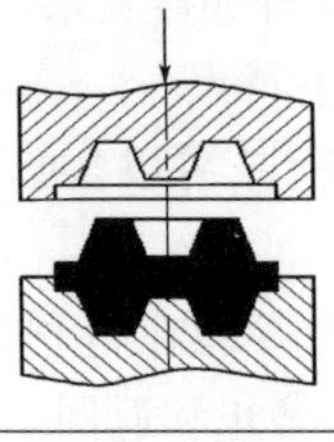	金属坯料在上下模具间受到冲击力或是压力而产生塑性变形的加工方法，适用于生产承受大载荷的零件或是改善零件的力学性能
冲压	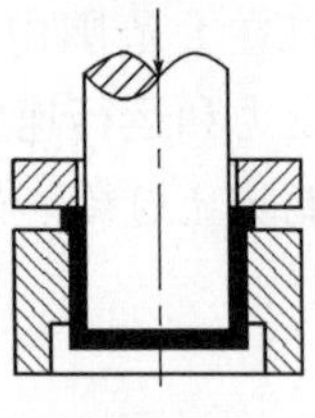	金属板料在冲压模具之间受压产生分离或是塑性变形的加工方法，用于生产日用品、家电或是汽车外壳
拉拔	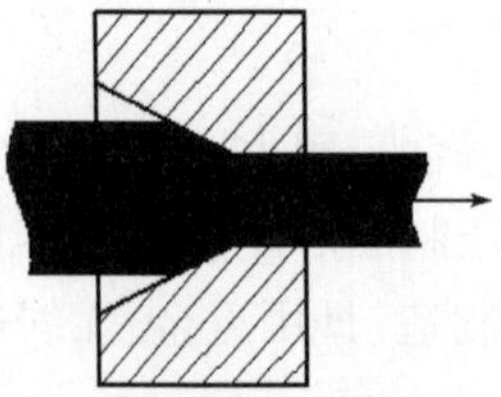	将金属坯料拉过拉拔模的模孔而产生变形的加工方法，可生产各种细线材、薄壁管等

续上表

工艺	加工示意图	说　明
挤压		金属坯料在挤压模具内受压被挤出模孔而产生变形的加工方法,可生产复杂截面的零件

12.3　液压机的类型及基本组成

液压机由主机(主要有立柱、上横梁、活动横梁、下横梁)、液压控制系统及电控系统三部分组成。主机是液压机完成工艺执行机构,是整个液压机的基础。动力系统通过控制液压的方向和压力,实现液压机的工艺动作。电控系统则是实现液压系统的控制以及工艺参数的控制。

1. 动作方式

1)上压式液压机

这种液压机的工作缸装设在机身上部,活塞从上向下移动对工件(或钧料)加压。这种液压机的装料工序可在固定的工作台上进行,操作方便,而且容易实现快速下行,应用最广。

2)下压式液压机

下压式液压机,它的工作缸装在机身下部,上横梁固定在立柱上不动,当柱塞上升时带动活动横梁上升,对工件施压,开模时柱塞靠自重复位。下压式液压机的重心位置比较低,稳定性好。此外,工作缸装在机身下面,在操作中制品可避免漏油的污染。

3)特种液压机

如角式液压机、卧式液压机等。

2. 机身结构

1)柱式液压机

液压机的上横梁与下横梁(工作台)采用立柱连接,由锁紧螺母上下锁紧。压力较大的液压机多为四立柱结构,机器稳定性好,采光情况好。图12-2为柱式液压机的常见结构形式。

2)整体框架式液压机

这种液压机的机身由铸造或型钢焊接而成,一般为空心箱形结构,抗弯性能较好,立柱部分做成矩形截面,便于安装平面可调导向装置。也有立柱做成形的,以便在内侧空间安装电气控制元件和液压元件。整体框架式机身在塑料制品和粉末冶金、薄板冲压液压机中获得广泛应用。图12-3为整体式液压机的结构形式。

3. 传动形式

1)泵直接驱动液压机

这种液压机是每台液压机单独配备高压泵,中小型液压机多为这种传动形式。

a)四柱式液压机　b)双柱式液压机　c)单柱式液压机

图 12-2　柱式液压机

a)大型整体式液压机　b)小型整体式液压机　c)c型整体式液压机

图 12-3　整体框架式液压机

2)泵—蓄能器驱动液压机

这种液压机的高压液体是采用集中供应的,这样可节省资金、提高液压设备的利用率,但需要高压蓄能器和一套集中油源系统,以平衡低负荷和负荷高峰时对高压液体的需要。在使用多台液压机的情况下(尤其是多台大中型液压机)尤为普遍。

12.4　YN32-630 型液压机

本书是以 YN32-630 型液压机(如图 12-4 所示)为例来介绍四柱式液压机的结构以及操作方法。该型液压机具有独立的液压系统和电控系统,并采用 PLC 加触摸屏集中控制,可实现点动、手动及半自动三种操作方式。

12.4.1　结构概述

该液压机由主机、液压系统及控制系统等组成,通过主管道及电气装置联系起来构成一体。压力机主机结构如图 12-5 所示。

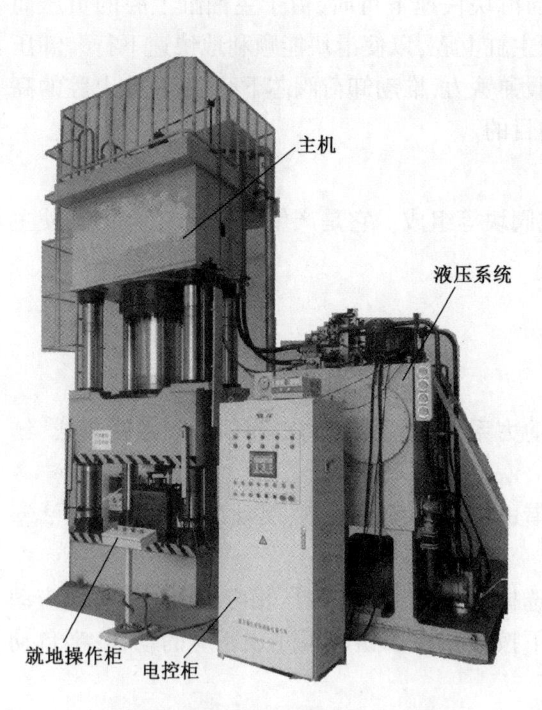

图12-4　YN32-630型四柱式液压机

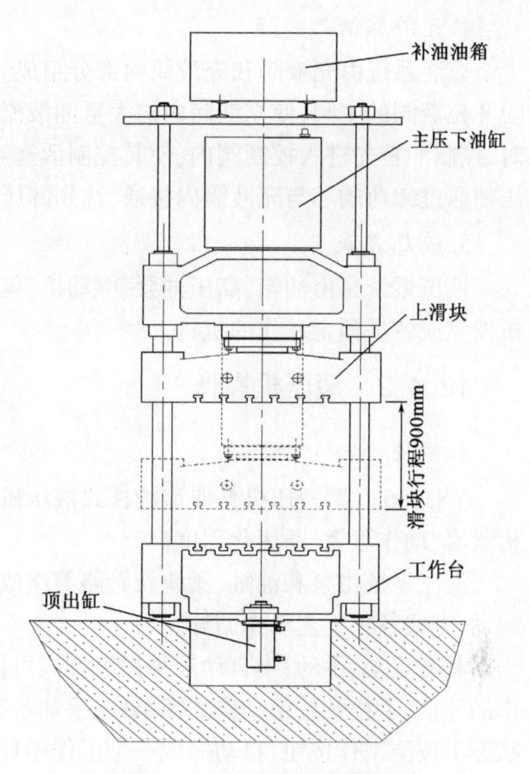

图12-5　液压机主机结构简图

1. 机身

机身由上横梁、滑块、工作台、立柱、锁紧螺母、调节螺母等组成,上横梁和工作台用四根立柱与锁紧螺母联成一究竟刚性桁架,滑块则由四根立柱导向作上下运动。在滑块下平面及工作台上平面上,设有T形槽,可配螺栓专供安装工模具用。

在工作台中央有一圆孔,顶出缸由压套紧压于圆孔内的台阶上,在上横梁中央孔内,装有主油缸。滑块中央的大孔,是用来装主活塞杆的,由螺栓和螺纹法兰反滑块与主活塞杆联成一体。在滑块四立柱孔内,装有导套,以便于磨损后更换同,在外部均装有压配式的压注油杯,用以润滑立柱和导套的滑动副,在孔口端均装有防尘圈,以防止污物进入运动副,保持运动的洁净。

2. 主油缸

主油缸为双作用活塞式油缸,缸底为封底式整体结构。在缸口装有导向套,以保证活塞运动时有良好的导向性能。在缸体的上端面,装有充液筒,用螺栓坚固联接,并用耐油橡胶圈密封。

3. 顶出(油)缸

顶出缸安装于工作台中心孔内,用锁紧螺母加以固定,顶出油缸的形式和作用原理与主油缸相同。缸底采用了卡键式结构,可以拆卸。在活塞杆外伸端的端面上,设有一个标准螺纹孔,以供配置顶杆用。在缸体的上端面,有标准螺孔,供吊装顶出缸用。

4. 充液系统

充液系统由充液阀和充液筒两部分组成。当滑块快速下行时，由于主油缸上腔的负压而吸开充液阀的主阀，使充液筒内的大量油液流入主缸上腔，以使滑块能顺利地快速下行。卸压时，控制油首先进入控制阀内，使其控制活塞克服弹簧力，推动卸荷阀芯下行，使主缸上腔的高压油通过卸荷阀芯与充液筒内接通，达到卸压的目的。

5. 液压系统

液压系统是由油箱、高压油泵、电动机、集成阀块等组成。它是产生和分配工作油液，使主机能完成各项预定动作的机构。

12.4.2 液压机操作

1. 概述

YN32-630 型液压机是典型的柱式液压机，动力系统采用常用的二通插装阀系统集成，结构紧凑、动作可靠、通用化程度高。

液压系统由泵和油缸、阀块及管路等组成，借助电气系统的控制，驱动滑块及顶出缸活塞运动，完成各项工艺动作循环。

具有点动、手动、半自动三种操纵方式可供选择。点动状态下按压相应按钮即可有相应动作的寸动，手松开按钮动作立即结束；手动状态下按压相应按钮即可完成相应的动作；半自动状态下按压工作按钮，自动完成一个工作循环。

半自动状态下按压相应按钮，使滑块自动完成一个工艺循环动作。在半自动操作中，按工艺方式可分为定压成形和定行程成形两种工艺方式。

2. 液压机的主要技术参数

液压机的主要技术参数如表 12-2 所示。

液压机参数 表 12-2

序号	参数		单位	数值
1	公称力		kN	6300
2	液压最大工作压力		MPa	25
5	开口高度		mm	1500
6	滑块行程		mm	900
7	顶出行程		mm	300
8	滑块中心打料缸行程		mm	100
9	滑块速度	空载下行	mm/s	150
		压制		1 ~ 10
		回程		110
10	顶出活塞速度	顶出	mm/s	80
		退回		85
11	工作台有效面积	左右	mm	1200
		前后		1000

3. 压力机的控制面板及其功能

YN32-630型液压机采用的是触摸式显示屏，工艺参数设置如图12-6所示。

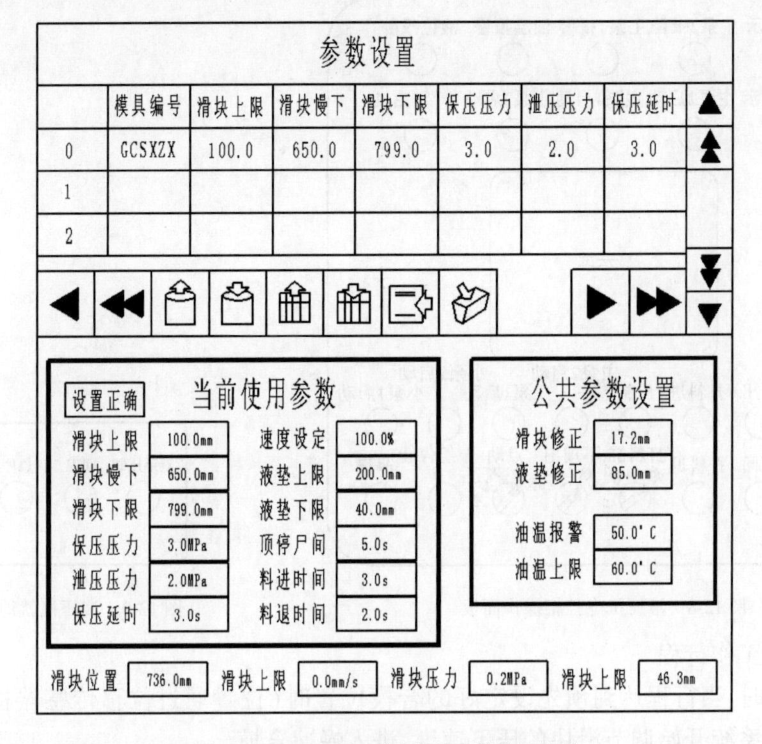

图12-6　YN32-630型液压机参数设置界面

通过人机交互界面，除了可以对液压机的滑块位置的上下限、速度、保压压力、泄压压力等工艺参数进行实时修改外，还可以通过安装在上滑块和液压油箱上的传感器，监控设备的运行状态，掌握设备的健康状况。

4. 液压机动作说明

YN32-630型液压机的工作压力、压制速度、空载下行和减速的行程范围可根据工作需要进行调整，并能完成定压和定行程成形两种工艺方式。

定压成形的动作为：快速下行—减速—压制—保压—回程—停止。

定行程成形的动作为：快速下行—减速—压制—回程—停止。

现以半自动工作循环定压成形(图12-7)为例。

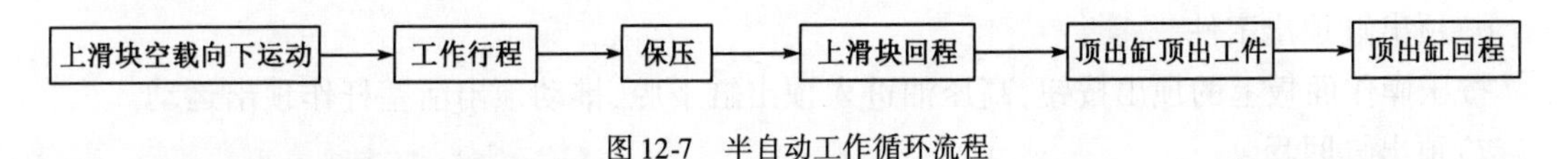

图12-7　半自动工作循环流程

1)上滑块空行程压下

首先接通电源，顺序按压电控柜操作面板上(图12-8)的小泵1启动、小泵2启动、大泵1启动以及大泵2启动电动机，高压油泵工作，高压油进入进油调压阀块，在顶出缸回程后，工作阀处于初始位置，压力阀的卸油阻尼孔与回油油路连通，因此高压油把压力阀启开流回油箱，油泵处于空负荷循环状态。此时将操作模式转到半自动的位置上。双手操作就地操作柜(图 12-9)上的压制按钮,上滑块在主油缸的带动下,从设定好的等待位置空载快速压下。

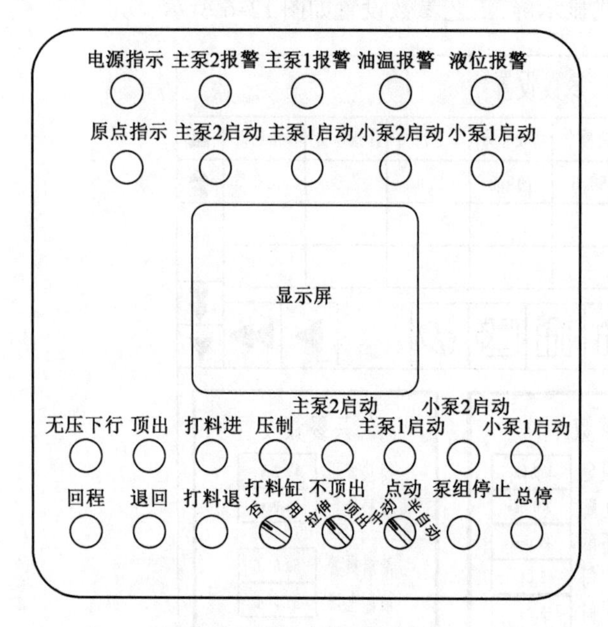

图 12-8 液压机电控柜操作面板

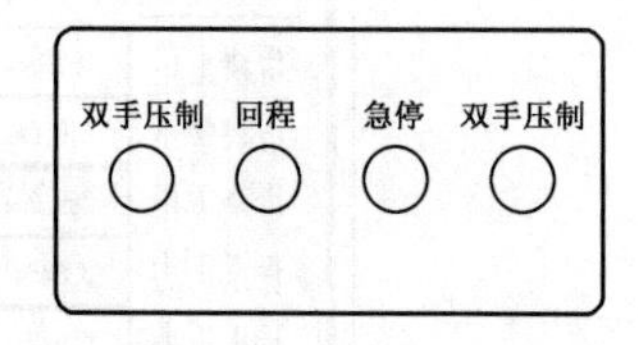

图 12-9 液压机就地操作面板

2)上滑块工作行程

滑块快下时,当行程达到预先设定好的合模位置时(位置通过位移传感器检测反馈给控制系统),控制系统开始调节滑块的压下速度,进入慢速合模。

3)保压

操纵板上的时间继电器动作开始计时,保压时间长短可根据需要调整。在保压时间内,如果主缸上腔的压力(压力传感器检测反馈给系统)降到系统设定的下限值时,系统再将高压油补充到主缸上腔进行补压。

4)上滑块回程

当保压状态达到调定时间时,控制器发出讯号,控制液压系统开始动作,先执行泄压,然后主缸开始回程动作。

5)停止

当滑块回程到设定位置时,回程停止,油泵又处于空负荷循环状态。滑块也就完成了一个半自动循环工艺过程。

6)顶出缸顶出工件

按压操作面板上的顶出按钮,高压油进入顶出缸下腔,推动顶出活塞杆作顶出运动。

7)顶出缸回程

按压退回按钮,高压油进入顶出缸上腔,使顶出活塞杆退回,顶出动作停止。至此,整个操作完成一个循环。

液压机主油缸还可进行定程成形的工艺动作,即滑块下行到设定的位置就立即回程,再回到最初设定的等待位置就停止,完成一个工作循环。

 液压机安全操作规程

(1)实训操作前,学生应熟悉操作规程,熟知压力机的结构和工作原理。

(2)实训学生应在教师的指导下对压力机进行操作,严禁学生独自操作压力机。

(3)操作前,检查各部件润滑情况,检查上、下限位开关是否安全可靠。

(4)调节系统压力应控制最高压力不得超过机床许用值,严禁过载使用,严禁液压缸空顶试压。

(5)禁止零部件重叠作业,严禁用脆性材料作为垫铁使用。

(6)校正压装零部件时,要使压力机中心与零部件中心重合。

(7)模具及工件须牢固平衡才能使用。压力机工作时,严禁用手扶模具、工件,严禁将手伸入其工作行程范围内。

(8)压力机工作中如发现异常现象,应立即停机检查处理。

(9)其他观察者必须远离运行机床2m以外,防止运动部件和工件伤及身体。

(10)离开机床应停机关电源,工作结束后,要打扫设备干净,加油保养,清理场地。

第13章 冲 压 机

☞教学目的

通过本项目的实训,加强学生对冲压成形理论知识的理解;强化学生的技能练习,使之能够掌握冲压机的加工原理,了解冲压工艺的设计流程。通过对冲压机典型工艺的操作演示,培养学生对所学专业知识的综合应用和认知素质等方面的能力。

☞教学要求

(1)使学生能够了解冲压加工的一般工艺流程。

(2)能够了解典型的冲压工艺。

(3)了解冲压机的安全操作规程。

13.1 冲压机概述

冲床就是一台冲压式压力机,故也称为冲压机。相对于传统机械加工,具有节约材料和能源,效率高等特点,并且对操作者技术要求不高及通过各种模具应用可以做出机械加工所无法达到的产品这些优点,所以它的用途越来越广泛。

冲压生产主要是针对板材的。能过模具,能做出落料,冲孔,成型,拉深,修整,精冲,整形,铆接及挤压等等,广泛应用于各个领域。

13.2 冲压成型基础知识

13.2.1 冲压机的类型及基本组成

1.按滑块驱动力方式分类

可分为机械式与液压式两种。一般钣金冲压加工,大部分使用机械式冲床。液压式冲床依其使用液体不同,有油压式冲床与水压式冲床,目前使用油压式冲床占多数,水压式冲床则多用于大型机械或特殊机械。

2.按滑块运动方式分类

可分为单动、复动、三动等冲床,目前使用最多者为一个滑块之单动冲床,复动及三动冲床主要使用在汽车车体及大型加工件的引伸加工,其数量非常少。

3. 按滑块驱动机构分类

1）曲轴式冲床

使用曲轴机构的冲床称为曲轴冲床，如图13-1是曲轴式冲床，大部分的机械冲床使用本机构。

2）无曲轴式冲床

无曲轴式冲床又称偏心齿轮式冲床，图13-2是偏心齿轮式冲床。偏心齿轮式冲床构造的轴刚性、润滑、外观、保养等方面优于曲轴构造，缺点则是价格较高。行程较长时，偏心齿轮式冲床较为有利，而如冲切专用机之行程较短的情形时，是曲轴冲床较佳，因此小型机及高速之冲切用冲床等也是曲轴冲床之领域。

图13-1　曲轴式冲床

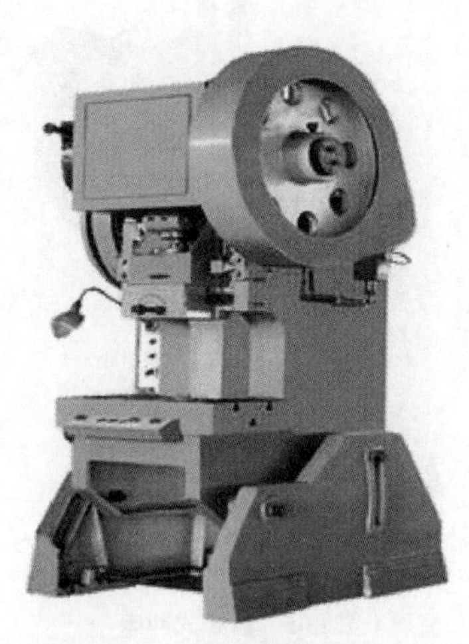

图13-2　无曲轴式冲床

3）摩擦式冲床

在轨道驱动上使用摩擦传动与螺旋机构的冲床称为摩擦式冲床（图13-3）。这种冲床因无法决定行程之下端位置、加工精度不佳、生产速度慢、控制操作错误时会产生过负荷、使用时需要熟练的技术等缺点，现在正逐渐地被淘汰。

4）螺旋式冲床

在滑块驱动机构上使用螺旋机构者称为螺旋式冲床（图13-4）。

图13-3　摩擦式冲床

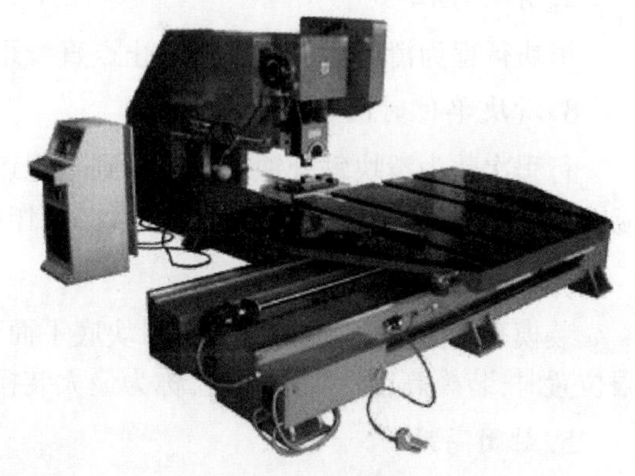

图13-4　螺旋式冲床

5)齿条式冲床

在滑块驱动机构上使用齿条与小齿轮机构者称为齿条式冲床(图13-5)。以前是用于压入衬套、碎屑及其他物品的挤压、榨油、捆包及弹壳之压出(热间之挤薄加工)等,但现在已被液压冲床取代,除非极为特殊的情况之外不再使用。

6)连杆式冲床

在滑块驱动机构上使用各种连杆机构的冲床称为连杆式冲床(图13-6)。这种冲床自古以来就被用于圆筒状容器之深引伸,床台面较窄,而最近则被用于汽车主体面板之加工,工作台面较宽。

图13-5 齿条式冲床

图13-6 连杆式冲床

13.2.2 冲压机的主要技术参数

1.公称压力

曲柄压力机的公称压力(即额定压力)是指滑块离下止点前某一特定距离(即公称压力行程)或曲柄旋转到离下止点前某一特定角度(即公称压力角)时,滑块所容许承受的最大作用力。

2.滑块行程

滑块行程为滑块从上止点到下止点直线距离。

3.滑块单位时间的行程次数

行程次数为滑块每分钟从上止点到下止点再回到上止点的往返次数。压力机的行程次数应能保证生产率,同时必须考虑操作者的操作频率不能超过承受能力,造成疲劳作业。

4.装模高度

装模高度为滑块在下止点时,滑块底平面到工作垫板上表面的距离。当滑块调节到上极限位置时,装模高度达到最大值,称为最大装模高度。

5.封闭高度

封闭高度是指滑块在下止点时,滑块底平面到工作台上表面的距离,单位为mm。封闭高度和装模高度之差恰好是垫板厚度。其他参数还有工作台板和滑块底面尺寸、喉深及立柱间距等。压力机装设安全装置时要考虑这些参数。

13.3　冲压机加工工艺的制订

13.3.1　冲压件的分析

主要包括两方面:冲压件的经济性分析和工艺性分析。

1. 冲压件的经济性分析

根据产品图或样机,了解冲压件的使用要求及功用,根据冲压件的结构形状特点、尺寸大小、精度要求、生产批量及原材料性能,分析材料的利用情况;是否简化模具设计与制造;产量与冲压加工特点是否适应;采用冲压加工是否经济。

2. 冲压件的工艺性分析

根据产品图或样机,对冲压件的形状、尺寸、精度要求、材料性能进行分析,判断是否符合冲压工艺要求;裁定该冲压件加工的难易程度;确定是否需要采取特殊的工艺措施。凡经过分析,发现冲压工艺性不好的(如产品图中零件形状过于复杂,尺寸精度和表面质量太高,尺寸标注及基准选择不合理以及材料选择不当等),可会同产品设计人员,在保证使用性能的前提下,对冲压件的形状、尺寸、精度要求及原材料作必要的修改。

13.3.2　冲压工艺方案确定

工艺方案确定是在对冲压件的工艺性分析之后应进行的重要环节。确定工艺方案主要是确定各次冲压加工的工序性质、工序数量、工序顺序、工序的组合方式等。冲压工艺方案的确定要考虑多方面的因素,有时还要进行必要的工艺计算,因此实际中通常提出几种可能的方案,进行分析比较后确定最佳方案。

1. 冲压工序性质的确定

工序性质是指冲压件所需的工序种类。如剪裁、落料、冲孔、弯曲、拉深、局部成形等,它们各有其不同的变形性质、特点和用途。

1)从零件图上直观的确定工序性质

平板件冲压加工时,常采用剪裁、落料、冲孔等冲裁工序。当零件的断面质量和尺寸精度要求较高时,需增加修整工序,或直接用精密冲裁工序加工。

弯曲件冲压时,常采用剪裁、落料、弯曲工序。

拉深件冲压时,常采用剪裁、落料、拉深和切边工序,对于带孔的拉深件,需增加冲孔工序;拉深件径向尺寸精度要求较高或圆角半径小于允许值时,需增加整形工序。

2)对零件图进行工艺计算、分析,确定工序性质

如图13-7所示的两个形状相似的冲压件,材料均为08钢,料厚0.8mm。翻边高度分别为8.5mm和13.5mm。从表面看似乎都可采用落料、冲孔、翻孔三道工序或落料冲孔与翻孔两道工序完成,但经过分析计算,图13-7a)的翻边系数大于极限翻边系数,可以通过落料、冲孔、翻

边三道工序冲压成形；图 13-7b）的翻边系数接近极限翻边系数，若采用三道工序，很难达到零件要求的尺寸，因而应改为落料、拉深、冲孔、翻边四道工序冲压成形。

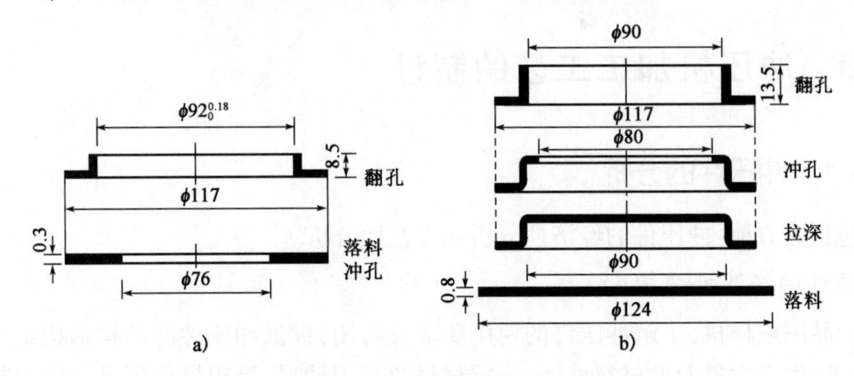

图 13-7　内孔翻边件的工艺过程

3）为改善冲压变形条件，方便工序定位，增加附加工序

在成形某些复杂形状零件时，变形减轻孔能使不易成形的部分或不可能成形的部分的变形成为可能。因此生产中常采用这类变形减轻孔或工艺切口，达到改善冲压变形条件、提高成形质量的目的。

2. 工序数量的确定

工序数量是指同一性质的工序重复进行的次数。工序数量的确定主要取决于零件几何形状复杂程度、尺寸精度要求及材料性能、模具强度等。

确定冲压工序的数量还应考虑生产批量的大小、零件的精度要求、工厂现有的制模条件和冲压设备情况。综合考虑上述要求后，确定出既经济又合理的工序数量。

3. 工序顺序的安排

冲压件工序的顺序安排，主要根据其冲压变形性质、零件质量要求，如果工序顺序的变更不影响零件质量，则应根据操作、定位及模具结构等因素确定。工序顺序的安排可遵循下列原则。

（1）对于带孔的或有缺口的冲裁件，如果选用单工序模冲裁，一般先落料、再冲孔或切口；使用级进模时，则应先冲孔或切口，再落料。若工件上同时存在直径不等的大小两孔，且相距又较近时，则应先冲大孔再冲小孔。

（2）对于带孔的弯曲件，孔位于弯曲变形区以外，可以先冲孔再弯曲；孔位于弯曲变形区附近或以内，必须先弯曲再冲孔；孔间距受弯曲回弹的影响时，也应先弯曲再冲孔。

（3）对于带孔的拉深件，一般先拉深，再冲孔；但当孔的位置在工件的底部时，且其孔径尺寸精度要求不高时，也可先冲孔再拉深。

（4）对于多角弯曲件，主要从材料变形和材料运动两方面安排弯曲的顺序。一般先弯外角后弯内角，可同时弯曲的弯角数决定于零件的允许变薄量。

（5）对于形状复杂的拉深件，为便于材料的变形流动，应先成形内部形状，再拉深外部形状。

（6）所有的孔，只要其形状和尺寸不受后续工序的影响，都应该在平板坯料上冲处。

(7)如果在同一个零件的不同位置冲压时,变形区域相互不发生作用时,这时工序顺序的安排要根据模具结构、定位和操作的难易程度确定。

(8)附加的整形工序校平工序,应安排在基本成形之后。

4. 工序的组合

对于多工序加工的冲压件,制定工艺方案时,必须考虑是否采取组合工序,工序组合的程度如何,怎样组合,这些问题的解决取决于冲压件的生产批量、尺寸大小、精度等级以及制模水平与设备能力等。一般而言,厚料、小批量、大尺寸、低精度的零件宜单工序生产,用单工序模;薄料、大批量、小尺寸、精度不高的零件宜工序组合,采用级进模;精度高的零件,采用复合模;另外,对于尺寸过大或过小的零件在小批量生产的情况下,也宜将工序组合,采用复合模。

工序组合时应注意几个问题:

(1)工序组合后应保证冲出形状尺寸及精度均符合要求的产品。

(2)工序组合后应保证有足够的强度。

(3)工序组合应与冲压设备条件相适应,应不至于给模具制造和维修带来困难。

工序组合的数量不宜太多,对于复合模,一般为2~3各工序,最多4个工序,级进模,工序数可多些。具体工序组合方式见表13-1和表13-2。

部分典型去除材料冲压工艺　　表13-1

工艺类型	加工图例	应用说明
落料	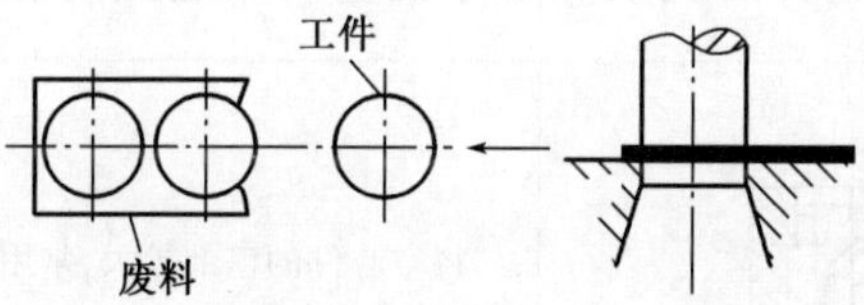 工件 废料	用模具沿封闭线冲切板料,冲下的部分为工件,其余部分为废料
冲孔	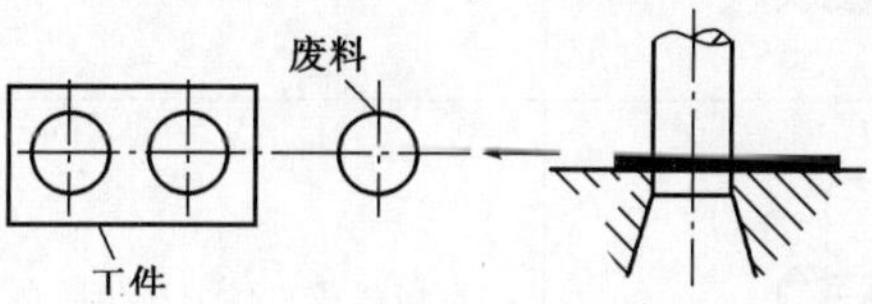 废料 工件	用模具沿封闭线冲板材,冲下的部分是废料
剪切	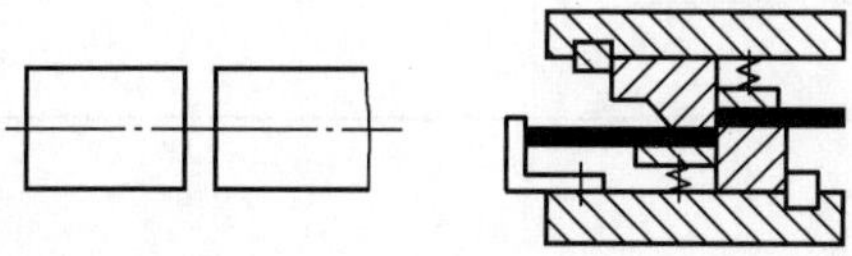	用剪刀或模具切断板材,切断线不封闭
切口	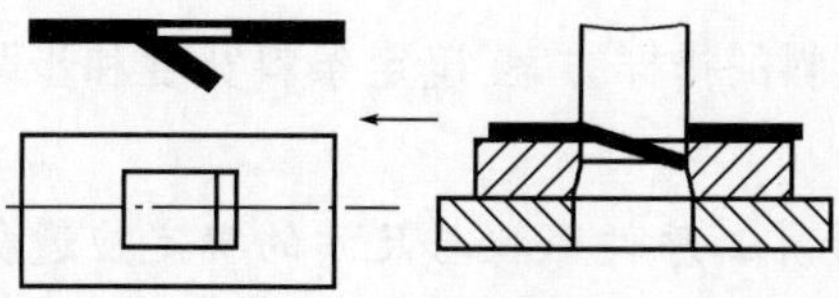	在坯料上将板材部分切开,切口部分发生弯曲

部分典型成形冲压工艺 表13-2

工艺类型	加工图例	应用说明
弯曲	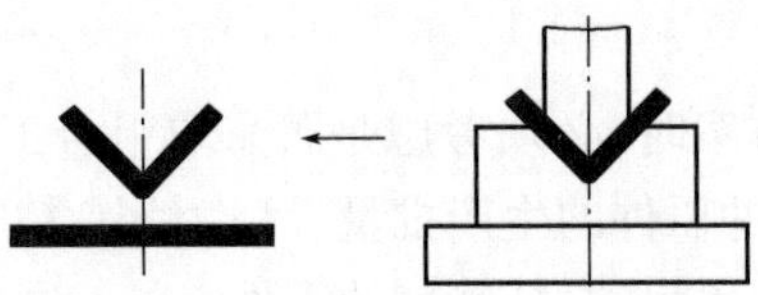	用模具使材料弯曲成一定形状
卷圆	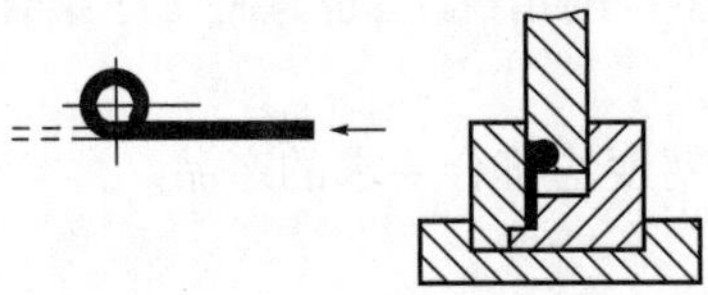	将板料端部卷圆
拉深	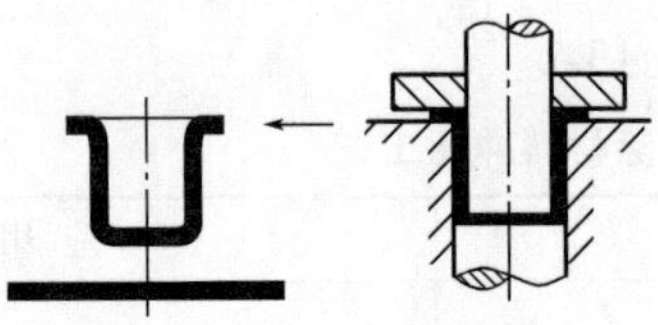	用减小壁厚,增加工件高度的方法来改变空心件的尺寸,得到要求的底厚,壁薄的工件
缩口	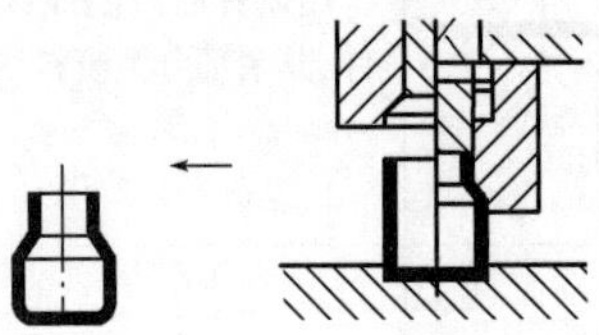	将空心件的口部扩大,常用于管子
扩口	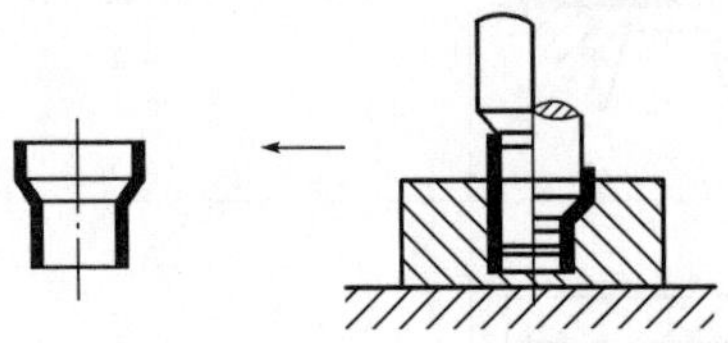	在板料或工件上压出肋条、花纹或文字,在起伏处的整个厚度上都有变薄

13.3.3 工艺计算

1. 排样与裁板方案的确定

根据冲压工艺方案,确定冲压件或坯料的排样方案,确定条料宽度和步距,选择板料规格确定裁板方式,计算材料利用率。

2. 冲压工序件的形状和工序尺寸计算工序件形状与尺寸的确定应遵循的基本原则

(1)根据极限变形系数确定工序尺寸。

(2)工序件的过渡形状应有利于下道工序的冲压成形。

(3)工序件的过渡形状与尺寸应有利于保证冲压件表面的质量。

为保证质量应注意以下几点:

(1)工序件的某些过渡尺寸对冲压件表面质量的影响,例如多次拉深的工序件圆角半径太小,会在零件表面留有圆角出的弯曲与变薄的痕迹。

(2)工序件的过渡形状对冲压件表面的质量的影响,例如拉深锥角大的深锥形零件,若采用阶梯形状过渡,所得锥形件表面留有明显的印痕;尤其当阶梯处的圆角半径较小时,表面质量更差。如采用锥面逐步成形法或锥面一次成形,可获得较好的成形质量。

(3)工序件的形状和尺寸应能满足模具强度和定位方便的要求。若冲孔件直径过大时,落料—冲孔复合模的凸凹模壁厚减小,影响模具强度。

(4)确定工序件形状和尺寸时,应考虑定位的方便。冲压生产中,在满足冲压要求的前提下,确定工序件形状和尺寸时,优先考虑冲压定位的方便。

13.3.4　冲压设备的选择

根据工厂现有设备情况、生产批量、冲压工序性质、冲压件尺寸与精度、冲压加工所需的冲压力、计算变形力以及模具的闭合高度和轮廓尺寸等因素,合理选定冲压设备的类型规格。

13.3.5　编写冲压工艺文件

冲压工艺文件主要是冲压工艺卡(工艺规程卡)和冲压工序卡,它综合表达了冲压工艺设计的内容,是模具设计的重要依据。冲压工艺卡表示整个零件冲压工艺过程的相关内容;冲压工序卡表示具体每一道工序的有关内容。在大批量生产中,需要制定每个零件的冲压工艺卡和工序卡;成批和小批量生产中,一般只制定冲压工艺卡。

冲压机安全操作规程

(1)实习学生必须熟悉本机床性能,操作时应有指导老师在旁指导,不允许学生独自操作。

(2)操作前应正确穿戴好劳保用品,戴好袖套或者袖口扎紧,不允许穿拖鞋;严禁戴手套,穿短裤,背心或赤膊上班。女生必须戴好工作帽,头发不允许露出帽檐,不允许穿裙子、高跟鞋或凉鞋。

(3)暴露于机器外的传动部件,必须安装防护罩,禁止在卸下防护罩的情况下试车或开车。

(4)开车前应检查主要紧固螺丝有无松动,模具有无裂痕,润滑系统有无堵塞或缺油,必要时空车实验。

(5)安装模具必须将滑块开到下止点,闭合高度必须正确,尽量避免偏心载荷;模具必须紧固牢靠,并过试压。

(6)工作中注意力要集中,严禁将手或工具等物件伸进危险区域内,小件一定要用专用工具或送料机构来完成。模具卡住坯料时,只允许用工具去解脱。

(7)发现冲床运转异常,异响(连击声,爆裂声等)应停止工作,初步检查原因(如转动部件松动,操纵装置失灵,模具松动及缺损),报由维修人员来维修。

(8)每完成一个工件时,手或脚必须离开按钮或踏板,以防止误操作。

(9)多人操作时,应定人开车,注意协调配合,实训后应将模具落靠,断开电源,打扫卫生。

第14章　注　塑　机

☞教学目的

通过课堂讲解加强学生对所学理论知识的理解;强化学生的技能练习,使之能够掌握注塑机机床的组成结构及其加工原理;注塑机基本参数的选择原则;注塑机床的操作面板介绍和基本操作方法。通过对注塑机典型零件的操作演示,以培养学生对所学专业知识的综合应用和认知素质等方面的能力。

☞教学要求

(1)使学生能掌握注塑机床的开启、关闭及操作面板的使用方法。

(2)能够了解简单零件的加工工艺过程。

(3)了解注塑模具的基本构造,并能了解模具安装到注塑机上的要点。

(4)熟悉注塑机的安全操作规程。

14.1　注塑机概述

注塑机的全称叫做塑料注射成型机,就目前使用情况来说,注塑机加工的产品约占塑料制品总量的30%左右,而注塑机又是注塑加工的主要设备,它已经成为塑料机械中最为常见的加工设备之一。注塑机是一种专用的塑料成型机械,它利用塑料的热塑性,经加热融化后,加以高压使其快速流入模腔,经一段时间的保压和冷却,成为各种形状的塑料制品。

注塑机在机械结构上主要分为注射部分和锁模部分。注射部分的功能是把塑料融化并注入模具型腔,锁模部分的功能是控制模具开合、顶出制品等各种动作。

14.1.1　注塑机的分类和技术参数

1. 注塑机的分类

随着注塑机设备工艺水平的不断提高,注塑机的种类也越来越多样化,分类方法也很多,常见的分类方法有以下几种,本书按注射装置分布方式来对注塑机进行分类。

1)卧式注塑机

卧式注塑机是指注塑机注射装置与合模装置的轴线呈一线并水平排列,卧式注塑机是目前使用最为广泛的注塑机类型,其特点是设备制造成本低、易操作维修,容易实现自动化控制。但是由于模具和模座是水平分布,因此安装较为麻烦。图14-1为常见的卧式注塑机。

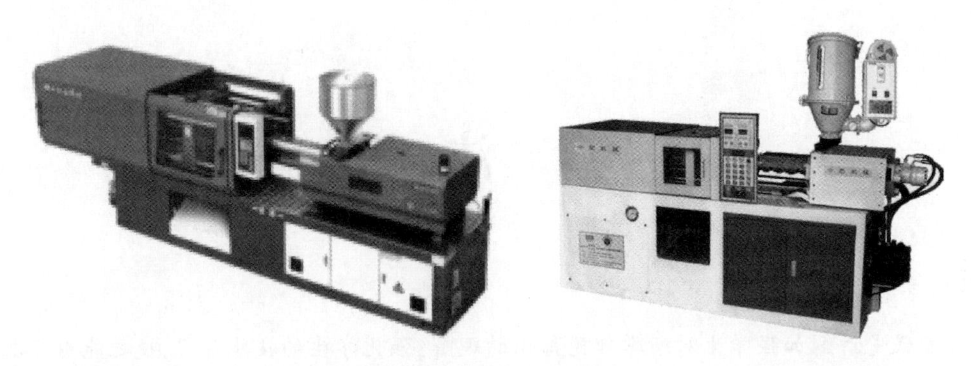

图 14-1 常见卧式注塑机

2)立式注塑机

立式注塑机注射装置与合模装置的轴线分布呈垂直方向,因此较卧式注塑机安装模具较为方便。由于是立式分布,所以占地面积较小。模具的开合方向在垂直方向上,因此产品脱模后还需要一道工序取出产品,而卧式的注塑机可直接凭借产品的重力作用掉下。图 14-2 为常见的立式注塑机。

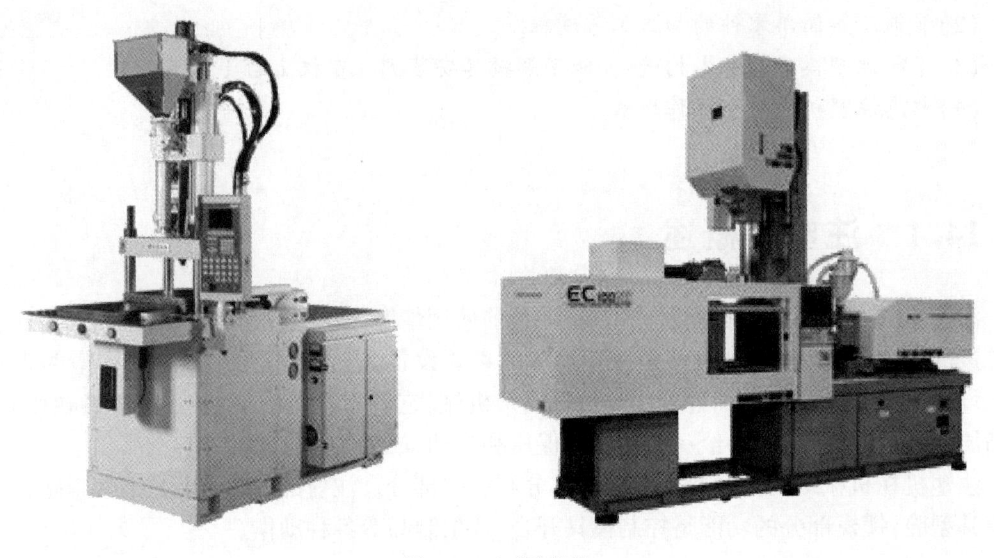

图 14-2 立式注塑机

3)角式注塑机

角式注塑机指的是注射装置与合模装置的轴线呈 90°分布,多为合模装置处于方向,而注射装置呈水平分布。角式注塑机的特点是占地面积介于前面的两种注塑机之间,适合于两层型腔的模具。图 14-3 为常见的角式注塑机。

2. 注塑机常见的技术参数

1)公称注射量

公称注射量是指在对空注射的条件下,注塑装置动作一次(螺杆或是活塞一次满行程)时所能达到的最大注射量。它反映了注塑机能够生产塑料制品的最大质量,因此用来区分不同规格的注塑机,实际中根据产品的质量来选择相应的注塑机。

图14-3　角式注塑机

2)注射压力

注射时,加热注塑装置内的螺杆或是活塞对处于熔融状态的塑料施加最大的单位面积压力,此压力称为注射压力。这个用力适用于克服熔化的塑料流经喷嘴、模具内部流道以及充满模具型腔的流体阻力,保证材料以一定的工艺速度和压力充满模具的型腔,完成最终成型的目的。

3)锁模压力

锁模压力指的是模具闭合的合模力,指的是在注射过程中施加在模具上的压紧力。当注射时高压的熔化塑料进入并充满型腔后,会在模具的内部产生一个很大的作用力。锁模压力就是克服模具内部的作用力,保证在注射过程中模具能够完好地关闭,避免型腔内部的塑料外溢。

4)注射速率

注射速率是指单位时间从喷嘴注射出的塑料量。较高的注射速率可以保证熔融的塑料能较快地充满整个模具型腔,可实现分级注射。

14.1.2　注塑机的基本组成及工作过程

注塑机由注射装置、合模装置、电气、液压润滑系统和注射装置等部分组成,如图14-4所示。

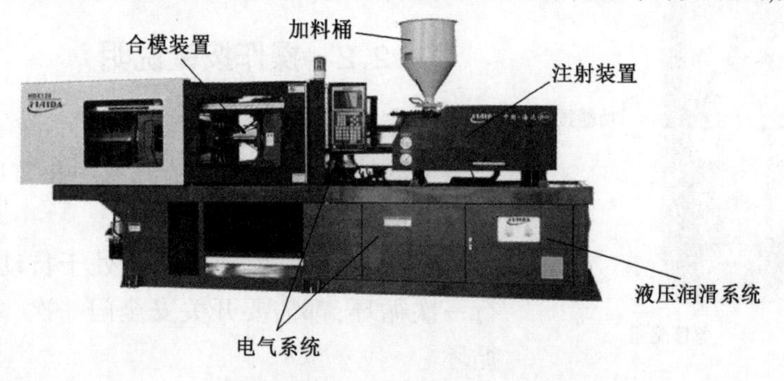

图14-4　常见注塑机的基本组成

注射装置:将固态塑料加热塑化为均匀的熔融塑料,并按照设定的温度定压定量的将融化的塑料快速地注入模具的型腔。注射部分主要有两种形式:活塞式和往复螺杆式。往复螺杆式注塑机通过螺杆在加热机筒中的旋转,把固态塑料颗粒(或粉末)熔化并混合,挤入机筒前端空腔中,然后螺杆沿轴向往前移动,把空腔中的塑料熔体注入模具型腔中。塑化时,塑料在螺杆螺棱的推动下,在螺槽中被压实,并接受机筒壁所传热量,加上塑料与塑料、塑料与机筒及螺杆表面摩擦生热,温度逐渐升高到熔融温度。

合模装置:使模具打开和关闭并确保注射时模具打开,也就是锁紧模具。合模装置内还有顶出产品的脱模机构。

电气、液压润滑系统:实现注塑机的工艺控制和动作,润滑是为注塑机的机械执行机构提供润滑。

14.1.3 注塑机的工作循环

(1)锁合模:模板快速接近定模扳,且确认无异物存在下,系统转为高压,将模板锁合。

(2)射台前移到位:射台前进到指定位置。

(3)注塑:可设定螺杆以多段速度、压力和行程,将料筒前端的溶料注入模腔。

(4)冷却和保压:按设定多种压力和时间段,保持料筒的压力,同时模腔冷却成型。

(5)冷却和装料:模腔内制品继续冷却,同时液力马达驱动螺杆旋转将塑料颗粒前推,螺杆在设定的背压控制下后退,当螺杆后退到预定位置,螺杆停止旋转,注射油缸按设定松退,装料结束。

(6)射台后退:预塑结束后,射台后退到指定位置。

(7)开模:模板后退到原位。

(8)顶出:顶针顶出制品。

14.2 注塑机操作面板介绍

本节以 ZJ-160 型注塑机的操作为例进行讲解。

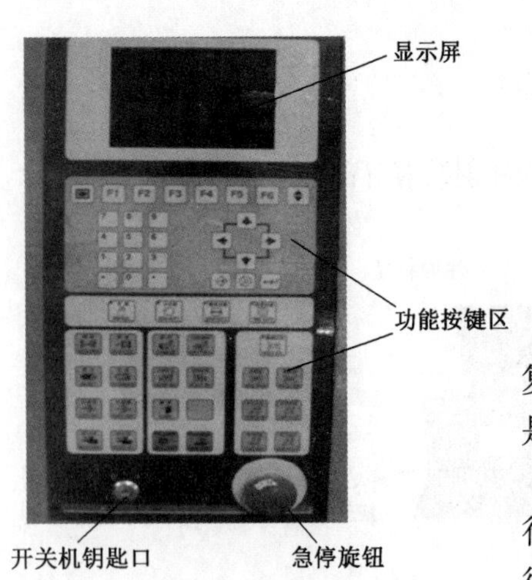

图 14-5 控制面板

14.2.1 控制面板(HMI)

控制面板(HMI)如图 14-5 所示。

14.2.2 操作按键说明

手动键:此键具有多项功能,除了使自动状态恢复为手动外,还可做报警清除及不正常状况的清除。即是一个还原键。

半自动键:该键使机器处于自动循环方式,每执行一次循环,都需要开关安全门一次,才能进行下一个循环。

电眼自动键:该键使机器处于自动循环方式,在每执行一次循环结束时在4秒内检查成品是否掉落通过检测电眼,若没有则代表产品还留在模具内;此时,机器停止动作并报警,屏幕将显示"脱模失败"。

时间自动键:按下此键时机器进入全自动循环,除非有警报发生,否则机器在循环结束后即进行下一个循环。(此时检测电眼自动失效)

注意:凡由手动状态按下自动键转入自动操作时,均需要开关安全门一次,以确保模具内无异物,才进行关模。

14.2.3 操作模式按键

开模键:在手动状态下,按此键会根据设定资料进行开模。若设定有中子动作,则会连锁进行设定动作,手放开此键则开模停止。

关模键:手动状态下关上安全门,按此键即关模。若设定有中子动作,则会连锁进行设定动作。若设定有机械手,则机械手需要复位,托模在前会自动退回,放开此键则关模动作停止。

射出键:手动状态下,当温度开关为"ON",料管温度达到设定值,且预温时间已到,按此键则进行射出,中途根据设定值分段进入保压,放开此键则停止射出。

射退键:射退启动条件与射出相同,当射出位置在射退终止之前,按此键则做射退动作,手放开即停止。

托模退:当托模离开后退限位开关,按下此键则会将托模退回后限位开关上。

托模进:托模进动作必须在开模终的位置上,且中子均已退出,托模次数有设定前进及后退限位开关正常,按此键会按照托模次数作连续动作。

座台进:在手动状态下,任何位置座台均可动作。但当座台进接触座台进终时,会转换为慢速前进,以防止射嘴与模具的撞击,以达到保护模具的效果。

座台退:在手动状态下,按此键则进行座台退,接触座台终止开关前不停止,以方便使用者清洗料管或安装模具。

储料键:在手动状态下,储料启动条件与射出相同,当射出位置在储料终了之前时,按此键即放开,本键会自动保持至储料完成,如要在中途停止该动作,可再按一次该键即可。

自动清料:操作者如要清除料管中的残料时,按下此键根据储料页中设定的清料次数和储料时间作自动清料的动作。

公模吹气:在手动状态下,按下此键可在开关模的任何位置根据设定的吹气时间进行吹气。

母模吹气:在手动状态下,按下此键可在开关模的任何位置根据设定的吹气时间进行吹气。

润滑:在手动状态下,按下此键可使润滑油泵打开。

马达开关:在手动状态下,按下此键则油泵马达运转,再按一次则油泵马达停止。自动状态时此键无效。

电热开关:在手动状态下,料管会开始送温。如要关掉电热只需再按一次即可(自动状态时此键无效)。

14.2.4 模具调整按键

调模使用:按下 F2 键(脱模键),进入脱模界面,此界面可以设定调模动作的压力和速度。

在手动状态下按下此键即进入手动调模模式。此时如果继续按调模进或调模退键,机器就会做手动调模进和退动作。如果已经完成新模具的安全门关闭和模具压力、速度和位置设定,可再按一次调模使用键,即可关闭模具。此时自动器执行自动模具调整直到新的设定到达。当自动调整完成,所有的机器操作将停止并发出警报,如果再调模时遇到任何问题,可按手动键来停止机器动作。

注意:调模速度有 2 级,其中调模慢速的速度是在 F4 键(参数 3)中的"其他 4"设定。如果机器没有安装调模电眼开关,则只有手动调模功能,调模动作也只有调模慢速。

调模进:当处于粗调模状态下,按下此键,刚开始时调模会往前进一格,此处可做为微动调模(使用调模慢速的速度),则依手按的次数而决定调模前进的距离。如一直按住不放在一秒钟后,调模一直往前进做长距离的调整,当手放开后即停止。

注意:为了安全起见,必须按手动调模键或手动键来进入手动模式。假如要使用其他模具,在进入手动模式后要更换模具。如果在调模时遇到任何问题,可按手动键来停止操作。

调模退:动作方式同上,只是方向相反。当调模退到极限开关时,机器会自动停止调退动作,以避免危险发生。

中子 A 进,中子 A 退 :中子 A 功能选用,在手动状态下按下进或退键,可在开关模的任何位置根据压力、速度、时间等条件进行中子 A 进退。

中子 B 进,中子 B 退 :中子 B 功能选用,在手动状态下按下进或退键,可在开关模的任何位置根据压力、速度、时间等条件进行中子 B 进退。

14.2.5 方向键

方向键如图 14-6 所示。

方向键:利用方向键可将光标移动到你要输入的资料位置上,如果你使用一个键无法到达需要的位置上,就可配合方向键来使用。如果无法利用方向键将光标移动到需要的位置上,也可利用 ENTER 或 Y 键到达需要的位置上。

注意:当改变资料后,如将光标移动到另一个位置后,原来改变后的资料将会保存下来。

输入键:输入数据后,按此键表示要将该资料存储。当再按该键时,光标就会自动移动到下一个位置。此键也可来代替方向键使用。

注意:当需要更改新的模具之前,如果改变了任何一个设定资料你都必须再次存储模组资料,否则更改后的资料将遗失。

14.2.6 数字键

数字键如图 14-7 所示。

用于数字的输入。由于系统对每个设定参数都有最大值限制,因此输入的数字超过最大值时将无法输入,且在屏幕上会有设定值超过显示。

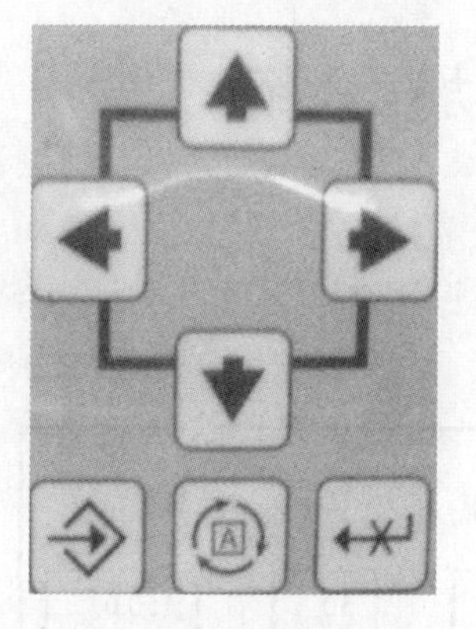

图 14-6　方向键

7	8	9
4	5	6
1	2	3
*	0	。

图 14-7　数字键

14.2.7　功能选择键

功能选择键如图 14-8 所示。

图 14-8　功能选择键

该系统提供了 8 个功能选择键来选择画面。用户可根据屏幕上的提示来选择需要的界面,并可通过▲▼键在各组选项中转换。

14.2.8　操作界面路径介绍

操作界面路径如图 14-9 所示。

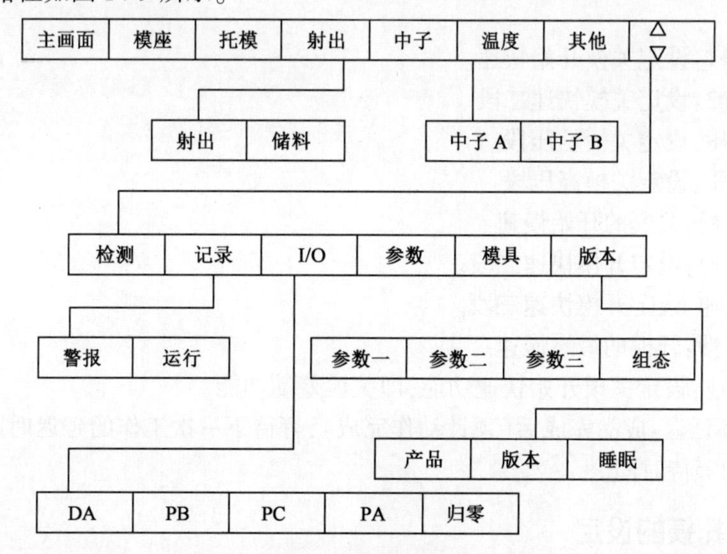

图 14-9　操作界面路径

14.3 注塑机操作界面及功能介绍

14.3.1 开关模设定

开关模设定如图 14-10 所示。

开关模设定

0. 1	压力	速度	终止位置
关模块#1	50	50	150.0
关模块#2	30	10	100.0
关模低压	15	25	50.0
关模高压	60	40	
开模#1慢	70	35	
#2段快速	70	50	5.0
#3段快速	20	20	200.0
开模#2慢	50	30	300.0
关模快速	0		400.0
再循环延迟	0.0		

0=不用 1=使用

上限：140

1 模座　2 托模　3 射出　4 中子　5 温度　6 其他

图 14-10　开关模设定

进入方式:主界面—F1 模座

开模和关模动作共分四段,其压力、速度均可分开调整,它依据开关模位置设定来转换其压力、速度。

(1)关模块#1:设定关模开始快速。

(2)关模块#2:设定关模快速二段。

(3)关模低压:设定关模低压段。

(4)关模高压:设定关模高压段。

(5)开模#1 慢:关模的开始慢速。

(6)#2 段快速:设定开模快速二段。

(7)#3 段快速:设定开模快速三段。

(8)开模#2 慢:开模的最终慢速。

(9)关模快速:设定关模开始快速功能,即关模差动功能。

(10)再循环延迟:成品完成后(顶针动作完成),等待下一次工作的延迟时间,一般利用来让机械手回退的等待时间。

14.3.2 托模的设定

托模设定如图 14-11 所示。

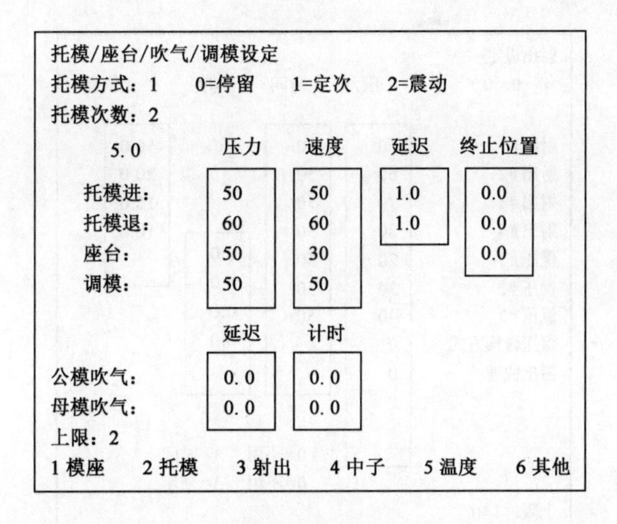

图14-11　托模的设定

进入方式：主界面—F2 托模

(1)托模方式：托模动作除要设定压力、速度和动作位置外，还必须注意托模的延迟时间，假设在开模完成后等待机械手下降时，可设定托模前延迟计时器来配合机械手使用，托模退延迟为提供到达托模进终止位置，延迟设定时间后再做托模退动作。

托模方式共有3种可以选择：

①停留：是托模停留。使用此功能，一律限定为半自动，此时按全自动无效，顶针会在顶出后即停止，等待成品取出，关上安全门才做顶退，做顶退动作结束后才开模。

②定次：是一般的计数托模。定次(托模次数)：托模进退所需的次数。

③震动：是震动托模，顶针会依据所设定的次数，在托模终止处做短时间的来回快速托模，造成振动现象，使成品脱落。

(2)托模次数：托模进退所需的次数。

(3)终止位置：托模进、退的终止位置。

(4)公、母模吹气：可提供固定或活动模板吹气，可做公、母模分别吹气，以位置控制动作点时间计数吹气延迟时间，若托模已完毕，须等待吹气完成才能关模。

14.3.3　射出动作设定

射出动作设定如图14-12所示。

进入方式：主界面—F3 射出—F1 射出

1. 射出及保压

对射出的控制，区分为射出段与保压段两种。射出分为四段，各段有自己的压力和速度设定，各段的切换均使用位置和时间来同时切换压力和速度，适合各种复杂、高精密的模具。而射出切换保压可以用时间来切换，亦可以用位置来切换或两者互相补偿，其运用视模具的构造、原料的流动性及效率来考虑，方法巧妙各有不同，当整个调整性都已被归纳其中，都可以调整出来。

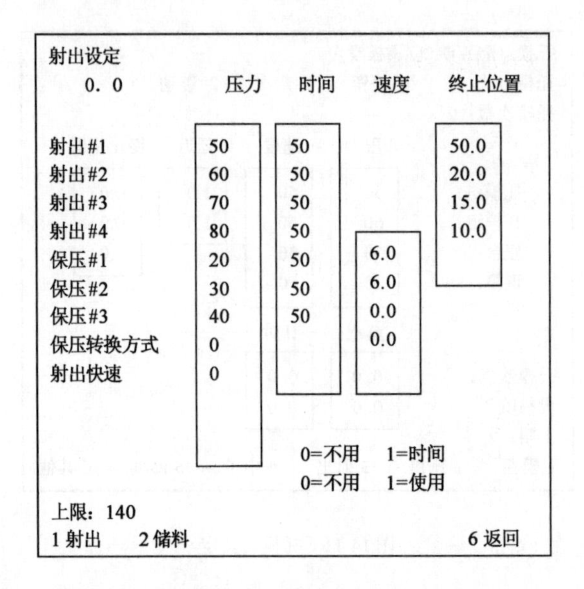

图 14-12 射出动作设定

保压使用三段压力、三段速度，保压切换是使用计时的，当最后一段计时完毕，即代表整个射出行程已经完成，自行准备下一步骤。

当然使用者也可以固定使用射出时间来射出，只要将保压切换点位置设定为零，让射出永远也达到不了保压切换点，此手动射出时间就等于实际射出时间，但是就会失去监控这一项的功能，而且不良品也较难及时发现。

由于每一模料管里原料的流动性都有些不同，其变动性越小，相对的成品良品率越高，因此电脑会在射出的开始位置、射出动作计时及射出监控部分做检查，当超过其上、下限时，即会发出警报，以提醒使用者注意。

2. 射出时间

射出时间设定一般都大于实际射出时间，因为只要保压切换点一到，电脑就会停止射出时间，所以在原料流动性差的时候，实际射出时间就会多一些，而保压切换点也就比较慢一点，但在流动性好的时间射出很顺利就到达保压了，此时时间射出时间就少了，为了比较这二者之间的差异，就给了一个上、下限值，即使实际射出时间多也不能多过上限，少也不能少于下限，因为在此范围外的产品可能已经不良了。

3. 射出快速

射出时间多开一支阀，以加快射出速度。

4. 保压转换方式

射出后保压方式有 2 种，可做为射出位置到转保压，射出时间完转保压。

14.3.4 射出储料功能设定

射出储料功能设定如图 14-13 所示。

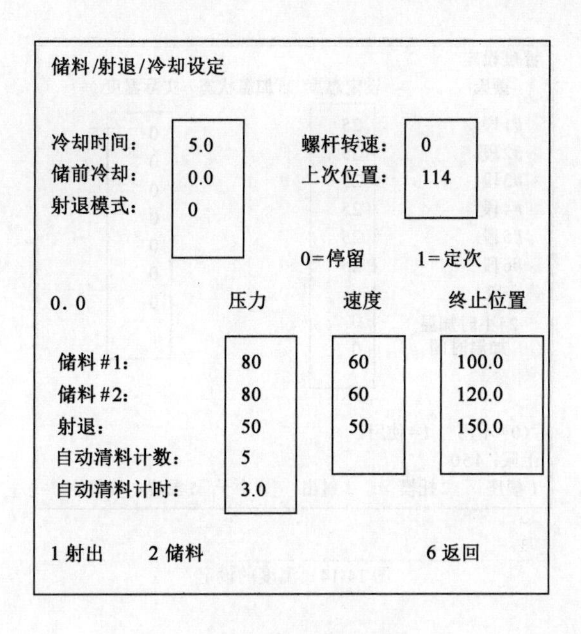

图14-13 射出储料功能设定

进入方式:主界面—F3射出—F2储料

(1)冷却时间:射出完成后,且在模具打开之前所设定的冷却时间包含储料射退动作时间。

(2)储前冷却:储前冷却时间也可做储料前的冷却功能用。

(3)射退模式:当选用0时,储料完成后做射退动作;当选用1时,冷却计时完成后做射退动作。

(4)储料设定:储料过程共有两段压力、速度控制,可自由设定其启动及末段所需的压力及速度和位置。

(5)螺杆转速:储料时,螺杆的旋转速率。

(6)上次位置:上一次储料的最终位置。

(7)终止位置:储料/射退的终止位置。

(8)射退:射退可以设定压力和速度,其动作可分为位置或时间,若选用位置,只需输入所需的射退距离。不使用射退请将位置/时间设定为0。

(9)自动清料:在手动状态下操作者欲清除料管中的塑料,可由此设定清料的次数和每次清料储料的时间。其操作方式按下自动清料操作键(前提条件为次数和时间不得为0)。

14.3.5 温度的设定

温度的设定如图14-14所示。

进入方式:主界面—F5温度

温度设定:设定供料管温度加温设定(最多为7段)和料管实际温度显示,同时也提供定时加温控制。

温度设定

摄氏	设定温度	加温状态	实际温度
#1段	25		0
#2段	25		0
#3段	25		0
#4段	25		0
#5段	25		0
#6段	25		0
* 段	0		0
24小时加温	0		
加温时间	0		

（0=不用　1=使用）

上限：450

1模座　2托模　3射出　4中子　5温度　6其他

图 14-14　温度的设定

加热状态：

*：电热打开，且实际温度已在料管工作范围内，可以进行螺杆动作。

+：电热打开正全速送电中，且实际温度低于设定温度的警报范围下限，禁止螺杆动作。

-：电热关闭，且实际温度尚处于警报范围，禁止螺杆动作。

24 小时加温：当要使用定时加温时，请选择使用，当到达预设保温温度电脑便会自动开启电热开关。

14.3.6　其他的设定

其他的设定如图 14-15 所示。

进入方式：主界面—F6 其他

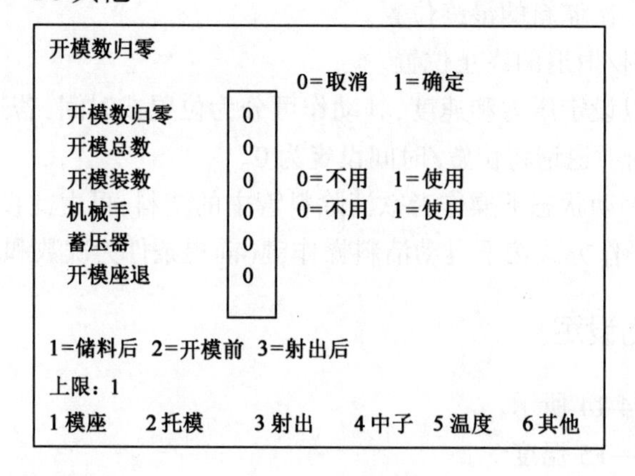

图 14-15　其他的设定

(1)开模数归零:如想将开模总数完成计数归零,则可在此设定1,再按“输入”键。

(2)开模总数:成品总计数设定,设定0为不使用。

(3)开模装数:每箱数目,设定0为不使用。

(4)机械手:为配合生产线的完全自动化生产,让机械手代替工作人员取出射出成品,因此、在每一模开模完成后机械手便会自动降下取出成品,并且电脑为了保护模具及机械手在关模之前会先确认机械手是否回到预备位置,才继续关模动作。

(5)蓄压器:射出时以气体(如氮气)辅助注射,可加快射出速度。

(6)开模座退:座台活动设定可选择储料后、开模前、射出后等动作。

附表1　ZJ160主要技术参数及模具要求

部件	项　目	技术数据		
注射装置	螺杆直径(mm)	A	B	C
		40	45	50
	螺杆长径比 *L/D*	24.7	22	19.8
	注射压力(MPa)	227	180	145
	理论注射容积(cm^3)	276	350	432
	注射速率(PS)(g/sec)	114	145	179
	塑化能力(PS)(g/sec)	19.8	25	30.9
	螺杆转速(r/min)	0~220		
	喷嘴伸出量(mm)	45		
	喷嘴形式	开式喷嘴		
	加热段数	3+1		
锁模装置	锁模力(kN)	1600		
	拉杆有效间距(H×V)(mm)	455×450		
	移模行程(最大)(mm)	450		
	模具厚度(mm)	150~500		
	顶出力/行程(kN/mm)	35/110		
电气系统	油泵电机功率(kW)	18.5		
	加热功率(kW)	9.84		
其他	机器重量(t)	5.2		
	机器外形尺寸(*L*×*W*×*H*)(m)	5.1×1.4×2.05		
模具要求	最小模具尺寸(*L*×*W*)(mm)	295×295		
	最大模具尺寸(*L*×*W*)(mm)	450×445		

附表2 塑料原理性能

在塑料制品制造程序中,固体的塑料原料一定要转为流体方能做出制品的形状。塑料从固体转为流体的温度就是它的熔点或软化点,这是最低的塑料熔融温度。

中文名称	缩写代号	密度(g/cm^2)	熔点或软化点(℃)	成型温度范围(℃)	注射压力(MPa)	收缩率(%)
丙烯腈—丁二烯—苯乙烯共聚物	ABS	1.1	130~160	180~270	100~130	0.3~0.8
聚苯乙烯	PS	1.05	131~165	160~270	100~120	0.2~1.0
聚乙烯	PE	0.92~0.95	105~137	140~300	100~120	1.5~5
聚丙烯	PP	0.95	160~176	180~300	70~150	1.0~2.5
聚碳酸酯	PC	1.2	215~265	250~320	120~150	0.5~0.7
聚酰胺66(尼龙66)	PA66	1.12	250~265	250~300	110~140	0.5~2.5
聚甲醛	POM	1.42	164~175	190~220	100~120	0.8~3.5
硬聚氯乙烯	UPVC	1.35	100~150	160~180	120~150	0.1~0.5
聚对苯二甲乙二醇酯(聚酯)	PET	1.37	255~ -260	260~290	80~140	2.0~3.5
聚甲基丙烯酸甲酯(有机玻璃、亚加力)	PMMA	1.18	>160	180~250	120~150	0.2~0.8

注:本表提供的注射压力仅限于成型一般制品,形状复杂、流长比大的制品应根据实际注塑情况另行确定。

附表3 常用胶料名称及应用

(俗称、简称、中文学名、英文学名、塑料原料名称中英文对照表)

胶料类别	俗称	中文学名	英文学名	简称	主要应用
硬胶类(聚苯乙烯)	硬胶、普通硬胶	聚苯乙烯	General Purpose Polystyrene	PS	玩具、文具、日用品
	不碎胶、高冲擎、硬胶	高冲擎聚苯乙烯	High Impact Polystyrene	HIPS	玩具、日用品、收音机壳、电视机壳
	ABS胶、超不碎胶	丙烯腈—丁二烯—苯乙烯	Acrylonitrile-Butadiene-Styrene	ABS	电器用品外壳、日用品外壳、高级玩具、家私、运动用品
	AS胶、SAN料、大力胶	苯乙烯丙烯腈共聚物	Styrene-Ackylonitrile-Copolymer	SAN	食具、日用品、表面、透明装饰品
	发泡胶	发泡聚苯乙烯	Expanded Polystryrene	EPS	货品包装,绝缘板、装饰板

续上表

胶料类别	俗称	中文学名	英 文 学 名	简称	主要应用
软胶头（聚乙烯）	软性（花料，筒料，吹瓶料）	低密度聚乙烯	Low Density Polyethylene	LDPE	包装胶袋、购物袋、玩具
	硬性软胶（啤，吹，筒料）	高密度聚乙烯	High Density Polyethylene	HDPE	包装胶袋、购物袋、胶瓶、水桶、电线、大货桶、玩具
	橡皮胶、EVA	乙烯—醋酸乙烯共聚物	Ethylene Vlnyl Acetate Copolymer	EVA	鞋底、吹起玩具制品，包装胶膜
PP（聚丙烯）	百折胶、PP	聚丙烯	Polypropylene	PP	包装胶袋、拉丝、造带、绳、玩具、日用品、瓶子、篮架、洗衣机
PVC类（聚氯乙烯）	PVC粗粉	聚氯乙烯原树脂	Polyvinyl Chloride Straight Resin	PVC	软管、硬管、窗框、电线、吹筒、造鞋、胶瓶、板材、地板
	PVC幼粉	聚氯乙烯糊状树脂	Polyvinyichloride Paste Resin		人造皮革
亚加力（聚丙烯酸树脂）	亚加力	聚甲基丙烯酸酯	Polymethyl Methacrylate	PMMA	透明胶板、装饰品、太阳镜片、文具、灯罩、相机镜片、表面、人造首饰
聚缩醛类	缩醛（典醛铜、特灵、奇钢、超钢）	聚甲醛树脂 聚氧化甲烯树脂	Polyformaldehyde resin Polyoxy Methylene Resin	POM	玩具曲轮、弹簧、滑轮、洁具部件
尼龙类	尼龙类（又分尼龙6.66等多种）	聚酰胺	Polyamide	PA	拉丝、造纤维、牙刷毛、轴套、包装胶膜、齿轮、电动工具外壳、电器配件、运动用品
聚脂类	聚脂	聚对苯二甲酸乙醇酯 聚对苯二甲酸乙丁二醇酯	Polyethylene Terephihalate	PFT	汽水胶瓶、纤维、录音带、磁带、相机菲林、电器部件、机械部件
	冷凝胶	不饱和聚酯	Unsaturated Polyester	UP	案头装饰品、造钮、玻璃制品如游艇及汽车外壳
纤维素	酸性胶	醋酸纤维素 丙酸纤维素 醋酸丙酸纤维素 醋酸丁酸纤维素	Cellulose Acetate Cellulose Propionate Cellulose Acetate Propionate Cellulose Acetate Butyionate	CA CP CAP CAB	眼镜框、工具手柄、雨伞、装饰品、文具
PC	防弹胶	聚碳酸酯	Polycarbonate	PC	咖啡壶、电动工具外壳、电器外壳、安全头盔、透明件、防弹玻璃、电器部件
PU	PU	聚氨基甲酸酯	Polyurethane	PU	鞋底、椅垫、床垫、人造皮革、油漆

续上表

胶料类别	俗称	中文学名	英文学名	简称	主要应用
环氧树脂	EPOXY,冷凝胶	环氧树胶	Epoxy Resin	EP	黏合剂、工模材料、建筑材料、油漆
氟塑料	氟塑料	聚四氟乙烯 氟化乙烯丙烯 聚六氟丙烯	Tetrafluoroethylene Fluorinated Ethylene Propylene Polyhexafluoropropylene	EEP	易洁护表面、涂层、保护及润滑喷剂耐热部
硅橡胶	硅橡胶	聚硅酮橡胶	Silicone Rubber		移印机胶头、耐热部件、导电塑胶
酚醛树脂	电木粉	酚醛树脂	Phenolic	PF	灯头、插座、电制、电器外壳、齿轮
氨基树脂	科学瓷、美腊密	三聚氰胺-甲醛树脂	Melamine Formaidehyde	MF	磁砖、餐具、装饰品、电器配件及外壳

注塑机安全操作规程

(1)注塑机四周空间尽量保持畅通无阻,加过润滑油或压力油后,应尽快把漏出的油抹去。

(2)把熔胶筒上的杂物(例如胶粒)清理干净后才可开启电热,以免发生火灾。如非检修机器或必要时,不得随意拆掉熔胶筒上的隔热防护罩。

(3)检查在操作时,按下紧急按钮或者打开安全门是否能终止锁模。

(4)射台前移时,不可用手清除从射嘴漏出的熔胶,以免把手夹在射台和模具中间。

(5)清理料筒时,应把射嘴温度调到最适当的较高温度,使射嘴保持畅通,然后使用较低的射胶压力和速度清除筒内余下的胶料,清理时不可用手直接接触刚射出的胶料,以免被烫伤。

(6)避免把热敏性及腐蚀性塑料留在料筒内太久,应遵守塑料供应商所提供的停机及清机方法。更换塑料时要确保新旧塑料的混合不会产生化学反应(例如 POM 和 PVC 先后混合加热会产生毒气),否则须用其他塑料清除料筒内的旧料。

(7)操作注塑机之前须检查模具是否稳固地安装在注塑机的动模板及头板上。

(8)注意注塑机的地线及其他接线是否接驳稳妥。

(9)不要为了提高生产速度而取消安全门或安全门开关。

(10)安装模具时必须将吊环完全旋入模具吊孔才可吊起。模具装好后应根据模具的大小调整注塑机安全杆的长度,做到安全门打开时,机器安全挡块(机械锁)落下能够阻挡注塑机锁模。

(11)在正常的注塑生产过程中严禁操作者不打开安全门,由注塑机的上方或下方取出注塑件。检修模具或暂不生产时应及时关掉注塑机的油泵马达。

(12)操作注塑机时,能够一人操作的,不允许多人操作。禁止一人操作控制面板的同时,另一人调整模具或作其他操作。

第15章　焊　　接

☞教学目的

本章内容是为强化学生对焊接理论及操作技能的掌握和理解所开设的一项基本训练科目。通过该实训,加强学生对所学理论知识的理解;强化学生的技能练习,使之能够掌握手工电弧焊、气焊、气割的基本理论和实践技能、技巧;加强动手能力及劳动观念的培养;该内容尤其在培养学生对所学专业知识综合应用能力及认知素质等方面是不可缺少的重要环节。

☞教学要求

(1)了解手工电弧焊的过程及其所用设备、材料和工艺特点。

(2)了解气焊、气割的过程及其所用设备、材料和工艺特点。

(3)能初步进行电弧焊、气焊和气割的手工操作。

(4)初步了解常见的焊接缺陷和对应的预防措施。

(5)了解手工电弧焊、气焊和气割的安全技术。

(6)了解常用的特种焊接工艺。

15.1　概述

15.1.1　焊接的特点

焊接是通过加热或加压,或两者并用,并且用或不用填充材料,使焊件达到原子结合的一种加工方法。焊接不仅可以使金属材料永久地连接起来,而且也可以使某些非金属材料达到永久连接的目的,如玻璃、塑料。

焊接是现代工业中用来制造或修理各种金属结构和机械零件、部件的主要方法之一。作为一种永久连接的加工方法,它已基本取代铆接工艺。与铆接相比,它具有节省材料,减轻结构质量,连接强度高,简化加工与装配工序,接头密封性好,能承受高压,易于实现机械化、自动化,提高生产率等一系列特点。

但焊接是一个不均匀的加热和冷却过程,因此,焊接件易产生应力和变形。在焊接过程中,必须采取一定的措施予以防止。

15.1.2　焊接的分类

焊接的种类很多,按焊接过程的工艺特点,通常将焊接方法分为熔化焊(气焊、手弧焊等)、压力焊(如电阻焊、摩擦焊等)和钎焊(如锡焊、铜焊等)三大类。如表15-1所示。

焊接方法的分类 表15-1

<table>
<tr><th colspan="27">焊　接</th></tr>
<tr><th colspan="6">钎焊</th><th colspan="13">压力焊</th><th colspan="8">熔化焊</th></tr>
<tr><td rowspan="2">盐浴钎焊</td><td rowspan="2">超声波钎焊</td><td rowspan="2">真空钎焊</td><td rowspan="2">电阻钎焊</td><td rowspan="2">火焰钎焊</td><td rowspan="2">烙铁钎焊</td><td rowspan="2">高频焊</td><td rowspan="2">扩散焊</td><td rowspan="2">爆炸焊</td><td rowspan="2">超声波焊</td><td rowspan="2">冷压焊</td><td rowspan="2">气压焊</td><td rowspan="2">摩擦焊</td><td colspan="4">电阻焊</td><td rowspan="2">激光焊</td><td rowspan="2">电子束焊</td><td colspan="2">气体保护焊</td><td rowspan="2">等离子弧焊</td><td rowspan="2">电渣焊</td><td rowspan="2">铝热焊</td><td colspan="2">电弧焊</td><td rowspan="2">气焊</td></tr>
<tr><td>凸焊</td><td>对焊</td><td>缝焊</td><td>点焊</td><td>CO_2气体保护焊</td><td>氩弧焊</td><td>填弧自助焊</td><td>手工电弧焊</td></tr>
</table>

(1)熔化焊是将焊件接头处加热至熔化状态,不加压力,并熔入填充金属,经冷却凝固后形成牢固的接头的方法。它目前是应用最广泛的一类焊接方法。

(2)压力焊是在焊接过程中不论加热与否,都要在焊接处施加一定的压力,使两个结合面紧密接触,以获得两个焊件间牢固连接的方法。

(3)钎焊采用比焊件熔点更低的金属材料作钎料,将焊件和钎料加热到高于钎料熔点,且低于焊件熔点的温度,利用液态钎料润湿母材,填充接头间隙,并与母材相互扩散,实现连接焊件的方法。

15.1.3 焊接方法的应用

焊接目前已广泛应用于航空、车辆、船舶、建筑及国防工业等部门,主要表现在:

(1)制造金属结构:如船体,桥梁,房架,机床床身,壳体,各种容器,管道及其他。

(2)制造机器零件或毛坯:如轧辊、飞轮、大型齿轮、电站设备中的重要部件、切削刀具等。

(3)连接电气导线:如电子管和晶体管电路、变压器绕组以及输电线路中的导线等。

(4)在修理工作中的应用:如铸(钢、铁)件的缺陷补焊等。

据有关资料显示,世界上发达工业国家每年制造的焊接机构的总量约占钢产量的45%左右,由此可见焊接的生产应用十分广泛。我国在焊接结构的制造方面也取得了较大发展,例如:成功得焊制了万吨水压机的横梁和立柱12.5万千瓦气轮机转子,30万千瓦和60万千瓦的电站锅炉,209米的电视塔,直径15.7米球罐,5万吨远洋油轮等,以及原子能反应堆、火箭、人造卫星等尖端产品。近年来在上海黄浦江畔高耸的东方明珠塔和高度位于世界前列的金茂大厦的建成,充分说明了我国焊接结构制造的辉煌成就。

15.2 手工电弧焊

电弧焊是利用电弧产生的热量使焊件结合处的金属成熔化状态,互相融合,冷凝后结合在一起的一种焊接方法。它包括手工电弧焊、埋弧焊和气体保护焊。这种方法的电源可以是直流电,也可以是交流电。它所需设备简单,操作灵活,因此是生产中使用最广泛的一种焊接方法。

手工电弧焊(手弧焊)是手工操纵焊条进行的电弧焊方法。手弧焊所用的设备简单,操作方便、灵活,并适用于各种焊接位置和接头形式,应用极广。

15.2.1 焊接过程

焊接前,将焊钳和焊件分别接到由焊机输出端的两极,并用焊钳夹持焊条。焊接时,利用焊条与焊件间产生的高温电弧作热源,使焊件接头处的金属和焊条端部迅速熔化,形成金属熔池。电弧热还使焊条的药皮熔化、燃烧,被熔化的药皮与熔池金属发生物理化学反应,所形成的熔渣不断从熔池中浮起,对熔池加以覆盖保护,药皮受热分解产生大量保护气体,围绕在电弧周围并笼罩住熔池,防止了空气中氧和氮(CO_2、CO 和 H_2 等)的侵入(图 15-1)。当焊条向前移动时,随着新的熔池不断产生,原先的熔池不断冷却、凝固,形成焊缝,从而使两分离的焊件焊成一体。

15.2.2 焊接电弧

焊接电弧是在具有一定电压的两电极间,在局部气体介质中产生的强烈而持久的放电现象。产生电弧的电极可以是焊丝、焊条或钨棒以及焊件等。焊接电弧的构造如图 15-2 所示。

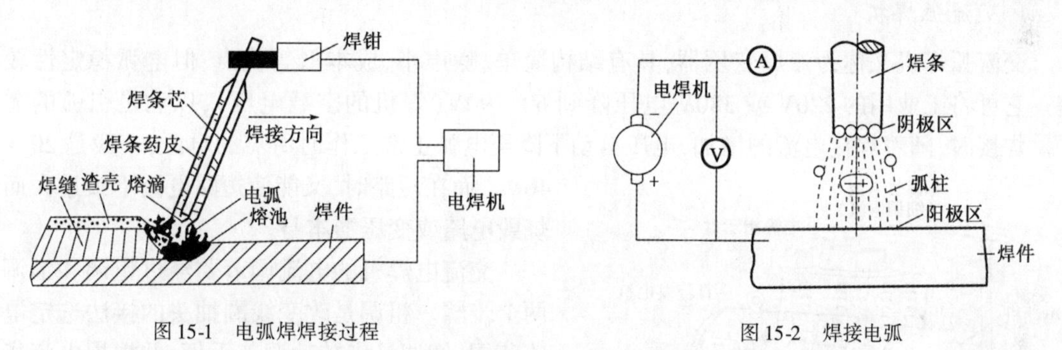

图 15-1 电弧焊焊接过程　　图 15-2 焊接电弧

引燃电弧后,弧柱中就充满了高温电离气体,放出大量的热能和强烈的光。电弧的热量与焊接电流和电弧电压的乘积成正比,电流越大,电弧产生的总热量就越大,一般情况下,电弧热量在阳极区产生的较多,约占总热量的 43%;阴极区因放出大量的电子,消耗了一部分能量,所以产生的热量较少,约占总热量的 36%;其余 21% 左右的热量是由电弧中带电微粒相互摩擦而产生的。焊条电弧焊只有 65 % ~85% 的热量用于加热和熔化金属,其余的热量则散失在电弧周围和飞溅的金属液滴中。

电弧中阳极区和阴极区的温度因电极材料性能(主要是电极熔点)不同而有所不同。用钢焊条焊接钢材时,阳极区温度约为 2600℃,阴极区温度约 2400℃,电弧中心区温度较高,可达到 6000 ~8000℃,因气体种类和电流大小而异。使用直流弧焊电源时,当焊件厚度较大,要求较大热量、迅速熔化时,宜将焊件接电源正极,焊条接负极,这种接法称为正接法;当要求熔深较小,焊接薄钢板及非铁金属时,宜采用反接法,即将焊条接正极,焊件接负极,如图 15-3 所示。

15.2.3 手弧焊设备

手弧焊设备包括电焊机、连接电缆、电焊钳、尖头锤及钢丝刷等工具和面罩、手套等安全防护用具,其中电焊机是主要设备,它为焊接电弧提供电源,常用的电焊机有交流弧焊机和直流焊机两大类。

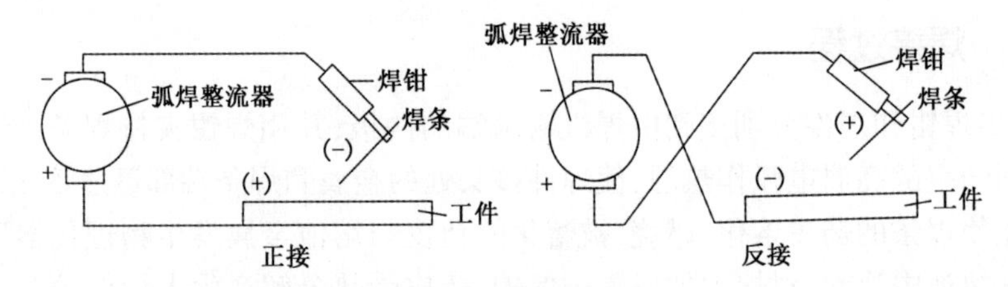

图 15-3 直流电弧的接法

电焊机是电弧焊的电源,它必须满足以下性能:

(1)焊接开始时,焊机能提供较高的空载电压(60 ~ 80V),以便引弧。

(2)焊接过程中,能提供稳定的低电压、大电流。

(3)但当焊条与工件短路时,能把短路电流限制在某一安全数值内(一般为焊机工作电流的 1.5 ~ 2 倍),以保证焊机不致在短路时烧坏。

(4)焊接电流可根据需要进行调节。

1. 交流弧焊机

交流弧焊机又称为弧焊变压器,具有结构简单、噪声小、成本低等优点,但电弧稳定性较差。它可将工业用的 220V 或 380V 电压降到 60 ~ 90V(焊机的空载电压),以满足引弧的需要。焊接时,随着焊接电流的增加,电压自动下降至电弧正常工作时所需的电压,一般是 20 ~ 40V。而在短路时,又能使短路电流不致过大而烧毁电路或变压器本身。

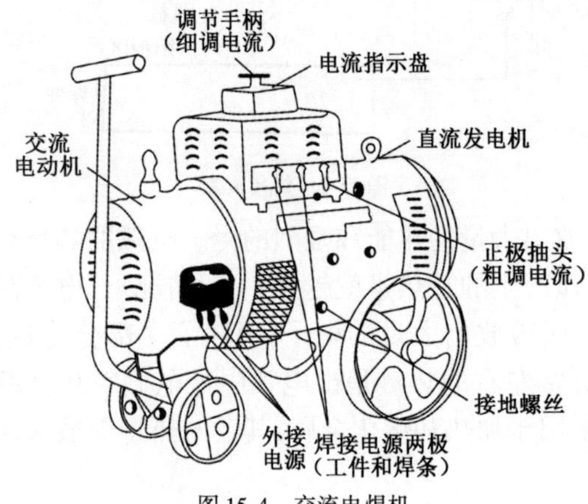

图 15-4 交流电焊机

交流电焊机的电流调节要经过粗调和细调两个步骤。粗调是改变线圈抽头的接法选定电流范围;细调是借转动调节手柄,并根据电流指示盘将电流调节到所需值。

交流电焊机的缺点是电弧的稳定性较差,但可通过焊条药皮成分来改善,因其结构简单、价格低廉、工作噪音小、效率高、维修方便等优点,所以得到广泛应用。对于酸性焊条焊接,优先选用交流电焊。图 15-4 为交流电焊机外型。

2. 直流弧焊机

直流弧焊机分为旋转式直流弧焊机和整流式直流弧焊机两类。

(1)旋转式直流弧焊机(如图 15-5 所示)。它是由一台交流电动机和一台直流弧焊发电机组成。直流发电机由同轴的交流电机带动,供给满足焊接要求的直流电。

弧焊机的电流调节也分为粗调和细调。粗调是通过改变焊机接线板上的接线位置(改变发电机电刷位置)来实现的;细调是利用装在焊机上端的可调电阻进行的。这种弧焊机引弧容易,电流稳定,焊接质量较好,并能适应各类焊条的焊接,但机构复杂,噪音较大,价格较高。在焊接质量要求较高或焊接薄的碳钢件、有色金属铸件和特殊钢件时宜选用这种焊机。

(2)整流式直流弧焊机(简称弧焊整流器)。它是通过整流器把交流电转变为直流电,既具有比旋转式直流弧焊机结构简单、造价低廉,效率高,噪音小,维修方便等优点,又弥补了交流弧焊机电弧不稳定的不足,如图15-6所示。

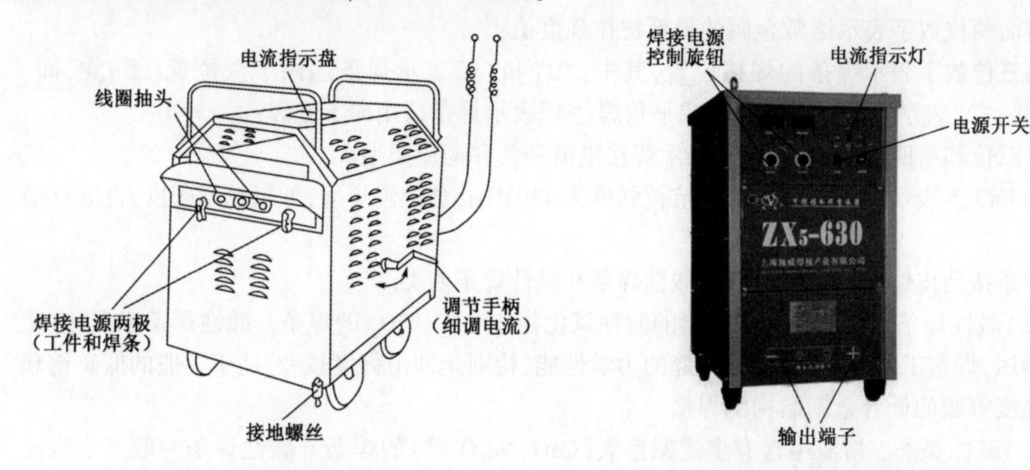

图15-5 旋转式直流电焊机　　图15-6 整流式直流弧焊机

直流弧焊机输出端有正负之分,焊接时电弧两极极性不变。焊件接电源正极,焊条接电源负极的接线法称为正接,也称为正极性;反之称反接,也称为反极性。焊接厚板时,一般采用直流正接;焊接薄板时,一般采用直流反接。但在使用碱性焊条时,均采用直流反接。

15.2.4 焊条

焊条是涂有药皮的供手弧焊用的熔化电极,由金属焊芯和药皮两部分组成。

1. 焊芯

焊芯是焊条内的金属丝。在焊接过程中起到传导焊接电流、产生电弧和熔化后填充焊缝的作用。

为保证焊缝金属具有良好的塑性、韧性和减少产生裂纹的倾向,焊芯必须经过专门冶炼,由具有低碳、低硅、低磷的金属丝制成。

焊条的直径是表示焊条规格的一个主要尺寸,是由焊芯的直径来表示,常用的直径有2.0~6.0mm,长度为300~400mm。

2. 药皮

药皮是压涂在焊芯表面上的涂料层,是有矿石粉、有机物粉、铁合金粉和黏结剂等原料按一定比例配制而成。药皮的主要作用是:

(1)稳定电弧。药皮中含有钾、钠等元素,能在较低电压下电离,既容易引弧又稳定电弧。

(2)冶金处理。药皮中含有锰铁、硅铁等铁合金,在焊接过程中起脱氧、去硫、渗合金等作用。

(3)机械保护。药皮在高温下熔化,产生气体和熔渣能隔离空气,减少了氧和氮对熔池的侵入。

3. 焊条的种类与型号

焊条按用途不同分为若干类,如碳钢焊条、低合金钢焊条、不锈钢焊条等,其中应用最泛的为碳钢和低合金钢焊条。焊条型号是以字母“E”加四位数字组成,按熔敷金属的抗拉强度、药皮类型、焊接位和焊接电流种类划分。其编制如下:

字母“E”表示焊条;

前面两位数字表示熔敷金属的最低抗拉强度值;

第三位数字表示焊条的焊接位置,其中:“0”和“1”表示焊条适用于全位置(平、立、仰、横)焊接;“2”表示焊条适用于平焊或平角焊;“4”表示焊条适用向下立焊;

第三位和第四位数字组合时,表示焊接电流种类和药皮类型。

如E4315表示熔敷金属的最低抗拉强度为430MPa,全位置焊接,低氢钠型药皮,直流反接使用。

焊条按药皮熔渣化学性质分为酸性焊条和碱性焊条两类。

(1)酸性焊条。熔渣中含有多量的酸性氧化物如SiO_2、TiO_2的焊条。酸性焊条能交、直流焊机两用,焊接工艺性能较好,但焊缝的力学性能,特别是冲击韧度较差,适于一般的低碳钢和相应强度等级的低合金钢结构的焊接。

(2)碱性焊条。熔渣中含有多量碱性氧(CaO、Na_2O等)的焊条。碱性焊条一般用于直流焊机,只有在药皮中加入较多稳弧剂后,才适于交直流电源两用。碱性焊条脱硫、脱磷能力强,焊缝金属具有良好的抗裂和力学性能,特别是冲击韧度很高,但工艺性能差。主要适用于低合金钢、合金钢及承受荷载的低碳钢重要结构的焊接。

15.2.5 手弧焊工艺

焊前准备包括焊接接头形式的选择、开坡口、清理焊件表面氧化皮和油垢及焊件装备固定等、检查所用的各种工具及焊接线路、选择焊条直径、正确调节焊接电流、装配和点固焊件。

1. 接头形式和坡口形成

根据焊件厚度和工作条件的不同,需要采有不同的焊接接头形式。常用的有对接、搭接、角接和T字接几种。对接接头受力比较均匀,是用得最多的一种,重要的受力焊缝应尽量选用。

坡口的作用是为了保证电弧深入焊缝根部,使根部能焊透,以便清除熔渣,获得较好的焊缝形成和焊接质量。

选择坡口型式时,主要考虑下列因素:是否能保证焊缝焊透;坡口形式是否容易加工;应尽可能提高劳动生产率、节省焊条;焊后变形应尽可能小等,坡口的确根部要留约2mm的钝边,防止烧穿。常用的坡口形式见图15-7。

2. 焊接的空间位置

按焊缝在空间的位置不同,可分为平焊、立焊,横焊和仰焊(图15-8)。其中平焊操作方便,可采用较大焊条和电流,效率高、劳动强度小、液体金属不会流散、易于保证质量,是最理想的操作空间位置,应尽可能地采用。而其他几种由于熔池铁水有向下坠落的趋势,操作难、质量不易保证,只能用小直径焊条,小电流施焊才能进行改善。

3. 工艺参数及其选择

焊接时为保证焊接质量而选定的诸物理量(如:焊条直径、焊接电源、焊接速度和弧长等)

的总称即焊接工艺参数。

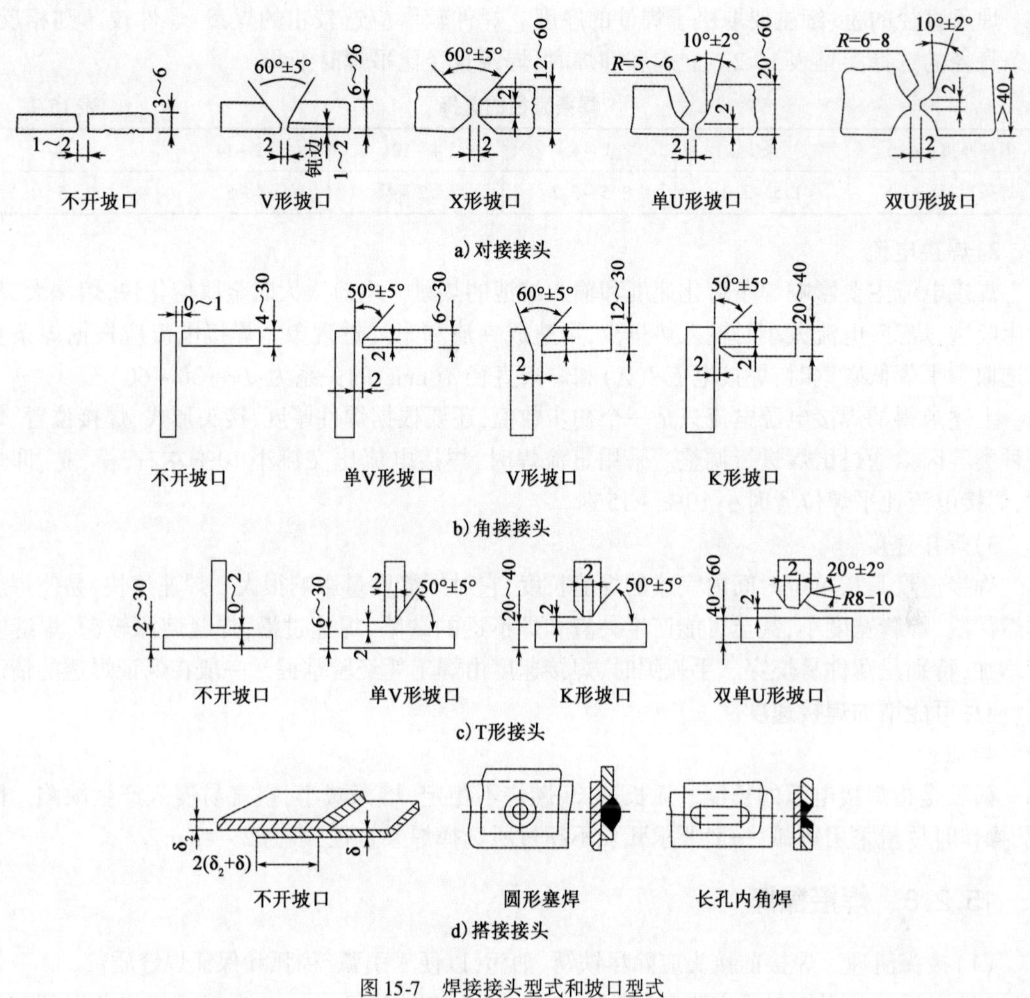

图 15-7　焊接接头型式和坡口型式

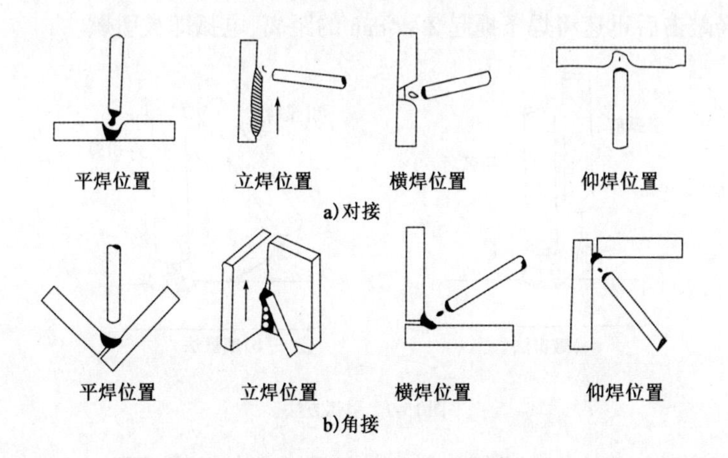

图 15-8　焊缝的空间位置

1)焊条直径

焊条直径的粗、细主要取决于焊件的厚度。焊件较厚应选较粗的焊条;焊件较薄则相反。焊条直径的选择参见表15-2。立焊和仰焊时,焊条直径比平焊时细些。

焊条直径的选择　　表15-2

焊件厚度(mm)	<2	2~4	4~10	12~14	>14
焊条直径(mm)	1.5~2.0	2.5~3.2	3.2~4	4~5	>5

2)焊接电流

焊接电流主要影响焊条熔化速度和输入熔池的热量。电流太大时金属熔化快,熔深大,易产生咬边、烧穿;电流太小时输入热量少,可造成夹渣和未焊透现象。焊接电流应根据焊条直径选取。平焊低碳钢时,焊接电流 I(A)和焊条直径 d(mm)的关系为:$I=(30\sim60)d$。

上述求得的焊接电源电流只是一个初步数值,还要根据焊件厚度、接头形式、焊接位置、焊条种类等因素通过试焊进行调整。采用直流焊时,焊接电流比交流小10%左右,横、立、仰焊时,焊接电流比平焊位置时小10%~15%。

3)焊接速度

焊接速度是指单位时间内完成的焊缝长度,它对焊缝质量影响很大。焊速过快,易使焊缝的熔深浅、焊缝宽度小,甚至可能产生夹渣和焊不透的缺陷;焊速过慢,焊缝熔深较深、焊缝宽度增加,特别是薄件易烧穿。手弧焊时,焊接速度由焊工凭经验掌握。一般在保证焊透的情况下,应尽可能增加焊接速度。

4)弧长

弧长是指焊接电弧的长度。弧长过长,燃烧不稳定,熔深减小,空气易侵入产生缺陷。因此,操作时尽量采用短弧,一般要求弧长不超过所选择焊条直径,多为2~4mm。

15.2.6 焊接操作

(1)接头清理。焊接前接头应除尽铁锈、油污,以便于引弧、稳弧和保证焊缝质量。

(2)引弧。常用的引弧方法有划擦法和敲击法,如图15-9所示。焊接时将焊条端部与焊件表面划擦或轻敲击后迅速将焊条提起2~4mm的距离,电弧即被引燃。

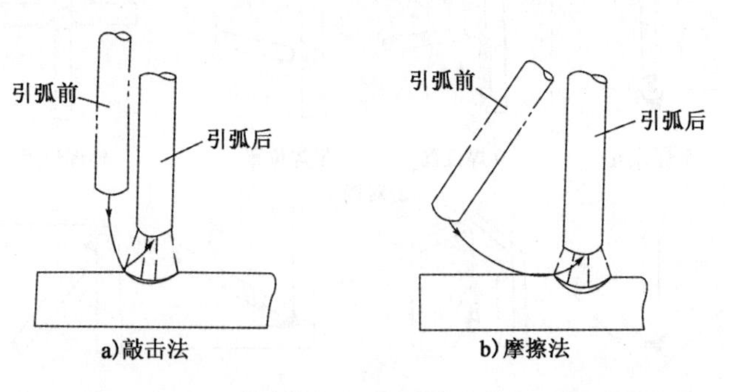

图15-9　引弧方法

(3)运条。引弧后,首先必须掌握好焊条与焊件之间的角度(图15-10),并使焊条同时完成图15-11所示的三个基本动作:焊条沿其轴线向熔池送进;焊条沿焊缝纵向移动;焊条沿焊缝横向摆动(为了获得一定宽度的焊缝)。

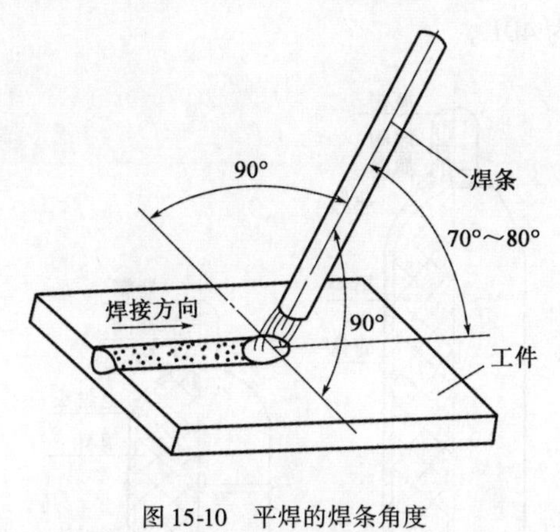

图15-10　平焊的焊条角度

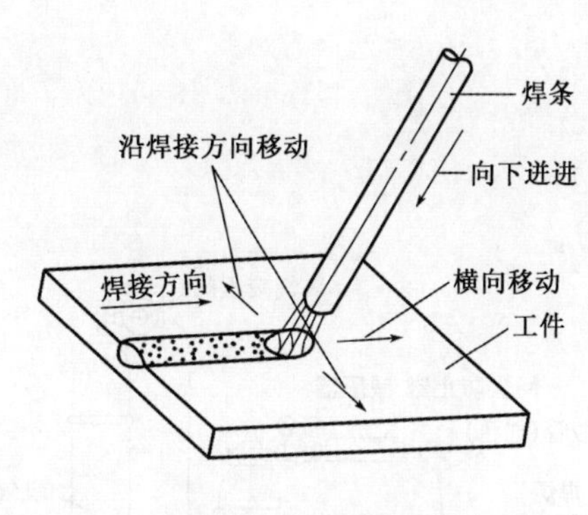

图15-11　运条基本动作

(4)焊缝收尾。焊缝收尾时,要填满弧坑。为此焊条要停止前移,在收弧处画一个小圈并慢慢将焊条提起,拉断电弧。

15.3　气焊

气焊是利用可燃气体与氧气混合燃烧的火焰所产生的高热熔化焊件和焊丝而进行金属连接的一种熔焊方法。可燃气体和氧气的混合是利用焊炬来完成的。气焊所用的可燃气体主要有乙炔、丙烷及氢气等,但最常用的是乙炔,因为乙炔在纯氧中燃烧时放出有效热量最多,火焰温度高(图15-12)。乙炔是燃烧气体,氧气是助燃气体。

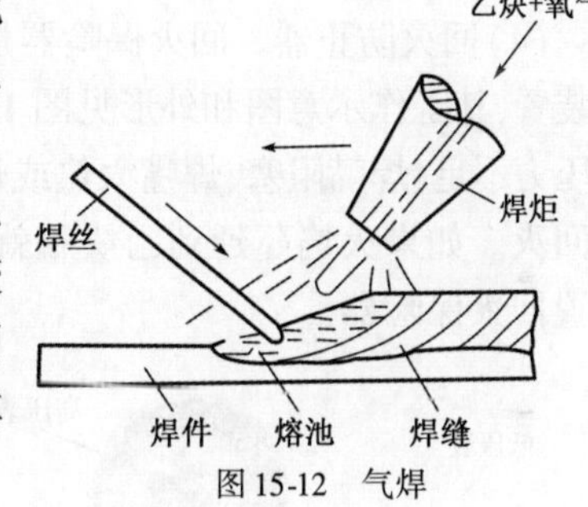

图15-12　气焊

与电弧焊相比,气焊设备简单、操作灵活方便、不带电源。但气焊火焰温度较低、热量较分散、生产率低、工件变形严重、焊接质量较差,所以应用不如电弧焊广泛。主要用于焊接厚度在3mm以下的薄钢板,如铜、铝等有色金属及其合金、低熔点材料以及铸铁焊补和野外操作等。

15.3.1　气焊设备

气焊所用的设备及气路连接如图15-13所示。

(1)氧气瓶。氧气瓶是运输和存高压氧气的钢瓶,其容积为40L,最高压力为14.7MPa,一般存6立方米氧气,瓶体为蓝色,上部有两个黑字“氧气”字样。

使用氧气瓶时要严格注意防止氧气瓶的爆炸。直立放置必须平稳可靠,不应与其他气瓶混放,不得靠近明火和其他热源,热天要防止暴晒,冬天要严禁火烤,氧气瓶及其他通纯氧的设备、工具等均应严禁沾油。

(2)乙炔瓶。乙炔瓶是贮存溶解乙炔的钢瓶(图15-14),外表喷上白漆,并用红漆标注“乙炔”。瓶内装有浸满丙酮的多孔填充物(活性炭、木屑等)。丙酮对乙炔有良好的溶解能力,可使乙炔稳定而安全地存在瓶中。在乙炔瓶阀下面的填料中心部放着石棉，主要是帮助乙炔从多孔填料中分解出来。乙炔瓶限压 1.52MPa，容积为 40L。

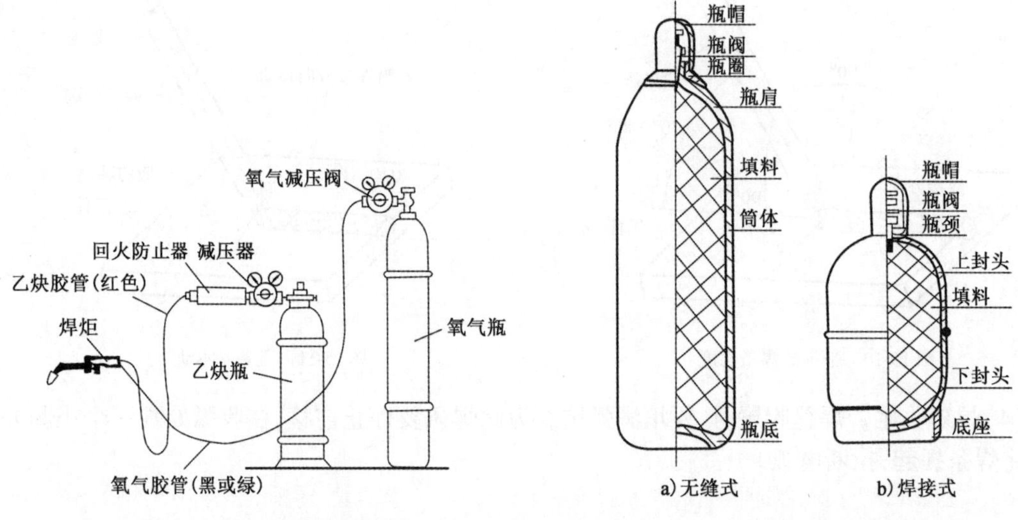

图 15-13 气焊设备及连接　　图 15-14 气瓶

(3) 减压器。减压器是用来将氧气瓶(或乙炔瓶)中的高压氧(或乙炔)，降低到了焊炬需要的工作压力，并保持焊接过程中压力基本稳定的仪表(图 15-15)。减压器使用时，先缓慢打开氧气瓶(或乙炔瓶)阀门，然后旋转减压器调压手柄，待压力达到所需要时为止。停止工作时，先松开调压螺钉，再关闭氧气瓶(或乙炔瓶)阀门。

(4) 回火防止器。回火保险器是装在乙炔减压器和焊炬之间防止火焰沿乙炔管道回烧的安全装置，其工作示意图和外形见图 15-16 和图 15-17。正常气焊时，火焰在焊嘴外面燃烧，但当气体压力不足、焊嘴阻塞、焊嘴太热或焊嘴离焊件太近时，气体火焰进入喷嘴内逆向燃烧，这种现象称回火。如果火焰蔓延到乙炔瓶就会发生严重的爆炸事故，所以在乙炔瓶的输出管道上必须装置回火保险器。

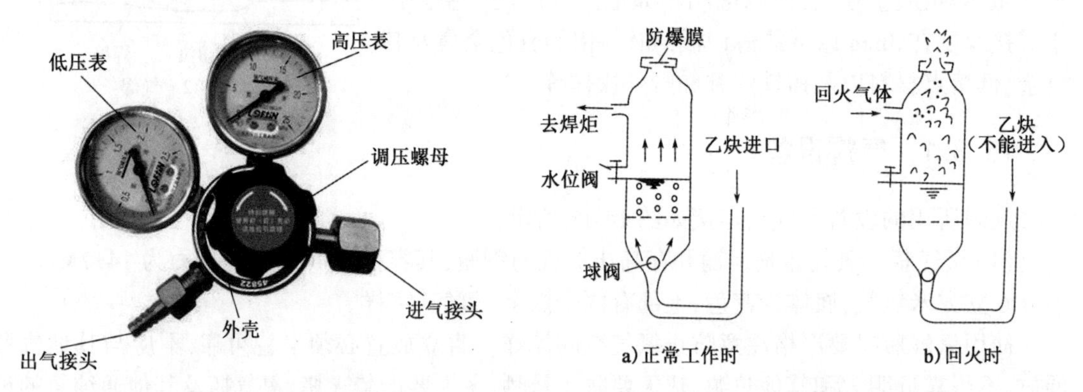

图 15-15 单级反作用式氧气减压表　　图 15-16 回火防止器工作示意图

(5) 焊炬。焊炬是用于控制气体混合比、流量及火焰并进行焊接的工具(图 15-18)。常用型号有 H01-2 和 H01-6 等(图 15-19)。型号中“H”表示焊炬，“0”表示手工，“1”表示射吸式，“2”和“6”表示可焊接低碳钢板的最大厚度为 2mm 和 6mm。各种型号的焊炬均配有 3 ~ 5

个大小不同的焊嘴,以便焊接不同厚度的焊件时选用。

图15-17　回火防止器

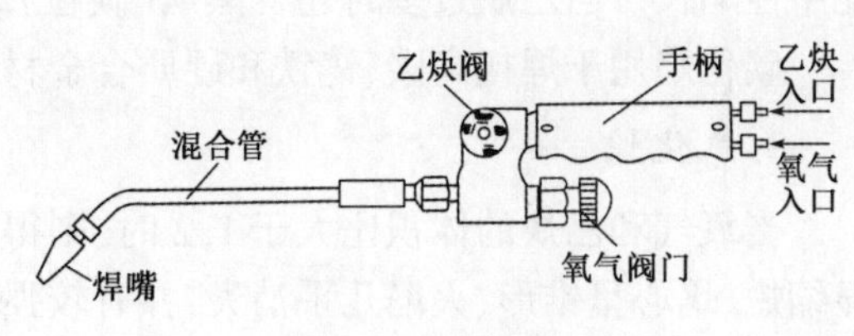

图15-18　射吸式焊炬

15.3.2　焊丝

气焊的焊丝是焊接时作为填充金属与熔化的母材一起形成焊缝的金属丝。焊丝的质量对焊件性能影响很大。焊接低碳钢常用的气焊丝为H08和H08A。焊丝直径应根据焊件厚度来选择,一般为2～4mm。

除焊接低碳钢外,气焊时要使用气焊熔剂,它相当于电焊条的药皮,其作用是熔解和消除焊件上的氧化膜,并在熔池表面形成一层熔渣,保护熔池不被氧化,去除焊接过程中产生的气体、氧化物及其他杂质,增加液态金属的流动性等。

15.3.3　气焊火焰

改变乙炔和氧气的混合比例,可以得到三种不同的火焰即中性焰、碳性焰和氧化焰,如图15-20所示。

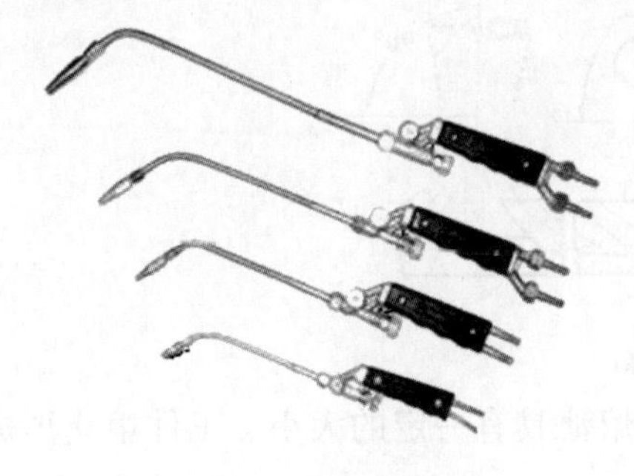

图15-19　不同规格的焊炬

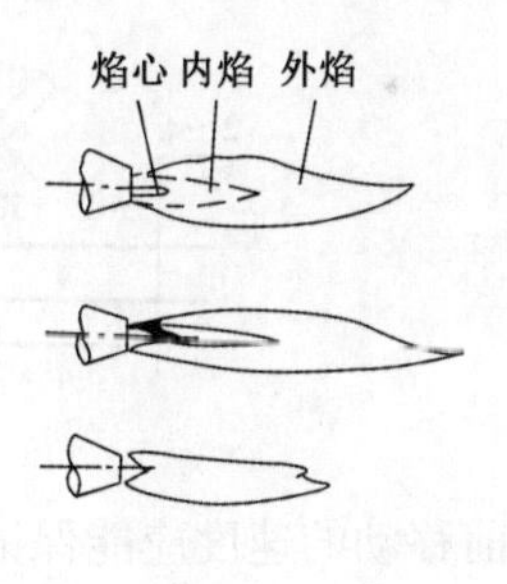

图15-20　氧乙炔火焰

1. 中性焰

当氧气和乙炔的体积比为1.1～1.2时,产生的火焰为中性焰,又称正常焰。它由焰心、内焰和外焰组成,靠近喷嘴处为焰心,呈白亮色,其次为内焰,呈蓝紫色,最外层为外焰,呈桔红色。火焰的最高温度产生在焰心前端约2～4mm的内焰区,可达3150℃,焊接时应以此区来加热工件和焊丝。

中性焰用于焊接低碳钢、中碳钢、合金钢、紫铜和铝合金等材料,是应用最广泛的一种气焊火焰。

2. 碳化焰

当氧气和乙炔的体积比小于1.1时,则得碳化焰。由于氧气较少,燃烧不完全,整个火焰比中性焰长。当乙炔过多时还冒黑烟(碳粒)。

碳化焰用于焊接高碳、铸铁和硬质合金材料。

3. 氧化焰

当氧气和乙炔的体积比大于1.2时,则得到氧化焰。该状态氧气较多、燃烧剧烈、火焰明显缩短、焰心呈锥形、火焰几乎消失,并有较强的丝丝声。

氧化焰易使金属氧化,故用途不广,仅用于焊接黄铜,以防止锌在高温时蒸发。

15.3.4 气焊基本操作

1. 点火

调节火焰和灭火、点火时,先稍开一点氧气阀门,再开乙炔阀门,随后用明火点燃,然后逐渐开大氧气阀门调节到所需的火焰状态;在点火过程中,若有放炮声或火焰熄灭,应立即减少氧气或放掉不纯的乙炔,再点火;灭火时,应先关乙炔阀门,后关氧气阀门,否则会引起回火。

2. 平焊焊接

气焊时右手握焊炬,左手拿焊丝,在焊接开始时,为了尽快加热和熔化工件形成熔池,焊炬倾角应大些,接近于垂直工件;正常焊接时,焊炬倾角减小一些,一般保持在40°~50°范围内;当焊接结束时,倾角应当减小,有利于填满弧坑和避免焊穿,如图15-21所示。

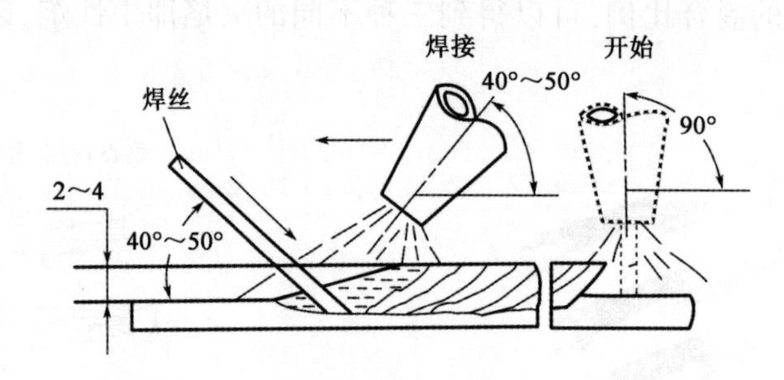

图15-21 焊炬倾角

焊炬向前移动的速度应能保证工件熔化,并保持熔池具有一定的大小。工件熔化形成熔池后,再将焊丝适量地点入熔池内熔化。

15.4 切割

金属切割除机械切割外,常用的有气割、等离子切割等。

15.4.1 气割

气割是利用气体火焰(如氧、乙炔火焰)以热能将工件切割处预热到一定温度后,喷出高速切割氧流,使其燃烧并放出热量实现切割的方法,如图15-22所示。在切割过程中金属不熔化(图15-23),与纯机械切割相比气割具有效率高、适用范围广等特点。

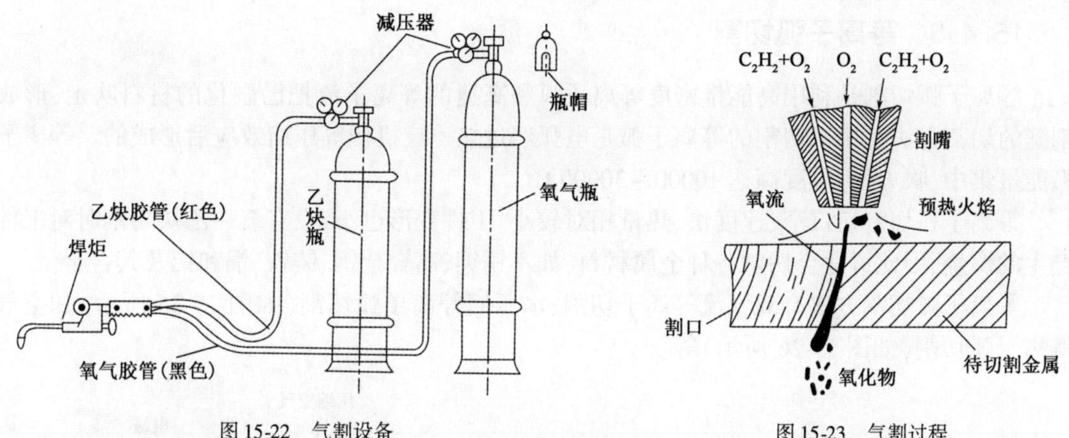

图15-22　气割设备　　　　图15-23　气割过程

手工气割的割炬如图15-24所示。和焊炬相比,增加了输出切割氧气的管路和控制切割氧气的阀门,割嘴的结构与焊嘴也不同,气割用的氧气是通过割嘴的中心通道喷出,而氧—乙炔的混合气体则通过割嘴的环形通道喷出。

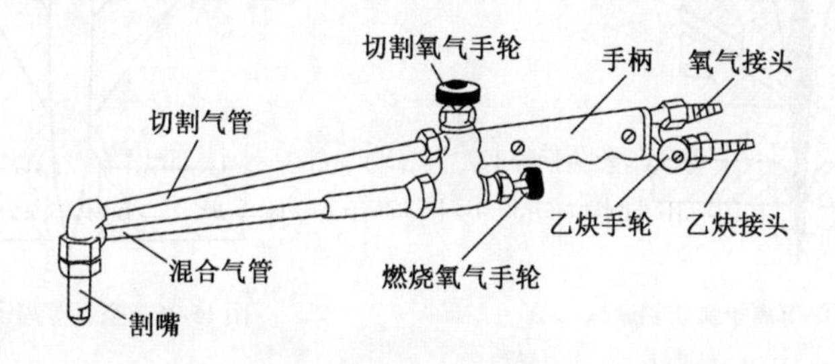

图15-24　割炬

气割过程实际上是被切割金属在纯氧中的燃烧过程,而不是熔化过程。先用氧—乙炔焰将待切割处的金属预燃至燃点,然后打开切割氧气阀门,送出氧气,将高温金属燃烧成氧化渣;与此同时,氧化渣被切割氧气流吹走,从而形成割口。金属燃烧时,产生的热量以及氧—乙炔火焰同时又将割口下层的金属预热至燃点,切割氧气又使其燃烧,生成的氧化渣又被切割氧气流吹走,这样割炬连续不断地沿切割方向以一定的速度移动,即可形成所需的割口。

15.4.2　金属氧气切割条件

金属材料只有满足下列条件,才能采用氧气切割:

(1)金属材料的燃点必须低于其熔点,这是保证切割是在燃烧过程中进行的基本条件。否则,切割时金属先熔化,变为熔割过程,使割口过宽,而且凹凸不平。低碳钢燃点约1350℃,熔点约1500℃,故可气割。

(2)燃烧生产金属氧化物的熔点应低于金属本身的熔点,且流动性好。否则,就会在割口表面形成固态氧化物,阻碍氧气流与下层金属的接触,使切割过程不能正常进行。

(3)金属燃烧时能放出大量的热,而金属本身的导热性要低。这是为了保证下层金属有足够的预热温度,使切割过程能连续进行。

常用材料中,低碳钢、中碳钢及低合金高强度结构钢都符合气割的条件,而碳的质量分数大于0.7%的高碳钢、铸铁和非铁金属及合金则不能进行气割。

15.4.3 等离子弧切割

等离子弧切割是利用高能量密度等离子弧和高速的等离子流把已融化的材料吹走,形成割缝的切割方法。用于切割的等离子弧是电弧经过热、点、机械等压缩效应后形成的。等离子弧能量集中、吹力强、温度高达 10000 ~ 30000℃。

等离子弧切割切口窄、速度快、热量相对较小、工件变形也小,没有氧—乙炔切割时对工件产生的燃烧,因此可适合切割各种金属材料,如不锈钢、高合金钢、铸铁、铜和铝及其合金。

等离子弧切割方法有双气流等离子切割、水压缩等离子弧切割(如图 15-25 所示)和空气等离子弧切割(如图 15-26 所示)等。

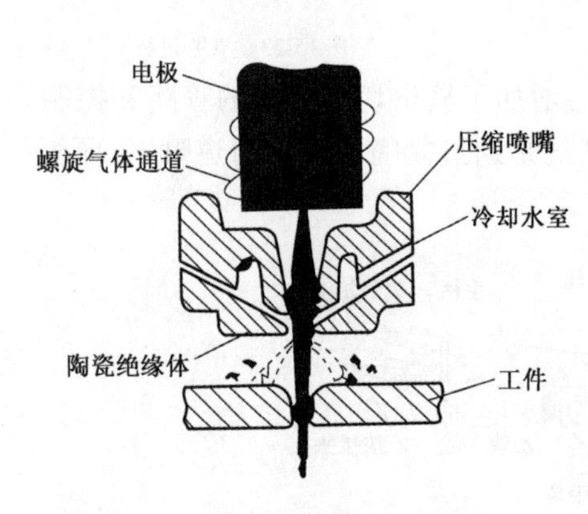

图 15-25 水压缩等离子弧切割原理

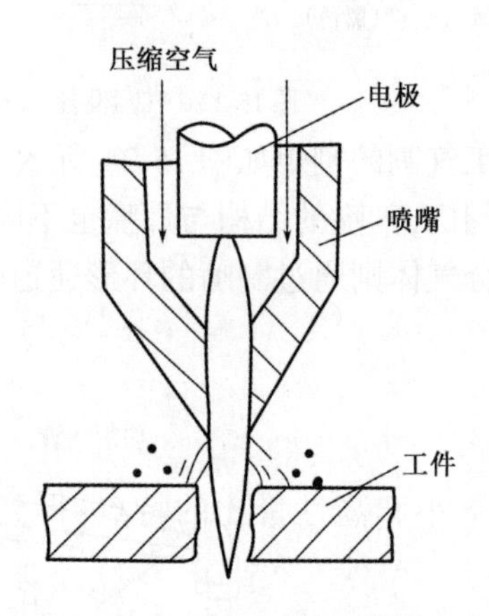

图 15-26 空气等离子弧切割原理

15.4.4 其他切割方法

1. 激光切割

激光切割是利用激光束的高能量使切口部位金属加热熔化及气化,同时用纯氧或压缩空气、氮、氩等辅助气流吹走液态切口金属而完成切割。

激光切割的优点是:可进行薄板高速切割和曲面切割,切口和热影响区都很窄,切口粗糙度远小于气割和等离子切割,也优于冲剪法机械切割,其切缝宽度最小可达 0.1mm。激光束工作距离大,适合于可达性很差部位的切割,且易自动化;缺点是设备昂贵,切割厚度目前还低于 15mm。

2. 水射流切割

水射流切割是利用高压水(200 ~ 400MPa),有时也加一些粉末状磨料,通过喷嘴射到割件上进行切割的方法。该工艺方法可切割金属和非金属材料。

15.5 其他焊接方法

15.5.1 CO_2 气体保护电弧焊概述

在使用 CO_2 体作为保护气时,称作 CO_2 电弧焊。当使用氩气与 CO_2 等混合气体作为保护气时称作混合气体保护电弧焊。由于近年来混合气体使用频度的增加,有时也把 CO_2 电弧焊和混合气体保护电弧焊统称作 MAG 焊接。所以 GMA 焊接是 MIG 焊、CO_2 焊、MAG 焊的统称,在我国通常称作气体保护熔化极电弧焊。图 15-27 为 CO_2 气体保护电弧焊焊机,图 15-28 为 CO_2 气体保护电弧焊接线原理图。

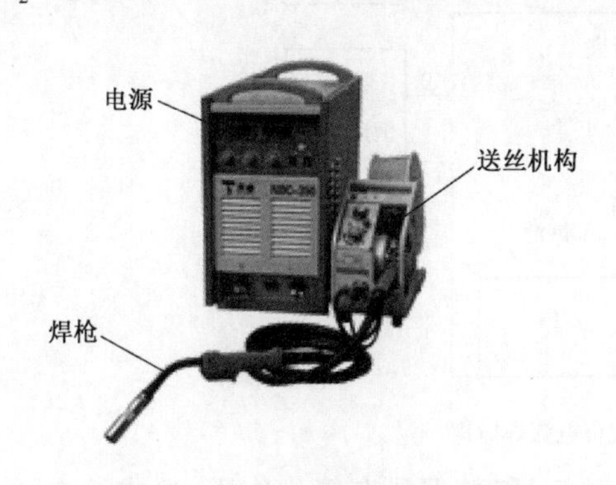

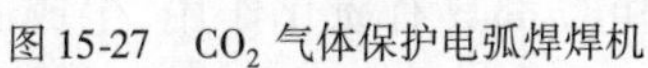

图 15-27　CO_2 气体保护电弧焊焊机

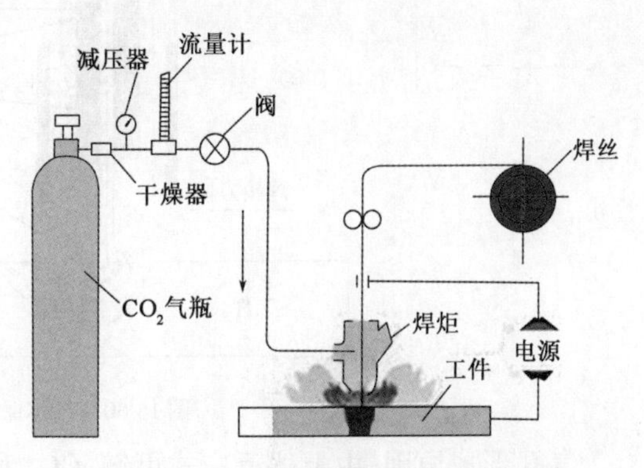

图 15-28　CO_2 气体保护电弧焊接线原理图

目前在船舶制造、汽车制造、车辆制造、石油化工等部门已广泛使用 CO_2 气体保护电弧焊。CO_2 气体保护焊自 20 世纪 50 年代诞生以来,作为一种高效率的焊接方法,在工业经济的各个领域获得了广泛的运用。CO_2 气体保护焊以其高生产率(比手工焊高 1 ~ 3 倍)、焊接变形小和高性价比的特点,得到了前所未有的普及,成为最优先选择的焊接方法之一(图 15-29)。

图 15-29　CO_2 气体保护焊焊接件

1. CO_2 气体保护电弧焊的原理

气体保护电弧焊接原理如图 15-30 所示,图中采用金属焊丝作为电极(熔化极),焊丝以恒定速度送进,在焊丝与母材之间形成电弧进行焊接。为了把焊接区与空气隔离开来,一般采 CO_2 气体作为保护气。

进行焊接时,电弧空间同时存在 CO_2、CO、O_2 和 O 等几种气体,其中 CO 不与液态金属发生任何反应,而 CO_2、O_2、O 原子却能与液态金属发生如下反应:

$$Fe + CO_2 \longrightarrow FeO + CO(\text{进入大气中})$$

$$Fe + O \longrightarrow FeO\ (\text{进入熔渣中})$$

$$C + O \longrightarrow CO(\text{进入大气中})$$

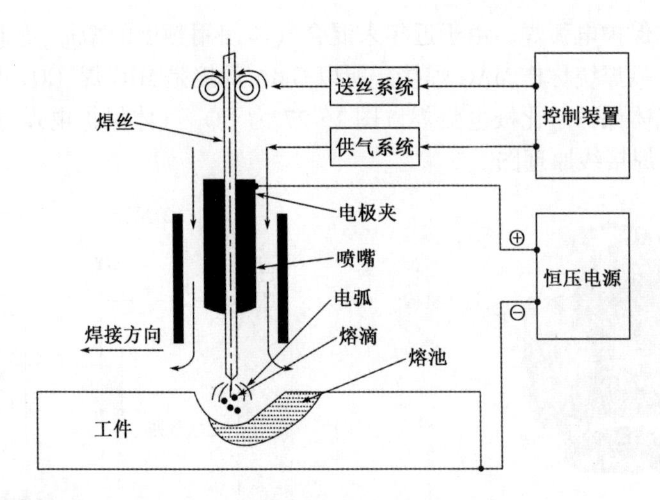

图 15-30 气体保护熔化极电弧焊原理

气孔形成原因，由上述反应式可知，CO_2 和 O_2 对 Fe 和 C 都具有氧化作用，生成的 FeO 一部分进入渣中，另一部分进入液态金属中，这时 FeO 能够被液态金属中的 C 所还原，反应式为：

$$FeO + C \rightarrow Fe + CO$$

这时所生成的 CO 一部分通过沸腾散发到大气中去，另一部分则来不及逸出，滞留在焊缝中形成气孔。

针对上述冶金反应，为了解决 CO 气孔问题，需使用焊丝中加入含 Si 和 Mn 的低碳钢焊丝，这时熔池中的 FeO 将被 Si、Mn 还原：

$$2FeO + Si \longrightarrow 2Fe + SiO_2\text{（进入渣中）}$$

$$FeO + Mn \longrightarrow Fe + MnO\text{（进入渣中）}$$

反应物 SiO_2、MnO 它们将生成 FeO 和 Mn 的硅酸盐浮出熔渣表面，另一方面，液态金属含 C 量较高，易产生 CO 气孔，所以应降低焊丝中的含 C 量，通常不超过 0.1%。

2. CO_2 保护焊设备构成（图 15-31）

3. CO_2 气体保护焊工艺参数

CO_2 气体保护焊工艺参数除了与一般电弧焊相同的电流、电压、焊接速度、焊丝直径及倾斜角等参数以外，还有 CO_2 气体保护焊所特有的保护气成分配比及流量、焊丝伸出长度、保护气罩与工件之间距离等对焊缝成形和质量有很大的影响。

1）焊接电流和电压

与其他电弧焊接方法相同的是，当电流大时焊缝熔深大、余高大；当电压高时熔宽大、熔深浅。反之则得到相反的焊缝。同时送丝速度大则焊接电流大，熔敷速度大，生产效率高。采用恒压电源等速送丝系统时，一般规律为送丝速度大则焊接电流大，熔敷速度随之增大。但对 CO_2 气体保护焊来说，电流、电压对熔滴过渡形式有更为特殊的影响，进而影响焊接电弧的稳定性及焊缝形成。

2）保护气流量的影响

气体流量大时保护较充分，但流量太大时对电弧的冷却和压缩很剧烈，电弧力太大会扰乱熔池，影响焊缝成形。

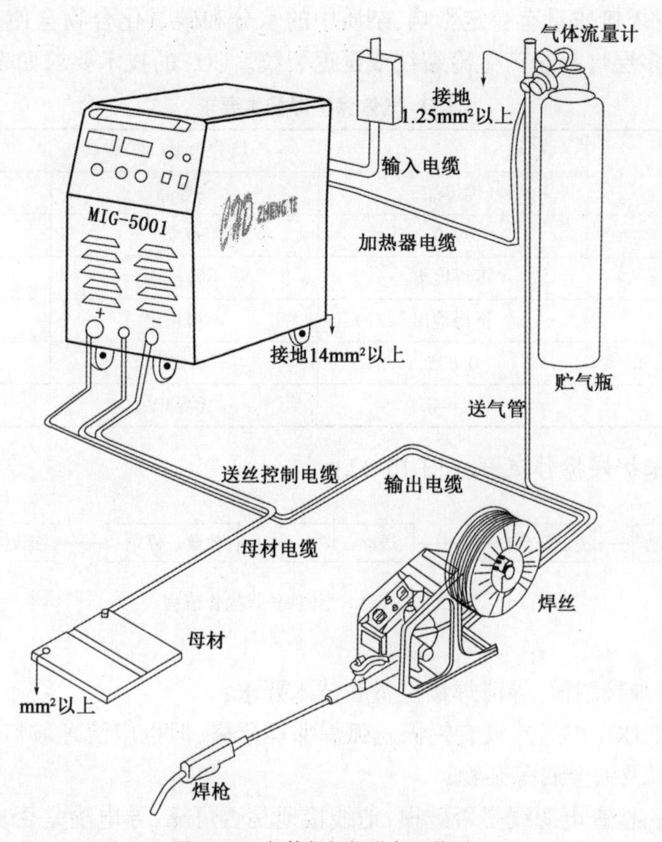

图 15-31　气体保护焊设备组装图

3）导电嘴与焊丝端头距离的影响

导电嘴与焊丝伸出端的距离亦称为焊丝伸长度。该长度大则由于焊丝电阻而使焊丝伸出优产生的热量大，有利于提高焊丝的熔敷率，但伸出长度过大时会发生焊丝伸出段红热软化而使电弧过程不稳定的情况，应予以避免。

4）焊炬与工件的距离

焊炬与工件距离太大时，保护气流达到工件表面处的挺度差，空气易侵入，保护效果不好，焊缝易出气孔。距离太小则保护罩易被飞溅堵塞，使保护气流不顺畅，需经常清理保护罩。严重时出现大量气孔，焊缝金属氧化，甚至导电嘴与保护罩之间产生短路而浇损，必须频繁更换。

5）电源极性的影响

采用反接时（焊丝接正极，母材接负极），电弧的电磁收缩力较强，熔滴过渡的轴向性强，且熔滴较细，因而电弧稳定。反之则电弧不稳。

6）焊接速度的影响

CO_2气体保护焊，焊接速度的影响与其他电弧焊方法相同，焊接速度太慢则熔池金属在电弧下堆积，反而减少熔深，且热影响区太宽，对于热输入敏感的母材易造成熔合线及热影响区脆化。焊接速度太快，则熔池冷却速度太快，不仅易出现焊缝成形不良、气孔等缺陷，而且对淬硬敏感性强的母材易出现延迟裂纹。

7) CO_2 气体纯度的影响

气体的纯度对焊接质量有一定影响,杂质中的水分和碳氢化合物会使熔敷金属中扩散氢含量增高,对厚板多层焊易于产生冷裂纹或延迟裂纹。CO_2 的技术要求如表 15-3 所示。

CO_2 气体保护焊技术要求 表 15-3

项　目	组分含量(%)		
	优等品	一等品	合格品
CO_2 含量(V/V)≥	99.9	99.7	99.5
液态水	不得检出	不得检出	不得检出
油	不得检出	不得检出	不得检出
水蒸气+乙醇含量(m/m)≤	0.005	0.02	0.05
气味	无异味	无异味	无异味

4. CO_2 气体保护焊操作流程(图 15-32)

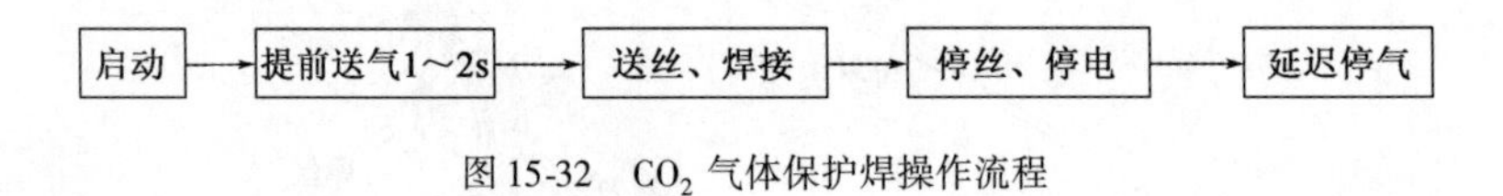

图 15-32 CO_2 气体保护焊操作流程

1)准备工作

(1)认真熟悉焊接图样,弄清焊接位置和技术要求;

(2)焊前清理,CO_2 焊虽然没有钨极氩弧焊那样严格,但也应清理坡口及其两侧表面的油污、漆层、氧化皮以及铁金属等杂物;

(3)检查设备,检查电源线是否破损,地线接地是否可靠,导电嘴是否良好,送丝机构是否正常,极性是否选择正确;

(4)气路检查,CO_2 气体气路系统包括 CO_2 气瓶、预热器、干燥器、减压阀、电磁气阀、流量计。使用前检查各部连接处是否漏气,CO_2 气体是否畅通和均匀喷出。

2)安全规范

(1)穿好工作服,戴好手套,选用合适的焊接面罩;

(2)要保证有良好的通风条件,特别是在通风不良的小屋内或容器内焊接时,要注意排风和通风,以防 CO_2 气体中毒。通风不良时应戴口罩或防毒面具;

(3) CO_2 气瓶应远离热源,避免太阳曝晒,严禁对气瓶强烈撞击以免引起爆炸;

(4)焊接现场周围不应存放易燃易爆品。

3)焊接工艺参数选择

CO_2 气体保护焊的工艺参数有焊接电流、电弧电压、焊丝直径、焊丝伸出长度、气体流量等。在其采用短路过渡焊接时还包括短路电流峰值和短路电流上升速度。

4)焊接操作

(1)采用短路法引弧,引弧前先将焊丝端头较大直径球形剪去使之成锐角,以防产生飞溅,同时保持焊丝端头与焊件相距 2～3mm,喷嘴与焊件相距 10～15mm。按动焊枪开关,随后自动送气、送电、送丝,直至焊丝与工作表面相碰短路,引燃电弧,此时焊枪有抬起趋势,须控制好焊枪,然后慢慢引下向待焊处,当焊缝金属融合后,在以正常焊接速度施焊。

（2）直线焊接，直线无摆动焊接形成的焊缝宽度稍窄，焊缝偏高、熔深较浅。整条焊缝往往在始焊端，焊缝的链接处，终焊端等处最容易产生缺陷，所以应采取特殊处理措施。焊件始焊端处较低的温度应在引弧之后，先将电弧稍微拉长一些，对焊缝端部适当预热，然后再压低电弧进行起始端焊接，这样可以获得具有一定熔深和成形比较整齐的焊缝。因采取过短的电弧起焊而造成焊缝成形不整齐，应当避免。重要构件的焊接，可在焊件端加引弧板，将引弧时容易出现的缺陷留在引弧板上。图15-33所示为起始端运丝法对焊缝成形的影响。

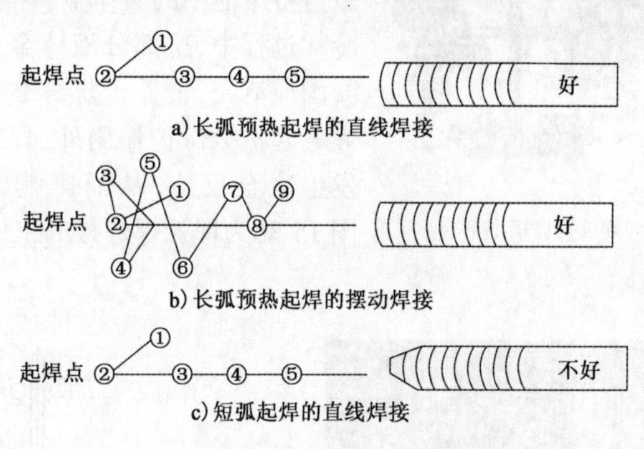

图15-33　起始端运丝法对焊缝成形的影响

焊缝接头，连接的方法有直线无摆动焊缝连接方法和摆动焊缝连接方法两种。

①直线无摆动焊缝连接的方法，在原熔池前方10～12mm处引弧，然后迅速将电弧引向原熔池中心待溶化金属与原熔池边缘吻合填满弧后，在将电弧引向前方使焊丝保持一定的高度和角度，并以稳定的速度向前。

②摆动焊缝连接的方法，在原熔池前方10～20mm处引弧，然后以直线方式将电弧引向接头处在接头中心开始摆动，在向前移动的同时逐渐加大摆幅（保持形成的焊缝与原焊缝宽度相同）最后转入正常焊接。

终焊端，焊缝终焊端若出现过深的弧坑会使焊缝收尾处产生裂纹和缩孔等缺陷，所以在收弧时如果焊机没有电流衰减装置，应采用多次断续引弧方式，或填充弧坑直至将弧坑填平，并且与母材圆滑过渡。

（3）摆动焊接：CO_2半自动焊时为了获得较宽的焊缝，往往采用横向摆动的方式，常用摆动方式有锯齿形、月牙形、正三角形、斜圆圈形等。摆动焊接时，横向摆动运丝角度和起始端的运丝要领与直线无摆动焊接一样。

在横向摆动运丝时要注意：左右摆动幅度要一致，摆动到中间时速度应稍快，而到两侧时要稍作停顿，摆动的幅度不能过大，否则部分熔池不能得到良好的保护作用，一般摆动幅度限制在喷嘴内径的1.5倍范围内。运丝时以手腕做辅助，以手臂作为主要控制能和掌握运丝角度。

15.5.2　埋弧焊概述

埋弧焊也是利用电弧作为热源的焊接方法。埋弧焊时电弧是在一层颗粒状的可熔化焊剂覆盖下燃烧，电弧不外露，埋弧焊由此得名。所用的金属电极是不间断送进的焊丝。焊机和焊接小车如图15-34所示。

1. 埋弧焊工作原理

图15-35是埋弧焊焊缝形成过程示意图。焊接电弧在焊丝与工件之间燃烧，电弧热将焊丝端部及电弧附近的母材和焊剂熔化。熔化的金属形成熔池，熔融的焊剂成为溶渣。熔池受熔渣和焊剂蒸汽的保护，不与空气接触。电弧向前移动时，电弧力将熔池中的液体金属推向熔池后方。在随后的冷却过程中，这部分液体金属凝固成焊缝。熔渣则凝固成渣壳，覆盖于焊缝表面。熔渣除了对熔池和焊缝起机械保护作用外，焊接过程中还与熔化金属发生冶金反应，从而影响焊缝金属的化学成分。图15-36为埋弧焊焊接的工件。

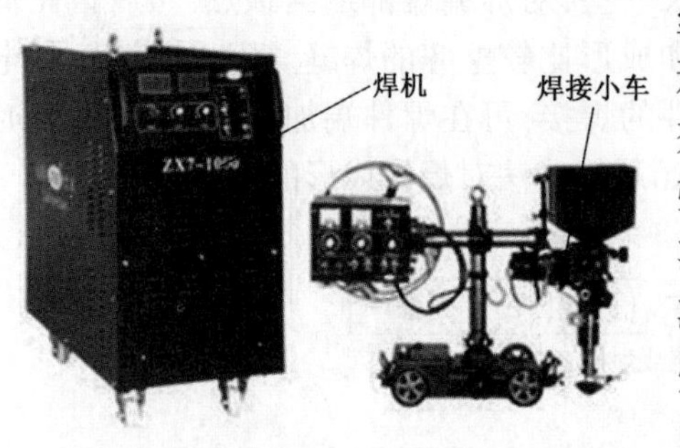

图15-34 埋弧焊焊机和焊接小车

图15-35 埋弧焊焊缝形成过程示意图

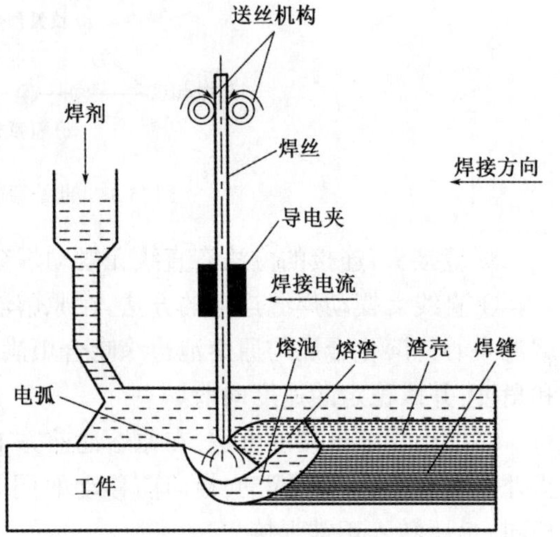

图15-36 埋弧焊实际焊缝

埋弧焊时，被焊工件与焊丝分别接在焊接电源的两极。焊丝通过与导电嘴的滑动接触与电源联接。焊接回路包括焊接电源、联接电缆、导电嘴、焊丝、电弧、熔池、工件等环节，焊丝端部在电弧热作用下不断熔化，因而焊丝应连续不断地送进，以保持焊接过程的稳定进行。焊丝的送进速度应与焊丝的熔化速度相平衡。

埋弧焊有自动埋弧焊和半自动埋弧焊两种方式。前者的焊丝送进和电弧移动都由专门的机头自动完成，后者的焊丝送进由机械完成，电弧移动则由人工进行。焊接时，焊剂由漏斗铺撒在电弧的前方。焊接后，未被熔化的焊剂可用焊剂回收装置自动回收，或由人工清理回收。

2. 埋弧焊的优点和缺点

1）埋弧焊的主要优点

（1）焊接电流大，相应输入功率较大，加上焊剂和熔渣的隔热作用，热效率较高，熔深大。工件的坡口可较小，减少了填充金属量；

（2）焊接速度高；

(3)焊剂的存在不仅能隔开熔化金属与空气的接触,而且使熔池金属较慢凝固。液体金属与熔化的焊剂间有较多时间进行冶金反应,减少了焊缝中产生气孔、裂纹等缺陷的可能性。焊剂还可以向焊缝金属补充一些合金元素,提高焊缝金属的力学性能;

(4)在有风的环境中焊接时,埋弧焊的保护效果比其他电弧焊方法好;

(5)自动焊接时,焊接参数可通过自动调节保持稳定。与手工电弧焊相比,焊接质量对焊工技艺水平的依赖程度可大大降低。

2)埋弧焊的主要缺点

(1)由于采用颗粒状焊剂,这种焊接方法一般只适用于平焊位置。其他位置焊接需采用特殊措施以保证焊剂能覆盖焊接区;

(2)不能直接观察电弧与坡口的相对位置,如果没有采用焊缝自动跟踪装置,则容易焊偏;

(3)埋弧焊电弧的电场强度较大,因而不适于焊接厚度小于1mm的薄板。

3.埋弧焊的适用范围

埋弧焊熔深大,生产率高,机械化操作的程度高,因而适于焊接中厚板结构的长焊缝。在造船、锅炉与压力容器、桥梁、起重机械、铁路车辆、工程机械、重型机械和冶金机械、核电站结构、海洋结构等制造部门有着广泛的应用,是当今焊接生产中最普遍使用的焊接方法之一。

埋弧焊除了用于金属结构中构件的连接外,还可在基体金属表面堆焊耐磨或耐腐蚀的合金层。随着焊接冶金技术与焊接材料生产技术的发展,埋弧焊能焊的材料已从碳素结构钢发展到低合金结构钢、不锈钢、耐热钢等以及某些有色金属,如镍基合金、钛合金、铜合金等。

4.埋弧焊焊丝和焊剂

1)焊剂

焊剂起着隔离空气、保护焊接金属不受空气侵害和对熔化金属进行冶金处理的作用,焊接时熔化进入熔池,起到填充和合金化的作用,尚未熔化的焊丝还起着导电的作用。

埋弧焊焊剂除按用途分为钢用焊剂和有色金属用焊剂外,通常按制造方法、化学成分、化学性质、颗粒结构等分类。焊剂的型号是按照国家标准划分的,我国的现行《埋弧焊用碳钢焊丝和焊剂》(GB 5293—1999)中规定:焊剂型号划分原则是依据埋弧焊焊缝金属的力学性能。焊剂型号的表示方法如下:尾部的“H ×××”表示焊接试板时与焊剂匹配的焊丝牌号,按《焊接用钢丝》(GB 1300— 1977)的规定选用。

2)焊丝

焊丝主要是按照被焊材料的种类进行分类,可以分为碳素结构钢焊丝、合金结构钢焊丝、不锈钢焊丝、有色金属焊丝和堆焊用的特殊合金焊丝等。焊丝除要求其化学成分符合要求外,还要求其外观质量满足要求,即焊丝直径及其偏差应符合相应标准规定,焊丝表面应无锈蚀、氧化皮等。此外,为了便于机械送丝,焊丝还应具有足够的强度。

5.埋弧焊焊机的构成

MZ-1000自动埋弧焊机系熔剂层下自动焊接的设备,它配用交流焊机作为电弧电源,它适用于水平位置或与水平位置倾斜不大于10°的各种有、无坡口的对接焊缝、搭接焊缝和角焊缝。与普通手工弧焊相比,具有生产效率高、焊缝质量好,节省焊接材料和电能,焊接变形小及改善劳动条件等突出优点。图 15-37 为设备的完整连线图。

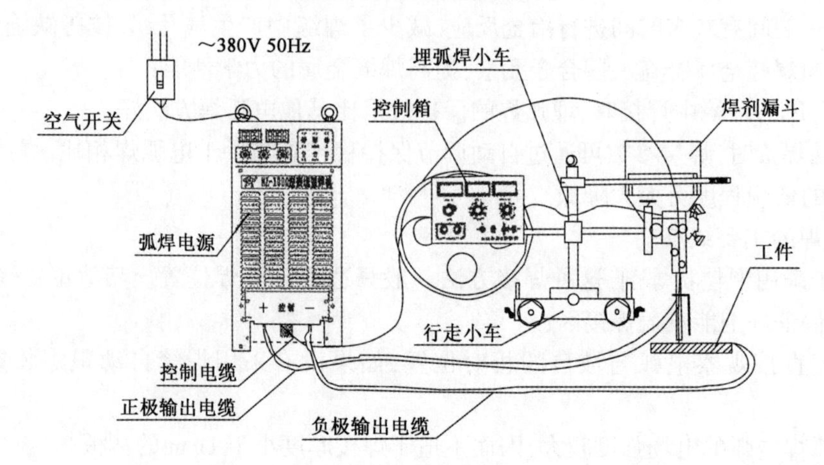

图 15-37 埋弧焊焊机连线图

1)MZ-Ⅱ型自动埋弧平焊小车

MZ-Ⅱ系列埋弧焊小车与逆变埋弧焊机配套使用,焊机由自动机头及焊接变压器两部分组成。MZ-Ⅱ系列埋弧焊小车由焊车及支架、送丝机构、焊丝矫直机构、导电部分、焊接操作控制盒、焊丝盘、焊剂斗等部件组成。焊车的主要技术参数如表 15-4 所示。

焊车主要技术参数 表 15-4

名 称	MZ-Ⅱ型自动埋弧平焊小车
送丝速度	20 ~ 450cm/min
焊接速度	10 ~ 150cm/min
机头导电嘴升降距离	70mm
中心立柱升降距离	80mm
立柱水平横向移动调节距离	± 30mm
横梁可伸缩距离	100mm
机头偏转角度	± 45°
焊丝直径	2 ~ 6mm

2)焊接小车的结构(图 15-38)

焊丝由焊丝盘 2 引出,MZ—II 型埋弧焊小车经导丝轮支架 7(导丝架可水平、上下、左右调节)、送丝轮 16.1、校直轮 16.4;将行走离合器手柄 21,扳至“手动”位置时,焊车可实现手动行走;手柄扳至“自动”位置时,焊车可实现自动行走。

松开横梁垂直回转锁紧手轮 28,可使焊车和横梁水平旋转 ± 90°或 90°以上,调节完毕,必须锁紧手轮;松开横梁水平回转手柄 4,可使焊车横梁水平伸缩 ± 50mm,水平轴向旋转 ± 45°,调整完毕,必须锁紧手柄。

转动升降拖板手轮 8,可使焊枪上下移动 70mm;松开回转锁紧手轮 28,提升或下压立柱,可使立柱上下移动 80mm;调整完毕,必须锁紧手轮 28。

转动手轮 15,可使立柱水平左右移动 ± 30mm。

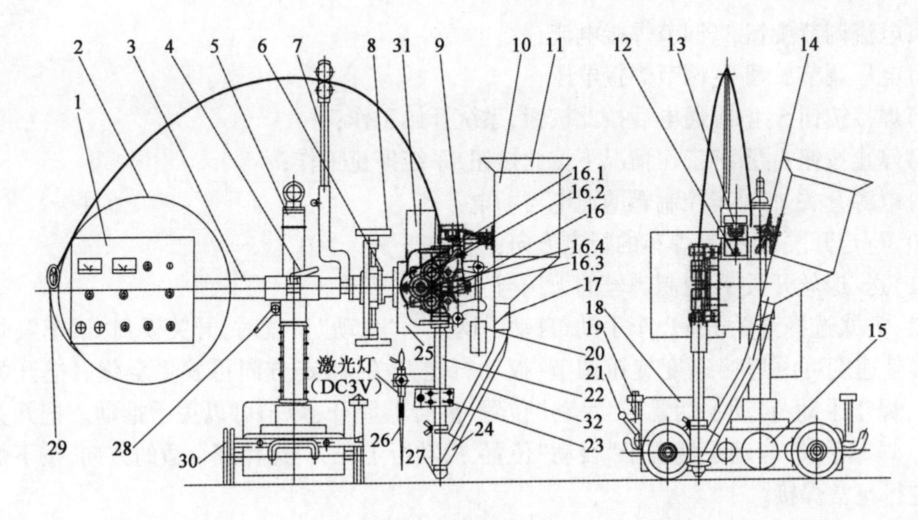

图15-38 MZ-Ⅱ型埋弧焊小车

1-焊车面板;2-焊丝盘;3,4-回转手柄;5-吊环;6-机头俯仰锁定机构;7-导丝轮支架;8-升降拖板手轮;9-机头摆角锁定机构;10,11-焊剂料斗;12,13,14,16-送丝机构;15-横向移动手轮;17,18-小车车体;19,20-压力调节手柄;21-行走离合器手柄;22-导电杆;23-导电杆加紧机构;24-导电嘴;25-机头固定板;26-电缆;27-渣壳;28-回转锁紧手轮;29-控制盒锁定手柄;30-车轮;31-减速器;32-焊剂软管

松开控制箱水平锁紧手轮14,可使控制盒水平向外转60°。

适度调节压力调节手柄20和校直轮16.4的压力。压力大小以送丝均匀顺畅为准。压力太大,电机负荷过大;压力太小,送丝不稳定。

3)焊车面板操作说明(图15-39)

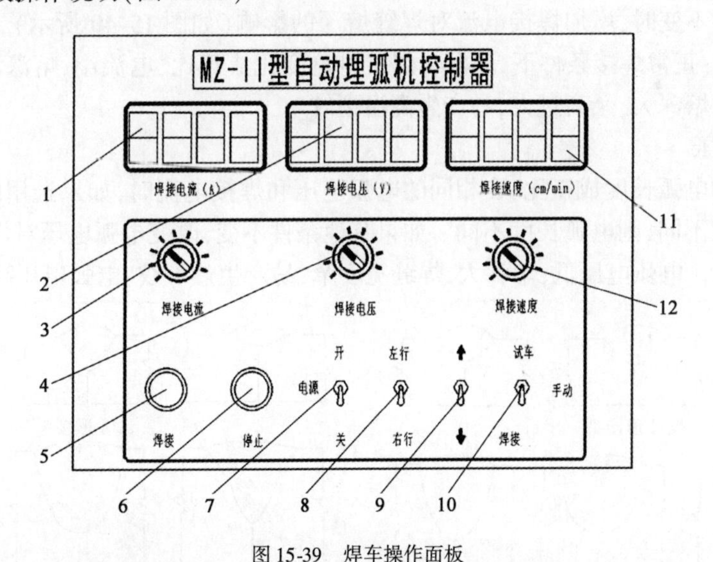

图15-39 焊车操作面板

(1)数显表1:显示预置焊接电流或实际焊接电流(A);

(2)数显表2:显示预置焊接电压或实际焊接电压(V);

(3)焊接速度调节旋钮11:调节焊接速度;

(4)数显表12:显示预置焊接速度或实际焊接速度(cm/min);

(5)电流调节旋钮3:调节焊接电流;

(6)电压调节旋钮4:调节焊接电压;

(7)焊接按钮5:电源通电后按此按钮,系统开始工作;

(8)停止按钮6:系统工作情况下按此按钮,系统停止工作;

(9)电源开关7:焊车控制箱的通电与断电;

(10)行走开关8:控制焊车的行走方向;

(11)送/退丝开关9:控制焊丝的下送与上退;

(12)方式选择开关10:焊车手动/自动手柄置于"自动"位置时,开关扳到"试车",焊车应该行走,其速度可由焊接速度旋钮调节;扳动行走开关,行走方向可发生变化。把开关扳到"手动",焊车手动/自动手柄置于"手动"位置,离合器脱开,焊车可以用手推动。把开关扳到"焊接",焊车手动/自动手柄置于"自动"位置,扳动行走开关,选择好合适的方向,按下焊接按钮,可进行正常焊接。

6. 埋弧焊工艺参数

埋弧焊主要适用于平焊位置焊接,如果采用一定工装辅具也可以实现角焊和横焊位置的焊接。埋弧焊时影响焊缝形状和性能的因素主要是焊接工艺参数、工艺条件等。本节则以平焊为例。

1)焊接工艺参数的影响

影响埋弧焊焊缝形状和尺寸的焊接工艺参数有焊接电流、电弧电压、焊接速度和焊丝直径等。

(1)焊接电流

当其他条件不变时,增加焊接电流对焊缝熔深的影响(如图15-40所示),无论是Y形坡口还是I形坡口,正常焊接条件下,熔深与焊接电流变化成正比,电流小,熔深浅,余高和宽度不足;电流过大,熔深大,余高过大,易产生高温裂纹。

(2)电弧电压

电弧电压和电弧长度成正比,在相同的电弧电压和焊接电流时,如果选用的焊剂不同,电弧空间电场强度不同,则电弧长度不同。如果其他条件不变,改变电弧电压对焊缝形状的影响如图15-41所示。电弧电压低,熔深大,焊缝宽度窄,易产生热裂纹;电弧电压高时,焊缝宽度

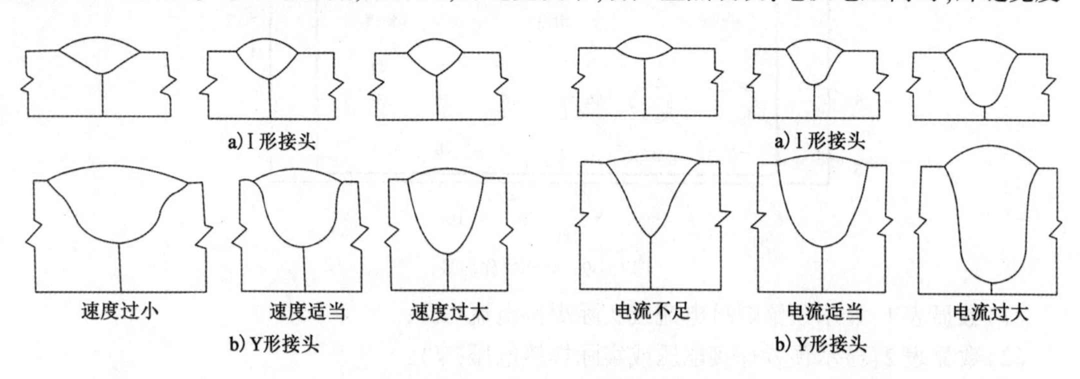

图15-40 焊接电流对焊缝断面形状的影响

图15-41 电弧电压对焊缝断面形状的影响

增加，余高不够。埋弧焊时，电弧电压是依据焊接电流调整的，即一定焊接电流要保持一定的弧长才可能保证焊接电弧的稳定燃烧，所以电弧电压的变化范围是有限的。

(3)焊接速度

焊接速度对熔深和熔宽都有影响，通常焊接速度小，焊接熔池大，焊缝熔深和熔宽均较大，随着焊接速度增加，焊缝熔深和熔宽都将减小，即熔深和熔宽与焊接速度成反比，如图15-42所示。焊接速度对焊缝断面形状的影响，如图15-43所示。焊接速度过小，熔化金属量多，焊缝成形差；焊接速度较大时，熔化金属量不足，容易产生咬边。实际焊接时，为了提高生产率，在增加焊接速度的同时必须加大电弧功率，才能保证焊缝质量。

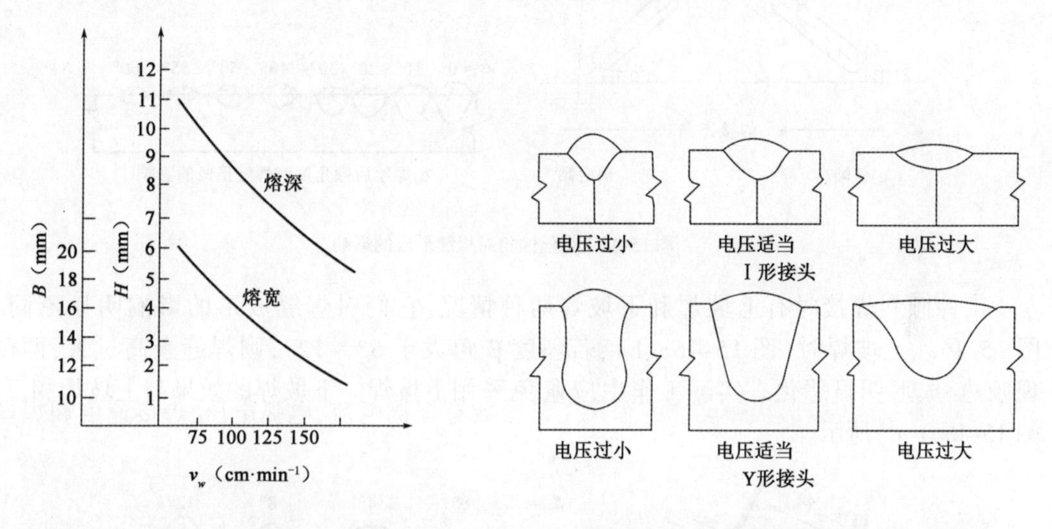

图15-42　焊接速度对焊缝形成的影响　　图15-43　焊接速度对焊缝断面形状的影响

(4)焊丝直径

焊接电流、电弧电压、焊接速度一定时，焊丝直径不同，焊缝形状会发生变化。熔深与焊丝直径成反比关系，但这种关系随电流密度的增加而减弱，这是由于随着电流密度的增加，熔池熔化金属量不断增加，熔融金属后排困难，熔深增加较慢，并随着熔化金属量的增加，余高增加焊缝成形变差，所以埋弧焊时增加焊接电流的同时要增加电弧电压，以保证焊缝成形质量。

2)工艺条件对焊缝成形的影响

(1)对接坡口形状、间隙的影响

在其他条件相同时，增加坡口深度和宽度，焊缝熔深增加，熔宽略有减小，余高显著减小，如图15-44所示。在对接焊缝中，如果改变间隙大小，也可以调整焊缝形状，同时板厚及散热条件对焊缝熔宽和余高也有显著影响。

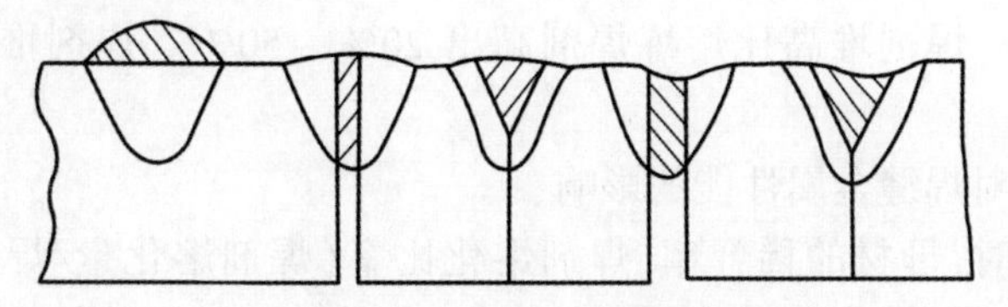

图15-44　坡口形状对焊缝成形的影响

(2)焊丝倾角和工件斜度的影响

焊丝的倾斜方向分为前倾和后倾两种,见图 15-45a)和 b)。倾斜的方向和大小不同,电弧对熔池的吹力和热的作用就不同,对焊缝成形的影响也不同。图 15-45a)为焊丝前倾,图 15-45b)为焊丝后倾。焊丝在一定倾角内后倾时,电弧力后排熔池金属的作用减弱,熔池底部液体金属增厚,故熔深减小。而电弧对熔池前方的母材预热作用加强,故熔宽增大。图 15-45c)是后倾角对熔深、熔宽的影响。

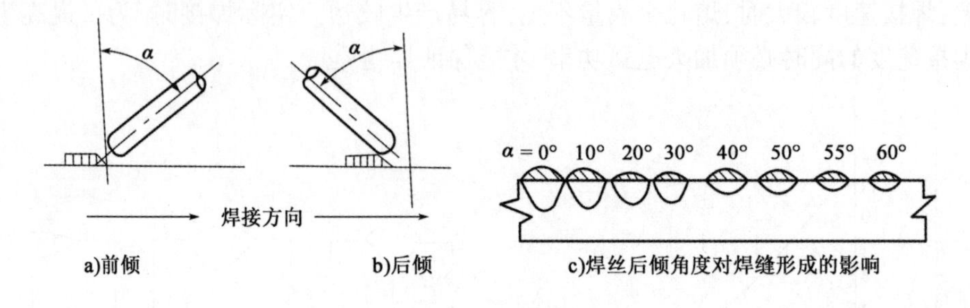

图 15-45 焊丝倾角对焊缝形成的影响

工件倾斜焊接时有上坡焊和下坡焊两种情况,它们对焊缝成形的影响明显不同,见图 15-46。上坡焊时(图 15-46a、b),若斜度 β 角大于 6° ~ 12°,则焊缝余高过大,两侧出现咬边,成形明显恶化。实际工作中应避免采用上坡焊。下坡焊的效果与上坡焊相反,如图 15-46c)、d)所示。

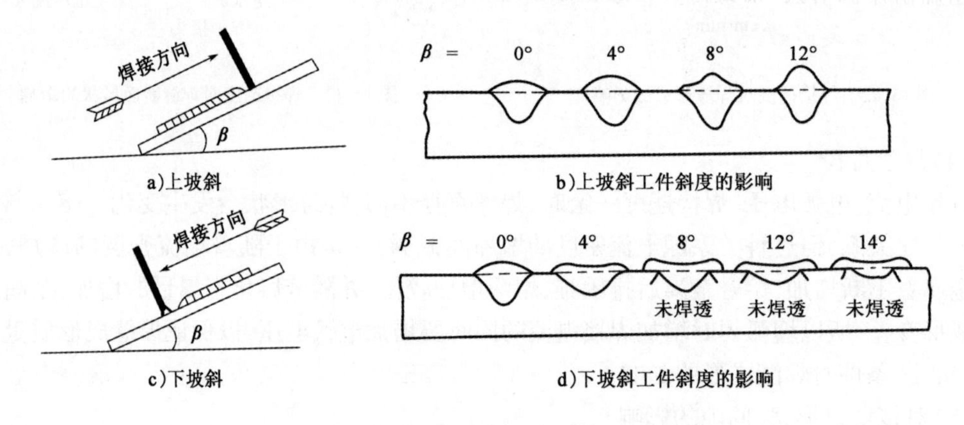

图 15-46 工件斜度对焊缝形成的影响(β 为工件斜度)

(3)焊剂堆高的影响

埋弧焊焊剂堆高一般在 25 ~ 40mm,应保证在丝极周围埋住电弧。当使用黏结焊剂或烧结焊剂时,由于密度小,焊剂堆高比熔炼焊剂高出 20% ~ 50%。焊剂堆高越大,焊缝余高越大,熔深越浅。

3)焊接工艺条件对焊缝金属性能的影响

当焊接条件变化时,母材的稀释率、焊剂熔化比率(焊剂熔化量/焊丝熔化量)均发生变化,从而对焊缝金属性能产生影响,其中焊接电流和电弧电压的影响较大。

7. 埋弧焊操作流程

1）焊前准备

（1）坡口设计及加工

同其他焊接方法相比，埋弧焊接母材稀释率较大，母材成分对焊缝性能影响较大，埋弧焊坡口设计必须考虑到这一点。依据单丝埋弧焊使用电流范围，当板厚小于14mm，可以不开坡口，装配时留有一定间隙；板厚为14 ～ 22mm，一般开V形坡口；板厚22～50mm时开X形坡口；对于锅炉汽包等压力容器通常采用U形或双U形坡口，以确保底层熔透和消除夹渣。埋弧焊焊缝坡口的基本形式和尺寸设计时，可查阅GB/T 986—1988 。坡口加工方法常采用刨边机和气割机，加工精度有一定要求。

（2）焊前清理

坡口内水锈、夹杂铁末，点焊后放置时间较长而受潮氧化等焊接时容易产生气孔，焊前需提高工件温度或用喷砂等方法进行处理。

（3）准备焊丝焊剂

焊丝要去污、油、锈等物，并有规则地盘绕在焊丝盘内，焊剂应事先烤干（250°C下烘烤1～2小时），并且不让其他杂质混入。

（4）检查焊接设备

在空载的情况下，变位器前转与后转，焊丝向上与向下是否正常，旋转焊接速度调节器观察变位器旋转速度是否正常；松开焊丝送进轮，试控启动按钮和停止按钮，看动作是否正确，并旋转电弧电压调节器，观察送丝轮的转速是否正确。

（5）弄干净导电嘴，调整导电嘴对焊丝的压力，保证有良好的导电性，且送丝畅通无阻。

（6）使电嘴基本对准焊缝，微调焊机的横向调整手轮，使焊丝与焊缝对准。

（7）按焊丝向下按钮，使焊丝与工件接近，焊枪头离工件距离不得小于15mm，焊丝伸出长度不得小于30mm。

（8）检查变位器旋转开关和断路开关的位置是否正确，并调整好旋转速度。

（9）打开焊剂漏头闸门，使焊剂埋住焊丝，焊剂层一般高度为30～50mm。

2）焊接操作

埋弧焊机送电，检查一切正常，将埋弧焊机的手弧焊埋弧焊开关置于“埋弧焊”位置。将开关扳到“手动”，把控制箱上电源开关置于“开”，可以检查上下送丝、试车等各功能是否正常。

3）MZ-Ⅱ型埋弧焊小车的焊接操作

将焊机控制面板的遥/近控方式开关根据需要打到合适的位置。“近控”位置时，使用焊机的焊接电流调节旋钮调节电流；“遥控”位置时，由焊车控制箱电流调节旋钮调节电流。

（1）检查送丝轮和导电嘴是否配套，焊丝经导丝轮、送丝轮、校直轮送入焊枪。

（2）将方式选择开关打在“焊接”位置，通过调节上下拖板，使导电嘴与工件的距离约等于焊丝直径的4～10倍，用户可以选择以上两种起弧方式之一进行起弧。

（3）在焊接过程中，可随时调整焊接规范。焊接完成后，按“停止”按钮，焊车停止行走，焊接按钮灯灭，停止指示灯亮，焊丝自动回烧，结束焊接过程。

4）焊接结束

（1）关闭焊剂漏斗的闸门，停送焊剂。

(2)轻按(即按一半深,不要按到底)停止按钮,使焊丝停止送进,但电弧仍燃烧,以填满金属熔池,然后再将停止按钮按到底,切断焊接电流,如一下子将停止按钮按到底,不但焊缝末端会产生熔池没有填满的现象,严重时此处还会有裂缝,而且焊丝还可能被黏在工件上,增加操作的麻烦。

(3)按焊丝向上按钮,上抽焊丝,焊枪上升。

(4)回收焊剂,供下次使用,但要注意勿使焊渣混入。

(5)检查焊接质量,不合格的应铲刨去,进行补焊。

5)焊接过程中的注意事项

(1)焊接过程中必须随时观察电流表和电压表,并及时调整有关调节器(或按扭)。使其符合所要求的焊接规范,在发现网路电压过低时应立刻暂停焊接工作,以免严重影响熔透质量,等网路电压恢复正常后再进行工作。

(2)焊接过程还应随时注意焊缝的熔透程度和表面成形是否良好,熔透程度可观察工件的反面电弧燃烧处红热程度来判断,表面成形即可在焊了一小段时,就去焊渣观察,若发现熔透程度和表面成形不良时及时调节规范进行挽救,以减少损失。

(3)注意观察焊丝是否对准焊缝中心,以防止焊偏,焊工观察的位置应与引弧的调整焊丝时的位置一样,以减少视线误差,如焊小直径筒体的内焊缝时,可根据焊缝背面的红热情况判断此电弧的走向是否偏斜,进行调整。

(4)经常注意焊剂漏斗中的焊剂量,并随时添加,当焊剂下流不顺时就及时用棒疏通通道,排除大块的障碍物。

15.5.3 氩弧焊简介

氩弧焊又称氩气体保护焊,就是在电弧焊的周围通上氩弧保护性气体,将空气隔离在焊区之外,防止焊区的氧化。氩弧焊技术是在普通电弧焊的原理的基础上,利用氩气对金属焊材的保护,通过高电流使焊材在被焊基材上融化成液态形成溶池,使被焊金属和焊材达到冶金结合的一种焊接技术,由于在高温熔融焊接中不断送上氩气,使焊材不能和空气中的氧气接触,从而防止了焊材的氧化,因此可以焊接铜、铝、合金钢等有色金属。图 15-47 为氩弧焊机和焊枪实物。

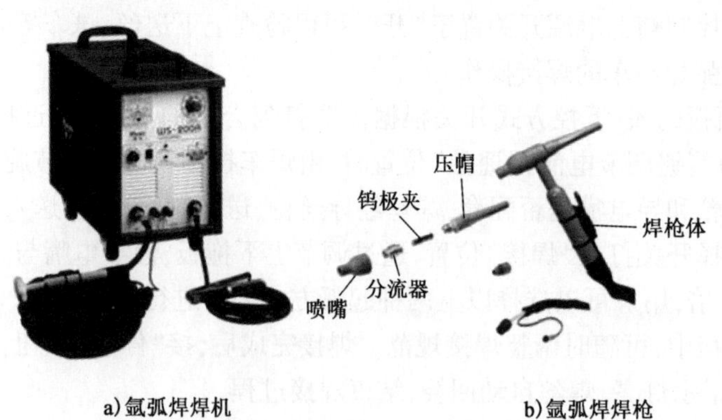

图 15-47 氩弧焊机和焊枪实物

最常用的惰性气体是氩气。它是一种无色无味的气体,在空气的含量为0.935%(按体积计算),氩的沸点为-186℃,介于氧和氮的沸点之间。氩气是氧气厂分馏液态空气制取氧气时的副产品。氩气的比热容和热传导能力小,即本身吸收量小,向外传热也少,电弧中的热量不易散失,使焊接电弧燃烧稳定,热量集中,有利于焊接的进行。氩气的缺点是电离势较高。当电弧空间充满氩气时,电弧的引燃较为困难,但电弧一旦引燃后就非常稳定。

1.氩弧焊分类

氩弧焊按照电极的不同分为熔化极氩弧焊和非熔化极氩弧焊两种。

1)非熔化极氩弧焊

工作原理及特点(图15-48):非熔化极氩弧焊是电弧在非熔化极(通常是钨极)和工件之间燃烧,在焊接电弧周围流过一种不和金属起化学反应的惰性气体(常用氩气),形成一个保护气罩,使钨极端头,电弧和熔池及已处于高温的金属不与空气接触,能防止氧化和吸收有害气体。从而形成致密的焊接接头,其力学性能非常好。

2)熔化极氩弧焊

工作原理及特点(图15-49):焊丝通过丝轮送进,导电嘴导电,在母材与焊丝之间产生电弧,使焊丝和母材熔化,并用惰性气体氩气保护电弧和熔融金属来进行焊接的。

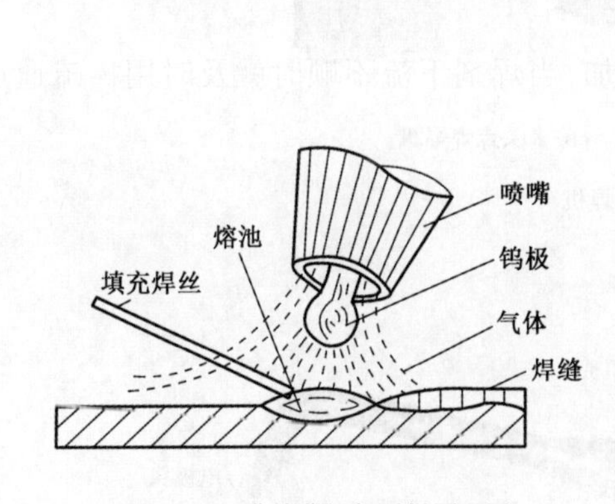

图15-48　非熔化极氩弧焊原理图

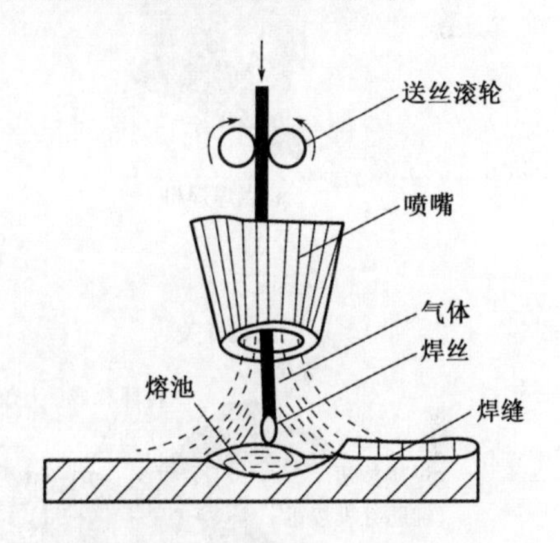

图15-49　熔化极氩弧焊原理图

它和钨极氩弧焊的区别:一个是焊丝作电极,并被不断熔化填入熔池,冷凝后形成焊缝;另一个是只作电极,而不作为焊丝融化进入熔池。

2.氩弧焊的缺点

(1)氩弧焊因为热影响区域大,工件在修补后常常会造成变形、硬度降低、砂眼、局部退火、开裂、针孔、磨损、划伤、咬边,或者是结合力不够及内应力损伤等缺点。尤其在精密铸造件细小缺陷的修补过程在表面突出。

(2)氩弧焊与焊条电弧焊相比对人身体的伤害程度要高一些,氩弧焊的电流密度大,发出的光比较强烈,它的电弧产生的紫外线辐射,约为普通焊条电弧焊的5~30倍,红外线约为焊条电弧焊的1~1.5倍,在焊接时产生的臭氧含量较高,因此,尽量选择空气流通较好的地方施工,不然对身体有很大的伤害。

3. 氩弧焊的应用

氩弧焊适用于焊接易氧化的有色金属和合金钢(目前主要用 Al、Mg、Ti 及其合金和不锈钢的焊接);适用于单面焊双面成形,如打底焊和管子焊接;钨极氩弧焊还适用于薄板焊接。氩弧焊打底采用氩弧焊打底工艺,可以得到优质的焊接接头。

15.5.4 电阻焊概述

焊件组合后通过电极施加压力,利用电流通过接头的接触面及邻近区域产生的电阻热进行焊接的方法称为电阻焊。电阻焊具有生产效率高、低成本、节省材料、易于自动化等特点,因此广泛应用于航空、航天、能源、电子、汽车、轻工等各工业部门,是重要的焊接工艺之一。图 15-50是常见的电阻焊机,图 15-51 是电阻焊焊枪的结构。

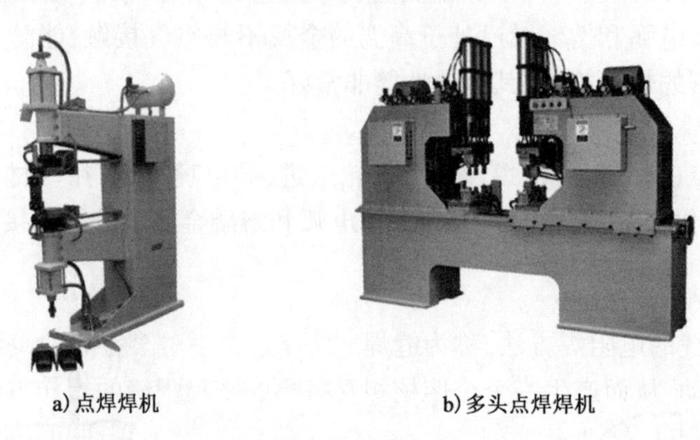

a) 点焊焊机　　b) 多头点焊焊机

图 15-50 电阻焊机

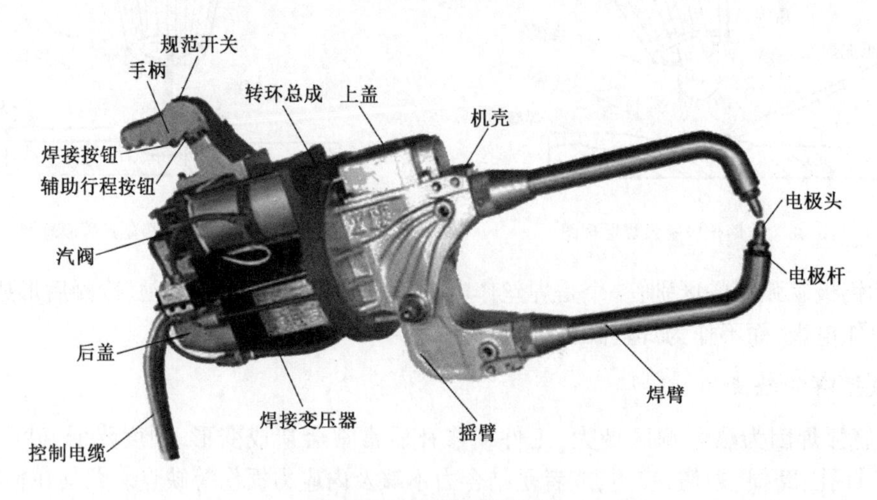

图 15-51 电阻焊焊枪结构

图 15-52 显示了各个电阻焊接法的接合材料和电极的位置关系以及加压的方向。

1. 点焊

点焊是将焊件装配成搭接接头,并压紧在两柱状电极之间,利用电阻热熔化母材金属,形成焊点的电阻焊方法,主要用于薄板焊接。

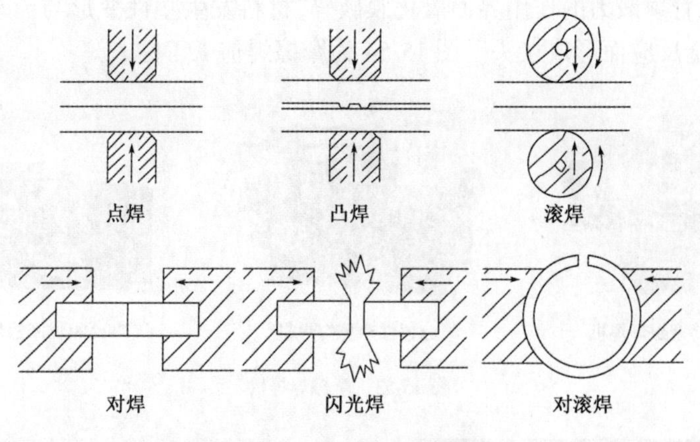

图15-52　不同电阻焊的示意图

2. 凸焊

凸焊是点焊的一种变形型式；在一个工件上有预制的凸点，凸焊一次可在接头处形成一个或多个熔核。

3. 滚焊

焊件装配成搭接或斜对接头并置于两滚轮电极之间，滚轮加压焊件并转动，连续或断续送电，形成一条连续焊缝的电阻焊方法，称为缝焊。缝焊是用一对滚盘电极代替点焊的圆柱形电极，与工件作相对运动，从而产生一个个熔核相互搭叠的密封焊缝的焊接方法。缝焊广泛应用于油桶、罐头罐、暖气片、飞机和汽车油箱，以及喷气发动机、火箭、导弹中密封容器的薄板焊接。

4. 对焊

电阻对焊是将焊件装配成对接接头，使其端面紧密接触，利用电阻热加热至塑性状态，然后断电并迅速施加顶锻力完成焊接的方法，电阻对焊主要用于截面简单、直径或边长小于20mm和强度要求不太高的焊件。

5. 闪光焊

闪光对焊是将焊件装配成对接接头，接通电源，使其端面逐渐移近达到局部接触，利用电阻热加热这些接触点，在大电流作用下，产生闪光，使端面金属熔化，直至端部在一定深度范围内达到预定温度时，断电并迅速施加顶锻力完成焊接的方法。

15.5.5　摩擦焊

利用摩擦热焊接起源于100多年前，此后经半个多世纪的研究发展，摩擦焊技术才逐渐成熟起来，并进入推广应用阶段。自从20世纪50年代摩擦焊真正焊出合格焊接接头以来，就以其优质、高效、低耗环保的突出优点受到所有工业强国的重视。图15-53为常见摩擦焊机。

摩擦焊是利用焊件相对摩擦运动产生的热量来实现材料可靠连接的一种压力焊方法。其焊接过程是在压力的作用下，相对运动的待焊材料之间产生摩擦，使界面及其附近温度升高达到热塑性状态,随着顶锻力的作用界面氧化膜破碎,材料发生塑性变形与流动,通过界面元素扩散及再结晶冶金反应而形成接头。图 15-54 为摩擦焊加工工件。

a)连续驱动摩擦焊焊机

b)惯性摩擦焊焊机

c)相位摩擦焊焊机

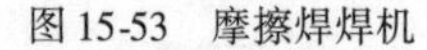

图 15-53　摩擦焊焊机

图 15-54　摩擦焊加工实例

在整个摩擦焊接过程中,待焊的金属表面经历了从低温到高温摩擦加热,连续发生了塑性变形、机械挖掘、黏接和分子连接的过程变化,形成了一个存在于全过程的高速摩擦塑性变形层,摩擦焊接时的产热、变形和扩散现象都集中在变形层中。在停车阶段和顶锻焊接过程中,摩擦表面的变形层和高温区金属被部分挤碎排出,焊缝金属经受锻造,形成了质量良好的焊接接头。

1. 摩擦焊焊接参数

1)连续驱动摩擦焊

主要参数有转速、摩擦压力、摩擦时间、摩擦变形量、停车时间、顶锻时间、顶锻压力、顶锻变形量。其中,摩擦变形量和顶锻变形量(总和为缩短量)是其他参数的综合反应。

(1)转速与摩擦压力。转速和摩擦压力直接影响摩擦扭矩、摩擦加热功率、接头温度场、塑性层厚度以及摩擦变形速度等。转速和摩擦压力的选择范围很宽,它们不同的组合可得到不同的规范,常用的组合有强规范和弱规范。强规范时,转速较低,摩擦压力较大,摩擦时间短;弱规范时,转速较高,摩擦压力小,摩擦时间长。

(2)摩擦时间。摩擦时间影响接头的加热温度、温度场和质量。如果时间短,则界面加热不充分,接头温度和温度场不能满足焊接要求;如果时间长,则消耗能量多,热影响区大,高温区金属易过热,变形大,飞边也大,消耗的材料多。碳钢工件的摩擦时间一般在 1 ~ 40s 范围内。

(3)摩擦变形量。摩擦变形量与转速、摩擦压力、摩擦时间、材质的状态和变形抗力有关。要得到牢靠的接头,必须有一定的摩擦变形量,通常选取的范围为 1 ~ 10mm。

(4)停车时间。停车时间是转速由给定值下降到零时所对应的时间,直接影响接头的变形层厚度和焊接质量。当变形层较厚时,停车时间要短;当变形层较薄而且希望在停车阶段增加变形层厚度时,则可加长停车时间。

(5)顶锻压力、顶锻变形量和顶锻速度。顶锻压力的作用是挤出摩擦塑性变形层中的氧化物和其他有害杂质,并使焊缝得到锻压,结合牢靠,晶粒细化。顶锻压力的选择与材质、接头温度、变形层厚度以及摩擦压力有关。材料的高温强度高时,顶锻压力要大;温度高、变形层厚度小时,顶锻压力要小(较小的顶锻压力就可得到所需要的顶锻变形量);摩擦压力大时,相应的顶锻压力要小一些。顶锻变形量是顶锻压力作用结果的具体反映,一般选取1~6mm。顶锻速度对焊接质量影响很大,如顶锻速度慢,则达不到要求的顶锻变形量,一般为10~40mm/min。

2)惯性摩擦焊

在参数选取上连续驱动摩擦焊有所不同,主要的参数有起始转速、转动惯量和轴向压力。

(1)起始转速。起始转速具体反映在工件的线速度上,对钢—钢焊件,推荐的速度范围为152~456m/min。低速(< 91m/min)时,中心加热偏低,飞边粗大不齐,焊缝成漏斗状;中速(91~273m/min)焊接时,焊缝深度逐渐增加,边界逐渐均匀;如果速度大于360m/min时,焊缝中心宽度大于其他部位。

(2)转动惯量。飞轮转动惯量和起始转速均影响焊接能量。在能量相同的情况下,大而转速慢的飞轮产生顶锻变形量较小,而转速快的飞轮产生较大的顶锻变形量。

(3)轴向压力。轴向压力对焊缝深度和形貌的影响几乎与起始转速的影响相反,压力过大时,飞边量增大。

2. 摩擦焊焊接工艺

摩擦焊技术的主要特点归结为如下几个方面:

(1)接头质量好且稳定。焊接过程由机器控制,参数设定后容易监控,重复性好,不依赖于操作人员的技术水平和工作态度。焊接过程不发生熔化,属固相热压焊,接头为锻造组织,因此焊缝不会出现气孔、偏析和夹杂,裂纹等铸造组织的结晶缺陷,焊接接头强度远大于熔焊、钎焊的强度,达到甚至超过母材的强度;

(2)效率高。对焊件准备通常要求不高,焊接设备容易自动化,可在流水线上生产,每件焊接时间以秒计,一般只需零点几秒至几十秒,是其他焊接方法如熔焊、钎焊不能相比的;

(3)节能、节材、低耗。所需功率仅及传统焊接工艺的1/5~1/15,不需焊条、焊剂、钎料、保护气体,不需填加金属,也不需消耗电极;

(4)焊接性好。特别适合异种材料的焊接,与其他焊接方法相比,摩擦焊有得天独厚的优势,如钢和紫铜、钢和铝、钢和黄铜等等;

(5)环保,无污染。焊接过程不产生烟尘或有害气体,不产生飞溅,没有孤光和火花,没有放射线。

由于以上这些优点,摩擦焊技术被誉为未来的绿色焊接技术。摩擦焊技术在国内的发展及应用状况经过几十年的发展,在国内目前已经具备了包括工艺、设备、控制、检验等整套完备的专业技术规模,并且在基础理论研究上也形成了一定的独立体系。

但是,摩擦焊也具有如下缺点与局限性。

(1)对非圆形截面焊接较困难,所需设备复杂;对盘状薄零件和薄壁管件,由于不易夹固,施焊也比较困难。

(2)对形状及组装位置已经确定的构件,很难实现摩擦焊接。

(3)接头容易产生飞边,必须焊后进行机械加工。

(4)夹紧部位容易产生划伤或夹持痕迹。

15.6 焊接技术发展趋势

焊接技术发明至今已有百余年的历史,工业生产中的许多领域,如航空、航天及军工产品的生产制造都离不开焊接技术。当前,新兴工业的发展迫使焊接技术不断前进,如微电子工业的发展促进了微型连接工艺和设备的发展;陶瓷材料和复合材料的发展促进了真空钎焊、真空扩散焊、喷涂以及黏接工艺的发展。

在加工制造的企业中,焊接技术的发展也是伴随着科学技术的发展不断地进步。对于未来焊接技术的发展,许多新兴的技术都值得业界期待。未来焊接技术的发展前景是非常广阔的,大体上总结为以下几个方向:

1. 能源方面

目前,焊接热源已非常丰富,如火焰、电弧、电阻、超声、摩擦、等离子、电子束、激光束、微波等等,但焊接热源的研究与开发并未终止,其新的发展可概括为三个方面:

首先是对现有热源的改善,使它更为有效、方便、经济适用,在这方面,电子束和激光束焊接的发展较显著;其次是开发更好、更有效的热源,采用两种热源叠加以求获得更强的能量密度,例如在电子束焊中加入激光束等;第三是节能技术,由于焊接所消耗的能源很大,所以出现了不少以节能为目标的新技术,如太阳能焊、电阻点焊中利用电子技术的发展来提高焊机的功率等 。

2. 计算机技术在焊接中的应用

计算机技术在工业控制领域有着广泛而应用,大大提高了工业控制精度。弧焊设备微机控制系统,可对焊接电流、焊接速度、弧长等多项参数进行分析和控制,对焊接操作程序和参数变化等作出显示和数据保留,从而给出焊接质量的确切信息。目前以计算机为核心建立的各种控制系统包括焊接顺序控制系统、PID 调节系统、最佳控制及自适应控制系统等。这些系统均在电弧焊、压焊和钎焊等不同的焊接方法中得到应用。计算机软件技术在焊接中的应用越来越得到人们的重视。目前,计算机模拟技术已用于焊接热过程、焊接冶金过程、焊接应力和变形等的模拟;数据库技术被用于建立焊工档案管理数据库、焊接符号检索数据库、焊接工艺评定数据库、焊接材料检索数据库等;在焊接领域中,CAD/CAM 的应用正处于不断开发阶段,焊接的柔性制造系统也已出现。

3. 焊接机器人和智能化

焊接机器人是焊接自动化的革命性进步,它突破了焊接刚性自动化的传统方式,开拓了一种柔性自动化新方式,焊接机器人的主要优点是:稳定和提高焊接质量,保证焊接产品的质量;提高生产率;可在有害环境下长期工作,改善了工人劳动条件;降低了对工人操作技术要求;可实现小批量产品焊接自动化;为焊接柔性生产线提供了技术基础。为提高焊接过程的自动化程度,除了控制电弧对焊缝的自动跟踪外,还应实时控制焊接质量,为此需要在焊接过程中检测焊接坡口的状况,如熔宽、熔深和背面 焊道成形等,以便能及时地调整焊接参数,保证良好的焊接质量,这就是智能化焊接。智能化焊接的第一个发展重点在视觉系统,它的关键技术是传感器技术。虽然目前智能化还处在初级阶段,但有着广阔前景,是一个重要的发展方向。有关焊接工程的专家系统,近年来国内外已有较深入的研究,并已推出或准备推出某些商品化焊接专家系统。焊接专家系统是具有相当于专家的知识和经验水平,以及具有解决焊接专门问题能力范围的计算机软件系统。在此基础上发展起来的焊接质量计算机综合管理系统在焊接中也得到了应用,其内容包括对产品的初始试验资料和数据的分析、产品质量检验、销售监督等,其软件包括数据库、专家系统等技术的具体应用。

4. 提高焊接生产率

提高焊接生产率是推动焊接技术发展的重要驱动力。提高生产率的途径有二个方面。

(1)提高焊接熔敷率。手弧焊中的铁粉焊、重力焊、躺焊等工艺;埋弧焊中的多丝焊、热丝焊均属此类,其效果显著。

(2)减少坡口截面及熔敷金属量。窄间隙焊接采用气体保护焊为基础,利用单丝、双丝或三丝进行焊接。无论接头厚度如何,均可采用对接形式。例如,钢板厚度由50~300mm,间隙均可设计为13mm左右,因而所需熔敷金属量成数倍、数十倍地降低,从而大大提高了生产率。窄间隙焊接的主要技术关键是如何保证两侧熔透和保证电弧中心自动跟踪处于坡口中心线上。

为解决这两个问题,世界各国开发出多种不同方案,因而出现了种类多样的窄间隙焊接法。电子束焊、激光束焊及等离子弧焊时,可采用对接接头,且不用开波口,因此是理想的窄间隙焊接法,这是它们受到广泛重视的重要原因之一。

15.7　焊接缺陷

焊接缺陷必然要影响接头的力学性能和其他使用上的要求(如:加密封性、耐蚀性等)。对于重要的接头,上述缺陷一经发现,必须修补,否则可能产生严重的后果。缺陷如不能修复,会造成产品的报废。对于不太重要的接头,如个别的小缺陷,在不影响使用的情况下可以不必修补。但在任何情况下,裂纹和烧穿都是不能允许的。常见焊接缺陷如表表15-5所示。

焊接缺陷　　表15-5

缺陷类型	图例	特征	产生原因	预防措施
夹渣		焊缝内部和熔合线内存在非金属夹杂物	1. 前道焊缝除渣不干净; 2. 焊条摆动幅度过大; 3. 焊条前进速度不均匀; 4. 焊条倾角过大	1. 应彻底除锈、除渣; 2. 限制焊条摆动宽度; 3. 采用均匀一致的焊速; 4. 减小焊条倾角

续上表

缺陷类型	图 例	特 征	产 生 原 因	预 防 措 施
气孔		焊缝内部（或表面）的孔穴	1. 焊件表面受锈、油、水分或脏物； 2. 焊条药皮中水分过多； 3. 电弧拉得过长； 4. 焊接电流太大； 5. 焊接速度过快	1. 清除焊件表面及坡口内侧的污染； 2. 在焊前烘干焊条； 3. 尽量采用短电弧； 4. 采用适当的焊接电流； 5. 降低焊接速度
裂纹		焊缝、热影响区内部或表面缝隙	1. 熔池中含有较多的C、S、P 等有害元素； 2. 熔池中含有较多的氢； 3. 焊件结构刚性大； 4. 接头冷却速度太快	1. 在焊前进行预热； 2. 限制原材料中 C、S、P 的含量； 3. 尽量降低熔池中氢的含量； 4. 采用合理的焊接顺序和方向
未焊透		焊缝金属与焊件之间或焊缝金属之间的局部未熔合	1. 焊接速度太快； 2. 坡口钝边太厚； 3. 装配间隙过小； 4. 焊接电流过小	1. 正确选择焊接电流和焊接速度； 2. 正确选用坡口尺寸
烧穿		焊缝出现穿孔	1. 焊接电流过大； 2. 焊接速度过小； 3. 操作不当	1. 选择合理的焊接工艺规范； 2. 操作方法正确、合理
咬边		焊缝与焊件的交界处被烧熔而形成的凹陷或沟槽	1. 焊接电流过大； 2. 电弧过长； 3. 焊条角度不当； 4. 运条不合理	1. 选用合适的电流，避免电流过大； 2. 操作时，电弧不要拉得过长； 3. 焊条角度适当； 4. 运条时，坡口中间的速度稍快，而边缘的速度要慢些
未熔合		母材与焊缝或焊条与焊缝未完全熔化结合	1. 焊接电流过小； 2. 焊接所读过快； 3. 热量不够； 4. 焊缝处有锈蚀	1. 选较大电流； 2. 运条合理； 3. 焊缝要清理干净

 焊接安全操作规程

1. 电弧焊

(1)焊接地点10m内,禁止存放氧气瓶、乙炔罐、油桶和其他易燃、易爆品。

(2)电源线、地线、手把线不准有破损、漏电现象,接头螺栓要拧紧。

(3)电焊机一次线长度不准超过3m,接头必须设防护罩,不准乱接、乱挂。焊机二次线连接良好,接头不超过3个。

(4)一个电闸不准接两台电焊机,开关电闸要戴手套,头部闪开正面。

(5)不准将电焊机放在高温或潮湿地方,不准用水冷却发热的焊钳。

(6)电焊机手把线、回线不准接触氧气瓶、乙炔或各种导管。严禁在氧气瓶或乙炔导管上打火。

(7)在潮湿的地方焊接时,脚下应垫绝缘板。雨天禁止露天焊接。

(8)在有人配合进行焊接作业时,应加强联系,以免弧光打伤眼睛。

(9)更换焊条时,应戴好绝缘手套,身体不要靠在铁板或其他导电物体上。

(10)电焊手把线不准与氧气带、乙炔带混放在一起。

(11)电焊回线应接在焊件上,不准用铁管、扁铁等乱接。

2. 二氧化碳保气体护焊

(1)操作前,二氧化碳气体应先预热15min。开气时,操作人员必须站在瓶嘴的侧面。

(2)操作前,应检查并确认焊丝的进给机构、电线的连接部分、二氧化碳气体的供应系统合乎要求。

(3)二氧化碳气体瓶宜放在阴凉处,其最高温度不得超过30℃,并应放置牢靠,不得靠近热源。

(4)二氧化碳气体预热器端的电压,不得大于36V,作业后,应切断电源。

(5)焊接操作及配合人员必须按规定穿戴劳动防护用品。

(6)对承压状态的压力容器及管道、带电设备、承载结构的受力部位和装有易燃、易爆物品的容器严禁进行焊接和切割。

(7)焊接铜、铝、锌、锡等有色金属时,应通风良好,焊接人员应戴防毒面罩、呼吸滤清器或采取其他防毒措施。

(8)当消除焊缝焊渣时,应戴防护眼镜,头部应避开敲击焊渣飞溅方向。

(9)工作完毕应关闭电焊机,再断开电源,清扫工作场地。

3. 气焊、气割安全操作规程

(1)操作前检查气瓶压力表、减压阀、防回火装置、气管是否完好,确定后方可打开气阀;焊接前戴好焊工面罩。

(2)不准在带电设备、有压力(液体或气体)和装有易燃易爆物品的容器上焊接或气割,也不能在存有易燃易爆物品的室内焊接或气割。

(3)氧气瓶及气管不得接触油类,乙炔瓶距离氧气瓶以及气瓶距明火、热源应在10m以

上,并将气瓶垂直放置,有防倒措施。

(4)装减压阀时,人要站在减压阀侧面,不准站在出气口对面,要先轻轻开启阀门,吹出瓶口杂物后,再装减压阀。

(5)不在固定焊接场地焊接或气割时,必须开“动火审批表”,经审批后方可进行焊接或气割。

(6)室外焊接时,禁止把气瓶放在日光下直晒或和易燃易爆品放在一起。

(7)焊接过程中,焊毕过热或堵塞而发生回火或鸣爆时,应立即关闭焊割炬上的乙炔阀,再关氧气阀;稍停后再开氧气吹掉管内烟灰,恢复正常后再使用。

(8)氧气瓶内的气体不准全部用光,应留有不低于0.5kg的剩余压力。

(9)工作完毕后应关闭各阀门并检查和清理工作现场,熄灭余火,把焊枪、皮管收回,放在规定的位置。

(10)氧气、乙炔瓶应存放在通风场所,并分开存放;严禁用氧气吹灰等。

4. 氩弧焊安全操作规程

(1)氩弧焊时,紫外线强度很大,易引起电光性眼炎、电弧灼伤。在使用焊机时必须做好个人防护,避免弧光、烧伤或烤伤。

(2)为了防止触电,应在工作台附近地面覆盖绝缘橡皮,操作人员应穿绝缘胶鞋。

(3)合上总电源开关,首先启动冷却水,然后打开氩气钢瓶阀门,调节阀门,保持氩气有一定流量,再开启焊机电源。

(4)根据不同焊接样品采用相应的焊接规范进行焊接,在焊接时保证室内空气流通。氩弧焊工作场地要有良好的自然通风和固定的机械通风装置,减少氩弧焊有害气体和金属粉尘的危害。

(5)钨极氩弧焊机应放置在干燥通风处,严格按照使用说明书操作。使用前应对焊机进行全面检查。确定没有隐患,再接通电源。空载运行正常后方可施焊。保证焊机接线正确,必须良好、牢固接地以保障安全。

(6)应经常检查氩弧焊枪冷却水系统的工作情况,发现堵塞或泄漏时应即刻解决,防止烧坏焊枪和影响焊接质量。

(7)操作人员离开工作场所或焊机不使用时,必须切断电源。若焊机发生故障,应由专业人员进行维修,检修时应作好防电击等安全措施。

(8)在操作者焊接作业时,不准其他人接近,防止焊条或焊完后的枪嘴碰伤。

(9)焊接完以后先关闭焊机电源,然后关闭气瓶阀门,再关闭冷却水,最后关闭总电源。

第四篇　特种加工与产品检测

第16章　线　切　割

教学目的

本实训内容是为加强学生对电火花线切割加工原理与操作技能的掌握所开设的一项基本训练科目。

通过对线切割机床的实习，使学生能了解电火花机床在机械制造中的作用及工作过程，了解线切割机床常用的工艺基础知识，为相关课程的理论学习及将来从事生产技术工作打下基础。

教学要求

(1)了解线切割机床的用途、型号、规格及主要组成部分。
(2)掌握线切割机床及加工软件的基本操作方法。
(3)了解线切割编程软件的使用。
(4)了解常用电参数的调整原则。
(5)了解线切割机床的安全操作规程。

16.1　线切割加工基本原理、特点及应用范围

16.1.1　电火花线切割基本原理

电火花切割加工(Wire cut Electrical Discharge Machining)是在电火花加工的基础上由苏联在20世纪50年代末发展起来的一种新的加工工艺，目前国内外线切割机床已占电加工机床的60%以上。

被切割的工件作为工件电极，钼丝作为工具电极，脉冲电源发出一连串的脉冲电压，加到工件电极和工具电极上。钼丝与工件之间喷射足够的具有一定绝缘性能的工作液，当钼丝与工件的距离小到一定程度时，在脉冲电压的作用下，工作液被击穿，在钼丝与工件之间形成瞬

间放电通道，产生瞬时高温，使金属局部熔化甚至汽化而被蚀除下来。若工作台带动工件不断进给，就能切割出所需要的形状。由于储丝筒带动钼丝交替作正、反向的高速移动，所以钼丝基本上不被蚀除，可使用较长的时间，如图16-1所示。

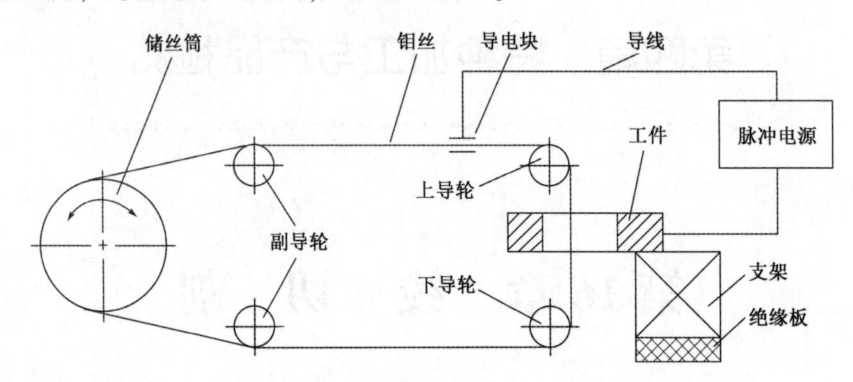

图16-1　线切割机床加工基本原理图

通常认为电极丝与工件的放电间隙 $\delta_{电}$ 在0.01mm左右，若电脉冲电压高，放电间隙会大一些。线切割编程时，一般取 $\delta_{电}=0.01\text{mm}$。

每来一个电脉冲时，要保证在电极丝和工件之间产生的是火花放电而不是电弧放电，则其必要的条件是：两个电脉冲之间有足够的间隙时间使放电间隙中的介质消电离，即使放电通道中的带电粒子复合为中性粒子，恢复本次放电通道处间隙中介质的绝缘强度，以免总在同一处发生放电而导致电弧放电。因此，一般脉冲间隙应为脉冲宽度的4倍以上。

根据电极丝的运行速度不同，电火花线切割机床通常分为两类：

1. 快走丝电火花线切割机床(WEDM-HS)

电极丝作高速往复运动(一般走丝速度为8～10m/s)，电极丝可重复使用，加工速度较高，但快速走丝容易造成电极丝抖动和反向时停顿，使加工质量下降，是我国生产和使用的主要机种，也是我国独创的电火花线切割加工模式。

2. 慢走丝电火花线切割机床(WEDM-LS)

电极丝作低速单向运动，一般走丝速度低于0.2m/s，电极丝放电后不再使用，工作平稳、均匀、抖动小、加工质量较好，但加工速度较低，是国外生产和使用的主要机种。

16.1.2　电火花线切割的加工特点

(1)不需要制造电极，节省了工具电极的设计、制造时间，提高了生产效率。

(2)能切割0.05mm左右的窄缝、微细异形孔。

(3)加工中不需要把全部多余材料加工成为废屑，提高了材料的利用率。

(4)对工件材料的硬度没有限制，只要是导体或半导体都能加工。

(5)加工精度较高，可直接用于精加工。

(6)自动化程度高、操作方便、可实现昼夜连续加工。

(7)钼丝加工一定时间后存在磨损现象，因此，精加工时要对钼丝的直径进行测量，以控制补偿间隙，保证加工精度。

16.1.3 电火花线切割的应用范围

(1)广泛应用于各类模具和机械零件的加工。
(2)只能加工二维零件和三维直纹曲面,不能加工型腔等不通孔和内腔。
(3)可加工微细孔、槽、窄缝、异形孔、曲线等。
(4)可对各类导电材料(如特殊材料、贵重金属、薄壁件等)进行加工、精确切断等。

16.2 线切割机床的型号与主要结构

16.2.1 线切割机床型号介绍

以DK7725型数控电火花线切割的含义说明如下:

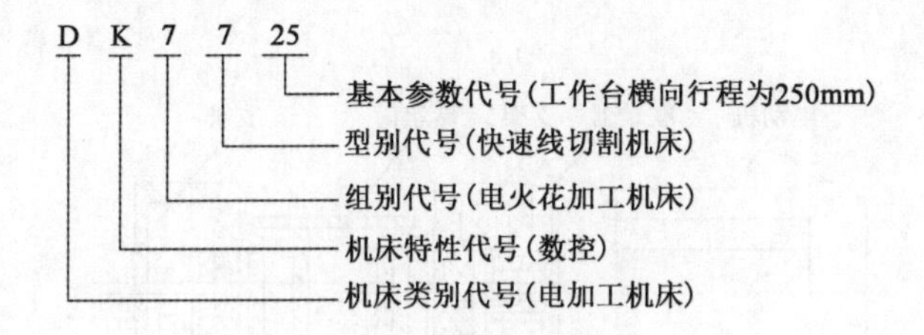

16.2.2 线切割机床的主要组成部分

DK7725型数控电火花线切割机床的主要组成部分如图16-2所示。

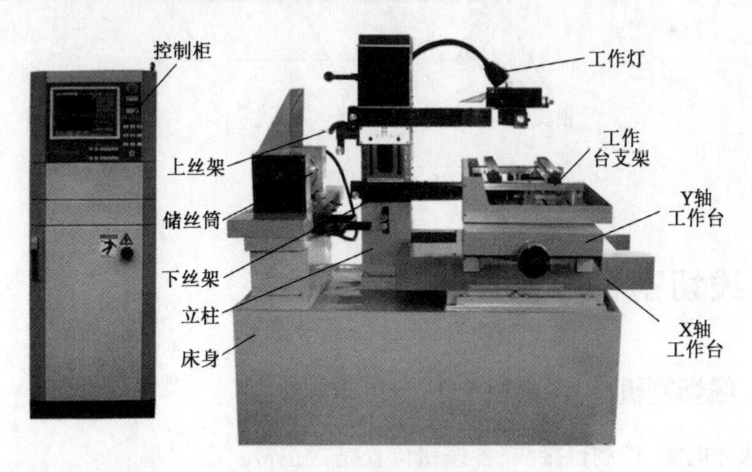

图16-2 DK7732电火花线切割机床

16.2.3 线切割机床结构

线切割机床由工作台、运丝机构、丝架、床身四部分组成。
(1)工作台主要由拖板、导轨、丝杠运动副、齿轮传动机构组成。如图16-3所示。

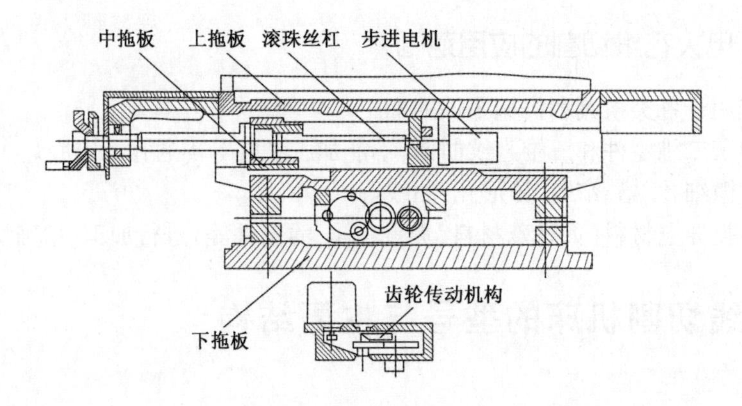

图 16-3　工作台结构

(2)运丝机构主要由储丝筒组合件、上下拖板、齿轮副、丝杆副、换向装置和绝缘件等组成,如图 16-4 所示。

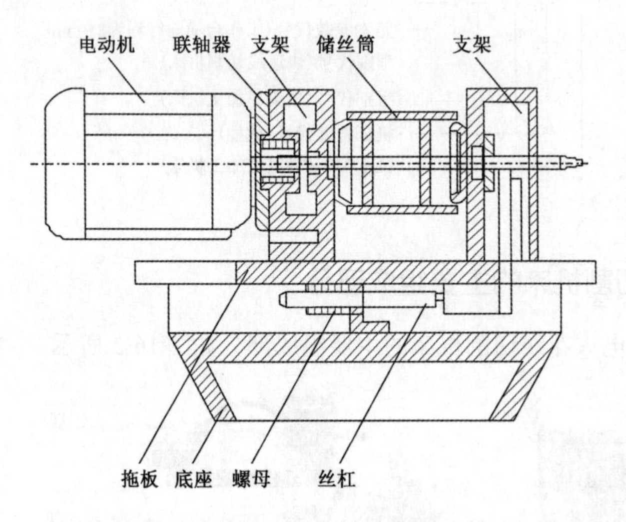

图 16-4　储丝筒结构

16.3　线切割机床的操作

16.3.1　线切割机床操作准备

(1)检查脉冲电源、控制台接线、各按钮位置是否正常。

(2)检查线切割机床的电极丝是否都落入导轮槽内,导电块是否与电极丝有效接触,钼丝松紧是否适当。

(3)检查行程撞块是否在两行程开关之间的区域内,冷却液管是否通畅。

(4)用油枪给工作台导轮副、齿轮副、丝杠螺母及储丝机构加油(HJ－30 机械油),线架导轮加 HJ－5 高速机械油。

(5)开机前确定机床处于下列状态:电柜门必须关严,丝筒行程撞块不能压住行程开关,急停按钮处于复位的状态。如未绕丝,开机后应该使其处于断开状态。

(6)安装工件,电极丝接脉冲电源输出负极,工件接脉冲电源输出正极。

16.3.2 线切割机床的工件装夹

1. 线切割机床工件装夹的一般要求

工件装夹的形式对加工精度有直接的影响。电火花线切割机床的夹紧件比较简单,一般是在线切割机床所配通用夹具上采用压板螺钉固定工件。为了适应各种形状的加工要求,还可以使用磁性夹具、旋转夹具或者专用夹紧件等。

工件装夹的一般要求:

(1)工件在基准面应该清洁无毛刺,经热处理的工件在穿丝孔内及扩孔的台阶处,要求清洁热处理的多余的废物和氧化皮。

(2)夹具应具有必要的精度,将其稳定地固定在工作台上,拧紧螺母时要均匀用力。

(3)工件装夹时的位置应该有利于工件的找正,并应该与机床行程相对应。

(4)工件的装夹余量要足够,严禁在加工过程钼丝切割到工件台。

(5)检查工件与线架的位置,严禁在加工过程发生干涉现象。

(6)对工件的夹紧力要均匀,不得使工件变形或者是移位。

(7)大批零件加工时,最好采用专用的夹具,以提高生产的效率。

(8)细小、精密、薄壁的工件应该固定在不易变形的辅助夹具上。

2. 常见的装夹方案

(1)悬臂式装夹

如图16-5所示,这种方式装夹方便、通用性强,但由于工件一端悬伸,易出现切割表面与工件上、下平面间的垂直度误差。因此,仅用于加工要求不高或悬臂较短的情况。

(2)两端支撑方式装夹

如图16-6所示是两端支撑方式装夹工件,这种方式装夹方便、稳定,定位精度高,但不适于装夹较大的零件。

(3)桥式支撑方式装夹

这种方式是在通用夹具上放置垫铁后再装夹工件,如图16-7所示。这种方式装夹方便,对大、中、小型工件都能采用。

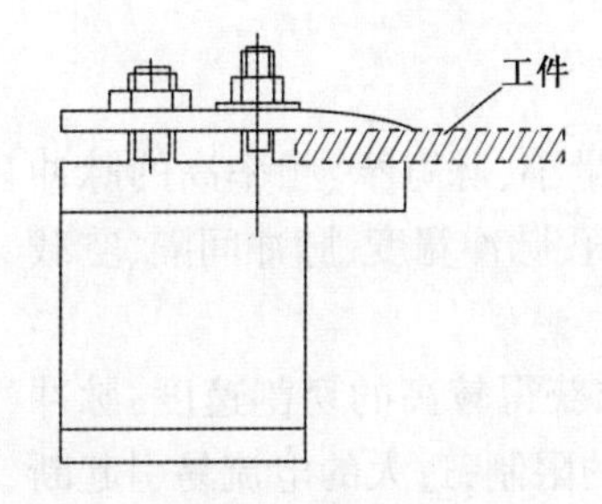

图16-5 悬臂式装夹

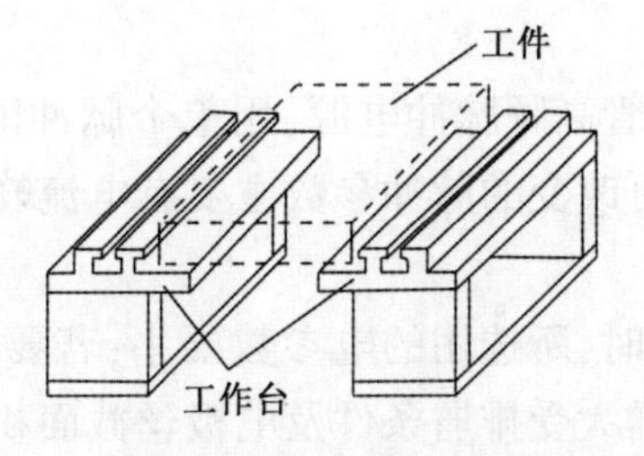

图16-6 两端支撑方式装夹

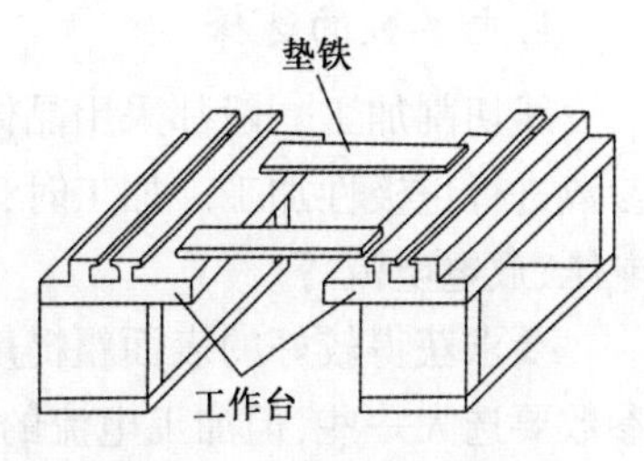

图16-7 桥式支撑方式装夹

16.3.3 电极丝位置的调整

线切割加工之前,应将电极丝调整到切割的起始坐标位置上,其调整方法有以下几种:

1. 目测法

对于加工要求较低的工件,在确定电极丝与工件基准间的相对位置时,可以直接利用目测或借助 2 ~8 倍的放大镜来进行观察。图 16-8 是利用穿丝处划出的十字基准线,分别沿划线方向观察电极丝与基准线的相对位置,根据两者的偏离情况移动工作台,当电极丝中心分别与纵横方向基准线重合时,工作台纵、横方向上的读数就确定了电极丝中心的位置。

2. 火花法

如图 16-9 所示,运行钼丝,移动工作台使工件的基准面逐渐靠近电极丝,在出现火花的瞬时,记下工作台的相应坐标值,再根据放电间隙推算电极丝中心的坐标。此法简单易行,但往往因电极丝靠近基准面时产生的放电间隙,与正常切割条件下的放电间隙不完全相同而产生误差。

3. 自动找中心

所谓自动找中心,就是让电极丝在工件孔的中心自动定位。此法是根据电极丝与工件的短路信号来确定电极丝的中心位置。目前的线切割机床均配有此功能。如图 16-10 所示,在钼丝不运行的情况下,机床首先往 X 轴方向移动至与孔壁接触(此时 X 坐标为 X1),接着往反方向移动与孔壁接触(此时 X 坐标为 X2),然后系统自动计算 X 方向中点坐标 X0 = (X1 + X2)/2,并使机床到达 X 轴的中点 X0;接着在 Y 轴方向进行上述过程,使机床到达 Y 轴的中点 Y0,这样就确定了孔的中心。

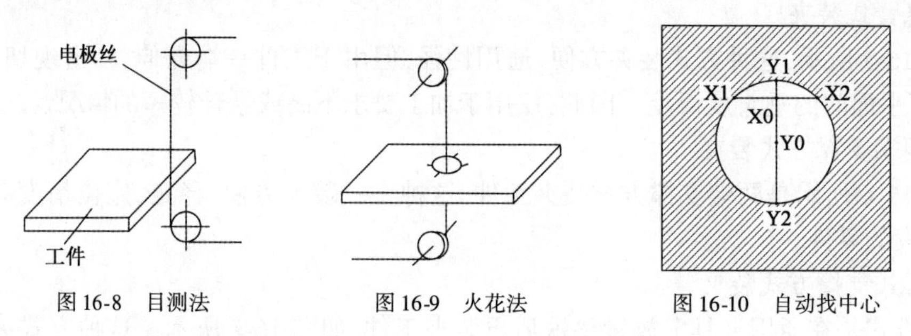

图 16-8 目测法　　图 16-9 火花法　　图 16-10 自动找中心

16.3.4 工艺参数的选择

1. 电参数的选择

线切割加工一般都采用晶体管高频脉冲电源,用单个脉冲能量小、脉宽窄、频率高的脉冲参数进行正极性加工。加工时,可改变的脉冲参数主要有电流峰值、脉冲宽度、脉冲间隔、空载电压、放电电流等。

要求获得较好的表面粗糙度时,所选用的电参数要小;若要求获得较高的切割速度,脉冲参数要选大一些,但加工电流的增大受排屑条件及电极丝截面积的限制,过大的电流易引起断丝,快速走丝线切割加工脉冲参数的选择如表 16-1 所示。

快速走丝线切割加工脉冲参数的选择 表16-1

应 用	脉冲宽度 t_i (μs)	电流峰值 I_a (A)	脉冲间隔 t_0 (μs)	空载电压 (V)
快速切割或加大厚度工件 $R_a > 2.5\mu m$	20～40	>12	为实现稳定加工，一般选择 $t_0/t_i = 3～4$ 以上	一般为 70～90
半精加工 $R_a = 1.25～2.5\mu m$	6～20	6～12		
精加工 $R_a < 1.25\mu m$	2～6	<4.8		

在工艺条件基本相同的条件下，电参数对工艺指标的影响主要有如下规律：

(1)切割速度随着脉冲电流、脉冲电压、脉冲宽度及脉冲频率的增大而提高。

(2)加工表面粗糙度随着脉冲电流、脉冲电压、脉冲宽度的减小而减小。

(3)加工间隙随着脉冲电压的提高而增大。

(4)表面粗糙度的改善有利于提高加工精度。

(5)在脉冲电流一定的情况下，脉冲电压增大，有利于提高加工稳定性和脉冲利用率。根据上述分析，为兼顾加工效率和质量两方面情况，当采用乳化介质和高速走丝方式时，通常脉冲电压在60～120V范围内选取，其中70～110V为最佳脉冲电压。当脉冲电压高于120V时，脉冲源稳定性变差，工件进给速度将小于电火花放电腐蚀速度，此时放电通道不稳定，极易引起烧丝或断丝。

通常在精加工时，将脉冲宽度限制在20μs内，一般加工可在20～60μs范围内选取，且与工件厚度有关系，厚度越大，脉冲间隔也越大。

2. 电极丝及其移动速度

电火花线切割加工使用的金属丝材料有钼丝、黄铜丝、钨丝和钼钨丝等。

对于快走丝采用钨丝和钨钼丝加工可以获得较好的加工效果，但放电后丝质变脆，容易断丝，一般不采用。黄铜丝切割速度高，加工稳定性好，但抗拉强度低、损耗大，不宜用于快走丝线切割。采用钼丝，加工速度不如前几种，但它的抗拉强度高、不易变脆、断丝较少，因此在实际生产中快速走丝线切割广泛采用钼丝作电极丝。

走丝速度提高，加工速度也提高。提高走丝速度有利于脉冲结束时放电通道的迅速消电离。同时，高速运动的金属丝将工作液带入厚度较大的工件放电间隙中，有利于电蚀产物的排除和放电加工的稳定。但走丝速度过高，将引起机械振动，易造成断丝。快速走丝线切割机床的走丝速度一般采用6～12m/s。

3. 进给速度

进给速度要维持接近工件被蚀除的线速度，使进给均匀平稳。进给速度太快，超过工件的蚀除速度，会出现频繁的短路现象；进给速度太慢，滞后于工件的蚀除速度，电极间将偏于开路，这两种情况都不利于切割加工，影响加工速度指标。

4. 工件材料及其厚度

在采用快速走丝方式和乳化液介质的情况下，通常切割铜、铝、淬火钢等材料比较稳定，切割速度也较快。而切割不锈钢、磁钢、硬质合金等材料时，加工不太稳定，切割速度较慢。对淬火后低温回火的工件用电火花线切割进行大面积去除金属和切断加工时，会因材料内部残余应力发生变化而产生很大变形,影响加工精度,甚至在切割过程中造成材料突然开裂。工件材料薄,工作液容易进入并充满放电间隙,对排屑和消电离有利,灭弧条件好,加工稳定。但工件太薄,金属丝易产生抖动,对加工精度和表面粗糙度不利。工件厚,工作液难于进入和充满放电间隙,加工稳定性差,但电极丝不易振动,因此精度较高、表面粗糙度值较小。

16.3.5 工艺尺寸的确定

线切割加工时,为了获得所要求的加工尺寸,钼丝和加工图形之间必须保持一定的距离,如图16-12所示。图中双点划线表示钼丝的中心轨迹,实线表示型腔孔或凸模轮廓。编程时首先要求出钼丝中心轨迹与加工图形之间的垂直距离ΔR(补偿间隙距离),并将钼丝中心轨迹分割成单一的直线或圆弧段,求出各线段的交点坐标后,逐步进行编程。具体步骤如下:

(1)设置加工坐标系

根据工件的装夹情况和切割方向,确定加工坐标系。为简化计算,应尽量选取图形的对称轴线为坐标轴。

(2)补偿计算

按选定的钼丝半径r,放电间隙δ和凸、凹模的单面配合间隙$Z/2$,则加工凹模的补偿距离$\Delta R_1 = r + \delta$,如图16-11a)所示。加工凸模的补偿距离$\Delta R_2 = r + \delta - Z/2$,如图16-11b)所示。

(3)将电极丝中心轨迹分割成平滑的直线和单一的圆弧线,按型孔或凸模的平均尺寸计算出各线段交点的坐标值。

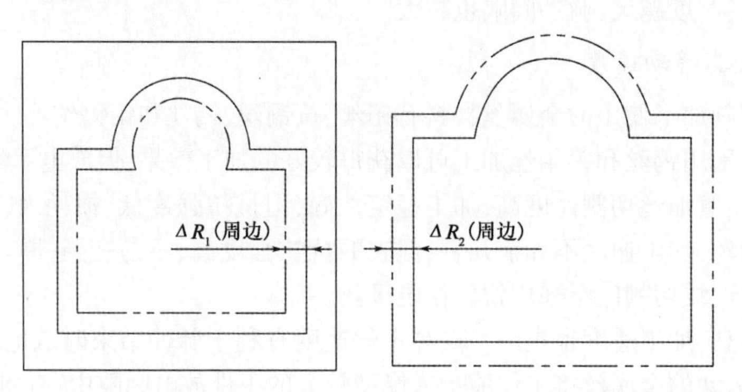

图16-11 电极丝中心轨迹

16.3.6 工作液的选配

工作液对切割速度、表面粗糙度、加工精度等都有较大影响,加工时必须正确选配。常用的工作液主要有乳化液和去离子水。

(1)慢速走丝线切割加工,目前普遍使用去离子水。为了提高切割速度,在加工时还要加进有利于提高切割速度的导电液,以增加工作液的电阻率。加工淬火钢,使电阻率在$2 \times 10^4 \Omega.cm$左右;加工硬质合金电阻率在$30 \times 10^4 \Omega.cm$左右。

(2)对于快速走丝线切割加工目前最常用的是乳化液。乳化液是由乳化油和工作介质配制(浓度为5%~10%)而成的。工作介质可用自来水,也可用蒸馏水、高纯水和磁化水。

16.4　线切割机床操作系统介绍

16.4.1　线切割编程软件使用

线切割零件的设计编程采用国产软件 CAXA 线切割，该软件集绘图编程功能于一体，已在工程实际中得到广泛应用，逐步取代最初的手动编程方式，可高效准确地完成设计任务。

CAXA 线切割可以为各种线切割提供快速、高效率、高品质的数控编程代码，极大地简化了数控编程人员的工作内容，对于在传统编程方式下很难完成的工作，CAXA 线切割可以快速、准确地完成；CAXA 线切割为数控编程人员提高了工作效率；CAXA 线切割可以交互式绘制需要切割的图形，生成带有复杂形状轮廓的两轴线切割加工轨迹；CAXA 线切割支持快走丝线切割机床，可输出 3B/4B 代码；CAXA 线切割软件提供计算机与线切割机床通讯接口，可以把计算机与线切割机床连接起来，直接把生成的 3B/4B 代码输入机床。图 16-12 为该软件的操作界面。

1. 图形设计

利用该软件进行加工轨迹的设计非常方便，操作与其他 CAD 软件类似，其中包括基本绘图命令：直线、圆弧、圆、矩形、样条线、点、椭圆、公式曲线、等距线等；修改命令：删除、平移、旋转、镜像、缩放，裁剪、过渡、齐边、打断等；工程标注：基本标注、连续标注、基准标注、公差标注等操作。在这就不再赘述。

2. 轨迹生成

给定被加工的轮廓及加工参数，生成线切割加工轨迹。

用鼠标左键点取"轨迹生成"菜单条，弹出如图 16-13 所示的对话框。此对话框是一个需要用户填写的参数表。参数表的内容包括：切割参数、偏移量以及补偿值二选项卡。切割参数项各种参数的含义如下：

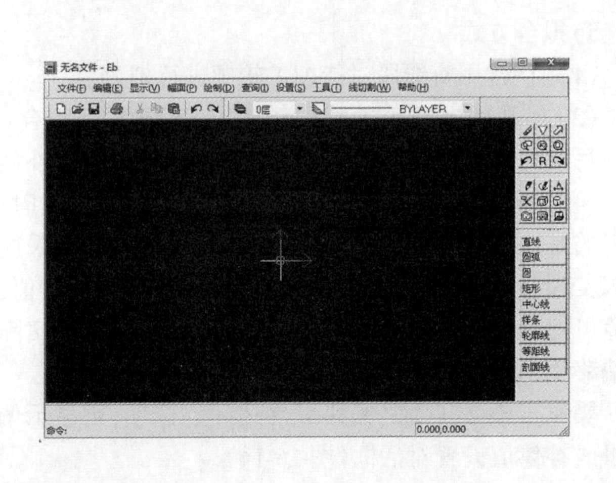

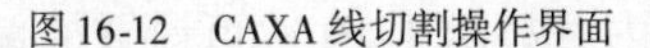
图 16-12　CAXA 线切割操作界面

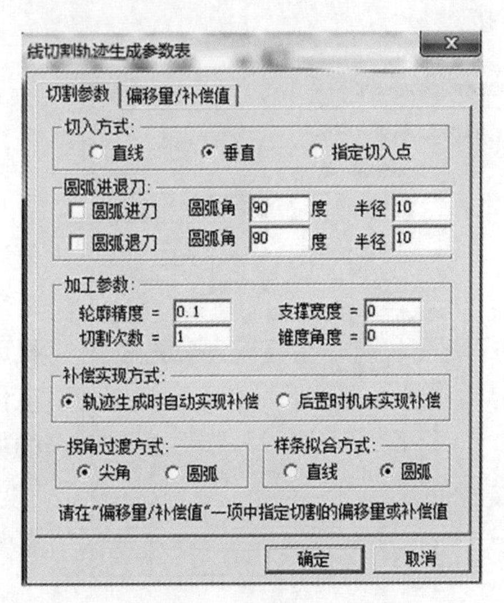

图 16-13　轨迹生成对话框

操作步骤1:对“切割参数”对话框项各种参数进行设置。

1)切入方式

(1)直线方式:丝直接从穿丝点切入到加工起始段的起始点。

(2)垂直方式:丝从穿丝点垂直切入到加工起始段,以起始段上的垂点为加工起始点。当在起始段上找不到垂点时,丝直接从穿丝点切入到加工起始段的起始点,此时等同于直线方式切入。

(3)指定切入点方式:丝从穿丝点切入到加工起始段,以指定的切入点为加工起始点。

2)加工参数

(1)切割次数:加工工件次数,最多为10次。

(2)轮廓精度:轮廓有样条时的离散误差。对由样条曲线组成的轮廓系统将按给定的误差把样条离散成直线段或圆弧段,用户可按需要来控制加工的精度。

(3)锥度角度:做锥度加工时,丝倾斜的角度。如果锥度角度大于0°,关闭对话框后用户可以选择是左锥度或右锥度。

(4)支撑宽度:进行多次切割时,指定每行轨迹的始末点间保留的一段没切割的部分的宽度。当切割次数为一次时,支撑宽度值无效。

3)补偿实现方式

(1)轨迹生成时自动实现补偿:生成的轨迹直接带有偏移量,实际加工中即沿该轨迹加工。

(2)后置时机床实现补偿:生成的轨迹在所要加工的轮廓上,通过在后置处理生成的代码中加入给定的补偿值来控制实际加工中所走的路线。

4)拐角过渡方式

(1)尖角:轨迹生成中,轮廓的相邻两边需要连接时,各边在端点处沿切线延长后相交形成尖角,以尖角的方式过渡。

(2)圆弧:轨迹生成中,轮廓的相邻两边需要连接时,以插入一段相切圆弧的方式过渡连接。

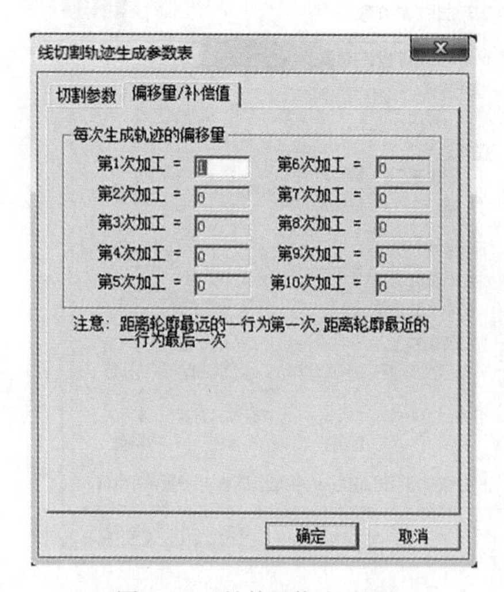

图16-14 补偿量修改对话框

5)拟合方式

(1)直线:用直线段对待加工轮廓进行拟合。

(2)圆弧:用圆弧和直线段对待加工轮廓进行拟合。

每次切割所用的偏移量或补偿值在“偏移量/补偿值”一项中指定。当采用轨迹生成实现补偿的方式时,指定的是每次切割所生成的轨迹距轮廓的距离;当采用机床实现补偿时,指定的是每次加工所采用的补偿值,该值可能是机床中的一个寄存器变量,也可能就是实际的偏移量,要看实际情况而定。

操作步骤2:点取“偏移量/补偿值”选项,可显示偏移量或补偿值设置对话框(图16-14)。

在此对话框中可对每次切割的偏移量或补偿值进行设置,对话框内共显示了10次可设置的偏移量或补偿值,但并非每次都能设置,如:切割次数为 2 时,就只能设置两次的偏移量或补偿值,其余各项均无效。

操作步骤 3:拾取轮廓线:在确定加工的偏移量后,系统提示拾取轮廓。此时可以利用轮廓拾取工具菜单,线切割的加工方向与拾取的轮廓方向相同。

操作步骤 4:选择加工侧边:即丝偏移的方向,生成的轨迹将按这一方向自动实现丝的补偿,补偿量即为指定的偏移量加上加工参数表里设置的加工余量。

操作步 5:指定穿丝点位置及最终切到的位置:穿丝点的位置必须指定。

完成上述步骤后即可生成加工轨迹。

3. 轨迹仿真

对已有的加工轨迹进行加工过程模拟,以检查加工轨迹的正确性。对系统生成的加工轨迹,仿真时用生成轨迹时的加工参数,即轨迹中记录的参数;对从外部反读进来的刀位轨迹,仿真时用系统当前的加工参数。轨迹仿真分为连续仿真和静态仿真。仿真时可指定仿真的步长,用来控制仿真的速度。当步长设为 0 时,步长值在仿真中无效;当步长大于 0 时,仿真中每一个切削位置之间的间隔离即为所设的步长。

4. 生成 3B 代码

轨迹生成完成后,点击 3B 图标,选择要生成代码的文件名,给定停机码和暂停码。然后拾取加工轨迹,鼠标右键或键盘回车键结束拾取后,被拾取的加工轨迹即转化成 3B 加工代码(图 16-15)。

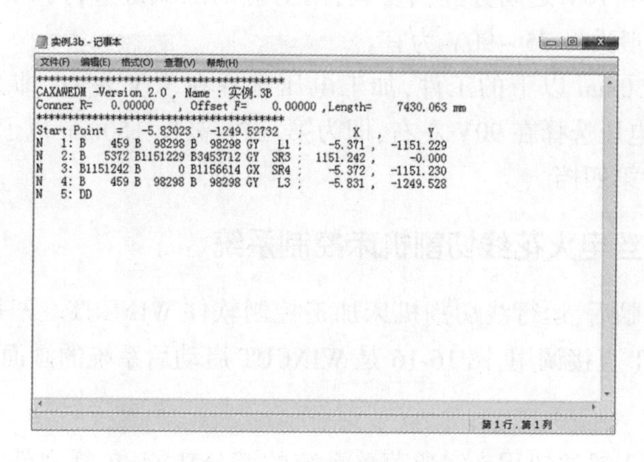
```
实例.3b - 记事本
文件(F) 编辑(E) 格式(O) 查看(V) 帮助(H)
************************************
CAXAWEDM -Version 2.0 , Name : 实例.3B
Conner R=   0.00000    , Offset F=    0.00000 ,Length=    7430.063 mm
************************************
Start Point  =    -5.83023 , -1249.52732    ;       X    ,      Y
N    1: B     459 B   98298 B   98298 GY    L1 ;    -5.371 ,  -1151.229
N    2: B    5372 B1151229 B3453712 GY   SR3 ;  1151.242 ,     -0.000
N    3: B1151242 B        0 B1156614 GX   SR4 ;    -5.372 ,  -1151.230
N    4: B     459 B   98298 B   98298 GY    L3 ;    -5.831 ,  -1249.528
N    5: DD
第 1 行,第 1 列
```

图 16-15 生成的 3B 代码

16.4.2 数控快走丝电火花线切割机床脉冲电源

电源接通后,启动机床,根据零件的材料和几何参数,合理地设置脉冲电源参数,线切割机床的脉冲电源主要有以下参数:

1. 脉冲宽度

脉冲宽度为 2 ~ 99μs 以 1μs 为数量级可调,可对应的加减键进行调节控制。选择的原则为:脉冲宽度宽时,放电时间长,单个脉冲能量大,加工稳定,切割效率更高,但表面粗糙度较差。反之,脉冲宽度窄时,单个脉冲能量小,加工稳定较差,切割效率低,但表面粗糙度较好。

一般情况下:高度在15mm以下的工件,脉冲宽度选2~20μs;高度在15~100mm的工件,脉冲宽度选10~20μs;高度在100~200mm的工件,脉冲宽度选20~40μs;高度在200mm以上的工件,脉冲宽度选30~80μs。

2. 脉冲间隙

脉冲间隙为3~15μs连续可调。可对应的加减键进行调节控制。选择的原则是:加工工件高度较高时,适当加大脉冲间隔,以利排屑,减少切割处的电蚀污物的生成,使加工稳定,防止断丝。在有稳定高频电流指示和脉宽确定的情况下,调节"脉冲间隔",间隔加大电流变小,间隔减小电流变大。

3. 功率管

功率输出为0~9级连续可调,分别控制0~9个功率管输出:能灵活地调节脉冲的峰值电流,保证各种不同的工艺要求下,获得多需要的平均加工电流;功率输出为0时无输出。

选择原则:功放输出级数越多(相当于功放管数选得越多),加工电流就越大,加工速度就快一些,但在同一脉冲宽度下,加工电流越大,表面粗糙度也就越差。一般情况下,高度在50mm以下的工件,功放输出数在1~4级;高度在50~200mm的工件,功放输出数在3~7级;高度在200mm以上的工件,功放输出数在5~9级。

4. 幅值电压

加工电压,在55~110V之间分五档可调,用对应的加减键进行调节:脉冲电压显示值即为加工电压幅值。一般选择75~90V为宜。

选择原则:高度50mm以下的工件,加工电压选择在70V左右,即为第二档;高度50~150mm的工件,加工电压选择在90V左右,即为第三档;高度150mm以上的工件,加工电压选择在110V左右,即为第四档。

16.4.3 快走丝电火花线切割机床控制系统

启动机床控制电脑后,运行线切割机床加工控制软件WINCUT。若是加工零件代码已经生成,可通过WINCUT直接调用,图16-16是WINCUT启动后系统的画面。

1. 工具栏

工具栏中的操作工具按钮用来完成菜单系统的部分功能,包括文件菜单、编辑菜单、视图菜单和控制菜单中最常用的功能,要完成这些功能,无需操作菜单,只需点击工具栏上相应的按钮就可以完成,关于工具栏和菜单系统的对应关系,如图16-17所示。

2. 控制按钮

在控制系统主体窗口的左边设有6个控制按钮,在线切割加工过程中最常用到的操作都可以通过点击相应的控制按钮来完成。六个蓝色控制按钮能够保证用户完成正常的加工过程。在加工过程中,用户无需点击菜单和工具栏按钮,只要点击相应的控制按钮就能够完成空走和切割的全部过程。

(1)"仿真"按钮的作用是在用户加载切割文件之后,对切割轨迹进行校验和检查。仿真按钮为一个二状态的控制按钮,可以用来进行“仿真”和“暂停仿真”两个操作。

工具栏
控制按钮
电机(松)F1
高频(关)F2
加工轨迹显示区域
切割信息显示区域
变频调整拉杆

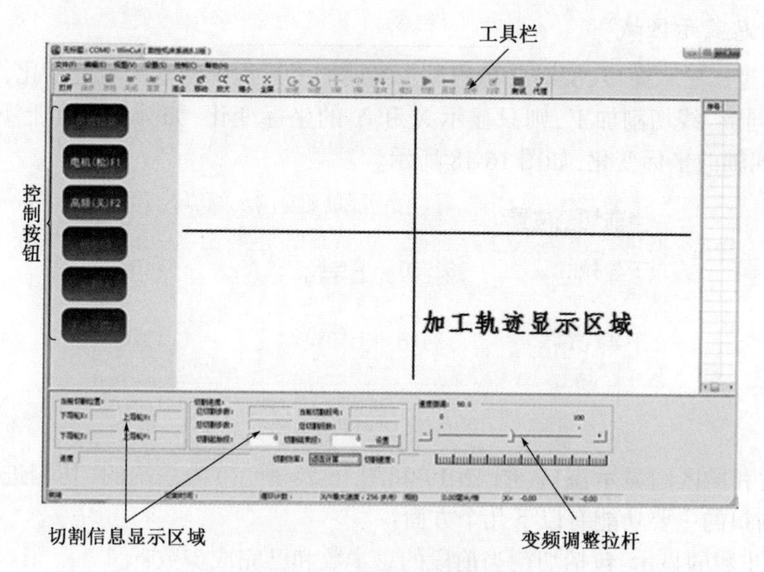

图16-16　线切割加工控制软件

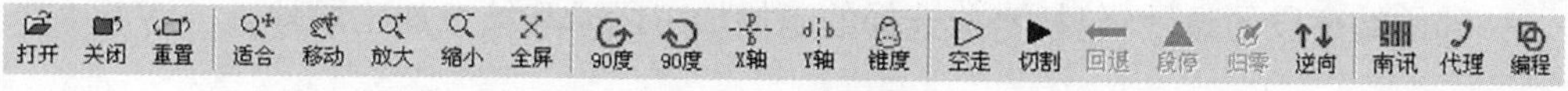

打开
关闭
重置
适合
移动
放大
缩小
全屏
90度
90度
X轴
Y轴
锥度
空走
切割
回退
段停
归零
逆向
南讯
代理
编程

图16-17　工具栏

(2)“电机”控制按钮用来“锁定”和“松开”电机,该控制按钮旁边有一个用来显示电机状态的“指示灯”。

(3)“高频”控制按钮用来“打开”或者“关闭”控制卡硬件上的“高频继电器”,进而控制高频电源的输出或者断开,该控制按钮旁边也设有一个用来显示“高频继电器”状态的“指示灯”,通过连续单击该控制按钮,高频继电器在“打开”和“关闭”两个状态间连续切换,指示灯的状态也随之变化,同时控制卡硬件上的继电器也会有相伴随的“打开”或者“关闭”声音,表明该继电器工作状态的切换。

(4)空走按钮也为一个二状态的控制按钮,可以用来进行“空走”和“暂停空走”两个操作,连续单击该按钮,这个按钮就会在“空走”和“暂停空走”两个命令之间切换。

(5)切割按钮也为一个二状态的控制按钮,可以用来进行“切割”和“暂停切割”两个操作,连续单击该按钮,这个按钮就会在“切割”和“暂停切割”两个命令之间切换,该按钮对应“控制菜单”中“切割”功能选项,也和工具按钮中的“切割”按钮对应。“切割”按钮操作直接影响“电机”和“高频”两个控制按钮的状态,无论当前“电机”和“高频”两个控制按钮处于哪种状态,只要点击“切割”按钮,“电机”和“高频”两个控制按钮就会自动处于有效状态,即电机处于“开启”状态,高频电压处于“打开”状态;而当点击“暂停切割”后,高频自动变换为“关闭”状态。当系统处于切割状态时,“切割”控制按钮边上的指示灯在不停变化,表明机床处于运动状态,加工工作正在进行中。

(6)手动回退按钮可以用来进行“手动回退”和“暂停回退”操作。“空走”、“切割”和“手动回退”三个按钮互斥,当点击其中任何一个按钮时候,其他两个按钮自动失效,表明在某一个时刻,机床只能处于一种工作状态下。

3. 切割信息显示区域

实时切割坐标显示窗口,实时并精确显示当前加工过程中钼丝的轨迹变化,如果当前加工过程为“上下同形”线切割加工,则只显示 X 和 Y 的坐标变化,如为锥度和上下异形,则显示 X/Y 和 U/V 四轴的坐标变化,如图 16-18 所示。

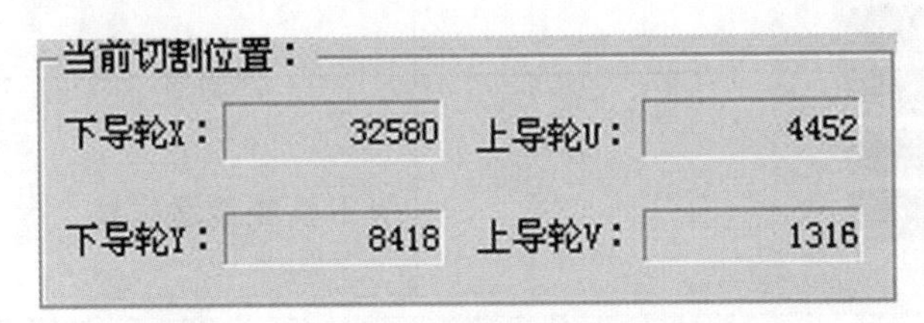

图 16-18　实时切割坐标

切割进度和段区间显示窗口(图 16-19 和图 16-20 所示)为系统的“切割进度和段区间显示窗口”,该窗口的主要功能有以下几个方面:

(1)切割步数的显示:包括切割当前段的总步数和已完成步数;

(2)切割段号的显示:包括当前加工工件的总切割段数和工件当前切割段的段号;

(3)起始结束段的显示:包括当前选择的起始加工段号和结束加工段号。

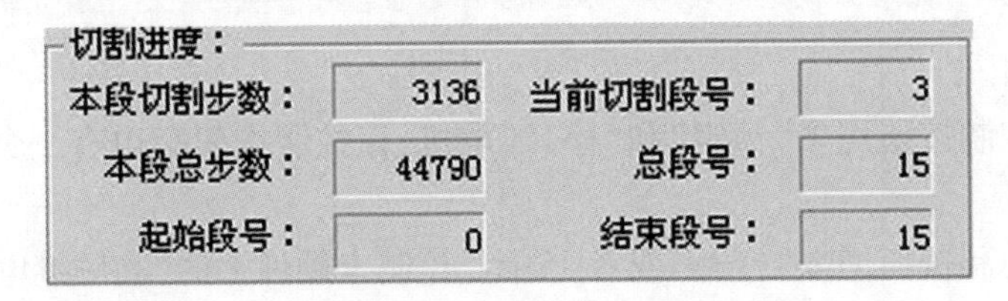

图 16-19　切割段区间

进度 27% 切割效率: 5220 mm2/h 切割速度: 58

图 16-20　切割进度

进度状态条和实时加工速度状态条:

进度条能够表示当前的加工进度,以百分比量化的方式显示“加工轨迹切割完毕的部分占总切割轨迹的百分比”。

当前切割速度状态条显示“每秒钟机床所运行的步数”,单位为“步数/秒”,该值越大,表明切割的速度越快。同时在输入工件高度值后,在切割效率状态一栏中显示当前速度计算出的切割效率,单位为“平方毫米/小时”,这个数值每秒钟更新一次,为实时加工效率,系统平均加工效率可以在编辑菜单中来计算。

4. 实时间隙电压监测窗口

“实时间隙电压监测窗口”(图 16-21)实时显示工件和钼丝之间的放电状态,WinCut 实时监测放电间隙电压,并对该值进行了线性化处理,间隙电压值和窗口内的“带有刻度的状态条”显示的值一一对应。

图16-21　实时间隙电压监测窗口

系统定义状态条的取值范围为[0－100],并进行了50等分,因此图16-21中状态条的读数为92。由于该状态条的读数和间隙电压一一对应,而间隙电压最能够反映加工状态,因此,通过实时读取该状态条的刻度值,并结合机床内置的电压和电流表的状态,可以“确定”当前的加工状态:

(1)刻度值=[0－60]:即将发生短路状态,处于“过跟踪”状态,应该大幅度降低跟踪速度;

(2)刻度值=[60－80]:处于过跟踪状态,应该对跟踪速度进行“微调”,适当降低跟踪速度;

(3)刻度值=[80－85]:跟踪合理,切割处于稳定状态;

(4)刻度值=[85－90]:为“欠跟踪”状态,应该对跟踪速度进行“微调”,适当增加跟踪速度;

(5)刻度值=[90－100]:空载状态。

5. 变频调整拉杆(图16-22)

在线切割加工的过程中,如果用户根据机床电压表或者电流表的变化状态,以及由“实时间隙电压监测窗口”的刻度值得到的信息“判定”加工处于“过跟踪”或者“欠跟踪”状态时,用户应及时调整跟踪速度,让加工进入稳定状态。在控制系统窗口内,“实时监测电压窗口”上的“变频跟踪速度调整拉杆”能够方便快捷地让用户调整跟踪速度。速度微调的范围为[0－100],值越大,进给速度越快,值越小,进给速度越慢。

图16-22　变频调整拉杆

按键盘上的“+”或者“-”键来调整,每按一次,拉杆增加或者减小0.5个步进值。常按住“+”或者“-”键不放,就可以快速调整跟踪速度。

当被加工工件的厚度一定且切割进入稳定后,拉杆的值和工件厚度有一定的对应关系,工件越厚,拉杆值应该设置得越小,工件越薄,拉杆值应该设置得越大。

6. 加工轨迹显示区域

控制系统主体窗口用来显示线切割过程中的加工轨迹,其中红色轨迹表示钼丝的运行轨迹,白色线标识的为加工代码原始轨迹。

默认情况下,主体窗口的背景色为黑色。可以通过选择“视图”菜单选项中的“网格线”来改变主体窗口的显示,用白色的单元格线对主体窗口进行“分割”,单元格的尺寸用系统信息栏里面的“主体窗口单元格的长度”这一参数来表示,这样可以通过判断每段代码轨迹在主体窗口中的长度值来估算每段代码的加工长度。

主体窗口中的轨迹显示可以通过点击“放大”、“缩小”、“适合”和“移动”按钮来控制，进而实现轨迹图形的放大、缩小、适合或移动操作。

16.5 线切割创新训练

读者可从自身专业或个人爱好出发，自行设计一个线切割零件（如人物、鸟兽、风景等），零件加工完成后应从外观形状、尺寸精度、表面粗糙度、加工成本与工艺过程等各方面对其进行分析，总结优缺点，对不足之处提出改进措施，并写出心得与体会。

注意事项：在设计形状时一定要与相关工种的指导教师协商，确认其结构的合理性和加工的成本控制。在生产过程如遇到问题也要及时请教指导教师，避免发生不必要的事故。

线切割训练安全操作规程

(1)进入工程训练场地须着装整齐，穿戴好全部防护用品，如：身着工作服，长发者须戴工作帽，女同学不准穿高跟鞋等。严禁戴手套等操作，以防发生事故。

(2)开机前须了解和掌握线切割机床的机械、电气等性能。

(3)未经指导人员允许，严禁乱动设备及一切物品。

(4)检查各按键、仪表、手柄及运动部件是否灵活正常。

(5)操作机床时，操作者必须站在绝缘板上，且不准用手柄或其他导体触摸工件或电极。

(6)工作时不准擅自离岗。

(7)装卸工件时，工作台上必须垫上木板或橡胶板，以防工件掉下砸伤工作台。

(8)机床不准超负荷运转，X、Y 轴不准超出限制尺寸。

(9)工作束后，立即擦洗机床，易蚀部位涂保护油，将工件及工、卡具摆放整齐，切断电源，确认安全后方可离开。

(10)计算机为机床附件，禁止它用。

(11)更换切削液或清扫机床，必须切断电源。

(12)当日工程训练完毕，要认真清理工程训练场地，关闭电源，经指导人员同意后方可离开。

第17章　数控电火花

☞教学目的

本实训内容是为加强学生对电火花加工原理与操作技能的掌握所开设的一项基本训练科目。

通过对电火花机床的实习，使学生能了解电火花机床在机械制造中的作用及工作过程，了解电火花机床常用的工艺基础知识，为相关课程的理论学习及将来从事生产技术工作打下基础。

☞教学要求

(1)了解电火花机床加工的基本原理、特点与应用范围。

(2)了解电火花机床的用途及主要组成部分。

(3)掌握常用电参数的选择原则与机床的基本操作方法。

(4)了解电火花机床的安全操作规程。

17.1　电火花成型加工的基本原理及工艺指标

17.1.1　电火花成型加工的基本原理及特点

1. 电火花成型加工的基本原理

电火花成型加工是与机械加工完全不同的一种新工艺。其基本原理如图17-1所示，用被加工的工件做工件电极，用石墨或者紫铜做工具电极。脉冲电源发出一连串的脉冲电压，加到工件电极和工具电极上，此时工具电极和工件均淹没于具有一定绝缘性能的工作液中，在自动进给调节装置的控制下，当工具电极与工件的距离小到一定程度时，在脉冲电压的作用下，两极间最近处的工作液被击穿，工具电极与工件之间形成瞬时放电通道，产生瞬时高温，使金属局部熔化甚至汽化而被蚀除下来，形成局部的电蚀凹坑。这样随着相当高的频率，连续不断地重复放电，工具电极不断地向工件进给，就可以将工具电极的形状复制到工件上，加工出所需要的和工具电极形状阴阳相反的零件。电火花机床如图17-2所示。

2. 电火花成型加工的特点

(1)脉冲放电的能量密度高，便于加工特殊材料和复杂形状的工件。不受材料硬度的影响，不受热处理状况的影响。

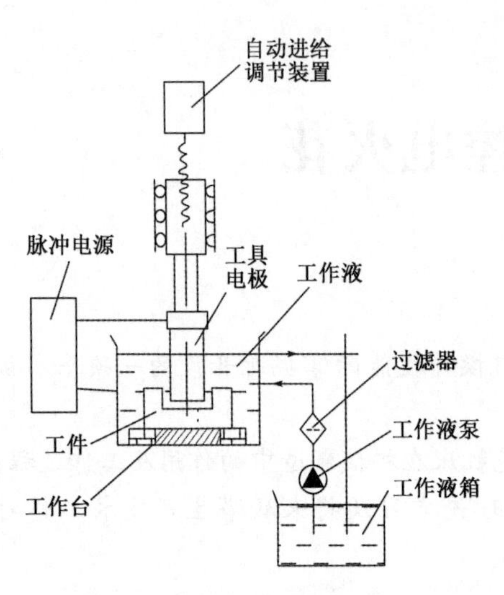

图 17-1 电火花加工原理示意图

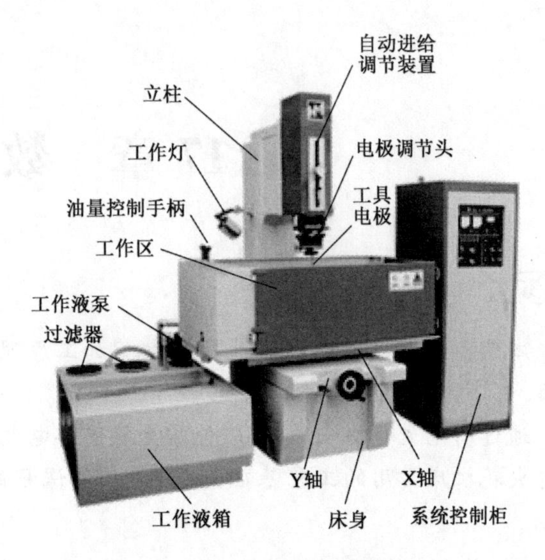

图 17-2 电火花机床实物图

(2)脉冲放电时间及短,放电时产生的热量传导范围小,材料受热处理影响范围小。

(3)加工时,工具电极和材料不接触,两者之间宏观作用力极小。工具电极材料不需要比工件材料硬度高。

(4)直接利用电能加工,便于实现加工过程的自动化。

电火花加工也具有如下的局限性:

(1)只能加工金属等导电材料。但最近研究表明,在一定条件下,也可以加工半导体和聚晶金刚石等非导体超硬材料。

(2)加工速度一般较慢。

(3)存在电极损耗。由于电火花加工靠电、热来蚀除金属,电极也会不断受损耗,从而影响加工精度。

(4)最小角部半径有限制。

3. 电火花适合加工的零件类型

(1)加工形状复杂的表面,如各类模具的型腔。

(2)加工小孔、异形孔、薄壁孔、深孔、窄缝等。

(3)其他(如强化金属表面、取出折断的工具、在淬火件上穿孔、直接加工型面复杂的零件等)。

4. 电火花成型加工的基本条件

(1)工具电极和工件电极之间必须维持合理的距离,即相应于脉冲电压和相应于介质的绝缘强度的距离。若两电极距离过大,则脉冲电压不能击穿介质,不能产生火花放电,若两极短路,则在两电极间没有脉冲能量消耗,也不能实现电腐蚀加工。

(2)两极间必须加入介质。电火花成型加工通常使用煤油或去离子水做为工作液。

(3)输送到两极间的脉冲能量密度应足够大。一般为 $10^5 \sim 10^6 A/cm^2$。能量密度足够大,才可以使被加工材料局部熔化或者气化,被加工材料表面形成一个腐蚀痕,从而实现电火花加工。

(4)放电必须是短时间的脉冲放电。一般放电时间为1μs～1ms。这样才能使放电时产生的热量来不及在被加工材料内部扩散,从而把能量作用局限在很小的范围内,保持火花放电的冷极特性。

(5)脉冲放电须重复多次进行,并且多次脉冲放电在时间和空间上是分散的。

(6)脉冲放电后的电蚀产物应能及时排放至放电间隙之外,使重复性放电顺利进行。

17.1.2　电火花加工的工艺指标影响因素与选择方法

1.加工速度

指在单位时间内,工件被蚀除的体积或重量(一般用体积表示)。若在时间 t 内,工件被蚀除的体积为 V,则加工速度 V_w 为:

$$V_w = V/t \qquad (\mathrm{mm^3/min})$$

影响加工速度的因素主要有以下几点:

1)电参数

(1)脉冲宽度:脉冲宽度增加,则加工速度随之增加。但脉冲宽度过大,会使转换的热能有较大部分散失在电极与工件之中,不能起到蚀除的作用,加之蚀除物增多,排气排屑条件恶化,间歇消电离时间不足导致拉弧,使加工稳定性变差,从而导致速度反而降低。

(2)脉冲间隔:在脉冲宽度一定的条件下,若脉冲间隔减小,则加工速度提高。但如果过小,会因放电间歇来不及消电离而引起加工稳定性变差,反而导致速度降低。

(3)峰值电流:当脉冲宽度和脉冲间隔一定时,随着峰值电流的增加,加工速度随着增加。但如果峰值电流过大,仍然会导致加工速度降低。此外,峰值电流增大将降低工件的表面粗糙度,而且会增加电极的损坏。

由上述可知,在实际加工中,可在粗加工阶段适当提高电参数,以增加加工速度;在精加工阶段则应适当降低电参数,以提高加工的稳定性和工件的表面粗糙度。

2)非电参数

(1)加工面积:由于峰值电流不同,最小临界加工面积也不同。因此,在实际加工中应首先根据加工面积确定工作电流,并估算峰值电流。

(2)排屑条件:在电火花加工过程中会不断产生气体、炭黑和金属屑末等,如不及时排除就会影响到加工的稳定性,因此,实际加工过程中(特别是大面积、深型腔、深孔加工),都应采用冲(抽)油,且电极往复抬起加工。

3)电极材料

加工极性的选择对电极的损坏和加工速度有较大的影响。如用石墨做电极时,正极性加工比负极性加工速度高,但在粗加工中,电极损坏会很大。因此,在对电极损耗要求较低的如通孔加工、取折断的丝锥等场合,都可以用正极性加工。但在对电极损耗较高的如精加工模具型腔和形状复杂的曲面等场合,应采用负极性加工。

因此,电极材料的选择对电火花加工非常重要,也是在确定加工工艺的过程中应首要考虑的问题。

根据电加工原理,可以说任何导电的材料都可以用来制作工具电极。但在实际生产中往往选择放电损耗小、放电稳定、价格低廉、来源丰富、机械加工性能优良的材料作电极材料。常用的电极材料如表 17-1 所示。

常用电极材料 表 17-1

电极材料	电加工性能		机加工性能	说明
	稳定性	电极损耗		
钢	较差	中等	好	常用的电极材料,在选择电规参数时应注意加工的稳定性
铸铁	一般	中等	好	最不常用的电极材料
黄铜	好	大	较好	电极损耗大
紫铜	好	较大	较差	磨削困难,难以与凸模连接后加工
石墨	较好	小	较好	机械强度较差,易崩角
铜钨合金	好	小	较好	价格较贵,用于深孔、硬质合金加工
银钨合金	好	小	较好	价格较贵,一般加工中较少采用

4)工作液

工作液的种类、黏度和清洁度对加工的速度有一定的影响,从工作液的种类和优先选择顺序来说,依次为高压水、煤油+机油、煤油、酒精水溶液。但在实际加工中通常选用的是煤油。

2. 工具电极损耗

在电火花成型加工中,工具电极损耗直接影响仿形精度,特别对于型腔加工,电极损耗这一工艺指标较加工速度更为重要。电极损耗分为绝对损耗和相对损耗。

绝对损耗最常用的是体积损耗 V_e 和长度损耗 V_{eh} 二种方式,它们分别表示在单位时间内,工具电极被蚀除的体积和长度。即

$$V_e = V/t \quad (\text{mm}^3/\text{min}), V_{eh} = H/t \quad (\text{mm/min})$$

相对损耗是指工具电极绝对损耗与工件加工速度的百分比。通常采用长度损耗比较直观,测量也比较方便。影响电极损耗的因素如表 17-2 所示。

影响电极损耗的因素 表 17-2

因素	说明	减少损坏条件
脉冲宽度	脉冲宽度越大,损坏越小	脉宽足够大
峰值电流	峰值电流增大,电极损坏增加	减小峰值电流
加工面积	影响不大	大于最小加工面积
极性	影响很大。应根据不同电源、电参数、电极材料、工件材料、工作液选择合适的极性	一般脉宽大用正极性,脉宽小用负极性。钢电极用负极性
电极材料	常用电极材料中黄铜的损坏最大,紫铜、铸铁、钢次之,石墨和铜钨、银钨合金较小。紫铜在一定的电参数和工艺条件下,也可以得到低损耗加工	石墨做粗加工电极,紫铜做精加工电极

续上表

因素	说　明	减少损坏条件
工件材料	加工硬质合金工件时电极损坏比钢件大	用高压脉冲加工,用水作工作液,在一定条件下可降低损耗
工作液	常用煤油+机油获得低损耗加工,需具备一定的工艺条件。水和水溶液比煤油容易实现低损耗加工,如硬质合金工件的低损耗加工,黄铜和钢电极的低损耗加工	
排屑条件和二次放电	在损耗较小的加工时,排屑条件越好则损耗越大,如紫铜。有些电极材料则对此不敏感,如石墨。损耗较大的电参数加工时,二次放电会使损耗增加	在许可条件下,最好不采用强迫冲(抽)油

3. 加工精度(包括尺寸精度和仿形精度)

1)放电间隙

加工过程中,工件电极与工件间存在放电间隙,因此,工件的尺寸、形状与工具电极并不一致,间隙越大,则复制精度越差,特别是对形状复制的表面。

在实际的精加工过程中,应选择较小的电参数以缩小放电间隙,且应保证加工的稳定性。

2)二次放电

在实际加工过程中,由于工具电极下面部分的加工时间长,损坏较大,从而导致电极变小,而孔或型腔的入口处由于电蚀物的存在,易发生因电蚀产物的介入而再次进行的非正常放电,即二次放电,因而产生加工斜度。

3)工具电极的损耗

在实际加工过程中,随着加工深度的不断增加,工具电极进入放电区域的时间是从端部向上逐渐减少的。实际上,工具侧壁主要是靠工具电极底部端面的周边加工出来的。因此,电极的损坏也必然从端部底部向上逐渐减少,从而形成了损坏锥度,工具电极的损坏锥度反映到工件上就是加工孔出现斜度。

4. 表面粗糙度

表面粗糙度是指加工表面上的微观几何形状误差。对电加工表面来讲,即是加工表面放电痕,由于坑穴表面会形成一个加工硬化层,而且能存润滑油,其耐磨性比同样粗糙度的机加表面要好,所以加工表面允许比要求的粗糙度大些。而且在相同粗糙度的情况下,电加工表面比机加工表面亮度低。

工件的电火花加工表面粗糙度直接影响其使用性能,如耐磨性,配合性质,接触刚度,疲劳强度和抗腐蚀性等。尤其对于高速、高洁、高压条件下工作的模具和零件,其表面粗糙度往往是决定其使用性能和使用寿命的关键。

影响表面粗糙度的因素主要有以下几点:

(1)电参数:峰值电流、脉宽、脉间。

①峰值电流、脉宽愈大则表面粗糙度愈大,且影响较为明显。

②脉间愈小加工效率愈大,而表面粗糙增大不多。

(2)非电参数

①电极材料和表面质量:电加工是反拷贝加工。

②工艺组合:合理的工艺留量、负极性精修。

③工件材料及厚度:硬度大、密度大的材料加工表面好,快走丝工件厚度大则表面好。

④加工面积:成型机加工电极面积愈大则最终加工表面愈差。

17.1.3 电火花成型加工的矛盾

1. 两电极蚀除量之间的矛盾

本篇中,已经明确阐述了脉冲放电时间越长,越有利于降低工具电极相对损耗。在电火花加工的实用过程中,粗加工采用长脉冲时间和高放电电流,既体现了速度高,又体现了损耗小,反映了加工速度和工具电极损耗这一矛盾的缓解。但是,在精加工时,矛盾激化了。为了实现小能量加工,必须大大压缩脉冲放电时间。为达到脉冲放电电流与脉冲放电时间参数组合合理,亦必须大大压缩脉冲放电电流。这样,不仅加大了工具电极相对损耗,又大幅度降低了加工速度。

2. 加工速度与加工表面粗糙度之间的矛盾

为了解决电火花加工工艺的这一基本矛盾,人们试图将一个脉冲能量分散为若干个通道同时在多点放电。用这种方法既改善了加工表面粗糙度,又维持了原有的加工速度。到目前为止,实现人为控制的多点同时放电的有效方法只有一种,即分离工具电极多回路加工。为了实现整体电极的多通道加工,人们设想了各种方法,并进行了多年的实验摸索,但是迄今为止尚没有彻底解决。

在实用过程中,型腔模具的加工采用粗、中、精逐档过渡式加工方法。加工速度的矛盾是通过大功率、低损耗的粗加工规准解决的;而中、精加工虽然工具电极相对损耗大,但在一般情况下,中、精加工余量仅占全部加工量的极小部分,故工具电极的绝对损耗极小,可以通过加工尺寸控制进行补偿,或在不影响精度要求时予以忽略。

17.1.4 电火花成型加工的极性效应和覆盖效应

1. 极性效应

电火花加工时,相同材料两电极的被腐蚀量是不同的。其中一个电极比另一个电极的蚀除量大,这种现象叫做极性效应。如果两电极材料不同,则极性效应更加明显。

2. 覆盖效应

在油类介质中放电加工会分解出负极性的游离碳微粒,在合适的脉宽、脉间条件下将在放电的正极上覆盖碳微粒,叫覆盖效应。利用覆盖效应可以降低电极损耗。注意负极性加工才有利做覆盖效应。

17.1.5 电火花加工常用名词、术语及符号

1)放电间隙

是指加工时工具和工件之间产生火花放电的一层距离间隙。在加工过程中则称为加工间

隙 S,它的大小一般在 0.01 ~ 0.5mm 之间,粗加工时间隙较大,精加工时则较小。加工间隙又可分为端面间隙 S_F 和侧面间隙 S_L。

2)脉冲宽度 t_i(μs)

脉冲宽度简称脉宽,它是加到工具和工件上放电间隙两端的电压脉冲的持续时间。为了防止电弧烧伤,电火花加工只能用断断续续的脉冲电压波。粗加工可用较大的脉宽 $t_i >$ 100μs,精加工时只能用较少的脉宽 $t_i <$ 50μs。

3)脉冲间隔 t_o(μs)

脉冲间隔简称脉间或间隔,也称脉冲停歇时间。它是两个电压脉冲之间的间隔时间。间隔时间过短,放电间隙来不及消电离和恢复绝缘,容易产生电弧放电,烧伤工具和工件;脉间选得过长,将降低加工生产率。加工面积、加工深度较大时,脉间也应稍大。

4)开路电压或峰值电压

是指间隙开路时电极间的最高电压,等于电源的直流电压。峰值电压高时,放电间隙大,生产率高,但成型复制精度稍差。

5)火花维持电压

是指每次火花击穿后,在放电间隙上火花放电时的维持电压,一般在 25V 左右,但它实际是一个高频振荡的电压。电弧的维持电压比火花的维持电压低 5V 左右,高频振荡频率很低,一般示波器上观察不到高频成分,观察到的是一水平亮线。过渡电弧的维持电压则介于火花和电弧之间。

6)加工电压或间隙平均电压 U(V)

是指加工时电压表上指示的放电间隙两端的平均电压,它是多个开路电压、火花放电维持电压、短路和脉冲间隔等零电压的平均值。在正常加工时,加工电压在 30 ~ 50V,它与占空比、预置进给量等有关。占空比大、欠进给、欠跟踪、间隙偏开路,则加工电压偏大;占空比小、过跟踪或预置进给量小(间隙偏短路),加工电压即偏小。

7)加工电流 I(A)

是指加工时电流表上指示的流过放电间隙的平均电流。精加工时小,粗加工时大;间隙偏开路时小,间隙合理或偏短路时则大。

8)短路电流 i_s(A)

是指放电间隙短路时(或人为短路时)电流表上指示的平均电流(因为短路时还有停歇时间内无电流)。它比正常加工时的平均电流要大 20% ~40%。

9)峰值电流 i_e(A)

是指间隙火花放电时脉冲电流的最大值(瞬时),虽然峰值电流不易直接测量,但它是实际影响生产率、表面粗糙度等指标的重要参数。在设计制造脉冲电源时,每一功率放大管串联限流电阻后的峰值电流是预先选择计算好的。为了安全,每个 50W 的大功率晶体管选定的峰值电流约为 2 ~ 3A,电源说明书中也有说明,可以按此选定粗、中、精加工时的峰值电流(实际上是选定用几个功率管进行加工)。

10)放电状态

是指电火花加工时放电间隙内每一脉冲放电时的基本状态。一般分为五种放电状态和脉冲类型:

(1)开路(空载脉冲)

放电间隙没有击穿,间隙上有大于 50V 的电压,但间隙内没有电流流过,为空载状态($t_d = t_i$)。

(2)火花放电(工作脉冲,或称有效脉冲)

间隙内绝缘性能良好,工作液介质击穿后能有效地抛出、蚀除金属。波形特点是电压上有 t_d,t_e 和 i_e 波形上有高频振荡的小锯齿波形。

(3)短路(短路脉冲)

放电间隙直接短路相接,这是由于伺服进给系统瞬时进给过多或放电间隙中有电蚀产物搭接所致。间隙短路时电流较大,但间隙两端的电压很小,没有蚀除加工作用。

(4)电弧放电(稳定电弧放电)

由于排屑不良,放电点集中在某一局部而不分散,局部热量积累,温度升高,恶性循环,此时火花放电就成为电弧放电,由于放电点固定在某一点或某局部,因此称为稳定电弧,常使电极表面结炭、烧伤。波形特点是 t_d 和高频振荡的小锯齿波基本消失。

(5)过渡电弧放电(不稳定电弧放电,或称不稳定火花放电)

过渡电弧放电是正常火花放电与稳定电弧放电的过渡状态,是稳定电弧放电的前兆。波形特点是击穿延时 t_d 很小或接近于零,仅成为一尖刺,电压电流波上的高频分量变低成为稀疏和锯齿形。早期检测出过渡电弧放电,对防止电弧烧伤有很大意义。

以上各种放电状态在实际加工中是交替、概率性地出现的(与加工规准和进给量、冲油、间隙污染等有关),甚至在一次单脉冲放电过程中,也可能交替出现两种以上的放电状态。

17.2 电火花加工机床的操作与编程

17.2.1 主界面与主功能表流程图

主界面如图 17-3 所示,主功能表功能菜单如图 17-4 所示。

相对坐标:X=+0.000　METRIC+ ..绝对坐标:X=+0.000　主功能表
Y=+0.000　Y=+0.000
Z=+0.000 .　最深点　Z=+41138.355
X=+0000.000
Y=+0000.000
Z=+0000.000
F1:台面归零
F2:手动移位
F3:建档
F4:执行
F5:电流资料表
A:快跳动作 B:蜂鸣器　C:睡眠开关　G:液面开关
M:能量控制 N:同步给油　T:同步喷油　U:积碳调整
C-TEK

图 17-3　主界面

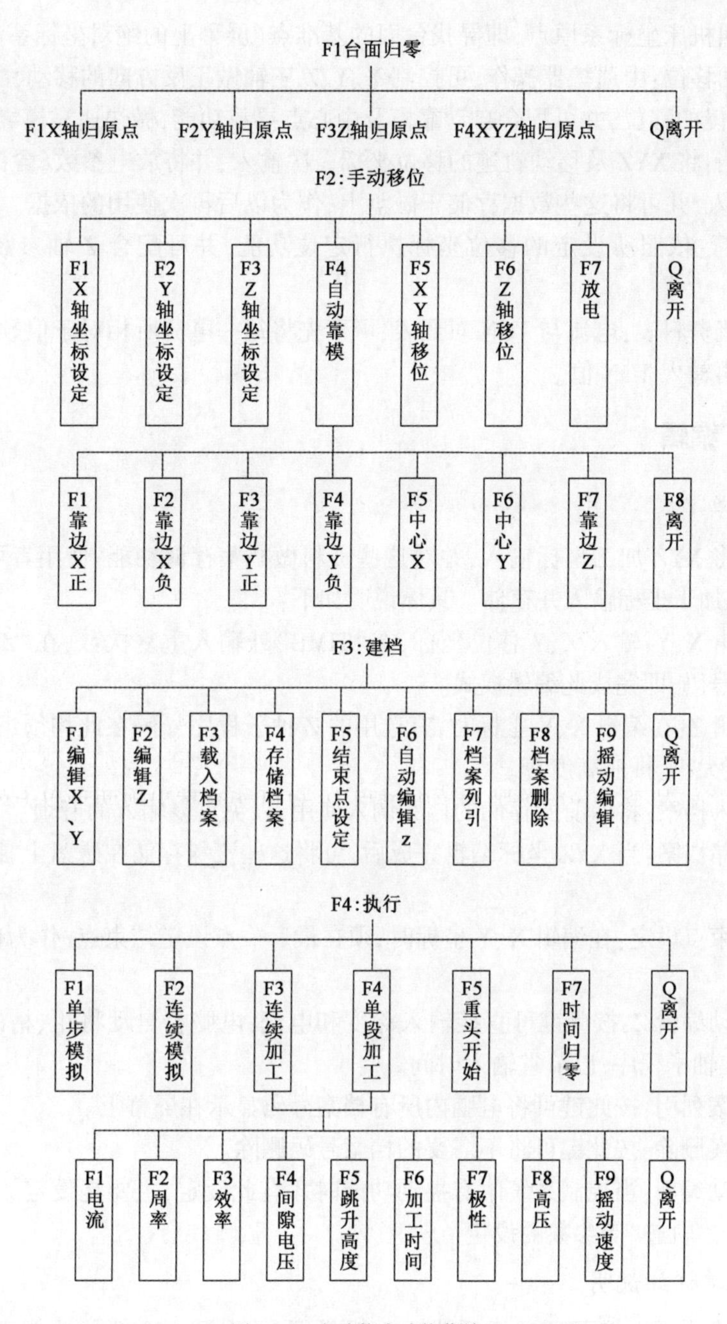

图17-4　主功能表功能菜单

17.2.2　主功能表功能菜单说明

系统主要由四大功能表及XYZ三轴坐标显示(含XYZ绝对坐标和XYZ相对坐标)组成。操作者可根据功能表界面的提示以对话交谈的输入方式逐一完成设定工作。

(1)F1台面归零:可选择一个轴或三个轴同时回原点,该功能一般用于开机时执行,目的是将工作台面回机床坐标系原点,即寻找台面的基准点(屏幕上的绝对坐标系清零)。

(2)F2 手动移位:由遥控器操作,可控制 X、Y、Z 三轴做正反方向的移动,配合三段速度选择键,做快、中、慢的移位,并可配合自动靠模及中心点寻找功能,做快速靠模寻边的动作。

(3)F3 建档:将 XYZ 及移动轨迹的移位坐标一次输入,并将放电参数(含深度设定及十段 I/O 等)一并输入,并可将这些数据存储于磁盘上,作为以后再次使用的依据。

(4)F4 执行:依照所设定的移位坐标执行定位功能,并可配合 Z 轴参数做全自动的定位放电。

(5)F5 电流资料表:电流与 TON 对照表,可事先将每一电流所相对于值预设于此,在以后编辑时就不须再输入 TON 值。

17.2.3 编辑

1. 编辑菜单

编辑主要将 XYZ 加工坐标输入,并对这些资料做档案存储功能,使用者可根据此功能表的引导,逐一将加工坐标输入并存储。具体说明如下:

(1)F1 编辑 X、Y:输入 X、Y 移位坐标,在"TIME"处输入重复次数,在"Z"处输入所选用的 Z 轴子程序号码,即完成此编辑模式。

(2)F2 编辑 Z:在编辑 X、Y 坐标时,有选用的 Z 轴子程序号码在此均须编辑,此处可定义加工深度、电流大小、排渣高度等。

(3)F3 载入档案:将以前所存储的档案调入使用,以免重复输入的麻烦。

(4)F4 存储档案:当 XYZ 坐标编辑完成后,可将这些资料存储在磁盘上,以便再次使用时调入。

(5)F5 结束点设定:在编辑 X、Y 坐标时,须在最后一点设定结束点,作为位移和加工深度的依据。

(6)F6 自动编辑 Z:按此键可直接输入深度和电流,电脑会自动将粗、精的放电资料设定在第 0 ~ 4 号 Z 轴子程序,以节省输入时间。

(7)F7 档案列引:按此键可将电脑内所有档案号码显示在屏幕上。

(8)F8 档案删除:按此键可将不需要的档案号码删除。

(9)F9 摇动编辑:当控制系统附有摇动功能时才有此设定,主要是设定放电时的"摇摆之图形"、"象限"、"轨迹"等参数的设定。

2. 编辑菜单详细说明

在主功能表界面下按下"F1"键后进入编辑界面,并得到一个新的功能表,此时可根据你的需要并依照功能表界面的提示,来完成编辑操作。

1)编辑 XY

编辑模具加工的位置坐标。按"F1",此时屏幕出现如图界面,并出现一个闪动的光标,并在对应处输入相应的值。

STEP:表示现在编辑 XY 坐标的行数,此值由电脑根据编辑资料的增加而自动增加,最大值为 100,该值表示若模具上孔与孔之间的距离完全不同时,最大可输入 100 个孔的位置坐标,该值不用输入。

X:表示所编辑的 X 轴方向位置坐标,即孔与孔之间的 X 轴方向距离,该值用增量坐标表示(本孔相对于前一个孔的距离,而不是以基准点为依据),正方向输入“+”,负方向输入“-”,其取值范围为 +40000.000 ~ -40000.000。

Y:表示所编辑的 Y 轴方向位置坐标,即孔与孔之间的 Y 轴方向距离,该值用增量坐标表示(本孔相对于前一个孔的距离,而不是以基准点为依据),正方向输入“+”负方向输入“-”,其取值范围为 +40000.000 ~ -40000.000。

Z:表示所编辑 XY 轴位置坐标系参考哪组 Z 轴子程序,该值仅表示子程序的号码,而不是真正的 Z 轴深度值,真正的 Z 轴深度值需要在“编辑 Z”时才能输入,该值范围为 0 ~ 4,即一次可编辑五种不同的深度,当所有加工孔的深度均相同时,用一种号码调用可节省输入速度。

TIMES:表示所编辑 XY 轴位置坐标在执行时的重复次数,当模具出现连续孔加工且孔与孔之间的距离相同时,可在此输入重复次数,以节省输入时间。当该值为“0”时,表示此处的 XY 值为绝对坐标。

注意:当坐标输入完成后,须将光标移动到输入的最后一个“STEP”处,并按“F5”键,以作为执行时坐标位置的结束点,若没有设定结束点则在执行时会出现“结束点未设定”的错误报警,此时可在编辑完成后按下“Q”键,以回到编辑界面。

2)编辑 Z

编辑模具加工的加工深度。按“F2”,此时屏幕出现一个闪动的光标,并在对应处输入相应的值,并将编辑 XY 时所呼叫的 Z 轴子程序逐一进行编辑。

段数:表示所编辑的 Z 轴段数值,共有十段,编号为 0 ~ 9,该值由电脑自动输入。

深度:表示所编辑的 Z 轴深度值,因 Z 轴坐标系使向下为正值,故不须输入正负号,该值以零点以下的绝对坐标输入,其取值范围为 +40000.000 ~ -40000.000。

电流:表示放电时所使用的电流值,其取值范围为 0 ~ 75A。

周率;表示放电电压波形的导通时间,其取值范围为 2 ~ 2500μs。

效率:表示放电电压波形的导通时间与整个周期的比值,其取值范围为 1 ~ 9,即 10% ~ 90%。(TON/TON + TOFF) = 效率值。

间隙:表示放电时电极与模具之间的间隙电压,其取值范围为 25 ~ 99。

跳升:表示放电时电极上升与最深点的距离,即排渣高度,其取值范围为 0 ~ 99,每个单位排渣高度为 0.1mm,“0”表示不排渣,“94”表示排渣高度为 9.4mm。

时间:表示放电的加工时间,其取值范围为 0 ~ 99,每个单位的时间为 0.1 秒,最大为 9.9秒。

极性:表示放电时,电极与模具之间的电压极性,数值为 0 ~ 1,“0”表示电极正模具负,“1”表示电极负模具正。

高压:表示放电时,电极与模具之间的最高电压,数值为 0 ~ 3,“0”为无高压,“1”为 150V,“2”为 200V,“3”为 250V。

摇动:表示所编辑的 Z 轴加工坐标系参考哪组摇摆轴子程序,该值仅表示子程序的号码,而不是真正的摇摆轨迹值,真正的摇摆轨迹值需要在“摇摆编辑”时才能输入,该值范围为 0 ~ 4,共有五种,编号“5”代表不使用摇摆功能,当所有加工孔的摇摆方式均相同时,用一种号码调用可节省输入速度。

注意:当数据输入完毕后,须将光标移动到输入的最后一个“CH”处,并按“F5”键,以作为执行时的加工结束点,若没有设定结束点则在执行时会出现“Z 轴资料错误”的错误报警,此时可在编辑完成后按下“Q”键,以跳到另一个编辑界面。

结束跳升 Z:表示放电完成深度到达时,电极上升与模具之间的最高距离,电极上升在到该点后即进行位置移动,故该值的其取值范围为 -1 ~ -40000.000,均为负值。当输入的值大于此范围时,则在执行时会出现“Z 轴资料错误”的错误报警。若 Z 轴坐标往下为负值,则该值应为正值。

补偿:表示电极消耗的补偿值。可在此输入预计的电极消耗量,在电脑执行时自动补偿,该补偿值应根据放电孔数的增加而增加,当更换电极时,应将 Z 轴重新归零,已避免错误的发生。

积碳高度:检测积碳时的位置设定,系统内设定值为零点往上 1mm,即 -1mm,若启动时(即在 -1mm 以上放电时)会产生积碳动作报警。

注意:当数据输入完毕后,按下“Q”键,以跳到输入号码处,若还有子程序需要编辑时就继续以上操作,否则再按下“Q”键以回到编辑界面。

3)摇摆编辑

编辑模具加工时的摇摆功能,即编辑扩孔和侧放轨迹。

模式:共有 4 种,根据其下方的排列顺序,编号为 1 ~4,根据图形需要进行选择。

象限:共有 5 种,根据其下方的排列顺序,编号为 1 ~4 即第一至四象限,而“5”表示四个象限全部都做。

操作:共有 2 种,根据其下方的排列顺序,编号“1”表示操作方式为 XY 模式,编号“2”表示操作方式为 XYZ 模式。

速度:共有 10 种,编号为 0 ~9,当操作方式为 XYZ 模式时,此参数控制 XY 轴移动的速度,而操作方式为 XY 模式时,则不需要此参数。

轨迹半径:输入摇动的轨迹半径范围,最小值应大于 0.02mm,最大值为 +200。

注 1:当资料输入完后,按“Q”键可跳到输入号码处,如需要编辑子程序,可继续,否则按“Q”键回到编辑界面。

注 2:所有子程序圆半径的总和不能超过 200mm,否则无法运算。

4)存储档案

当以上资料全部输入完毕后,可按“F4”键将资料存储到磁盘上。当按“F4”键后屏幕出现“请输入档案号码 0 ~999”的提示,此时可输入 0 ~999 中的任何一个号码以存储此程序,但由于存储空间的限制系统只能存储 30 个文件,当超过 30 个文件时就会出现错误报警,此时可按“F8:档案删除”功能,将不需要的文件删除。

5)载入档案

当需要再次调用以前的文件时,可按“F3”键,屏幕将出现“请输入档案号码 0 ~999”的提示,此时可输入以前的文件号码就可将该文件调入。

6)当想看磁盘上的所有文件列表时,可按“F7”键,屏幕将出现所有已存档的文件号码。

注意:当所有建档功能完成后,可按“Q”键回到主功能表,以继续其他的操作。

17.2.4　执行

1. 执行菜单

当所有的参数设定完成和就可进入执行模式,进行模具的加工。

(1)F1 单步模拟:每按一下“+,-”表示往前、往后根据所编辑的坐标做单点移动。

(2)F2 连续模拟:连续单点移动,自动重复“F1 单步模拟”的功能,在孔与孔之间停留约1秒钟。该功能用于编辑后的验证工作。

(3)F3 连续加工:自动执行放电和位置移动。放电过程根据所设定的Z轴参数由起始段加工到结束段,完成后自动移到下一个孔位继续加工,直到所有孔加工完成。

(4)F4 单段加工:该功能动作与“F3 连续加工”基本相似,但每次仅执行一个Z轴的加工段,当全部孔加工完成后,再加深一个Z轴深度重复执行,至到所以孔的坐标深度均到位为止。

(5)F5 重头开始:按此键,可将位置坐标设为第一孔,即下次移动时会从第一孔开始。

(6)F7 时间归零:按此键,可将时间计数器归零。

注意:进入放电模式时,可按功能键来改变放电参数,具体说明如下:

F1 电流:改变电流大小。按下该键并按上下键可改变参数大小,再按该键即设定完成。该值的范围为0~75。

F2 周率:改变放电周期导通的宽度。按下该键并按上下键可改变参数大小,再按该键即设定完成。该值的范围为2~2500。

F3 效率:改变放电周期截止的宽度。按下该键并按上下键可改变参数大小,再按该键即设定完成。该值的范围为1~9。

F4 间隙电压:改变电压大小。操作同上。该值的范围为25~99。

F5 跳升高度:改变排渣高度。操作同上。该值的范围为0~99。

F6 加工时间:改变加工时间。操作同上。该值的范围为0~99。

F7 极性:改变正负极性。操作同上。该值的范围为0~1。

F8 高压:改变高压大小。操作同上。该值的范围为0~3。

F9 速度:改变摇动速度大小。操作同上。该值的范围为0~9。此功能只要有摇动模式时才有。

2. 执行菜单说明

(1)在单步或连续模拟时,仅用于编辑完成后的效验,屏幕右下方会出现执行中的行数和重复次数,移动完毕后屏幕会出现“移动结束”的提示,此时可按“F5”键重新开始。

注意:当编辑的坐标有改变时,必须按“F5”键,否则移动的坐标将不正确。

(2)进入加工前,须事先设定供油状态。若在放电时供油,则须设定同步供油状态。

(3)进入单段加工时,屏幕下方会出现要求输入起始及结束段,此时可根据顺序输入,当所输入的结束段大于所编辑的结束段数,则执行时会以编辑时的结束段为准;当所输入的结束段小于所编辑的起始段数时,则系统不接受,必须重新输入。

(4)进入加工时,屏幕即切换为条件变更界面,即出现所有的加工状态,可根据此功能界面的提示来变更工作条件。

(5)如想在执行加工完成后可将所有的电源关闭,可在执行前先设定睡眠开关功能在开状态;反之,设定为关状态。

注意:当执行动作错误时,必须按"Q"键停止放电并回到执行功能界面。

17.2.5 手段移位

1. 手段移位菜单

本功能可完成以下操作

(1)操作者可用遥控器来控制工作台手动移动;

(2)可进入自动靠模功能由电脑自动执行靠模动作;

(3)可直接输入位置坐标控制工作台移动。

具体说明如下:

(1)F1 X 轴坐标设定:X 轴相对坐标设定,即设定 X 轴模具参考点。

(2)F2 Y 轴坐标设定:Y 轴相对坐标设定,即设定 Y 轴模具参考点。

(3)F3 Z 轴坐标设定:Z 轴相对坐标设定,即设定 Z 轴模具参考点。

(4)F4 自动靠模:由电脑自动执行靠模动作。具体说明如下:

进入自动靠模时,可选择电极与模具面之间的移动方向,并选择相应的功能键,机床就能自动进行靠模动作。如要跳出此功能则 F1 ~ F4 的坐标需再靠边一次,系统离开此功能便不再记忆 F1 ~ F4 坐标。

F1 靠边 X 正:电极在左,模具在右,以 5μm 的移动量向模具移动,短路时停止移动。

F2 靠边 X 负:电极在右,模具在左,以 5μm 的移动量向模具移动,短路时停止移动。

F3 靠边 Y 正:电极在前,模具在后,以 5μm 的移动量向模具移动,短路时停止移动。

F4 靠边 Y 负:电极在后,模具在前,以 5μm 的移动量向模具移动,短路时停止移动。

F5 中心 X:经过 F1 及 F2 两点靠模后,可按此键计算两点的中心,并将电极移动至中心后将 X 轴相对坐标清零。如没有经过 F1 和 F2 功能而执行该功能则中心点会不准确。

F6 中心 Y:经过 F3 及 F4 两点靠模后,可按此键计算两点的中心,并将电极移动至中心后将 Y 轴相对坐标清零。如没有经过 F3 和 F4 功能而执行该功能则中心点会不准确。

F7 靠边 Z:电极在后,模具在前,电极以 5μm 的移动量向模具移动,短路时就停止。

(5)F5 XY 轴移位:该功能可直接输入位置坐标来控制 XY 轴的位移,需要注意的是,所输入的位移坐标是以相对坐标零点为基准。

(6)F6 Z 轴移位:该功能可直接输入位置坐标来控制 Z 轴的位移,需要注意的是,所输入的位移坐标是以相对坐标零点为基准。

(7)F7 放电:该功能为手动放电,XY 轴可以移动,放电参数以 Z 轴子程序的第 4 组为依据。

2. 手段移位菜单说明

在主功能表界面下按"F2"键即可得到手动移位的界面。此时可根据具体情况在屏幕的引导和遥控器的操作下,完成工作台的移动和靠模功能。

(1)如要将模具的单点归零,可利用遥控器移动工作台后,用短路停止功能和归零功能逐一将各轴归零。

(2)如要将模具的中心点归零,可进入自动靠模功能,将电极根据功能表上的图形移动到适当位置,执行两点靠模后,再按中心归零功能,电脑就可自动做中心归零动作。

(3)遥控器的操作只要在手动移位功能下才有用,但"UP","DOWN"两键则在任何功能下均可执行。但在放电时"DOWN"键不能使用。

17.2.6　台面归零

在每次重新开机时,都需要将工作台回原点。其目的是系统寻找工作台的基准点和将绝对坐标归零。具体说明如下:

F1 X 轴归原点:X 轴台面回原点,并将绝对坐标 X(ABSX)清零。

F2 Y 轴归原点:Y 轴台面回原点,并将绝对坐标 Y(ABSY)清零。

F3 Z 轴归原点:Z 轴台面回原点,并将绝对坐标 Z(ABSZ)清零。

F4 XYX 轴归原点:XYZ 轴台面同时回原点,并将绝对坐标 X(ABSX)、Y(ABSY)、Z(ABSZ)清零。

17.2.7　操作注意事项

1)操作顺序

(1)开机时应先进入台面归零界面,将 XYZ 轴回原点。

(2)进入手动移位,找出模具的基准点或模具的中心点。

(3)进入编辑功能,将所有的 XYZ 资料以及摇动轨迹输入。

(4)利用档案存储功能,将所有的资料存入磁盘中。

(5)进入执行功能,开始放电加工。

2)断电时的处理

(1)重新开机。

(2)进入台面归零界面,将 XYZ 轴回原点。

(3)进入编辑功能界面,利用 <F3:载入档案> 功能将事先存入磁盘的文件读入到系统内。

(4)此时就可进入执行功能,开始放电加工,而不需再重新靠模和编辑资料。

注意:断电后必须按照以上步骤操作,否则将重新靠模和编辑资料。

3)在编辑或执行过程中,屏幕上如果出现一些错误或状态信息,如"错误键"、"资料设定错误"等,请根据这些错误信息的提示重新设定资料。

4)当档案文件超过 30 个时,可将一些不需要的文件删除。也可将文件用相同的文件名存入磁盘中,新文件将覆盖掉旧文件。

5)当执行过程中机床突然停止而无法继续进行移位时,首先检查所输入的行程是否超过工作台的最大行程,此时可查看 XYZ 轴的极限开关是否已经动作,如已经动作可进入手动移位界面,将工作台移开极限开关即可。其次检查所编辑的资料是否有错误。

6)放电供油动作组合

(1)同步供油动作:放电时才供油。

(2)同步供油不动作:不放电时才供油,放电时也供油。

7)遥控器上的“S/C”键。仅用于电极短路时移动工作台用,按住此键移动各轴时所有的短路信号不侦测,系统仅以声音警告并在屏幕上出现警告信息。因此在使用时请务必小心,在电极一脱离短路状态时立即放掉“S/C”键,否则将造成电极损坏的危险。

17.3 数控电火花典型零件加工

加工零件图如图17-5所示。

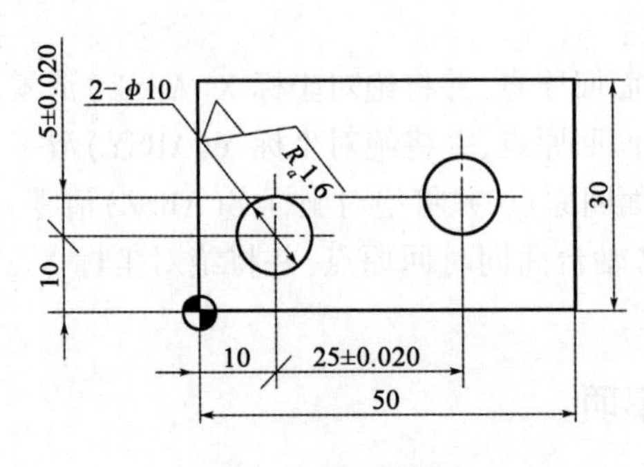

图17-5 加工零件图

1)在主功能表中按F1,再按F4,将XYZ轴回机床原点,按Q回到主功能表。

2)按F2进入手动模式,操作遥控器移动X轴到模具边缘(即X靠模),接着按F1,将X相坐标设定为零点,Y、Z轴的零点同X轴操作方式一样。当各轴的零点找到以后按Q回到主功能表。

3)按F3进入编辑模式,再按F1进入编辑X、Y,开始输入移动坐标,如表17-3所示。当编辑完成后,将光标移动到最后一个SETP处并按下F5设定结束点后,按Q回到编辑模式。

X、Y编辑模式 表17-3

SETP	X	Y	Z	TIMES
1	10	10	0	1
E 2	35	15	0	1

4)按F2进入编辑Z,开始输入加工深度及条件,如表17-4所示。或将光标移到最后一个段数处按F5设定最深点后,按Q键回到编辑模式。

Z编辑模式 表17-4

段 数	深 度
0	+1.000
1	+2.000
2	+3.000
3	+4.000
4	+5.000

(5)按F4将输入资料及坐标值存储起来,再按Q回到主功能表。

(6)按F4进入执行模式,可先执行F1或F2,根据输入的资料模拟移动,确定无误后再执行放电加工。

(7)按F3进入连续放电模式,或F4分段放电模式,电脑会先检查全部资料,确定无误后就会自动地从第一个孔加工到最后一个孔。如设定了睡眠开关,则在加工完毕后系统会自动关掉电源。

电火花成型加工安全操作规程

(1)开机前应检查机械、液压和电气各部分是否正常。通电检查,待一切正常后方可进行工作。

(2)熟悉所操作机床的结构、原理、性能及用途等方面的知识,按照工艺规程做好加工前的一切准备工作,严格检查工具电极与工件电极是否都已校正和固定好。

(3)调节好工具电极与工件电极之间的距离,锁紧工作台面,启动油泵,使工作液高于工件加工表面至少3mm距离后,才能启动脉冲电源进行加工。

(4)在加工过程中,工作液的循环方法根据加工方式可采用冲油或浸油,以免失火。

(5)机床断电后应在3分钟后方可启动。

(6)工作结束后,应关闭机床电源,认真清扫和整理现场。

第18章 激光加工

教学目的

本实训内容是为加强学生对激光加工原理与操作技能的掌握所开设的一项训练科目。

通过对激光加工机床的实习,使学生能了解激光加工机床在机械制造中的作用及工作过程,了解激光加工机床常用的工艺基础知识,为相关课程的理论学习及将来从事生产技术工作打下基础。

教学要求

(1)了解激光加工机床的基本原理、特点与应用范围。

(2)了解激光加机床的用途及主要组成部分。

(3)掌握常用电参数的选择原则与机床的基本操作方法。

(4)了解激光加机床的安全操作规程。

18.1 激光加工的基本原理、特点及应用范围

1.激光加工的基本原理

激光加工是利用光能经过一系列的光学系统聚焦后,在焦点上达到很高的能量密度(高达$10^8 \sim 10^{10}$W/cm²),靠光热效应(能产生10^4℃以上的高温)对材料进行各种加工,如打孔、切割、划片、焊接、热处理等。激光是单色光,强度高、相干性好、方向性好,可聚焦成几微米的光斑。激光加工不需要工具、加工速度快、表面变形小,可加工各种材料。如图18-1所示为气体激光器的加工原理图。

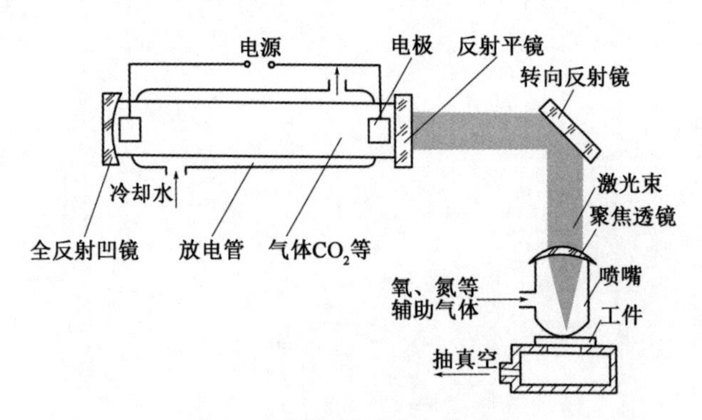

图18-1 气体激光器加工原理图

2. 激光加工的特点

(1)激光功率密度大,工件吸收激光后温度迅速升高而熔化或汽化,即使熔点高、硬度大和质脆的材料(如陶瓷、立方氮化硼、金刚石等)也可用激光加工;

(2)激光头与工件不接触,不存在加工工具磨损问题;

(3)工件不受应力,不易污染;

(4)可以对运动的工件或密封在玻璃壳内的材料加工;

(5)激光束的发散角可小于1mrad,光斑直径可小到微米量级,作用时间可以短到纳秒和皮秒,同时,大功率激光器的连续输出功率又可达千瓦至十千瓦量级,因而激光既适于精密微细加工,又适于大型材料加工;

(6)激光束容易控制,易于与精密机械、精密测量技术和电子计算机相结合,实现加工的高度自动化和达到很高的加工精度;

(7)在恶劣环境或其他人难以接近的地方,可用机器人进行激光加工。

3. 激光加工的应用范围

激光技术与原子能、半导体及计算机一起,是20世纪最负盛名的四项重大发明。

经过几十年的发展,现已广泛应用于工业生产、通讯、信息处理、医疗卫生、军事、文化教育以及科研等方面。据统计,从高端的光纤到常见的条形码扫描仪,每年与激光相关产品和服务的市场价值高达上万亿美元。中国激光产品主要应用于工业加工,占据了40%以上的市场空间。

激光加工作为激光系统最常用的应用,主要技术包括激光焊接、激光切割、表面改性、激光打标、激光钻孔、微加工及光化学沉积、立体光刻、激光刻蚀等,如图18-2所示。

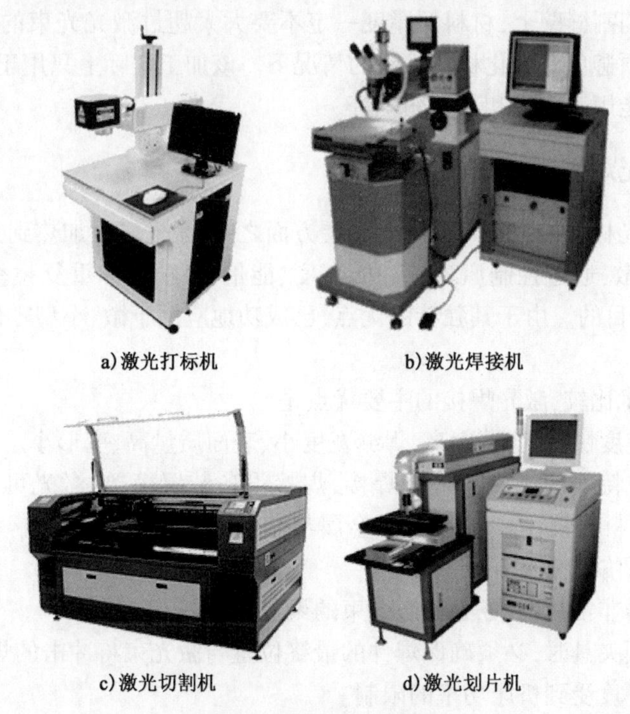

a)激光打标机　b)激光焊接机

c)激光切割机　d)激光划片机

图18-2　典型激光加工机

18.2 激光加工的主要应用领域

18.2.1 激光切割

激光切割技术广泛应用于金属和非金属材料的加工中,可大大减少加工时间,降低加工成本,提高工件质量。与传统的板材加工方法相比,激光切割具有高的切割质量、高的切割速度、高的柔性(可随意切割任意形状)、广泛的材料适应性等优点。

目前激光切割分为以下几种:

1. 激光熔化切割

在激光熔化切割中,工件被局部熔化后借助气流把熔化的材料喷射出去。因为材料的转移只发生在液态情况下,所以该过程被称作激光熔化切割。激光光束配上高纯惰性切割气体促使熔化的材料离开割缝,而气体本身不参与切割。

2. 激光火焰切割

激光火焰切割与激光熔化切割的不同之处在于使用氧气作为切割气体。借助于氧气和加热后的金属之间的相互作用,产生化学反应使材料进一步加热。对于相同厚度的结构钢,采用该方法可得到的切割速率比熔化切割要高。

3. 激光气化切割

在激光气化切割过程中,材料在割缝处发生气化,此情况下需要非常高的激光功率。为了防止材料蒸气冷凝到割缝壁上,材料的厚度一定不要大大超过激光光束的直径。该加工因而只适合于应用在必须避免有熔化材料排除的情况下。该加工实际上只用于铁基合金很小的使用领域。该加工不能用于木材和某些陶瓷等。

18.2.2 激光焊接

激光焊接是激光材料加工技术应用的重要方面之一,激光辐射加热到工件表面,其热量通过热传导向内部扩散,通过控制激光脉冲的宽度、能量、峰功率和重复频率等参数,使工件熔化,从而达到焊接的目的。由于其独特的优点,已成功地应用于微、小型零件焊接中,如图18-2所示。

与其他焊接技术比较,激光焊接的主要优点是:

(1)激光焊接速度快、焊缝精度高、焊缝宽度小、表面质量高、变形小。

(2)能在室温或特殊的条件下进行焊接,焊接设备装置简单;激光可对绝缘材料直接焊接,焊接异种金属材料比较容易,甚至能把金属与非金属焊在一起。

激光焊接的主要缺点是:

(1)焊件位置需非常精确,务必在激光束的聚焦范围内。

(2)焊件需使用夹具时,必须确保焊件的最终位置与激光束将冲击的焊点对准。

(3)最大可焊厚度受到机床功率的限制。

(4)高反射性及高导热性材料如铝、铜及其合金等,焊接性会受激光改变。

(5)当进行中能量至高能量的激光束焊接时,需使用等离子控制器将熔池周围的离子化气体驱除,以确保焊道的再出现。

(6)能量转换效率太低,通常低于10%。

(7)焊道快速凝固,可能有气孔及脆化的顾虑。

18.2.3　激光打孔

随着电子产品朝着便携式、小型化的方向发展,对电路板小型化提出了越来越高的需求,提高电路板小型化水平的关键就是越来越窄的线宽和不同层面线路之间越来越小的微型过孔和盲孔。传统的机械钻孔最小的尺寸仅为100μm,这显然已不能满足要求,代而取之的是一种新型的激光微型过孔加工方式。用 CO_2 激光器加工在工业上可获得过孔直径达到在30～40μm的小孔,或用UV激光加工10μm左右的小孔。在世界范围内激光在电路板微孔制作和电路板直接成型方面的研究成为激光加工应用的热点,利用激光制作微孔及电路板直接成型与其他加工方法相比其优越性更为突出,具有极大的商业价值。激光打孔已广泛用于钟表和仪表的宝石轴承、金刚石拉丝模、化纤喷丝头等工件的加工。如图18-3和图18-4所示。

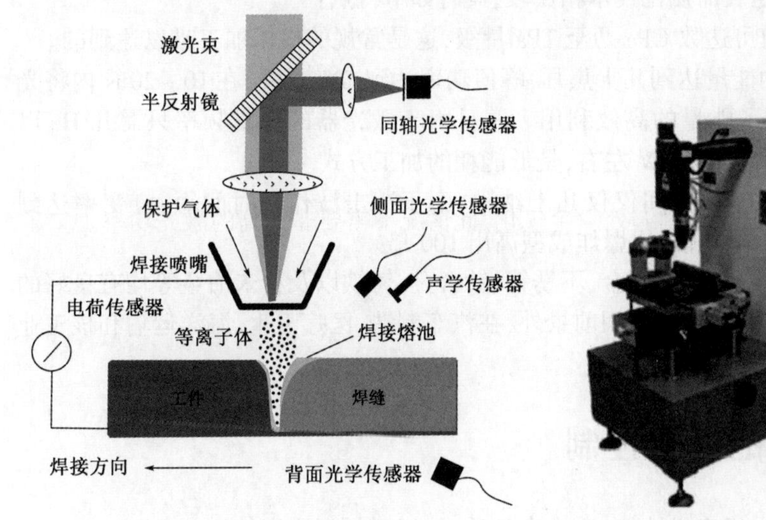

图18-3　激光焊接原理图

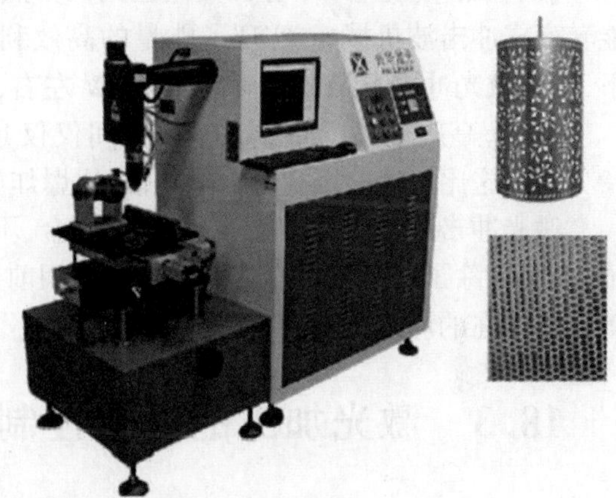

图18-4　激光打孔机与典型零件

18.2.4　激光热处理

由于激光功率密度极高,工件传导散热无法及时将热量传走,结果使得工件被激光照射区迅速升温到奥氏体化温度实现快速加热,当激光加热结束,因为快速加热时工件基体大部分仍保持较低的温度,被加热区域可以通过工件本身的热传导迅速冷却,从而实现淬火等热处理效果。

激光热处理技术的应用极为广泛,几乎一切金属表面热处理都可以应用。应用比较多的有汽车、冶金、石油、重型机械、农业机械等存在严重磨损的机器行业,以及航天、航空等高技术产品,如可对各种导轨、大型齿轮、轴颈、汽缸内壁、模具、减振器、摩擦轮、轧辊、滚轮零件进行表面强化。如激光淬火的铸铁发动机汽缸,其硬度由HB230提高到HB680,使用寿命提高了2～3倍。

激光热处理技术与其他热处理(如高频淬火、渗碳、渗氮等)工艺相比具有以下特点:

(1)无需使用外加材料。仅改变被处理材料表面的组织结构处理后的改性层具有足够的厚度。可根据需要调整深浅,一般可达0.1~0.8mm。

(2)处理层和基体结合强度高。激光表面处理的改性层和基体材料之间是致密的冶金结合,而且处理层表面是致密的冶金组织,具有较高的硬度和耐磨性。

(3)被处理件变形极小。由于激光功率密度高,与零件的作用时间很短,故零件的热变形区和整体变化都很小,适合于高精度零件的最后处理工序。

(4)加工柔性好,适用面广。利用灵活的导光系统,可方便地处理深孔、内孔、盲孔和凹槽等,也可对局部进行选择性的处理。

18.2.5 激光强化

激光冲击强化技术是利用强激光束产生的等离子冲击波,提高金属材料的抗疲劳、耐磨损和抗腐蚀能力的一种高新技术。它具有非接触、无热影响区、可控性强以及强化效果显著等突出优点。

激光冲击强化技术和其他表面强化技术相比较,具有如下特点:

(1)高压。冲击波的压力可达数GPa乃至TPa量级,这是常规的机械加工难以达到的。

(2)高能。激光束单脉冲能量达到几十焦耳,峰值功率达到GW量级,在10~20ns内将光能转变成冲击波机械能,实现了能量的高效利用。并且由于激光器的重复频率只需几Hz以下,整个激光冲击系统的负荷仅仅30kW左右,是低能耗的加工方式。

(3)超高应变率。冲击波作用时间仅仅几十纳秒,由于冲击波作用时间短,应变率达到10^{-10}/s,这比机械冲压高出10000倍,比爆炸成型高出100倍。

激光冲击强化对各种铝合金、镍基合金、不锈钢、钛合金、铸铁以及粉末冶金等均有良好的强化效果,除了在航空工业具有极好的应用前景外,在汽车制造、医疗卫生、海洋运输和核工业等都有潜在的应用价值。

18.3 激光加工的精度控制

激光切割的加工精度是由机床机性能、激光束品质、加工材料而决定的。

1. *零件整体尺寸误差*

虽然在相同条件下,对相同的加工物使用同一偏置补偿值可以确保其精度,但是焦点位置的设定要凭借操作人员的感觉来确定,而且热透镜作用也会造成焦点位置的变化,所以需要定期检查最佳的偏置补偿值,以避免零件出现整体的尺寸变化。

2. *加工方向上的尺寸误差*

板材上部的尺寸精度与下部的尺寸精度有不同的情况。这主要有两方面的原因:首先,光束圆度和强度分布不均一,造成切口宽度沿加工方向有所不同。解决的方法是进行光轴调整或清洗光学部件;其次,被加工物体受热膨胀会引起加工形状长方向尺寸变短的情况。

3. *翘曲现象误差*

对加工铝、铜、不锈钢等材料时,受到线膨胀系数、热容量等物性的影响,会使材料发生热变形而造成翘曲的现象。就加工形状来说,纵横比越大,翘曲量就越大。此外,板材自身的残余应力对翘曲和尺寸误差也有影响,所以需要对加工的走刀路线进行优化。

4.孔中心距误差

加工孔群时,由于热膨胀现象会造成孔与孔之间的中心距会出现偏差。其解决方法是在正式加工前要预加工,以测定加工尺寸和误差,然后灵活运用形状缩放功能对误差进行控制。

5.孔的圆度误差

在激光加工中加工孔和切割面会产生锥度(工件上面直径比背面直径大)是无法避免的,特别是对于厚的工件愈加明显。

18.4 激光雕刻软件的基本操作

本节以睿达RDCAM软件为例,介绍激光雕刻编辑软件的使用。

18.4.1 操作主界面

双击电脑桌面快捷方式启动软件,就进入到如图18-5所示的操作界面。

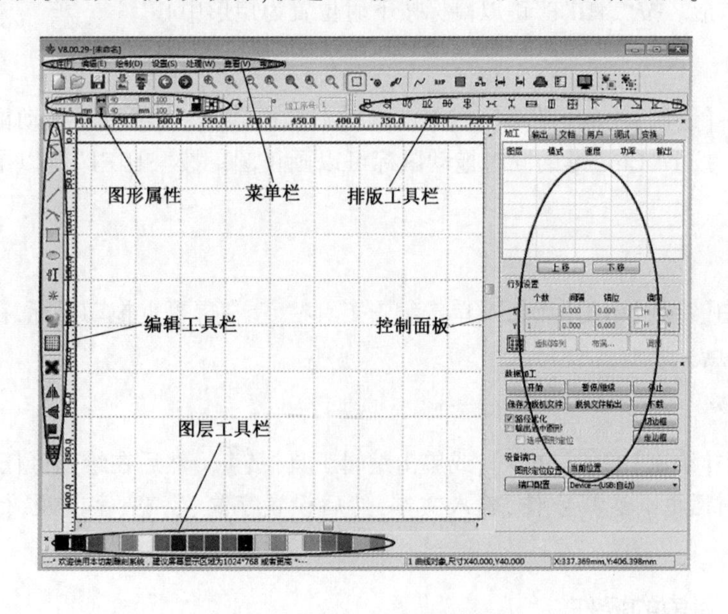

图18-5 睿达RDCAM软件主界面

(1)菜单栏:此软件的主要功能都可以通过执行菜单栏中的命令选项来完成,执行菜单命令是最基本的操作方式;菜单栏中包括文件、编辑、绘制、设置、处理、查看和帮助这7个功能各异的菜单。

(2)图形属性栏:图形属性栏是对图形基本属性进行操作,包含图形位置、尺寸、缩放、加工序号。

(3)排版工具栏:使选择的多个对象对齐,完善页面的排版。

(4)控制面板:控制面板主要是实现一些常用的操作和设置。

(5)图层工具栏:修改被选择的对象的颜色。

(6)编辑工具栏:系统默认时位于工作区的左边。在编辑工具栏上放置了经常使用的编辑工具,从而使操作更加灵活方便。

18.4.2 基本图形的创建

1.画直线

单击菜单中【绘制】中的【直线】,或单击编辑工具栏,在屏幕上拖动鼠标即可画出任意直线。按下"Ctrl"键的同时拖动鼠标可以画水平线。

2.画多点线

单击菜单中【绘制】中的【多点线】,或单击编辑工具栏出任意线条。在屏幕上拖动鼠标并点击鼠标即可画。在屏幕上拖动鼠标即可画出任意大小的。

3.画矩形

单击菜单中【绘制】中的【矩形】,或单击编辑工具栏矩形。按下"Ctrl"键的同时拖动鼠标可以画正方形。按"SHIFT"键以鼠标按下时位置为矩形中心。

4.画椭圆

单击菜单中【绘制】中的【椭圆】,或单击编辑工具栏。在屏幕上拖动鼠标即可画出任意大小的椭圆。按下"Ctrl"键的同时拖动鼠标可以画正圆。按"SHIFT"键以鼠标按下时位置为椭圆中心。

5.画点

单击菜单中【绘制】中的【点】,或单击编辑工具栏在屏幕上拖动鼠标,在任意位置单击鼠标,即可画出点。

6.编辑文本

单击菜单中【绘制】中的【文本】,或单击编辑工具栏。然后在绘图区任意位置单击,就弹出文字输入对话框。选择字体,输入文本,然后设置字高、字宽、字间距、行间距。再点击【确定】即可。

18.4.3 对象的操作

1.对象选取

在绘制和编辑图形的过程中,首先就是要选取对象。当对象处于被选中状态,在此对象中心会有一个"×"形绿色标记,在四周有8个控制点。单击菜单中【绘制】中的【选择】,选取对象,切换到"选取"状态。在此状态下可以。以下是五种选取对象的方法。

(1)单击菜单中【编辑】中的【全部选择】(快捷键 Ctrl + A),选取所有的对象。

(2)鼠标单击选取单个对象。用鼠标单击要选取的对象,则此对象被选取。如图18-6所示。

(3)框选对象。按下鼠标并拖动,只要选框接触到的对象都会被选取。

(4)增加/减去选取对象。

加选:首先选中第一个对象,然后按下 Shift 键不放,再单击(或框选)要加选的其他对象即可选取多个图形对象。

减选:按下 Shift 键单击(或框选)已被选取的图形对象,则这个被点击(或框选)的对象会从已选取的范围中去掉。

(5)按图层颜色选取对象。右键单击要选取的图层,则属于该颜色图层的所有对象将被选取,加工文件所包含图层如图 18-7 所示。

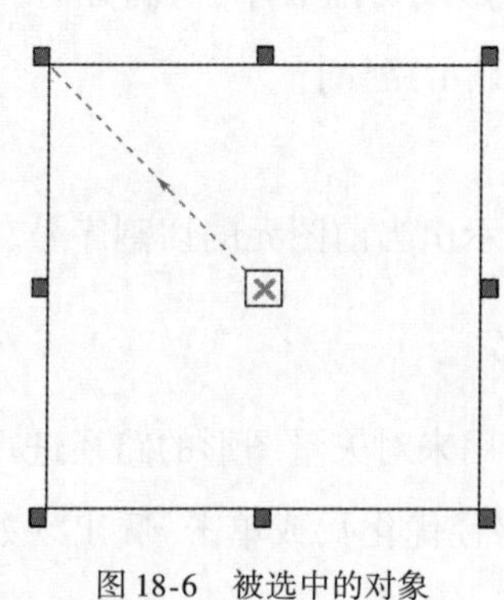

图 18-6　被选中的对象

加工　输出　文档　用户　调试　变换

图层	模式	速度	功率	输出
	激光切割	10.0	40.0	Yes
	激光扫描	200.0	16.0	Yes
	激光切割	10.0	35.0	Yes
	激光切割	10.0	35.0	Yes

上移　下移

图 18-7　当前加工文件所包含的图层

2. 对象的颜色

对象的颜色即对象轮廓的颜色。可以单击图层工具栏中的任意颜色工具按钮来改变被选取的对象的颜色。处于按下状态的颜色按钮既为当前图层颜色。

3. 对象的变换

对象的变换主要是对对象的位置、方向以及大小等方面进行改变操作,而并不改变对象的基本形状及其特征。软件为用户进行对象变换,提供了便利的操作接口。用户可以通过绘制工具条内的进行镜向和数据居中操作。也可以通过对象属性工具条,方便进行对象位置、宽度、旋转。还可以使用右侧的变换工具进行丰富的图形变换和复制。

18.4.4　手动排序及切割点、切割方向设置

选择【编辑】/【设置切割属性】,将弹出切割属性对话框,所有与手动排序以及切割点、切割方向设置均可以在这个对话框内完成。

1. 显示路径

首先勾选“显示路径”,就会显示出当前图形的切割顺序以及切割方向。可以一边修改,一边观察到实际加工顺序的变化。

2. 手动排序

选择对话框上的按钮,这个按钮可用来切换当前操作的状态是编辑还是查看。然后就可以在图形显示区,框选或者点选图形(或者在对话框右侧图元列表点选、复选图元),选择图形后,选择按钮,这些图形就被导到另一个列表中,被作为先加工的图元。反复依次操作图

元,就可以完成对所有图形的排序。

3. 改变图形加工方向

鼠标在图形显示区或者在图元列表中选择图形,然后点按钮反向。

4. 改变切割点

选中要改变切割点的图形,就会显示出当前图形的所有节点。选择要设置的起点,双击鼠标,就会把当前图形的起点改变。完成所有的修改后,点按钮确定,即可把修改的结果保存。除了切割属性设置功能外,软件也提供一些简单的修改切割顺序、切割方向、切割点的工具。在工具条内选择,或者单击菜单命令【编辑】/【显示路径】。

5. 手动排序

选择要改变切割顺序的图元,在对象属性栏即会显示出当前图元的切割序号。

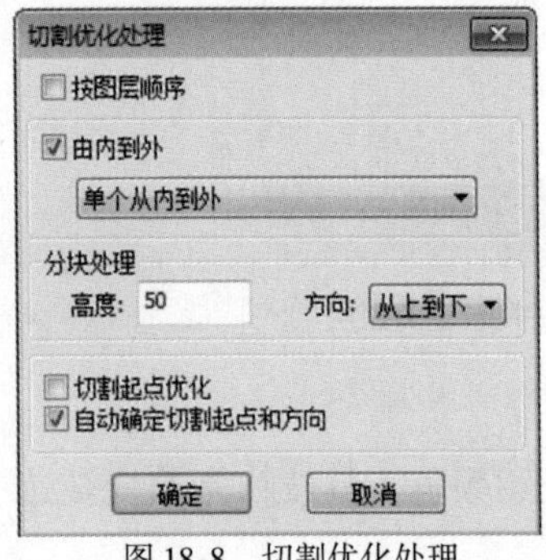

图 18-8 切割优化处理

18.4.5 路径优化

路径优化功能主要是用来对矢量图形的路径进行重新排序。单击菜单命令【处理】/【路径优化】,或单击出现如图 18-8 所示的对话框。

单击菜单命令【编辑】/【显示路径】,或者单击系统工具栏,图形显示加工路径,可看到处理前后的加工路径。图形的加工路径总是从激光头位置出发。

18.4.6 对象处理

1. 曲线平滑

对某些自身曲线精度较差的图形,曲线平滑可使图形更平滑,加工更顺畅。单击菜单命令【处理】/【曲线平滑】,出现对话框窗口。拖动平滑度然后点【应用】按钮,界面将会显示平滑前与平滑后的曲线,方便进行对比。可以用鼠标对图形进行拖动查看。可以用鼠标滚轮对图形进行缩放查看。点击【满幅面】按钮,图形显示将回到在对话框内的最大显示。平滑效果满意后,点击【应用】按钮,曲线将平滑度的设置进行相应的平滑。选择【直接平滑】,可使用另一种平滑方法。平滑方法的选择,要以实际图形的需要而变化。

2. 闭合检查

单击菜单命令【处理】/【曲线自动闭合】,出现设置窗口,如图 18-9 所示。当曲线起点和终点距离小于闭合容差,自动闭合该曲线。强制闭合:强制闭合所有被选择的曲线。

3. 删除重线

单击菜单命令【处理】/【删除重线】,出现对话框,如图 18-10 所示。一般情况下不勾选“使能重叠容差”,必须两直线重合度比较很好时,才将重叠线删除。如果需要将一定误差范围的重叠线都删除,则可勾选“使能重叠容差”,并设置重叠容差。重叠容差一般不要设置过大,以免造成误删。

图 18-9　闭合容差参数设置

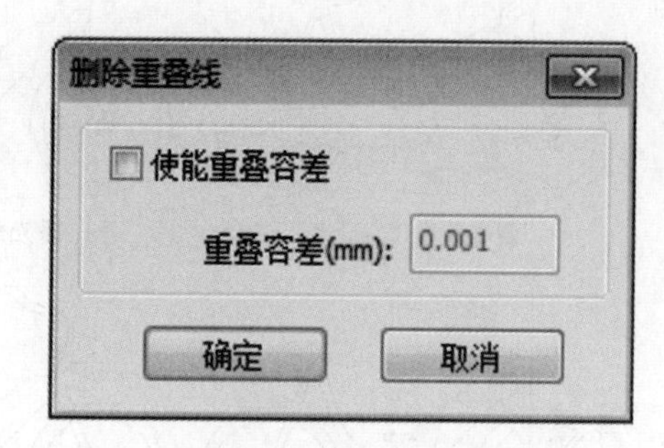

图 18-10　闭合容差参数设置

4. 合并相连线

单击菜单命令【处理】/【合并相连线】,系统出现对话框窗口后(如图 18-11 所示),软件自动根据合并容差设置,将被选择的曲线中,连接误差小于合并容差的曲线连成一条曲线。

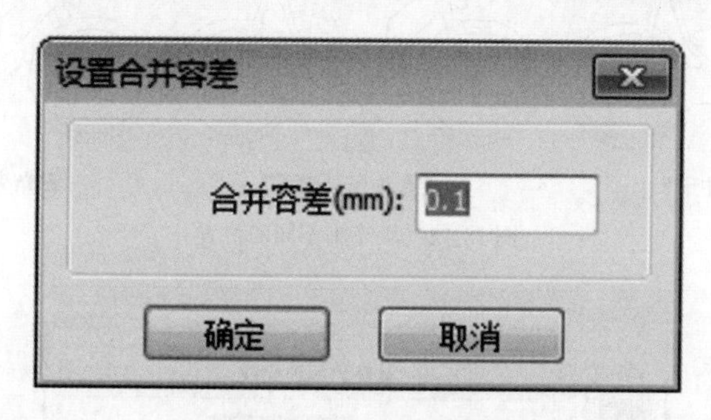

图 18-11　合并容差参数设置

18.4.7　系统设置

在图形输出前,需检查系统设置是否正确。单击菜单命令【设置】/【系统设置】。

1. 一般设置

激光头位置是用来设置激光头相对于图形的位置。直观的查看只需要看图形显示区的绿色的方块是出现在图形的位置就可以了,如图 18-12 所示。

2. 图层参数设置

1)激光切割参数设置(图 18-13)

软件以图层来区分不同图形的加工工艺参数。对于扫描加工方式,多个处于同一图层的位图,将整体作为一幅图片输出,如果希望各个位图单独输出,则可将位图分别放置到不同图层即可。

(1)【是否输出】

选择【是】,对应的图层将输出加工;选择【否】,不会输出加工。

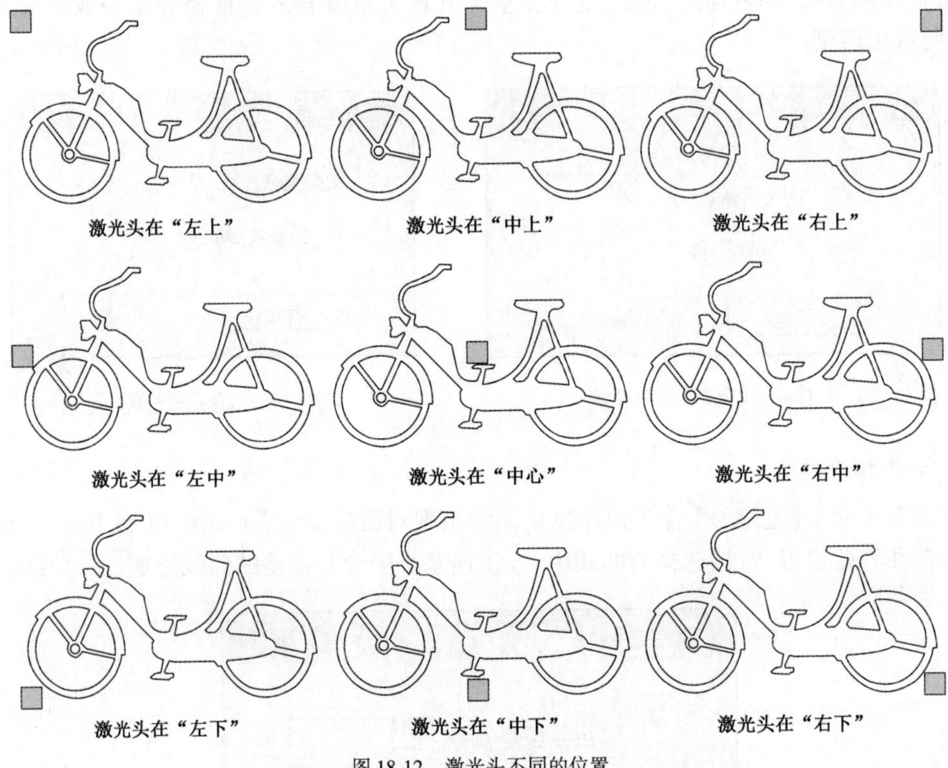

图 18-12 激光头不同的位置

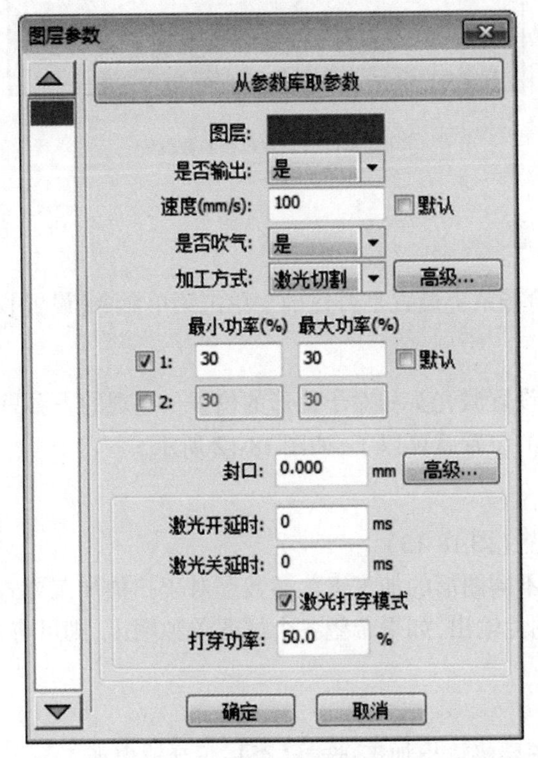

图 18-13

(2)【速度】

相应加工方式的加工速度。对切割加工而言,速度越慢,加工效果越好,轨迹越光滑;速度越快,加工效果越差,轨迹越不光滑;对扫描加工而言,速度越慢,同等能量下扫描深度越深、扫描痕迹增粗,扫描的分辨率也相应降低。速度越快,同等能量下扫描深度越浅,细节失真增加。对打点加工而言,主要改变的是空移的速度。如果,勾选【默认】,则实际速度由面板设置的速度来决定。

(3)【是否吹气】

如果机器外接了风机,且风机已经使能,则如果选【是】,则进行该图层数据加工时,将打开风机,否则将不打开风机。如果未使能风机,则无论选【是】或【否】,都无意义。

(4)【加工方式】

表示加工对应图层的方法,若当前选择的是矢量图层(即颜色层),则包括三个选择:激光扫描、激光切割以及激光打点;若当前选择的是位图图层(即BMP层),则只包括一个选择:激光扫描。

(5)【激光1】、【激光2】

分别对应主板激光信号的第1路和第2路激光输出。如果是单头机器,则第2路激光无意义。【最小功率】、【最大功率】:功率值的范围为0~100,表示加工过程中激光的强弱;值越大则激光强,值越小则激光弱,最小功率要小于等于最大功率。设置【最小功率】、【最大功率】流程如下:

①最小功率和最大功率设置为相同的值,同步调整。直到所有的切割曲线均已出现。

②最大功率不变,逐步降低最小功率,直到切割曲线的能量重的点降到最低水平,而所有的衔接部分均能加工出来。

③如仍未到最好效果,则可适当微调最大功率,并重复第②步。

(6)【封口】:切割闭合图形出现有封口不闭合的情况,可以用封口补偿来闭合,但如果封口是错位的,则无法补偿,可以用间隙补偿优化来补偿,或者用用户参数里的反向间隙补偿。

(7)【激光开延时】:开光打穿时间/开光延时。

(8)【激光关延时】:关光打穿时间/关光延时。

(9)单击按钮【高级】,还可以设置其他图层参数。

2)激光扫描参数设置

左侧的对话框为矢量扫描的参数设置(图18-14),右侧的对话框为位图扫描的参数设置(图18-15)。对矢量数据的扫描不支持反色雕刻、优化扫描、直接输出。

(1)【反色雕刻】

正常情况下扫描,在位图的黑点处出激光,白点处不出激光。选择反色雕刻,则在位图的白点处出激光,黑点处不出激光。

(2)【优化扫描】

选择优化扫描会自动调整设置的扫描间隔到最佳值,使扫描效果最佳。否则,按照之前设置的扫描间隔扫描图形。

(3)【直接输出】

带灰度的位图按实际的图形灰度进行输出,既颜色深的地方激光能量大,颜色浅的地方激光能量小。

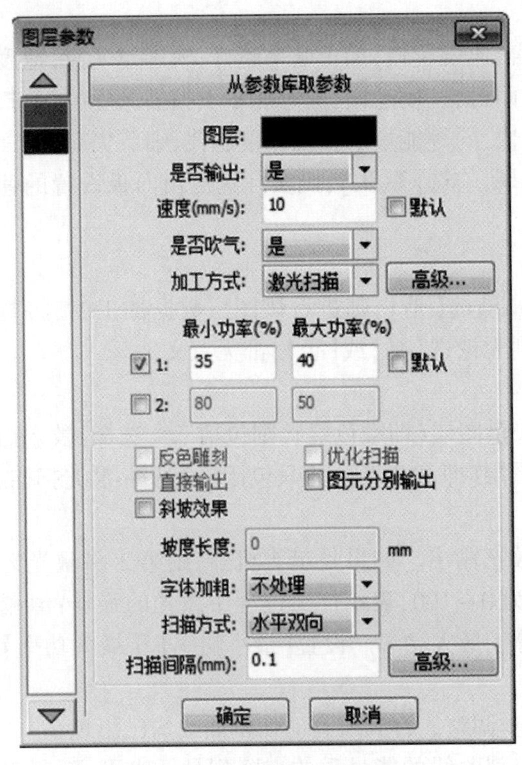

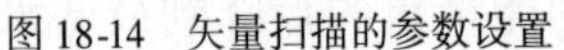
图 18-14 矢量扫描的参数设置

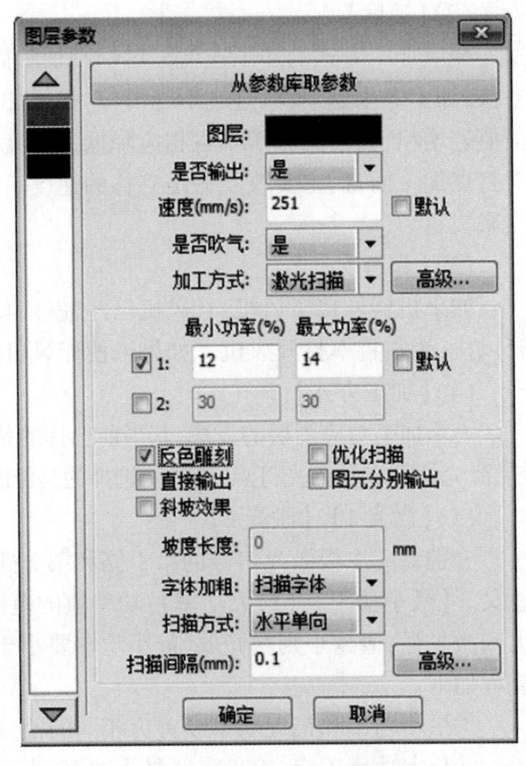

图 18-15 位图扫描的参数设置

(4)【图元分别输出】

对于矢量图形来说,图元分别输出是根据矢量图元的位置关系,依次将挨在一起的矢量图元的雕刻输出。如果不勾选图元分别输出,则将以整个矢量图形作为一个整体来雕刻,系统会自动将同个图层内的位图作为一个整体输出。如果勾选了图元分别输出,系统会依次输出单个位图。

(5)【斜坡效果】

使扫描图形边缘出现斜坡,呈立体效果。

(6)【字体加粗】

包括不处理、扫描字体、扫描底部。通常选不处理。扫描字体即扫描的部分是字体,也就是阴雕。扫描底部即扫描的部分是底部,也就是阳雕。在选择斜坡效果时,需将字体加粗选择不处理,否则斜坡效果受到影响。

(7)【扫描方式】

包括水平单向、水平双向、竖直单向、竖直双向。

(8)【扫描间隔】

激光头隔多长距离扫描下一条线,间隔越小,扫描后得图形越深;反之越浅。对于矢量图层(即颜色层),扫描间隔一般设置在 0.1mm 以下。对于位图图层(即 BMP 层),扫描间隔一般设置在 0.1mm 以上,然后通过改变最小功率和最大功率来使扫描后的图形深度达到理想效果。

18.4.8 文件的打开与保存

此软件使用的是rld格式的文件,rld文件保存了图形的信息、各图层的图层加工参数,以及各图形元素的加工顺序。所以把导入的图形数据保存为rld文件,可以便于此图形以后输出加工。

单击菜单中【文件】中的【打开】,选择要打开的文件,然后点击【打开】即可。单击菜单中【文件】中的【保存】,在文件名编辑框中输入文件名,然后点击【保存】即可。

18.4.9 文件的导入与导出

由于此软件使用的是rld格式的文件,所以要进行制作或编辑时使用其他素材就要通过导入来完成,而使用导出使其完成后的图形文件适用于其他软件。导入的文件支持dxf、ai、plt、dst等格式,导出的文件支持plt格式。

单击菜单中【文件】中的【导入】,选择相应的文件后,点击【Open】按钮即可。单击菜单中【文件】中的【导出】,然后点击【保存】按钮。

18.5 激光雕刻机的使用

本节以正天激光D系列激光雕刻切割机的使用为例进行讲解。

18.5.1 控制面板的使用

控制面板位于雕刻机箱盖的右前方,实现速度、功率的调节、手动出光和手动控制雕刻机X向、Y向的运动。如图18-16所示。

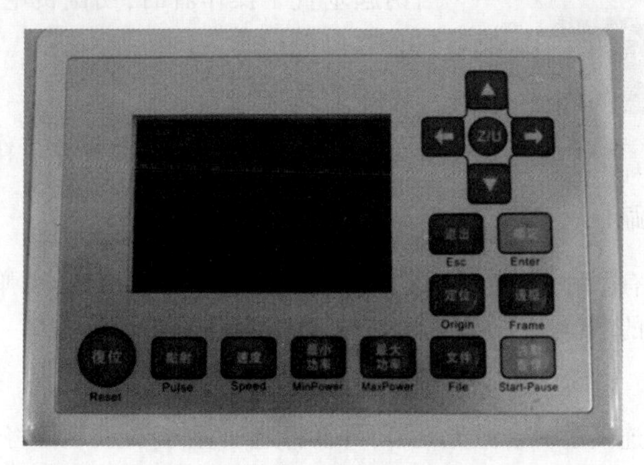

图18-16 激光切割机控制面板

控制面板上的各个部件功能如下:

(1)复位键(Reset):软复位键,按下此键后,取消当前加工文件,设备复位至最右上角初始位置,完成复位。

(2)点射(Pulse):按下点射后,再按下此开关,激光器将根据“输出电流”所指示的电流大小连续出光。

(3)速度键(Speed):按下按键后,可设置激光头移动的速度。

(4)最大(MaxPower)\最小功率(MinPower)键:可设置切割机的最大最小输出功率。

(5)激光头移位键(←↑→↓):菜单选择键,选择液晶显示屏上面的菜单。由上、下、左、右四个方向移位键组成。在脱机工作模式下(计算机没有向雕刻机传送数据),按下其中任意一个键,激光头将按照箭头指示的方向移动。

(6)Z/U 键:功能复用按钮,按下按钮可以对切割机系统参数和工作方式进行设置。

(7)退出键(Esc):退出当前菜单,返回上一级菜单;取消对更改的保存。

(8)确定键(Enter):更改调整光路状态;进入下一级菜单;确认保存更改;将数据存入内存以后,按此键可以重复输出内存里所存的数据。

(9)定位键(Origin):按下此键后,此键右上角指示灯亮起,激光头当前所在的位置坐标被设为加工原点。

(10)边框键(Frame):在完成加工文件定位后,可模拟切割的最大边界图形。

(11)文件键(File):按下按键可以调用切割机内存里的加工文件,调用后加工。

(12)暂停/启动键(Start/Pause):暂停/启动加工。

18.5.2 激光雕刻机电源开关的使用

1.激光电源开关

按下此开关后,激光电源会根据指令向激光器提供高压(图 18-17)。每次雕刻之前,请确定已按下开关,否则激光器不会出光。

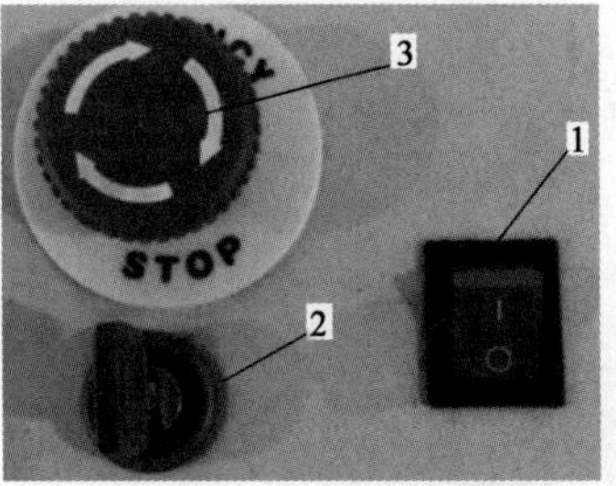

图 18-17 激光切割机启停

2.启动钥匙

当钥匙垂直于操作者时,切割机电源处于断开状态,当旋转 90°时,电源接通。

3.急停开关

紧急情况下按下开关,设备停止工作。

18.5.3 设备端口

连接设备的方式有两种:USB 和网络。可通过点 USB 自动按钮,在弹出的对话框里,设置连接方式和选择连接的端口。

1.USB

若计算机经网络连接了一台激光设备,可以将选项置为自动,软件将自动确定与设备的连接接口。

2.网络

若计算机连接了一台激光设备,点击添加,输入要连接的设备的机器名和 IP 地址。

18.5.4 走边框、切边框

如图 18-18 所示圆为实际的图形,红色矩形为该圆的最小外界矩形, 点击走边框按钮后,激光头就会沿着该矩形轨迹运行一次。

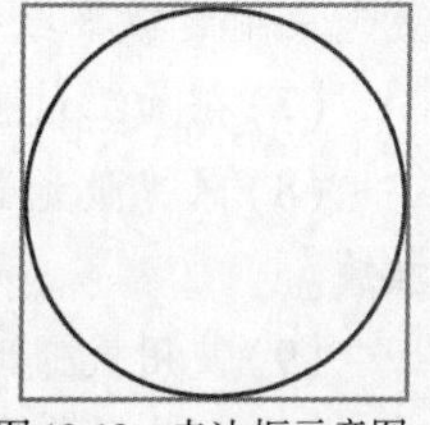

图18-18 走边框示意图

18.5.5 保存为脱机文件

保存脱机文件是把当前文件保存为RD格式的脱机文件,用于U盘拷贝到其他内存主板全脱机运行。

18.5.6 激光切割机操作流程

第一步:操作启动钥匙接通电源,检查冷却水循环是否正常。严禁在冷却水循环不正常的情况下使用机器,以免损坏激光器。

第二步:检查调节光路,激光雕刻机属精密光学仪器,对光路调节要求较高,如果激光不是从每个镜片的中心射入,就会影响雕刻效果,建议每次工作前务必检查一下光路是否正常,如有异常,需调整好后再开始加工。

第三步:图文编辑,进入睿达RDCAM激光雕刻切割软件,利用软件的各项功能编排雕刻和雕刻的内容,设置好加工参数,利用数据线直接发送到切割机上或者利用U盘拷贝加工文件到切割机上。

第四步:加工定位,加载文件后,先要定出加工位置才能放上加工材料。加工定位方法如下:取出待加工材料,先在工作台上贴上一张纸,在排版已完成的基础上点击ACE软件中的"定位框"图标,这时雕刻机在白纸上划上定位框。

第五步:放置加工材料,定焦距,确定没有按下"手动出光"以后,在白纸上的定位框中放上加工材料,调节小车上升降台的高度,使加工表面到抽气罩下表面的距离为8mm,此时待加工表面位于聚集镜的焦点平面上。

第六步:输出数据加工,放好加工材料后,加工开始前应确定已按下"激光电源开关",按下"启动键"开始加工。

第七步:加工完成后,会有声音提示。在加工过程中,若是冷却水循环不正常,加工会自动停止,直到冷却水循环正常后加工才继续进行。加工完成后,请务必清洁工作台,保持雕刻机的清洁。

激光切割机安全操作规程

(1)遵守一般切割机安全操作规程。严格按照激光器启动程序启动激光器、调光、试机。

(2)操作者须经过培训,熟悉切割软件、设备结构、性能,掌握操作系统有关知识。

(3)按规定穿戴好劳动防护用品,在激光束附近必须佩带符合规定的防护眼镜。

(4)在未弄清某一材料是否能用激光照射或切割前,不要对其加工,以免产生烟雾和蒸气的潜在危险。

(5)设备开动时操作人员不得擅自离开岗位或托人待管,如的确需要离开时应停机或切断电源开关。

(6)要将灭火器放在随手可及的地方,不加工时要关掉激光器或光闸,不要在未加防护的激光束附近放置纸张、布或其他易燃物。

(7)在加工过程中发现异常时,应立即停机,及时排除故障或上报主管人员。

(8)保持激光器、激光头、床身及周围场地整洁、有序、无油污,工件、板材、废料按规定堆放。

(9)使用气瓶时,应遵守气瓶监察规程。禁止气瓶在阳光下暴晒或靠近热源。开启瓶阀时,操作者必须站在瓶嘴侧面。

(10)应按照设备规定的维修时间和程序进行保养维护。

(11)开机后应手动低速X、Y、Z轴方向开动机床,检查确认有无异常情况。

(12)对新的工件程序输入后,应先试运行,并检查其运行情况。

(13)工作时,注意观察机床运行情况,以免切割机走出有效行程范围。

(14)送料时一定要看着送料状态,以免板料起拱撞上激光头,后果严重。

(15)生产运行前要检查所有准备工作是否到位,保护气是否开启,气压是否达到。激光是否是待命状态。

(16)实训结束后应擦拭机床,清扫和整理现场。

第19章 3D打印技术

教学目的

本章的教学目的是强化对3D打印技术的理解。通过学习3D打印机的结构和加工软件,掌握操作3D打印机的一般步骤,进一步加深对先进制造技术的理解。该内容重点培养学生学习兴趣,对今后的学习打下基础。

教学要求

(1)掌握3D打印的基本理论。
(2)了解快速成型工艺方法种类及特点。
(3)掌握3D打印机的操作方法。

19.1 3D打印技术概述

3D打印(3D Printing)是快速成型技术的一种,也称为增材制造技术(Additive Manufacturing,AM),是一种以数字模型文件为基础,以材料逐层堆积的方式制造零件的新型技术。3D打印技术概念起源于19世纪,从20世纪80年代末正式应用到现在已经有30多年历史。3D打印常在模具制造、工业设计等领域被用于制造模型,后逐渐用于一些产品的直接生产制造。

利用3D打印加工零件,首先要有被加工零件的三维模型数据,三维模型数据的获得方式主要有以下三种:

(1)通过三维软件建模获得,常用的CAD软件,例如SolidWorks、Pro/E、UG、POWER-SHAPE、3DMax等。
(2)通过扫描仪扫描实物获得其模型数据,并对模型进行相应的处理。
(3)通过拍照的方式拍取实物多角度照片,然后通过电脑相关软件将照片数据转化成模型数据,常见的如Autodesk 123D Catch。

19.1.1 常见3D打印工艺介绍

1. 激光光固化技术(Stereo Lithography Apparatus,SLA)

SLA技术是基于液态光敏树脂的光聚合原理工作的。这种液态材料在一定波长和强度的紫外光的照射下能迅速发生光聚合反应,分子量急剧增大,材料也就从液态转变成固态。特定波长与强度的激光聚焦到光固化材料表面使其逐层凝固叠加构成三维实体,又称立体光刻成型。该工艺最早由Charles W. Hull于1984年提出并获得美国国家专利,是最早发展起来的

3D 打印技术之一。SLA 工艺也成为了目前世界上研究最为深入、技术最为成熟、应用最为广泛的一种 3D 打印技术。

2. 选择性激光烧结(Selective Laser Sintering, SLS)

SLS 工艺使用的是粉末状材料,激光器在计算机的操控下对粉末进行扫描照射而实现材料的烧结黏合,就这样材料层层堆积实现成型。将材料粉末铺洒在已成型零件的上表面,材料粉末在高强度的激光照射下被烧结在一起。特定波长与强度的激光逐层将粉末材料烧结成型形成三维实体。该工艺最早是由美国德克萨斯大学奥斯汀分校的 C. R. Dechard 于 1989 年在其硕士论文中提出的,随后 C. R. Dechard 创立了 DTM 公司并于 1992 年发布了基于 SLS 技术的工业级商用 3D 打印机 Sinterstation。

SLS 工艺支持多种材料,成型工件无需支撑结构,而且材料利用率较高。尽管这样 SLS 设备的价格和材料价格仍然十分昂贵,烧结前材料需要预热,烧结过程中材料会挥发出异味,设备工作环境要求相对苛刻。

3. 选择性激光熔融成型(Selective las ermelting molding,SLM)

基本原理与加工过程与 SLS 相似,它是特定波长与强度的激光逐层将粉末材料熔融并凝固成型形成三维实体,材料:模具钢、不锈钢、钛合金、铝合金、钴铬钼合金等。

4. 熔融沉积制造工艺(Fused Depostion Modeling,FDM)

丝状热塑性材料在喷头内被加热熔化逐层挤出固化并与周围的材料黏结成型。该技术由 Scott Crump 于 1988 年发明,随后 Scott Crump 创立了 Stratasys 公司。1992 年,Stratasys 公司推出了世界上第一台基于 FDM 技术的 3D 打印机——“3D 造型者(3D Modeler)”,这也标志着 FDM 技术步入商用阶段。

FDM 的加工原材料是丝状热塑性材料(如 ABS、MABS、蜡丝、尼龙丝等),加工时加热喷头在计算机的控制下,可根据截面轮廓信息,做 X - Y 平面的运动和高度 Z 方向的运动。丝状热塑性材料由供丝机构送至喷头,并在碰头加热至熔融状态,然后杯选择性地涂覆在工作台上,快速冷却后形成了截面轮廓。一层成型完成后,喷头上升一个截面层高度,再进行第二层的涂覆,如此循环,最终形成三维产品。

5. 三维立体印刷(Three-Dimension Printing, 3DP)

喷头用黏结材料将粉末逐层黏结成型形成三维实体,该技术由美国麻省理工学院的 Emanual Sachs 教授发明于 1993 年,3DP 的工作原理类似于喷墨打印机,是形式上最为贴合“3D 打印”概念的成型技术之一。

3DP 工艺与 SLS 工艺也有着类似的地方,采用的都是粉末状的材料,如陶瓷、金属、塑料,但与其不同的是 3DP 使用的粉末并不是通过激光烧结黏合在一起的,而是通过喷头喷射黏合剂将工件的截面“打印”出来并一层层堆积成型的。首先设备会把工作槽中的粉末铺平,接着喷头会按照指定的路径将液态黏合剂(如硅胶)喷射在预先粉层上的指定区域中,此后不断重复上述步骤直到工件完全成型后除去模型上多余的粉末材料即可。3DP 技术成型速度非常快,适用于制造结构复杂的工件,也适用于制作复合材料或非均匀材质材料的零件。

19.1.2 3D打印技术的应用

3D打印技术的实际应用主要集中在以下几个方面：

(1)在新产品造型设计过程中，快速成型技术为工业产品的设计开发人员建立了一种崭新的产品开发模式。

(2)广泛应用于机械制造领域中的单件、小批量金属零件的制造，其优点是成本低、周期短。

(3)将快速成型技术与传统的模具制造技术相结合，可以大大缩短模具制造的开发周期，提高生产率，是解决模具设计与制造薄弱环节的有效途径。

(4)在医学领域以医学影像数据为基础，利用3D打印技术制作人体器官模型，对外科手术有极大的应用价值。

(5)在文化艺术领域，3D打印技术多用于艺术创作、文物复制、数字雕塑等。

(6)3D打印在国内的家电行业上得到了很大程度的普及与应用，使许多家电企业走在了国内前列。

可以相信，随着快速成型制造技术的不断成熟和完善，它将会在越来越多的领域得到更广泛的应用。

19.1.3 快速成型技术的发展方向

从目前3D技术的研究和应用现状来看，快速成型技术的进一步研究和开发工作主要有以下几个方面：

(1)开发性能好的3D打印材料，如成本低、易成型、变形小、强度高、耐久及无污染的成型材料。

(2)提高3D打印系统的加工速度和开拓并行制造的工艺方法。

(3)改善3D打印系统的可靠性，提高其生产率和制作大件能力，优化设备结构，尤其是提高成型件的精度、表面质量、力学和物理性能，为进一步进行模具加工和功能实验提供基础。

(4)开发3D打印的高性能RPM软件。提高数据处理速度和精度，研究开发利用CAD原始数据直接切片的方法，减少由STL格式转换和切片处理过程所产生精度损失。

(5)直接金属成型技术将会成为今后研究与应用的又一个热点。

(6)提高网络化服务的研究力度，实现远程控制。

19.2 3D打印机及切片软件的操作

19.2.1 UP系列3D打印机结构简介

本节所讲授的关于3D打印机的操作是以UP Plus为例，UP Plus是一款功能强大且操作简便的桌面式3D打印机，是同类产品中首台具有自动平台校准系统的3D打印机。图19-1和图19-2分别是打印机的正背面示意图。

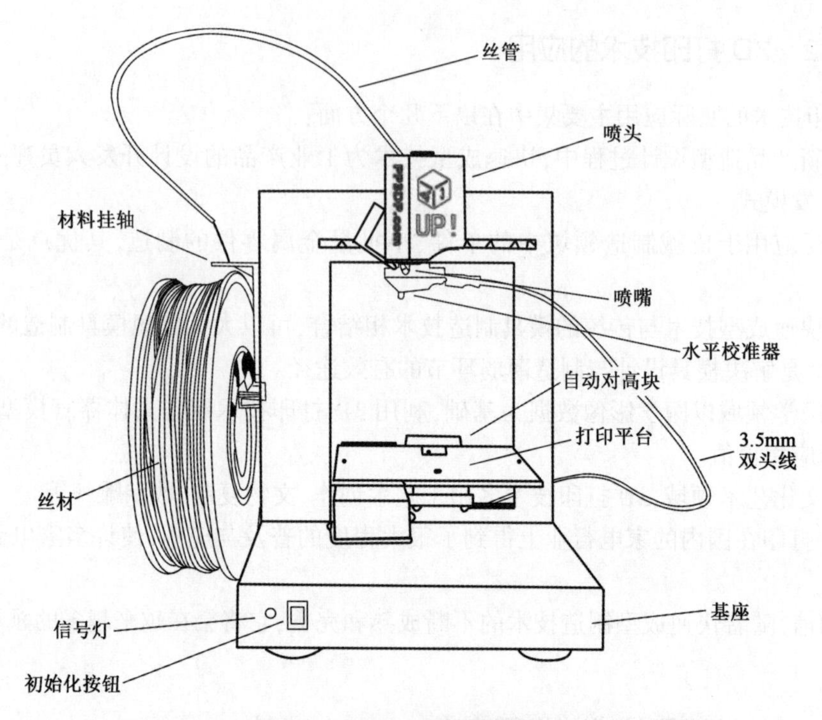

图 19-1 UP Plus 3D 打印机正面图

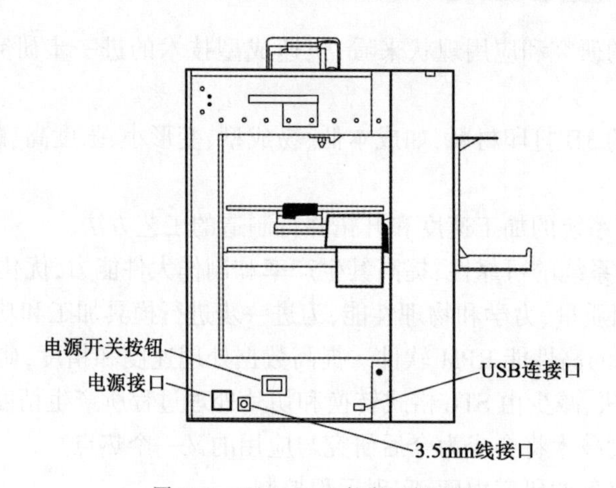

图 19-2 UP Plus 3D 打印机背面图

19.2.2 打印软件的基本功能

1. 启动程序

点击桌面上的图标，程序就会打开，如图 19-3 所示。

2. 载入一个 3D 模型

点击菜单中—文件/打开，选择模型文件。UP 系列 3D 打印机仅支持 STL 格式（标准的 3D 打印输入文件）和 UP3 格式（UP 系列打印机专用的压缩文件）的文件，以及 UPP 格式（UP

系列打印机工程文件)。将鼠标移到模型上,点击鼠标左键,模型的详细资料介绍会悬浮显示出来,如图19-4所示。

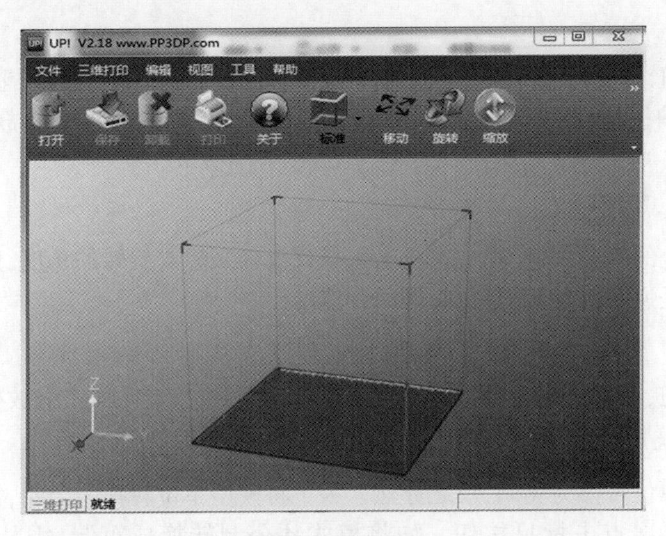

图19-3 主操作界面

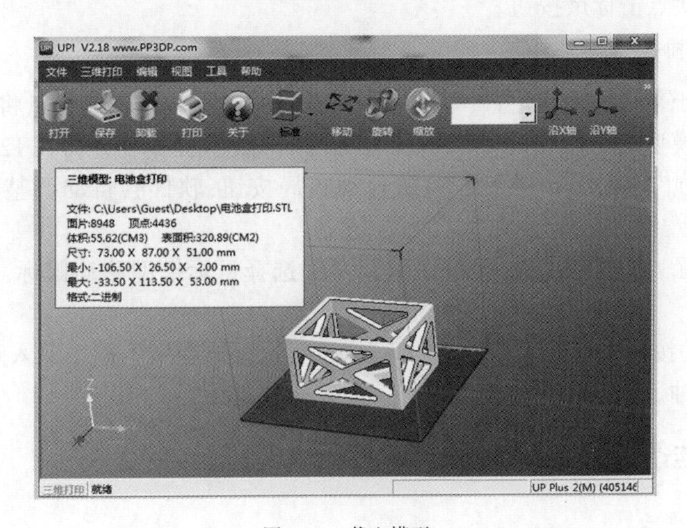

图19-4 载入模型

3. 卸载模型

将鼠标移至模型上,点击鼠标左键选择模型,在模型上点击鼠标右键,会出现一个下拉菜单,选择卸载模型。

4. 保存模型

选择模型,然后点击保存。文件就会以UP3格式保存,并且大小是原STL文件大小的12%~18%,非常便于存档或者转换文件。此外,还可选中模型,点击菜单中的“文件—另存为工程”选项,保存为UPP(UP Project)格式,该格式可将当前所有模型及参数进行保存,当载入UPP文件时,将自动读取该文件所保存的参数,并替代当前参数。

19.2.3 模型的调整

1. 移动模型

点击移动按钮,选择或者在文本框里输入想要移动的距离。然后选择想要移动的坐标轴。每点击一次坐标轴按钮,模型都会重新移动。按住 Ctrl 键,即可将模型放置于任何需要的地方。

2. 旋转模型

点击工具栏上的旋转按钮,在文本框中选择或者输入想要旋转的角度,然后再选择按照某个轴旋转。正数是逆时针旋转,负数时顺时针旋转。

3. 缩放模型

点击缩放按钮,在工具栏中选择或者输入一个比例,然后再次点击缩放按钮缩放模型。

4. 模型的单位转换

可将模型的单位转换为英制,反之亦然。为了将模型单位转换为公制,需要从标尺菜单中选择 25.4,然后再次点击标尺按钮。如将模式从公制转换成英制,需从标尺菜单中选择 0.03937,然后再次点击标尺按钮。

5. 将模型放到成型平台上

将模型放置于平台的适当位置,有助于提高打印的质量。打印前尽量将模型放置在平台的中央。当多个模型处于开放状态时,每个模型之间的距离至少要保持在 12mm 以上。

(1)自动布局。点击工具栏最右边的自动布局按钮,软件会自动调整模型在平台上的位置。

(2)手动布局。点击 Ctrl 键,同时用鼠标左键选择目标模型移动鼠标,拖动模型到指定位置。

(3)使用移动按钮。点击工具栏上的移动按钮,选择或在文本框中输入距离数值,然后选择要移动的方向轴。

19.2.4 准备打印

1. 准备打印平台

打印前应将平台安装好,才能保证打印模型的稳定,防止在打印过程中发生偏移。通过平台自带的八个弹簧固定打印平板,在打印平台下方有八个小型弹簧,请将平板按正确方向置于平台上,然后轻轻拨动弹簧以便卡住平板。当需将打印平板取下,可将弹簧扭转至平台下方(如图 19-5 所示)。

板上均匀分布孔洞。一旦打印开始,塑料丝将填充进板孔,可以为模型的后续打印提供更强有力的支撑结构。

2. 初始化打印机

点击 3D 打印菜单下面的初始化选项(如图 19-6 所示),当打印机发出蜂鸣声,初始化即开始。打印喷头和打印平台将返回到打印机的初始位置,将再次发出蜂鸣声。

图19-5　拨动弹簧

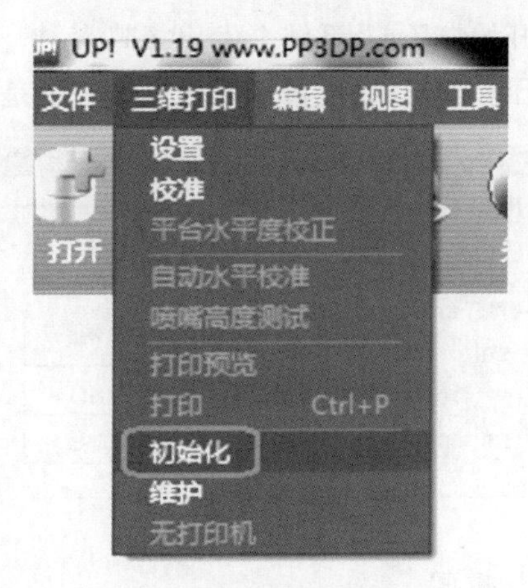

图19-6　初始化选项

3. 调平打印平台

校准喷嘴高度之前，需要检查喷嘴和打印平台四个角的距离是否一致，若发现不一致，可通过调节平台底部的弹簧（如图19-7所示）来实现矫正，拧松一个螺丝（如图19-8所示），平台相应的一角将会升高。调节螺丝，直到喷嘴和打印平台四个角的距离一致。

图19-7　弹簧位置示意

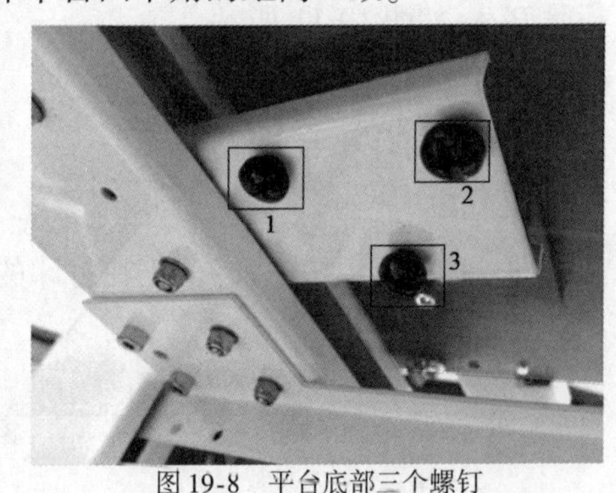

图19-8　平台底部三个螺钉

4. 校准喷嘴高度

打印开始之前校准设置喷头高度，确保打印的模型与打印平台黏结正常，防止喷头与工作台碰撞对设备造成损害。喷嘴高度以喷嘴距离打印平台0.2mm时喷头的高度为佳，然后将正确的喷嘴高度记录于"喷嘴 & 平台"下的对话框中。如图19-9所示，喷嘴的高度只需要设定一次，以后就不需要再设置了，这个数值已被系统自动记录下来了。如校准高度时，喷嘴和平台相撞，需重新初始化打印机。在移动过打印机后、打印过程中模型翘曲或模型不在平台的正确位置上打印，则需要重新校准喷嘴高度。

19.2.5　其他维护选项

点击3D打印菜单中的维护选项，按照图19-10所示的对话框进行操作。

1. 挤出

点击此按钮，喷嘴会开始加热，当喷嘴温度上升到260℃，丝材就会通过喷嘴挤压出来。

丝材开始挤压前,系统会发出蜂鸣声,挤压完成后,会再次发出蜂鸣声。这个功能是用来为喷嘴挤压新丝材的,也可以用来测试喷嘴是否正常工作。

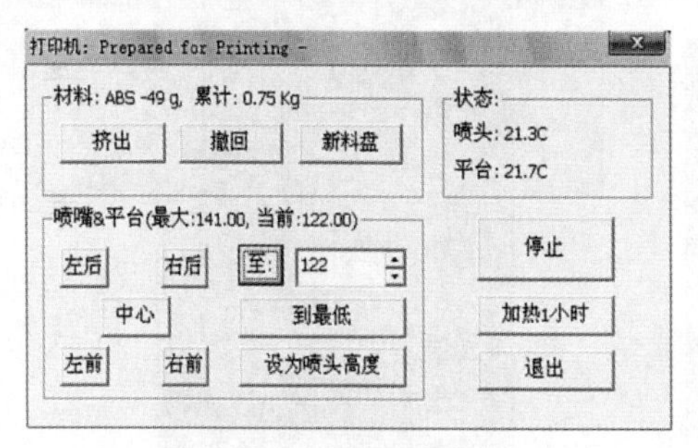

图 19-9　喷头高度设置

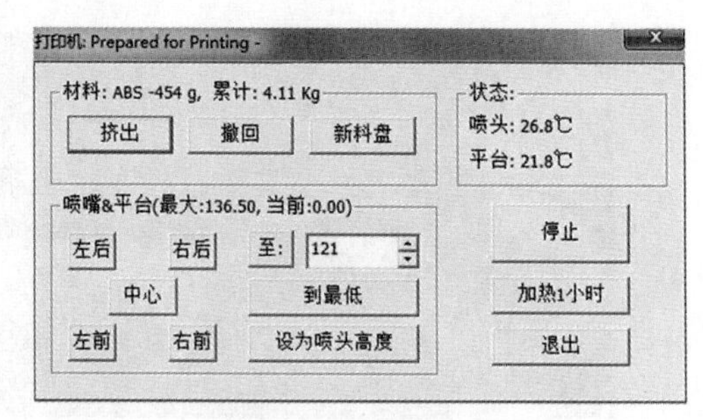

图 19-10　3D 打印机维护选项

2. 撤回

当丝材用完或者需要更换喷嘴,就要点击这个按钮。当喷嘴的温度升高到材料的加工温度时并且机器发出蜂鸣声后,轻轻地拉出丝材即可。

3. 新料盘

跟踪打印机已使用材料数量,当打印机中没有足够的材料来打印模型时,发出警告。如果是一卷新的丝材,根据丝盘实际的重量输入相应的值。除此以外,还可以设置打印的材料是 ABS 还是 PLA,如图 19-11 所示。

4. 状态

显示喷嘴和打印平台的温度。

5. 停止打印

点击图 19-12 所示按钮,当前正在打印的所有模式都将被取消。一旦停止运行,就不能恢复打印作业了。

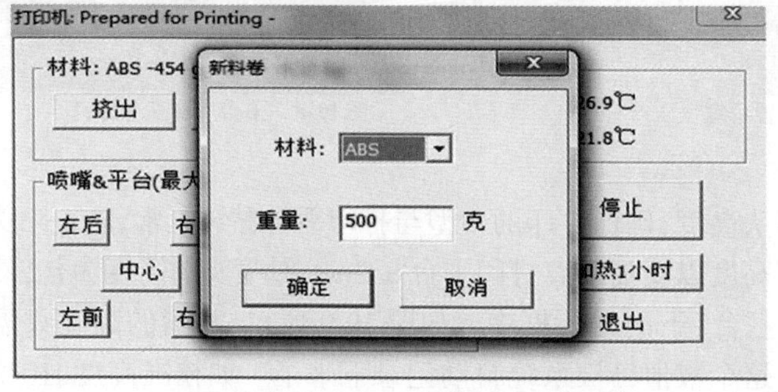

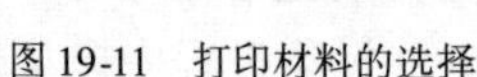
图 19-11　打印材料的选择

图 19-12　停止打印按钮

6. 暂停打印

可以在打印中途暂停打印,然后从暂停处继续打印。当在打印中途需要改变丝材的颜色时,可以使用此项功能。

19.2.6　打印设置选项

点击软件"三维打印"选项内的"设置",将会出现图 19-13 所示的界面。

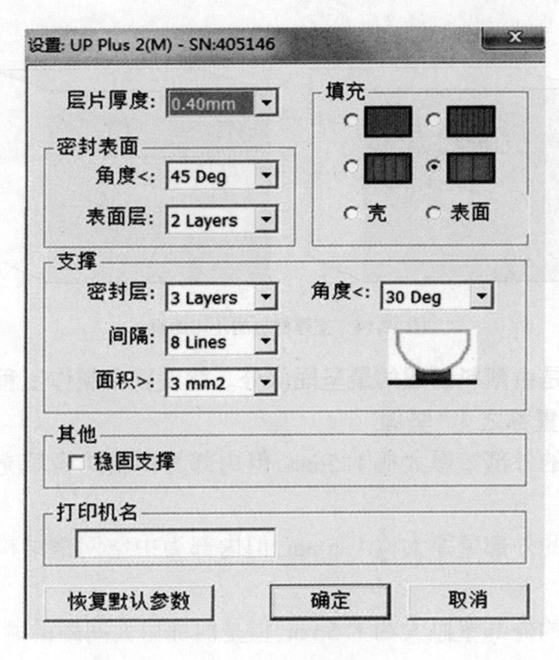

图19-13 设置选项

1. 层片厚度

设定打印层厚,根据模型的不同,每层厚度设定在0.2~0.4mm,层越薄细节越清晰,加工时间也越长,反之亦然。

2. 支撑

在模型打印之前,打印机会先打印出一部分底层。当打印机开始打印时,首先打印出一部分不坚固的丝材,沿着Y轴方向横向打印。打印机将持续横向打印支撑材料,直到开始打印主材料时打印机才开始-·层层的打印实际模型。

(1)密封层。为避免模型主材料凹陷入支撑网格内,在贴近主材料被支撑的部分要做数层密封层,而具体层数可在支撑密封层选项内进行选择(可选范围为2至6层,系统默认为3层),支撑间隔取值越大,密封层数取值相应越大。

(2)间隔。间隔指的是支撑材料线与线之间的距离。

(3)面积。支撑材料的表面使用面积。例如,当选择5mm^{2}时,悬空部分面积小于5mm^{2}时不会有支撑添加,将会节省一部分支撑材料并且可以提高打印速度,如图19-14所示。此外,还可以选择"仅基底支撑",以节省支撑材料。

3. 密封表面

(1)表面层。这个参数将决定打印底层的层数。例如设置成3,机器在打印实体模型之前会打印3层。但是这并不影响壁厚,所有的填充模式几乎是同一个厚度(接近1.5mm)。

(2)角度。这部分角度决定在什么时候添加支撑结构。如果角度小,系统自动添加支撑。

4. 填充选项

有如下四种方式填充内部支撑:

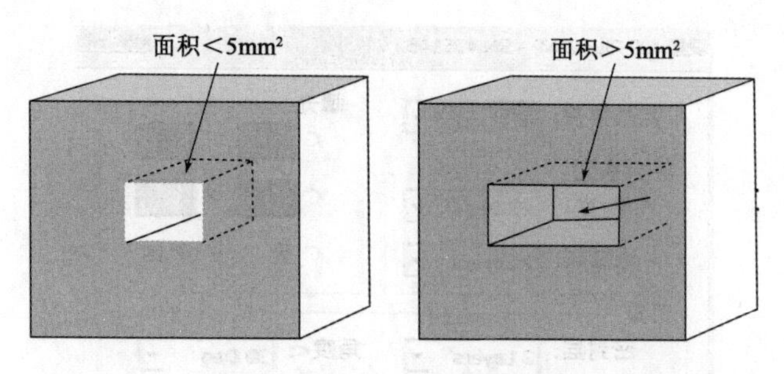

图 19-14 支撑材料的使用面积

图 19-15 所示部分是由塑料制成的最坚固部分。此设置在制作工程部件时建议使用。按照先前的软件版本此设置称之为“坚固”。

图 19-16 所示部分的外部壁厚大概 1.5mm，但内部为网格结构填充。之前的版本此设置称之为“松散”。

图 19-17 所示部分的外部壁厚大概 1.5mm，但内部为中空网格结构填充。之前的版本此设置称之为“中空”。

图 19-18 所示部分的外部壁厚大约 1.5mm，但是内部由大间距的网格结构填充，之前的软件版本此设置称之为“大洞”。

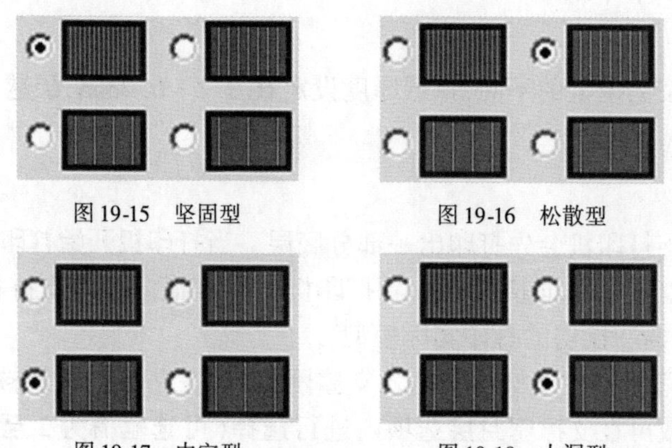

图 19-15 坚固型　　图 19-16 松散型

图 19-17 中空型　　图 19-18 大洞型

(1)壳。选择此项，将会提高中空模型的打印效率。

(2)表面。选择此项，则将仅打印单层外壁，便于对模型进行简要评估。

5. 其他选项

稳固支撑。建立的支撑较稳固，模型不容易被扭曲，但是支撑材料比较难被移除。

所有的设置和配置都会被存储在 UP 软件中而不是 UP 打印机中，如果更换一台计算机，您就必须要重新设置所有的选项。

19.2.7 打印

连接 3D 打印机，并初始化机器。载入模型并将其放在软件窗口的适当位置。检查剩余材料是否足够打印此模型。点击 3D 打印菜单的预热按钮，打印机开始对平台加热，在温度达到 100℃时开始打印。点击 3D 打印的打印按钮，在打印对话框中设置打印参数(如图 19-19

所示)，点击OK开始打印。

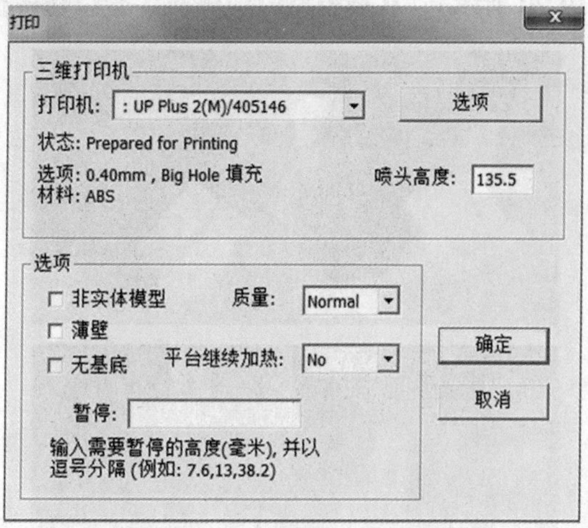

图19-19　选择打印质量

在打印大型部件时，平台的边缘部分比中间部分要凉一些，这样会导致模型两边卷曲。防止此现象发生的常见办法如下：

(1)确保打印平台在水平面上。

(2)喷嘴的高度设置准确。

(3)打印平台被预热完全。

1. 质量

分为普通、快速、精细三个选项。此选项同时也决定了打印机的成型速度。

通常情况下，打印速度越慢，成型质量越好。对于模型顶端的部分，以最快的速度打印会因为打印时的颤动影响模型的成型质量。对于表面积大的模型，由于表面由多个部分组成，打印的速度设置成“精细”也容易出现问题，打印时间越长，模型的角落部分容易产生卷曲。

2. 非实体模型

所要打印的模型为非完全实体，如存在不完全面时，请选择此项。

3. 无基底

选择此项，在打印模型前将不会产生基底。

4. 平台继续加热

选择此项，则平台将在开始打印模型后继续加热。

5. 暂停

可在方框内输入想要暂停打印的高度，当打印机打印至该高度时，将会自动暂停打印，直至点击“恢复打印位置”。在暂停打印期间，喷嘴将会保持高温。

19.2.8　移除模型

当模型完成打印时，打印机会发出蜂鸣声，喷嘴和打印平台会停止加热。拧下平台底部的

2 个螺钉,从打印机上撤下打印平台。慢慢滑动铲刀在模型下面把铲刀慢慢地滑动到模型下面,来回撬松模型(如图 19-20 所示)。在撬模型时应佩戴手套以防烫伤。

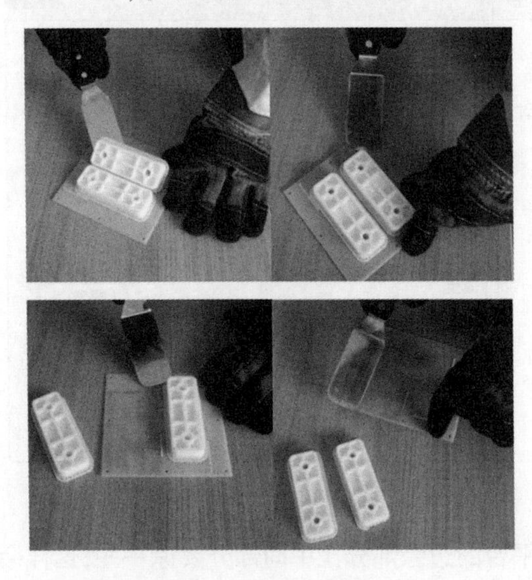

图 19-20 模型的移除步骤

在撤出模型之前一定要先撤下打印平台,否则很可能使整个平台弯曲,导致喷头和打印平台的角度改变。

19.2.9 去移除支撑材料

模型由两部分组成。一部分是模型本身,另一部分是支撑材料。支撑材料和模型主材料的物理性能是一样的,只是支撑材料的密度小于主材料。所以很容易从主材料上移除支撑材料。

图 19-21 中左面的图片展示了支撑材料移除后的状态,右图中是还未移除支撑的状态。

图 19-21 移除支撑材料

支撑材料可以使用多种工具来拆除。一部分可以很容易地用手拆除,越接近模型的支撑,使用钢丝钳或者尖嘴钳更容易移除。

19.3　3D打印创新训练

读者可从自身专业或个人爱好出发,自行设计一个零件或装配件,能直接由3D打印机打印成型,零件打印完成后应从外观形状、尺寸精度、表面粗糙度、加工成本与工艺过程等各方面对其进行分析,总结优缺点,对不足之处提出改进措施,并写出心得与体会。

注意事项:在设计形状时一定要与相关工种的指导教师协商,确认其结构的合理性和加工的成本控制。在生产过程如遇到问题也要及时请教指导教师,避免发生不必要的事故。

3D打印机安全操作规程

(1)避免放置在温度和湿度容易发生剧烈变化的地方;远离灰尘地区。

(2)安放四周留有足够的空间,保证通风散热。

(3)避免放置在容易震动或者地面不平区域。

(4)将电源线直接连到壁装插座上,不要使用延长线,不要使用损坏或者破损的电源线。

(5)打印机的电源线、数据线必须接触良好、牢固,避免处于活动频繁的地方,以免意外脱落造成系统设备的损坏。

(6)在打印机电源开关处于关闭状态时,把打印机电源线插入符合标准的电源插座上。

(7)不要在打印机工作时去接触加热喷头。

(8)不要用外力摇动打印头和打印平台,否则可能会损害打印机。

(9)移除打印模型之前,要先将底板从平台上取下后在操作,避免破坏平台与喷嘴的垂直度。

(10)工作完毕要切断电源。

第20章 三坐标测量机

☞教学目的

熟悉 Aberlink 3D 软件,并能利用软件所提供功能进行工件的检测。本章内容包括测量的基本概念、机台归零、测针校正以及教学模型的检测,通过对三坐标测量仪的操作演示,培养学生对产品质量检测的综合认知素质等方面的能力。

☞教学要求

(1)使学生能够熟练操作三坐标测量仪。
(2)能够了解产品质量检测的一般流程。
(3)能够根据零件结构制定合理的测量方案。
(4)熟悉三坐标测量仪的安全操作规程。

20.1 三坐标测量机概述

20.1.1 三坐标测量机的发展历史

世界上第一台测量机是英国 FERRANTI 公司于 1956 年研制成功,当时的测量方式是测头接触工件后,靠脚踏板来记录当前坐标值,然后使用计算器来计算元素间的位置关系。随着计算机的飞速发展,测量机技术进入了 CNC 控制机时代,完成了复杂机械零件的测量和空间自由曲线曲面的测量,测量模式增加和完善了自学习功能,改善了人机界面,使用专门测量语言,提高了测量程序的开发效率。从 20 世纪 90 年代开始,随着工业制造行业向集成化、柔性化和信息化发展,产品的设计、制造和检测趋向一体化,这就对作为检测设备的三坐标测量机提出了更高的要求。

到 1992 年全球就拥有三坐标测量机 46100 台,工业发达的欧美、日韩每 6 ~ 7 台机床配备一台三坐标测量机,我国三坐标测量机生产始于 20 世纪 70 年代,现在已被广泛应用在机械制造、汽车、家电、电子、模具和航空航天等制造领域,并保持快速增长。

20.1.2 三坐标测量机发展的意义和作用

随着制造业的快速发展,提高加工效率和降低生产成本的同时,对产品的质量提出了更高的要求,因此质量是制造业生存和发展的根本。为确保零件的尺寸和技术性能符合要求,必须进行精确的测量,因而体现三维测量技术的三坐标测量机应运而生,并迅速发展和日趋完善。

越来越多的工件需要进行空间三维测量,而传统的测量方法不能满足生产的需要。传统测量方法是指用传统测量工具(如千分表、量块、卡尺等)进行的测量,属相对测量,因其测量基准为被加工面,而不是直接的主轴基准,是一种过渡基准,再加上传统测量工具本身精度不高,同时人为测量操作随机性误差也较大,这些因素导致测量结果不准;另一方面传统测量工具量程小、被测工件尺寸、形状受到限制,许多测量任务(如尺寸大、形状较复杂)用传统测量工具完成不了,且耗时较长。

由于机械加工、数控机床加工及自动加工线的发展,生产节奏的加快,加工一个零件仅有几十分钟或几分钟,要求加快对复杂工件的检测。

在制造业中,大多数产品都是按照CAD数学模型在数控机床上制造完成的,它与原CAD数学模型相比,确定其在加工制造中产生的误差,就需用三坐标测量机进行测量。在三坐标测量机的软件系统中可以用图形方式显示原CAD数学模型,再按照可视化方式从图形上确定被测点,得到被测点的X、Y、Z坐标值及法向矢量,便可生成自动测量程序。三坐标测量机可按法线方向对工件进行精确测量,获得准确的坐标测量结果,也可与原CAD数学模型进行比较并以图形方式显示,生成坐标检测报告(包括文本报告和图表报告),全过程直观快捷,而用传统的检测方法则无法完成。

20.2　三坐标测量机的典型结构及分类

20.2.1　三坐标测量机的组成

三坐标测量机是典型的机电一体化测量仪器,它由机械系统、电子系统以及测量系统组成,如图20-1所示。

1. 机械系统(主机)

一般由三个正交的直线运动轴构成。如图20-1所示结构中,X向导轨系统装在工作台上,移动桥架横梁是Y向导轨系统,Z向导轨系统装在中央滑架内。三个方向轴上均装有光栅尺用以度量各轴位移值。人工驱动的手轮及机动、数控驱动的电机一般都在各轴附近。用来触测被检测零件表面的测头装在Z轴端部(测头)。

2. 电子系统

一般由测头信号接口和计算机等组成,用于获得被测坐标点数据,并对数据进行处理,生成测量报告。

3. 测量系统

三坐标测量机的测量系统由标尺系统和测头系统构成,它们是三坐标测量机的关键组成部分,决定着测量精度的高低。

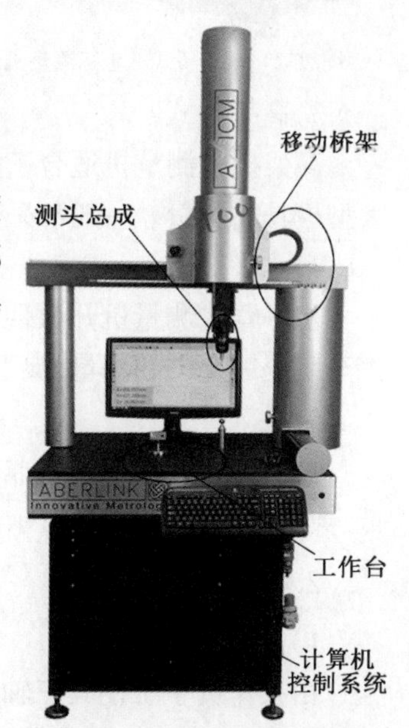

图20-1　三坐标测量机的组成

1)标尺系统

标尺系统是用来度量各轴的坐标数值的，按其性质可以分为机械式标尺系统（如精密丝杠加微分鼓轮，精密齿条及齿轮，滚动直尺）、光学式标尺系统（如光学读数刻线尺，光学编码器，光栅，激光干涉仪）和电气式标尺系统（如感应同步器，磁栅）。

2）测头系统

三坐标测头是探测系统最重要的一部分，可以说，三坐标测头对三坐标测量机的应用有着重要影响，其中精度、探测速度都与测头有着紧密的关系，测头是精密量仪的关键部件之一，作为传感器提供被测工件的几何（坐标）信息，其发展水平直接影响着精密量仪的测量精度、工作性能、使用效率和柔性程度。

3）测头附件

为了扩大测头功能、提高测量效率以及探测各种零件的不同部位，常需为测头配置各种附件，如测端、探针、连接器、测头回转附件等。

20.2.2 三坐标测量机的分类

1. 按照机械结构分类

1）活动桥式

活动桥式测量机是使用最为广泛的一种机构形式。特点是开敞性比较好，视野开阔，上下零件方便。运动速度快，精度比较高。有小型、中型、大型几种形式，典型结构如图 20-2 所示。

图 20-2 活动桥式三坐标测量机

2）固定桥式

固定桥式测量机由于桥架固定，刚性好，动台中心驱动、中心光栅误差小，以上特点使这种结构的测量机精度非常高，是高精度和超高精度的测量机的首选结构，典型结构如图 20-3 所示。

3）高架桥式

高架桥式测量机适合于大型和超大型测量机，适合于航空、航天、造船行业的大型零件或大型模具的测量。一般都采用双光栅、双驱动等技术，提高精度，典型结构如图 20-4所示。

4）水平臂式

水平臂式测量机开敞性好，测量范围大，可以由两台机器共同组成双臂测量机，尤其适合汽车工业钣金件的测量，典型结构如图 20-5 所示。

5）关节臂式

关节臂式测量机具有非常好的灵活性，适合携带到现场进行测量，对环境条件要求比较低，典型结构如图 20-6 所示。

2. 按驱动方式分类

1）手动型

由操作员手工使其三轴运动来实现采点，其结构简单，无电机驱动，价格低廉。缺点是测量精度在一定程度上受人的操作影响，多用于小尺寸或测量精度不很高的零件检测。

图 20-3 固定式三坐标测量机

图 20-4 高架桥式三坐标测量机

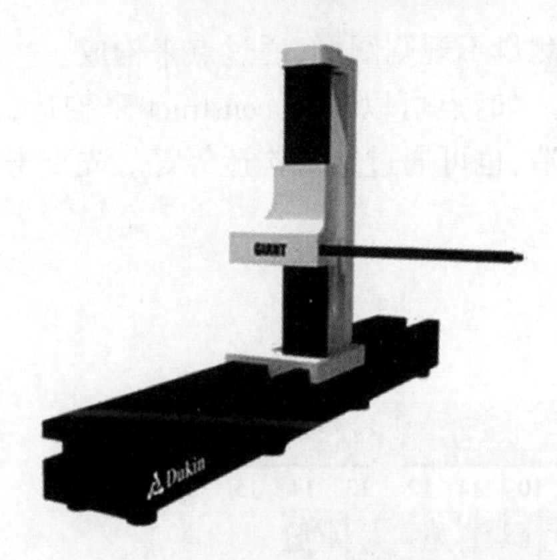

图 20-5 水平臂式三坐标测量机

图 20-6 关节臂式三坐标测量机

2)机动型

与手动型相似,只是运动采点通过电机驱动来实现,这种测量机不能实现编程自动测量。

3)自动型

也称 CNC 型,由计算机控制测量机自动采点(当然也可实现上述两种一样的操作),通过编程实现零件自动测量,且精度高。

20.3 Aberlink 3D 测量软件的使用

本教材以 Axiom Too 665 手动三坐标测量机为例,介绍三坐标测量机的使用以及相关操作。

20.3.1 软件操作界面简介

1. 基本测量指令

(1)圆形要素的测量。点击按钮⊕,测量至少 3 点,手动操作移动台架上 X、Y、Z 轴的运动控制旋钮,移动测头去接触被测要素上的特征点。

(2)点的测量。点击按钮,手动操作移动台架上 X、Y、Z 轴的运动控制旋钮,移动测头去接触被测点。

(3)直线要素的测量。点击按钮,测量至少 2 点。

(4)平面要素的测量。点击按钮,测量至少不在同一直线的 3 点。

(5)球形要素的测量。点击按钮, 最上端测 1 点,其他位置同一平面测至少 3 点,球至少测量 4 点。

(6)圆柱要素的测量。点击按钮,在不同的两个平面至少测量 3 点,圆柱至少测量 5 点。

(7)锥形要素的测量。点击按钮,最上端测 1 点,其他位置同一平面测至少 3 点,圆锥至少测量 4 点。

(8)轮廓要素的测量。点击按钮,用于测量不规则图形,通过点来构成。

点、线、圆、面均可通过构造以上指令来形成。如:点可以通过 construct 来构造,也可以通过相交线来构造等等,线可以通过相交的面来构造,也可通过点来构造等等。先点击要构造的点(线或圆、面等)然后再选择构造这个点的元素。

2. 快捷指令功能介绍

常用快捷指令按钮如图 20-7 所示。

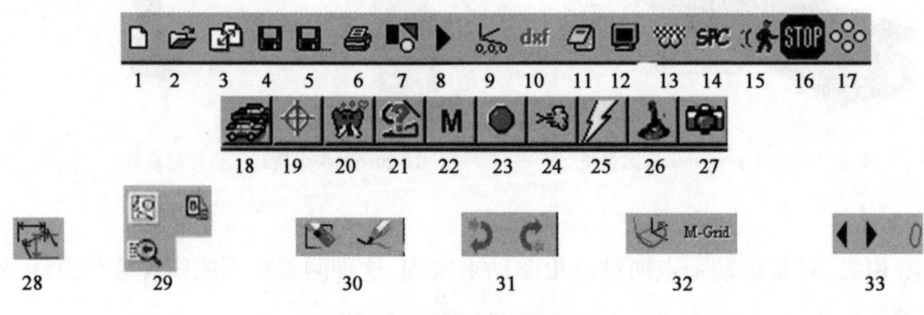

图 20-7 常用快捷指令按钮

1-重新开始;2-打开文件夹;3-合并文件;4-存储;5-存储为;6-打印 7-设定;8-运行;9-机器原点;10-DXF 格式输出;11-记事本;12-显示图层;13-连接 SPC;14-连接 SPC;15-微动;16-程序停止;17-环形阵列;18-停车;19-显示形位公差;20-存储记忆点;21-智能测量;22-显示测量细节;23-探头开关;24-空气开关;25-驱动器开关;26-操作杆;27-拍照;28-测量结果坐标类型(可选择水平、垂直、空间距离尺寸等);29-窗口的缩放(计算可以还原窗口);30-擦除和计算使用计算可以测量空间尺寸(鼠标右键选择尺寸类型);31-键入和撤销键入;32-点旋转和机器坐标的显示;33-元素的选择点击图标可以选择到你想选择的图形

20.3.2 开机的流程

(1)打开计算机。

(2)将“Fine Adjust”和“Axes Motion”拨到“ON”位置,在开关的时候, Z 轴可能向下动,注意不要撞坏探针。

(3)运行计算机桌面的 Aberlink 3D 测量软件。

(4)机器归零(将 X Y Z 移动到起始位点,点击 OK 归零)。

(5)探头校正(在没有更换探针的情况下可以不用校正)。

(6)固定好被测量对象,开始测量。

20.3.3　探头校正

1. 标准球尺寸输入

校正探头之前要输入校正球的尺寸,点图标系统会弹出对话框,如图 20-8 所示。选择到 Ref. Ball,在 Ref. Dia 处输入标准球的直径。

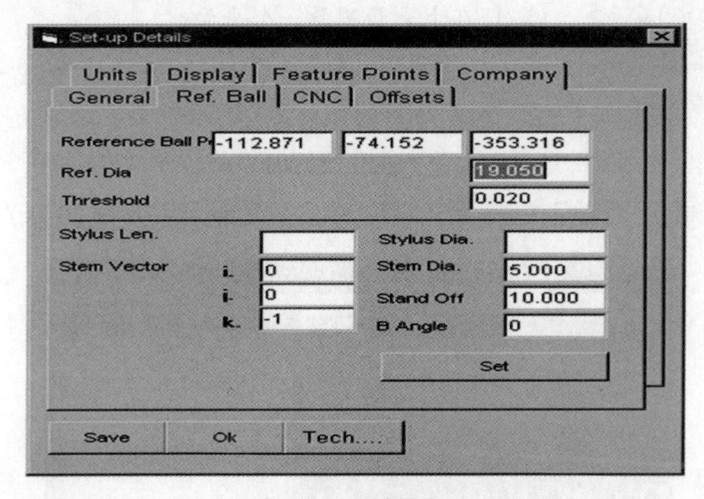

图 20-8　标定参数输入

2. 探头校正

鼠标移动到探头校正图标上点鼠标右键,软件自动弹出校正对话框(图 20-9)。在标准球上取点测量取完 5 点后软件自动提示,点击 OK 即可,其中绿色为当前校正的探头。

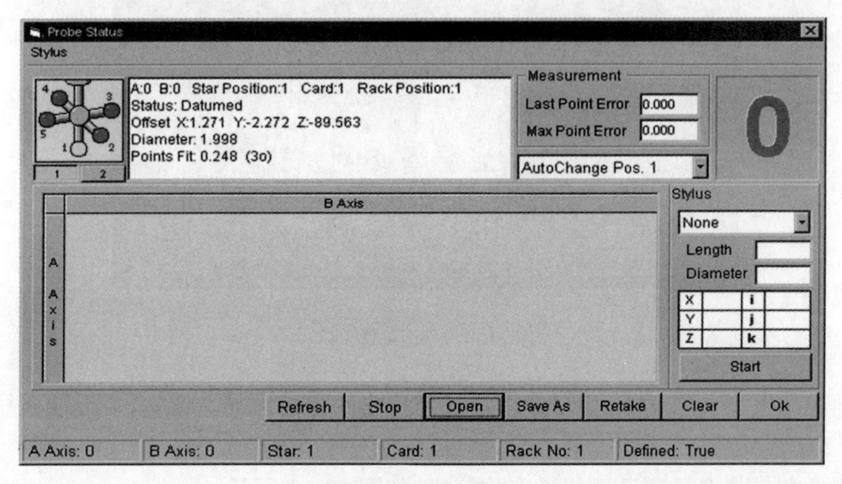

图 20-9　标定信息显示

20.3.4 测量操作实例

图 20-10 教学样块

利用 Axiom Too 665 随机配送的教学样块(如图 20-10 所示),进行测量操作的学习,本次的测量,将采用直径 2mm 的红宝石测头。如果采用旋转测头,那么可以使用直杆测针;如果采用不可旋转测头,那么需要使用星形测针。

在练习中,可测量教学块的部分轮廓尺寸和 ϕ12mm 孔的位置。所有的操作只需通过各轴的旋钮即可进行简单的取点。这种编程方式也被称为“引导式编程”。

1. 在上表面测量一个平面

点击图标建立一个新的检测文档,如果之前的测量结果没有保存,将会出现是否保存的提示。将教学块按如图方式装夹到机器的台面上,在测量的过程中工件不能有任何的移动。

在主窗口中选择平面测量按钮,然后会弹出平面测量窗口(图 20-11)。

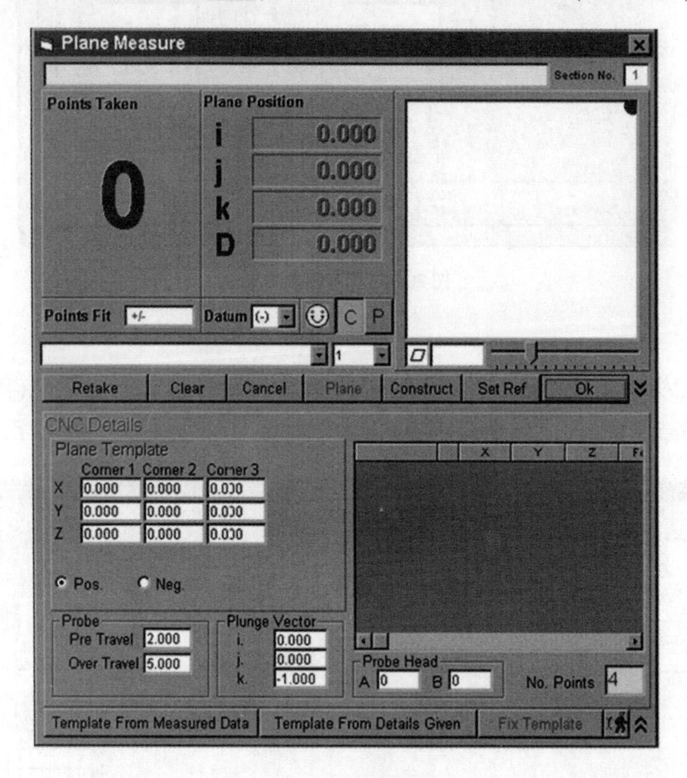

图 20-11 平面测量窗口

在教学块的上表面取 4 点,应尽量保证点与点之间是分散的。比如,可以取在靠近边角的位置(如图 20-12 所示)。

平面测量窗口将会显示已经测量点的信息,如图 20-13 所示。

需要注意的是3点就可以确定一个平面，窗口的右上角就会出现一个模拟的图示，但最好多取一点，这样可以更准确地表征被测平面的特征，这个规律适用于所有的测量元素。

当取完3点后，平面的图示就会出现，此后每多取一点，平面都会重新计算。取点时，测头的LED会闪烁。如果所取的点能够很好地符合形状特征，电脑会发出“哔”的提示音，而且窗口中央的☺微笑状态会改变。

可以根据需求在软件中设定警告的界限值，如果测量点无异常会一直保持微笑状态；如果采集到一个意外点，电脑会发出“叮”的提示音，但是从第四点开始，平面就会显示出平面度数值。I、J和K表示的是平面的方向向量，D表示的是平面

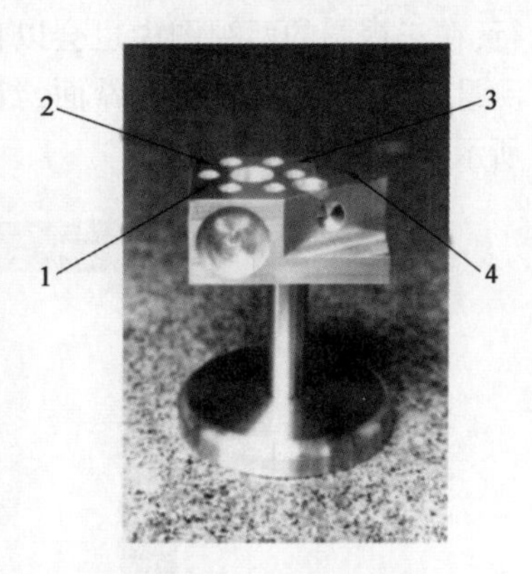

图20-12　教学样件上表面

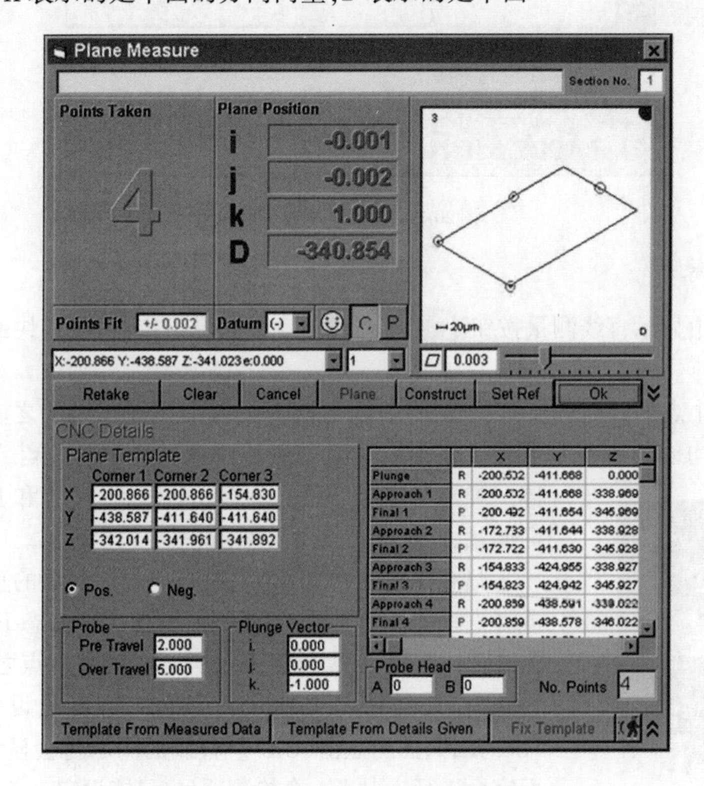

图20-13　教学块上表面的测量

与机器坐标原点的距离。如果不小心取错了点，可以单独取消最后一点，也可以取消所有的点。要单独取消最后一点，点击“Retake”。

如果要取消一个中间点，点击弹出下拉列表，将会显示出每个点的X，Y，Z和e（偏差），选中想要取消的点，然后点击“Retake”。要取消所有的点，点击“Clear”。

如果要关闭测量窗口，回到主界面，点击“Cancel”。将现在测得的平面作为基准，点击“Set Ref”，然后点击“OK”。

如果将此平面设为基准，所有的元素将以此平面作为参考，即使该平面与工作台面不平

行，在三视图的两视图中也会以直线表示。对于一个检测项目，只能设定一个基准平面。平面测量完成后将会回到主界面，红点表示的是测针前端的红宝石的尺寸和位置，如图 20-14 所示。

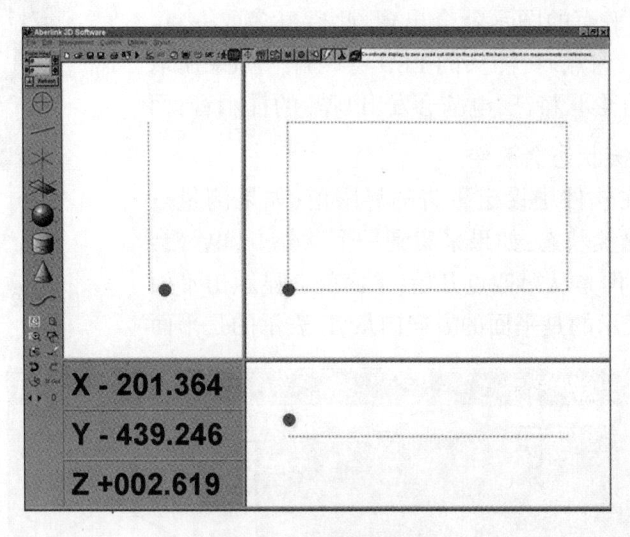

图 20-14 平面基准的设定

2. 测量前边缘

点击主窗口中显示直线测量按钮，将会弹出直线测量窗口，在测量快的前边缘取 3 点（如图 20-15 所示）。

对于所取 3 个点的高度并没有特殊要求，因为这 3 个点都要被投影到之前所测量的平面上。尽量将点平均地分布在整个长度范围内。但需避免测针的金属杆比红宝石先触碰到物体。屏幕上也会出现一个直线的图示。I、J 和 K 表示直线的方向向量，L 表示线段的长度，如图 20-16 所示。

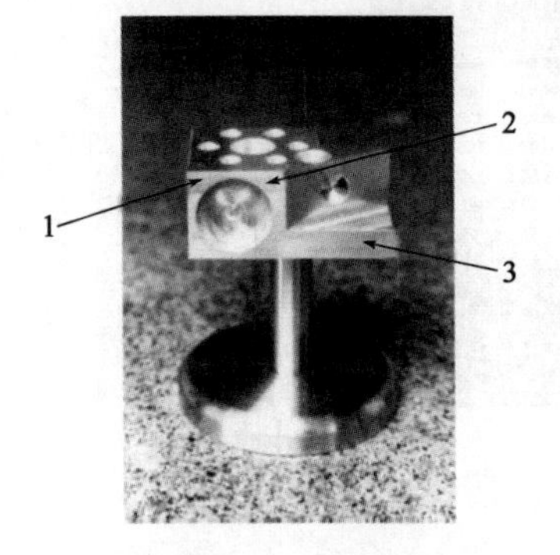

图 20-15 教学块前边缘的测量点

只有在软件延伸所测的直线与之前测量的直线相交时，L 值或者直线的长度才具有实际意义，在这种状态下，数值将会显示为红色。否则，长度仅仅表示所取的两个端点之间的距离，在这种状态下，数值将会显示为灰色。将直线设定为基准，点击“Set Ref”，然后点击“OK”。直线的图示将会显示为与显示器平面完全平行。对于一个检测项目，只能设定一条基准直线。

直线测量完成后将会回到主界面，直线已经被投影到上表面上，如图 20-17 所示。因此对于取点的高度没有严格要求。

3. 测量直径为 12mm 的孔

点击主窗口中的圆测量按钮，将会弹出圆测量窗口，在直径 12mm 的孔中取 4 点。取点的高度没有严格要求，因为它们都将被投影到平面上。尽量保证点均匀地分布在圆周上。但要注意避免金属杆比红宝石测头先触碰到物体。同样，圆的图示也会显示在屏幕上。X、Y 和 Z 表示圆心的位置，D 表示圆的直径，如图 20-18 所示。

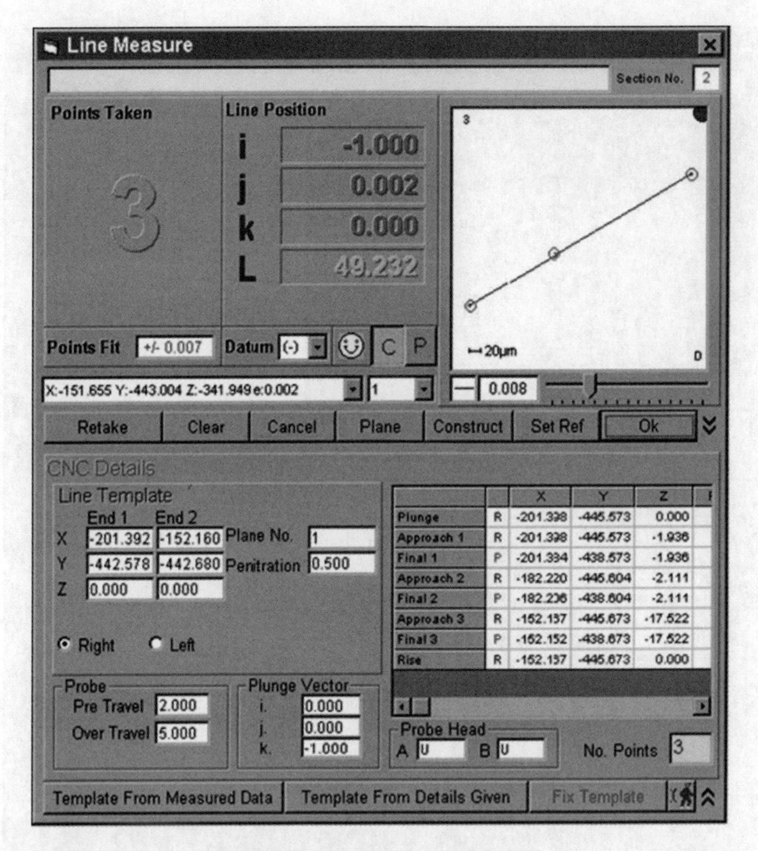

图 20-16　教学块前边缘的测量

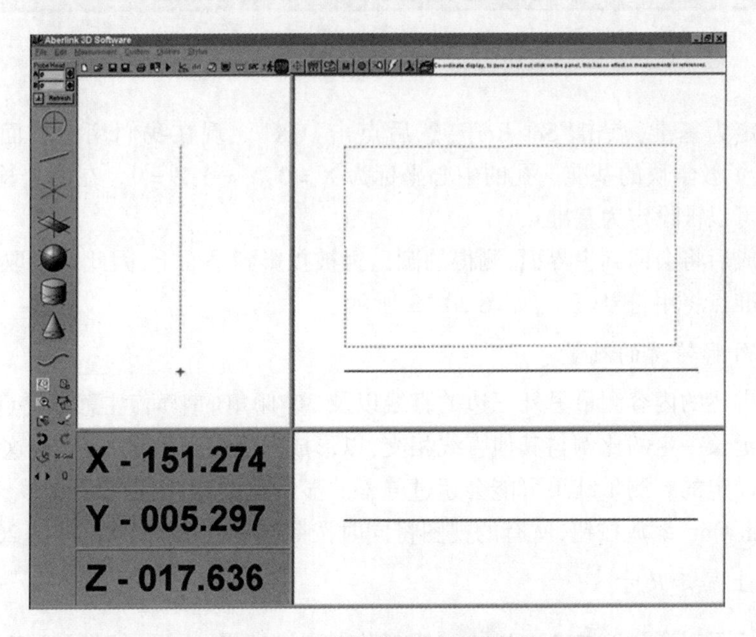

图 20-17　教学块前边缘的测量结果

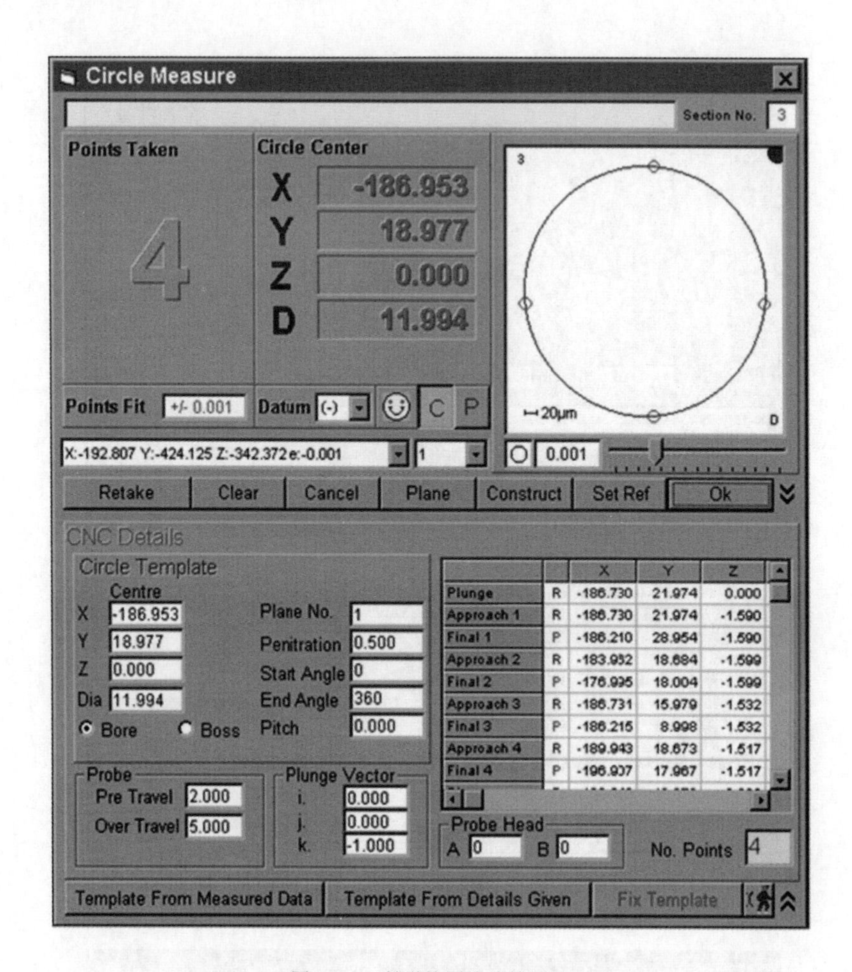

图 20-18 教学块圆柱孔的测量

将圆心设定为基准，点击“Set Ref”，然后点击“OK”。现在我们用上表面，前端边缘和 ϕ12mm 孔定义了教学块的基准。孔的中心坐标为 X＝0，Y＝0，Z＝0。在一个检测项目中，只有一个圆或点可以被设定为基准点。

圆测量完成后将会回到主界面，测得的圆已经被投影到平面上，因此对于取点的高度没有严格要求。基准点将用符号表示，如图 20-19 所示。

4. 教学块外形轮廓的测量

按照前面讲述的内容测量另外三边的直线以及 30°倾角的平面，注意不要点击“Set Ref”。直线将会自动延长一定的比例与其他直线相交，以形成一个完整的检测图样，这个比例使用户根据需求自行设定的。测量结果可能会超过屏幕的显示范围，如图 20-20 所示。

点击“Zoom Out”缩放按钮，所有的视图将同时按照同样的比例缩放，如图 20-21 所示。

5. 在屏幕上显示尺寸

测量结束后可以通过：28 和 30 来做出测量结果；也可通过鼠标双击测量显示的图形来显示测量数据。公差标注设定方法如下：

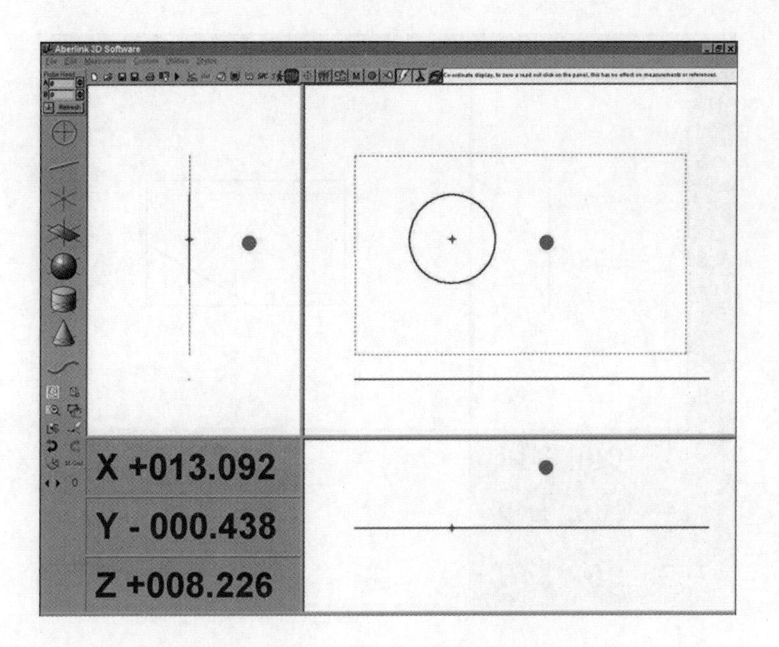

图 20-19　圆柱孔的测量结果

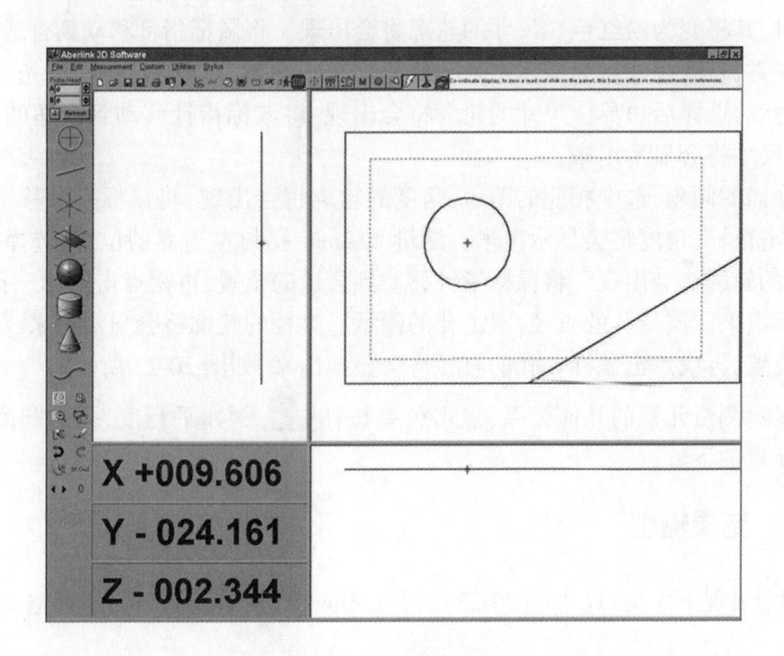

图 20-20　外形轮廓的测量结果

第一步:把鼠标指在尺寸的绿色线上,点右键。

第二步:在 nominal dimension 处输入图纸的名义值;在 Upper Limit 处放入公差上限值;在 Lower Limit 处放入公差下限值。

第三步:点 OK 即可。

测量教学块的长度(55mm),首先点击鼠标左键选择左边界,然后选择右边界。注意到当

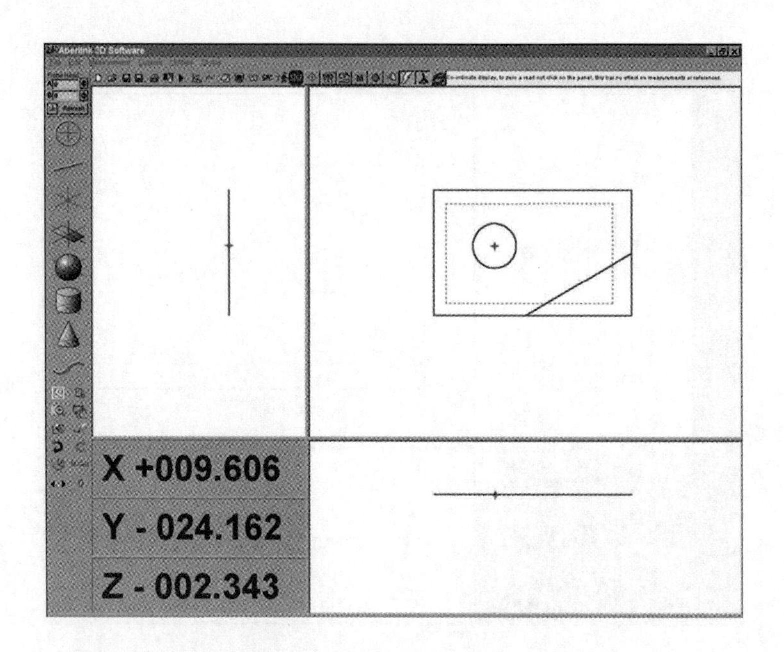

图 20-21 测量结果的缩放显示

图示被选中时，其将变为粉红色。尺寸的轮廓将会出现。将鼠标指针移动到合适的位置，第三次点击鼠标左键，长度尺寸将会显示出来。要测量教学块的宽度（34mm），首先点击鼠标左键选择前边界，然后选择后边界。尺寸的轮廓将会出现，将鼠标指针移动到合适的位置，再次点击鼠标，宽度尺寸将会显示出来。

要测量平面的倾角，选中相应的图示，角度的轮廓将会出现，将鼠标指针移动到合适的位置，第三次点击鼠标，角度将会显示出来。测量 ϕ12mm 孔与左边界的位置，选择左边界，然后选择孔，尺寸的轮廓将会出现。将鼠标指针移动到合适的位置，再次点击鼠标。孔与左边界的距离将会显示出来。测量孔的直径，双击孔的图示。直径的轮廓将会显示出来，将鼠标指针移动到合适的位置，再次点击鼠标。孔的直径将会显示出来，如图 20-22 所示。

如果要显示测量元素的几何公差，点击公差按钮，例如平行度，孔的圆度等公差将会显示在相关元素的下方。

20.3.5 结果输出

点图标 dxf 出现下面窗口（如图 20-23），再点 Browse 选择存储路径，即可输出 DXF 的测量文件。

三坐标测量机安全操作规程

1. 开机前的准备

(1) 开启空调，并保持测量前温度在 20 ± 2℃；湿度应不大于 2% RH。

(2) 打开压缩空气开关，检查气压，应在 0.5 ~ 0.55MPa；若不在此范围应检查气源。

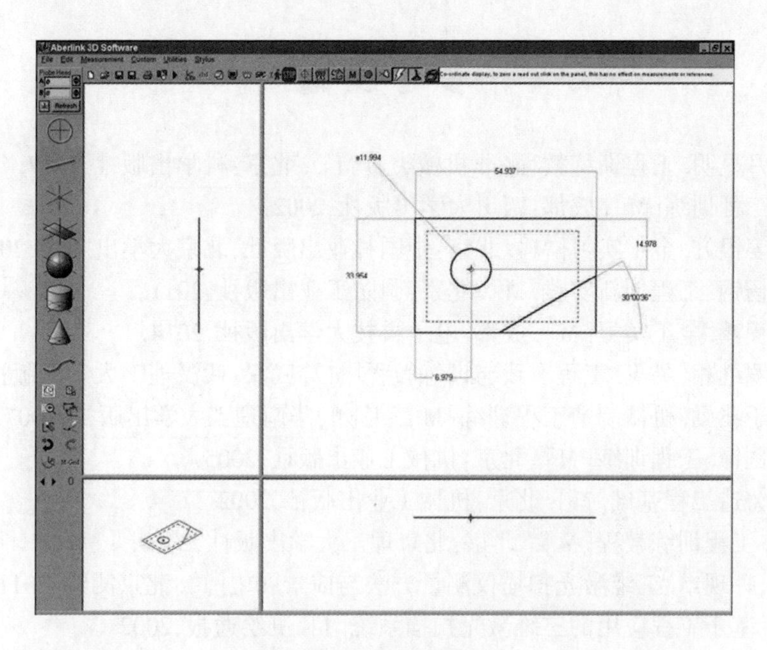

图20-22　测量结果的显示

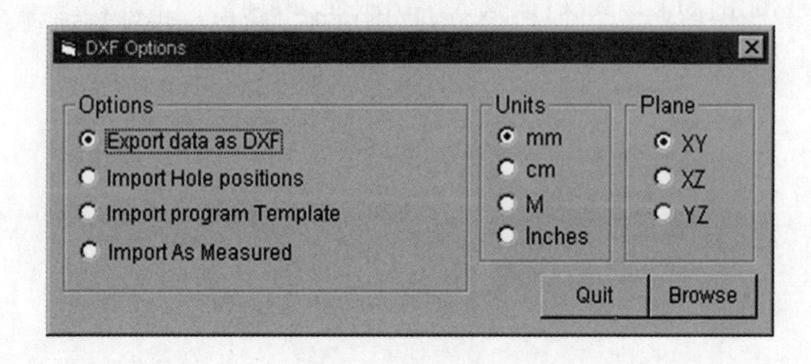

图20-23　文件输出选项

(3)清洗导轨:用绸布蘸取少量无水酒精清洗 X、Y、Z 轴导轨。

(4)清理检测台上的一切物件,并用无水酒精清洗台面。

2. 开机

(1)接通电源:先打开电脑桌后的稳压电源,再打开电源开关。

(2)启动计算机后打开测量软件。

(3)各轴气动开关,机器探头上红灯亮起。

(4)测量机回零。

(5)测量机校准。

3. 关机

先关闭软件和电脑,再关闭电源和气源。

参 考 文 献

[1] 张立红,尹显明.工程训练教程(非机械类)[M].北京:科学出版社,2017.
[2] 刘胜青.工程训练[M].成都:四川大学出版社,2002.
[3] 郭永环,姜银方.金工实习[M].北京:中国林业出版社,北京大学出版社,2006.
[4] 张继祥,杨钢.工程创新实践[M].北京:国防工业出版社,2011.
[5] 王湘江,程鸿.金工实习[M].成都:电子科技大学出版社,2014.
[6] 王志海,罗继相,吴飞.工程实践与训练教程[M].武汉:武汉理工大学出版社,2007.
[7] 张木青,于兆勤.机械制造工程训练[M]. 广州:华南理工大学出版社,2007.
[8] 吴鹏,迟剑锋.工程训练[M].北京:机械工业出版社,2005.
[9] 魏华胜.铸造工程基础[M].北京:机械工业出版社,2002.
[10] 王鹏程.工程训练教程[M]. 北京:北京理工大学出版社,2014.
[11] 张启福,孙现申.三维激光扫描仪测量方法与前景展望[J].北京测绘,2011,1,39-42.
[12] 张远智.基于工程应用的三维激光扫描系统[J].测绘通报,2002.
[13] 王秀峰,等.快速原型制造技术[M]. 北京:中国轻工业出版社,2001.
[14] 冯文灏.工业测量[M]. 武汉:武汉大学出版社,2004.